普通高等教育工程造价类专业融媒体新形态系列教材

建筑施工技术与组织

第2版

李建峰 编

机械工业出版社

全书分为施工技术和施工组织两大篇。主要内容为土方工程、地基与基础工程、砌筑工程、钢筋混凝土结构工程、预应力混凝土工程、脚手架与垂直运输、结构安装工程、防水工程、装饰工程、施工组织概论、流水施工原理及应用、网络计划技术、单位工程施工组织设计、施工组织总设计。

本书依据现行的施工规范和标准，图文并茂且系统地介绍了土木建筑主要专业工种工程的施工工艺技术原理与方法，详细阐述了施工组织的基本理论、原则和方法，并以实例讲述了施工组织设计的编制。

本书文前的“教学建议（学习导言）”给出了“建筑施工技术与组织”课程的性质与任务、课程内容的框架体系和知识要点、课内外教学内容及学时分配、课程特点与教学方法、相关教学资料与网站等，为教师教学提供帮助。

书中每章前附有学习要点（含知识点、重点、难点），章后附有本章小结及关键概念、习题（含复习思考题和练习题）以及二维码形式的客观题（微信扫描二维码可在线做题，提交后可参看答案），供学生学习时参考。

本书可作为高等院校工程造价、工程管理等专业的教材，也可作为土木建筑类相关专业的教学用书，并可供土建施工技术人员参考。

本书配有 PPT 电子课件，免费提供给选用本书作为教材的授课教师。需要者请登录机械工业出版社教育服务网（www.cmpedu.com）注册后下载。

图书在版编目（CIP）数据

建筑施工技术与组织/李建峰编. —2 版. —北京：机械工业出版社，2023.3（2025.1 重印）

普通高等教育工程造价类专业融媒体新形态系列教材

ISBN 978-7-111-72866-5

Ⅰ.①建… Ⅱ.①李… Ⅲ.①建筑施工-施工技术-高等学校-教材 Ⅳ.①TU74

中国国家版本馆 CIP 数据核字（2023）第 051233 号

机械工业出版社（北京市百万庄大街 22 号 邮政编码 100037）
策划编辑：刘 涛 责任编辑：刘 涛 刘春晖
责任校对：肖 琳 陈 越 封面设计：马精明
责任印制：邓 博
北京盛通印刷股份有限公司印刷
2025 年 1 月第 2 版第 3 次印刷
184mm×260mm · 22.5 印张 · 554 千字
标准书号：ISBN 978-7-111-72866-5
定价：69.80 元

电话服务 网络服务
客服电话：010-88361066 机 工 官 网：www.cmpbook.com
010-88379833 机 工 官 博：weibo.com/cmp1952
010-68326294 金 书 网：www.golden-book.com
 机工教育服务网：www.cmpedu.com

前　言

《建筑施工技术与组织》第1版出版已有多年，受到广大读者的关注和厚爱，多次印刷。近年来随着施工新技术的不断涌现，相关施工规范和标准的更新，加之每年的教学实践和同行们的中肯建议，本人深感第1版教材已略显陈旧。为贯彻落实教育部《关于进一步加强高等学校本科教学工作的若干意见》的精神，加强教材建设，彰显最新施工技术和规范内容，紧密结合施工实际进行教学，确有必要修编教材。因此，出版第2版就成为必然。

整个修编过程，坚持"吐故纳新、精修精编、讲究实用、贴近教学"的指导思想，注重现行规范和政策导向，使教材内容更加符合专业教学的需要，尽可能做到深入浅出、图文并茂，以方便教学和自学。每个章节均从概念、原理、方法、运用和技术特点等方面精讲精编；内容上，除力求专业的针对性、讲究够用外，更加注重实用性、可读性。针对部分章节存在内容操作性强、学生不易理解的问题，有针对性地补充了部分例题和习题，以增强学生的实际操作能力。另外，第2版在保持第1版教材风格的基础上，对其语言和内容进行了锤炼，更加注重实际、贴近教学，力求内容充实精练、概念清晰。

全书分为施工技术和施工组织两大篇，共14章。主要内容为土方工程、地基与基础工程、砌筑工程、钢筋混凝土结构工程、预应力混凝土工程、脚手架与垂直运输、结构安装工程、防水工程、装饰工程、施工组织概论、流水施工原理及应用、网络计划技术、单位工程施工组织设计、施工组织总设计等。在整个教材构成上，文前单独的"教学建议（学习导言）"给出了"建筑施工技术与组织"课程的性质与任务、课程内容的框架体系和知识要点、课内外教学内容及学时分配、课程特点与教学方法、相关教学资料与网站等，为教师教学和学生自学提供帮助。

书中每章前附有学习要点（含知识点、重点、难点），章后附有本章小结及关键概念、习题（含复习思考题和练习题），以及二维码形式的客观题，供学生学习时参考。

全书由长安大学李建峰教授策划和编写。本书的再版既有同行、专家的中肯建议和帮助，更有出版社的大力支持；另外，在修编过程中参阅了大量的文献，在此对这些文献的作者和所有关心本书的同行、使用者、支持者深表谢意。

由于诸多原因，本书仍会存在一些不足和疏漏之处，恳请广大读者不吝赐教，编者将不胜感激。

编　者

教学建议（学习导言）

一、课程的性质与任务

“建筑施工技术与组织”是高等院校工程造价和工程管理专业的必修课程之一，也是一门专业核心课程，是学习工程计量与计价、工程项目管理、工程造价管理等后续课程的前提与基础。该课程是一门综合性、适用性和实践性极强的专业必修课程，它综合运用相关课程（如工程材料、房屋建筑学、建筑结构、地基基础和混凝土及砌体结构等）的有关知识，系统研究建筑工程领域施工技术与施工组织的一般规律。建筑施工技术与组织就是通过有效的施工组织方法和技术途径，按照工程设计图及其说明的要求，保质保量、高效低耗、节能环保地建成业主满意的土木建筑产品的过程。

本课程的主要任务是：

1. 以工种工程为研究对象，针对不同结构体系在不同条件下，探讨各工种的施工工艺、施工方法和施工机械设备选择以及质量与安全的保证措施。

2. 研究科学的施工组织形式与方法，统筹安排投入工程施工的人力、材料、机械、资金、时间、空间等诸要素，以期使工程施工达到最优效果。

3. 研究如何做好施工准备，编好施工组织设计。掌握在工程实施过程中的进度控制原理与方法。

4. 培养学生独立分析和解决工程施工中有关技术与组织计划问题的能力。

二、教学导航

本课程的内容包括施工技术和施工组织两大部分。具体的框架体系和知识要点如图1所示。

三、课内外教学内容及学时分配

使用本书的课内外教学内容及学时分配可参考表1。

表1　课内外教学内容及学时分配参考

章节	内容	课内学时	课外	课外学时
1	土方工程	8~9	施工现场参观、看施工录像、习题	5
2	地基与基础工程	5	施工现场参观、看施工录像、思考题	3
3	砌筑工程	3~4	施工现场参观、看施工录像、思考题	2

（续）

章节	内容	课内学时	课外	课外学时
4	钢筋混凝土结构工程	10~12	施工现场参观、看施工录像、习题	5
5	预应力混凝土工程	4	施工现场参观、看施工录像、习题	2
6	脚手架与垂直运输	3	施工现场参观、看施工录像、思考题	2
7	结构安装工程	5~6	施工现场参观、看施工录像、习题	2
8	防水工程	3	施工现场参观、看施工录像、思考题	2
9	装饰工程	3	施工现场参观、看施工录像、思考题	2
10	施工组织概论	3	施工现场参观、思考题与习题	2
11	流水施工原理及应用	5~6	习题	4
12	网络计划技术	5~6	习题	4
13	单位工程施工组织设计	5~6	讲实例，布置课程设计任务及答疑	6
14	施工组织总设计	2	现场参观、思考题	1
合计		64~72		42

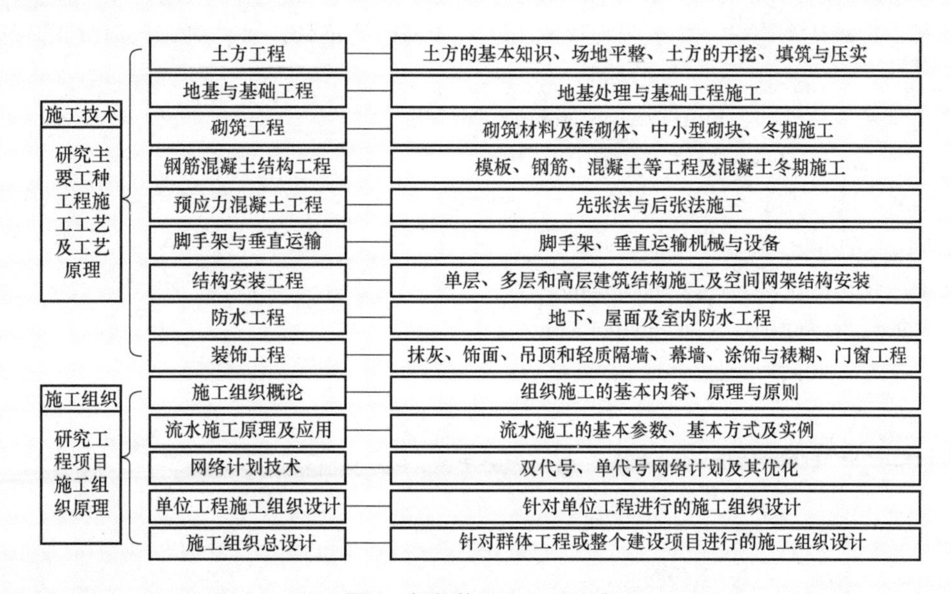

图 1　框架体系和知识要点

四、课程特点与教学方法

1. 课程特点：本课程是一门综合性、实践性很强的专业课程。课程内容涉及从地基基础施工、主体结构施工，到防水与装饰装修施工等，既需要先修课程的相关知识，又需要掌握施工技术的基本原理，更需要实践经验的传承。因此，教学中必须理论联系实际，应选择一些典型的施工工地，结合教学进度，进行施工现场教学和生产实习，通过增强感性认识，加深对课程知识的理解和掌握。

2. 教学方法：①本课程可结合认识实习和生产实习环节补充课堂教学；②为了确保教学质量，施工技术部分建议采用多媒体教学手段，尽量进行直观教学，如到施工现场进行实地教学、看施工录像和图片；③可采用翻转课堂、微课等形式，尤其注重启发式教学，重视实践教学环节，将感性认识与理性认识相结合。

3. 考核方法：在教学过程的各个环节，从学生的出勤、日常表现、作业、测试、项目完成情况及完成质量，对学生进行全方位的考核。具体考核方法参见表2。

表2　考核方法

类别	考核项目	考核主要内容及其知识点	考核方式	考核时间	所占权重
形成性考核	平时考核	到课情况、课堂表现	记录	每次上课	15%
	作业考核	习题作业完成情况	作业	每章后	15%
	阶段考核	每章讲完后总结性测验	笔试	每章后	10%
终结性考核	期末考核	结课后的整个课程内容卷面考试	笔试	结课后	60%

五、相关学习资料与网站

在课余时间，可以查阅相关的施工标准、规范、规程和其他参考文献，也可以登录各种与施工有关的网站及论坛，甚至各大型施工企业的网站及论坛，以扩充自己的知识。相关网站有：

住房和城乡建设部：http://www. mohurd. gov. cn/

筑龙网：http://www. zhulong. com/

天工网：http://www. tgnet. com/

建工之家：http://www. zjzcn. com/

土木在线：http://www. co188. com/

土木工程网：http://www. civilcn. com/

施工技术：http://www. shigongjishu. cn/

目　录

前言
教学建议（学习导言）

第1篇　施工技术

第1章　土方工程 …… 2
学习要点 …… 2
1.1　概述 …… 2
1.2　场地平整 …… 4
1.3　土方开挖 …… 18
1.4　土方的填筑与压实 …… 31
本章小结及关键概念 …… 33
习题 …… 33
二维码形式客观题 …… 35
第2章　地基与基础工程 …… 36
学习要点 …… 36
2.1　地基处理 …… 36
2.2　浅基础施工 …… 38
2.3　预制桩施工 …… 40
2.4　灌注桩施工 …… 46
2.5　其他深基础工程 …… 52
本章小结及关键概念 …… 57
习题 …… 57
二维码形式客观题 …… 58
第3章　砌筑工程 …… 59
学习要点 …… 59
3.1　概述 …… 59
3.2　砖砌体施工 …… 61
3.3　中小型砌块施工 …… 65
3.4　砌体的冬期施工 …… 67
本章小结及关键概念 …… 68
习题 …… 68
二维码形式客观题 …… 68
第4章　钢筋混凝土结构工程 …… 69
学习要点 …… 69
4.1　模板工程 …… 69
4.2　钢筋工程 …… 83
4.3　混凝土工程 …… 104
4.4　混凝土冬期施工 …… 119
本章小结及关键概念 …… 121
习题 …… 121
二维码形式客观题 …… 123
第5章　预应力混凝土工程 …… 124
学习要点 …… 124
5.1　概述 …… 124
5.2　先张法 …… 125
5.3　后张法 …… 130
5.4　其他预应力混凝土简介 …… 141
本章小结及关键概念 …… 143
习题 …… 143
二维码形式客观题 …… 144
第6章　脚手架与垂直运输 …… 145
学习要点 …… 145
6.1　脚手架 …… 145
6.2　垂直运输机械与设备 …… 153
本章小结及关键概念 …… 161
习题 …… 161
二维码形式客观题 …… 161
第7章　结构安装工程 …… 162
学习要点 …… 162
7.1　单层建筑结构安装 …… 162
7.2　多层和高层建筑结构安装 …… 172
7.3　空间网架结构吊装 …… 179

本章小结及关键概念…………………… 182
习题………………………………………… 182
二维码形式客观题……………………… 183
第8章　防水工程……………………… 184
学习要点………………………………… 184
8.1　地下防水工程 ……………………… 184
8.2　屋面防水工程 ……………………… 189
8.3　室内防水工程 ……………………… 195
本章小结及关键概念…………………… 198
习题………………………………………… 198
二维码形式客观题……………………… 198
第9章　装饰工程……………………… 199
学习要点………………………………… 199
9.1　抹灰工程 …………………………… 199
9.2　饰面工程 …………………………… 204
9.3　吊顶和轻质隔墙工程 ……………… 207
9.4　幕墙工程 …………………………… 210
9.5　涂饰和裱糊工程 …………………… 211
9.6　门窗工程 …………………………… 213
本章小结及关键概念…………………… 215
习题………………………………………… 215
二维码形式客观题……………………… 215

第2篇　施工组织

第10章　施工组织概论 ……………… 218
学习要点………………………………… 218
10.1　建设程序与组织施工原则……… 218
10.2　建筑产品及其施工的特点……… 220
10.3　施工组织设计概述……………… 221
10.4　施工准备工作…………………… 225
本章小结及关键概念…………………… 229
习题………………………………………… 229
二维码形式客观题……………………… 230
第11章　流水施工原理及应用 ……… 231
学习要点………………………………… 231
11.1　流水施工的基本概念…………… 231
11.2　流水施工的基本参数…………… 236
11.3　流水施工的基本方式…………… 243
11.4　流水施工实例…………………… 249
本章小结及关键概念…………………… 255
习题………………………………………… 256
二维码形式客观题……………………… 257
第12章　网络计划技术 ……………… 258
学习要点………………………………… 258
12.1　概述……………………………… 258
12.2　双代号网络计划………………… 259
12.3　单代号网络计划………………… 274
12.4　网络计划的优化………………… 285
本章小结及关键概念…………………… 289
习题………………………………………… 290
二维码形式客观题……………………… 292
第13章　单位工程施工组织设计 …… 293
学习要点………………………………… 293
13.1　概述……………………………… 293
13.2　单位工程施工部署及主要施工方案选择…………………………… 295
13.3　单位工程施工进度计划的编制……… 303
13.4　单位工程施工准备与资源配置计划的编制…………………………… 307
13.5　单位工程施工现场平面布置图的设计……………………………… 309
13.6　主要施工管理计划的编制……… 312
13.7　主要技术经济指标分析………… 314
13.8　单位工程施工组织设计实例…… 317
本章小结及关键概念…………………… 327
习题………………………………………… 327
二维码形式客观题……………………… 328
第14章　施工组织总设计 …………… 329
学习要点………………………………… 329
14.1　施工组织总设计编制的程序与依据……………………………… 329
14.2　总体施工部署…………………… 331
14.3　施工总进度计划………………… 332
14.4　资源配置计划及施工准备工作计划……………………………… 335
14.5　施工总平面图…………………… 336
本章小结及关键概念…………………… 348
习题………………………………………… 348
二维码形式客观题……………………… 348
参考文献………………………………… 349

第1篇

施工技术

第 1 章　土方工程
第 2 章　地基与基础工程
第 3 章　砌筑工程
第 4 章　钢筋混凝土结构工程
第 5 章　预应力混凝土工程
第 6 章　脚手架与垂直运输
第 7 章　结构安装工程
第 8 章　防水工程
第 9 章　装饰工程

第1章 土方工程

学习要点

知识点：土方工程内容及特点，土的工程分类及工程性质；场地平整土方量计算、场地设计标高的确定和土方调配；土方的机械化施工和土方工程施工的辅助工作，包括土方边坡稳定、土壁支护、施工降排水等；土方填筑土料的选用、土方的填筑压实方法。

重点：土的工程分类及工程性质、土方量计算及土方调配、土方机械化施工、土壁支护、施工降水、土方回填压实的方法。

难点：土方量计算及土方调配、土方机械化施工、土壁支护、井点降水。

1.1 概述

1.1.1 土方工程内容及特点

土方工程是建筑施工的先行工作。它包括场地平整、土方开挖、土方填筑等主要施工过程，也包括施工排水、降水和土壁支撑等辅助施工过程。

土方施工按其作业方法分为人工土方和机械土方。土方开挖又分为场地平整开挖（又称为山坡切土）、管道沟槽开挖、基槽开挖、基坑开挖以及大开挖等。土方填筑又分为场地平整回填、管道沟槽回填、基坑（槽）回填、室内土方同填等。

土方工程具有量大面广、劳动繁重、作业环境差、工期长、施工条件复杂、受场地和自然环境影响大等特点。因此，在施工前必须充分调查分析与核对各项技术资料，如地形图、工程地质和水文地质勘查资料、原有地下管线和地下构筑物资料及土方工程施工图等，根据现有施工条件，制订出技术可行、经济合理的施工方案，保证工程质量和安全。

1.1.2 土的工程分类与鉴别

土的分类方法很多。在土方施工和造价计算中，一般按土体开挖的难易程度将土分为八类，前四类属于一般土，后四类属于岩石，土的工程分类与现场鉴别方法见表1-1。土的开挖难易程度直接影响施工方案、工程消耗数量和费用，也是编制招标工程量清单和正确套用定额的基础。

表 1-1 土的工程分类与现场鉴别方法

土的分类	土的名称	可松性系数		现场鉴别方法
		K_s	K'_s	
一类土（松软土）	砂土、粉土、冲积砂土层、种植土、泥炭（淤泥）	1.08~1.17	1.01~1.03	直接用尖锹挖掘
二类土（普通土）	粉质黏土，潮湿的黄土，夹有碎石、卵石的砂，种植土，填筑土及亚砂土	1.14~1.28	1.02~1.05	用尖锹挖掘，小于或等于30%的土需用镐翻松
三类土（坚土）	软及中等密实黏土，重粉质黏土，粗砾石，干黄土及含碎石、卵石的黄土、粉质黏土，压实的填筑土	1.24~1.30	1.05~1.07	主要用镐挖掘，小于或等于30%的土用撬棍，然后用锹挖掘
四类土（砂砾坚土）	重黏土及含碎石、卵石的黏土，粗卵石，密实的黄土，天然级配砂石，软泥灰岩及蛋白石	1.26~1.35	1.06~1.09	主要用镐、撬棍，然后用锹挖掘，小于或等于30%的土用钢钎及大锤
五类土（软石）	硬石炭纪黏土，中等密实的页岩、泥灰岩、白垩土，胶结不紧的砾岩，软的石灰岩	1.30~1.40	1.10~1.15	用镐或撬棍、大锤挖掘，部分使用爆破方法
六类土（次坚石）	泥岩、砂岩、砾岩、坚实的页岩、泥灰岩、密实的石灰岩、风化花岗岩、片麻岩	1.35~1.45	1.11~1.20	用爆破方法开挖，30%以内用镐
七类土（坚石）	大理岩，辉绿岩，玢岩，粗、中粒花岗岩，坚实的白云岩、砂岩、砾岩、片麻岩、石灰岩，风化痕迹的安山岩、玄武岩	1.40~1.45	1.15~1.20	用爆破方法
八类土（特坚石）	安山岩，玄武岩，花岗片麻岩，坚实的细粒花岗岩、闪长岩、石英岩、辉长岩、辉绿岩、玢岩	1.45~1.50	1.20~1.30	用爆破方法

注：K_s 为最初可松性系数；K'_s 为最终可松性系数。

1.1.3 土的工程性质

土的工程性质对土方工程施工有直接影响，是进行土方施工设计必须掌握的基本资料。土的工程性质主要有土的可松性、土的密度、土的含水量。

1. 土的可松性

土具有可松性，即自然状态下的土经开挖以后，其体积因松散而增大，以后虽经回填压实，仍不能恢复到原来的体积，这种现象称为土的可松性。由于土方工程量开挖以自然状态的体积计算，所以在土方调配、基坑（槽）开挖留弃土量、计算土方机械生产率及运土机具数量时，必须考虑土的可松性。土的可松性程度用可松性系数表示，即

$$K_s=\frac{V_2}{V_1};\quad K'_s=\frac{V_3}{V_1} \tag{1-1}$$

式中 K_s——最初可松性系数；

K'_s——最终可松性系数；

V_1——土在自然状态下的体积（m^3）；

V_2——土经开挖后的松散体积（m^3）；

V_3——土经回填压实后的体积（m^3）。

2. 土的密度

与土方施工有关的质量密度有土的天然密度 ρ 和干密度 ρ_d，用以表示土体密实程度。

天然密度是指土在天然状态下单位体积的质量。干密度是指单位体积中固体颗粒的质量，干密度在一定程度上反映了土颗粒排列的紧密程度，作为填土压实质量的控制指标。

3. 土的含水量

土的含水量 W 是指土中所含的水与土的固体颗粒间的质量比，以百分数表示。

$$W=\frac{G_1-G_2}{G_2}\times100\% \tag{1-2}$$

式中　G_1——含水状态时土的质量；

G_2——烘干后土的质量。

土的含水量既影响土方边坡的稳定性，也影响土的压实程度。使回填土达到最大密实度的含水量称为土的最佳含水量。

1.2 场地平整

土方工程开工前通常需要确定场地设计平面，并进行场地平整。场地平整就是将自然地面改造成人们所要求的场地平面。

1.2.1　场地平整土方量计算

1. 场地设计标高的确定

场地设计标高的确定一般有两种方法：

1）按挖填平衡原则确定设计标高。适用于拟建场地的高差起伏不大，对场地设计标高无特殊要求的小型场地平整情况。

2）用最小二乘法原理求最佳设计平面。不仅要满足土方挖填平衡的要求，还要做到土方挖填的总工程量最小。适用于高差起伏较大的大型场地平整情况。

（1）按挖填平衡原则确定设计标高　其步骤：①划分场地方格网；②计算或实测各角点的原地形标高；③计算场地设计标高；④泄水坡度调整。

首先将场地划分成边长为 a 的若干方格，并将方格网角点的原地形标高标在图上（图 1-1）。原地形标高可利用等高线插入法求得或在实地测量。

按照挖填方量相等的原则，场地设计标高可按下式计算：

$$Na^2Z_0=\sum_{i=1}^{n}\left(a^2\frac{Z_{i1}+Z_{i2}+Z_{i3}+Z_{i4}}{4}\right)$$

即

$$Z_0=\frac{1}{4N}\sum_{i=1}^{n}(Z_{i1}+Z_{i2}+Z_{i3}+Z_{i4}) \tag{1-3}$$

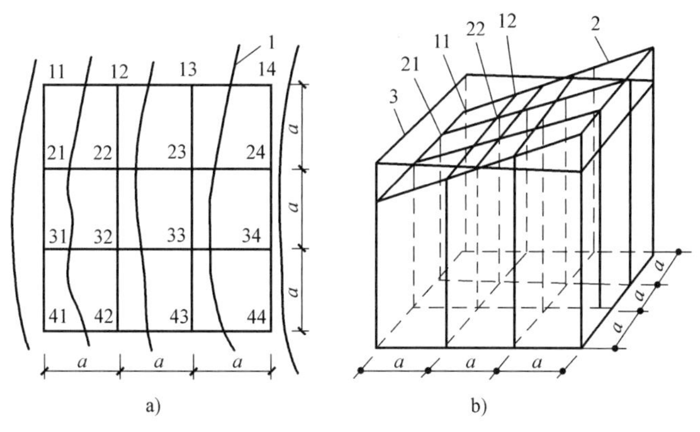

图 1-1　场地设计标高计算示意图

a）地形图方格网　b）设计标高示意图

1—等高线　2—自然地面　3—设计平面

式中　Z_0——所计算场地的设计标高（m）；

N——方格数；

Z_{i1}、Z_{i2}、Z_{i3}、Z_{i4}——第 i 个方格四个角点的原地形标高（m）。

也可简化为

$$Z_0=\frac{1}{4N}(\sum Z_1+2\sum Z_2+3\sum Z_3+4\sum Z_4) \tag{1-4}$$

式中　Z_1、Z_2、Z_3、Z_4——1、2、3、4 个方格所共有的角点标高。

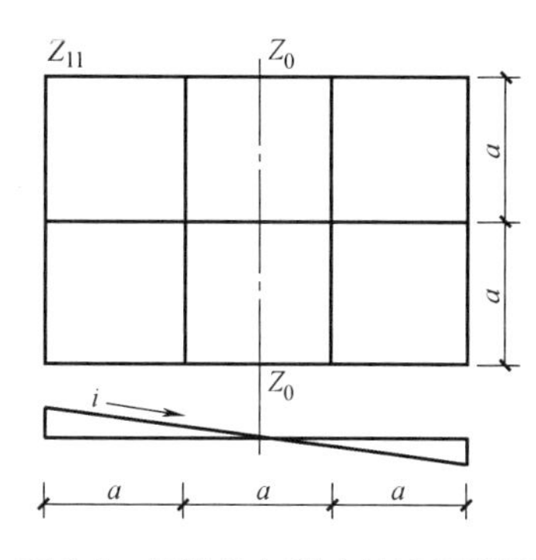

图 1-2　场地单向泄水坡度示意图

按式（1-4）得到的设计平面为一水平的挖填方（土方量）相等的场地，实际场地均应有一定的泄水坡度。因此，应根据泄水要求（单向泄水或双向泄水）计算出实际施工时所采用的设计标高。

1）当场地为单向泄水坡度时（图 1-2），将原设计标高 Z_0 作为场地中心线的标高，则场地内任意点的设计标高为

$$Z_i'=Z_0\pm Li \tag{1-5}$$

式中　Z_i'——场地内任意角点的设计标高；

L——该点至场地中心线 Z_0 的距离；

i——场地泄水坡度。

2）当场地为双向泄水坡度时（图 1-3），同理，场地内任一点的设计标高为

$$Z_i'=Z_0\pm L_x i_x\pm L_y i_y \tag{1-6}$$

式中　L_x、L_y——该点沿 x-x、y-y 向距场地中心线的距离；

i_x、i_y——该点沿 x-x、y-y 方向的泄水坡度。

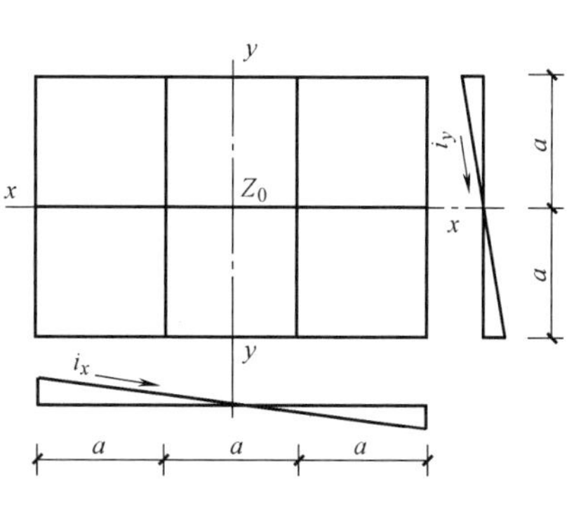

图 1-3　场地双向泄水坡度示意图

求得 Z_i' 后，即可按下式计算各角点的施工高度 h_i：

$$h_i = Z'_i - Z_i \tag{1-7}$$

式中　Z_i——i角点的原地形标高。

若h_i为正值，则该点为填方，h_i为负值则为挖方。

（2）用最小二乘法原理求最佳设计平面　用最小二乘法原理求最佳设计平面，不仅要求满足土方挖填平衡，还要求总土方量最少，也即要同时满足施工高度之和为0和施工高度平方和最小两个条件。

任何一个平面在直角坐标系中都可以用三个参数c、i_x、i_y来确定（图1-4）。在这个平面上任何一点的i标高Z'_i，可以根据下式求出：

$$Z'_i = c + x_i i_x + y_i i_y \tag{1-8}$$

式中　x_i——i点在x方向的坐标；

y_i——i点在y方向的坐标；

i_x、i_y——设计平面沿坐标x、y的坡度。

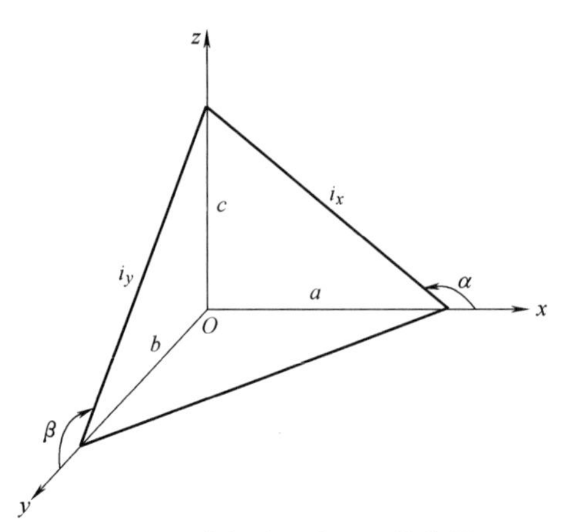

图1-4　空间中一个平面的位置

与前述方法类似，将场地分成方格网，并将原地形标高Z_i标于图上，设最佳设计平面的方程为式（1-8），则该场地方格网角点的施工高度h_i为

$$h_i = Z'_i - Z_i = c + x_i i_x + y_i i_y - Z_i \quad (i = 1, 2, \cdots, n) \tag{1-9}$$

式中　Z'_i——方格网任意角点i的设计标高；

Z_i——方格网任意角点i的原地形标高；

n——方格网角点总数。

施工高度之和与土方工程量成正比。由于施工高度有正有负，当施工高度之和为零时，则表明该场地的挖填平衡，若把施工高度平方之后再相加，则其总和能反映土方工程挖填方量绝对值之和的大小。但要注意，在计算施工高度总和时，应考虑方格网各点施工高度在计算土方量时，应用的次数P_i，令σ为土方施工高度之平方和，则

$$\sigma = \sum_{i=1}^{n} P_i h_i^2 = P_1 h_1^2 + P_2 h_2^2 + \cdots + P_n h_n^2 \tag{1-10}$$

将式（1-9）代入上式，得

$$\sigma = P_1(c + x_1 i_x + y_1 i_y - z_1)^2 + P_2(c + x_2 i_x + y_2 i_y - z_2)^2 + \cdots + P_n(c + x_n i_x + y_n i_y - z_n)^2$$

当σ的值最小时，该设计平面既能使土方工程量最小，又能保证填挖方量相等（填挖方不平衡时，上式所得数值不可能最小）。这就是用最小二乘法原理求设计平面的方法。

为了求得与最小的设计平面参数c、i_x、i_y，可以对上式中的c、i_x、i_y分别求偏导数，并令其为0，于是得

$$\begin{aligned}
\frac{\partial \sigma}{\partial c} &= \sum_{i=1}^{n} P_i(c + x_i i_x + y_i i_y - z_i) = 0 \\
\frac{\partial \sigma}{\partial i_x} &= \sum_{i=1}^{n} P_i x_i(c + x_i i_x + y_i i_y - z_i) = 0 \\
\frac{\partial \sigma}{\partial i_y} &= \sum_{i=1}^{n} P_i y_i(c + x_i i_x + y_i i_y - z_i) = 0
\end{aligned} \tag{1-11}$$

经过整理，可得下列准则方程：

$$\begin{aligned}&[P]c+[Px]i_x+[Py]i_y-[Pz]=0\\&[Px]c+[Pxx]i_x+[Pxy]i_y-[Pxz]=0\\&[Py]c+[Pxy]i_x+[Pyy]i_y-[Pyz]=0\end{aligned} \tag{1-12}$$

其中

$$\begin{aligned}&[P]=P_1+P_2+\cdots+P_n\\&[Px]=P_1x_1+P_2x_2+\cdots+P_nx_n\\&[Pxx]=P_1x_1x_1+P_2x_2x_2+\cdots+P_nx_nx_n\\&[Pxy]=P_1x_1y_1+P_2x_2y_2+\cdots+P_nx_ny_n\end{aligned}$$

其余类推。

解联立方程（1-12），可求得最佳设计平面的三个参数 c、i_x、i_y。然后即可根据式（1-9）算出各角点的施工高度。

（3）设计标高的调整　在实际工程中，对计算所得的设计标高，还应考虑下述因素进行调整，该项工作在完成土方量计算后进行。

1）土的可松性影响。由于土的可松性会造成填土的多余，因此需相应地提高设计标高。如图 1-5 所示，设 Δh 为土的可松性引起设计标高的增加值，则设计标高调整后的总挖方体积为

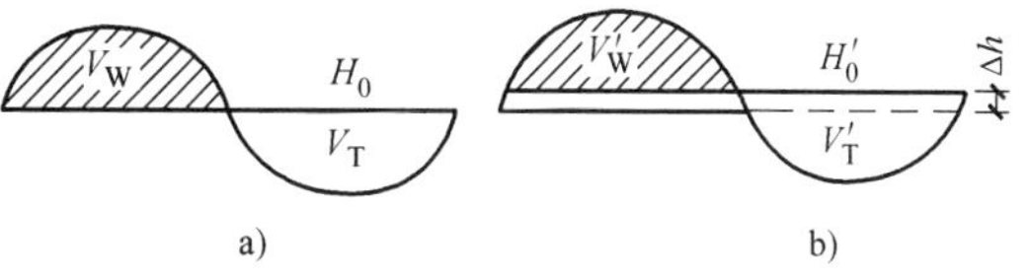

图 1-5　设计标高调整计算示意
a）理论设计标高　b）调整设计标高

$$V'_W=V_W-F_W\Delta h$$

总填方体积为

$$V'_T=V'_WK'_s=(V_W-F_W\Delta h)K'_s$$

此时，填方区的标高也应与挖方区一样，提高 Δh，即

$$\Delta h=\frac{V'_T-V_T}{F_T}=\frac{(V_W-F_W\Delta h)K'_s-V_T}{F_T}$$

经移项整理简化得（当 $V_T=V_W$）

$$\Delta h=\frac{V_W(K'_s-1)}{F_T+F_WK'_s} \tag{1-13}$$

故考虑土的可松性后，场地设计标高应调整为

$$Z'_0=Z_0+\Delta h \tag{1-14}$$

式中　V_W、V_T——按初定场地设计标高计算得出的总挖方、总填方体积；

F_W、F_T——按初定场地设计标高计算得出的挖方区、填方区总面积；

K'_s——土的最后可松性系数。

2）借土或弃土的影响。根据经济比较结果，若采用就近场外取土或弃土的施工方案，则会引起挖填土方量的变化，需调整设计标高。

为简化计算，场地设计标高的调整可按下列近似公式确定，即

$$Z''_0=Z'_0\pm\frac{Q}{na^2} \tag{1-15}$$

式中　Q——假定按初步场地设计标高平整后多余或不足的土方量；

n——场地方格数；

a——方格边长。

2. 场地平整土方量计算

在场地设计标高确定后，即可求得需平整的场地各角点的施工高度，然后按每个方格角点的施工高度算出填、挖土方量，并计算场地边坡的土方量，这样即可得到整个场地的填、挖土方总量。

（1）确定“零线”的位置　零线即挖方区与填方区的交线，在该线上，施工高度为0。它有助于了解整个场地的挖、填区域分布状态。零线的确定方法是：在相邻角点施工高度为一挖一填的方格边线上，用插入法求出零点的位置，如图1-6所示，将各相邻的零点连接起来即为零线。

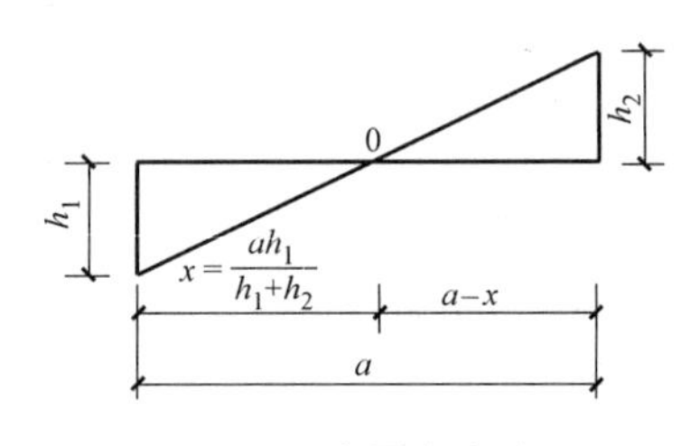

图1-6　求零点方法

（2）计算方格中的土方量

1）方格四个角点全部为填或全部为挖时，如图1-7a所示。

$$V=\frac{a^2}{4}(h_1+h_2+h_3+h_4) \tag{1-16}$$

式中　V——挖方或填方体积；

h_1、h_2、h_3、h_4——方格四个角点的填挖高度，均取绝对值。

2）方格四个角点，两个是挖方，两个是填方，如图1-7b所示。

挖方部分土方量为
$$V_{1-2}=\frac{a^2}{4}\left(\frac{h_1^2}{h_1+h_4}+\frac{h_2^2}{h_2+h_3}\right) \tag{1-17}$$

填方部分土方量为
$$V_{3-4}=\frac{a^2}{4}\left(\frac{h_3^2}{h_2+h_3}+\frac{h_4^2}{h_1+h_4}\right) \tag{1-18}$$

3）方格的三个角点为挖方，另一角点为填方时，如图1-7c所示。

填方部分土方量为
$$V_4=\frac{a^2}{6}\cdot\frac{h_4^3}{(h_1+h_4)(h_3+h_4)} \tag{1-19}$$

挖方部分土方量为
$$V_{123}=\frac{a^2}{6}(2h_1+h_2+2h_3-h_4)+V_4 \tag{1-20}$$

相反，方格的三个角点为填方，另一角为挖方时，其挖方部分土方量按式（1-19）计算，填方部分土方量按式（1-20）计算。

4）方格的一个角点为挖方，一个角点为填方，另两个角点为零点时（零线为方格的对角线），如图1-7d所示，其挖、填土方量为

$$V=\frac{1}{6}a^2h \tag{1-21}$$

（3）计算场地边坡土方量　边坡土方量可划分为两种近似的几何形体即三棱锥体和三棱柱体分别计算，然后将各分段计算的结果相加，求出边坡土方的挖方或填方量。图1-8所示为边坡土方量分段计算示例。

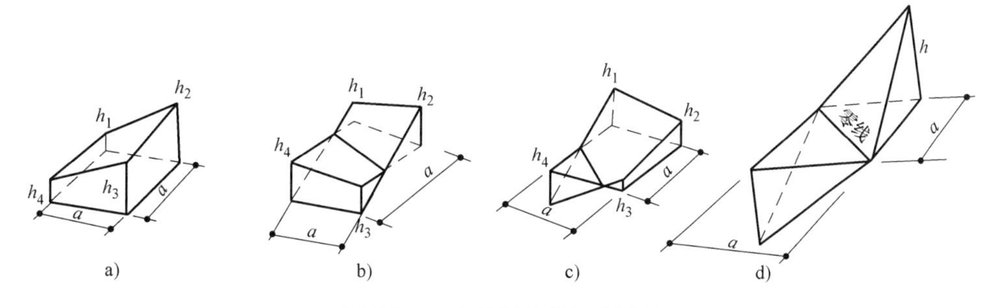

图 1-7 四方棱柱体的体积计算

a）角点全填或全挖 b）角点二填二挖 c）角点一填 d）角点一挖一填

1）三棱锥体，图 1-8①所示的体积为

$$V=\frac{1}{3}FL=\frac{1}{3}\left(\frac{mh_2^2}{2}l_1\right)=\frac{1}{6}mh_2^2l_1 \tag{1-22}$$

式中 m——边坡坡度系数；

h——计算角点施工高度；

L——三棱锥体长度；

F——边坡端面面积。

2）三棱柱体，图 1-8④所示的体积为

$$V=\frac{F_1+F_2}{2}L=\frac{m}{4}(h_2^2+h_3^2)l_4 \tag{1-23}$$

式中 h_2、h_3——三棱柱体两端角点施工高度；

L——三棱柱体长度；

F_1、F_2——边坡两端的断面面积。

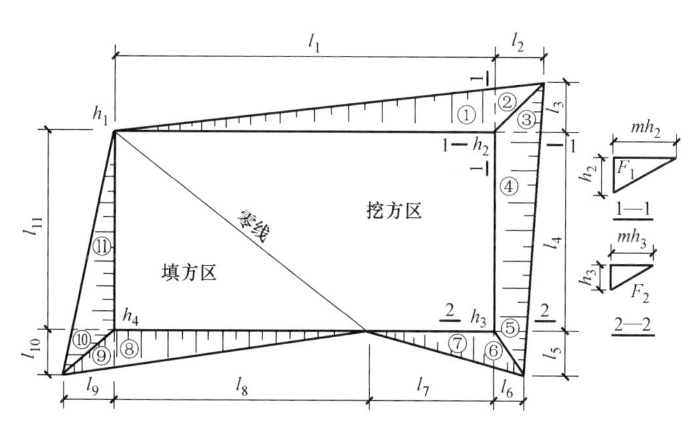

图 1-8 边坡土方量分段计算示例

（4）计算土方总量 将挖方区（或填方区）所有方格的土方量和边坡土方量汇总，即可得到场地平整挖（填）方的工程量。

【例 1-1】 某建筑场地地形图和方格网布置如图 1-9 所示，方格网 $a=20$m，土质为亚黏土，设计排水坡度 $i_x=2‰$、$i_y=3‰$，试按挖填平衡的原则确定场地各方格的角点设计标高，并计算场地平整土方量（不考虑土的可松性影响和四周放坡）。

1. 计算各方格角点的地面标高

根据地形图等高线，假设两等高线之间的地面坡度按直线变化，用插入法求出各方格角点的地面标高。

例如：图1-9中等高线70.00与70.50间角点6的地面标高，由图1-10可得

$$z_x:(Z_B-Z_A)=x:L$$

$$z_x=\frac{Z_B-Z_A}{L}x$$

$$Z_x=Z_A+z_x$$

式中　z_x——计算的角点与等高线上A点的高差（m）；

Z_A——等高线A的标高（m）；

Z_B——等高线B的标高（m）；

x——所求角点沿方格边线到等高线上A点的距离（m）；

L——沿该角点所在的方格边线，等高线A、B之间的距离（m）。

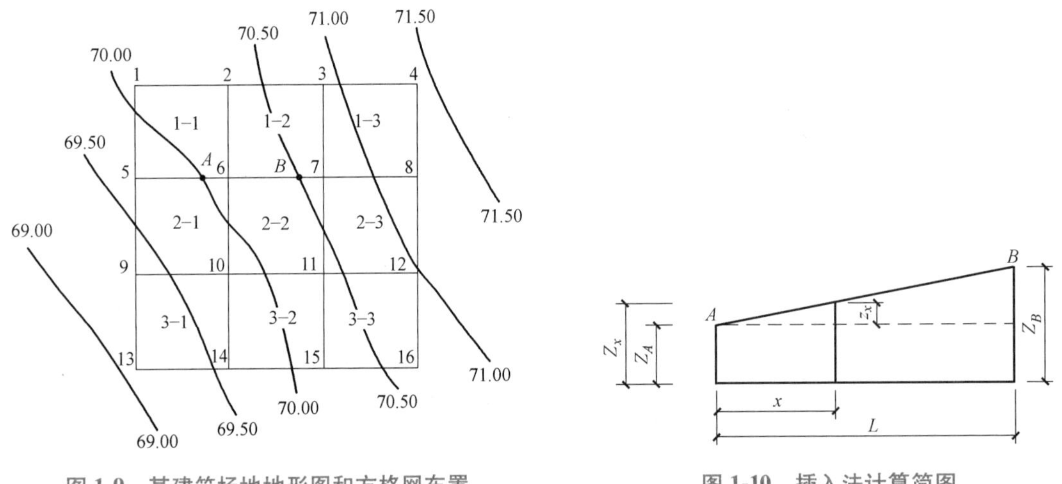

图1-9　某建筑场地地形图和方格网布置　　　图1-10　插入法计算简图

用比例尺在图1-9上量出角点6的x、L值，代入上述两式，得

$$z_6=\frac{70.50-70.00}{24}\times 8\text{m}=0.17\text{m}$$

$$Z_6=(70.00+0.17)\text{m}=70.17\text{m}$$

以此类推，求出各角点地面标高，如图1-11所示。

2. 计算场地设计标高 Z_0

$$\sum Z_1=(70.09+71.43+70.70+69.10)\text{m}=281.32\text{m}$$

$$2\sum Z_2=2\times(70.40+70.95+71.22+70.95+70.20+69.62+69.37+69.71)\text{m}=1124.84\text{m}$$

$$4\sum Z_4=4\times(70.17+70.70+70.38+69.81)\text{m}=1124.24\text{m}$$

由式（1-4）得

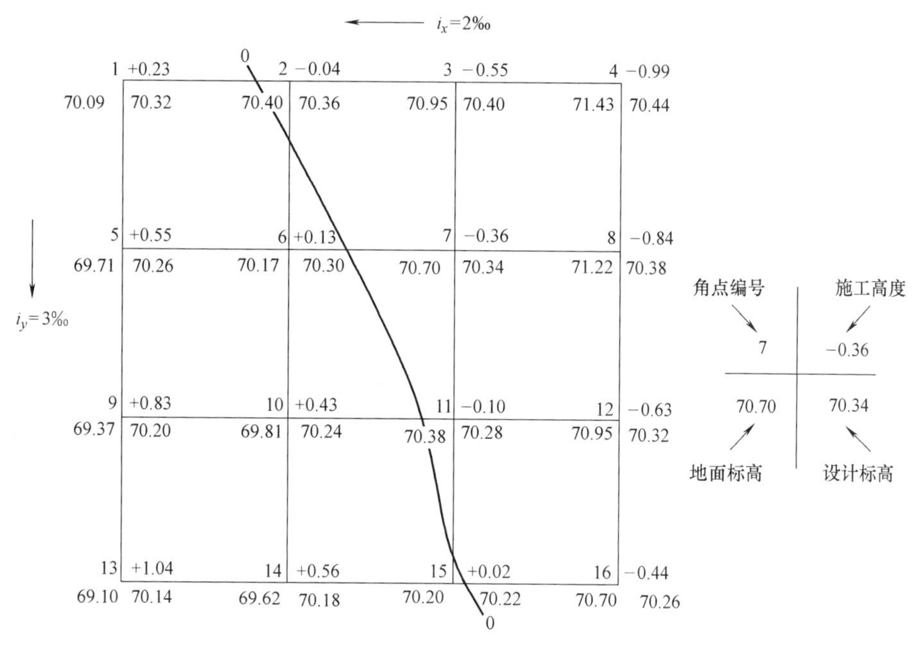

图 1-11 各方格角点的设计标高及施工高度

$$Z_0=\frac{\sum Z_1+2\sum Z_2+4\sum Z_4}{4N}=\frac{281.32+1124.84+1124.24}{4\times 9}\text{m}=70.29\text{m}$$

3. 根据排水坡度计算角点设计标高

将图 1-9 所示的场地中心点定为 Z_0，各方格角点的设计标高为

$$Z_1'=Z_0-(30\times 2‰+30\times 3‰)\text{m}=(70.29-30\times 2‰+30\times 3‰)\text{m}=70.32\text{m}$$

$$Z_2'=Z_1'+(20\times 2‰)\text{m}=(70.32+0.04)\text{m}=70.36\text{m}$$

$$Z_5'=Z_1'-(20\times 3‰)\text{m}=(70.32-0.06)\text{m}=70.26\text{m}$$

其余各角点标高算法同上，如图 1-11 所示。

4. 计算各方格角点的施工高度

由式（1-7）求各方格角点施工高度。

角点 1：$h_1=(70.32-70.09)\text{m}=+0.23\text{m}$

角点 2：$h_2=(70.36-70.40)\text{m}=-0.04\text{m}$

其余各角点施工高度如图 1-11 所示。

5. 确定零点、画零线

首先求零点，零点在相邻两角点为一挖一填的方格边线上，按图 1-10 所示，$x=\frac{ah_1}{h_1+h_2}$计算零点，并标在图上。各零点位置如图 1-11 所示。各相邻零点的连线即为零线（挖填方区的分界线）。

6. 计算土方量

图 1-9 中的方格 1−3、2−3 是四个角点全部为挖方；方格 2−1、3−1 是四个角点全部为填方，这四个方格的土方量按式（1-16）计算，即

$$V_{挖(填)}=\frac{a^2}{4}(h_1+h_2+h_3+h_4)$$

$$V_{1-3挖}=\frac{400}{4}\times(0.55+0.99+0.84+0.36)\mathrm{m}^3=-274\mathrm{m}^3$$

$$V_{2-3挖}=\frac{400}{4}\times(0.36+0.84+0.63+0.10)\mathrm{m}^3=-193\mathrm{m}^3$$

$$V_{2-1填}=\frac{400}{4}\times(0.55+0.13+0.43+0.83)\mathrm{m}^3=+194\mathrm{m}^3$$

$$V_{3-1填}=\frac{400}{4}\times(0.83+0.43+0.56+1.04)\mathrm{m}^3=+286\mathrm{m}^3$$

注："+" 表示填方，"-" 表示挖方。

方格2-2为两挖两填方格，按式（1-17）、式（1-18）计算，即

$$V_{挖}=\frac{a^2}{4}\left(\frac{h_1^2}{h_1+h_4}+\frac{h_2^2}{h_2+h_3}\right)$$

$$V_{填}=\frac{a^2}{4}\left(\frac{h_3^2}{h_2+h_3}+\frac{h_4^2}{h_1+h_4}\right)$$

$$V_{2-2挖}=\frac{400}{4}\times\left(\frac{0.36^2}{0.36+0.13}+\frac{0.10^2}{0.10+0.43}\right)\mathrm{m}^3=-28.3\mathrm{m}^3$$

$$V_{2-2填}=\frac{400}{4}\times\left(\frac{0.43^2}{0.10+0.43}+\frac{0.13^2}{0.36+0.13}\right)\mathrm{m}^3=+38.3\mathrm{m}^3$$

方格1-1、3-2为三填一挖方格，方格1-2、3-3为三挖一填方格，按式（1-19）、式（1-20）计算，即

$$V_4=\frac{a^2}{6}\cdot\frac{h_4^3}{(h_1+h_4)(h_3+h_4)}$$

$$V_{123}=\frac{a^2}{6}(2h_1+h_2+2h_3-h_4)+V_4$$

$$V_{1-1挖}=\frac{400}{6}\times\frac{0.04^3}{(0.13+0.04)\times(0.23+0.04)}\mathrm{m}^3=-0.09\mathrm{m}^3$$

$$V_{1-1填}=\frac{400}{6}\times(2\times0.13+0.55+2\times0.23-0.04)\mathrm{m}^3+0.09\mathrm{m}^3=+82.09\mathrm{m}^3$$

$$V_{1-2填}=\frac{400}{6}\times\frac{0.13^3}{(0.04+0.13)\times(0.36+0.13)}\mathrm{m}^3=+1.76\mathrm{m}^3$$

$$V_{1-2挖}=\frac{400}{6}\times(2\times0.04+0.55+2\times0.36-0.13)\mathrm{m}^3+1.76\mathrm{m}^3=-83.09\mathrm{m}^3$$

$$V_{3-2挖}=\frac{400}{6}\times\frac{0.10^3}{(0.02+0.10)\times(0.43+0.10)}\mathrm{m}^3=-1.05\mathrm{m}^3$$

$$V_{3-2填}=\frac{400}{6}\times(2\times0.02+0.56+2\times0.43-0.10)\mathrm{m}^3+1.05\mathrm{m}^3=+91.72\mathrm{m}^3$$

$$V_{3-3填}=\frac{400}{6}\times\frac{0.02^3}{(0.10+0.02)\times(0.44+0.02)}\mathrm{m}^3=+0.01\mathrm{m}^3$$

$$V_{3-3挖}=\frac{400}{6}\times(2\times0.10+0.63+2\times0.44-0.02)\text{m}^3+0.01\text{m}^3=-112.59\text{m}^3$$

将计算出的土方量汇总如下：

总挖方量：$\sum V_{挖}=(0.09+83.09+274+28.3+193+1.05+112.59)\text{m}^3=-692.12\text{m}^3$

总填方量：$\sum V_{填}=(82.09+1.76+194+38.3+286+91.72+0.01)\text{m}^3=+693.88\text{m}^3$

1.2.2　土方调配

土方调配即对挖土的利用、堆弃和填土三者之间的关系进行综合协调处理，是大型土方施工设计的一个重要内容。土方调配应力求做到挖填平衡，运距最短或费用最低；考虑土方的利用，减少土方的重复挖、填和运输；便于机具调配和机械施工；分区调配与全场调配相协调。具体步骤如下：

1. 划分调配区

调配区的划分应注意下列几点：

1）调配区的划分应与建筑物和构筑物的平面位置相协调，满足工程施工顺序和分期施工的要求，使近期施工和后期利用相结合。

2）调配区的大小应满足土方施工主导机械（铲运机、挖土机等）的技术要求，例如调配区的范围应该大于或等于机械的铲土长度。调配区的面积最好和施工段的大小相适应。

3）调配区的范围应该和土方工程量计算用的方格网协调，通常可由若干个方格组成一个调配区。

4）当土方运距较大或场区范围内土方不平衡时，可根据附近地形，考虑就近取土或就近弃土，这时一个取土区或一个弃土区都可作为一个独立的调配区。

2. 求出平均运距及土方施工单价

调配区的大小和位置确定之后，便可计算各填、挖方调配区之间的平均运距。当用铲运机或推土机平土时，挖方调配区和填方调配区土方重心之间的距离，通常就是该填、挖方调配区之间的平均运距。

调配区之间的运土单价，可根据预算定额或估算确定。当采用多种机械配套施工时，应综合考虑挖、运、填配套机械的施工单价。

3. 确定最优调配方案

最优调配方案的确定，是以线性规划为理论基础，用表上作业法来求解。具体如下：

图1-12所示为一土方调配图，现已知各调配区的土方量和相互之间的平均运距（表1-2），试求最优土方调配方案。

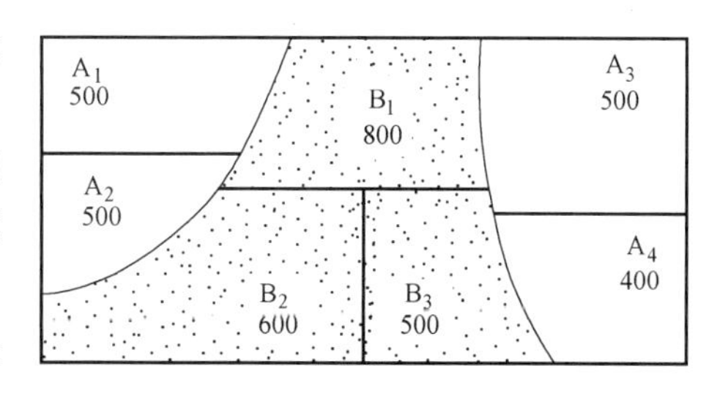

图1-12　土方调配图（单位：m^3）

（1）初始调配方案编制　初始方案的编制采用“最小元素法”。即根据对应于 c_{ij}（平均运距）最小的 x_{ij} 取最大值的原则进行调配。

首先在运距表中找一个最小数值，表中 $c_{22}=c_{43}=40$，见表1-2。于是先确定的值，使其尽可能地大，即 $x_{43}=\min(400,500)=400$。由于 A_4 挖方区的土方全部调到 B_3 填方区，所以

$x_{41}=x_{42}=0$。将 400 填入表 1-3 中的 x_{43}格内，画一个括号，同时在 x_{41}、x_{42}格内画上一个“×”号。然后在没有括号和“×”号的方格内，再选一个运距最小的方格，即 $c_{22}=40$，让 x_{22}值尽量大，即 $x_{22}=\min(500,600)=500$，同时使 $x_{21}=x_{23}=0$。同样将 500 画上一个括号，填入 x_{22}格内，并且在 x_{21}、x_{23}格内画上“×”号。

表 1-2　调配区土方量及平均运距

挖方区	填方区及平均运距/m			挖方量/m^3
	B_1	B_2	B_3	
A_1	50	70	100	500
A_2	70	40	90	500
A_3	60	110	70	500
A_4	80	100	40	400
填方量/m^3	800	600	500	1900

重复上面步骤，依次地确定其余 x_{ij}数值，最后得出表 1-3 所示的初始调配方案。土方总运输量为：$Z_1=(500\times50+500\times40+300\times60+100\times110+100\times70+400\times40)\,m^3\cdot m=97000m^3\cdot m$

表 1-3　初始调配方案

挖方区	填方区			挖方量/m^3
	B_1	B_2	B_3	
A_1	50 (500)	70 ×	100 ×	500
A_2	70 ×	40 (500)	90 ×	500
A_3	60 (300)	110 (100)	70 (100)	500
A_4	80 ×	100 ×	40 (400)	400
填方量/m^3	800	600	500	1900

（2）最优方案的判别法　初始方案确定后，还需要进行判别，看它是否是最优方案。判别方法有“闭回路法”和“位势法”，都是用检验数 λ_{ij}来判别，只要所有检验数 $\lambda_{ij}\geqslant0$时，方案为最优解。

检验时，首先将初始方案中有调配数方格的平均运距列出来，见表 1-4，然后根据这些数字的方格，按下式求出两组位势数 $u_i(i=1，2，\cdots，m)$ 和 $v_j(j=1，2，\cdots，n)$。

$$c_{ij}=u_i+v_j \tag{1-24}$$

式中　c_{ij}——本例中为平均运距；

u_i，v_j——位势数。

表 1-4　平均运距和位势数　（单位：m）

挖方区 \ 填方区	位势数 u_i \ v_j	B_1 $v_1=50$	B_2 $v_2=100$	B_3 $v_3=60$
A_1	$u_1=0$	50 0		
A_2	$u_2=-60$		40 0	
A_3	$u_3=10$	60 0	110 0	70 0
A_4	$u_4=-20$			40 0

本例中，先让 $u_1=0$，则

$$v_1=c_{11}-u_1=50-0=50;\ u_3=60-50=10;$$
$$v_2=110-10=100;\ v_3=70-10=60;$$
$$u_2=40-100=-60;\ u_4=40-60=-20$$

位势数求出后，便可根据下式计算各空格的检验数：

$$\lambda_{ij}=c_{ij}-u_i-v_j \tag{1-25}$$

根据公式依次求出各空格的检验数。如：$\lambda_{21}=70-(-60)-50=+80$，将求得的各检验数填入表 1-5。表中出现了负的检验数，说明初始方案不是最优方案，需要进一步调整。

表 1-5　检验数

挖方区 \ 填方区	位势数 u_i \ v_j	B_1 $v_1=50$	B_2 $v_2=100$	B_3 $v_3=60$
A_1	$u_1=0$	0	− 70	+ 100
A_2	$u_2=-60$	+ 70	0	+ 90
A_3	$u_3=10$	0	0	0
A_4	$u_4=-20$	+ 80	+ 100	0

（3）方案调整

第一步：在所有负检验数中挑选一个（一般选最小），本例中为 c_{12}，把它所对应的变量 X_{12} 作为调整对象。

第二步：找出 X_{12} 的闭回路。从 X_{12} 格出发，沿水平或竖直方向前进，遇到适当有数字的方格作 90°转弯（也不一定转弯），然后继续前进，有限步后回到出发点，形成一条以有数字的方格为转角点、用水平和竖直线连起来的闭回路见表 1-6。

表 1-6　方案调整

挖方区	填方区		
	B_1	B_2	B_3
A_1	500←	X_{12} ↑	
A_2	↓	500 ↑	
A_3	300	→100	100
A_4			400

第三步：从空格 X_{12} 出发，沿着闭回路一直前进，在各奇数次转角点数字中，挑选出一个最小的，本例中即在“500，100”中选出“100”，将它由 X_{32} 调到 X_{12} 方格中。

第四步：将“100”填入 X_{12} 方格中，X_{32} 为 0；同时将闭回路上其他的奇数次转角上的数字都减去“100”，偶数次转角上数字都增加“100”，使得填挖方区的土方量仍然保持平衡，这样调整后，便可得到表 1-7 的新调配方案。

对新调配方案，仍用“位势法”进行检验，看其是否已是最优方案。如果检验数中仍有负数出现，那就仍按上述步骤继续调整，直到找出最优方案为止。

表 1-7 中所有检验数均为正号，故该方案即为最优方案。土方总运输量为：$Z_2=(400\times50+100\times70+500\times40+400\times60+100\times70+400\times40)\text{m}^3\cdot\text{m}=94000\text{m}^3\cdot\text{m}$，较初始方案 $Z_1=97000\text{m}^3\cdot\text{m}$ 减少了 $3000\text{m}^3\cdot\text{m}$。具体调配方案如图 1-13 所示。

表 1-7　新调配方案

填方区 挖方区	位势数	B_1	B_2	B_3	挖方量/m^3
	v_j u_i	$v_1=50$	$v_2=70$	$v_3=60$	
A_1	$u_1=0$	50 400	70 100	100 +	500
A_2	$u_2=-30$	70 +	40 500	90 +	500
A_3	$u_3=10$	60 400	110 +	70 100	500
A_4	$u_4=-20$	80 +	100 +	40 400	400
填方量/m^3		800	600	500	1900

1.2.3　场地平整施工

1. 推土机施工

推土机是土方工程施工的主要机械之一，多用于平整场地，移挖、回填土方，推筑堤坝以及配合挖土机集中土方、修路开道等。推土机操纵灵活，运转方便，所需工作面较小、行驶速度快、易于转移，能爬30°左右的缓坡，应用范围较广。推土机经济运距在100m以内，效率最高的运距为40~60m。图1-14所示为T-180型推土机外形图。

施工中可采用下述方法来提高推土机的生产率。

1）槽形推土。推土机多次在一条作业线上工作，使地面形成一条浅槽，减少土从铲刀两侧散漏。可增加推土量10%~30%。

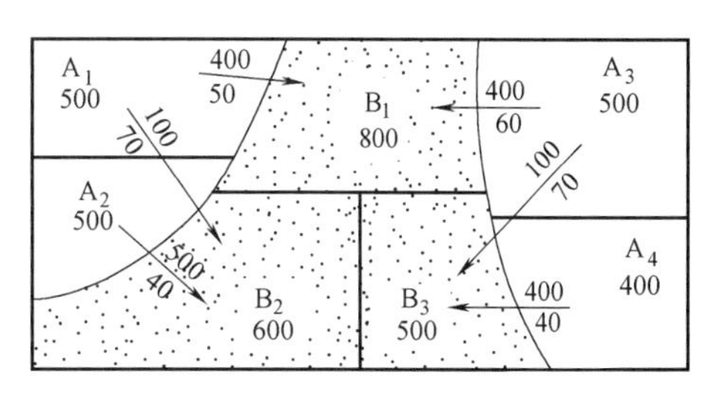

图1-13 最终调配方案

（运距单位：m，土方单位：m^3）

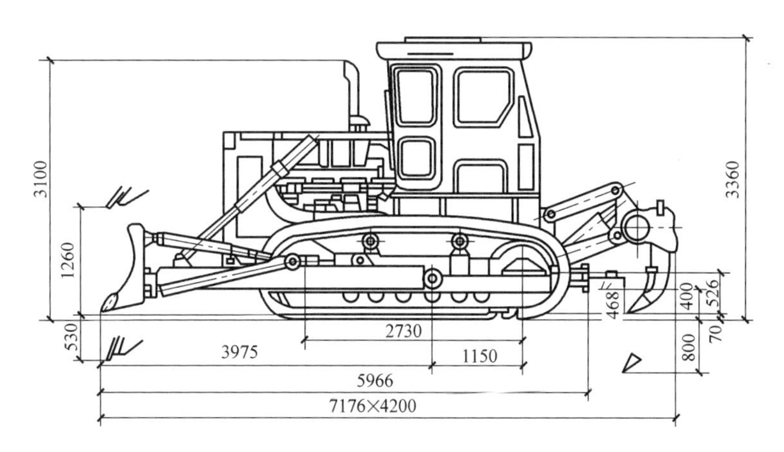

图1-14 T-180型推土机外形图

2）并列推土。在大面积场地平整时，可采用多台推土机并列作业。通常两机并列可增大推土量15%~30%；三机并列推土可增加30%~40%。并列推土送土运距宜为20~60m。

3）下坡推土。在斜坡上方顺下坡方向工作。坡度15°以内时一般可提高生产率30%~40%。

4）分批集中，一次推送。在硬土中开挖时，切土深度不大，可采用多次铲土、分批集中、一次推送的方法，有效利用推土机的功率，缩短运土时间。

2. 铲运机施工

铲运机是一种能综合完成全部土方施工工序（挖土、装土、运土、卸土和平土）的机械。按行走方式分为自行式铲运机（图1-15）和拖式铲运机两种。常用的铲运斗容量为$2m^3$、$5m^3$、$6m^3$、$7m^3$等数种，按铲斗的操纵系统又可分为机械操纵和液压操纵两种。铲运机操纵简单，不受地形限制，能独立工作，行驶速度快，生产率高。

铲运机适于开挖一至三类土，常用于坡度20°以内的大面积土方挖、填、平整土方，大型基坑开挖和堤坝填筑等。

铲运机运行路线和施工方法视工程大小、运距长短、土的性质和地形条件等而定。其运行路线可采用环形路线或“8”字形路线（图1-16）。适用运距为60~1500m，当运距为200~350m时效率最高。作业方法可用下坡铲土、跨铲法、推土机助铲法等，以充分发挥其效率。

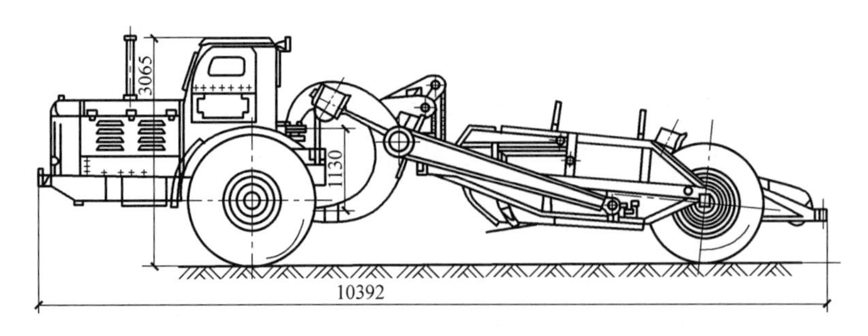

图1-15　C3-6型自行式铲运机外形图

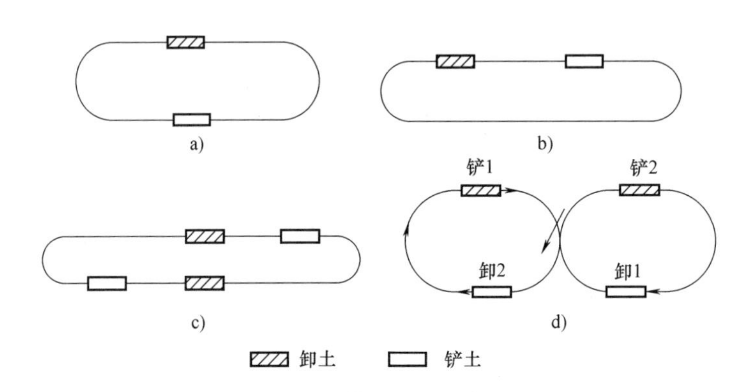

图1-16　铲运机运行路线

a)、b) 环形路线　c) 大环形路线　d)"8"字形路线

1.3 土方开挖

土方的开挖一般可分为：①大开挖土方，即整个满挖；②基坑土方开挖，一般是指独立基础的土方挖掘；③基（沟）槽土方开挖，是指条形基础或管道沟槽的土方挖掘。

土方的开挖应按基坑（槽）的尺寸合理确定开挖顺序和分层开挖深度，连续进行施工。基坑（槽）开挖程序一般是：测量放线→分层开挖、排降水→修坡→整平→留足预留土层等。相邻基坑开挖时，应遵循先深后浅或同时进行的原则。

1.3.1 土方开挖方式

土方开挖施工前，应根据基坑面积大小、开挖深度、支护结构形式、土质状况和环境条件等因素研究选定开挖方式。常用的开挖方式有以下几种。

1）全面开挖。将基坑直接开挖至设计深度。适用于基坑开挖深度浅、范围小的情况。

2）分段开挖。将基坑分成几段或几块分别开挖。当开挖范围大，基坑深浅不一，组织分段流水施工或土质较差，为了加快支撑的形成，减少时效影响时，可采用此方式。

3）分层开挖。将基坑分为多层进行逐层开挖。当基坑较深、土质较软、又不允许分段分块施工混凝土垫层或基础时，可采用此方式。开挖顺序可根据现场工作面和出土方向的情况而定，可采用从基坑中间向两边平行对称开挖、从基坑两端对称开挖或交替分层开挖等开挖顺序。

4）盆式开挖。先挖去基坑中心部位的土，而周围一定范围内的土暂不开挖，以平衡支护结构外面产生的侧压力，待中心部位挖土结束，浇筑好混凝土垫层或地下结构施工完成后，在支护结构与盆式部位之间设置临时支撑或对撑，再进行支护结构内四周土方的开挖和结构的施工。

5）“中心岛”式开挖。与盆式开挖施工顺序相反，即先开挖基坑四周或两侧的土，并进行周边支撑，浇筑混凝土垫层或地下结构施工，然后进行中间余土的开挖和结构的施工。

1.3.2 土方开挖方法

土方开挖可采用机械开挖和人工开挖。土方工程施工时，优先考虑机械化施工，以便加快施工进度。为了防止机械超挖，可采用人工补充修挖方式完成，如基坑槽底20cm范围的土方挖掘、清底，以及机械无法施工的边坡修整、场地边角、小型沟槽的开挖或回填等。

1.3.3 土方开挖机械化施工

1. 施工机械

挖土机分为机械式和液压式，有正铲、反铲、拉铲、抓铲等多种，如图1-17所示。

（1）正铲挖土机　正铲挖土机适用于含水量小于27%的一至四类土。主要用于开挖停机面以上的土方，且需要与汽车配合完成整个挖运工作。正铲的开挖方式根据开挖路线与汽车相对位置的不同分为：正向开挖侧向装土及正向开挖后方装土两种。

（2）反铲挖土机　反铲挖土机适用于开挖一至三类土。主要用于开挖停机面以下基坑、基槽和管沟的土方，尤其适用于开挖独立柱基，以及泥泞的或地下水位较高的土体。最大挖土深度为4~6m，反铲也需配备车辆运土。

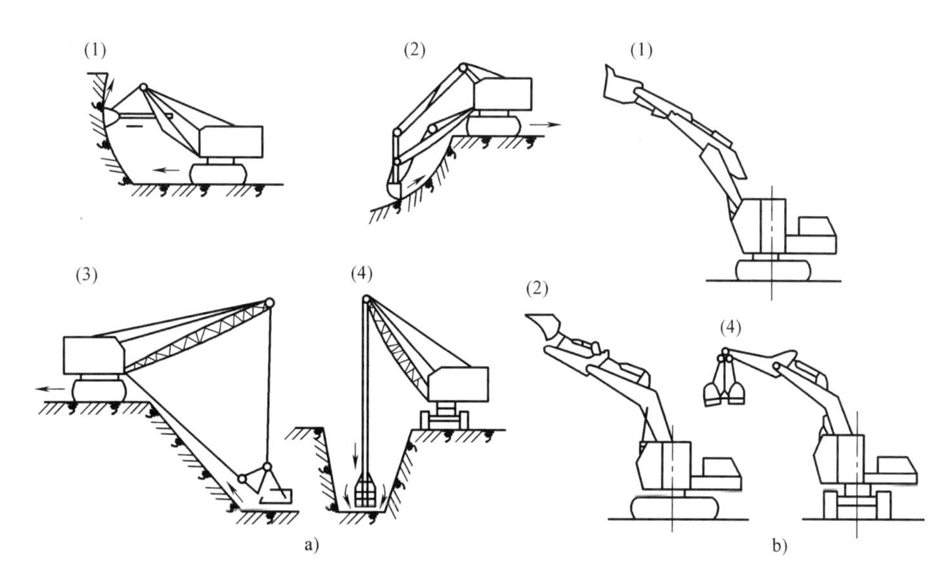

图1-17　单斗挖土机

a）机械式　b）液压式

（1）正铲　（2）反铲　（3）拉铲　（4）抓铲

(3) 拉铲挖土机　拉铲挖土机适用于一至三类土。可开挖停机面以下较深较宽的基坑（槽）和沟渠土方，挖取水下泥土，也可用于填筑路基、堤坝等。拉铲挖土时，依靠土斗自重及拉索拉力切土，卸土时斗齿朝下，利用惯性，较湿的黏土也能卸净。

(4) 抓铲挖土机　抓铲挖土机适用于开挖较松软的土。对施工面狭窄而深的基坑、深槽、深井采用抓铲效果理想。抓铲还可用于挖取水中淤泥，装卸碎石、矿渣等松散材料。施工特点："直上直下，自重切土"。

2. 土方机械配套计算

当存在多种机械可供选择时，应进行技术经济比较，选择效率高、费用低的机械进行施工。

当挖土机挖出的土方用运土车辆运走时，挖土机的生产率不仅取决于本身的技术性能，还决定于所选的运输工具是否与之协调。根据挖土机的技术性能，其生产率 P（m^3/班）计算如下：

$$P=\frac{8\times3600}{t}q\frac{k_c}{k_s}K_B \tag{1-26}$$

式中　t——挖土机每次循环作业时间（s）；

q——挖土机斗容量（m^3）；

k_s——土的最初可松性系数；

k_c——土斗的充盈系数，可取 0.8～1.1；

K_B——工作时间利用系数，取 0.6～0.8。

为了使挖土机充分发挥生产能力，应使运土车辆的载质量及挖土机的每斗土重保持一定的倍率关系，并有足够数量的车辆以保证挖土机连续工作。最合适的车载质量应以每斗土重的 3～5 倍为宜。运土车辆的数量 N 可按下式计算：

$$N=\frac{T}{t_1+t_2} \tag{1-27}$$

$$t_1=nt=\frac{Q}{q\frac{k_c}{k_s}\gamma}t \tag{1-28}$$

式中　T——运输车辆每一工作循环延续时间（s）；

t_1——运输车辆装满一车土的时间（s）；

t_2——运输车辆调头而使挖土机等待时间（s）；

n——运土车辆每车装土次数；

Q——运土车辆的载质量（t）；

γ——实土密度（t/m^3）。

为了减少车辆的调头、等待和装土时间，装土场地必须考虑调头方法及停车位置。如果基坑设有两个通道，汽车不用调头，可以缩短调头等待时间。

1.3.4　土方开挖工程量的计算

基坑土方量可按立体几何中的拟柱体（由两个平行的平面做底的一种多面体）体积公式计算（图 1-18），即

$$V=\frac{1}{6}h(S+4S_0+S')\tag{1-29}$$

式中 h——基坑深度；

S、S'——基坑上下两底面面积；

S_0——基坑中截面面积。

基槽土方量计算，可沿其长度方向分段计算。

如该段内基槽横截面形状、尺寸不变时，其土方量即为该段横截面的面积乘以该段基槽长度。总土方量为各段土方量之和。

如该段内横截面的形状、尺寸有变化时，可近似地用拟柱体的体积公式计算，即

$$V_i=\frac{1}{6}L_i(S_i+4S_{0i}+S_i')\tag{1-30}$$

式中 V_i——该段土方量；

L_i——该段长度；

S_i、S_i'——该段两端横截面面积；

S_{0i}——该段中截面面积。

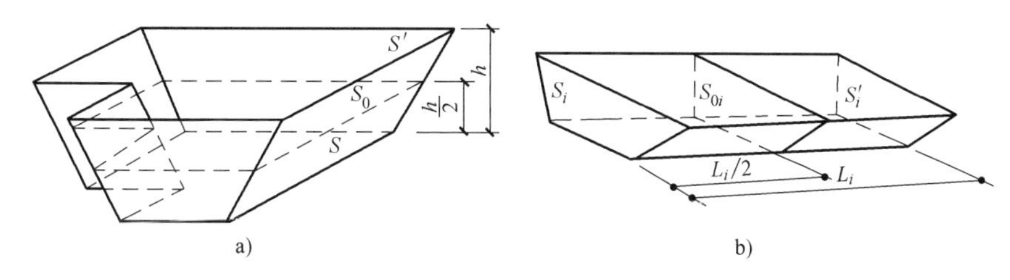

图 1-18 基坑、基槽土方量计算简图

a）基坑土方量计算 b）基槽、路堤土方量计算

1.3.5 土方开挖辅助工作

土方开挖前要根据土方施工设计做好土方工程的辅助工作，如边坡稳定、基坑（槽）支护、降低地下水等。

1. 土方边坡的稳定

为保证开挖土方的土壁稳定安全，常采用放坡形式，如图 1-19 所示。土方边坡常用边坡坡度或坡度系数（也称边坡系数）表示，两者互为倒数，边坡坡度是土方挖土深度 h 与边坡顶面的放坡宽度 b 之比，如图 1-19a 所示，即

$$土方边坡坡度=\frac{h}{b}=1:m\tag{1-31}$$

$$土方边坡系数\ m=\frac{b}{h}\tag{1-32}$$

边坡可做成直线形、折线形或阶梯形，如图 1-19 所示。

当工程场地有放坡条件，且无不良地质作用时，基坑及各类挖方的四周可留设土方边坡。

边坡坡度应根据土质、开挖深度、开挖方法、施工工期、地下水位、气候条件等因素确定。常见临时性挖方边坡值宜符合表 1-8 的规定。

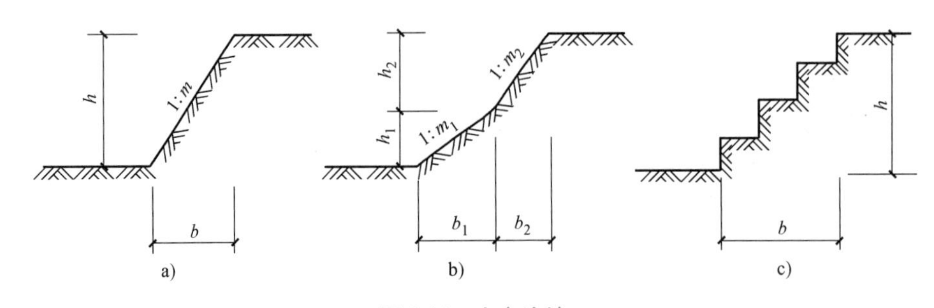

图 1-19 土方边坡

a）直线形 b）折线形 c）阶梯形

表 1-8 临时性挖方边坡值

土的类别		边坡值（高：宽）
砂土（不包括细砂、粉砂）		1：1.25~1：1.50
一般性黏土	硬	1：0.75~1：1.00
	硬、塑	1：1.00~1：1.25
	软	1：1.50 或更缓
碎石类土	充填坚硬、硬塑黏性土	1：0.50~1：1.00
	充填砂土	1：1.00~1：1.50

注：1. 设计有要求时，应符合设计标准。
2. 如采用降水或其他加固措施，可不受本表限制，但应计算复核。
3. 开挖深度，对软土不应超过 4m，对硬土不应超过 8m。

土方边坡的稳定，主要是由于土体内土颗粒间存在摩擦力和黏聚力，使土体具有一定的抗剪强度。当土体中剪应力大于土的抗剪强度时，边坡就会滑动失稳。

工程中边坡的稳定性是用稳定安全系数 K_s 表示的，其定义如下：

$$K_s=\frac{\tau_f}{\tau} \tag{1-33}$$

式中 τ_f——土体滑动面上的抗剪强度；

τ——土体滑动面上的剪应力。

$K_s>1.0$ 表示边坡稳定；$K_s=0$ 表示边坡处于极限平衡状态；$0<K_s<1.0$ 表示边坡处于不稳定状态。

根据工程实践，造成边坡失稳的原因主要有以下几个方面：

1）边坡过陡，土体本身稳定性不够而产生塌方。

2）坡顶堆载过大，在基坑上边缘附近大量堆载或停放机具材料，或者存在动载，使土体中产生的剪应力超过土体的抗剪强度。

3）地面水及地下水渗入边坡土体，使土体的自重增大，抗剪能力降低。

为了保证土坡的稳定与安全，可采取以下措施来防止边坡塌方：

1）在条件允许的情况下放足边坡。边坡的留设符合规范的要求。

2）减少在边坡上堆载或动载的不利影响。在边坡上堆土方或材料以及使用施工机械时，应保持与边坡边缘有一定的距离。

3）做好排水工作。防止地表水、施工用水和生活废水渗入边坡土体，在雨期施工时，更应注意检查边坡的稳定性，必要时加设支撑。

4）进行边坡防护。施工中常用塑料薄膜覆盖，水泥砂浆抹面、挂网抹面或喷浆等。

5）提高土壁稳定性。采用通风疏干、电渗排水、加压灌浆、化学加固等方法，改善滑动土体的性质，稳定边坡。

2. 土壁支护

当基坑（槽）开挖采用放坡无法保证施工安全或场地无放坡条件时，一般采用支护结构保证基坑的土壁稳定。

（1）基槽支护结构　开挖较窄沟槽，多用横撑式土壁支撑，如图1-20所示。根据挡土板的设置方向不同，分为水平挡土板式和垂直挡土板式两类。前者挡土板的布置分为间断式和连续式两种。含水量小的黏性土挖土深度小于3m时，可采用间断式水平挡土板支撑；对松散、湿度大的土，可采用连续式水平挡土板式支撑，挖土深度可达5m；对松散和含水量很大的土，可采用垂直挡土板随挖随撑，其挖土深度不限。

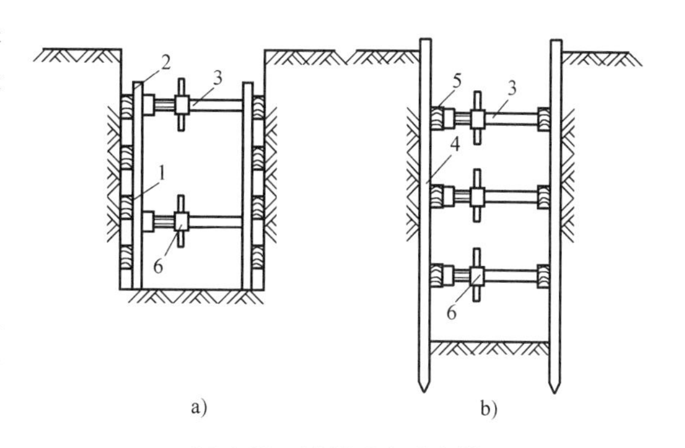

图1-20　横撑式土壁支撑

a）间断式水平挡土板支撑　b）垂直挡土板支撑

1—水平挡土板　2—立柱　3—工具式横撑

4—垂直挡土板　5—横楞木　6—调节螺钉

（2）基坑支护结构　基坑支护结构可分为重力式支护结构（刚性支护结构）、非重力式支护结构（柔性支护结构）和边坡稳定式支护。重力式支护结构包括深层搅拌水泥土桩和旋喷帷幕墙等；非重力式支护结构包括钢板桩、钢筋混凝土板桩、地下连续墙等。边坡稳定式支护包括土钉墙结构。

1）重力式支护结构。重力式支护结构主要通过加固基坑周边土形成一定厚度的重力式墙，以达到挡土目的。常用深层搅拌水泥土桩挡墙，通过搅拌桩机将水泥与基坑周边土进行搅拌形成的水泥土桩，并相互搭成格栅或实体而构成的重力支护结构，如图1-21所示。它具有防渗和挡土的双重功能，靠自重和刚度进行挡土，适用于场地开阔的软土基坑，且基坑深度不大于7m。

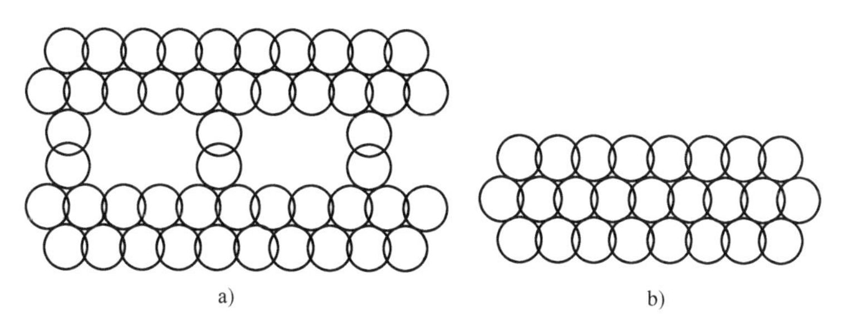

图1-21　深层搅拌水泥土桩挡墙结构平面

a）格栅状布置　b）块状布置

水泥土桩挡墙宜采用42.5级水泥，掺灰量不应小于10%，通常为12%~15%。构造如图1-22所示。

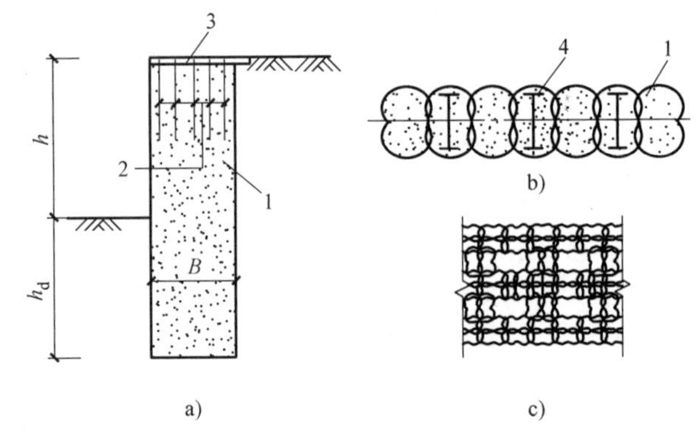

图1-22　水泥土桩挡墙的一般构造

1—搅拌桩　2—插筋　3—面板　4—H型钢

重力式支护结构包括强度和稳定性两方面的破坏，结构的验算内容包括：抗滑移稳定、抗倾覆稳定、整体圆弧滑动稳定、抗坑底隆起稳定等，有时还应验算抗渗、墙体应力、地基强度等。

2）非重力式支护结构。非重力式支护结构就是在基坑四周设置支挡构件形成围护墙，承受土壁侧压力及其他荷载，保持土体结构稳定，围护墙有桩式和板式两种基本类型。桩式围护墙一般适用于中等深度以下基坑，在无水的较为稳定的地层中也可用于大深度的基坑。桩式围护墙的形式有：钢筋混凝土板柱、钢板桩等连续式排桩；钻孔灌注桩、人工挖孔桩、大孔径沉管灌注桩、钢筋混凝土预制桩、H型钢桩、工字型钢桩等分离式排桩。板式围护墙一般采用现浇地下连续墙。

非重力式支护结构按支撑系统的不同，可分为：悬臂式支护结构、内撑式支护结构和锚拉式支护结构。常用非重力式支护结构形式如图1-23所示。

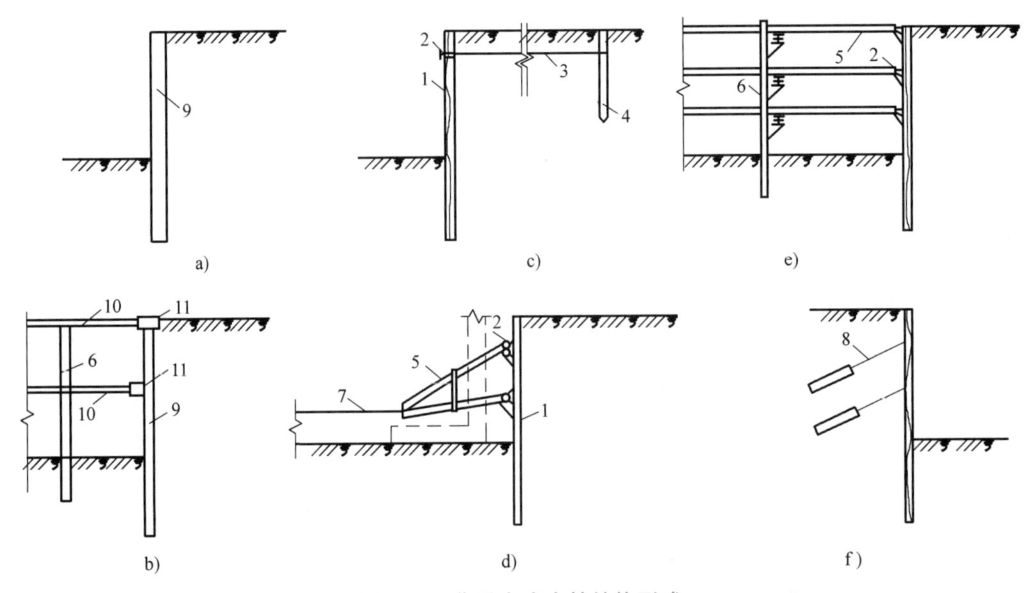

图1-23　非重力式支护结构形式

a）钢筋混凝土悬臂式支护　b）钢筋混凝土内撑式支护　c）钢板桩水平锚碇支护
d）钢板桩坑内斜撑支护　e）钢板桩多层水平内撑支护　f）钢板桩多层锚拉支护
1—钢板桩　2—钢围檩　3—拉锚杆　4—锚碇桩　5—钢支撑　6—中间支承柱　7—先施工的基础
8—土锚杆　9—钢筋混凝土桩　10—钢筋混凝土水平支撑　11—钢筋混凝土围檩

非重力式支护结构的破坏形式包括强度破坏和稳定性破坏。强度破坏包括：拉锚破坏或支撑压曲、支护墙底部走动、支护墙的平面变形过大或弯曲破坏。稳定性破坏包括：墙后土体滑动（圆弧滑动）失稳、坑底隆起和管涌等。其验算方法与重力式支护结构相似。

3）土钉墙结构。土钉墙结构支护是通过在土体中埋设一定长度和密度的土钉，并在坡壁表面喷射配有钢筋网的混凝土面层，与土共同作用，弥补土体自身强度的不足，保证开挖面的稳定。它能显著提高土体的整体刚度和整体稳定性。土钉墙结构简单、安全可靠、施工方便快速、节省材料、费用较低，应用较广。施工时应在分层分段挖土的条件下进行，先开挖1~2m深，然后施作土钉，挖土和施作土钉交叉进行，并保证每一施工阶段基坑的稳定。适用于地下水位低于土坡开挖段或经过施工降水后开挖层的支护，同时要求土体具有一定的黏性，另外，土钉墙施工时要求坡面无渗水，否则影响混凝土质量。开挖深度一般为5~12m。

基坑支护结构应综合考虑场地地质条件、气候条件、地下结构要求、基坑开挖深度、降排水条件、周边环境和周边荷载、支护结构使用期限等因素，因地制宜地选择合理的支护结构形式。当基坑不同部位的周边环境条件、土层性状、基坑深度等不同时，可在不同部位分别采用不同的支护形式；支护结构可采用上、下部以不同结构类型组合的形式。

3. 降水

开挖基坑（槽）时，开挖面低于地下水位时的地下水和雨期施工时的地表水，会不断地进入坑内，导致边坡塌方和地基承载能力的下降，因此必须做好排水工作，保持土体干燥。基坑降水的方法有集水井降水和井点降水。

（1）集水井降水　这种方法是在基坑（槽）开挖时，在坑底的周围或中央开挖排水沟，使水在重力作用下流入集水井内，然后用水泵抽出坑外，如图1-24所示。

四周的排水沟及集水井一般应设置在基础范围以外，地下水流的上游，基坑面积较大时，可在基础范围内设置盲沟排水。根据地下水量、基坑平面形状及水泵能力，集水井每隔20~40m设置一个。

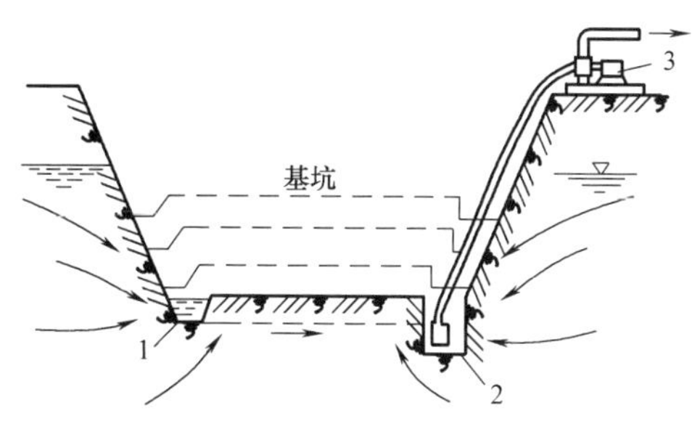

图1-24　集水井降水

1—排水沟　2—集水井　3—水泵

集水井的直径或宽度，一般为0.6~0.8m。其深度随着挖土的加深而加深，要经常低于挖土面0.7~1.0m，井壁可用竹、木等简易加固。当基坑挖至设计标高后，井底应低于坑底1~2m，并铺设碎石滤水层，以免在抽水时将泥砂抽出，并防止井底的土被搅动，做好坚固的井壁。

集水井降水方法比较简单、经济、对周围影响小，因而应用较广。但当涌水量、水位差较大或土质为细砂或粉砂，有产生流砂、边坡塌方及管涌等可能时，往往采用强制降水的方法，人工控制地下水流的方向，降低地下水位。

（2）井点降水　井点降水就是在基坑开挖前，预先在基坑四周埋设一定数量的滤水管（井），在基坑开挖前和开挖过程中，利用真空原理，不断抽出地下水，使地下水位降低到坑底以下。

1）井点降水作用。

① 防止地下水涌入坑内，如图1-25a所示。

② 防止边坡由于地下水流的渗流而引起的塌方，如图1-25b所示。

③ 使坑底的土层消除了地下水位差引起的压力，因此防止了管涌，如图1-25c所示。

④ 降水后，减少了围护结构的水平荷载，如图1-25d所示。

⑤ 消除了地下水的渗流，就防止了流砂现象，如图1-25e所示。

⑥ 降低地下水位，使土壤固结，增加地基土的承载能力。

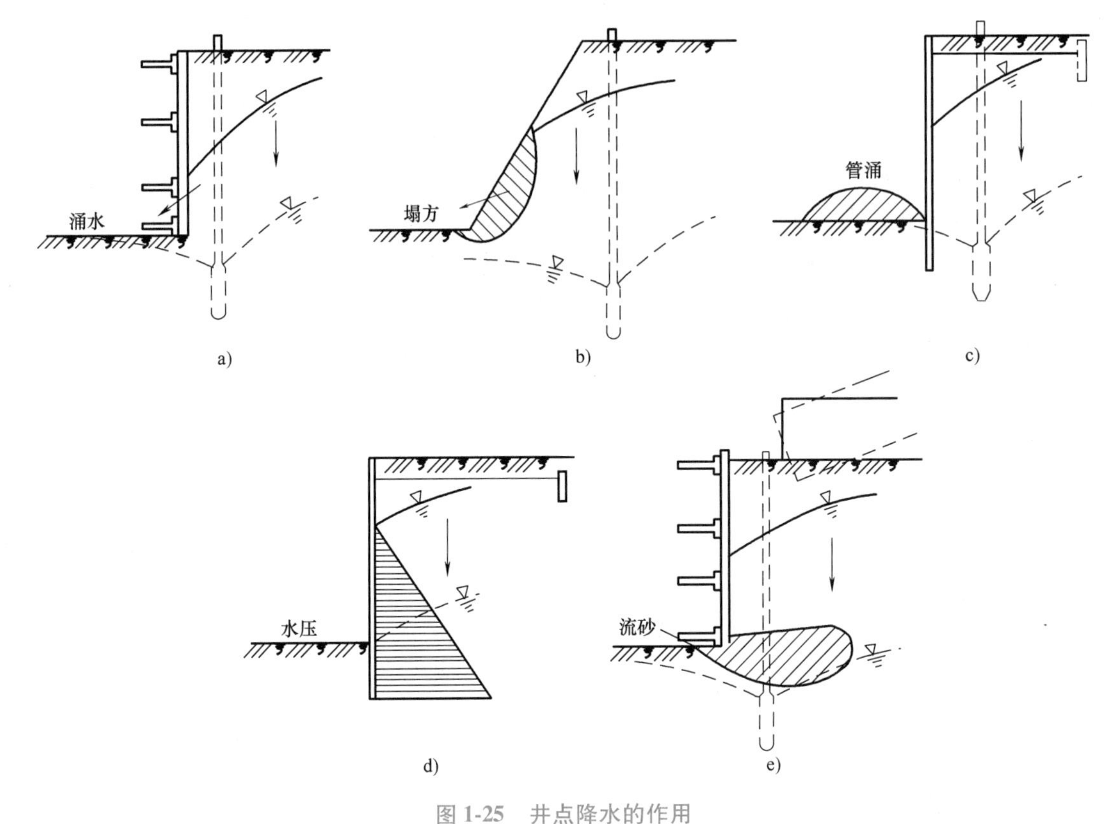

图1-25　井点降水的作用

a）防止涌水　b）防止塌方　c）防止管涌　d）减少荷载　e）防止流砂

2）井点降水的种类与适用范围。井点降水的井点类型主要有轻型井点、喷射井点、电渗井点、管井井点、深井井点、水平辐射井点和引渗井点等，一般根据土的渗透系数、降水深度、设备条件及经济比较等因素确定，可参照表1-9选择。其中轻型井点在工程中使用较多。

表1-9　各种降水方法的适用范围

井点类型	土类	渗透系数/(m/天)	降水深度/m
轻型井点	砂土、黏性土	0.1~50	3~6
多级轻型井点			6~12
喷射井点	黏性土、粉土、砂土	0.1~2	8~20
电渗井点	黏土、粉质黏土	<0.1	视选用的井点而定
管井井点	粉土、砂土、碎石土	0.1~200	不限
深井井点	黏性土、粉土、砂土	10~250	>10
水平辐射井点	大面积降水		
引渗井点	不透水层下有渗水层		

3）轻型井点。

① 轻型井点设备。轻型井点设备由管路系统和抽水设备组成（图1-26）。

管路系统包括：滤管、井点管、弯联管及总管等。

滤管为进水设备，长1.0~1.5m，管壁钻有直径为12~18mm的滤孔。外包两层滤网。骨架管与滤网之间用螺旋形缠绕的塑料管隔开。滤网外面再绕一层粗钢丝保护网，滤管下端为一铸铁塞头。滤管上端与井点管连接。构造如图1-27所示。

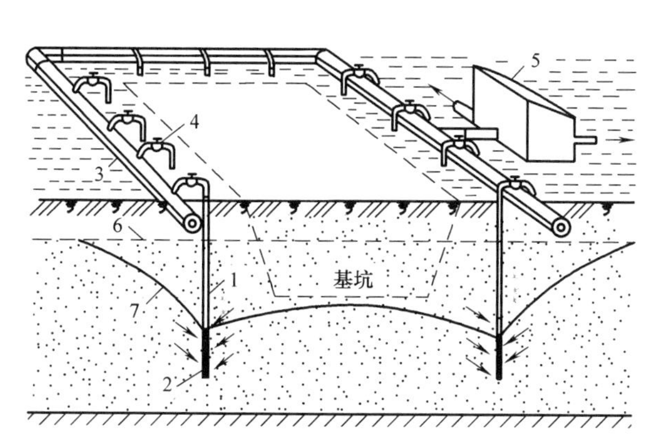

图1-26 轻型井点降低地下水位全貌图

1—井点管 2—滤管 3—总管 4—弯联管

5—水泵房 6—原有地下水位线 7—降低后地下水位线

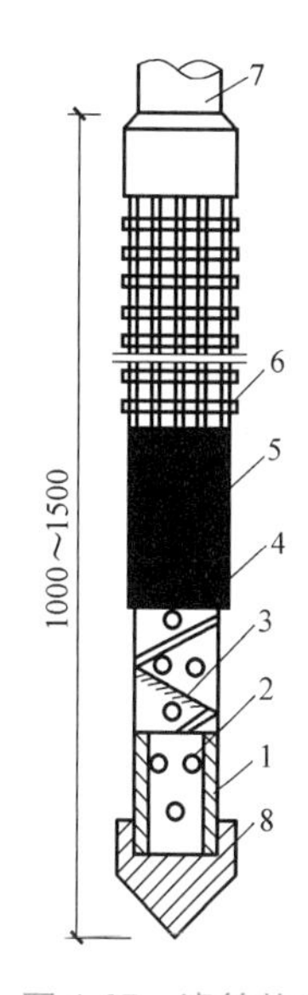

图1-27 滤管构造

1—钢管 2—小孔 3—螺旋塑料管

4—细滤网 5—粗滤网 6—粗钢丝保护网

7—井点管 8—铸铁塞头

井点管采用直径38~55mm、长5~7m的钢管。井点管的上端用弯联管与总管相连。弯联管常用带钢丝衬的橡胶管或带有阀门的钢管，也可用塑料管。

集水总管为直径100~127mm的无缝钢管，每段长4m，其上装有与井点连接的短接头，间距为0.8m或1.2m。

抽水设备常用的有干式真空泵、射流泵和隔膜泵井点设备。

② 轻型井点布置和计算。轻型井点布置包括平面布置与高程布置。平面布置即确定井点布置的形式、总管长度、井点管数量、水泵数量及位置等。高程布置则确定井点管的埋置深度。

布置和计算的步骤是：确定平面布置→高程布置→计算井点管数量等→调整。

a. 确定平面布置。根据基坑（槽）形状，轻型井点可采用单排布置（图1-28a）、双排布置（图1-28b）、环形布置（图1-28c）、U形布置（图1-28d）。单排布置适用于基坑宽度小于6m，且降水深度不超过5m的情况，井点管应布置在地下水的上游一侧，两端延伸长度不宜小于基坑（槽）的宽度。双排布置适用于基坑宽度大于6m或土质不良的情况。环形布置适用于大面积基坑。当土方施工机械需进出基坑时，可采用U形布置。

b. 高程布置。高程布置系确定井点管埋深h，即滤管上口至总管埋设面的距离，如图1-29

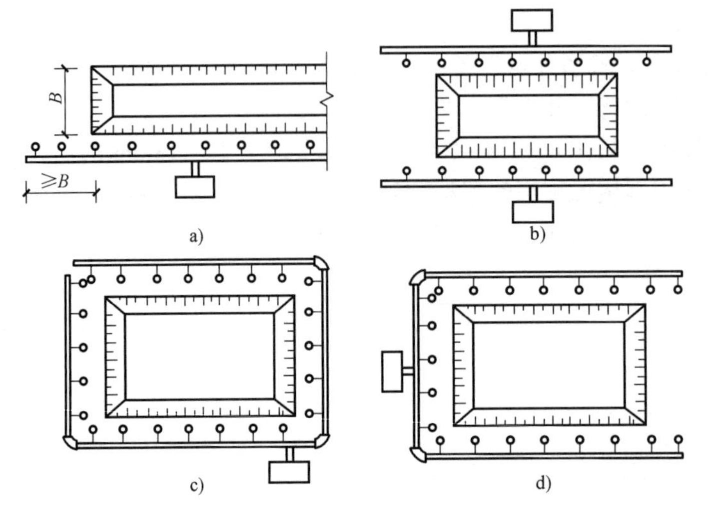

图1-28　轻型井点的平面布置

a）单排布置　b）双排布置　c）环形布置　d）U形布置

所示，计算如下：

$$h \geqslant h_1 + \Delta h + iL \tag{1-34}$$

式中　h_1——总管埋设面至基底的距离（m）；

Δh——基底至降低后的地下水位线的距离（m），一般为0.5~1m；

i——水力坡度，单排井点$\frac{1}{5}$~$\frac{1}{4}$，双排井点$\frac{1}{7}$，环形井点$\frac{1}{10}$；

L——井点管至基坑中心的水平距离（m）。

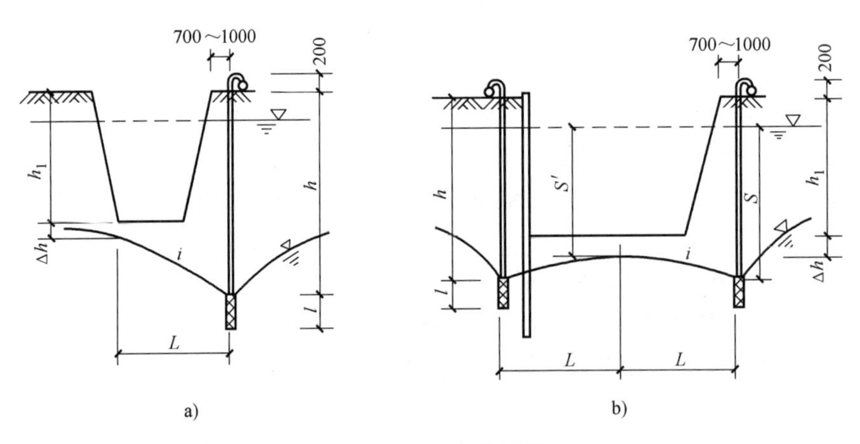

图1-29　高程布置计算

a）单排井点　b）双排或U形或环形布置

计算结果要小于抽水设备的最大抽吸高度。不能满足时，可采用降低总管埋设面或设置多级井点的方法。任何情况下滤管都必须埋设在含水层内。井点管布置应离坑边有一定距离（0.7~1m），以防止边坡塌土而引起局部漏气。

c. 总管及井点管数量计算。

a）井点系统的涌水量计算。确定井点管数量时，需要知道井点系统的涌水量。井点系统的涌水量按水井理论进行计算。根据地下水有无压力，水井分为无压井和承压井。当水井布置在具有潜水自由面的含水层中时称为无压井（图 1-30c、d）；当水井布置在承压含水层中时（含水层中的地下水充满在两层不透水层间时称为承压井（图 1-30a、b）。当水井底部达到不透水层时称为完整井（图 1-30a、c），否则称为非完整井（图 1-30b、d）。各类井涌水量计算方法不同。

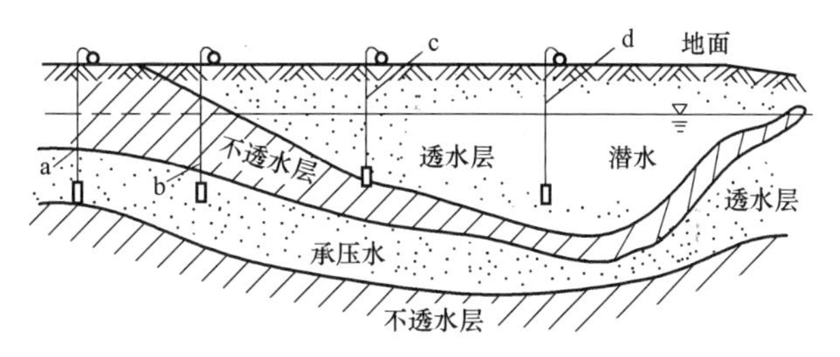

图 1-30　水井的分类

a—承压完整井　b—承压非完整井

c—无压完整井　d—无压非完整井

无压完整井如图 1-31a 所示。目前采用的计算方法都是以法国水力学家裘布依（Dupuit）的水井理论为基础的。当均匀地在井内抽水时，井内水位开始下降。经过一定时间的抽水，井周围的水面就由水平的变成降低后弯曲水面，最后该曲线渐趋稳定，成为向井边倾斜的水位降落漏斗。图 1-32 所示为无压完整井抽水时水位的变化情况。

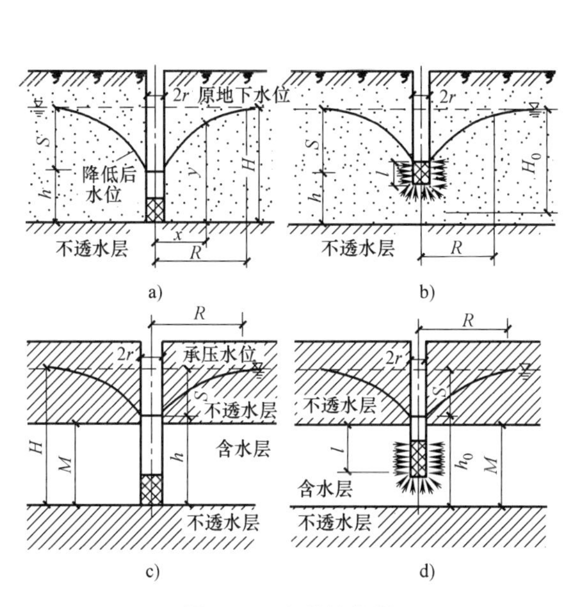

图 1-31　水井的分类

a）无压完整井　b）无压非完整井

c）承压完整井　d）承压非完整井

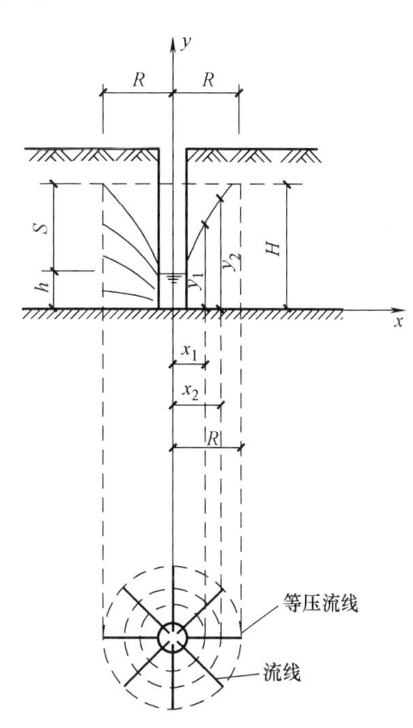

图 1-32　无压完整井水位降落曲线

单井涌水量计算公式：

$$Q=1.366K\frac{(2H-S)S}{\lg R-\lg r} \tag{1-35}$$

式中　K——土的渗透系数（m/天）；

H——含水层厚度（m）；

S——井水处水位降落高度（m）；

R——单井的降水影响半径（m）；

r——单井的半径（m）。

上式为无压完整单井的涌水量计算公式。但在井点系统中，各井点管是布置在基坑周围，许多井点同时抽水，即群井共同工作，其涌水量不能用各井点管内涌水量简单相加求得。

群井涌水量的计算公式：

$$Q=1.366K\frac{(2H-S)S}{\lg(R+x_0)-\lg x_0} \tag{1-36}$$

式中　x_0——矩形井点系统的假想半径（m）；

无压非完整井如图1-31b所示。在实际工程中往往会遇到无压非完整井的井点系统，这时地下水不仅从井的面流入，还从井底渗入。因此涌水量要比完整井大。

涌水量的计算公式：

$$Q=1.366K\frac{(2H_0-S)S}{\lg(R+x_0)-\lg x_0} \tag{1-37}$$

H_0 可查表1-10。当算得的 H_0 大于实际含水层的厚度 H 时，取 $H_0=H$。

表1-10　有效深度 H_0 值

$S/(S+l)$	0.2	0.3	0.5	0.8
H_0	$1.3(S+l)$	$1.5(S+l)$	$1.7(S+l)$	$1.85(S+l)$

注：S 为井点管内水位降落值（m）；l 为滤管长度（m）。

承压完整井如图1-31c所示，计算如下：

$$Q=2.73K\frac{MS}{\lg(R+x_0)-\lg x_0} \tag{1-38}$$

式中　M——含水层厚度（m）；

其他符号意义同前。

承压非完整井如图1-31d所示，计算如下：

$$Q=2.73K\frac{MS}{\lg(R+x_0)-\lg x_0}\sqrt{\frac{M}{1+0.5x_0}}\sqrt{\frac{2M-l}{M}} \tag{1-39}$$

式中　l——滤管的长度；

其他符号意义同前。

应用上述公式时，先要确定 x_0、R、K。

由于基坑大多不是圆形，因而不能直接得到 x_0。当矩形基坑长度与宽度之比不大于5时，可近似按圆形井处理，将近似圆的半径作为矩形水井的假想半径，则

$$x_0=\sqrt{\frac{F}{\pi}} \tag{1-40}$$

式中　F——矩形井点所包围的面积（m^2）。

抽水影响半径 R，与土的渗透系数、含水层厚度、水位降低值及抽水时间等因素有关。在抽水 2~5 天后，水位降落漏斗基本稳定，此时抽水影响半径可近似地按下式计算：

$$R = 1.95S\sqrt{HK} \tag{1-41}$$

式中，S、H 的单位为 m；K 的单位为 m/天。

渗透系统 K 值对计算结果影响较大。K 值的确定可用现场抽水试验或实验室测定。对重大工程，宜采用现场抽水试验经获得较准确的值。

b）单根井管的最大出水量。由下式确定：

$$q = 65\pi dl\sqrt[3]{K} \tag{1-42}$$

式中　d——滤管直径（m）；

其他符号意义同前。

c）井点管数量。井点管最少数量 n 由下式确定：

$$n = 1.1\frac{Q}{q} \tag{1-43}$$

式中，1.1 为井点管备用系数，考虑井点堵塞等因素。

井点管最大间距 D 便可求得：

$$D = \frac{L}{n} \tag{1-44}$$

式中　L——总管长度（m）。

4）井点管的埋设及使用。埋设井点管时，先排放总管，再埋设井点管，然后用弯联管将井点与总管接通，最后安装抽水设备。

井点管的埋设一般用水冲法，分为冲孔与埋管两个过程。冲孔时，选用起重设备将冲管吊起并插在井点的位置上，然后开动高压水泵，将土冲松，冲管则边冲边沉。冲孔直径一般为 300mm，以保证井管四周有一定厚度的砂滤层，冲孔深度宜比滤管底深 0.5m 左右，防止冲管拔出时，部分土颗粒沉于底部而触及滤管底部。井孔冲成后，立即拔出冲管，插入井点管，并在井点管与孔壁之间迅速填灌砂滤层，以防孔壁塌土。填灌质量是保证轻型井点顺利抽水的关键，砂滤层宜选用净粗砂，填灌均匀，并填至滤管顶上 1~1.5m，保证水流畅通。井点填砂后，须用黏土封口，以防漏气。

井点系统全部安装完毕后，须进行试抽，以检查有无漏气现象。

开始抽水后，应细水长流，出水澄清，不应停抽。时抽时止，滤网易堵塞，也容易抽出土粒，使水混浊，并引起附近建筑物由于土粒流失而沉降开裂。抽水时需要经常检查井点系统工作是否正常，以及检查观测井中水位下降情况。

1.4 土方的填筑与压实

1.4.1 土料的选用及含水量控制

填方土料应符合设计要求，保证填方的强度和稳定性，如设计无要求时，按下列规定：

1）碎石类土、砂石和爆破石渣（粒径不大于每层铺厚 2/3）可用于表层下的填土。

2）含水量符合压实要求的黏性土可作各层填土。

3）碎块草皮和有机质含量大于8%的土，仅用于无压实要求的填方。

4）淤泥和淤泥质土，一般不能用作填土，但在软土或沼泽地区，经过处理含水量符合压实要求，可用于填方中的次要部位。

5）两种透水性不同的填料分层填筑时，上层宜填透水性较小的填料。

填料应严格控制含水量，施工前应进行检验。当土的含水量过大，应采用翻松、晾晒、风干等方法降低含水量，或采用换土回填、均匀渗入干土或其他吸水材料、打石灰桩等措施；如含水量偏低，则可预先洒水湿润。

1.4.2　填土方法及压实方法

填土可采用人工填土和机械填土。人工填土一般用手推车运土，人工用铁锹、耙等工具进行填筑，由最低部分开始由一端向另一端自下而上分层铺填。机械填土可用推土机、铲运机或自卸汽车进行铲、运、填筑。用自卸汽车填土，推土机推开推平。采用机械填土时，可利用行驶的机械进行部分压实工作。填土必须分层进行，并逐层压实。特别是机械填土，不得居高临下，不分层次，一次推倒填筑。

压实方法有碾压、夯实、振动压实等几种。碾压适用于大面积填土压实工程。碾压机械有平碾压路机、羊足碾和轮胎碾。夯实主要用于小面积填土，可以夯实黏土或非黏性土。夯实机械有夯锤、内燃夯土机和蛙式打夯机等。振动压实主要用于路基压实，采用的机械主要是振动压路机。

1.4.3　影响填土压实质量的因素

填土压实质量与许多因素有关，其中主要影响因素为：压实功、土的含水量和每层铺土厚度。

1. 压实功的影响

填土压实后的密度与压实机械在其上所施加的功有一定关系。土的密度与所消耗的功的关系如图1-33所示。当土的含水量一定，在开始碾压时，土的密度急剧增加，待到接近土的最大容量时，压实功虽然增加很多，而土的密度则变化很小。实际施工中，对不同的土，根据选择的压实机械和密实度要求选择合理的压实遍数。此外，松土不宜用重型碾压机械碾压，否则土层有强烈的起伏现象，效率不高。如果先用轻型碾压机械压实，再用重型碾压机械压实，效果则较好。

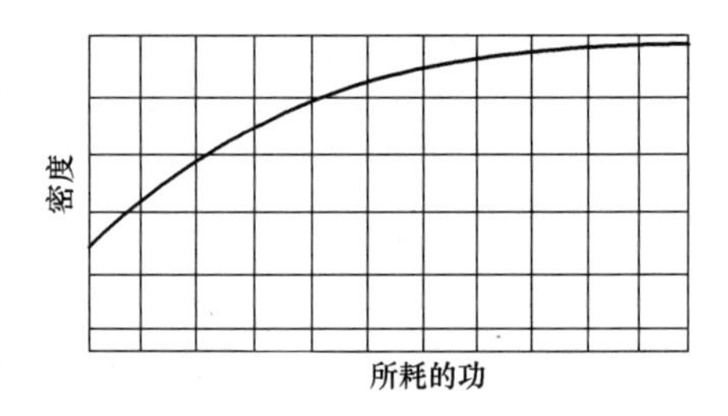

图1-33　土的密度与所消耗的功的关系

2. 含水量的影响

在同一压实功条件下，填土的含水量对压实质量有直接影响。较为干燥的土，由于土颗粒之间的摩阻力较大而不易压实。当土具有适当含水量时，水起了润滑作用，土颗粒之间的摩阻力减小，从而易压实。每种土壤都有其最佳含水量。土在这种含水量的条件下，使用同样的压实功进行压实，所得到的密度最大，如图1-34所示。各种土的最佳含水量 W_{op} 和所能获得的最大干密度 ρ_{dmax}，可由击实试验取得。

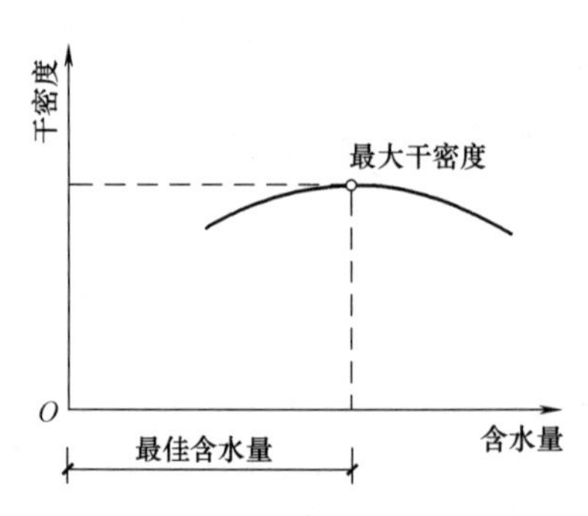

图1-34　土的干密度与含水量的关系

3. 铺土厚度的影响

土在压实功的作用下，压应力随深度增加而逐渐减小，其影响深度与压实机械、土的性质和含水量等有关。铺土厚度应小于压实机械压土时的有效作用深度，还应考虑最优土层厚度。铺得过厚，难以达到密实要求；铺的过薄，也难以压实。最优的铺土厚度应能使土方压实而机械功耗费最少。填土的铺土厚度及压实遍数可参考表 1-11 选择。

表 1-11　填土施工时的分层厚度及压实遍数

压实机具	分层厚度/mm	每层压实遍数	压实机具	分层厚度/mm	每层压实遍数
平碾	250~300	6~8	柴油打夯机	200~250	3~4
振动压实机	250~350	3~4	人工打夯	<200	3~4

1.4.4　填土压实的质量检查

填土压实后应达到一定的密实度及含水量要求。密实度要求一般根据工程结构性质、使用要求以及土的性质确定，压实系数 λ_c 应为 0.93~0.98。

$$\lambda_c = \frac{\rho_d}{\rho_{dmax}} \tag{1-45}$$

式中　ρ_d——土的实测干密度；

ρ_{dmax}——试验最大干密度。

填土压实后的干密度，应有 90%以上符合设计要求，其余 10%的最低值与设计值之差不得大于 81.63kg/m^3（0.8kN/m^3），且应分散，不得集中。

作为地基的填土压实后其含水量要求控制在±2%范围内。

本章小结及关键概念

● **本章小结：** 通过本章学习，要掌握土的分类方法，了解其工程性质与土方工程施工的关系；掌握场地设计标高的确定和土方调配的原理，能熟练计算土方量，使用表上作业法进行土方的调配；掌握土方的开挖方法，了解支护结构基本理论，支护结构种类及其应用内容，轻型井点降水和降水理论以及有关的井点布置；掌握土方机械化施工，了解常用土方机械的性能及适用范围，根据工程对象合理地选择机械及配套运输车辆；掌握土方回填、压实的方法及要求，压实质量检查方法。

● **关键概念：** 土的工程性质、场地平整、土方调配、表上作业法、边坡稳定、土壁支护、井点降水。

习　　题

一、复习思考题

1.1　试述土方工程的内容及施工特点。

1.2 土的工程性质有哪些？对施工各有何影响？

1.3 只要求场地平整前后土方量相等，其设计标高如何计算？

1.4 双向排水，设计标高的计算公式是什么？

1.5 试述场地土方量计算步骤与方法。

1.6 土方调配应遵循哪些原则？调配区如何划分？怎样确定调配区之间的平均运距？

1.7 试用表上作业法确定土方最优调配方案。

1.8 试述土壁边坡的作用，影响边坡坡度大小的因素及造成边坡塌方的原因。

1.9 常用重力式支护结构有几种？如何应用？

1.10 常用非重力式支护结构有几种？如何应用？

1.11 基坑降水有哪几种？各适用于何种情况？

1.12 井点降水的作用是什么？

1.13 试述轻型井点系统的组成及设备。轻型井点的平面和高程如何布置？

1.14 如何区分水井的类型？

1.15 试述轻型井点管计算的内容。

1.16 用井点降水时，如何防止周围地面沉降？

1.17 土方开挖的方式和方法有哪些？

1.18 试述常用土方机械的类型、工作特点及适用范围。

1.19 土方填筑宜用哪些土料？如何填筑？

1.20 影响填土压实质量的主要因素有哪些？

1.21 常用的压实方法有几种？用哪些机械压实？

1.22 怎样检查填土压实的质量？

二、练习题

1.1 一基坑长50m、宽40m、深5.5m，四边放坡，边坡坡度为1∶0.5，问挖土土方量是多少？如混凝土基础的体积为3000m^3，则回填土是多少？多余土方（松方）外运，若使用斗容量为6m^{3}的汽车将土外运，需要多少车次？土的最初可松性系数K_s=1.25，最终可松性系数K'_s=1.05。

1.2 某管沟的中心线如图1-35所示，AB相距30m，BC相距20m，土质为黏土。A点的沟底设计标高为261.00m，沟底纵向坡度从A到C为4‰，沟底宽2m，现拟用反铲挖土机挖土，试计算AC段的土方量（不考虑放坡）。

1.3 一建筑场地方格网及角点地面标高如图1-36所示，方格网边长30m，双向泄水坡度$i_x=i_y$=3‰，试计算场地设计标高H_0（按填挖平衡的原则，不考虑土的可松性及边坡影响）。

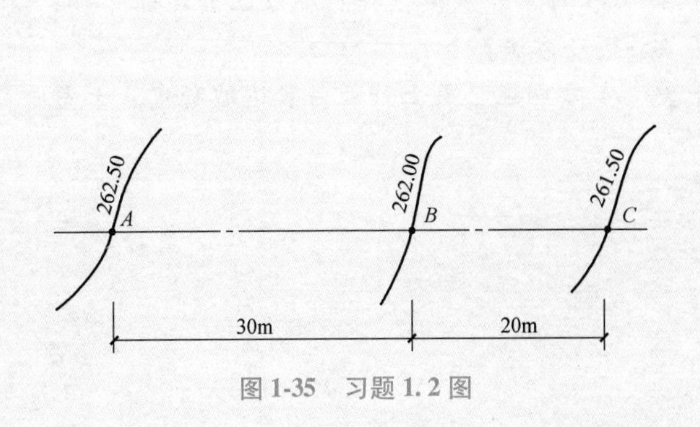

图1-35 习题1.2图

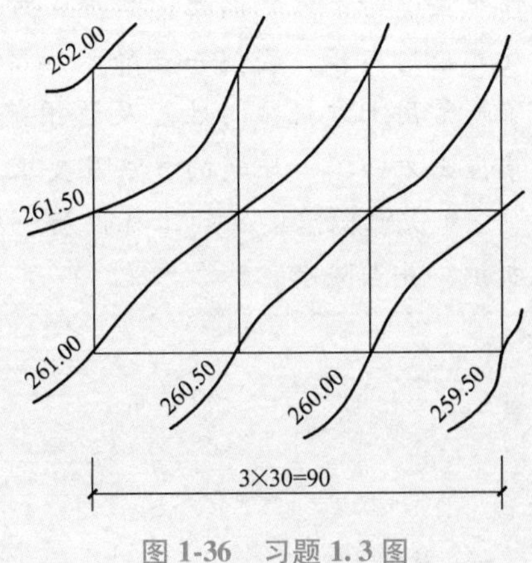

图1-36 习题1.3图

1.4 某场地方格网及角点地面标高如图 1-37 所示，方格边长为 20m，双向排水 $i_x=5‰$，$i_y=3‰$，试计算填、挖土方量（按填挖平衡的原则，不考虑土的可松性及边坡影响）。

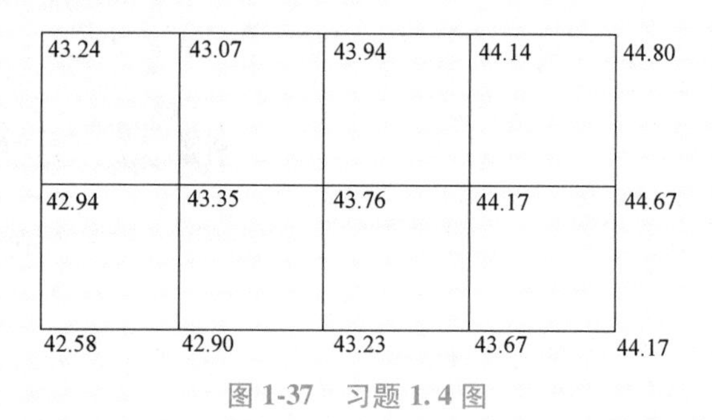

图 1-37 习题 1.4 图

1.5 用表上作业法计算表 1-12 所示的土方调配最优方案，并计算运输工程量（$m^3\cdot km$）。

表 1-12 调配区的平均运距 （单位：km）

填方区 / 挖方区	T_1	T_2	T_3	挖方量/m^3
W_1	50	80	40	350
W_2	100	70	60	550
W_3	90	40	80	700
填方量/m^3	250	800	550	1600

1.6 一基础底部尺寸为 30m×40m，埋深为-4.50m，基坑底部尺寸每边比基础底部放宽 1m，地面标高为±0.000m，地下水位为-1.000m。已知-10.000m 以上为黏质粉土，渗透系数为 5m/天，-10.000m 以下为不透水层。基坑开挖为四边放坡，边坡坡度 1∶0.5。用轻型井点降水，滤管长度为 1m，井点管直径 50mm。求：

（1）确定该井点系统的平面与高程布置。

（2）对该井点系统进行降水计算，并在平面布置图上标注井点管间距。

二维码形式客观题

第1章
客观题

第2章 地基与基础工程

学习要点

知识点：地基处理的目的及方法，浅基础施工，钢筋混凝土预制桩的制作和各种沉桩方法及质量要求，灌注桩的各种施工方法、适用范围及质量控制，沉井法、地下连续墙、墩式基础施工的原理和方法。

重点：地基处理方法，预制桩制作及施工，灌注桩施工及其质量问题的预防，沉井法、地下连续墙、墩式基础施工原理。

难点：预制桩施工，灌注桩施工。

2.1 地基处理

1. 地基处理的目的

地基是指直接承受建筑物荷载的地层。地基要具有足够的承载力和稳定性、抵抗变形和不均匀沉降的能力及其他的一些特殊要求。

对地质条件良好的地基，可直接在其上修建建筑物，此种地基为天然地基，当天然地基不能满足上述要求时，需要采用人工加固地基的措施来保证结构的安全与正常使用。在实际工程中，可针对不同的情况，采取各种人工加固处理的方法，以改善地基性能，提高承载力、增加稳定性，减少地基变形和基础埋置深度，改善地基的透水性、动力性能及特殊土不良地基等。地基处理的原理：将土质由松变实，含水量由高变低。

2. 地基处理方法分类及适用范围

地基处理方法可按地基处理原理、目的、性质、时效、动机等不同角度进行分类。一般多采用根据地基处理原理进行分类，包括换填垫层法、预压（排水固结）法、夯实（密实）法、深层挤密（密实）法、化学（注浆）加固法、加筋法等，见表2-1。

表2-1 地基处理方法分类及适用范围一览表

分类	处理方法	原理及作用	适用范围
换填垫层法	灰土垫层	挖除浅层软弱土或不良土，回填灰土、砂、石等材料再分层碾压或夯实。它可提高持力层的承载力，减少变形量，消除或部分消除土的湿陷性和胀缩性，防止土的冻胀作用以及改善土的抗液化性，提高地基的稳定性	一般适用于处理浅层软弱地基、不均匀地基、湿陷性黄土地基、膨胀土地基、季节性冻土地基、素填土和杂填土地基
	砂和砂石垫层		
	粉煤灰垫层		

（续）

分类	处理方法	原理及作用	适用范围
预压（排水固结）法	堆载预压法	通过布置垂直排水竖井、排水垫层等，改善地基的排水条件，采取加载、抽气等措施，以加速地基土的固结，增大地基土强度，提高地基土的稳定性，并使地基变形提前完成	适用于处理厚度较大的、透水性低的饱和淤泥质土、淤泥和软黏土地基，但堆载预压法需要有预压的荷载和时间的条件。对泥炭土等有机质沉积物地基不适用
	真空预压法		
夯实（密实）法	强夯法	强夯法是利用强大的夯击能，迫使深层土压密，以提高地基承载力，降低其压缩性	适用于处理碎石土、砂土、低饱和度的粉土与黏性土、湿陷性黄土、素填土和杂填土等地基
	强夯置换法	采用边强夯，边填块石、砂砾、碎石，边挤淤的方法，在地基中形成碎石墩体，以提高地基承载力和减小地基变形	适用于高饱和度的粉土与软塑~流塑的黏性土等地基上对变形控制要求不严的工程
深层挤密（密实）法	振冲法	深层挤密法是通过挤密或振动使深层土密实，并在振动挤密过程中，回填砂、砾石、灰土、土或石灰等形成砂桩、碎石桩、灰土桩、二灰桩、土桩或石灰桩，与桩间土一起组成复合地基，减少沉降量，消除或部分消除土的湿陷性或液化性	适用于处理砂土、粉土、粉质黏土、素填土和杂填土等地基。对于处理不排水抗剪强度不小于20kPa的饱和黏性土和饱和黄土地基，应在施工前通过现场试验确定其适用性。不加填料振冲加密适用于处理黏粒含量不大于10%的中砂、粗砂地基
	砂石桩复合地基		适用于挤密松散砂土、粉土、黏性土、素填土、杂填土等地基。对饱和黏土地基上对变形控制要求不严的工程也可采用砂石桩置换处理。砂石桩复合地基也可用于处理可液化地基
	水泥粉煤灰碎石桩法		适用于处理黏性土、粉土、砂土和已自重固结的素填土等地基。对淤泥质土应按地区经验或通过现场试验确定其适用性
	夯实水泥土桩法		适用于处理地下水位以上的粉土、素填土、杂填土、黏性土等地基。处理深度不宜超过10m
	石灰桩法		适用于处理饱和黏性土、淤泥、淤泥质土、素填土和杂填土等地基；用于地下水位以上的土层时，宜增加掺合料的含水量并减少生石灰用量，或采取土层浸水等措施
	灰土挤密桩法和土挤密桩法		适用于处理地下水位以上的湿陷性黄土、素填土和杂填土等地基，可处理地基的深度为5~15m。当以消除地基土的湿陷性为主要目的时，宜选用土挤密桩法。当以提高地基上的承载力或增强其水稳性为主要目的时，宜选用灰土挤密桩法。当地基土的含水量大于24%、饱和度大于65%时，不宜选用土桩、灰土桩复合地基

（续）

分类	处理方法	原理及作用	适用范围
化学（注浆）加固法	水泥土搅拌法	分湿法（也称深层搅拌法）和干法（也称粉体喷射搅拌法）两种。湿法是利用深层搅拌机，将水泥浆与地基土在原位拌和；干法是利用喷粉机，将水泥粉或石灰粉与地基土在原位拌和。搅拌后形成柱状水泥土体，可提高地基承载力，减少地基变形，防止渗透，增加稳定性	适用于处理正常固结的淤泥与淤泥质土、粉土、饱和黄土、素填土、黏性土以及无流动地下水的饱和松散砂土等地基。当地基土的天然含水量小于30%（黄土含水量小于25%）、大于70%或地下水的pH小于4时不宜采用干法
	旋喷桩法	将带有特殊喷嘴的注浆管通过钻孔置入要处理的土层的预定深度，然后将浆液（常用水泥浆）以高压冲切土体。在喷射浆液的同时，以一定速度旋转、提升，即形成水泥土圆柱体；若喷嘴提升不旋转，则形成墙状固化体可用以提高地基承载力，减少地基变形，防止砂土液化、管涌和基坑隆起，建成防渗帷幕	适用于处理淤泥，淤泥质土，流塑、软塑或可塑黏性土，粉土，砂土，黄土，素填土和碎石土等地基。当土中含有较多的大粒径块石、大量植物根茎或有较高的有机质时，以及地下水流速过大和已涌水的工程，应根据现场试验结果确定其适用性
	硅化法和碱液法	通过注入水泥浆液或化学浆液的措施，使土粒胶结。用以改善土的性质，提高地基承载力，增加稳定性减少地基变形，防止渗透	适用于处理地下水位以上渗透系数为0.10~2.00m/天的湿陷性黄土等地基。在自重湿陷性黄土场地，当采用碱液法时，应通过试验确定其适用性
	注浆法		适用于处理砂土、粉土、黏性土和人工填土等地基
加筋法	土工合成材料	通过在土层中埋设强度较大的土工聚合物、拉筋、受力杆件等达到提高地基承载力，减少地基变形，或维持建筑物稳定的地基处理方法，使这种人工复合土体，可承受抗拉、抗压、抗剪和抗弯作用，借以提高地基承载力、增加地基稳定性和减少地基变形	适用于砂土、黏性土和软土
	加筋土		适用于人工填土地基
	树根桩法		适用于淤泥、淤泥质土、黏性土、粉土、砂土、碎石土、黄土和人工填土等地基
托换	锚杆静压桩法	在原建筑物基础下设置钢筋混凝土桩以提高承载力、减少地基变形达到加固目的，按设置桩的方法，可分为锚杆静压桩法和坑式静压桩法	适用于淤泥、淤泥质土、黏性土、粉土和人工填土等地基
	坑式静压桩法		适用于淤泥、淤泥质土、黏性土、粉土、人工填土和湿陷性黄土等地基

2.2 浅基础施工

由于浅层天然地基及浅基础施工简便、工期短、造价低，一般建筑物、构筑物应首选。浅基础的分类有以下几种：

（1）按基础的受力和刚度分类　按基础的受力特性和刚度大小，浅基础可分为无筋扩展基础和钢筋混凝土扩展基础。无筋扩展基础通常是指由砖、块石、毛石、素混凝土、三合土以及灰土等材料建造的基础。此类基础具有良好的抗压强度，但抗拉、抗弯、抗剪强度较低，因此需要较大的截面尺寸并满足宽高比的要求，也称刚性基础。钢筋混凝土扩展基础具有良好的抵抗弯曲变形的能力，截面尺寸较小，也称柔性基础。图 2-1 所示为刚性基础构造示意图。

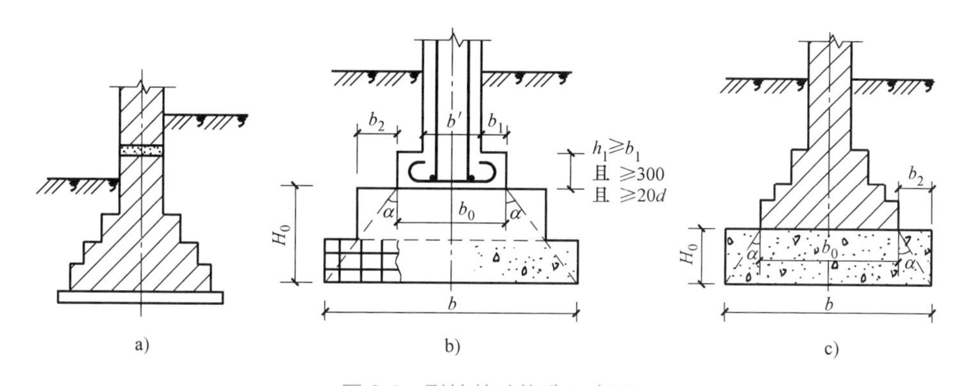

图 2-1　刚性基础构造示意图

a）砖基础　b）毛石或混凝土基础　c）灰土或三合土基础

d—柱中纵向钢筋直径

（2）按基础的构造分类　浅基础按构造不同，分为单独基础、条形基础、筏形基础、箱形基础以及壳体基础等。

1）单独基础。在建筑中，柱的基础一般都是单独基础。

2）条形基础。墙的基础通常连续设置成长条形，称为条形基础。

3）筏形基础和箱形基础。当柱子或墙传来的荷载很大，地基土较软弱，用单独基础或条形基础都不能满足地基承载力要求时，往往需要把整个房屋底面（或地下室部分）做成一片连续的钢筋混凝土板，作为房屋的基础，称为筏形基础（图 2-2）。为了增加基础板的刚度，以减小不均匀沉降，高层建筑往往把地下室的底板、顶板、侧墙及一定数量的内隔墙一起构成一个整体刚度很强的钢筋混凝土箱形结构，称为箱形基础（图 2-3）。

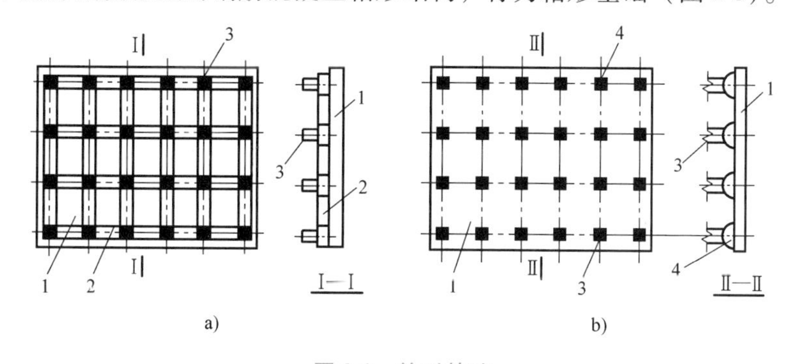

图 2-2　筏形基础

a）梁板式　b）平板式

1—底板　2—梁　3—柱　4—支墩

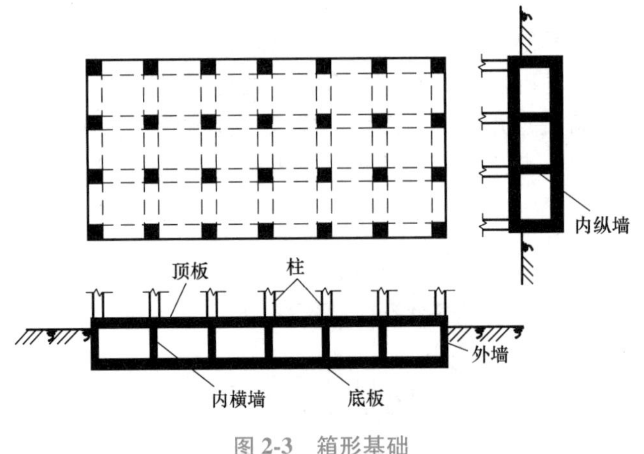

图 2-3　箱形基础

4）壳体基础。为改善基础的受力性能，基础的形式可不做成台阶状，而做成各种形式的壳体，称为壳体基础。

2.3 预制桩施工

当浅层地基无法满足上部结构对地基变形和强度方面的要求时，需要采用深基础。深基础可选用较好的深部土层来承受上部荷载，也可利用深基础周壁的摩阻力来共同承受上部荷载，其承载力高、变形小、稳定性好，但其施工技术复杂、造价高、工期长。深基础有多种类型，如桩基础、地下连续墙、沉井基础和墩式基础等。其中桩基础是应用最为广泛的一种深基础形式。按桩的制作与施工方法可分为预制桩和灌注桩。

预制桩主要有混凝土预制桩和钢桩两大类。混凝土预制桩能承受较大的荷载、坚固耐久、施工速度快，是广泛应用的桩型之一，但其施工对周围环境影响较大，常用的有混凝土实心方桩和预应力混凝土空心管桩。钢桩主要是钢管桩和H型钢桩两种。预制桩的施工程序和工作内容如图2-4所示。

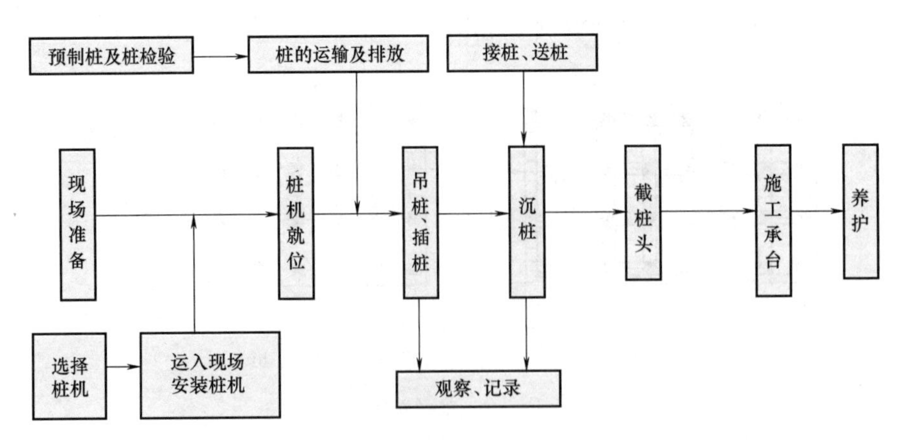

图 2-4　预制桩的施工程序和工作内容

2.3.1　预制桩的制作

1. 混凝土实心方桩

混凝土实心桩多做成方形截面，边长 200～550mm，强度等级不低于 C30，大多在工厂预制，条件允许时也可在现场制作。当单根桩较长时，可分成几段（节）预制，在打桩过程中逐段接长，分节长度根据施工及运输条件确定。工厂制作时单节桩的长度不宜超过 12m；现场预制时单节桩的长度一般不超过 30m，接头数目不宜超过 3 个。

桩的预制可采用并列法、间隔法、重叠法和翻模法等。预制场地必须平整坚实，做好排水，不得产生不均匀沉陷。采用重叠法时，桩与邻桩及底模之间的接触面做好隔离层，不得粘连；上层桩或邻桩的浇筑，必须在下层桩或邻桩的混凝土达到设计强度的 30%以上时方可进行；桩的重叠层数不应超过 4 层。浇注桩的混凝土时，宜从桩顶向桩尖浇筑，严禁中断，并振捣密实，及时覆盖洒水养护不少于 7 天。桩表面应平整密实，桩顶和桩尖处不得有蜂窝、麻面、漏筋、裂缝和掉角。

桩身配筋应按吊运、打桩及桩在使用中的受力等条件确定。主筋直径不宜小于 14mm，主筋连接宜采用对焊或电弧焊，直径大于 20mm 时宜采用机械连接。打入桩顶以下 4～5 倍桩身直径长度范围内箍筋应加密，并设置钢筋网片。预制桩的桩尖可将主筋合拢焊在桩尖辅助钢筋上，对于持力层为密实砂和碎石类土时，宜在桩尖处包以钢板桩靴，加强桩尖。钢筋骨架的偏差不得超过施工质量验收规范的规定。钢筋混凝土预制桩如图 2-5 所示。

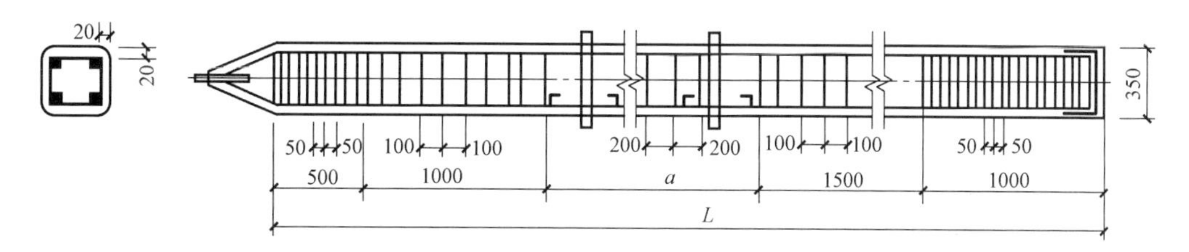

图 2-5　钢筋混凝土预制桩

2. 预应力混凝土空心桩

预应力混凝土空心桩一般由工厂用离心旋转法制作。预应力混凝土空心桩按截面形式分为管桩、空心方桩，按混凝土强度等级可分为预应力高强混凝土（PHC）桩（≥C80），预应力混凝土（PC）桩（≥C60）。接头常采用端板焊接连接、法兰连接、机械啮合连接和螺纹连接，每根桩的接头数量不宜超过 4 个。桩尖可设成开口状或闭口状。

3. 钢桩

目前常见的钢桩主要有钢管桩和 H 型钢桩，一般在工厂制作。制作钢桩的材料（钢材和焊接材料）必须符合设计要求，并具有生产许可证、出厂合格证和试验报告。钢桩加工应严格按技术规范和操作规程进行。在有地下水侵蚀的地区或腐蚀性土层中，还应对钢桩做好防腐处理。

2.3.2　桩的起吊、运输和堆放

预制桩需待桩身混凝土强度达到设计强度等级的 70%后方可起吊，桩起吊时应采取相应措施，保证安全平稳，保护桩身质量，在吊运过程中应轻吊轻放，避免剧烈碰撞。吊点位置和数目应符合设计规定。当吊点少于或等于3个时，其位置应按正、负弯矩相等的原则计算确定，当吊点多于3个时，其位置应按反力相等的原则计算确定，如图2-6所示。

预制桩达到设计强度的100%方可运输。一般情况下，应根据打桩顺序和速度随打随运，这样可以减少二次搬运。运桩前应检查桩的质量，并应在桩的两端加以适当保护，尤其是钢管桩应设置保护圈，防止撞击损害桩体。桩运到现场后还应进行观测复查，运桩时的支点位置应与吊点位置相同。

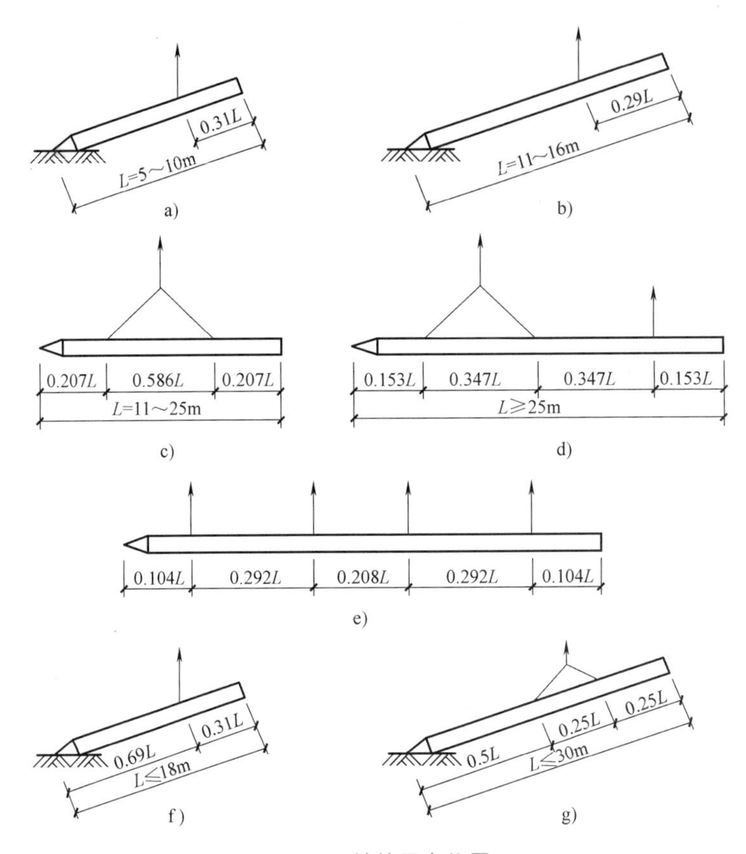

图2-6 桩的吊点位置

a)、b）一点吊法 c）二点吊法 d）三点吊法 e）四点吊法

f）预应力管桩一点吊法 g）预应力管桩两点吊法

堆放场地应平整坚实，排水通畅，不得产生不均匀沉陷，垫木的位置应与吊点的位置相同，各层垫木应垫实并在同一垂直线上，堆放支点设置应合理，管桩两侧采用木楔塞住，以防滚动。对于各类桩，当场地条件许可时，宜单层堆放；当叠层堆放时，不宜超过4层，并按不同规格、长度及施工流水顺序分别堆放。

2.3.3 沉桩施工

1. 锤击沉桩法

锤击沉桩是靠打桩机的桩锤对桩顶施加冲击能而将桩沉入土中的一种沉桩方法。

(1) 锤击沉桩设备 打桩用的机械设备，主要包括桩锤、桩架和动力装置三部分，并根据地基土质，桩的类型、尺寸和动力设备，动力供应条件等综合条件确定。

1）桩锤。桩锤作用是对桩顶施加冲击力，把桩打入土中，可分为落锤、气锤、柴油锤、振动锤、液压锤等。选择桩锤时应遵循“重锤低击”的原则。

2）桩架。桩架的作用是将预制桩提升就位，并在打桩过程中引导桩的下沉方向，以保证桩锤按照所要求的方向冲击。桩架主要由底盘、竖架、导向杆和滑轮组等组成。按行走方式可分为滚管式、轨道式、步履式、履带式和轮胎式等。选择桩架时，重点应考虑下述因素：①桩的材料、桩的截面形状及尺寸大小、桩的长度及接桩方式；②桩的数量、桩距及布置方式；③选用桩锤的形式、质量及尺寸；④工地现场条件、打桩作业空间及周边环境；⑤投入桩机数量及操作人员的素质；⑥施工工期及打桩速率。

桩架的高度是选择桩架时需考虑的一个重要问题。桩架的高度应满足施工要求，它一般等于桩长+滑轮组高度+桩锤高度+桩帽高度+起锤移位高度（取1~2m）。

3）动力装置。动力装置及辅助设备主要根据选定的桩锤种类而定，一般包括驱动桩锤及卷扬机用的动力设备（如蒸汽锅炉、空气压缩机等）、管道、滑轮组和卷扬机等。

（2）打桩　打桩是沉桩施工的关键，直接影响桩的质量。

1）打桩顺序。打桩顺序是否合理，会直接影响打桩进度、施工的桩基质量以及周围环境。确定打桩顺序要综合考虑地形、土质、桩群的密集程度以及桩的类型等因素。根据桩的密集程度（桩距大小），打桩顺序一般分为：自中央向两侧打、自中央向四周打和逐排打，如图2-7所示。前两种打法适用于桩较密集时（桩距小于4倍桩径）的打桩施工，打桩时土壤对称地向外侧或向四周挤压，易于保证打桩工程质量。由一侧向单一方向进行的逐排打法，桩架单向移动，打桩效率高，但这种打法使土壤向一个方向挤压，地基土挤压不均匀，易导致后打的桩打入深度逐渐减小，最终将引起建筑物不均匀沉降。因此，这种打桩顺序适用于桩距大于4倍桩径时的打桩施工。

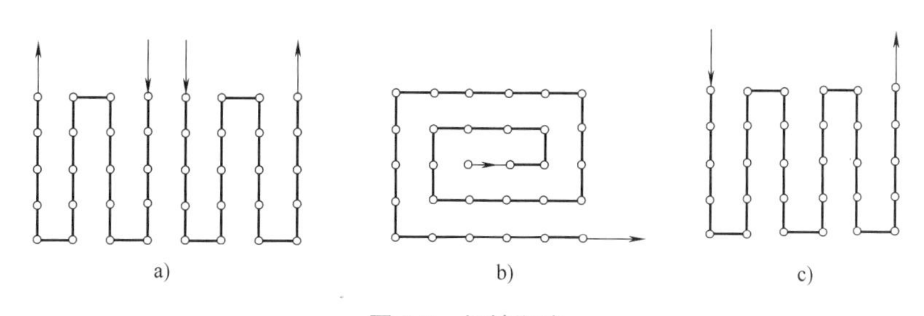

图2-7　打桩顺序

a）自中央向两侧打　b）自中央向四周打　c）逐排打

打桩顺序确定后，还需要考虑打桩机是往后“退打”还是往前“顶打”。当打桩后的桩顶标高超出地面时，采取往后退打的方式，此时桩只能随打随运。当打桩后的桩顶标高在地面以下时（一般采用送桩器将桩送入地面以下），则可以采取往前顶打的方法进行施工，此时，只要现场许可，桩可以事先布置好，以避免二次搬运。另外，当桩基础设计的打入深度不同时，打桩顺序宜先深后浅；当桩的规格尺寸不同时，打桩顺序宜先大后小、先长后短。

2）打桩施工工艺。打桩施工工艺：桩机就位→吊桩、插桩→打桩→接桩→送桩→挖土、截桩。

桩机就位时，桩架应平移，导杆中心线应与打桩方向一致，并检查桩位是否正确。然后将桩提升就位（吊桩）并缓缓放下插入土中，随即扣好桩帽和桩箍，校正好桩的垂直度，即可将桩锤缓缓落到桩顶上轻击数锤，使桩沉入土中一定深度而达到稳定位置，再次校正桩位及垂直度，然后开始打桩。打桩时，应先用短落距轻打，待桩入土1~2m，再以全落距施打。桩入土的速度应均匀，锤击间隔时间不要过长，连续施打。

桩的正常沉入，应是桩锤回跳小，贯入度变化均匀。若桩锤跳头，则说明锤太轻。若贯入度突然减小而回跳增大，则说明桩下有障碍物。若贯入度突然增大，则说明桩尖、桩身有可能遭到损坏，或接桩不牢，接头破裂，或下遇软土层、墓穴等。打桩过程中，如贯入度剧变，桩身突然发生倾斜、移位或有严重回弹，桩顶或桩身出现严重裂缝或破碎等情况，应暂停打桩并及时研究处理。

接桩时避免桩尖位于较硬的土层上，常用焊接、法兰连接和硫黄胶泥锚接（浆锚法）三种方法。前两种适用于各种土层，后者只适用于软弱土层。

当桩顶设计标高低于自然土面时，需要用送桩器（工具性短桩）将桩送入土中，桩与送桩器的纵轴线应在同一轴线上，送桩深度不宜大于2.0m，送桩后遗留的桩孔应立即回填或覆盖。

3）打桩的质量控制。打桩是隐蔽工程施工，施工时应做好观测和打桩记录，包括桩的入土速度、锤的落距、每分钟的锤击次数等，作为工程验收时鉴定桩质量的依据之一。

打桩的质量控制包括两方面的内容：一是控制贯入度或沉桩标高；二是控制打桩的偏差以及桩身、桩顶不被打坏。

打桩停锤的控制原则：对于桩尖位于坚硬土层的端承型桩，以贯入度控制为主，桩端标高可做参考。如贯入度已达到而桩端标高未达到时，应继续锤击3阵，按每阵10击的贯入度不应大于设计规定的数值加以确认，必要时应通过试验或与有关单位会商确定。桩端位于一般土层的摩擦型桩，应以控制桩端设计标高为主，贯入度可做参考。

桩的垂直度偏差控制在1%之内。平面位置的偏差，单排桩不大于100mm，多排桩不大于0.5~1.0倍桩径或边长。

4）打桩对周边的影响及其防治。打桩时，往往会产生挤土，引起桩区及附近地区的土体隆起和水平位移。或由于邻桩相互挤压易导致桩位偏移，影响桩的工程质量。如邻近有建筑物或地下管线等，打桩还会引起邻近建筑物、地下管线及地面道路的损坏。为此，在邻近建筑物（构筑物）打桩时，应采取适当的措施：预钻孔沉桩、设置袋装砂井或塑料排水板、挖防震沟、采取合理打桩顺序、控制打桩速度、设置隔离板桩或地下连续墙。

2. 静力压桩法

静力压桩法是利用桩机本身的自重平衡沉桩阻力，在沉桩压力的作用下，克服压桩过程中的桩侧摩阻力以及桩端阻力而将桩压入土中。

静力压桩法完全避免了桩锤的冲击运动，施工中无振动、无噪声、无空气污染，同时对桩身产生的应力也大大减小。因此广泛应用于城市中心建筑较密集的地区，但它对土层的适应性有一定的局限，一般适用于软弱土层，当土层中存在厚度大于2m的中密以上砂夹层时不宜采用此法。

（1）静力压桩设备　静力压桩机分为机械式与液压式两种，前者只能用于压桩，后者可以压桩还可拔桩。目前应用较多的是液压式静力压桩机（图2-8），液压式静力压桩机采用液压传动，动力大、工作平稳，还可在压桩过程中直接从液压表中读出沉桩压力，了解沉桩全过程的压力状况，得知桩的承载力。

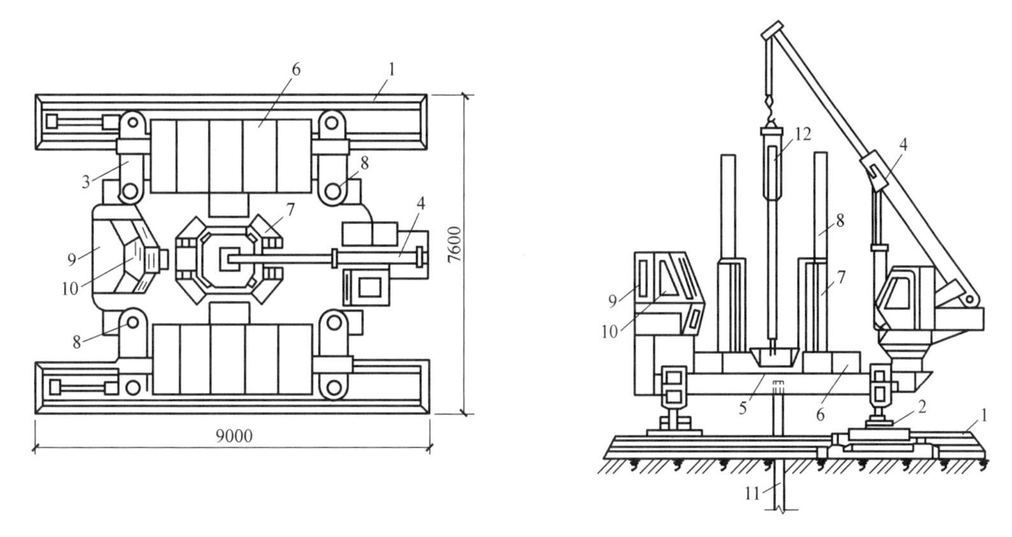

图 2-8　液压式静力压桩机

1—长船行走机构　2—短船行走及回转机构　3—支腿式底盘结构　4—液压起重机　5—夹持与压桩机构　6—配重铁块　7—导向架　8—液压系统　9—电控系统　10—操纵系统　11—已压入下节桩　12—吊入上节桩

（2）静力压桩施工工艺　静力压桩施工时，一般采用分段压入，逐段接长的方法，其工艺流程为：测量定位→压桩机就位→吊桩、插桩→静压沉桩→接桩→再静压沉桩→送桩→挖土、截桩，如图 2-9 所示。

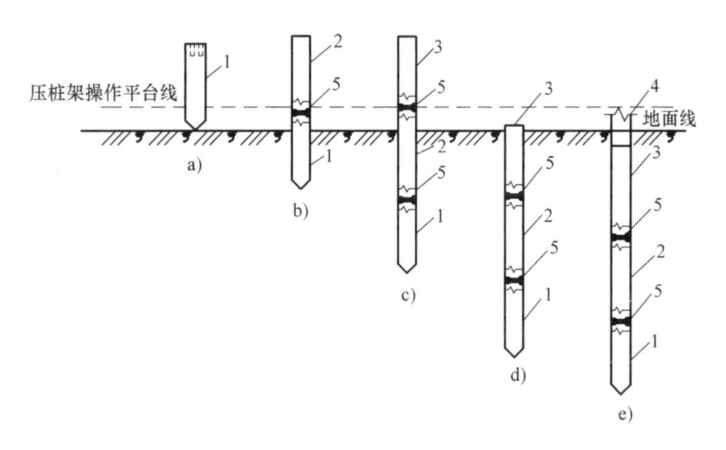

图 2-9　静力压桩工艺流程

a）准备压第一段　b）接第二段桩　c）接第三节桩

d）整根桩压平至地面　e）采用送桩压桩完毕

1—第一段桩　2—第二段桩　3—第三段桩　4—送桩　5—接桩处

压桩前，先进行场地平整，并使其具有一定的承载力，压桩机安装就位，按额定的总重量配置压重，调整机架水平和垂直度，将桩吊入夹持机构并对中，垂直将桩夹持住，正式压桩，压桩过程中应经常观察压力表，控制压桩阻力，记录压桩深度，做好压桩施工记录。如为多节桩，中途接桩可采用浆锚法或焊接法。压桩的终压控制，按设计要求确定，一般摩擦桩以压入长度控制，压桩阻力作为参考；端承桩以压桩阻力控制，压桩深度作为参考。

3. 振动法沉桩

振动法沉桩是将振动锤（图2-10）与桩连接在一起，利用高频振动激振桩身，使桩身周围的土体产生液化而减小沉桩阻力，并靠桩锤及桩体的自重将桩沉入土中。

它适用于砂石、黄土、软土和亚黏土中沉桩，在含水砂层中的效果更为显著，但在砂砾层中采用此法时，尚需配以水冲法。沉桩工作应连续进行，以防间歇过久难以下沉。

4. 水冲法沉桩

水冲法沉桩是将射水管附在桩身上，用高压水流束将桩尖附近的土体冲松液化，减少沉桩阻力，使桩借自重及锤击（或振动）作用下沉入土中。该法往往与锤击（或振动）法同时使用。在砂夹卵石层或坚硬土层中，一般以射水为主，以锤击或振动为辅；在粉质黏土或黏土中，为避免降低承载力，一般以锤击或振动为主，射水为辅。

射水沉桩的设备包括：水泵、水源、输水管路和射水管。射水管内射水的长度（L）应为桩管长度（L_1）、射水嘴伸出桩尖外的长度（L_2）和射水管高出桩顶以上高度（L_3）之和，即 $L=L_1+L_2+L_3$。射水管的构造如图2-11所示。

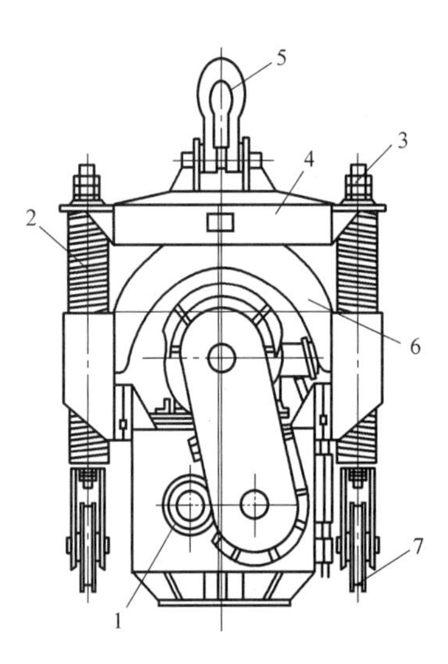

图2-10　振动锤

1—振动器　2—弹簧　3—竖轴　4—横梁
5—起重环　6—吸振器　7—加压滑轮

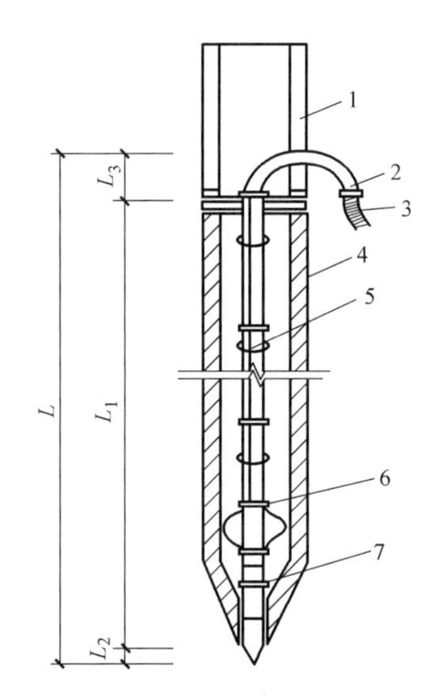

图2-11　射水管的构造

1—送桩臂　2—弯管　3—胶管　4—桩管
5—射水管　6—导向环　7—挡砂板

2.4 灌注桩施工

灌注桩就是直接在桩位上成孔，而后向孔内安放钢筋笼、灌注桩身材料成桩的一种方法。与预制桩相比，具有节省钢材、降低造价，在持力层顶面起伏不平时桩长容易控制等优点。其缺点是会发生缩颈、断裂等现象。

灌注桩的一般施工程序是：成孔前准备→机械安装调试→成孔→灌注材料的准备与加工、灌注→成桩→桩头处理→施工承台→养护。

2.4.1 泥浆护壁成孔灌注桩

泥浆护壁成孔灌注桩是在钻孔过程中，向孔内注入循环泥浆以保护孔壁并排出土渣成孔、清孔，然后安放钢筋骨架、水下灌注混凝土而成的桩。不论地下水位以上或以下的土层皆适用。其施工工艺流程如图 2-12 所示。

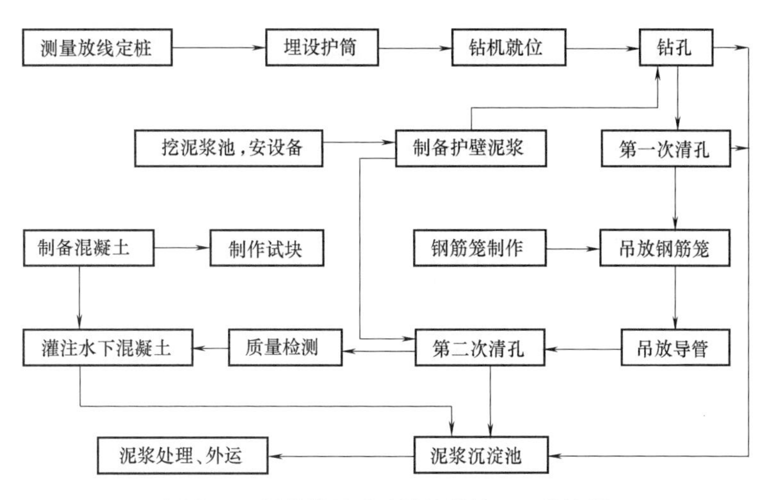

图 2-12 泥浆护壁成孔灌注桩施工工艺流程

（1）钻孔机械设备 泥浆护壁成孔灌注桩所用的钻孔机械有冲抓钻机、冲击钻机、回转钻机和潜水钻机等，常用回转钻机和潜水钻机。回转钻机具有性能好、钻进力大、效率高、噪声和振动小、成孔质量好等优点，一般钻孔直径为 1.0~2.5m，钻孔深度可达 50~100m。潜水钻机机架轻便，移动灵活，噪声小，钻孔直径可达 0.8~2m，钻孔深度可达 50m。

（2）施工工艺

1）钻前准备工作。包括：测量放线、定桩位；挖、砌泥浆池，制备泥浆；钻机进场、安装、调试；在桩位处埋设护筒。护筒的作用是：定位、保护孔口，提高桩孔内泥浆压力，防止塌孔。护筒可用预制混凝土圈或 4~8mm 厚钢板制成。护筒外壁与土之间的空隙，应用黏土填实。

2）钻机就位、钻进。钻机就位必须水平、稳固，并使钻机回转中心对准护筒中心。开钻时宜轻压慢转，待钻头穿过护筒底面后以正常速度钻进。

3）泥浆护壁成孔。钻孔的同时应向孔中注入泥浆，采用正循环或反循环泥浆护壁方式钻进，并使泥浆面高出地下水位 1~1.5m 以上。由于泥浆的密度比水大，泥浆所产生的液柱压力可以平衡地下水压力，并对孔壁有一定侧压力，成为孔壁的一种液态支撑。同时，泥浆中胶质颗粒在泥浆压力下，渗入孔壁表层孔隙中，形成一层泥皮，从而可以保护孔壁，防止塌孔，此外泥浆还具有携渣排土、润滑钻头、降低钻头发热和减少钻进阻力等作用。

在黏性土层中成孔时，可注入清水以原土造浆护壁；其他则应采用高塑性黏土或膨润土制备的泥浆护壁。此外，对泥浆的黏度也应控制适当。黏度大，携渣能力强，但影响钻进速度；黏度小，则不利于护壁和排渣。

4）清孔。当钻孔达到设计深度后，就应及时清孔。对稳定性差的孔壁宜用泥浆循环方法排渣清孔；当孔壁土质较好不易塌孔时，可用空气吸泥机清孔。

5）吊放钢筋笼。灌注桩内钢筋骨架的设计长度，一般为桩长的1/3～1/2。当钢筋骨架长度超过12m时，宜分段制成钢筋笼，并分段吊放。上下段钢筋笼连接宜采用焊接连接。钢筋搬运和吊装时，应防止变形。吊放入孔时，要对位准确，避免碰撞孔壁。就位后对钢筋笼要固定牢靠，既要防止钢筋笼坠落，又要防止灌注混凝土时钢筋笼上浮移动。

6）吊放导管，二次清孔。在吊放水下浇注混凝土的导管之后灌注混凝土之前，应对桩孔底部进行第二次清孔。通常采用泵吸反循环法清孔。

7）水下灌注混凝土。二次清孔结束后，应尽快灌注混凝土。水下灌注混凝土是确保成桩质量的关键工序，一般采用导管法。导管的作用是隔离环境水，以免混凝土与其接触。灌注时应连续进行，不得中断，保持导管埋入混凝土内2～6m，既要避免导管埋入过深而导致导管堵塞，又要避免导管提升太快，导致将导管提出混凝土面而产生断桩。

2.4.2　沉管成孔灌注桩

沉（套）管成孔灌注桩是用锤击或振动的方法，将带有桩尖（图2-13）的钢管（套管）沉入土中成孔；当套管打到规定深度后，向管内放入钢筋骨架并灌注混凝土，随之拔出套管，并利用拔管时的轻锤击或振动将混凝土捣实。此法适用于在各种黏性土、粉土和砂土中的桩基础施工。尤其在有地下水、流砂和淤泥的土层施工，更显其优越性。

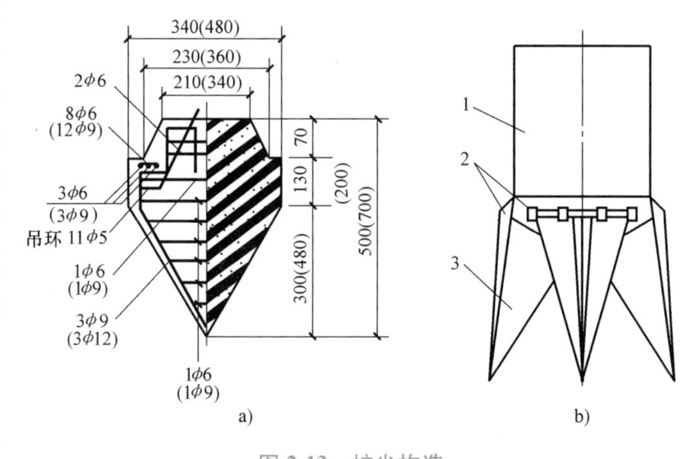

图2-13　桩尖构造

a）钢筋混凝土桩尖　b）活瓣式钢桩尖

1—套管　2—锁轴　3—活瓣

其施工过程为：桩机就位→锤击（振动）沉管→上料→边锤击（振动）边拔管，浇筑混凝土→下钢筋笼→继续拔管，浇筑混凝土→成桩。

根据沉管方法和拔管时振动方法的不同，沉管成孔灌注桩主要分为锤击沉管灌注桩、振动沉管灌注桩。

1. 锤击沉管灌注桩

施工时，用桩架吊起桩管，关闭活瓣或对准套入预先设在桩位处的预制钢筋混凝土桩尖，套管与桩尖连接处要垫以麻、草绳，以防止地下水渗入管内。然后缓缓放下套管，压入土中。套管上端扣上桩帽，检查套管与桩锤在同一垂直线上，即可锤击套管。先用低锤轻击，观察无偏移后，再正常施打。当套管沉到设计要求深度后，检查管内无泥水进入，即可灌注混凝土。套管内混凝土应尽量灌满，然后开始拔管。拔管要均匀，不宜拔管过高。拔管时应保持连续密锤低击不停，并控制拔出速度，对一般土层，以不大于1m/min为宜；在软弱土层及软硬土层交界处，应控制在0.8m/min以内。拔管时还要经常探测混凝土落下的扩散情况，注意使管内的混凝土保持略高于地面，这样一直到全管拔出为止。

以上是单打灌注桩的施工，为了提高桩的质量和承载能力，可采用复打扩大灌注桩。复打法要求同振动沉管灌注桩。

2. 振动沉管灌注桩

振动沉管灌注桩采用激振器或振动冲击锤沉管，施工时，先安装好桩机，关闭活瓣或套入桩尖，对准桩位，徐徐放下套管，压入土中，勿使偏斜，即可开动激振器沉管。严格控制最后的贯入速度，待套管沉到设计标高，且最后 30s 的电流值、电压值符合设计要求后，停止振动，用吊斗将混凝土灌入桩管内，然后开动激振器和卷扬机拔出钢管，边振边拔，从而使桩的混凝土得到振实。

振动沉管灌注桩可采用单打法、复打法和反插法施工。

单打法施工时，在桩管灌满混凝土后，开动振动器，先振动 5~10s，开始拔管，边振边拔。每拔 0.5~1m，停拔 5~10s，保持振动，如此反复，直至套管全部拔出。在一般土层内，拔管速度宜为 1.2~1.5m/min；在软弱土层中，宜控制在 0.6~0.8m/min。

复打法（图 2-14）是在单打法施工完成后，拔出套管，再闭合活瓣桩尖，在原桩孔混凝土中第二次沉入桩管，将未凝固的混凝土向四周挤压，然后第二次灌注混凝土和振动拔管。复打法施工必须在第一次灌注的混凝土初凝前全部完成，并使前后两次沉管的轴线重合，且第一次灌注的混凝土应达到自然地面，不得少灌。该方法适用于饱和黏土层。

反插法施工是在桩管灌满混凝土后，先振动再开始拔管，每次拔管高度 0.5~1m，反插深度 0.3~0.5m，在拔管过程中分段添加混凝土，保持管内混凝土面始终不低于地表面或高于地下水位 1.5m 以上，拔管速度应小于 0.5m/min。如此反复进行，直至套管拔出地面。反插法能使混凝土密实性增加，宜在较差的软土地基施工中采用。

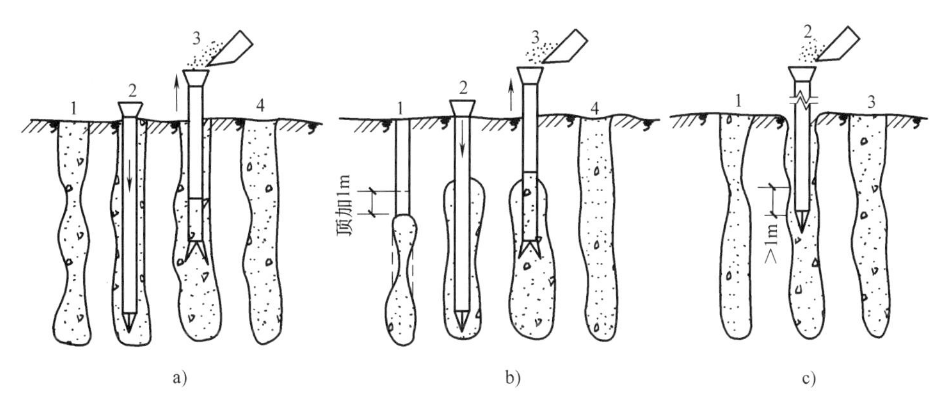

图 2-14　复打法示意图

a）全桩复打　b）半复打　c）后局部复打

1—单打桩　2—沉管　3—第二次灌注混凝土　4—复打桩

2.4.3　干作业成孔灌注桩

干作业成孔灌注桩是先用钻机在桩位处钻孔，成孔后放入钢筋骨架，而后灌注混凝土成桩。干作业成孔灌注桩的工艺流程：测定桩位→钻孔→清孔、下钢筋笼→浇筑混凝土。适用于地下水位以上的黏土、粉土、填土、中等密实以上的砂土、风化岩层等土质。钻孔机械有螺旋钻机、钻扩机、机动洛阳铲、机动锅锥钻等，可根据需要选用。

图2-15所示是全叶螺旋钻机示意图。它是利用动力旋转钻杆，钻杆带动钻头旋转切削土，土渣沿着与钻杆一同旋转的螺旋叶片上升而排出。对于不同类别的土层，可换用不同形式的钻头。钻到预定深度后，应用探测工具检查桩孔直径、深度、垂直度和孔底情况，将孔底虚土清除干净。混凝土应在钢筋骨架放入并再次检查孔内虚土厚度后灌筑，坍落度要求80~100mm。浇筑时应随浇随振。

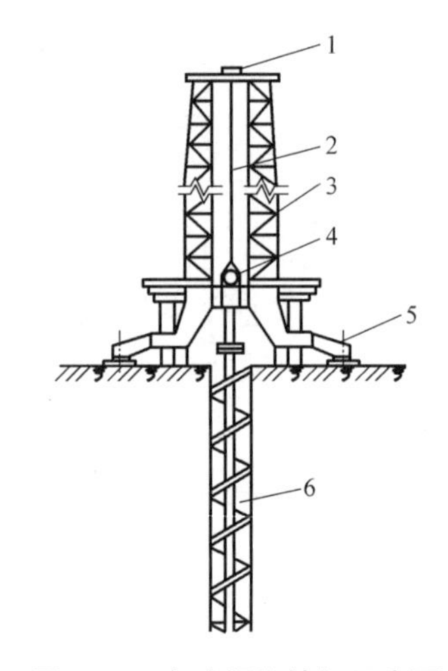

图2-15　全叶螺旋钻机示意图

1—导向滑轮　2—钢丝绳

3—龙门导架　4—动力箱

5—千斤顶支腿　6—螺旋钻杆

2.4.4　人工挖孔灌注桩

人工挖孔灌注桩是采用人工挖掘方法成孔，然后安放钢筋笼，浇筑混凝土成桩。该方法的优点是：设备简单；施工现场较干净；无噪声、无振动；当土质复杂时，可直接观察或检验分析土质情况；桩底沉渣能清除干净，质量可靠；必要时，各桩孔可同时施工，施工速度快。即使在狭窄的场地仍能施工，桩底也可扩大成为扩底桩。

人工挖孔灌注桩施工时，为预防孔壁坍塌，或当土质不好、地质情况复杂时，常采用衬圈护壁。常用的井壁护圈以及施工方法如下：

1）混凝土护圈。采用混凝土护圈进行挖孔桩施工，是由上至下分节开挖、分节浇筑护圈混凝土（图2-16）。挖至设计标高后便可将桩的钢筋骨架放入圈井筒内，然后灌注混凝土。护圈的形式一般为斜阶形，每阶高1m左右，可用素混凝土浇筑，土质较差时可加少量钢筋。浇筑护圈的模板宜用工具式弧形钢模板拼成。

2）沉井护圈。采用沉井护圈挖孔（图2-17）是先在桩位的地面上制作钢筋混凝土井筒，然后在筒内挖土，井筒靠其自重及附加荷载克服筒壁与土壁之间的摩阻力而随挖土逐步下沉。当桩身较长时，沉井可下沉一段，再在地面上浇筑一段。待下沉至设计标高后，便可在筒内浇筑桩身混凝土。

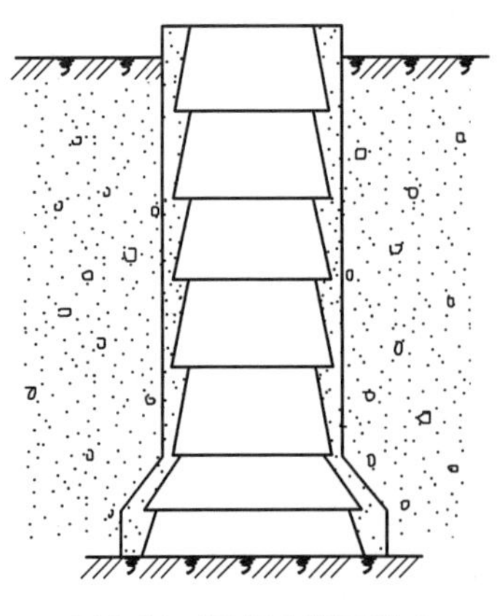

图2-16　混凝土护圈挖土

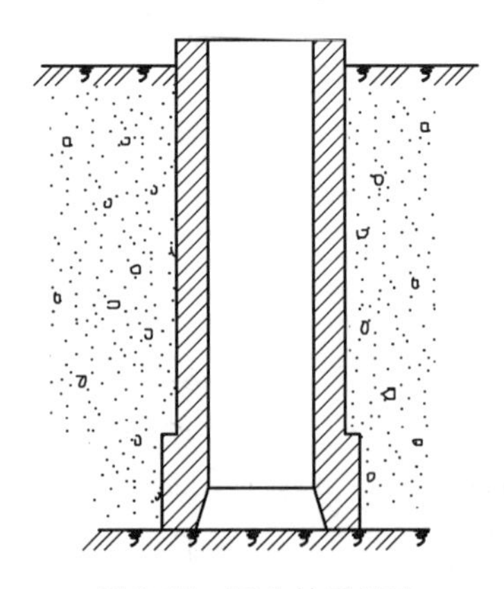

图2-17　沉井护圈挖孔

人工挖孔桩的施工应采取完善的安全保证措施。孔口必须设置护栏，孔内必须设置应急爬梯、低压照明灯，并用小型鼓风机通过送风管向桩孔内送风。挖出的土石方应及时运离，不得堆放在孔口周边。当土质松软或有地下水时应慎用，必须采取可靠的施工降排水措施并防范流砂的产生。土方垂直运输可采用在桩孔上架立小型机架，用电动葫芦或卷扬机吊升出渣筒运土。

2.4.5　钻孔压浆桩

钻孔压浆桩是先用长螺旋钻孔机钻孔到预定的深度；再提起钻杆，在提杆的过程中通过设在钻头的喷嘴，向钻孔内喷注事先制备好的高压水泥浆，至浆液达到没有塌孔危险的位置为止；待起钻后向钻孔内放入钢筋笼，并同时放入至少一根直至孔底的高压灌浆管，然后投放粗骨料直至孔口；最后通过高压灌浆管向孔内二次压入补浆，直至浆液达到孔口为止。根据土质条件的不同，喷嘴喷注浆液的压力可在1~30MPa范围内变化，二次补浆的压力可在2~20MPa范围内变化。整个桩体的浆液和粒料的体积比以1：0.8为宜。

钻孔压浆桩的特点：①由于钻孔后的钻杆是被孔底的高压水泥浆置换而退出钻孔的，所以能在流砂、淤泥、砂卵石等易塌孔和有地下水的条件下，采用水泥浆护壁而顺利地成孔成桩；②自下而上重复注浆，可使桩体致密，并且对周围的土层有渗透加固作用，解决了断桩、颈缩和桩底虚土等问题；③不采用泥浆护壁，不存在泥浆制备和处理所带来的污染环境、减慢施工速度、降低质量和增加造价等一系列弊端；④施工速度快、无振动、噪声小且安全可靠，其缺点是要用无砂混凝土，水泥消耗量较普通钢筋混凝土灌注桩多。

2.4.6　灌注桩后注浆技术

灌注桩后注浆技术是将土体加固技术与桩基技术相结合的一项创新技术，即在灌注桩桩身混凝土达到预定强度后，用注浆泵将水泥浆或水泥与其他材料的混合浆液，通过预设在桩身内的注浆导管及与之相连的桩端、桩侧注浆阀注入桩端、桩侧的土体（包括沉渣和泥皮）中，使桩间土界面的几何和力学条件得以改善，从而提高桩基承载力，减少沉降。

灌注桩后注浆技术是一种提高桩基承载力的辅助措施，而不是成桩方法。灌注桩后注浆技术适用性较强，适用于各类泥浆护壁和干作业的钻、挖、冲孔灌注桩。对大直径超长型桩，其技术经济效益更为显著。

主要施工工序：成孔→清孔、制作钢筋笼并装配注浆设备→下钢筋笼→二次清孔→灌注桩身混凝土→养护2天→注浆→养护。

2.4.7　灌注桩的质量控制

灌注桩的质量应从以下几个方面进行控制。

1）成孔深度。对于摩擦桩，必须保证设计桩长，当采用套管法成孔时，套管入土深度的控制以标高为主，并以贯入度（或贯入速度）为辅。对于端承桩，必须有足够的桁端承载力和尽量小的沉降量，当采用钻、冲、挖成孔时，必须保证桩孔进入硬土层中且达到设计要求的深度，并将孔底清理干净。

2）钢筋笼制作与安装。钢筋笼宜分段制作，每段长度以5~9m为宜。搬运时应防止扭转，沉放时要对准孔位，吊直扶稳，缓缓下沉，避免碰撞孔壁。钢筋笼下放至设计位置后，应立即固定。两段钢筋笼连接时应采用焊接。灌注水下混凝土时，可在钢筋笼上设置定位钢筋环，以确保保护层厚度。

3）灌注混凝土。桩孔质量检查合格后，应尽快灌注混凝土。采用导管法水下灌注混凝土时，应保证灌注质量。由于灌注桩细长且垂直浇筑，灌注后会在桩顶形成强度较低的浮浆层，所以灌注高度应超过设计尺寸，以便在凿去浮浆层后，仍能满足设计标高和混凝土强度要求。

2.5 其他深基础工程

2.5.1　沉井法施工

1. 沉井法施工特点

沉井由刃脚、井筒和内隔墙等组成，外形呈圆形或矩形，筒身由钢筋混凝土构筑而成，多用于建筑物和构筑物的深基础。施工时先在地面或基坑内制作开口的钢筋混凝土井身，待其达到规定强度后，在井身内分层挖土运出，随着挖土和土面的降低，沉井井身在其自重或其他措施协助下克服与土壁间的摩擦力和刃脚反力，不断下沉，直至达到设计标高就位，然后进行封底。沉井法的突出优点是沉井在下沉过程中，不必采用很深的用来支撑坑壁的防水围堰和支护，从而节约大量的支撑费用。

2. 沉井施工

沉井的施工程序为：测量放线，开挖基坑，搭设施工平台→铺砂垫层及承垫木→制作沉井→抽除垫木→挖土下沉→封底、回填、浇筑其他部分结构，如图2-18所示。

（1）准备工作　沉井制作前，根据土质情况、沉井结构的情况和沉井下沉所用施工方法，需要先挖一定深度的基坑。若先开挖基坑后制作沉井，则需增加打桩及搭台工作并考虑脚手架的搭设。在基坑挖好后，就可在坑底上铺砂垫层，再沿井壁周边刃脚下铺设承垫木。

（2）沉井制作及防水处理　钢筋混凝土沉井的制作包括支模、绑钢筋（包括各种铁件焊接）、灌注混凝土及养护、拆模等。其施工方法与一般钢筋混凝土结构的施工基本相同。为防止沉井制作时发生倾斜，在浇注沉井混凝土时，应对称浇注，均匀进行。分层制作时，在第一节沉井的混凝土达到设计强度的70%后，方可浇注其上一节沉井的混凝土。

沉井是否需要防水以及所采用的防水方案和材料，根据结构的用途及地质条件而定。沉井防水层的保护层（水泥砂浆）要求较高，且表面要光滑平整，以便沉井能顺利下沉和保护层不脱落。

（3）沉井的下沉　当沉井第一节混凝土或砌筑砂浆达到设计强度以后，其余各节混凝土或砌筑砂浆达到设计强度的70%后，方可下沉。下沉前，要先抽取承垫木，抽取时应分区、依次、对称、同步进行。下沉方法有以下几种：

1）排水挖土下沉。对于透水性很低或漏水量不大的稳定土层，排水不会产生流砂，可采用排水挖土下沉。其优点是挖土方法简单，容易控制下沉，下沉较均衡且易纠偏，达到设计标高后又能直接检验基底土的平整，并可采用干封底。因此，容易加快工程进度、保证质量、节约费用，应尽量优先选用。

2）不排水挖土下沉。当沉井穿过的土层不稳定、地下水量很大时，采用排水挖土下沉容易出现流砂现象，可采用不排水挖土下沉，下沉过程中，井内水位须高出井外水位1~2m。

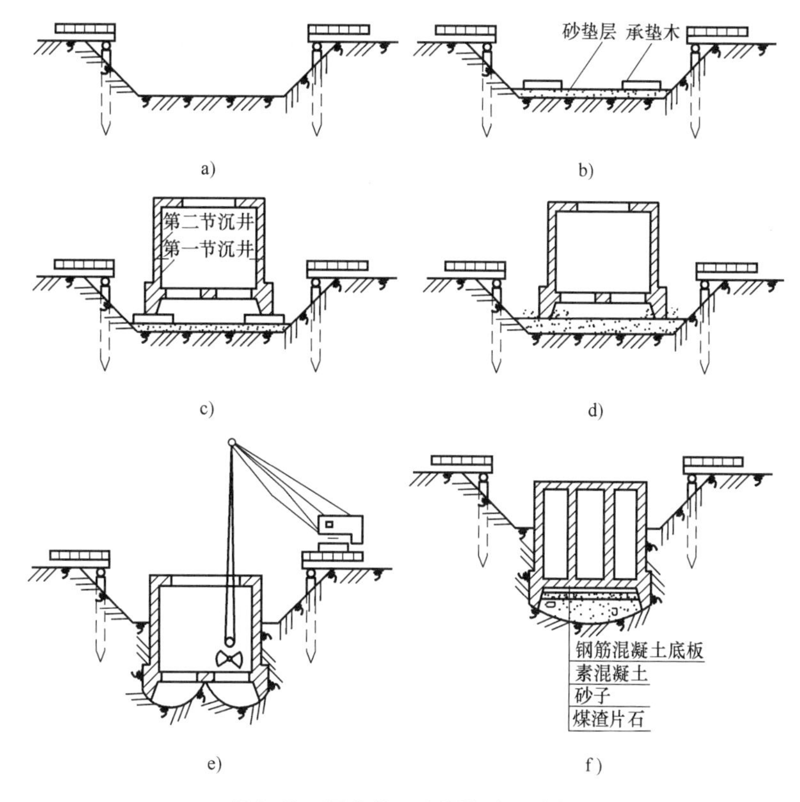

图 2-18　沉井施工主要程序示意图

a）打桩、开挖、搭台　b）铺砂垫层、承垫木　c）沉井制作　d）抽取垫木
e）挖土下沉　f）封底、回填、浇筑其他部分结构

挖土时一般先挖“锅底”（中间部分），再挖刃脚附近的土，开挖时均匀进行，否则沉井下沉不均，容易产生倾斜。沉井下沉时，每次不得超过 50cm 即须进行清土校正，然后继续进行。在下沉到距设计标高 50cm 时，应放慢下沉速度。

随着时间的推移，沉井在下沉完毕后还会继续下沉一定深度，为保证结构使用时符合要求，一般下沉深度应有 3~5cm 至 5~10cm 的预留量。

在实际施工时，沉井下沉的方法和机械设备应灵活运用。对于较大且内部结构复杂的沉井，可同时或先后采用几种方法和机械进行综合施工。

（4）沉井基础处理及封底　沉井在施工完毕后，使用过程中还可能继续下沉（可延续 2~3 年之久）。为使下沉量不致过大和不均匀，尤其是在软弱土层中须在沉井封底前对基础进行处理。做法是当沉井沉到设计标高且基本稳定后，先将超挖部分用石渣填充夯实。在刃脚四周填以毛石，有时尚须铺设 10~30cm 厚的砂石垫层，然后用素混凝土封底。

沉井封底有干封底和湿封底两种：干封底首先在沉井中留一集水井，及时抽干涌水，用掺有早强剂的混凝上浇注除集水井以外的底板。待底板达 70%设计强度后，封闭井口。干封底能保证混凝土的准确厚度及表面平整，且节约材料保证质量。同时设备简单，进度快，省去以后的清理及抽水工作，应优先采用。

水下浇灌混凝土封底采用竖管灌注法，水下封底后，应检查封底混凝土质量，灌注钢筋混凝土底板前，要抽水并凿去封底混凝土表层的浮浆。

3. 沉井纠偏

沉井的偏差包括倾斜和位移两种。沉井纠偏的方法主要有以下几种：

1）当沉井向某侧倾斜时，可在高的一侧多挖土，使沉井恢复水平，然后均匀挖土。

2）当矩形沉井长边产生偏差时，可采用偏心压重进行纠偏，如图2-19所示。

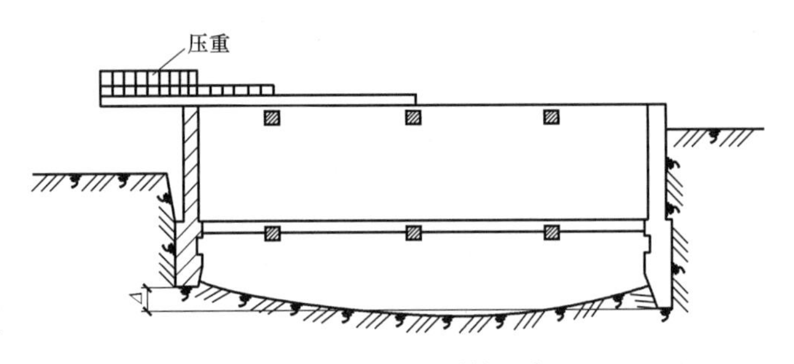

图2-19　偏心压重纠偏示意图

3）在下沉少的一侧外部用压力水冲井壁附近的土，并加偏心压重；在下沉多的一侧加一水平推力，以纠正倾斜。

4）沉井位移即沉井中心线与设计中心线不重合，可先在一侧挖土，使沉井倾斜，然后均匀挖土，使沉井沿倾斜方向下沉到沉井底面中心线接近设计中心线位置时，再纠正倾斜。

2.5.2　地下连续墙施工

1. 地下连续墙施工特点

随着高层建筑、地铁及各种大型地下设施迅速发展，地下连续墙由于其结构刚度大，对地质条件适应范围广，施工时噪声低、振动小、防渗性能好、既可挡土又可挡水，在地下工程和深基础工程中得到了广泛的应用。但地下连续墙也存在成本高、施工技术复杂、需配备专用设备、施工中泥浆须妥善处理、有一定的污染性等缺点。

2. 地下连续墙施工工艺

地下连续墙施工的基本工艺是：先在地面上依据设计的位置和要求，在泥浆护壁的条件下，用专门的挖槽设备分段开挖一条具有一定宽度和深度的深槽，待清除沉渣后，插入接头管，然后将钢筋笼吊放入槽内，采用导管法浇筑水下混凝土，待混凝土浇至设计标高后，即筑成一单元墙段，依此逐段施工，各单元墙段之间以特定的接头相连接，即形成连续完整的地下连续墙。地下连续墙的施工工艺流程如图2-20所示。施工时应抓好以下关键工作：

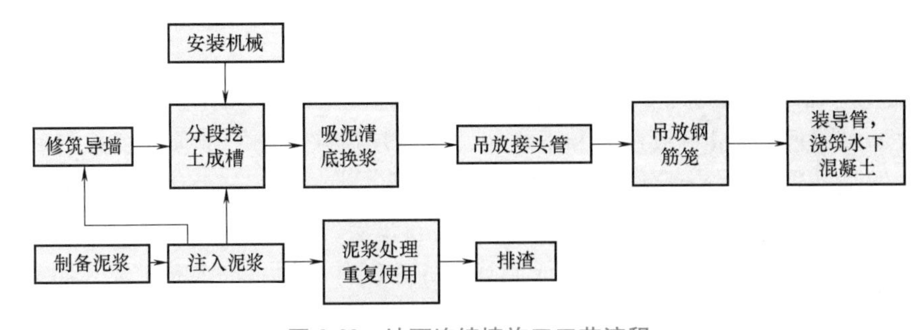

图2-20　地下连续墙施工工艺流程

（1）划分单元槽段　地下连续墙是由各段墙体连接而成的整体，因此在施工中，要沿墙体长度方向划分为许多一定长度的施工单元，即“单元槽段”。单元槽段越长，接头越少，因此可提高墙体的整体性、防渗性和工效。但在设计槽段长度时，应综合考虑地质条件、附近建筑物情况、槽壁稳定性、挖槽机械等各种因素。一般情况下，单元槽段的长度为4~8m。

（2）修筑导墙　在槽段开挖前，应沿地下连续墙设计轴线位置开挖一定宽度和深度的导沟，然后在导沟的两侧修筑导墙。导墙起着挡土支承、导向、测量基准、储存泥浆、维护上部土体稳定和防止土体坍塌的作用。常用现浇钢筋混凝土导墙也可采用预制钢筋混凝土或型钢制成的工具式导墙（可重复使用）。导墙必须具有一定的强度、刚度和精度。

现浇钢筋混凝土导墙的施工顺序为：平整场地→测量定位→挖槽→绑扎钢筋→支模板→浇筑混凝土→拆模并设置横撑→导墙外侧回填土。导墙的接头位置应与地下连续墙的施工接头位置错开。

（3）开挖槽段　成槽工作的好坏直接影响到地下连续墙墙体的形状、质量和工程的进度、成本。因此要根据土质条件、施工精度、工期要求等因素，正确进行槽段开挖。

1）挖槽机械。地下连续墙的挖槽机械按工作原理，可分为挖斗式、冲击式和回转式三类。常用的回转式挖槽机是以回转式钻头对土体进行旋转切削，利用循环泥浆把切削下来的土渣排出槽外。它可分为单头钻和多头钻两种。单头钻主要用来钻导孔，多头钻用来挖槽。

2）挖槽控制。挖掘时要严格控制垂直度和偏斜度。尤其是地面至地下10m左右的挖槽精度，对以后整个槽壁的精度影响很大，必须慢速均匀钻进。挖槽要连续作业，并且要依顺序连续钻进；钻进过程中应保持护壁泥浆不低于规定高度，对有承压水及渗漏水的地层，应加强对泥浆的调整和管理，防止大量水进入槽内稀释泥浆，危及槽壁安全。

（4）泥浆护壁技术　在成槽过程中常采用泥浆循环护壁技术。泥浆循环具有防止槽壁坍塌、携渣、冷却和润滑等作用。

1）泥浆的成分。泥浆的主要成分有膨润土、掺合物和水。膨润土是一种颗粒极细、遇水显著膨胀、黏性和塑性都很大的特殊黏土。掺合物有加重剂、增粘剂、分散剂和防漏剂等四类，其作用是调整泥浆性质，以满足施工要求。

2）泥浆的制备和处理。通过沟槽循环或浇筑混凝土排出的泥浆，必须进行净化处理，才能继续使用。处理方法有化学和物理方法。当泥浆中阳离子混入较多时，可加入分散剂进行化学处理；当泥浆混入大量土渣时，则采用沉淀池和机械处理两种方法。

（5）清底　成槽作业结束后，要清除沉入泥浆底部的土渣和残留土渣及吊放钢筋笼时从槽壁上刮落的泥皮。清底的方法一般采用泥浆循环置换法，在不断补给新制泥浆的同时，用砂石吸力泵、压缩空气泵或潜水泥泵等从槽底清除沉渣。

（6）钢筋笼的制作与吊放　钢筋笼最好是按单元槽段做成一个整体，并考虑单元槽段、接头形式及现场起重能力等因素。制作钢筋笼时，要预先确定浇筑混凝土用导管位置，由于此处要上下贯通，故应留有足够空间，周围须增设箍筋和连接筋加固。为便于导管插入，应将纵向主筋放在横向钢筋的内侧。钢筋笼的起吊、运输和吊放过程中不允许出现不可恢复的变形。钢筋笼吊放入槽时，应对准单元槽段，徐徐下降，避免因左右摆动而损伤槽壁表面。吊放到设计标高后，应用撑架将其临时固定在导墙上，防止钢筋笼下沉和在浇筑时上浮。

（7）混凝土浇筑　地下连续墙混凝土采用导管法进行浇筑。

（8）槽段接头施工　按使用接头装置的不同，槽段接头形式可分为接头管接头、接头箱接头和各种形式的钢板接头等。最常使用的是接头管接头施工方式，具体施工过程如图2-21所示。接头钢管在钢筋笼吊放前放入槽段内，并应在混凝土浇筑结束后8h内将其全部拔出。

拔管一般用起重机或液压千斤顶。接头管拔出后即可进行下一个单元槽段的施工。

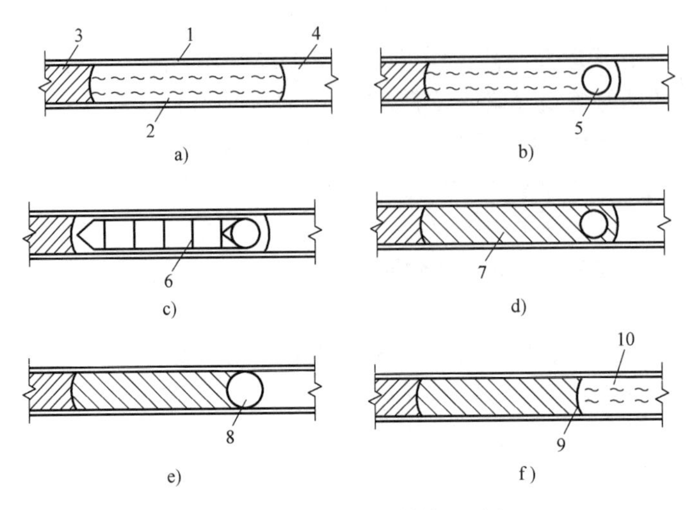

图 2-21　接头管接头的施工过程

a）开挖槽段　b）在一端放置接头管　c）吊放钢筋笼
d）灌注混凝土　e）拔出接头管　f）形成接头
1—导墙　2—开挖的槽段　3—已浇筑混凝土的单元槽段　4—开挖的槽段
5—接头管　6—钢筋笼　7—正浇筑混凝土的单元槽段　8—拔管后形成的圆孔
9—形成的弧形接头　10—新开挖的槽段

2.5.3　墩式基础施工

1. 墩式基础的概念

墩式基础是指在地基中钻孔或冲孔并灌注混凝土而形成的短粗型深基础。在外形和工作方式上与灌注桩很相似，直径通常为1~5m，长径比不大于30，因此也被称为大直径短桩。由于墩身直径很大，具有很高的强度和刚度，在桥梁及建筑工程中有着广泛的应用。

2. 墩式基础施工

墩基的施工方法主要取决于工程地质条件、施工机具和设备条件以及施工技术力量，以人工挖孔最为常见。为防止塌方造成事故，挖孔时需制作护圈，每开挖一段浇筑一段护圈，护圈多为现浇钢筋混凝土。挖孔时还需注意通风、照明和排水。

（1）放线定位　在整平的施工场地上，按设计要求进行建筑物轴线及边线的放线，在设计桩位处设置标志定位，放线时应认真反复核对设计图，防止墩轴线偏差过大。

（2）挖土成孔

1）挖土。通常采用分段开挖，每段高度一般为0.5~1.0m（土质较好时可适当加大），开挖孔径为设计墩基直径加2倍护壁的厚度。

2）支设护壁模板。模板高度取决于开挖施工段的高度，一般为1m，由4~8块活动弧形钢模板（或木模板）组合而成。

3）在模板顶放置操作平台。平台可用角钢和钢板制成半圆形，用来临时放置混凝土和浇筑混凝土时作为操作平台。

4）浇筑护壁混凝土。第一节护壁厚度宜增加100~150mm，上下节护壁用钢筋拉结。浇筑混凝土时应仔细捣实，保证护壁具有防止土壁塌陷和阻止水向孔内渗透的双重作用。

5）拆除模板进行下一段的施工。当护壁混凝土强度达到 1. 2MPa 时，常温下约为 24h，方可拆除模板。当第一施工段挖土完成后，按上述步骤继续向下开挖，直至达到设计深度并按设计的直径进行扩底。

（3）验孔清底

1）墩基成孔基本完成后，应对孔的位置、大小、是否偏斜等方面进行检验，并检查孔壁土层或护壁是否稳定或可能损坏，发现问题及时进行补救处理。

2）排除孔底积水。

3）检查孔底标高，孔内沉渣及核实墩底土层情况。对孔底沉渣首选清除，条件不便时，可采用重锤夯实或水泥浆加固。

（4）安放钢筋笼　验孔清底后即可按设计要求安置钢筋笼。安放钢筋笼时，平稳起吊，准确定位，严格控制倾斜等偏差，同时避免碰撞孔壁。

（5）浇筑混凝土　混凝土应保持良好的和易性，坍落度控制在 10～20cm。混凝土通过导管下料，下口距浇筑面应小于 2m，采用插入式振捣器分层振捣密实。混凝土浇筑在达到墩顶标高后超灌至少 0. 5m。

本章小结及关键概念

- **本章小结**：通过本章学习，应掌握钢筋混凝土预制桩的构造和制作要求，打入沉桩、静力沉桩的施工方法，保证质量的技术措施；熟悉各类成孔灌注桩的工艺原理和施工要点；了解地基处理的原理及方法，了解沉井基础、地下连续墙、墩式基础施工的方法和特点，并掌握其主要的施工工艺。
- **关键概念**：浅基础、预制桩、灌注桩、沉井基础、地下连续墙、墩式基础。

习　题

2. 1　简述地基处理的目的及基本方法。

2. 2　浅基础的类型有哪些？

2. 3　简述桩基的作用原理和桩的分类。

2. 4　简述钢筋混凝土预制桩的施工过程。

2. 5　预制桩吊点位置如何确定？

2. 6　打桩机械设备的组成及桩锤的种类有哪些？

2. 7　打桩过程中应注意检查哪些主要问题？试分析桩锤产生回弹和贯入度变化的原因。

2. 8　打桩顺序如何确定？

2. 9　对打桩质量有哪些要求？如何判断打下的桩是否符合设计要求？

2. 10　试述打桩对周围的影响。解决挤土、振动、噪声问题可采取哪些有效的技术措施？

2. 11　简述静力压桩过程。

2. 12　何谓灌注桩？简述泥浆护壁成孔灌注桩的施工过程。

2. 13　泥浆护壁的机理是什么？为何要进行二次清孔？

2.14　何谓复打法、反插法？

2.15　简述人工挖孔灌注桩的施工过程。人工挖孔灌注桩施工中应注意哪些主要问题？

2.16　何谓强夯法、深层挤密法？

2.17　何谓振冲法和深层搅拌法？

2.18　简述深层搅拌法施工过程。

2.19　简述沉井法施工过程。简述基坑开挖与沉井制作的关系和注意事项。

2.20　简述沉井下沉的方法。如何防止沉井偏移？

2.21　何谓封底？沉井施工时，出现偏差如何纠正？

2.22　简述地下连续墙的特点及基本施工工艺原理。

2.23　简述地下连续墙的主要施工工艺。

2.24　简述地下连续墙施工中，泥浆的主要成分及作用。

2.25　在施工地下连续墙的接头处应注意哪些问题？

2.26　简述墩式基础的主要施工工艺。

二维码形式客观题

第2章
客观题

第3章 砌筑工程

学习要点

知识点：砌筑材料的种类、性能及要求，砖基础、砖砌体、中小型砌块墙的组砌形式及施工工艺、施工方法，砌体的质量要求与影响因素分析、质量检查的方法以及砌体的冬期施工。

重点：砌体对材料的要求，砌体的组砌形式、施工工艺、质量要求及冬期施工。

难点：掌握砌筑材料的分类和不同组砌形式及相关的施工工艺。

3.1 概述

砌筑工程是指用砂浆等胶结材料将砖、石、砌块等块料垒砌成坚固砌体的施工。砌筑工程具有取材方便、施工简单、成本低廉、历史悠久，但劳动量、运输量大，生产效率低，消耗资源多等特点。砌筑工程是一个综合的施工过程，包括材料准备、运输和砌筑等。

3.1.1 砌筑材料

砌筑材料分为块料和砂浆，砌体结构是通过砂浆将块料黏结成整体，以满足使用功能和结构承载要求。

1. 块料及隔墙板

（1）砖　砖有实心砖、多孔砖和空心砖，按其生产方式又分为烧结砖和蒸压砖两大类。

常用普通砖的标准尺寸为240mm×115mm×53mm。砖的强度等级以其抗压强度来确定，常用的砖等级有MU5.0、MU7.5、MU10、MU15四种。

（2）石材　砌筑所用石料分为毛石、料石两类。根据石料的抗压强度值，将石料分为MU10、MU15、MU20、MU30、MU40、MU50、MU60、MU80、MU100九个等级。

（3）砌块　砌块的种类较多，常用的有混凝土空心砌块、加气混凝土砌块及粉煤灰实心砌块。根据砌块尺寸的大小分为小型砌块、中型砌块和大型砌块。小型砌块尺寸较小，质量较轻，型号多种，使用较灵活，适应面广；小型砌块墙体多为手工砌筑，劳动量较大。砌块的强度等级有MU5、MU7.5、MU10、MU15、MU20。其中用于砌体结构的砌块最低强度等级为MU7.5。

（4）隔墙板　其全称是建筑隔墙用轻质条板，作为一般工业建筑、居住建筑、公共建筑的非承重内隔墙主要材料。主要有GRC（玻璃纤维增强水泥）轻质隔墙板、GM板（硅镁加气混凝土空心轻质板）、陶粒板、石膏板等。其中GRC轻质隔墙板是一种综合效能优良的墙体材料，具有质量轻、板材薄、防潮、防火、隔声和保温等优良性能，并具有良好的可加工性，广泛用于框架建筑和大开间的内隔墙，特别适用于各种快装房的建造和旧房的加层等。

（5）块料及隔墙板的使用要求

1）砖的品种、强度等级必须符合设计要求，其外观应尺寸准确，无裂纹、掉角、缺棱和翘曲等严重现象。生产单位供应砌块时，必须提供产品出厂合格证。

2）使用多孔砖时，孔洞应垂直于受压面砌筑，有利于砂浆结合层进入上下砖块的孔洞中，以提高砌体的抗剪强度和整体性。对有冻胀环境地区，地面以下或防潮层以下的砌体，不宜采用多孔砖。

3）砌筑烧结普通砖、烧结多孔砖、蒸压灰砂砖、蒸压粉煤灰砖砌体时，砖应提前1~2天适度湿润，严禁采用干砖或处于吸水饱和状态的砖砌筑，烧结类块料湿润后的相对含水率宜为60%~70%；混凝土多孔砖及混凝土实心砖不需要浇水湿润，但在气候干燥炎热的情况下，宜在砌筑前对其喷水湿润。

4）安装轻质隔墙板，要待墙板干透后才能进行表面抹灰和接缝处理。施工顺序为：先主体工程，其次其他砌体外墙工程，再进行墙板抹灰工程，最后做轻质隔墙面装饰装潢。

2. 砌筑砂浆

（1）砂浆的分类及强度等级　砌筑砂浆按组成材料不同分为水泥砂浆、混合砂浆和石灰砂浆三种。

砌筑砂浆按拌制方式不同，分为现场拌制砂浆和预拌砂浆（商品砂浆）。按生产方式，预拌砂浆又分为湿拌砂浆和干混砂浆两类。已加水拌和而成的湿拌拌合物称为湿拌砂浆，将干态材料混合而成的固态混合物称为干混砂浆。

砌筑砂浆按强度分为M15、M10、M7.5、M5和M2.5五个等级。预拌砂浆的强度分为M5、M7.5、Ml0、M15、M20、M25、M30七个等级。用于砌体结构的砂浆强度最低等级为M5。

（2）砂浆的制备及使用要求

1）水泥砂浆和混合砂浆可用于砌筑潮湿环境和强度要求较高的砌体，基础一般用水泥砂浆。

2）砂浆用砂宜采用中砂。砂浆用砂的含泥量对强度等级小于M5的水泥混合砂浆，不应超过10%；对水泥砂浆和强度等级不小于M5的水泥混合砂浆，不应超过5%。

3）砂浆的拌制一般用砂浆搅拌机，要求拌和均匀。为改善砂浆的保水性，可掺入电石膏、粉煤灰等塑化剂。砂浆应随拌随用，常温下，水泥砂浆和混合砂浆必须分别在搅拌后3h和4h内使用完毕，如气温在30℃以上，则必须分别在2h和3h内用完。

3.1.2　砌筑工程分类

砌筑工程主要包括砖基础、各种砖墙、砖柱等。

1）砖基础，是由基础墙和大放脚组成。其剖面一般都做成阶梯形状。此阶梯部分通常叫作大放脚。砖石基础一般用在荷载不大、基础宽度小、土质较好、地下水较低的地基上。

常见砖基础类型分为条形和独立两种。

砖基础和砖墙身以设计室内地坪为界，室内地坪以下为基础，以上为墙身。有地下室者，以地下室室内设计地面为界，以下为基础，以上为墙身。如果基础与墙身使用两种不同材料（如基础用石材，墙身用砖）时，往往以不同材料为分界线，以下为基础，以上为墙身。

2）砖墙，既起维护、分隔作用，又可作为建筑物的主要承重结构。按墙体在建筑物中所处的平面位置不同，可分为内墙和外墙；按其受力情况不同，可分为承重墙和非承重墙；按装饰做法不同，可分为清水墙和混水墙；按组砌方法不同，可分为实砌砖墙、空斗墙、空花墙、填充墙、其他隔墙等。

砖墙的厚度以我国标准烧结普通砖的长度为单位，我国现行烧结普通砖的规格是240mm×115mm×53mm（长×宽×厚），连同灰缝厚度10mm在内，砖的规格形成长：宽：厚=1：2：4的关系。同时在1m长的砌体中有4个砖长、8个砖宽、16个砖厚，这样在$1m^3$的砌体中的用砖量为（4×8×16）块=512块，用砂浆量为0.$26m^3$。

3.2 砖砌体施工

3.2.1 砖基础的砌筑

砖基础有条形基础和独立基础，基础下部扩大部分称为大放脚。砌筑砖基础时应注意以下几点：

1）为保证基础砌在同一水平面上，必须在转角处，预先立上基础皮数杆，如图3-1所示。

2）用一顺一丁法组砌，竖缝要错开，在十字及丁字接头处，纵横墙要隔皮砌通，大放脚最下一皮及每个台阶的上面一皮应以丁砌为主。

3）砌砖时，先按皮数杆砌几皮转角交接处的砖，并在其间拉准线，再砌中间部分。

4）砌完基础后，两侧应同时回填土，并分层夯实，以防止不对称回填使基础侧移，破坏基础等事故发生。

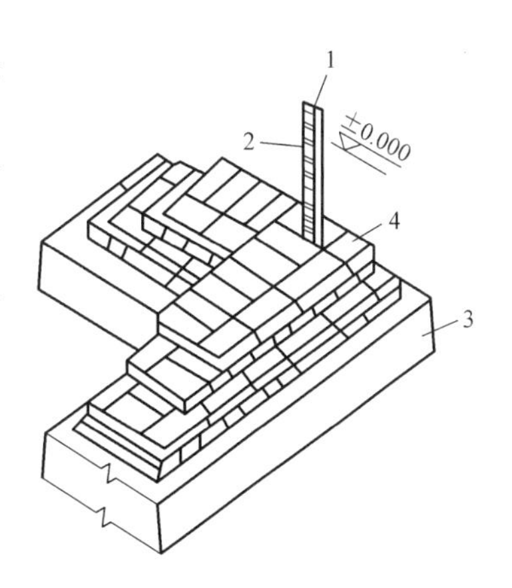

图3-1 基础砌砖图
1—皮数杆 2—防潮层
3—垫层 4—大放脚

3.2.2 砖墙的砌筑

1. 组砌形式

一块砖有三个两两相等的面，最大的面叫作大面；长的一面叫作条面；短的一面叫作丁面。砖砌入墙体后，条面朝向操作者的叫作顺砖，丁面朝向操作者的叫作丁砖。

普通砖墙厚度有半砖、一砖、一砖半和二砖等。用普通砖砌筑的砖墙，依其墙面组砌形式不同，有一顺一丁、三顺一丁、梅花丁等，如图3-2所示。

（1）一顺一丁砌法　这是最常见的一种组砌形式，也称为满丁满条组砌法。由一皮顺砖、一皮丁砖组砌而成，上下皮之间竖向灰缝都相互错开1/4砖长，如图3-2a所示。

（2）三顺一丁砌法　三顺一丁砌法是采用三皮顺砖间隔一皮丁砖的组砌方法。上下皮顺砖搭接半砖长，丁砖与顺砖搭接1/4砖长，同时要求山墙与檐墙的丁砖层不在同一皮砖

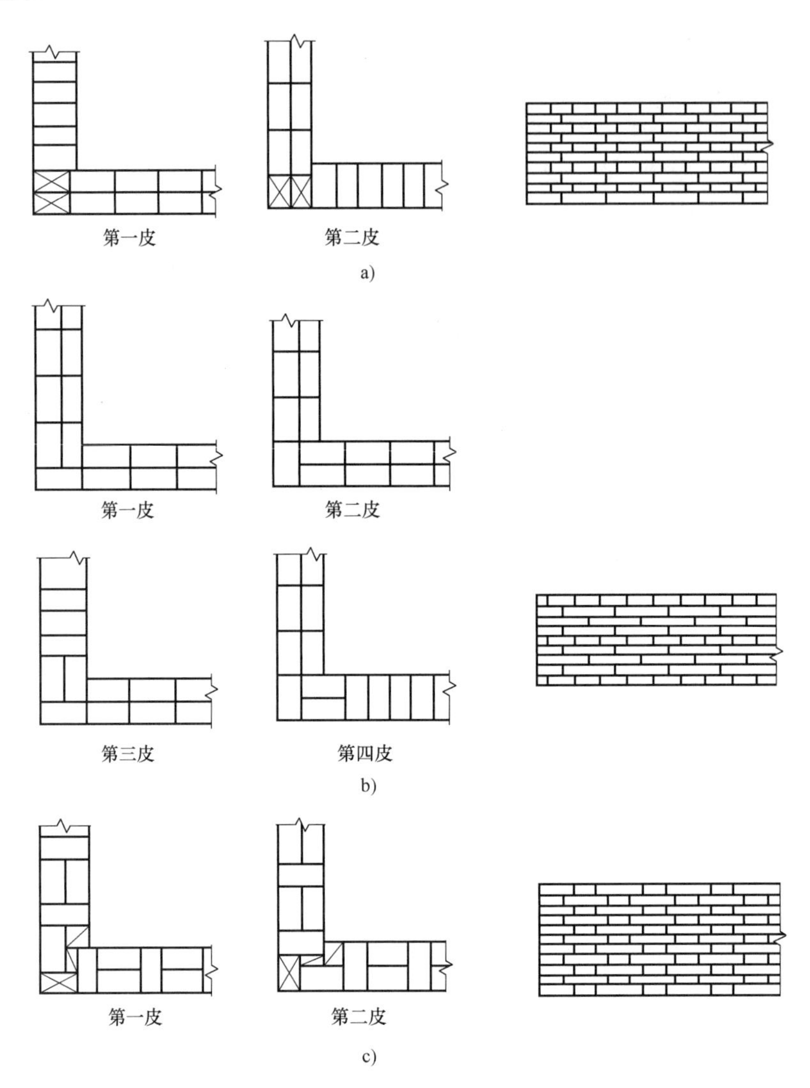

图3-2　砖墙体组砌形式

a）一顺一丁　b）三顺一丁　c）梅花丁

上，以利于错缝搭接，图3-2b所示。

（3）梅花丁砌法　梅花丁又称沙包式。这种砌法是在同一皮砖上采用两皮顺砖夹一皮丁砖的砌法，上下两皮砖的竖向灰缝错开1/4砖长，如图3-2c所示。

（4）其他砌法

1）全顺砌法。全部采用顺砖砌筑，每皮砖搭接1/2砖长，适用于半砖墙的砌筑。

2）全丁砌法。全部采用丁砖砌筑，每皮砖上下搭接1/4砖长，适用于圆弧形烟囱与窨井的砌筑。

2. 清水砖墙的施工工艺

砌筑砖砌体通常有抄平、弹线、摆砖样、立皮数杆、盘角、挂线、砌砖、勾缝与清理等工序。

（1）抄平　砌砖前，应在基础顶面或楼面上定出各层标高，并用M7.5水泥砂浆或C15细石混凝土找平，使其底部标高符合设计要求。要做到外墙上、下层之间不出现明显的接缝痕迹。

（2）弹线 根据给出的轴线及图样上标注的墙体尺寸，在基础顶面上用墨线弹出墙的轴线和墙的宽度线，并标出门窗洞口位置。二楼以上墙的轴线可以用经纬仪或垂球上引。

（3）摆砖样（又称为排砖撂底） 在弹好线的基面上，根据墙身长度（按门、窗洞口分段）和组砌方式进行摆砖样，核对所弹出的墨线在门窗洞口、墙垛等处是否符合模数，以便借助灰缝调整，使砖的排列和砖缝宽度均匀合理。

（4）立皮数杆 皮数杆是一根划有每皮砖和灰缝厚度，以及门窗洞口、过梁、楼板的标高，用来控制墙体竖向尺寸以及各部件标高的木质标志杆，如图3-3所示。一般立于房屋的四大角、内外墙交接处、楼梯间以及洞口比较多的地方，当两皮数杆间距大于15m时，加设一根。皮数杆应抄平竖立，用锚钉或斜撑固定牢固，并保证与水平面垂直。

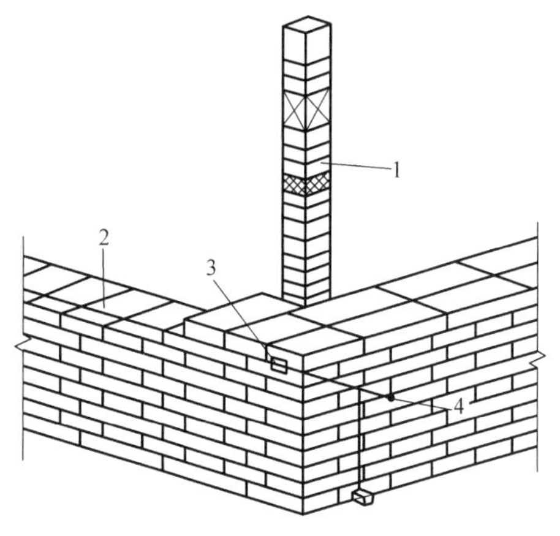

图3-3 皮数杆及挂线示意图

1—皮数杆 2—准线 3—竹片 4—圆钉

（5）盘角、挂线 盘角是先由技术好的瓦工砌筑大角部位，挂线后，一般瓦工按线砌筑中间墙体。盘角砌筑应随时用线锤和托线板检查墙角是否垂直平整，砖层灰缝厚度是否符合皮数杆要求，做到“三皮一吊，五皮一靠”。盘角超前墙体的高度不得多于5皮砖，且与墙体坡槎连接。在盘角后，应在墙侧挂上准线，作为墙身砌筑的依据。对240mm及其以下厚度的墙体可单面挂线；370mm及以上厚度的墙体应双面挂线。

（6）砌砖 砌砖的常用方法有“三一”砌筑法和铺浆法两种。“三一”砌筑法是指一铲灰、一块砖、一揉压的砌筑方法。用这种方法砌砖质量高于铺浆法。铺浆法是指把砂浆摊铺一定长度后，放上砖并挤出砂浆的砌筑方法。在非抗震地区，铺浆的长度不得超过750mm；当气温高于30℃时，不得超过500mm。

（7）勾缝与清理 勾缝具有保护墙面和增加墙面美观的作用。内墙面可采用砌筑砂浆随砌随勾缝，称为原浆勾缝；外墙面应采用加浆勾缝，即在砌筑几皮砖以后，先在灰缝处划出10mm深的灰槽。待砌完整个墙体以后，再用细砂拌制1∶1.5水泥砂浆勾缝。勾缝完后，应清扫墙面。

3. 清水砖墙与混水砖墙的区别

清水砖墙是指在砌筑完后不用抹灰，而是用高标号砂浆进行勾缝的一种施工方法。首先砖的大小要均匀，棱角要分明，色泽要有质感。其次，砌筑工艺十分讲究，灰缝要一致，阴阳角要锯砖磨边，砖面干净，不能有灰浆，平整度好，垂直度好，接槎要严密和具有美感。而混水砖墙是指砌筑完后要整体抹灰的墙，故而墙体的砌筑要求没有清水砖墙严格，在施工时不考虑其表面的美观。

3.2.3 影响砌体质量的因素分析

影响砌体质量的因素主要有：材料性能、施工操作、地基不均匀沉降、温度变化及材料收缩等。

1. 砖和砂浆对砌体质量的影响

砌体质量与砖的强度等级、外形尺寸以及砂浆的强度等级和和易性有关。砖和砂浆的强度等级越高，则砌体的抗压强度越高，但不宜过高地提高砂浆的强度等级来提高砌体强度，这是因为砂浆强度等级一般不宜超过砖的强度等级。另外，如砖的尺寸不准，表面不平整，砂浆不饱满均匀、厚薄不一，则砖砌体中的砖不能均匀受压，而是处于受弯、受剪和局部受压的复杂应力状态，如图 3-4 所示，以致在砖抗压强度尚未得到充分发挥的情况下就因剪切、弯曲等原因而破坏。和易性好的砂浆即使用于粗糙不平的底面上也能很好地铺成平整而均匀的薄层，紧密地与砖粘成整体从而提高砌体强度；反之，和易性差的砂浆对砌体质量有不良影响。

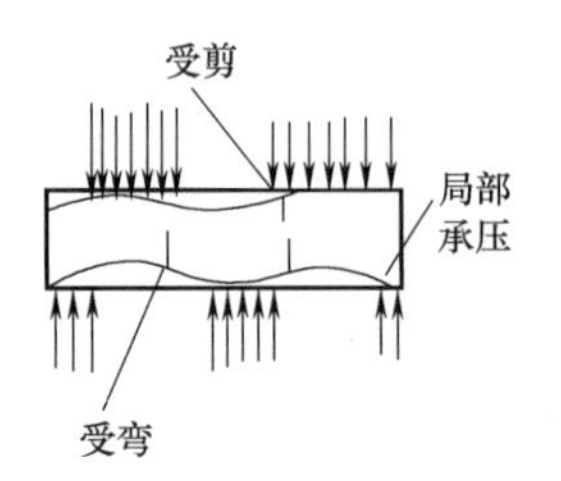

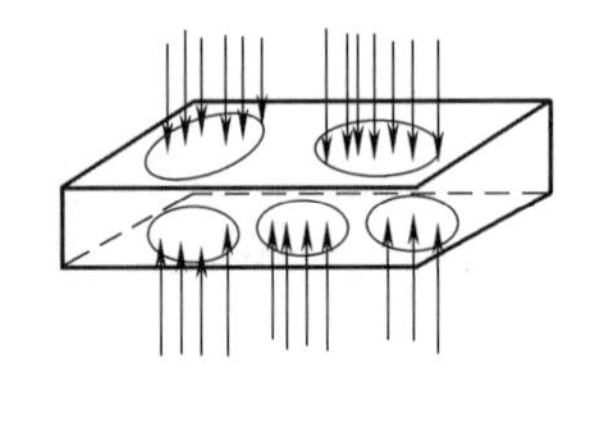

图 3-4　砌体中砖的受力状态

综上所述，提高砌体强度和耐久性的关键是：砖的尺寸准确，表面平整，砖和砂浆达到设计强度等级，砂浆的和易性良好，灰缝饱满均匀，并应精心施工，确保质量。

2. 施工操作对砌体质量的影响

砖砌体的砌筑质量应符合砌体工程施工质量验收规范的要求。做到“横平竖直、砂浆饱满、组砌得当、接槎可靠”。

1）横平竖直。砌体的水平灰缝应满足平直度要求，灰缝厚度宜为（10±2）mm，否则在垂直荷载作用下，上下两层砖之间将产生剪力，使砂浆与砌块分离从而引起砌体破坏；砌体必须满足垂直度要求，否则在垂直荷载作用下将产生附加弯矩而降低砌体承载力。

要做到横平竖直，首先应将基础找平，砌筑时严格按照皮数杆拉线，将每皮砖砌平，同时经常用 2m 托线板检查墙体垂直度，用靠尺和塞尺检查平整度，发现问题应及时纠正。

2）砂浆饱满，厚薄均匀。砂浆饱满能保证传力均匀和使砖处于受压状态，提高砖体强度；水平灰缝应厚薄均匀，避免砖块受弯曲和剪切而影响砌体质量。

砂浆饱满度以百格网检查，砂浆饱满度不得低于 80%。

3）错缝搭接。砖块的组砌方式应满足内外搭接、上下错缝的要求，错缝长度不应小于 60mm，避免出现垂直通缝，确保砌筑质量。标准黏土砖通缝不得超过二皮；承重空心砖通缝不得超过二皮。

4）接槎可靠。接槎是指墙体临时间断处的接合方式，一般有斜槎和直槎两种方式。砌体转角处和交接处应同时砌筑，如不能同时砌筑而又必须留置的临时间断处应砌成斜槎，斜槎水平投影长度不应小于高度的 2/3，如图 3-5 所示；如临时间断处留斜槎有困难时，除转角处外，也可留直槎，但必须做成凸槎，并加设拉结筋；拉结筋数量为每 120mm 墙厚放置 1Φ6 拉结钢筋（墙厚为 240mm 时为 2Φ6），间距沿墙高不应超过 500mm；埋入长度从留槎处算起每边均不应小于 500mm，对抗震设防烈度 6 度、7 度的地区，不应小于 1000mm，末端应有

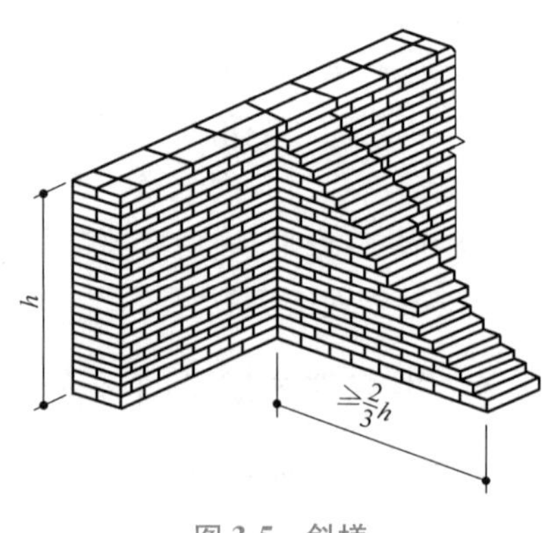

图 3-5　斜槎

90°弯钩如图 3-6 所示。墙砌体接槎时，必须将接槎处的表面清理干净，浇水湿润，并应填实砂浆，保持灰缝平直。当砖墙中设置构造柱时，应设马牙槎，构造柱沿墙高每 500mm，设 2Φ6 拉结钢筋，每边伸入墙内不少于 1m，如图 3-7 所示。

在砌筑工程中，为了保证工程质量，一般对每天可以砌筑的高度进行限制，称之为可砌高度。砖墙的可砌高度为 1. 8m，雨天不宜超过 1. 2m。

为了保证砌筑质量，在砌筑过程中应对砌体各项指标进行检查。

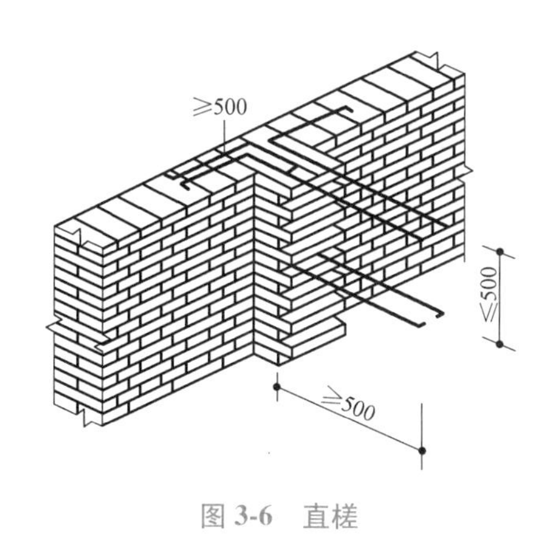

图 3-6　直槎

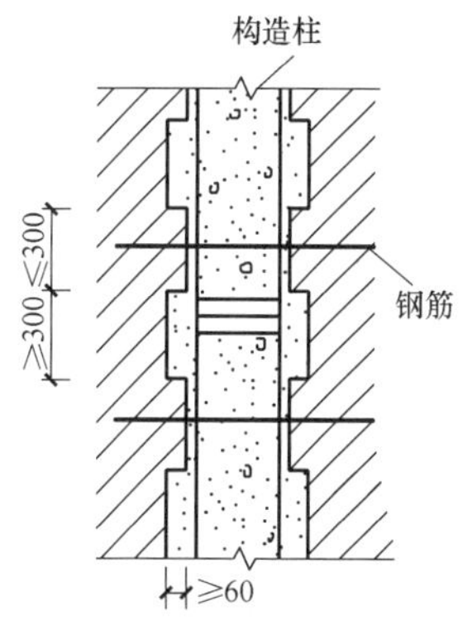

图 3-7　构造柱设马牙槎

3.3 中小型砌块施工

1. 准备工作

砌块墙在吊装前应先绘制砌块排列图，以指导吊装施工和准备砌块。墙体砌块的搬运大多需要小型起重设备协助，砌筑安装通常以一个开间或两个开间作为一个施工段逐段进行。

2. 砌块砌筑的技术要求

1）按设计要求从基础或室内±0. 00 开始排列；排列时，应尽可能采用主规格，减少砌块种类，并应注明砌块编号以及嵌砖、过梁等部位。

2）砌块排列时，上、下皮应错缝搭接，搭接长度一般为砌块长度的 1/2，不得小于砌块高度的 1/3，且不应小于 150mm，否则，应在水平灰缝内设 3Φ^{b}4 钢筋网片予以加强。

3）外墙转角及纵横墙交接处，应交错搭接；否则，应在交接处灰缝中设置柔性钢筋拉结网片，如图 3-8 所示。且墙体转角处和纵横墙交接处应同时砌筑。若临时间断，应留斜槎，其水平投影长度应大于砌筑高度，如图 3-9 所示。

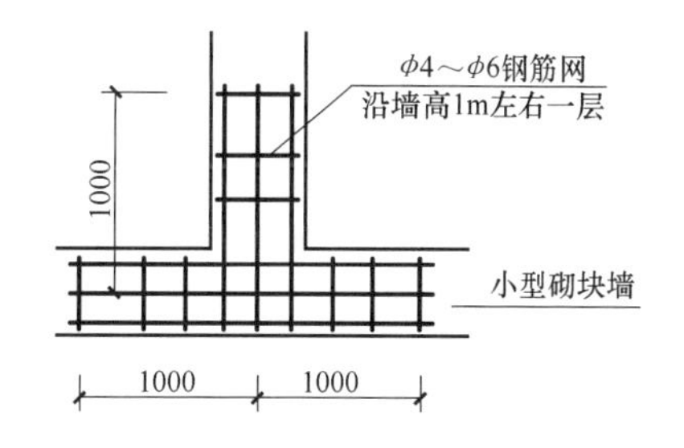

图 3-8　墙交接处加设钢筋网片示意图

4）对于混凝土空心砌块，应使孔洞在转角和纵横墙交接处，上下对准贯通，插入钢筋 2Φ12 并浇筑混凝土形成构造小柱，如图 3-10 所示。

5）砌体水平灰缝的厚度，当配有钢筋时，一般为 20～25mm；垂直灰缝宽度为 20mm，当垂直灰缝宽度大于30mm，应用C20以上的细石灌实，当垂直灰缝宽度大于或等于150mm时，应用整砖嵌入。

6）尽量考虑不嵌砖或少嵌砖，必须嵌砖时，应尽量分散、均匀布置，且砖的强度等级不低于砌块的强度等级。

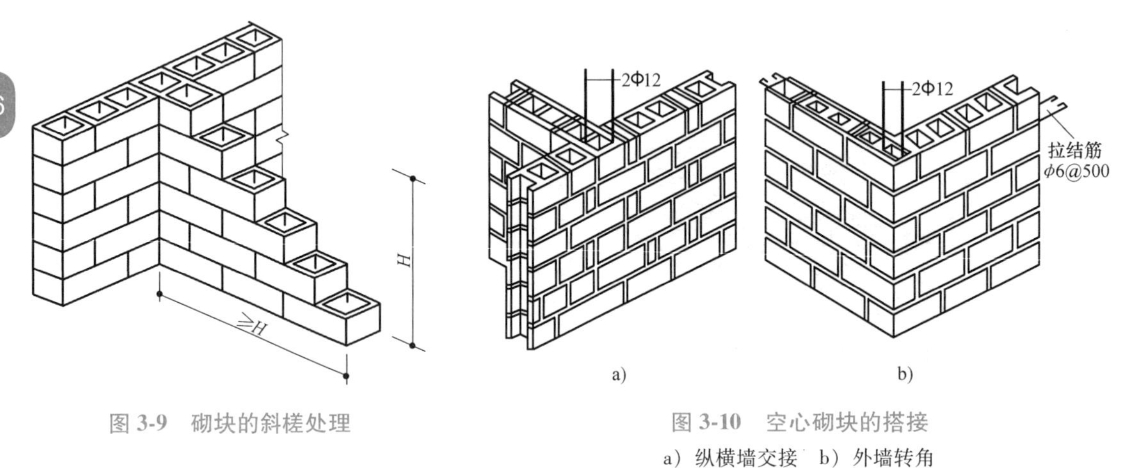

图3-9　砌块的斜槎处理

图3-10　空心砌块的搭接
a）纵横墙交接　b）外墙转角

3. 中小型砌块的施工工艺

砌块砌体施工的主要工艺包括：抄平弹线、基层处理、立皮数杆、砌块砌筑、勾缝。施工要求如下：

（1）基层处理　拉标高准线，用砂浆找平砌筑基层。当最下一皮砌块的水平灰缝厚度大于20mm时，应用豆石混凝土找平。砌筑小砌块时，应清除芯柱用小砌块孔洞底部的毛边。用普通混凝土小砌块砌筑墙体时，防潮层以下应采用不低于C20的混凝土灌实小砌块的孔洞；用轻骨料混凝土和加气混凝土砌块的墙底部，应砌烧结普通砖、多孔砖或普通混凝土小型砌块，也可现浇混凝土坎台，其高度不宜小于200mm。

（2）砌块砌筑　砌块砌体的砌筑形式只有全顺式一种。为确保砌块砌体的砌筑质量，砌筑时应做到对孔、错缝、反砌。对孔即上皮砌块的孔洞对准下皮砌块的孔洞，上、下皮砌块的壁、肋可较好地传递竖向荷载，保证砌体的整体性及强度。错缝即上、下皮砌块错开砌筑（搭砌），以增强砌体的整体性。反砌即小砌块的底面朝上砌筑，易于铺放砂浆和保证水平灰缝砂浆的饱满度。

砌筑砂浆应随铺随砌，水平灰缝砂浆满铺砌块底面；竖向灰缝采取满铺端面法。

砌体中的拉结钢筋或网片应置于灰缝正中，埋置长度符合设计要求；门窗框与砌块墙体连接处，应砌入埋有防腐木砖的砌块或混凝土砌块，如图3-11所示。

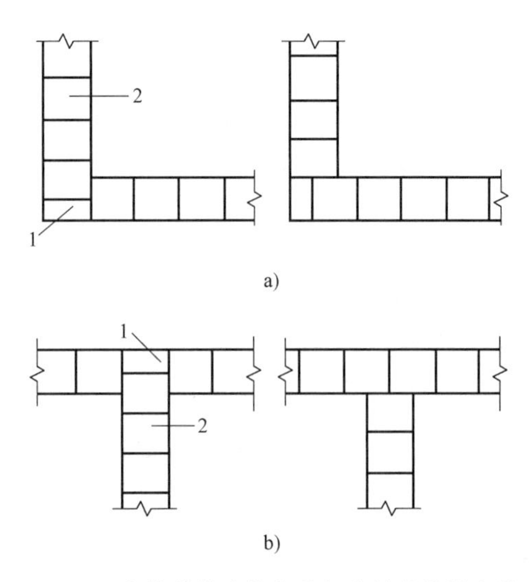

图3-11　砌块砌体在转角处与交接处错缝砌筑
1—特制连接砌块　2—普通砌块

正常施工条件下，砌块墙体每天砌筑高度宜控制在 1.5m 或一步脚手架高度（1.2~1.4m）内。相邻施工段的砌筑高差不得超过一个楼层高度，也不应大于 4m。

填充墙砌至接近梁、板底时应留一定空隙，待间隔 7 天后，再用普通砖斜砌与梁板顶紧。

（3）勾缝 随砌随将伸出墙面的砂浆刮掉，不足处应补浆压实，待砂浆稍凝固后，用原浆做勾缝处理。灰缝宜凹进墙面 2mm。

4. 中小型砌块的质量要求

1）砌体灰缝砂浆饱满。水平灰缝的饱满度，普通混凝土砌块不得低于砌块净面积的 90%，轻骨料混凝土或加气混凝土砌块不得低于 80%；竖向灰缝饱满度不得小于 80%。

2）砌体灰缝横平竖直、均匀、密实，厚度或宽度正确。空心砖、小砌块砌体的水平灰缝厚度和竖向灰缝宽度宜为 10mm，一般为 8~12mm；加气混凝土砌块砌体的水平灰缝厚度及竖向灰缝宽度分别宜为 15mm 和 20mm。

3.4 砌体的冬期施工

当室外日平均气温连续 5 天稳定低于 5℃或当日最低气温低于 0℃，砌体工程应采取冬期施工措施。

1. 砌体冬期施工注意事项

1）砖和石材在砌筑前，应清除冰霜，遭水浸冻后的砖或砌块不得使用。

2）石灰膏、黏土膏和电石膏等应防止受冻，如遭冻结，应经融化后使用。

3）拌制砂浆所用的砂，不得含有冰块和直径大于 10mm 的冰结块。

4）不得使用无水泥配制的砂浆，砂浆宜采用普通硅酸盐水泥拌制，拌和砂浆宜采用两步投料法。水的温度不得超过 80℃，砂的温度不得超过 40℃。

2. 砌体冬期施工方法

（1）掺盐砂浆法 掺盐砂浆法就是在砂浆中掺入氯化物以降低结冰点，使砂浆在一定负温下不受冻，水泥的水化作用能继续进行，从而使砂浆强度增加的施工方法。常用的氯化物为氯化钠和氯化钙。

砌砖前应清除冰霜，砂浆宜用早期强度增长较快的普通水泥拌制，拌制砂浆时，水的温度不得超过 80℃，砂的温度不得超过 40℃，搅拌时间应比常温下增加 0.5~1 倍；氯盐砂浆的稠度应满足一定要求，使用时的温度不应低于 5℃；冬期施工中，每天砌筑后应在砌体表面覆盖保温材料。

（2）外加剂法 外加剂法就是在砂浆搅拌时，加入适量抗冻剂或抗冻早强剂，以使砂浆在负温下不受冻，水泥水化作用能继续进行，拌制砂浆时，如先加砂及水拌和 30s 后加水泥及外加剂，则水温要升到 100℃；当日最低气温低于-15℃时，砌筑承重砌体的砂浆的强度等级应较常温时提高 级；其他要求同掺盐砂浆法。

（3）冻结法 冻结法是用热砂浆进行砌筑时一种施工方法，允许砂浆遭受冻结，融化的砂浆强度接近零，转入常温时强度得以逐渐增加。采用冻结法时，砂浆使用的温度不应低于 10℃。为保证砌体解冻时的正常沉降，每天的砌筑高度和临时间断处的高度差均不得超过 1.2m，水平灰缝厚度不宜大于 10mm，在门窗框上均应留 5mm 的缝隙。解冻前，应清除房屋中剩余的建筑材料等临时荷载；解冻期，应经常对砌体进行观测和检查，如发现裂缝、不均匀沉降等情况，应采取加固措施。

对于空斗墙、毛石墙在解冻期间可能受到振动或动力荷载的砌体以及在解冻期间不允许发生沉降的砌体等，均不得采用冻结法。

本章小结及关键概念

- **本章小结：** 本章内容主要包括砌筑材料、不同类型砌体的施工，重点介绍了砌筑对材料的要求、不同砌体施工的工艺及组砌方法、砌体质量的要求及相关保证措施。通过学习要求了解不同砌筑材料的分类及性能，掌握砖基础、砖砌体及中小型砌块的不同组砌形式及工艺，熟悉砖砌体的质量要求，保证质量的措施及冬期施工的相关知识。
- **关键概念：** 砌块、隔墙板、砌筑砂浆、清水砖墙、混水砖墙、原浆勾缝、斜槎、直槎、中小型砌块。

习　题

3.1　砌筑工程用砖有哪几类？

3.2　砌筑用砌块是如何分类的？

3.3　常见的隔墙板有哪些？

3.4　砂浆的稠度是如何要求的？

3.5　砖墙组砌的形式有哪些？

3.6　皮数杆的作用是什么？如何布置、立设？

3.7　什么是“三一”砌法？

3.8　何谓基础大放脚？什么是原浆勾缝和加浆勾缝？

3.9　砖墙的砌筑工艺有哪些工序？

3.10　清水砖墙与混水砖墙有哪些区别？

3.11　为保证质量，对砌体施工有什么要求？

3.12　何谓冬期施工？砌体冬期施工有哪些常用方法？

二维码形式客观题

第3章
客观题

第4章 钢筋混凝土结构工程

学习要点

知识点：混凝土结构工程的分类及施工过程，模板的类型、构造、要求、模板设计及安装拆除的方法，钢筋的种类、现场验收及加工工艺，钢筋的冷加工、连接工艺、配料计算方法，混凝土原材料、施工设备和机具的性能，混凝土的施工工艺和方法、施工配料，混凝土冬期施工工艺要求和常用措施。

重点：钢筋的冷加工、连接工艺、配料计算与代换的方法，混凝土的施工工艺和方法、施工配料。

难点：钢筋配料计算与代换的方法，混凝土的配料计算。

钢筋混凝土结构工程是指按设计要求将钢筋和混凝土两种材料，利用模板浇筑制作而成各种形状和大小的构件或结构的过程。混凝土是由胶结材料（水泥）、骨料（石子、砂子）、水和外加剂对掺合料按一定比例拌和，经浇筑、振捣、硬化而成的一种人造石材。其抗压能力好，但抗拉能力较差。为弥补这一缺陷，在受拉区配上抗拉能力较强的钢筋，从而使钢筋与混凝土共同工作，各自发挥其受力特性，使其强度得以充分利用。

钢筋混凝土结构具有刚度大、结构稳定、抗震性能好、耐火性好、可就地取材、造价低等优点，但也存在自重大、抗裂性差、现场浇筑受气候影响等缺点。随着新材料、新技术和新工艺的不断发展，上述缺陷正逐步得到改善。如高强高性能混凝土、预应力混凝土技术的出现和发展，提高了混凝土构件的刚度、抗裂性和耐久性，减小了构件的截面和自重，节约了材料，拓宽了其应用领域。钢筋混凝土结构从施工工艺分有现浇钢筋混凝土结构工程和预制钢筋混凝土结构（装配式）工程。预制钢筋混凝土结构避免了现场浇筑，直接在现场安装，不受气候的影响，利于缩短工期。

最基本的钢筋混凝土工程包括模板工程、钢筋工程和混凝土工程。施工时，这三个工种工程必须密切配合，统筹安排，合理组织，以确保施工质量，如图 4-1 所示。

4.1 模板工程

混凝土结构施工用的模板是指使混凝土构件按设计的几何尺寸浇筑成型的模型板。模板系统由两部分组成：一是与混凝土接触形成混凝土结构或构件外部形状、几何尺寸的模板；

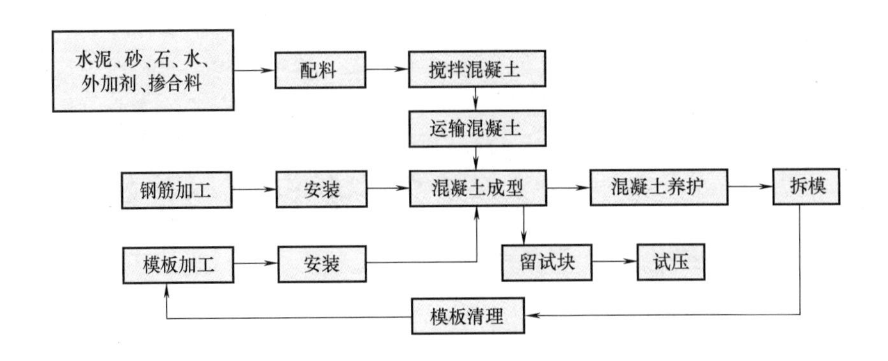

图 4-1　钢筋混凝土施工过程

二是固定模板准确位置的承重支撑体系。模板系统是临时架设的结构体系。模板工程在造价中属于措施项目，主要包括模板的选材、选型、设计、制作、拼装、支撑、拆除、清理和整修等。

4.1.1　模板的作用、要求和施工工艺

1. 模板的作用和要求

模板的作用：①保证所浇筑的结构和构件的几何形状、尺寸和位置的准确性；②承受施工过程中的多种荷载，如模板自重、钢筋及混凝土等材料质量、运输工具及施工人员的体重、浇筑时混凝土对模板的侧压力和振捣振动力等，确保不会变形或倒塌。

为此对模板要求有：①保证结构和构件形状、尺寸、位置的准确性；②具有足够承载力、刚度和稳定性；③要合理选材与选型，不得漏浆；④构造要简单，便于装拆；⑤尽可能提高周转速度和次数，因地制宜，以降低成本。

2. 模板的施工工艺

制作和安装模板，必须全面熟悉施工图。先根据构件或结构的类型和特点进行模板设计，然后画出模板构造和安装节点的大样，对模板的组合方法、各部分尺寸、安装顺序应有详细说明。模板施工工艺如图 4-2 所示。

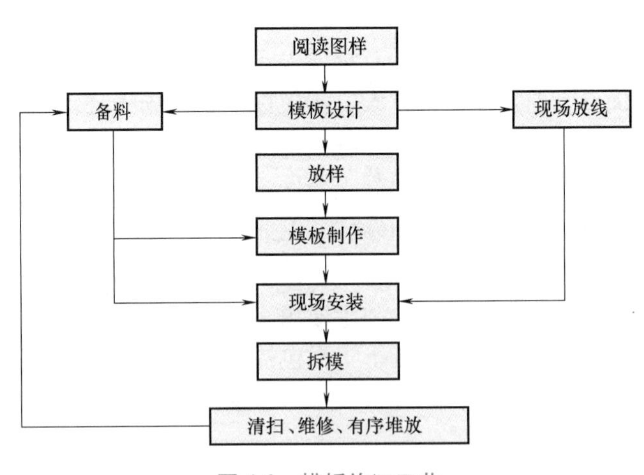

图 4-2　模板施工工艺

4.1.2　模板的分类

1）按材料可分为：木模板、钢木模板、胶合板模板、钢竹模板、钢模板、塑料模板、玻璃钢模板、铝合金模板等。

2）按结构构件类型可分为：基础模板、柱模板、梁模板、楼板模板、楼梯模板、墙模板、壳模板和筒仓、烟囱模板等。

3）按施工方法可分为：现场装拆式模板、固定式模板和移动式模板。现场装拆式模板是按照设计要求的结构形状、尺寸及空间位置在现场拼合组装，当混凝土达到拆模强度后拆除模板；固定式模板是按构件的形状、尺寸于现场或预制厂制作和安装，当混凝土达到拆模强度后，脱模、清理模板，接着用于下一批构件，固定式模板多用于制作预制构件；移动式模板是随着混凝土的浇筑，模板可沿垂直方向或水平方向移动，如滑升模板、爬升模板等。

模板发展方向是构造上定型化，材料上多样化，功能上多元化，装配上工具化。大模板、滑升模板、爬升模板的应运而生，不仅降低了工程成本，还提高了施工质量和施工机械化程度。

1. 木模板

木模板加工方便，能适应各种复杂形状模板的需要，但周转率低，耗材多。分拼合式和工具式模板。

1）拼合式模板，一般预先加工成拼板板条，然后在现场进行拼装（图4-3）。拼板板条厚度一般为25～40mm，宽度一般不大于200mm。施工时，按混凝土构件的形状和尺寸，用木板板条做底模、侧模，小木方做木挡，中木方或圆木做支撑。可制成基础模板，柱模板，梁模板，楼梯和阳台、雨篷等模板。

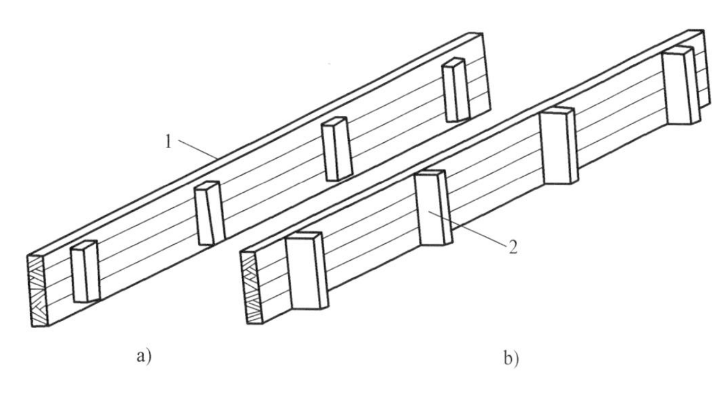

图4-3　拼板构造

a）一般拼板　b）梁侧板的拼板

1—板条　2—拼条

2）工具式模板也称为定型模板，根据构件情况选用几种较为通用的规格，可相互配合使用，装拆方便，同时节约木材，提高模板安装效率。工具式模板也可以是钢木制的。

2. 组合钢模板

组合钢模板不仅节省木材，还具有钢材加工规整，保水性好，无自然翘曲现象，强度和刚度较大，周转次数多，使用寿命长，组装后尺寸偏差小、接缝严密等优点。钢模板由平面模板、角模板、连接件及支撑件等组成。

（1）平面模板（图4-4）　由面板、边框、纵横肋构成。边框与面板常用2.5～3.0mm厚钢板一次轧制而成，纵横肋用3mm厚扁钢，边框上开有连接孔。钢模板常见尺寸见表4-1。

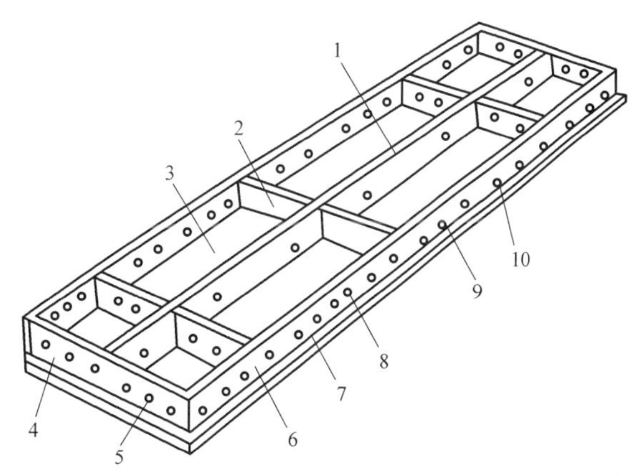

图4-4　平面模板

1—中纵肋　2—中横肋　3—面板　4—横肋

5—插销孔　6—纵肋　7—凸棱　8—凸鼓

9—U形卡孔　10—钉子孔

表 4-1　钢模板常见尺寸　（单位：mm）

规格	平面模板	阴角模板	阳角模板	连接角模
宽度	600，550，500，450，400，350，300，250，200，150，100	150×150 100×150	100×100 50×50	50×50
长度	1800，1500，1200，900，750，600，450			
肋高	55			

（2）角模板　角模板又分为阴角模、阳角模和连接角模，如图 4-5 所示。阴、阳角模的角部为弧形，主要用于结构的阴阳角，连接两侧平面模板。连接角模主要用于连接两块成垂直角度的平模。

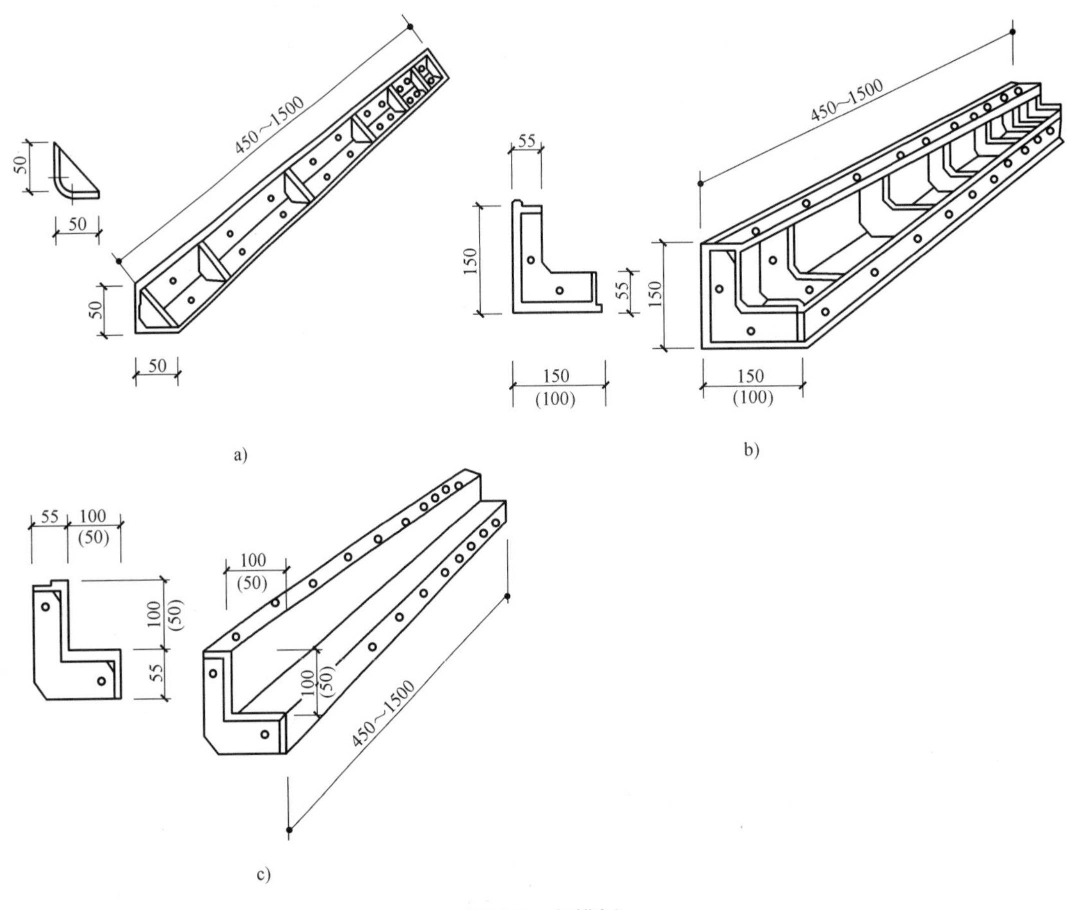

图 4-5　角模板

a）连接角模　b）阴角模　c）阳角模

（3）连接件及支撑件　钢模板的连接件主要有 U 形卡（图 4-6）、L 形插销（图 4-7）、紧固螺栓、对拉螺栓、柱箍等。支撑件主要有托架、托具、桁架、钢楞、钢管琵琶撑及钢管支架等。

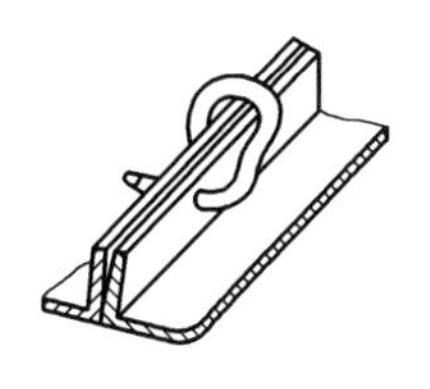

图 4-6　U 形卡

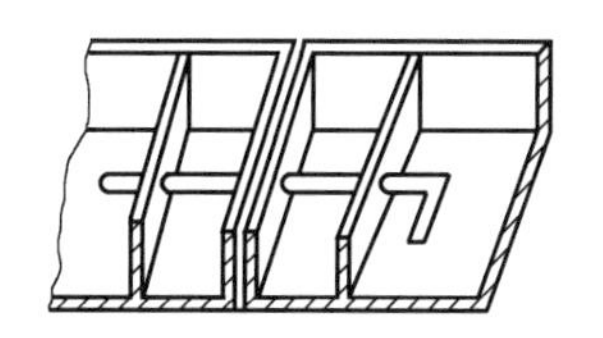

图 4-7　L 形插销

桁架是支承工具中的一种。当跨度较小、荷重较轻时，可以用钢筋焊成桁架支承，如图 4-8 所示。

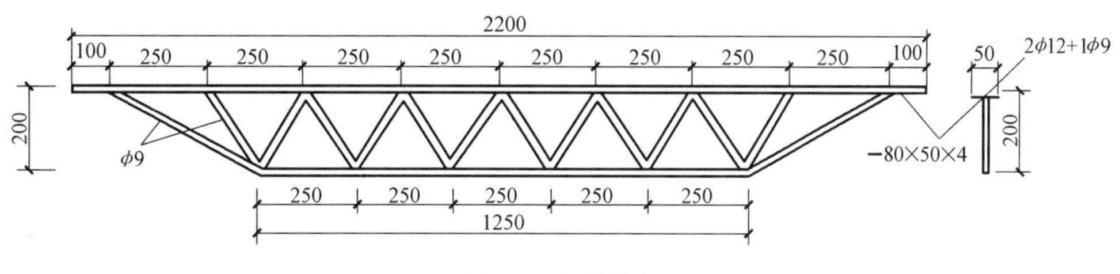

图 4-8　钢筋桁架

当荷重较大时，可以用角钢、扁钢或钢管焊成整榀或两个半榀桁架，再拼装成一榀桁架，如图 4-9 所示。

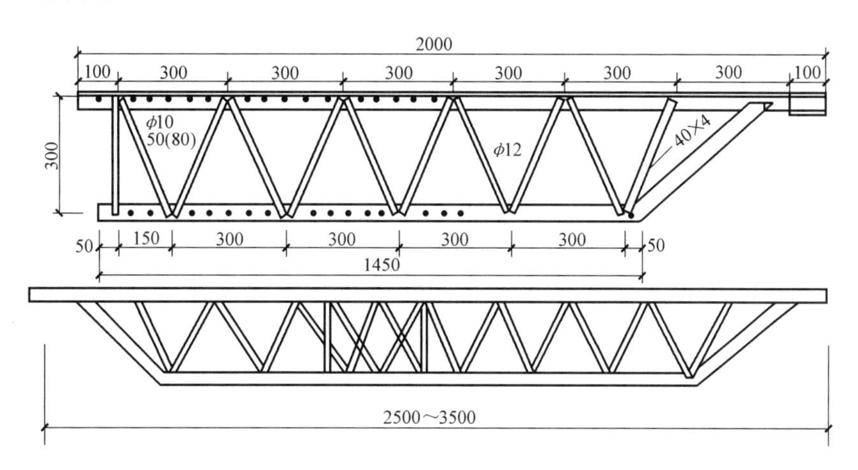

图 4-9　拼装式桁架

混合结构楼面的梁，模板可以通过钢筋托具支承在墙体上以简化支架系统，托具如图 4-10 所示。

施工现场最常用的是用角钢、钢管或木料制成的各种卡具，宽度可以调节，将定型模板拼成梁模板，如图 4-11 所示。

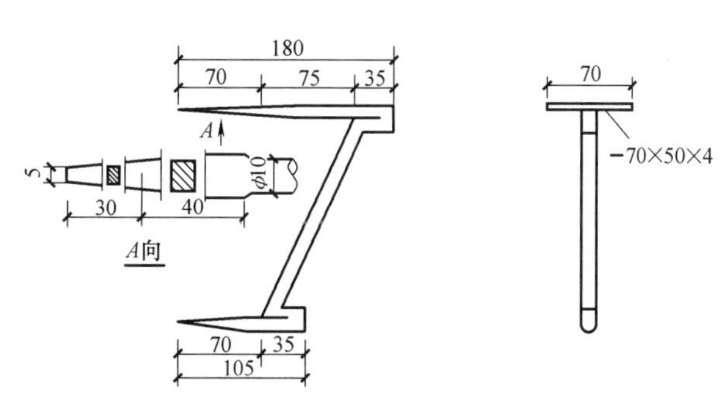

图 4-10　钢筋托具

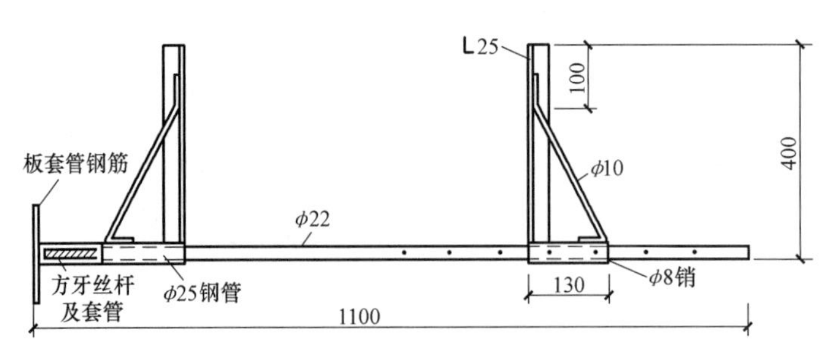

图 4-11　梁卡具

3. 木（竹）胶合板模板

木（竹）胶合板模板分为有框和无框两种。无框木（竹）胶合板模板，除面板外，应增加纵肋和边肋，如图 4-12 所示。有框木（竹）胶合板模板，以热轧异型钢为钢框架，以木（竹）胶合板等做面板，如图 4-13 所示。其制作时，面板表面应做一定的防水处理。与组合钢模板相比，具有自重轻、用钢量少、拼装工作量小、周转率高、保温性能好、维修方便、刚度大等优点。

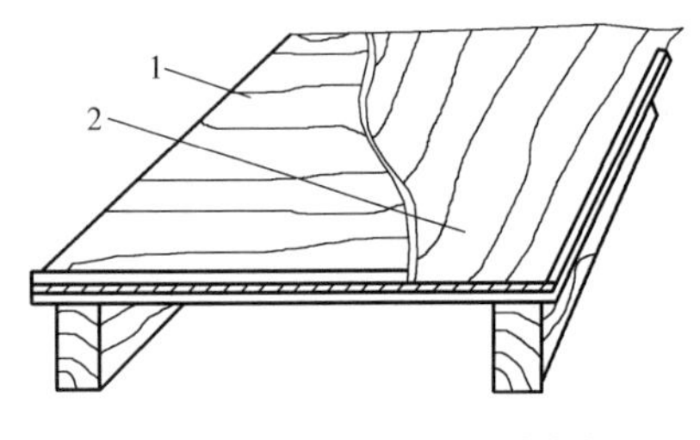

图 4-12　无框木（竹）胶合板

1—面板　2—芯板

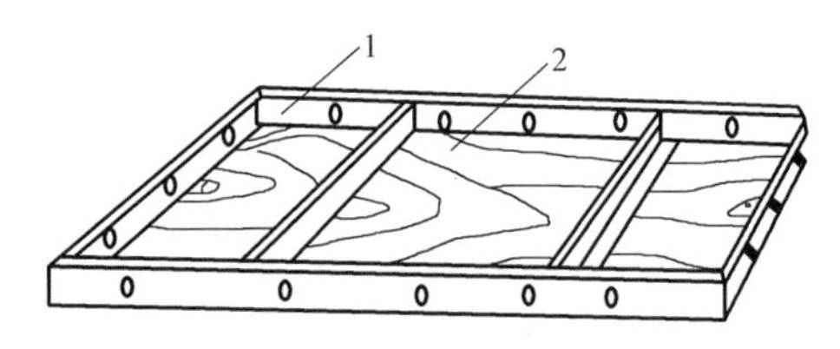

图 4-13　有框木（竹）胶合板

1—钢框　2—胶合板

4. 大模板

大模板如图 4-14 所示，是一种大尺寸的工具式模板，一般是一块墙面用一块大模板。一块大模板由面板、加劲肋、竖楞、支撑桁架、稳定机具及附件组成。因其质量大，装拆需起重机械吊装，可提高机械化程度，减少用工量，缩短工期，是我国剪力墙和筒体结构高层施工用得较多的一种模板。大模板的构造类型有内墙模板和外墙模板。

内墙模板的尺寸一般相当于每面墙的大小，浇筑墙面平整。内墙模板有以下几种：①整体式大模板，又称平模，是将大模板的面板、骨架、支撑系统和操作平台组拼焊成一体的模板；②组合式大模板，通过固定于大模板板面的角模，可以把纵横墙的模板组装在一起，用以同时浇筑纵横墙的混凝土；③拆装式大模板，其板面与骨架以及骨架中各钢杆件之间的连接全部采用螺栓组装，便于拆改。

大模板的组合方案取决于结构体系，多用平模方案，即一面墙用一块平模。大模板之间的连接，用穿墙螺栓拉紧，顶部的螺栓可用卡具代替。浇筑混凝土时应分层进行，在门窗洞口两侧应对称均匀下料和捣实，防止固定在模板上的门窗框移位。待浇筑的混凝土强度达到 $1N/mm^2$ 方可拆除大模板。拆模后要喷水以养护混凝土，待混凝土强度≥$4N/mm^2$ 时才能吊装楼板于其上。

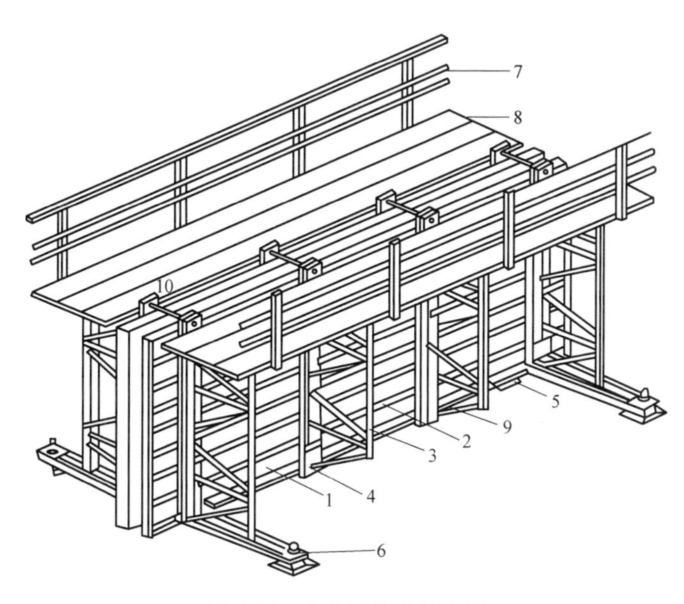

图 4-14　大模板构造示意图

1—面板　2—水平加劲肋　3—支撑桁架　4—竖楞　5、6—调整水平用的螺旋千斤顶
7—栏杆　8—脚手板　9—穿墙螺栓　10—卡具

5. 滑升模板

滑升模板（简称滑模）是一种工具式模板，用于现场浇筑高耸的构筑物和高层建筑物等，如图 4-15 所示。

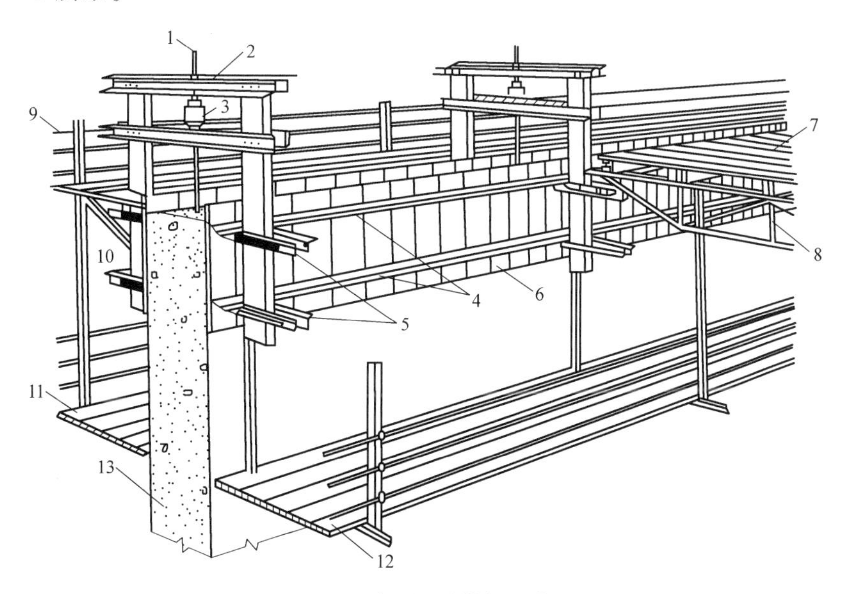

图 4-15　液压滑升模板示意图

1—支承杆　2—提升架　3—液压千斤顶　4—围圈　5—围圈支托　6—模板　7—操作平台　8—平台桁架
9—栏杆　10—外挑三角架　11—外脚手架　12—内脚手架　13—混凝土墙体

1）滑升模板的特点：可节约模板和支撑材料，又加快施工速度，结构的整体性强。一次性投资多、耗钢量大，对建筑形状和断面有一定的限制。

2）滑升模板的组成：包括模板系统、操作平台系统、液压系统和施工精度控制系统。

6. 爬升模板

爬升模板，简称爬模，是以钢筋混凝土竖向结构为支承点，利用爬升设备自下而上逐层爬升的模板体系，对剪力墙和筒体体系的钢筋混凝土高层结构施工非常有效，如图 4-16、图 4-17 所示。模板能自爬，不需要起重运输机械的吊运。

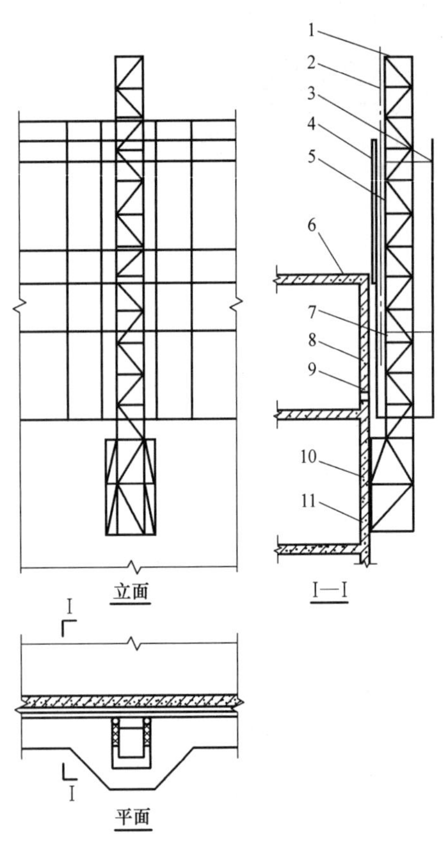

图 4-16　爬升模板组成示意图

1—爬架的支承梁　2—爬模用爬杆　3—脚手架　4—模板
5—爬模千斤顶　6—建筑物楼板　7—爬升爬架用的千斤顶
8—建筑物钢筋混凝土外墙　9—墙上预留孔
10—爬架的附墙架　11—附墙连接螺栓

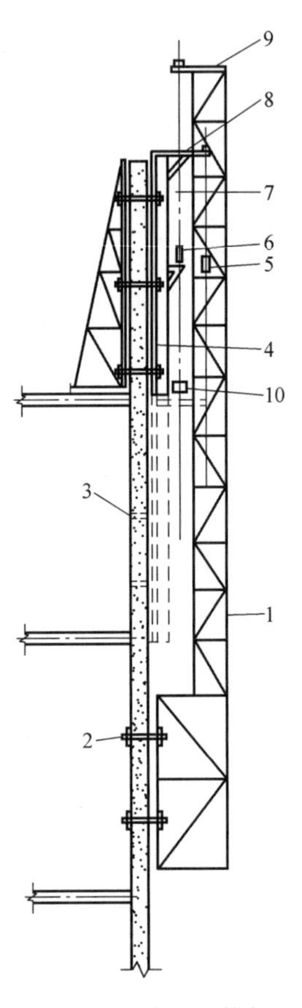

图 4-17　有爬架的爬升模板示意图

1—爬架　2—螺栓　3—预留爬架孔　4—模板
5、6—爬模千斤顶　7—爬杆　8—模板挑横梁
9—爬架挑横梁　10—脱模千斤顶

1）爬升模板的特点：①连续滑升时，必须专业队伍操作；②在混凝土达到一定强度后进行爬升，难控制；③保证混凝土结构的尺寸、表面质量和密实性，施工安全可靠；④脱模后，须落地临时搁置，其安拆对吊机的依赖性大，占用时间长。

2）爬升模板的应用：主要应用于桥墩、筒仓、烟囱、冷却塔、高层建筑的墙体等施工。

3）爬升方法：①拆除固定墙模板的对拉螺栓，利用安装在爬架顶部的提升设备，将大模板由 n-1 层提升至 n 层；②浇筑 n 层的混凝土墙体并养护至一定强度，将提升设备固定于模板上，以模板为支承点，利用提升设备，将爬架由 n 层提升至 n+1 层，并用穿墙螺栓与墙体拉结；③浇筑 $n+1$ 层的混凝土墙体，重复过程①。

7. 台模

台模，又称桌模、飞模，是一种大型工具式模板（图4-18），主要用于浇筑平板式或带边梁的楼板，一般一个房间一块台模。按台模的支撑形式分为支腿式和无支腿式两类，前者有伸缩式支腿和折叠式支腿之分；后者是悬架于墙上或柱顶，故也称悬架式。浇筑后待混凝土达到规定强度，落下台面，将台模推出放在临时挑台上，再用起重机整体吊运至上层其他施工段。也可不用挑台，推出墙面后直接吊运。

台模除铝合金制作的正规台模外，还可由小块的定型组合钢模板和钢管支撑等拼装而成，既可省去模板的装拆时间，又能降低劳动消耗，加速施工，但一次性投资较大。

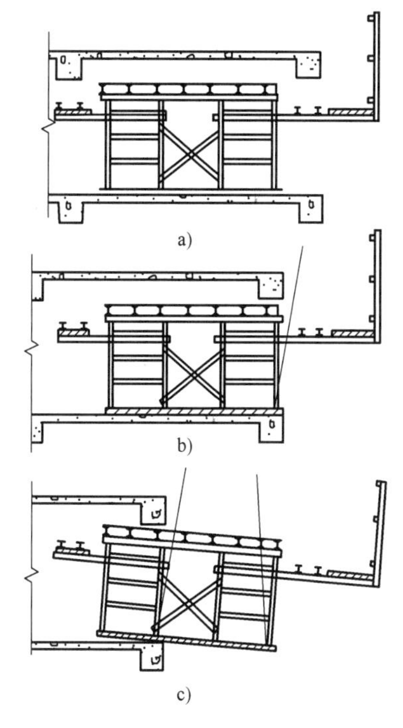

图4-18 台模示意图

a）台模下落脱模 b）向外滚动 c）飞出

8. 隧道模

隧道模是用于同时整体浇筑墙体和楼板的大型工具式模板，能将各开间沿水平方向逐段逐间整体浇筑，故整体性好、抗震性能好、施工速度快，但模板的一次性投资大，模板起吊和转运须用较大的起重机（图4-19）。隧道模有全隧道模（又称整体式隧道模板）和双拼式隧道模两种。

4.1.3 模板的安装与质量要求

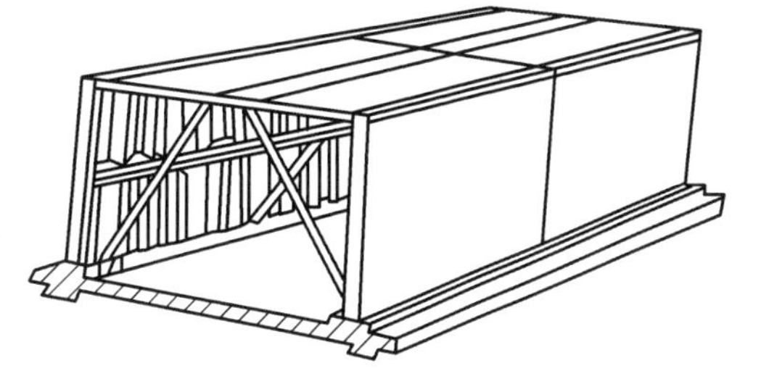

图4-19 隧道模示意图

现浇钢筋混凝土结构中常见结构构件模板的安装与质量要求分述如下：

1. 常见结构（构件）的模板安装

（1）基础模板 基础一般高度小，但体积较大，图4-20所示为常见的基础模板。当地基土质良好时，阶形基础最下一级可不用侧模而在原槽浇筑。安装基础模板时，应严格控制好基础平面的轴线和模板上口的标高。无论是墙下条形基础还是柱下独立基础，都必须弹好线后再支模。

（2）柱模板 柱子的特点是断面尺寸不大，但高度较大。柱模板安装必须与钢筋骨架的绑扎密切配合，还应考虑浇筑混凝土的方便。柱模板的安装，主要解决柱子的垂直和模板的侧向稳定，以防止混凝土振捣时发生胀模、炸模现象。所以，支模时必须设置一定数量的柱箍，且越往下越密，如图4-21所示。为了浇筑混凝土和清理垃圾的方便，当柱子较高时，可沿柱子高度方向在柱模板上留设混凝土浇筑孔和垃圾清理孔。柱模板的垂直度，往往用吊垂线的办法来校正。

（3）梁模板 梁模板由底模和两边侧模及支撑等组成，如图4-22所示。其特点是断面不大，但水平长度较大且架空，故对支撑的牢固和稳定性要求较高。根据梁的跨度不同，底

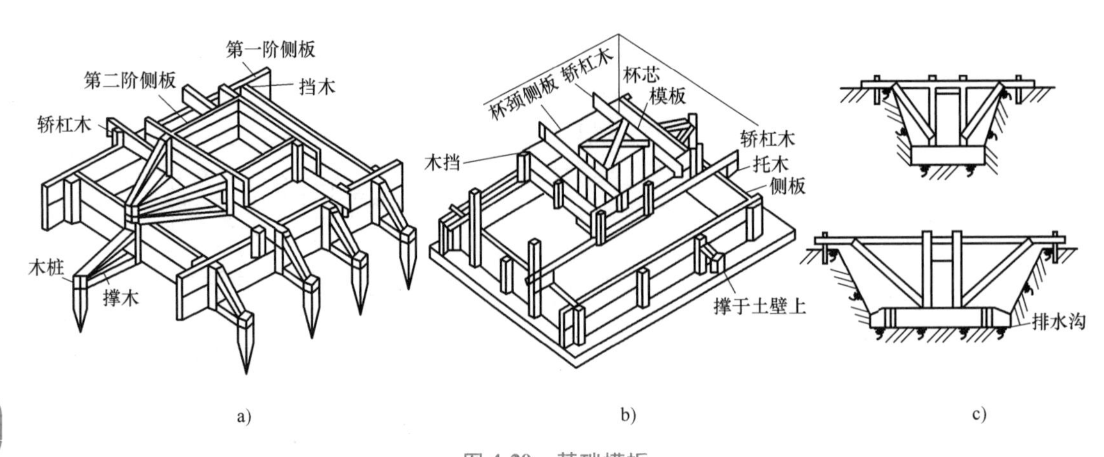

图4-20　基础模板

a）阶形基础　b）杯形基础　c）条形基础

模应在中间按规定起拱。当梁跨度大于或等于4m时，如设计无规定，起拱高度宜为结构跨度1/1000~3/1000（木模板为1.5/1000~3/1000，钢模板为1/1000~2/1000）。

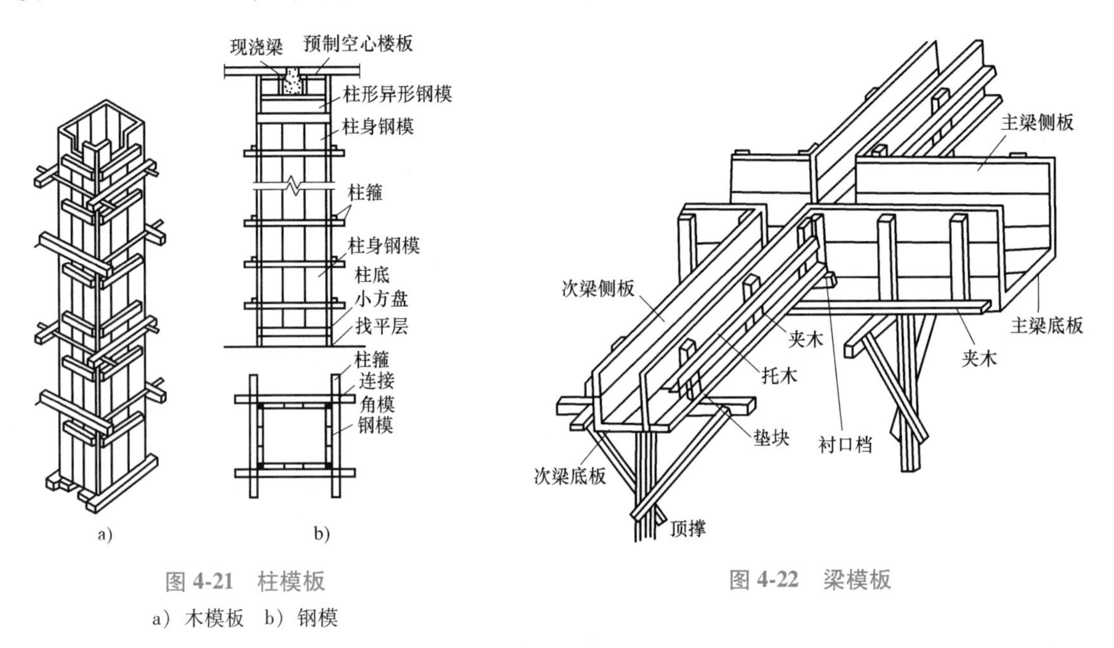

图4-21　柱模板

a）木模板　b）钢模

图4-22　梁模板

对于圈梁，由于其断面小但长度较大，一般除窗洞口及个别位置架空外，其他均搁置在墙上。故圈梁的模板主要是由侧模和卡具所组成。底模仅在架空部分使用，如架空跨度较大，也可用支柱（琵琶撑）撑住底模。图4-23和图4-24所示为圈梁模板。

（4）现浇楼板模板　楼板的特点是面积大而厚度较小。由于平面面积大而又架空，故对底模必须支撑牢固稳定，如图4-25和图4-26所示。

（5）墙体模板　墙体的特点是高度大而厚度小，其模板主要承受混凝土的侧压力。因此，必须加强墙体模板的刚度，并设置足够的支撑，来确保模板不变形和发生位移，如图4-27所示。

墙体模板安装时，要先弹出中心线和两边线，选择一边先装，设支撑，在顶部用线锤吊直，拉线找平后支撑固定；待钢筋绑扎好后，墙基基础清理干净，再竖立另一边模板，为了保证墙体的厚度并防止胀模，墙体模板安装时应加撑头和对位（拉）螺栓。

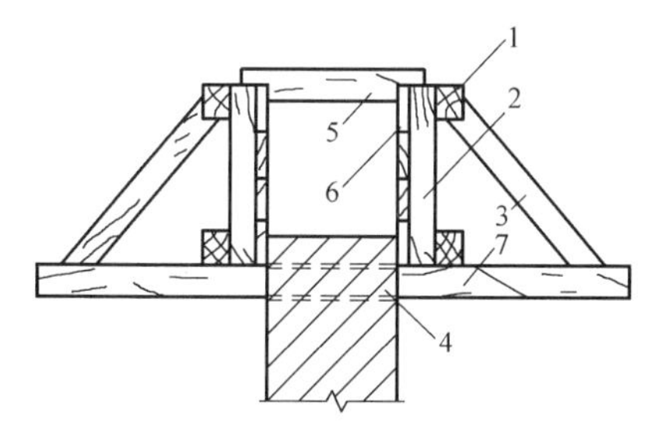

图 4-23　圈梁木模板

1—横挡　2—拼条　3—临时撑头　4—墙洞
5—临时撑头　6—侧模　7—扁担木

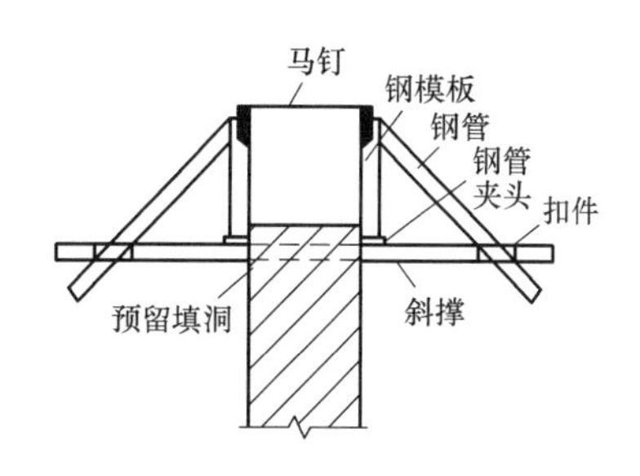

图 4-24　圈梁钢模板

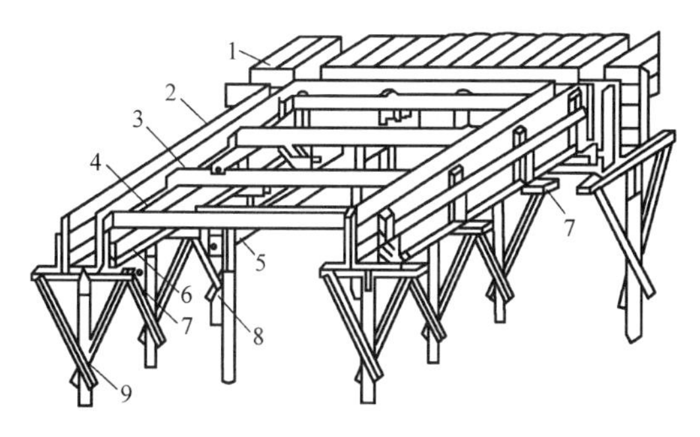

图 4-25　有梁楼板一般支撑方法

1—楼板模板　2—梁侧模板　3—搁栅　4—横挡　5—牵杠
6—夹条　7—短撑木　8—牵杠撑　9—支柱（琵琶撑）

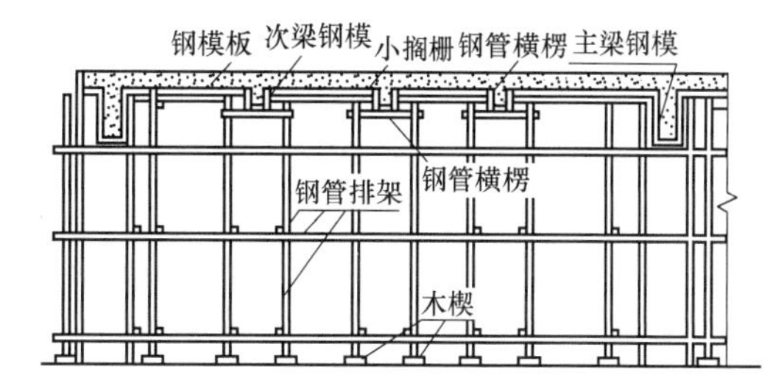

图 4-26　有梁楼板钢模板示意图

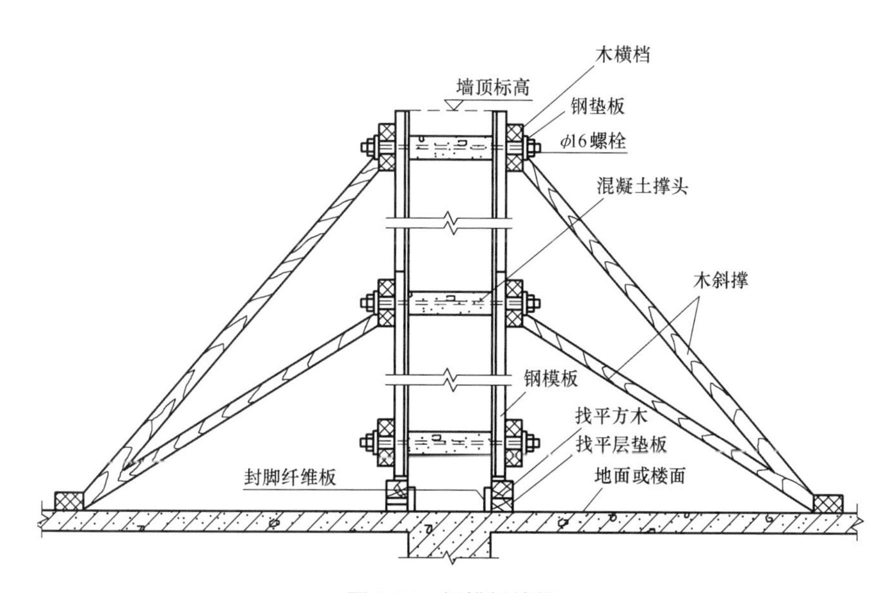

图 4-27　钢模板墙模

（6）楼梯模板　楼梯模板的构造与楼板模板相似，不同点是须倾斜和做成踏步状，图4-28和图4-29所示分别是楼梯木模板和钢模板。安装前，应根据设计放样，先安装平台梁及基础模板，再装楼梯斜梁或楼梯底模板，然后安装楼梯外帮侧板。外帮侧板应先在其内弹出楼梯底板厚度，用套板画出侧板位置线，钉好固定踏步侧板的挡木，在现场安装侧板。梯步高度要均匀一致，特别要注意每楼梯的第一个踏步和最后一个踏步的高度，常因疏忽了楼梯面层的厚度而造成高低不同的现象，影响用户使用。

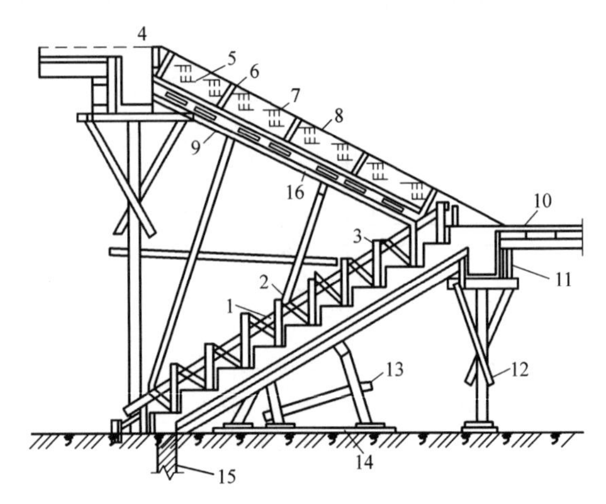

图4-28　板式楼梯木模板

1—反扶梯基　2—斜撑　3—木吊　4—楼面
5—外帮侧板　6—木挡　7—踏步侧板　8—挡木
9—隔栅　10—休息平台　11—托木　12—琵琶撑
13—牵杠撑　14—垫板　15—基础　16—楼梯地板

（7）雨篷模板　雨篷包括雨篷梁与雨篷板两部分，其模板构造与安装，与梁及楼板模板相似，如图4-30所示。在过梁底下靠洞口两端依墙各立一根琵琶撑，间距超过1m时加立琵琶撑，沿雨篷一侧外墙面的梁夹板上立通长托木。同时在雨篷的外沿下，立起支柱，上面搁上牵杠，雨篷板的木楞一头搁在牵杠上，另一头搁在过梁侧板外侧的托板上，木楞上面铺雨篷底板，周边立侧模。

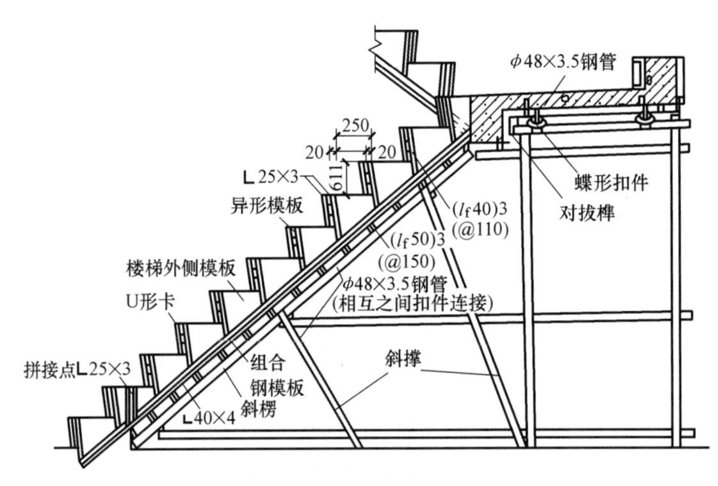

图4-29　板式楼梯钢模板

2. 模板安装的质量要求

模板及其支承结构的材料、质量应符合规范规定和设计要求：模板安装时，为便于模板的周转和拆卸，梁的侧模板应盖在底模的外面，次梁的模板不应伸到主梁模板的开口里面，梁的模板也不应伸到柱模板的开口里面；模板安装好后应卡紧撑牢，各种连接件、支撑件、加固配件必须安装牢固，无松动现象；模板拼缝要严密；不得发生不允许的下沉与变形；现浇结构模板安装的允许偏差及检验方法应符合表4-2的规定；固定在模板上的预埋件和预留孔均不得遗漏；预埋件和预留孔安装的允许偏差应符合表4-3的规定。

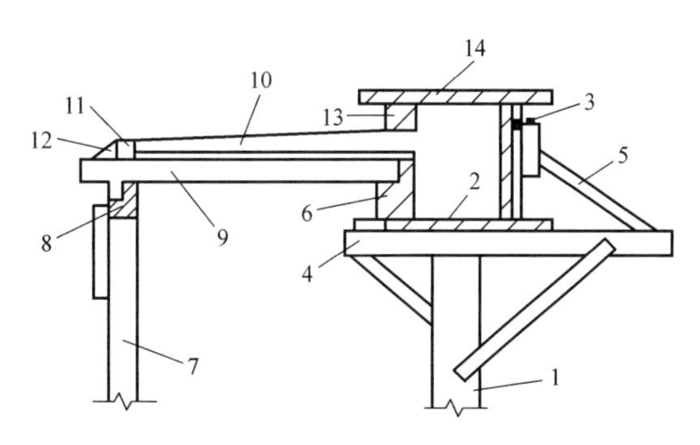

图 4-30　雨篷模板

1—琵琶撑　2—过梁底模　3—过梁侧模　4—夹板　5—斜撑　6—托木　7—牵杠撑
8—牵杠　9—木楞　10—雨篷底板　11—雨篷侧板　12—三角木　13—木条　14—搭头木

表 4-2　现浇结构模板安装的允许偏差及检验方法

项次	项目	允许偏差/mm	检验方法
1	轴线位置	5	用尺量检查
2	底模上表面标高	±5	水准仪或拉线、钢直尺检查
3	截面内部尺寸 （1）基础 （2）柱、墙、梁	 ±10 +4，-5	 用尺量检查 用尺量检查
4	层高垂度 （1）全高≤5m （2）全高>5m	 6 8	 用经纬仪或吊锤和尺量检查 用经纬仪或吊锤和尺量检查
5	相邻两板表面高低差	2	钢直尺检查
6	表面平整度（用 2m 直尺检查）	5	2m 靠尺和塞尺检查

表 4-3　预埋件和预留孔安装的允许偏差

项目		允许偏差/mm
预留钢板中心线位置		3
预留管、预留孔中心线位置		3
插筋	中心线位置	5
	外露长度	+10，0
预埋螺栓	中心线位置	2
	外露长度	+10，0
预留孔	中心线位置	10
	尺寸	+10，0

4.1.4　模板设计

1. 模板设计原则

1）实用性。应保证混凝土结构的质量。定型模板和常用的模板拼板，在其适用范围内一般不需要进行设计或验算。但对于一些特殊结构、新型体系的模板，或超出适用范围的模板则应进行设计和验算。

2）安全性。在施工过程中，保证模板不变形、不破坏、不倒塌。设计时，要使模板及支架具有足够的强度、刚度和稳定性，能够承受新浇混凝土的自重和侧压力，以及在施工生产过程中所产生的荷载。

3）经济性。针对工程结构构件的具体情况，因地制宜，就地取材，在确保工期、质量的前提下，尽量减少一次投入，增加模板周转，减少支拆用工，实现文明用工。

2. 模板体系的设计内容

模板体系的设计内容包括选型、选材、荷载计算、结构计算、拟定制作安装和拆除方案及绘制模板图等。模板及其支架的设计应根据工程结构形式、荷载大小、地基土类别、施工设备和材料供应等条件进行。

由于模板系统为临时性系统，因此对钢模板及其支架的设计，其设计荷载值可乘以系数0.85予以折减；对木模板及其支架设计，其设计荷载值乘以系数0.90予以折减；对冷弯薄壁型钢不必折减。模板体系上的荷载分为永久荷载和可变荷载。永久荷载有模板及支架自重、新浇混凝土自重、钢筋自重、新浇混凝土对模板的侧压力等。可变荷载有施工人员及设备荷载、振捣混凝土时产生的荷载、倾倒混凝土时产生的荷载以及风荷载等。计算时，应根据构件的结构特点及模板用途进行荷载组合。

模板体系的结构分析与计算除了各部分的承载能力（强度）外，还应验算刚度和稳定性。模板支撑架发生事故的原因主要是支撑系统强度不足。梁、板常因支撑体系立杆变形过大，顶托强度不够，扣件抗滑移不满足要求。墙柱一般因内外龙骨强度不够、变形过大，或对拉螺栓杆与螺母之间的连接强度不足造成。因此，要按照不同构件受力方式，对其支撑体系构件逐一进行计算。

另外，对模板支撑架的立杆和步距，扫地杆和横向支撑、支撑点的设计和搭设必须满足构造要求。

4.1.5　模板的拆除

1. 拆模时间

拆模时间是指混凝土浇筑后，混凝土强度达到拆除模板时所需的养护时间。其取决于结构的性质、模板所在部位、混凝土自身的强度。及时拆模，可提高模板的周转率，为其他工作创造条件，从而加快工程进度、降低成本。若拆模过早，混凝土会因为未达到一定强度而不能承担本身自重或受外力而变形甚至断裂造成重大事故。现浇结构的模板及支撑的拆除，如无设计要求时，应符合下列规定：

1）不承重的模板（一般为侧模板）。应在混凝土强度能保证其表面及棱角不因拆模而损坏时，方可拆模。

2）承重的模板（一般为底模板）。应在与结构同条件养护的试块达到表4-4的规定强度，方可拆模。

2. 拆模的顺序

先拆非承重模板，后拆承重模板；后支模板先拆，先支模板后拆；先拆侧模板，后拆底模板。一般是谁安装，谁拆除。

表 4-4　现浇结构拆模时所需混凝土强度

结构类型	结构跨度	按设计混凝土强度标准值的百分率（%）
板	≤2	≥50
	>2，≤8	≥75
	>8	≥100
梁、拱、壳	≤8	≥75
	>8	≥100
悬臂构件	—	≥100

3. 拆除模板时的注意事项

1）应先拆除与结构的连接件，使模板与结构分离，再依次拆除模板。

2）拆除时不要用力过猛，拆下来的模板要及时运走，进行整理和堆放。

3）严格按照拆模顺序进行模板的拆除。对于大型、复杂的模板的拆除，事先应制订详细的拆除方案。

4）拆除框架结构模板的顺序：首先是柱模板，然后是楼板底模板、梁侧模板，最后是梁的底模板。拆除跨度较大的梁下支柱模板时，应先从跨中开始，分别拆向两边。

5）应尽量避免混凝土表面或模板受损，注意做好安全防护工作。

4. 模板的维修

模板拆除后应及时维修并清理表面污物，并派专人对其维修，维修后的模板应涂抹隔离剂后堆放整齐，以利于模板的周转使用。

模板紧固连接件如 U 形卡、L 形插销、柱箍、梁托架、桁架、支撑等，也应及时收集、维修，统一堆放，以免丢失。

4.2 钢筋工程

4.2.1 钢筋的分类、现场验收

1. 钢筋的分类

（1）按钢筋化学成分分类

1）碳素钢钢筋。碳素钢钢筋按含碳量多少可分为低碳钢（含碳量小于 0.25%）、中碳钢（含碳量 0.25%~0.6%）和高碳钢（含碳量大于 0.6%）。随着含碳量的增加，其强度、硬度增加，但其塑性、韧性减小。低、中碳钢，强度低，质韧而软，有明显的屈服点，常称软钢；高碳钢，强度高，质硬而脆，无明显的屈服点，常称硬钢。建筑工程中低碳钢应用较多。

2）普通低合金钢。在低碳钢和中碳钢中加入少量合金元素，如锰、钛、硅、钒等，冶炼而成的钢材称为合金钢。由于加入了合金元素，不但强度提高，而且其他性能有所改善，但价格增加。建筑上常用的普通低合金钢有：HRB335 级（20MnSi）、HRB400 级（20MnSiV、20MnSiNb、20MnTi）、RRB400（K20MnSi）。

（2）按钢筋轧制外形分类

1）光圆钢筋。HPB300级钢筋均轧制为光面圆形截面，供应形式有盘圆和直条两种。通常直径6~10mm的钢筋以盘圆形式供应；直径大于12mm的钢筋轧成6~12m直条供应。使用时端头需加工弯钩。

2）带肋钢筋。一般为HRB335级、HRB400级、RRB400级钢筋，表面轧制成螺旋纹、人字纹、月牙纹，以增大与混凝土的黏结力。

上述钢筋代号中，H表示“热轧”、P表示“光圆”、R表示“带肋”、B表示“钢筋”。

（3）按钢筋在结构中的作用分类　分为受力钢筋、架立钢筋和分布钢筋。

（4）按钢筋直径分类　直径3~5mm的称为钢丝，直径6~12mm的称为细钢筋，直径大于12mm的称为粗钢筋。

（5）按钢筋加工工艺分类　按生产工艺分为热轧钢筋和冷加工钢筋（冷轧带肋钢筋、冷轧扭钢筋、冷拔螺旋钢筋）两类。而冷拉及冷拔低碳钢丝已逐渐淘汰。热轧钢筋的强度等级代号及力学性能应符合表4-5的规定。

表4-5　热轧钢筋的强度等级代号及力学性能

表面形状	强度等级代号	公称直径 d/mm	屈服强度 σ_s/MPa	抗拉强度 σ_b/MPa	伸长率 δ_s（%）	冷弯		符号
			不小于			弯曲角度	弯心直径	
光圆	HPB300	6~12	300	420	10	180°	d	Φ
月牙肋	HRB335	6~50	335	455	7.5	180°	$3d$	Φ
						180°	$4d$	
	HRB400	6~50	400	540	7.5	180°	$4d$	Φ
						180°	$5d$	
	HRB500	6~50	500	630	7.5	180°	$6d$	Φ
						180°	$7d$	

2. 钢筋的现场检验与保管

钢筋进场应有出厂质量证明书或试验报告单，每捆（盘）钢筋均应有标牌，并按品种、批号及直径分批验收。每批热轧钢筋质量不超过60t，钢绞线为20t。验收内容包含钢筋标牌和外观检查，并按有关规定取样进行力学性能试验。

钢筋在加工使用中如发现力学性能或焊接性能不良，还应进行化学成分分析，检验其有害成分如硫（S）、磷（P）和砷（A_S）的含量是否超过规定范围。

做力学性能试验时应从每批外观尺寸检查合格的钢筋中任选两根，每根取两个试件分别进行拉力试验（包括屈服强度、抗拉强度和伸长率的测定）和冷弯或反弯次数试验。如有一项试验结果不符合规定，则应从同一批钢筋中另取双倍数量的试件重新做上述4项试验，如果仍有一个试件不合格，应不予验收或降级使用。

钢筋现场检验后，根据品种按批堆放，不得混杂。如不符合要求，应重新分级或令其退场。

钢筋进场后，必须加强管理，妥善保管。应注意以下几点：

1）钢筋进场要认真验收，不但要注意数量的验收，而且要对钢筋的规格、等级、牌号进行验收。

2）防锈。钢筋堆放在钢筋库房或库棚中，如露天堆放应存放在地势较高的平坦场地上，钢筋下要用木材垫起，离地面不小于20cm，并做好排水措施。

3）防污染。钢筋保管及使用时，要防止酸、盐、油脂等对钢筋的污染与腐蚀。

4）防混杂。不同规格和不同类别的钢筋要分别存放，并挂牌注明，尤其是外观形状相近的钢筋以免混淆而影响使用。若发现钢筋混淆不清，必须重新检验后，方可使用。

钢筋一般先在钢筋加工场或加工棚内加工，然后运至现场安装或绑扎。其加工过程主要有：冷拉、冷拔、调直、除锈、剪切、弯曲、绑扎及焊接。

4.2.2 钢筋的冷加工

钢筋的冷加工常指冷拉、冷拔和冷轧，主要是提高钢筋的强度，节约钢材，并满足预应力钢筋的需要。

1. 钢筋冷拉

钢筋冷拉是指在常温状态下，以超过钢筋屈服强度的拉应力强行拉伸钢筋，使钢筋产生塑性变形，从而提高强度，节约钢材，同时也完成了钢筋的调直与除锈工作。冷拉HPB300级钢筋通常用作非预应力钢筋；冷拉HRB335、HRB400级钢筋，通常用作预应力钢筋。

（1）冷拉参数及控制方法　钢筋冷拉参数有冷拉率（钢筋冷拉后伸长的长度与原长度之比）和冷拉应力（钢筋冷拉后单位断面上所受的冷拉力）。冷拉后，钢筋强度提高，但塑性会降低。为避免钢筋脆性断裂，仍应保持一定的塑性。冷拉控制方法有控制冷拉率法和控制应力法。

1）控制冷拉率法——只控制冷拉率，即按照冷拉率的要求将钢筋拉伸到一定长度即可。测定冷拉率时钢筋的冷拉应力应满足表4-6的要求。不能分清炉批的热轧钢筋，不应采用控制冷拉率的方法。

表4-6　测定冷拉率时钢筋的冷拉应力

钢筋级别	钢筋直径/mm	符号	冷拉应力/MPa
HRB335	≤25	Φ	480
	28~40		460
HRB400	8~40	Φ	530

该方法简便易行，但会因钢筋材质不匀，使得冷拉后钢筋的力学性能不一致，甚至同一根钢筋中各段钢筋的冷拉率不一样。因此，该方法适用于不太重要的部位。在要求较高的结构或构件中，特别是预应力混凝土结构中的预应力筋，必须采用控制应力法。

2）控制应力法——即控制钢筋的冷拉应力。采用控制应力法冷拉钢筋时，其冷拉控制应力及该应力下的最大冷拉率应符合表4-7的规定。当控制应力达到表中规定的应力值，而伸长率没有超过最大冷拉率时，则冷拉钢筋为合格品，其余均为不合格，须进行力学性能试验或降级使用。

该方法的优点：冷拉后的屈服点较为稳定，不合格的钢筋易于发现和剔除；适用于预应力混凝土构件中用作预应力筋的钢筋冷拉。

冷拉时速度不宜太快，一般以每秒拉长5mm或每秒增加5MPa为宜。当拉到控制值时，停2~3min后，再放松，使钢筋晶体组织变形较为完全，减少钢筋的弹性回缩值。

表4-7　钢筋冷拉控制应力和最大冷拉率

钢筋级别	钢筋直径/mm	符号	冷拉控制应力/MPa	最大冷拉率（%）
HRB335	d≤25	Φ	450	5.5
	d=28~40		430	
HRB400	d=8~40	Φ	500	5.0
HRB500	d=10~28	Φ	700	4.0

（2）冷拉钢筋应用的注意事项　①冷拉钢筋一般不用作受压钢筋；②用作预应力钢筋时，应先焊接、后冷拉，以免在焊接过程中降低冷拉所获得的强度；③在用作吊环或受冲击荷载的设备基础中不宜用冷拉钢筋。

（3）冷拉钢筋的检查验收

1）应分批进行验收，每批由不大于20t的同级别、同直径冷拉钢筋组成。

2）钢筋表面不得有裂纹和局部缩径，当用作预应力钢筋时，应逐根检查。

3）从每批冷拉钢筋中抽取两根钢筋，每根取两个试样分别进行拉力和冷弯试验，若有一项试验结果不合格，应另取双倍数量的试样重做各项试验；当仍有一个试样不合格时，则判定该批冷拉钢筋不合格。

2. 钢筋冷拔

钢筋冷拔是指在常温情况下，以强力拉拔的方法使ϕ6~ϕ8mm的热轧钢筋通过比其直径小0.5~1.0mm的特制钨金拔丝模，拔成比原直径小的钢丝。冷拔后，产生很大的塑性变形，断面缩小，强度可提高40%~90%，故可大量节约钢材。冷拔是在拔丝机上完成的，主要部件是钨金拔丝模，模孔要求光滑，以减少拔丝阻力，工作区的锥度以14°~18°为宜，定径区长度约为钢筋直径的一半（图4-31）。

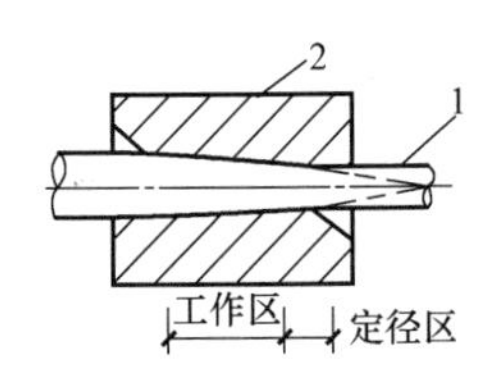

图4-31　拔丝模
1—钢筋　2—拔丝模

钢筋冷拔工艺过程：剥壳→轧头→润滑→拔丝。剥壳是使钢筋通过3~6个上下排列的辊子除掉钢筋表面的硬渣层，避免损坏拔丝模。也可先使用旧拔丝模先拔一次来剥除。润滑剂常用石灰、动植物油、肥皂、白蜡和水按一定配合比制成。冷拔用的拔丝机有立式（图4-32）和卧式两种。

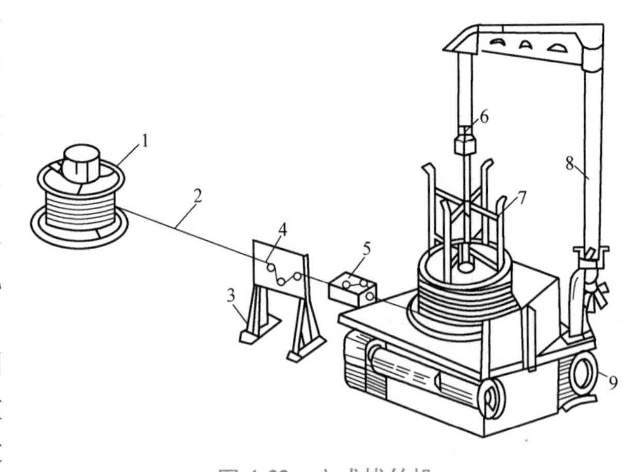

图4-32　立式拔丝机
1—盘圆架　2—钢筋　3—剥壳装置　4—槽轮　5—拔丝模　6—滑轮　7—绕丝筒　8—支架　9—电动机

钢筋冷拔次数要适宜：过少，则每次压缩量大，易断丝，也易损坏拔丝模；过多，则生产率低，钢丝易发脆。以冷拔后钢丝直径为冷拔前的0.85~0.9为宜，一般3~4次拔制完毕。

冷拔低碳钢丝分甲、乙两级。甲级钢丝主要用于中、小型预应力构件的预应力筋；乙级钢丝用于焊接网片、焊接骨架、架立筋、箍筋和构造筋。

3. 钢筋的冷轧

冷轧钢筋分为冷轧带肋钢筋和冷轧扭钢筋。

（1）冷轧带肋钢筋　冷轧带肋钢筋（CRB，C—cold-rolled，R—ribbed，B—bar）是采用普通低碳钢、优质碳素钢或低合金钢热轧圆盘条为木材，通过冷轧工艺减径后在其表面冷轧成一种三面或两面带有月牙形横肋的钢筋。冷轧带肋钢筋具有调直除锈、提高强度、节省钢材、提高质量等优点，已广泛应用。

冷轧带肋钢筋按强度等级分为550级、650级、800级、970级和1170级，其中CRB550为普通钢筋混凝土用筋，其余为预应力混凝土用筋。

1）冷轧带肋钢筋的主要性能见表4-8。

表4-8　冷轧带肋钢筋及预应力带肋钢筋力学性能和工艺性能指标

钢筋级别	抗拉强度 σ_b/MPa	伸长率		冷弯试验180°	反复弯曲次数
		δ_{10}（%）	δ_{100}（%）		
550级	≥550	≥8	—	$D=3d$	—
650级	≥650	—	≥4	—	3
800级	≥800	—	≥4	—	3
970级	≥970	—	≥4	—	3
1170级	≥1170	—	≥4	—	3

注：1. 伸长率δ_{10}的测量标距为$10d$，δ_{100}的测量标距为100mm。
2. D为弯心直径，d为公称直径。
3. 对成盘供应的650级和800级钢筋，经调直后的抗拉强度仍应符合表中规定。

2）冷轧带肋钢筋的检查验收。每批进场的冷轧带肋钢筋应有出厂合格证明书，对外形尺寸、表面质量及质量偏差的检查，按每批抽取5%（但不应小于5盘或捆）的数量进行检验。每盘都应检查钢筋的力学性能和工艺性能。如有一项指标不符合表4-8的规定，则判定该盘钢筋不合格。对成捆供应的CRB550级钢筋应逐捆进行检验。从每捆中同一根钢筋上截取两个试件，试验方法同前，如有一项不符合表4-8的要求时，应从该捆中取双倍数量的试件进行复验，如仍有一个试样不合格，则判定该捆钢筋不合格。检验后的钢筋每盘或每捆都应有标牌，标明钢筋力学性能的实验结果。

3）冷轧带肋钢筋的使用。①CRB550级钢筋用于钢筋混凝土结构构件中的受力主筋、架立筋、箍筋和构造筋。CRB650级及以上等级钢筋作预应力混凝土结构构件中的受力主筋。②由于冷轧带肋钢筋是经冷加工强化的无明显屈服点的“硬钢”，因此，不宜用在地震作用下对钢筋延性要求较高的框架梁、框架柱及圈梁的纵向主筋。③冷轧带肋钢筋末端可不制作弯钩。当末端制作90°或135°弯折时，钢筋的弯曲直径不宜小于钢筋直径的5倍。④对进场的冷轧带肋钢筋应按轧制的外形、级别标志，分类堆放。冷加工的钢筋易生锈，应注意防雨、防潮。存储时间不宜过长。⑤冷轧带肋钢筋严禁采用焊接接头，但可制作成点焊网片。

（2）冷轧扭钢筋　冷轧扭钢筋（CTB，C—cold-rolled，T—twist，B—bar）是用$\phi 6$～

ϕ12mm 热轧圆钢，经冷拉、冷轧、冷扭成具有扁平螺旋状的钢筋，它不但具有较高的强度，而且与混凝土间的握裹力有明显提高，按强度等级有 550 级和 650 级。标记为 CTB550ϕ^{T}10-Ⅱ，表示 550 级Ⅱ型直径为 10mm 的冷轧扭钢筋。

冷轧扭钢筋的原材料采用热轧盘条光面钢筋，进场后，应对每批盘钢筋根据不同厂别、规格进行复检，合格后再加工轧制。其制作工艺：圆盘钢筋从放盘架引出→钢筋调直、清除氧化皮→轧扁机将钢筋轧扁→轧扁钢筋通过扭转装置加工成具有连续螺纹曲面的麻花状钢筋→按预定长度切断。

冷轧扭钢筋必须检验抗拉强度和伸长率两个指标：抗拉强度≥580MPa，伸长率≥3%。

试样应在距钢筋端头 500mm 以外任意部位切取，试件长 400mm。试件每批取两件为一组，如有一项指标不合格，应在不同批钢筋不同部位取两组复试，再有一项不合格，则判定该批冷轧扭钢筋不合格，严禁用作受力主筋。冷轧扭钢筋必须严格控制截面的厚度及螺距，表面不得有裂缝、刀痕、擦伤及油污。冷轧扭钢筋加工后易生锈，应尽早使用，储存期不宜超过一个月。冷轧扭钢筋全部交点及接头均用钢丝绑扎，不得用焊接连接。

4.2.3　钢筋的连接

钢筋连接有焊接连接、机械连接和绑扎连接。焊接连接方法多样，成本较低，质量可靠，大多优先选用，但有环境问题。机械连接无明火作业，设备简单，节约能源，连接可靠，技术易掌握，适用范围广，尤其适用于现场焊接无法满足或有困难的场合。绑扎连接需较长的搭接长度，浪费钢筋且连接不可靠，宜限制使用。

1. 焊接连接

采用焊接替代绑扎，能提高连接强度，减小搭接长度，充分利用短材，提高机械化水平，从而提高工效、降低成本。常用的焊接方法有闪光对焊、点焊、电弧焊及电渣压力焊等。

（1）闪光对焊　闪光对焊广泛用于钢筋纵向连接及预应力钢筋与螺纹端杆的焊接，具有成本低、质量好、功效高、适用面广的特点。钢筋闪光对焊的工作原理如图 4-33 所示，将两段钢筋在对焊机两电极中接触对接，通过低电压的强电流，接触点很快熔化并产生金属蒸气飞溅，形成闪光现象。闪光一开始就移动钢筋，形成连续闪光过程。待接头烧平，闪去杂质和氧化膜白热熔化时，随即进行加压顶锻并断电，使两根钢筋对焊成一体。在焊接过程中，由于闪光的作用，空气不能进入接头处，又通过挤压，把已熔化的氧化物全部挤出，使接头质量得到保证。

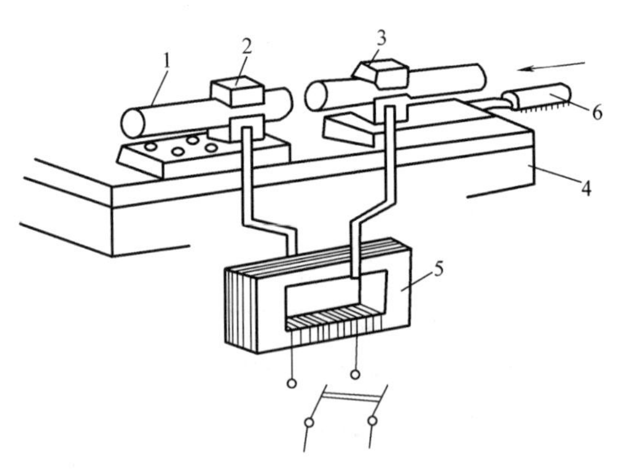

图 4-33　钢筋闪光对焊的工作原理

1—钢筋　2—固定电极　3—可动电极

4—机座　5—焊接变压器　6—手动压力机构

闪光对焊适宜焊接直径 25mm 以内的钢筋。钢筋闪光对焊后，除对接头进行外观检查（无裂纹和明显烧伤，接头弯折不大于 4°和接头轴线偏移不大于 0.1d 也不大于 2mm）外，还应按钢筋焊接及验收规程进行抗拉试验和冷弯试验。

（2）电弧焊　电弧焊是利用弧焊机在焊条与焊件之间产生高温电弧，使得焊条和电弧燃烧范围内的金属焊件很快熔化从而形成焊接接头，其中电弧是指焊条与焊件金属之间空气介质出现的强烈持久的放电现象。常用于钢筋的搭接接长、钢筋与钢板的焊接、装配式钢筋混凝土结构接头的焊接、钢筋骨架的焊接及各种钢结构的焊接等。

电弧焊使用的弧焊机有交流、直流弧焊机两种，常用交流弧焊机。焊接时，先把焊条和焊件分别连接在弧焊机的两极上，然后引弧（先将焊条轻轻接触焊件金属，形成短暂短路，再提起离焊件一定高度，使焊条与焊件间的空气介质呈电离状态），便可开始焊接。其接头形式主要有搭接焊、帮条焊、坡口焊和预埋件 T 形接头四种。

1）搭接焊。搭接焊接头如图 4-34 所示，焊接时，先将主钢筋的焊接部分按搭接长度预弯，使两钢筋的轴线在一直线上，采用两端点焊定位，最好采用双面焊（图 4-34a 为双面焊缝，图 4-34b 为单面焊缝）。

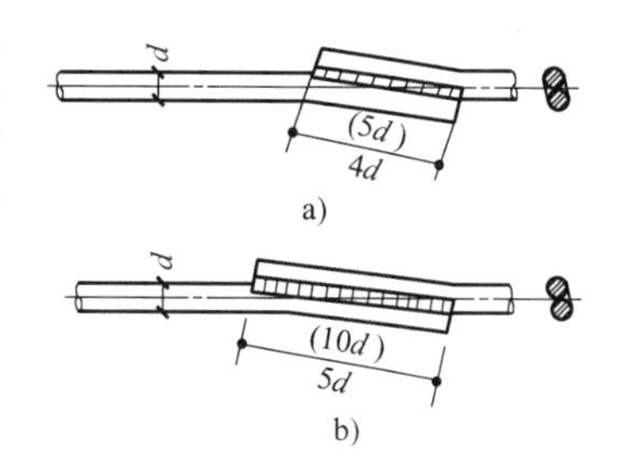

图 4-34　钢筋搭接焊接头

a）双面焊缝　b）单面焊缝

2）帮条焊。帮条焊接头如图 4-35 所示，选用帮条焊时宜选用与焊接钢筋同直径、同级别的钢筋。当帮条直径与焊接筋相同时，帮条级别可比主筋低一个级别；当帮条级别与主筋相同时，帮条直径可比主筋小一个规格。最好采用双面焊缝。

无论采用搭接焊或是帮条焊，对焊缝都有一定的要求，焊缝厚度 $h \geqslant 0.3d$，且大于或等于 4mm；焊缝宽度 $b \geqslant 0.7d$，并大于或等于 10mm。

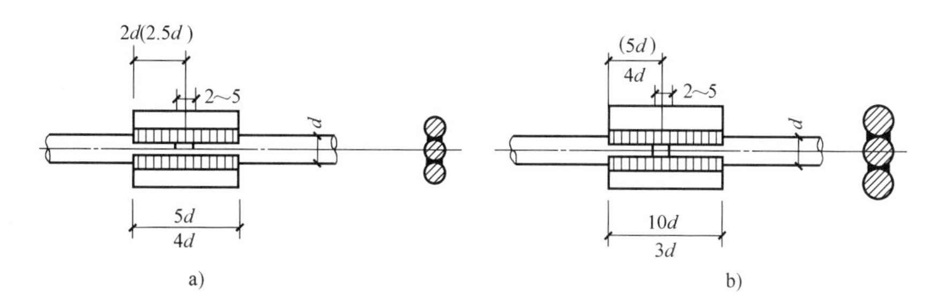

图 4-35　钢筋帮条焊接头

a）双面焊缝　b）单面焊缝

3）坡口焊。坡口焊接头如图 4-36 所示，分平焊和立焊。当焊接 HRB400 级、RRB400 级钢筋，应将焊件加固处理。

4）预埋件 T 形接头。预埋件 T 形接头有贴角焊、穿孔塞焊和搭接焊三种，如图 4-37 所示。采用贴角焊时，焊缝的焊脚 K 不应小于 $0.5d \sim 0.6d$（HRB335 级钢筋）。采用穿孔塞焊时，钢板的孔洞应做成喇叭口，其内口直径应比钢筋直径 d 大 4mm，倾斜角为 45°，钢筋缩进 2mm。

5）埋弧压力焊。埋弧压力焊是利用埋在焊接接头处的焊剂层下的高温电弧，熔化两焊件接头处的金属，然后加压顶锻而成。图 4-38a 所示为埋弧压力焊原理图，图 4-38b 所示为接头及焊剂盒放大图，多用于钢筋与钢板丁字形接头的焊接。图 4-38c 所示为已经焊完的预埋件，与传统的电弧焊连接相比可节省钢材。

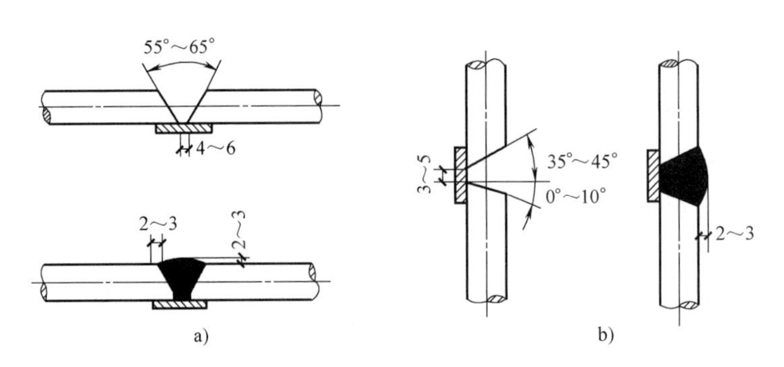

图4-36　钢筋坡口焊接头

a）坡口平焊　b）坡口立焊

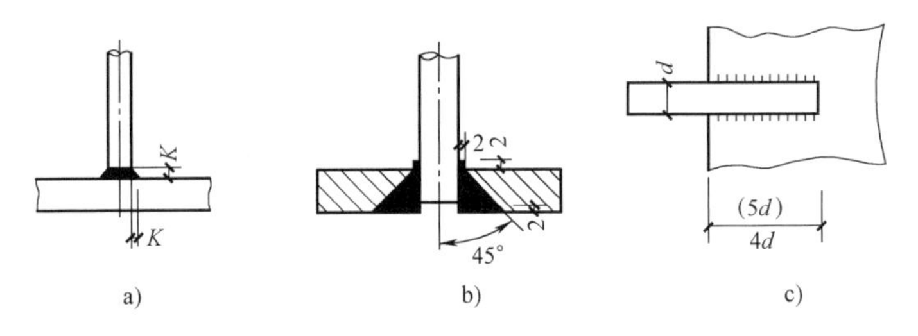

图4-37　预埋件T形接头

a）贴角焊　b）穿孔塞焊　c）搭接焊

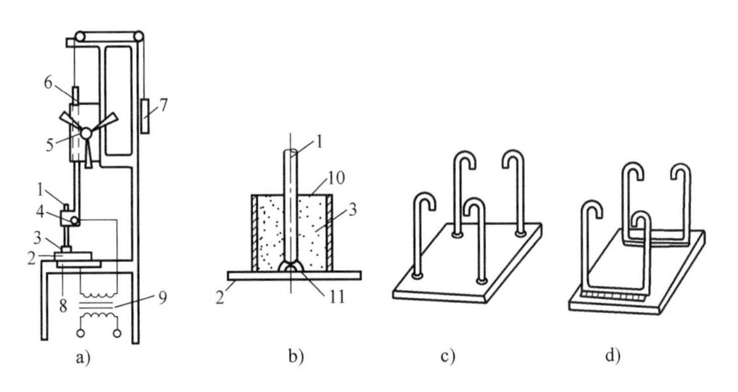

图4-38　埋弧压力焊

a）埋弧压力焊原理　b）接头及焊剂盒　c）已焊成的预埋件　d）电弧焊预埋件

1—钢筋　2—钢板　3—焊剂　4—钢筋卡具　5—手轮　6—齿条

7—平衡重　8—固定电极　9—变压器　10—焊剂盒　11—弧焰

钢筋电弧焊接接头应做外观检验和拉力试验。外观检查时，应在接头清渣后逐个进行目测或量测，要求表面平整不得有较大的凹陷、焊瘤；接头处不得有裂纹；咬边深度、气孔、夹渣等数量与大小以及接头尺寸偏差，不得超过有关施工规程的规定。做拉力试验时，应从每批成品中切取三个接头进行拉伸试验。要求三个试件的抗拉强度均不得低于该级别钢筋的抗拉强度标准值；且至少有两个试件出现塑性断裂。当检验结果有一个试件的抗拉强度低于规定指标，或有两个试件发生脆性断裂时，应取双倍数量的试件进行复检。复检结果如仍有一个试件的抗拉强度低于规定指标，或有三个试件呈脆性断裂时，则判定该批接头不合格。

（3）电渣压力焊　电渣压力焊利用电流通过渣池产生的电阻热将钢筋端部熔化，然后施加压力使钢筋焊接在一起。其操作简单、易掌握、工作效率高、成本较低、施工条件比较好，主要用于现浇钢筋混凝土结构中竖向或斜向钢筋的接长。

电渣压力焊的主要设备是交流弧焊机，还有夹钳和焊剂盒等，其工作原理如图 4-39 所示。施焊前，将钢筋端部 120mm 范围内的铁锈清除，再用夹具夹住钢筋，在两根钢筋接头处，放一个钢丝做的小球（当钢筋直径较大时改用导电剂），在焊剂盒内放满焊剂以便保证焊接质量。然后开始焊接，首先接通电源，钢筋端部、钢丝小球（或导电剂）及焊剂熔化，形成渣池，可避免熔化的金属与空气接触氧化，而且能扩大接头区。当钢筋端部熔化到一定程度时，断电并迅速加压顶锻、挤出熔渣，形成焊接接头。冷却 1~3min 后，可打开焊剂盒，回收焊剂，卸下夹具。

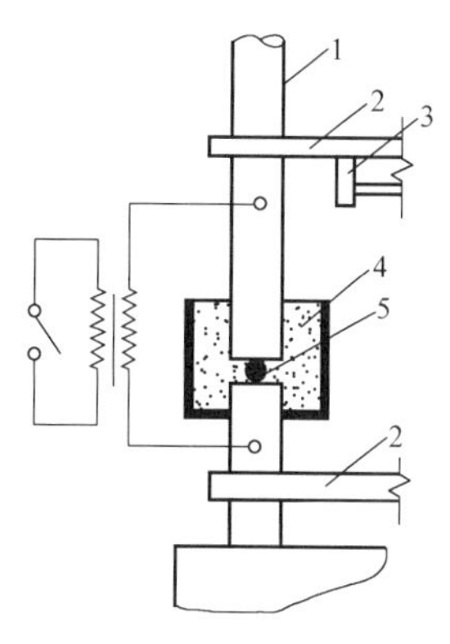

图 4-39　电渣压力焊
1—钢筋　2—夹钳　3—凸轮
4—焊剂　5—钢丝小球或导电剂

电渣压力焊的质量检验包括外观检查和拉力试验。外观检查时，应逐个检查焊接接头，要求接头焊包均匀、不得有裂纹、钢筋表面无明显烧伤等缺陷；接头处钢筋轴线的偏移不得超过钢筋的 10%，且不得大于 2mm；接头处弯折不得大于 4°。对外观检查不合格的焊接接头，应将接头切除重焊。做拉力试验时，应从每批成品中切取三个试件进行拉力试验，试验结果要求三个试件均不得低于该级别钢筋的抗拉强度标准值。如有一个试件的抗拉强度低于规定数值，应取双倍数量的试件进行复检，复检结果如仍有一个试件的强度达不到上述要求，则判定该批接头不合格。

（4）点焊　点焊是指将钢筋交叉放置在点焊机的两电极间，通电使钢筋升温至熔化，后加压使交叉处钢筋焊接在一起。其工作原理如图 4-40 所示。可成型为钢筋网片或骨架，代替人工绑扎，具有工效高、节约劳动力、成品整体性好、节约材料、降低成本等特点。

点焊机分单点点焊机（适用于焊接较粗钢筋）、多点点焊机（适用于焊接钢筋网片）和悬挂式点焊机（可任意移动，焊接各种形状的大型钢筋网片和钢筋骨架）。焊点的压入深度：热轧钢筋为较小钢筋直径的 30%~45%；冷拔低碳钢丝为较小钢丝直径的 30%~35%。

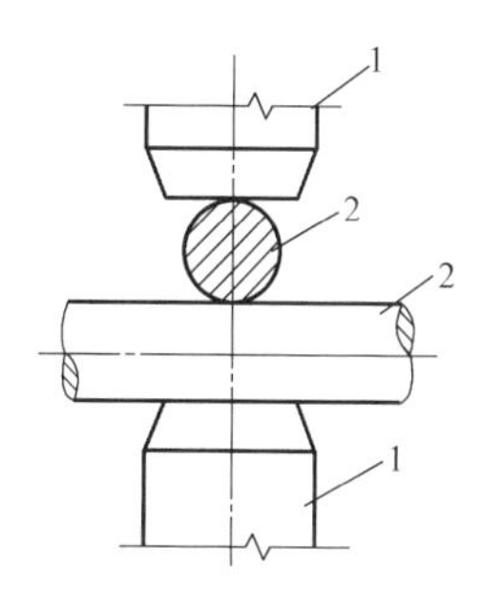

图 4-40　点焊工作原理
1—电极　2—钢筋

点焊接头的质量检查包括外观检查和强度检验。外观检查应按同一类型制品分批抽查，一般制品每批抽查 5%；梁柱、桁架等重要制品每批抽查 10%，且不能少于 3 件。要求焊点处金属熔化均匀；压入深度符合规定；焊点无脱落、漏焊、裂纹、多孔性缺陷及明显的烧伤现象；网格间距偏差应满足有关规定。强度检验时，从每批成品中切取。热轧钢筋和冷拔低碳钢丝焊点应做抗剪试验，后者还应对较小钢丝做拉力试验。试验结果，如有一个试件达不到上述要求，则应取双倍数量的试件进行复检。复验结果，如仍有一个试件不能达到上述要求，则该批制品即为不合格。采用加固处理后，可进行二次验收。

2. 机械连接

常用的机械连接有套筒冷压连接、直螺纹连接、锥螺纹连接和套筒灌浆连接等，适用于施工现场粗钢筋的连接。

（1）套筒冷压连接　套筒冷压连接就是将两根待接钢筋插入钢套筒，用带有梅花齿形内模的钢筋压接机对套筒外壁加压，使套筒和钢筋发生冷塑性变形，紧密地咬合在一起，如图4-41所示。套筒冷压连接分为轴向冷压连接和径向冷压连接。

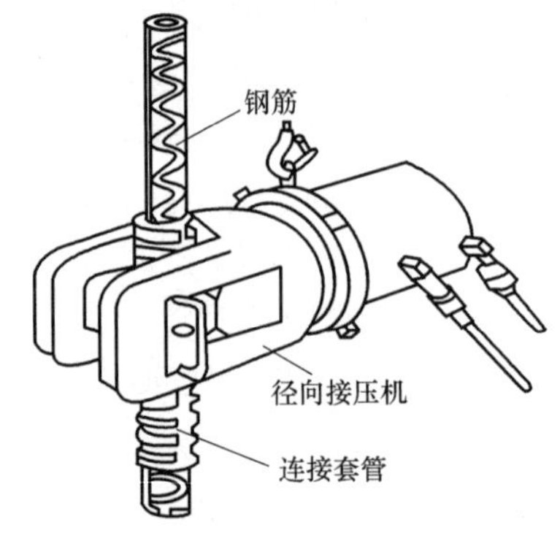

图4-41　套筒冷压连接工艺原理

套筒冷压连接不存在焊接工艺中的高温熔化过程，避免了因加热而引起的金属内部组织变化，晶粒增粗，出现氧化组织，材料变脆及接头夹渣、气孔等缺陷，故套筒冷压连接具有工艺简单、可靠程度高、受人为操作因素影响小、对钢筋化学成分要求不是特别严格等优点。

（2）螺纹连接　螺纹连接是将需要连接的钢筋端部加工出螺纹，后通过一个内壁加工有螺纹的套管将钢筋连接在一起。其加工流程如图4-42所示。具体连接操作时，应再次检查钢筋端部螺纹质量，合格者，可将待接钢筋用手拧入一端已拧上钢筋的连接套内，再用扭力扳手按规定的力矩值拧紧钢筋接头即可。根据套筒和接头处理不同，分直螺纹连接和锥螺纹连接。

图4-42　螺纹连接的加工流程

1）直螺纹连接。根据端头处理不同，分滚轧直螺纹接头和镦粗直螺纹接头。

滚轧直螺纹接头分直接滚轧、挤肋滚轧和剥肋滚轧。

镦粗直螺纹接头通过钢筋端部冷镦扩粗、切削螺纹。直螺纹连接综合了套筒挤压和锥螺纹的优点，其连接强度高、快捷、质量稳定等，有很强的推广价值。但镦粗直螺纹接头易沿着钢筋轴线方向产生裂纹，需严格控制，如图4-43所示。

2）锥螺纹连接。锥螺纹连接如图4-44所示。钢筋连接端的锥螺纹需在钢筋套丝机上加工，连接套是在工厂由专用机床加工而成的定型产品。为保证连接质量，每个锥螺纹头都需用牙形规和卡规逐个检查，不合格者切掉重新加工，合格的螺纹头需拧上塑料保护帽，以避免螺纹头受损。

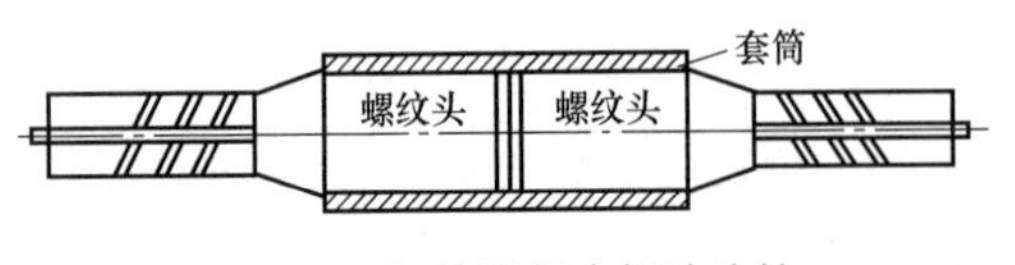

图4-43　钢筋镦粗直螺纹连接

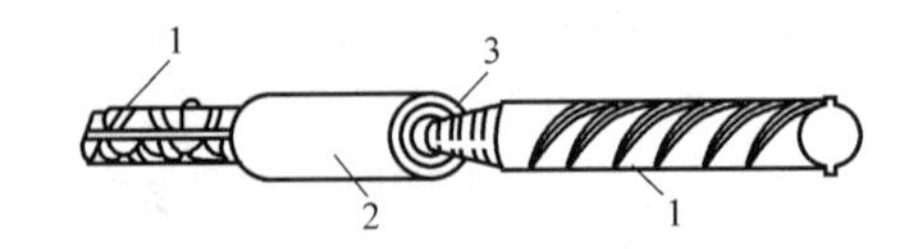

图4-44　钢筋锥螺纹连接

1—已连接的钢筋　2—锥螺纹套筒　3—待连接的钢筋

（3）套筒灌浆连接　套筒灌浆连接是将被连接钢筋插入内部带有凹凸部分的高强圆形套筒，再由灌浆机灌入高强度无收缩灌浆材料，灌浆材料硬化后，套筒和连接钢筋便牢固地连接在一起。

套筒灌浆连接对钢筋不施加外力和热量，不会发生钢筋的变形和内应力，在抗拉强度、抗压强度及可靠性方面均能满足要求。且无须特殊设备，对操作人员无特别技能要求，安全可靠、无噪声、无污染、受气候环境变化影响小，适用范围广。

3. 绑扎连接

钢筋的绑扎常用 20~22 号钢丝进行绑扎，可用于钢筋接长，还可用于钢筋网片和钢筋骨架等的绑扎，要求绑扎位置准确、牢固，搭接长度及绑扎点位置符合以下规定：

1）接头应设置在受力较小处。同一纵向受力钢筋不宜设置 2 个或 2 个以上接头。接头末端至钢筋弯起点的距离不应小于钢筋直径的 10 倍。

2）同一构件中相邻纵向受力钢筋的绑扎搭接接头宜相互错开。绑扎接头中钢筋的横向净距 s 不应小于钢筋直径 d，且不应小于 25mm。

从任一绑扎接头中心至搭接长度 l_1 的 1.3 倍区段范围内（图 4-45），有绑扎接头的受力钢筋截面面积占受力钢筋总截面面积百分率，应符合下列规定：受拉区不得超过 25%，受压区不得超过 50%。

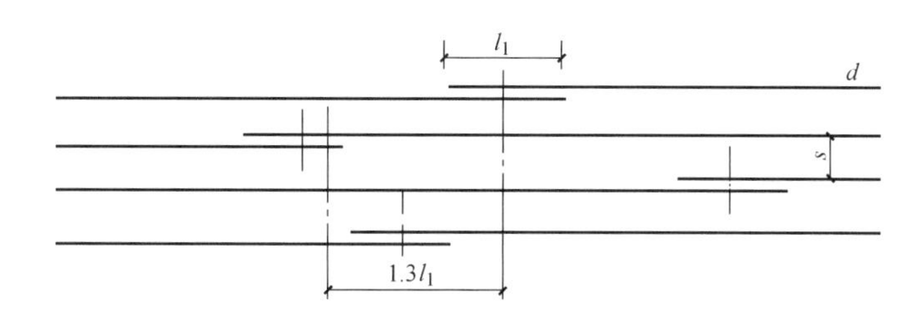

图 4-45　受力钢筋的绑扎接头

注：图中 l_1 区段内有接头的钢筋面积按两根计算。

3）钢筋接长时，需要一定的搭接长度，其与钢筋外形、直径、级别及受力性能有关。钢筋的搭接长度和最小锚固长度应分别满足表 4-9 和表 4-10 的要求。

表 4-9　纵向受拉钢筋的最小搭接长度

钢筋种类		混凝土强度等级			
		C25	C35	C45	C55
光圆钢筋	HPB300 级	41d	34d	29d	27d
带肋钢筋	HRB335 级	40d	33d	28d	26d
	HRB400 级	48d	39d	34d	31d

4）钢筋网片和骨架的绑扎应满足以下要求：

① 钢筋的交叉点应采用钢丝扎牢。

② 板和墙的钢筋网片，除靠近外围两行钢筋的交叉点全部扎牢外，中间部分交叉点可间隔交错扎牢，但必须保证受力钢筋不产生位置偏移；双向受力筋必须全部扎牢。

③ 梁和柱的箍筋，除设计有特殊要求外，应与受力箍筋垂直设置；箍筋弯钩叠合处应沿受力箍筋方向错开设置。

表 4-10　纵向受拉钢筋的最小锚固长度

钢筋种类		混凝土强度等级			
		C25	C35	C45	C55
光圆钢筋	HPB300 级	34*d*	28*d*	24*d*	22*d*
带肋钢筋	HRB335 级	33*d*	27*d*	23*d*	21*d*
	HRB400 级	40*d*	32*d*	28*d*	26*d*
	HRB500 级	48*d*	39*d*	34*d*	31*d*

绑扎网片和绑扎骨架外形尺寸的允许偏差，应符合表 4-11 的规定。

表 4-11　绑扎网片和绑扎骨架的允许偏差

项目		允许偏差/mm
网的长、宽		±10
网眼尺寸		±20
骨架的宽及高		±5
骨架的长		±10
箍筋间距		±20
受力钢筋	间距	±10
	排距	±5

4.2.4　钢筋加工流程

1. 加工工艺流程

钢筋加工宜在常温状态下进行，其工艺流程如图 4-46 所示。

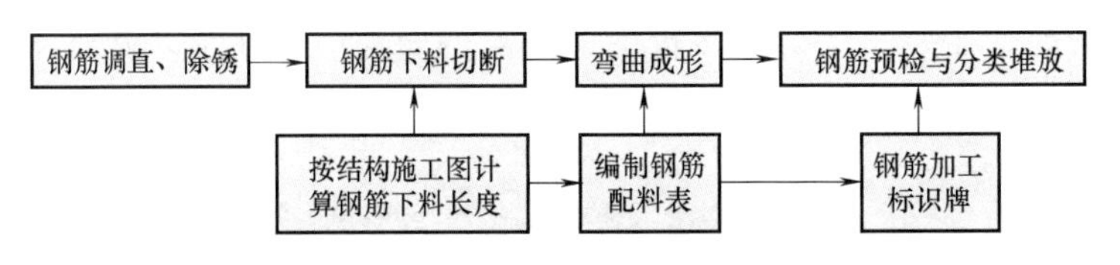

图 4-46　钢筋加工工艺流程

2. 钢筋的调直与除锈

钢筋的调直可利用调直机或冷拉进行。若冷拉只是为了调直箍筋，而不是为了提高其强度，调直冷拉率为：HPB300 级钢筋不宜大于 4%，HRB335 级钢筋、HRB400 级钢筋不宜大于 1%。

如所使用的钢筋无弯钩和弯曲要求，调直冷拉率可适当放宽：HPB300 级钢筋不宜大于 6%，HRB335 级钢筋、HRB400 级钢筋不宜大于 2%。对于不允许采用冷拉钢筋的结构，钢筋调直冷拉率不宜大于 1%。除利用冷拉调直外，粗箍筋还可以用锤直或板直的方法；钢筋直径为 4~14mm 时可在钢筋调直机上进行调直。经调直后的钢筋应平直、无局部曲折。

钢筋的除锈，一是在钢筋冷拉或调直过程中除锈，对大量钢筋除锈较为经济；二是采用电动除锈机除锈，对钢筋局部除锈较为方便；三是采用手工除锈（用钢丝刷、砂轮）、喷砂除锈，另外，要求较高时还可采用酸洗除锈等。

3. 钢筋的下料切断

钢筋按下料长度切断，可采用钢筋切断机或手动切断器。后者一般用于直径小于12mm的钢筋，前者可切断直径大于12mm且小于40mm的钢筋，直径大于40mm的钢筋可用氧乙炔焰或电弧切断或锯断。

钢筋下料切断将同规格钢筋根据不同长度长短搭配，统筹排料；一般应先断长料，后断短料，减少短头和损耗。断料时应在工作台上标出尺寸刻度线，并设置控制断料尺寸的挡板，力求准确，其允许偏差为±10mm。

4. 钢筋的弯曲成形

弯曲前，按弯曲设备特点及钢筋直径和弯曲角度进行画线，如图4-47所示。如弯曲钢筋两端对称时，画线工作宜从钢筋中线向两端进行，当弯曲形状比较复杂的钢筋时，可先放出实样，再进行弯曲。钢筋弯曲宜采用弯曲机和弯箍机。弯曲机可弯曲6～40mm的钢筋。直径小于25mm的钢筋，当无弯曲机时也可采用扳钩弯曲。钢筋弯曲成形后，形状、尺寸必须符合设计要求，平面上没有翘曲、不平现象。

5. 钢筋的预检与分类堆放

同一部位与规格的钢筋，加工完成后进行预检查。对不合格的钢筋进行调整，合格的钢筋及时绑上标识牌（图4-48）。并将其系在加工后的钢筋上，以便绑扎、安装时识别，分类堆放整齐。加工中，若发现钢筋严重锈蚀，应剔除不用或降级使用。

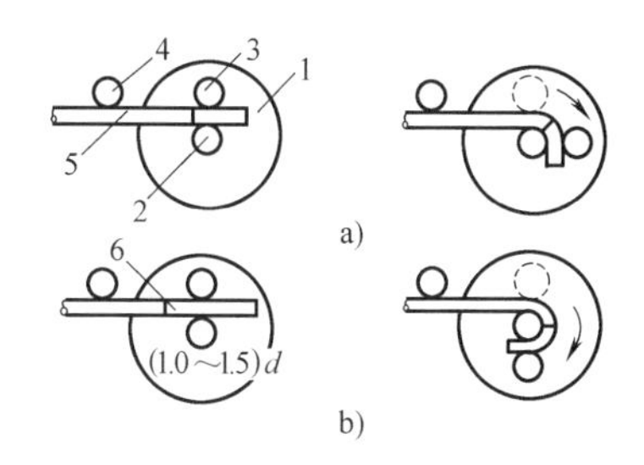

图4-47　弯曲机的弯曲点线与心轴关系

1—工作盘　2—心轴　3—成形轴

4—固定挡铁　5—钢筋　6—弯曲点线

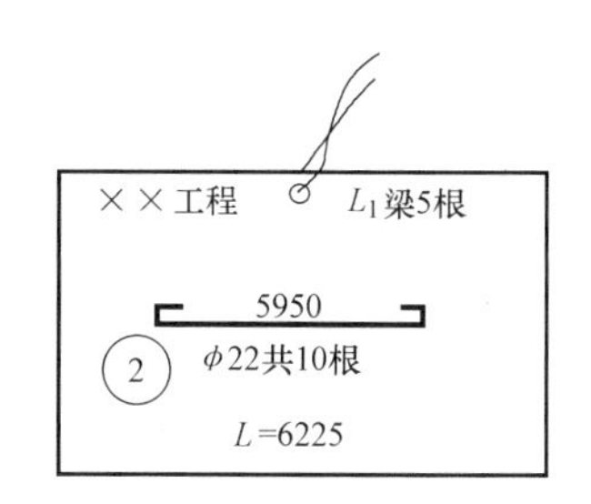

图4-48　钢筋加工标识牌

4.2.5　钢筋配料

钢筋配料就是将设计的施工图中各个构件的配筋图表，编制成便于实际加工、具有准确下料长度（钢筋切断时的直线长度）和数量的表格（即配料单，见表4-12）。钢筋配料时，为保证工作顺利进行，不发生漏配和多配，最好按照结构构件顺序进行，并将每种构件的每一根钢筋进行编号。配料单作为钢筋切断、签发工程任务单和限额领料的依据。因此，钢筋下料长度计算是配料的关键。

1. 钢筋下料

（1）钢筋的下料顺序　从整体上看钢筋的配料应按照先使用、先配料，先重要、后次要，自下而上的配料顺序进行。如：基础→柱→主梁→次梁→板→二层柱→主梁→次梁→板……

表 4-12　钢筋配料单

构件编号	钢筋编号	简图	直径/mm	钢筋级别	下料长度	单位根数	合计根数	总重/kg

对具体构件下料顺序，如：

板：板中受力筋→支座负弯筋→分布筋。

梁：受拉区受力筋→受压区受力筋→架立筋、构造筋→支座负弯筋→箍筋。

基础、柱：基础底板筋→预埋插铁→柱受力筋→柱箍筋→柱预埋件。

（2）钢筋下料长度的计算　设计图中注明的钢筋尺寸是钢筋的外轮廓尺寸，即外包尺寸。钢筋在弯曲后，外边缘伸长，内边缘缩短，而中心线不变。使得钢筋弯曲后的外包尺寸和中心线长度之间存在一个差值，该差值称为“量度差值”或“弯曲调整值”，如图 4-49 所示。下料长度为各段外包尺寸之和减去各弯曲处的量度差值，再加上端部弯钩的增加值。根据结构或构件的配筋图，可将钢筋下料的形状为：直钢筋、弯起钢筋和箍筋三类。

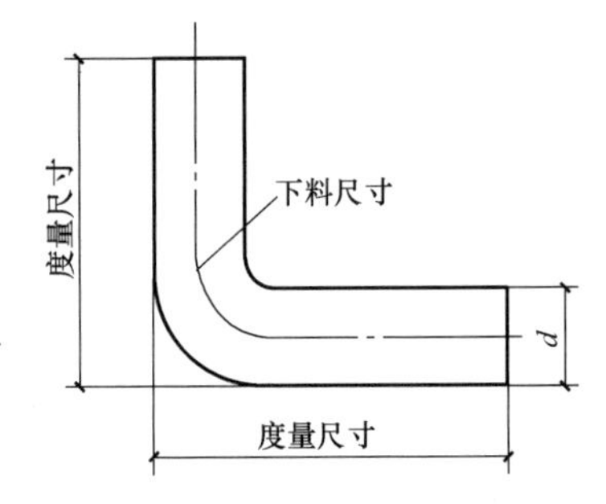

图 4-49　钢筋弯曲时量度方法

直钢筋的下料长度 = 构件长度 - 钢筋端头保护层厚度 + 钢筋弯钩增长值

弯起钢筋的下料长度 = 直段长度 + 斜段长度 + 钢筋弯钩增长值 - 量度差值

箍筋的下料长度 = 箍筋周长 + 箍筋调整值

上述下料长度的计算应考虑钢筋的连接接头的损耗和搭接的长度。

1）保护层厚度。混凝土对钢筋的保护层厚度是指从最外层钢筋（含箍筋、构造筋、分布筋等）的外边缘至混凝土构件外表面的距离，主要起保护钢筋，防止其锈蚀的作用。保护层厚度应符合设计要求；当设计无具体要求时，不应小于受力钢筋直径，并应符合表 4-13 的规定。

表 4-13　混凝土保护层的最小厚度　（单位：mm）

环境等级	主要特征	板、墙、壳	梁、柱
一	室内干燥环境；无侵蚀浸水	15	20
二 a	室内潮湿；非寒冷地区露天	20	25
二 b	干湿交替；寒冷地区露天	25	35
三 a	寒冷地区水位变动；海风	30	40
三 b	盐渍土、受侵蚀影响；海岸	40	50

注：1. 混凝土强度等级不大于 C25 时，表中保护层厚度数值应增加 5mm。
2. 钢筋混凝土基础宜设置混凝土垫层，其受力钢筋的混凝土保护层厚度应从垫层顶面算起，且不应小于 40mm。

2）钢筋弯曲量度差值和端部弯钩增加值。当弯心直径为 $2.5d$（d 为钢筋直径）时，弯钩的增加值和各种弯曲角度的量度差值计算方法如下。

① 弯钩增加值。

半圆弯钩的增加长度（如图 4-50a 所示，弯心直径 D 为 2.5d，平直部分为 3d）：

弯钩全长：$3d+3.5d\times\frac{\pi}{2}=8.5d$

弯钩增加值（包括量度差）：$8.5d-2.25d=6.25d$

同理可计算出 90°直弯钩、135°斜弯钩的弯钩增加值，见表 4-14。

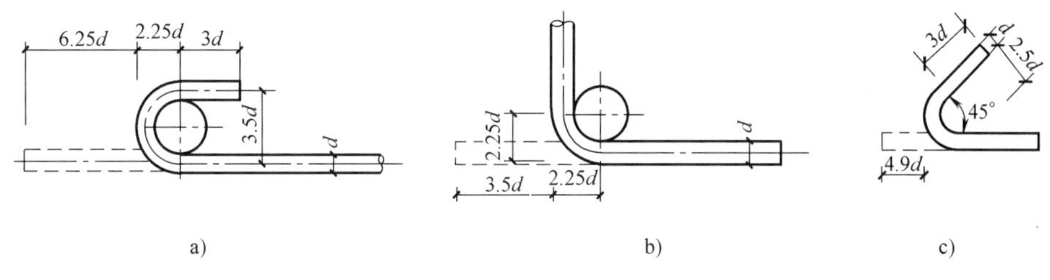

图 4-50　钢筋弯折处长度变化示意图

a）半圆弯钩　b）直弯钩　c）斜弯钩

表 4-14　弯钩增加值

弯钩角度	90°直弯钩	135°斜弯钩	180°半圆弯钩
弯钩增加值	2d	4.9d	6.25d

② 弯曲量度差值。

弯曲 90°时的量度差值（如图 4-50b 所示，弯心直径 D 为 2.5d，外包标注）：

外包尺寸：$2\left(\frac{D}{2}+d\right)=2\left(\frac{2.5d}{2}+d\right)=4.5d$

中心线尺寸：$\frac{(D+d)}{2}\cdot\frac{\pi}{2}=(2.5d+d)\frac{\pi}{4}=2.75d$

量度差值：$4.5d-2.75d=1.75d$，一般取 2d。

弯曲 45°时的量度差值（如图 4-50c 所示，弯心直径 D 为 2.5d，外包标注）：

外包尺寸：$2\left(\frac{D}{2}+d\right)\tan\frac{45°}{2}=2\left(\frac{2.5d}{2}+d\right)\tan\frac{45°}{2}=1.86d$

中心线尺寸：$\frac{(D+d)}{2}\cdot\frac{\pi}{4}=\frac{(2.5d+d)}{2}\cdot\frac{\pi}{4}=1.37d$

量度差值：$1.86d-1.37d=0.5d$

若 $D=4d$ 时，则量度差为 0.52d。

弯曲角度为 α，弯心直径为 D 时，量度差值的计算公式如下：

外包尺寸：$2\left(\frac{D}{2}+d\right)\tan\left(\frac{\alpha}{2}\right)$

中心线尺寸：$(D+d)\frac{\alpha}{360°}\pi$

量度差值：$2\left(\frac{D}{2}+d\right)\tan\left(\frac{\alpha}{2}\right)-(D+d)\frac{\alpha}{360°}\pi$

在实际工作中，为了方便计算，依据计算结果并考虑实际弯心情况，调整后，钢筋弯曲的量度差值可按表 4-15 取值进行计算。

表 4-15　钢筋弯曲的量度差值　（单位：mm）

弯曲角度	30°	45°	60°	90°	135°
量度差值	$0.35d$	$0.5d$	$0.85d$	$2.0d$	$3.5d$

3）箍筋调整值。箍筋有以下几种形式，如图 4-51 所示。抗震地区只能使用第一种形式。

箍筋调整值为弯钩增加值和弯曲调整值相加或相减（采用外包尺寸时相减，采用内包尺寸时相加）。计算方法同上，只是弯心直径和端部弯钩平直段长度有所调整，为简化计算，可直接在表 4-16 中选用。

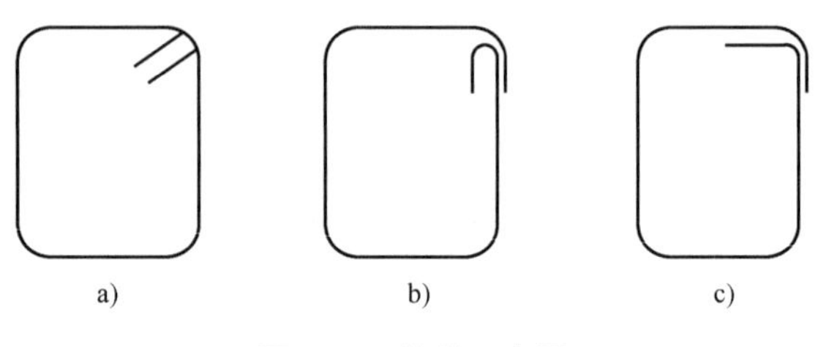

图 4-51　箍筋示意图

a）135°/135°　b）90°/180°　c）90°/90°

表 4-16　箍筋调整值　（单位：mm）

箍筋量度方法	箍筋直径			
	4~5	6	8	10~12
量外包尺寸	40	50	60	70
量内包尺寸	80	100	120	150~170

4）弯起钢筋的增加长度。弯起钢筋的增加长度与弯起角度有关。钢筋的弯起一般为 45°；当梁较高时，则为 60°；当梁较低或现浇板中，为 30°。如图 4-52 所示，利用这个关系，预先算出有关数据，见表 4-17。只要知道弯起角度和梁高，就能很快算出弯起钢筋增加长度（$s-L$）。

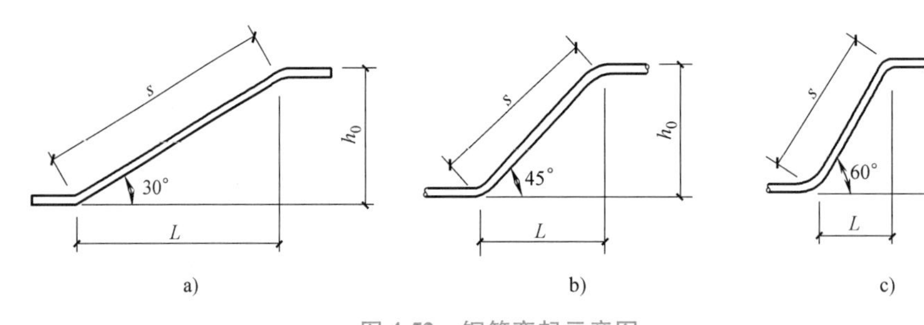

图 4-52　钢筋弯起示意图

表 4-17　弯起钢筋的增加长度　（单位：mm）

弯起角度 α	$\alpha=30°$	$\alpha=45°$	$\alpha=60°$
斜段长度 s	$2h_0$	$1.414h_0$	$1.155h_0$
斜段宽度 L	$1.732h_0$	h_0	$0.577h_0$
增加长度 $s-L$	$0.268h_0$	$0.414h_0$	$0.577h_0$

注：h_0 为钢筋弯起的高度，应为梁高减去上下保护层厚度。

2. 钢筋配料实例

【例4-1】 某砌体结构中有5根钢筋混凝土梁，梁的配筋如图4-53所示，梁混凝土保护层厚度均为25mm，混凝土强度等级C30。采用HPB300级和HRB335级钢筋，其中①、②、③号钢筋端部弯起250mm；④号钢筋端部设180°弯钩；⑥号钢筋不计算。除⑥号钢筋外，试计算梁中其余各钢筋下料长度，并填写配料单。

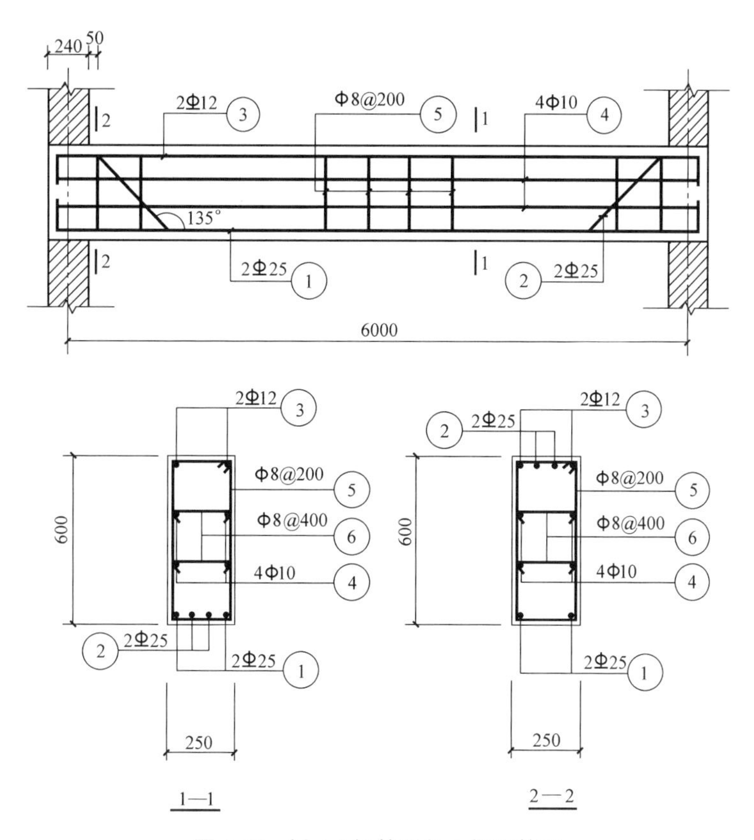

图4-53　例4-1钢筋混凝土梁配筋图

【解】 已知梁混凝土保护层厚度均为25mm。

①号钢筋的下料长度：

$L_1 = L_{构} - 2\times25\text{mm} + 端部弯起 - 量度差值$

$= (6000+120+120-2\times25+250\times2-2\times2\times25)\text{mm} = 6590\text{mm}$

②号钢筋的下料长度：

$L_2 = 端部平直长度 + 端部弯起 + 斜段长 + 中间平直长度 - 量度差值$

端部平直长度 $= (240+50-25)\text{mm} = 265\text{mm}$

端部弯起 $= 250\text{mm}$

斜段长 $= (600-2\times25)\text{mm}\times1.414 = 778\text{mm}$

中间平直长度 $= [6240-2\times(240+50+550)]\text{mm} = 4560\text{mm}$

$L_2 = [(265+250+778)\times2+4560-4\times0.5\times25-2\times2\times25]\text{mm} = 6996\text{mm}$

若利用弯起钢筋的增加长度来计算，较为方便：

$L_2 = L_{构} - 2\times25\text{mm} + 弯起钢筋增加长度 + 端部弯起 - 量度差值$

$= [6240-2\times25+2\times(600-25\times2)\times0.414+250\times2-2\times2\times25-4\times0.5\times25]\text{mm}$

$= 6996\text{mm}$

③号钢筋的下料长度：

$L_3 = L_{构} - 2\times25\text{mm} + 端部弯起 - 量度差值$

$= (6240-2\times25+250\times2-2\times2\times12)\text{mm} = 6642\text{mm}$

④号钢筋的下料长度：

$L_4 = L_{构} - 2\times25\text{mm} + L_{钩}$

$= (6240-2\times25+2\times6.25\times10)\text{mm} = 6315\text{mm}$

⑤号钢筋的下料长度：

$L_5 = L_{内} + L_{调}$

$= [(600-25\times2)+(250-25\times2)]\text{mm}\times2+120\text{mm} = 1620\text{mm}$

箍筋根数 $= [(6240-25\times2)/200+1]$ 根 = 32 根

此梁钢筋配料单见表 4-18。

表 4-18　钢筋配料单

构件名称	钢筋编号	简图	直径/mm	钢号	下料长度/mm	单位根数	合计根数	质量/kg
L梁 5根	①	250 ⌊ 6190 ⌋ 250	25	Φ	6590	2	10	254.14
	②	265, 265; 250 778 4560 778 250	25	Φ	6996	2	10	269.79
	③	250 ⌊ 6190 ⌋ 250	12	Φ	6642	2	10	59.01
	④	6190	10	Φ	6315	4	20	77.93
	⑤	550; 200	8	Φ	1620	32	160	102.35
合计	Φ8：102.35kg；Φ10：77.93kg；Φ12：59.01kg；Φ25：523.93kg							

【例 4-2】　某现浇混凝土办公楼一层的 KL1 共计 5 根。如图 4-54 和图 4-55 所示，混凝土保护层厚度 25mm，抗震等级为二级，C30 混凝土，柱截面尺寸为 500mm×500mm，请计算各钢筋下料长度，并填写 KL1 钢筋配料单。

【解】　(1) 根据 22G101—1 图集，查得相关计算数据：C30 混凝土，二级抗震，普通钢筋 HRB400（$d\leqslant25$mm）锚固长度 $l_{aE}=40d$。

1）钢筋在端支座的锚固情况分析：因为支座宽（500−25）mm≤锚固长度（40×18）mm=720mm，所以钢筋在端支座均需弯锚（这里Φ18 是受扭钢筋，Φ25 钢筋也必然需要弯锚）。各规格钢筋的弯锚长度如下：

Φ25 钢筋弯锚长度：$0.4l_{aE}=0.4\times40\times25\text{mm}=400\text{mm}$；$15d=15\times25\text{mm}=375\text{mm}$

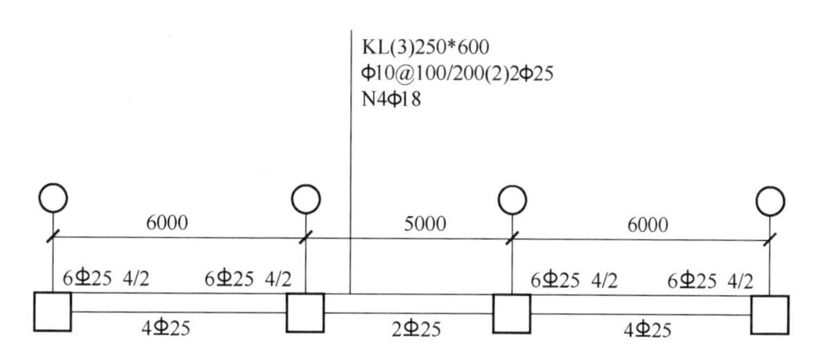

图 4-54　办公楼一层的 KL1 配筋图

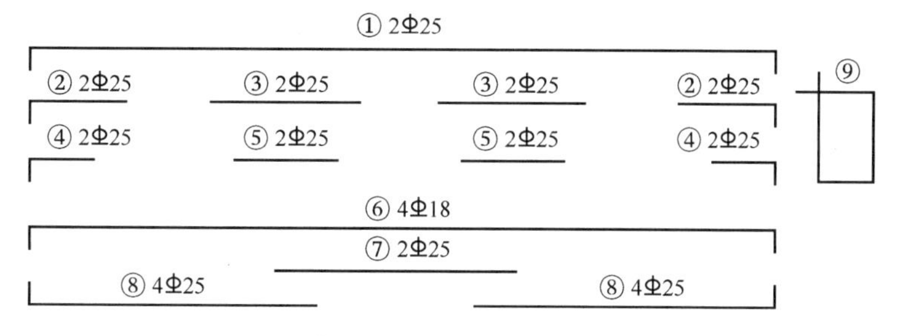

图 4-55　办公楼一层 KL1 钢筋布置示意图

Φ18 钢筋弯锚长度：$0.4l_{aE}=0.4\times40\times18\text{mm}=288\text{mm}$；$15d=15\times18\text{mm}=270\text{mm}$
式中，$0.4l_{aE}$表示钢筋弯锚时进入柱中水平段锚固长度值；

$15d$ 表示钢筋在柱中竖直段锚固长度值。

2）钢筋在中间支座的锚固分析（仅⑦、⑧钢筋）：因为 $l_{aE}=40\times25\text{mm}=1000\text{mm}$，$0.5h_0+5d=0.5\times500\text{mm}+5\times25\text{mm}=375\text{mm}$，所以，⑦、⑧钢筋在中间支座的锚固长度取较大值 1000mm。

（2）量度差值（纵向钢筋的弯折角度为 90°，框架主筋弯曲半径 $R=4d$）。

Φ25 钢筋量度差值：$2.931d=2.931\times25\text{mm}=73\text{mm}$

Φ18 钢筋量度差值：$2.931d=2.931\times18\text{mm}=53\text{mm}$

（3）各编号钢筋下料长度计算。

①号钢筋下料长度 = 梁全长 − 左端柱宽 − 右端柱宽 $+2\times0.4l_{aE}+2\times15d-2\times$量度差值
$=[(6000+5000+6000)-500-500+2\times400+2\times375-2\times73]\text{mm}$
$=17404\text{mm}$

②号钢筋下料长度 $=L_{n1}/3+0.4l_{aE}+15d-$量度差值 $=[(6000-500)/3+400+375-73]\text{mm}$
$=2535\text{mm}$

③号钢筋下料长度 $=2\times L_{nmax}(L_{n1},L_{n2})/3+$中间柱宽 $=[2\times(6000-500)/3+500]\text{mm}$
$=4167\text{mm}$

式中，L_{nmax}为支座左右两跨净跨较大值；L_{n1}为支座左跨净跨值；L_{n2}为支座右跨净跨值。

④号钢筋下料长度 $=L_{n1}/4+0.4l_{aE}+15d-$量度差值 $=[(6000-500)/4+400+375-73]\text{mm}$
$=2150\text{mm}$

⑤号钢筋下料长度 $=2\times L_{nmax}(L_{n1},L_{n2})/4+$中间柱宽 $=[2\times(6000-500)/4+500]$mm
$=3250$mm

⑥号钢筋下料长度＝梁全长－左端柱宽－右端柱宽 $+2\times0.4l_{aE}+2\times15d-2\times$量度差值
$=[(6000+5000+6000)-500-500+2\times288+2\times270-2\times53]$mm
$=17010$mm

⑦号钢筋下料长度＝端支座锚固值 $+L_{n2}+$中间支座锚固值
$=[1000+(5000-500)+1000]$mm $=6500$mm

⑧号钢筋下料长度 $=L_{n1}+0.4l_{aE}+15d+$中间支座锚固值－量度差值
$=[(6000-500)+400+375+1000-73]$mm
$=7202$mm

⑨号钢筋下料长度 $=2\times$梁高 $+2\times$梁宽 $-8\times$保护层厚度 $-3\times2d+2\times13.25d$
$=(2\times600+2\times250-8\times25-3\times2\times10+2\times13.25\times10)$mm
$=1705$mm

(4) 箍筋数量计算。

加密区长度：900mm（取 $1.5h$ 与 500mm 的大值：1.5×600mm $=900$mm >500mm）。

每个加密区箍筋数量：$[(900-50)/100+1]$根 $=10$ 根

边跨非加密区箍筋数量：$[(6000-500-900-900)/200-1]$根 $=18$ 根

中跨非加密区箍筋数量：$[(5000-500-900-900)/200-1]$根 $=13$ 根

每根梁箍筋总数量：$(10\times6+18\times2+13)$根 $=109$ 根

(5) 编制的 KL1 钢筋配料单见表 4-19。

表 4-19　KL1 钢筋配料单

构件名称	钢筋编号	简图	直径/mm	钢号	下料长度/mm	单位根数	合计根数	质量/kg
KL1 梁 5 根	①		25	Ф	17404	2	10	671.10
	②		25	Ф	2535	4	20	195.51
	③		25	Ф	4167	4	20	321.37
	④		25	Ф	2150	4	20	165.82
	⑤		25	Ф	3250	4	20	250.65
	⑥		18	Ф	17010	4	20	680.09
	⑦		25	Ф	6500	2	10	250.64
	⑧		25	Ф	7202	8	40	1110.84
	⑨	550 200	10	Φ	1705	109	545	573.33
合计		Φ10：573.33kg；Ф18：680.09kg；Ф25：2965.93kg						

4.2.6　钢筋安装及质量控制

钢筋工程属于隐蔽工程，在浇筑混凝土之前应对钢筋及预埋件进行验收，并做好隐蔽工程记录。

1）安装前，必须熟悉施工图，合理安排钢筋安装进度和施工顺序，检查钢筋品种、级别、规格、数量是否符合设计要求。

2）钢筋应绑扎牢固，防止钢筋移位。板和墙的钢筋网片，除双向受力的钢筋或靠近外围两行钢筋的相交点全部扎牢外，中间部分的可间隔交错扎牢；对面积大的竖向钢筋网，可采用钢筋斜向拉结加固，各交叉点的绑扎扣应变换方向绑扎；梁和柱的箍筋弯钩应沿受力钢筋方向错开设置。

3）墙体中配置双层钢筋时，可采用S钩钢筋撑件加以固定；板中配置双层钢筋网，需用撑脚支托钢筋网片，撑脚可用相应的钢筋制成。

4）垫好混凝土保护层垫块，竖向钢筋可采用塑料支架垫块，插在钢筋骨架外侧；当梁中配有两排钢筋时，可采用短钢筋作为垫筋垫在下排钢筋上。

5）严格控制悬挑结构如阳台、挑梁、雨篷等上部纵向受力钢筋的位置；浇筑混凝土时，应有专人负责观察钢筋，有松脱或位移的应及时纠正，严防将上部钢筋踩下。

6）基础内的柱子插筋，其箍筋应比柱的箍筋小一个箍筋直径，以便连接。下层柱的钢筋露出楼面部分，宜用工具式箍筋将其收进一个柱筋直径，以便上层柱的钢筋搭接。

7）钢筋骨架吊装入模时，应力求平稳，钢筋骨架用“扁担”起吊，吊点应根据骨架外形预先确定；必要时焊接牢固；绑扎和焊接的钢筋网和钢筋骨架，不得有变形、松脱和开焊。

8）安装钢筋及预埋件，其位置的允许偏差应符合表4-20的要求。

表4-20　钢筋及预埋件安装位置的允许偏差和检验方法

项目			允许偏差/mm	检验方法
绑扎钢筋网	长、宽		±10	钢直尺检查
	网眼尺寸		±20	钢直尺量连续三档，取最大值
绑扎钢筋骨架	长		±10	钢直尺检查
	宽、高		±5	钢直尺检查
受力钢筋	间距		±10	钢直尺检查量两端、中间各一点，取最大值
	排距		±5	
	保护层厚度	基础	±10	钢直尺检查
		梁、柱	±5	钢直尺检查
		板、墙、壳	±3	钢直尺检查
绑扎箍筋、横向钢筋间距			±20	钢直尺量连续三档，取最大值
钢筋弯起点位置			20	钢直尺检查
预埋件	中心线位置		5	钢直尺检查
	水平高差		+3，0	钢直尺和塞尺检查

注：1. 检查预埋件中心线位置，应纵、横两个方向量测，并取其中的较大值。
2. 表中梁类、板类构件上部纵向受力钢筋保护层厚度的合格点率应达到90%及以上，且不得有超过表中数值1.5倍的尺寸偏差。

4.3 混凝土工程

混凝土工程是指将混凝土制备完毕后浇筑成各种形状的建筑结构的过程。其施工应保证结构或构件具有设计所要求的强度等级、外形和尺寸以及良好的整体性。混凝土施工包括配料、搅拌、运输、浇筑、振捣、养护等工艺过程。

4.3.1 混凝土的配料及搅拌

1. 混凝土的组成材料

1）水泥，是混凝土中的胶结材料，一般可采用硅酸盐水泥、普通硅酸盐水泥、矿渣水泥、火山灰水泥和粉煤灰水泥，必要时还可采用快硬水泥、膨胀水泥等。水泥的品种和成分的不同，其凝结时间、早期强度、水化热、吸水性和抗侵蚀等性能也不同，选用水泥时必须考虑这些因素。

常见水泥强度等级（MPa）有：32.5、32.5R、42.5、42.5R、52.5 和 52.5R。

水泥进场必须有出厂合格证或进场试验报告，并对其品种、标号、出厂日期等进行检查验收。进场水泥存放应防止受潮，储存时间不宜过长，做到先到场的先使用。当对水泥质量有怀疑或水泥出厂超过 3 个月（快硬水泥超过 1 个月）时，应复查试验，并按试验结果使用。

2）骨料，混凝土的骨料包括石子和砂子。良好的骨料级配，可减少水泥和水的用量，可获得良好的和易性及密实性，以提高混凝土的质量。石子有卵石和碎石，其质量对混凝土强度影响较大，要求坚硬、耐久、无风化；粗骨料的最大粒径不应超过构件截面最小尺寸的 1/4，也不大于钢筋最小净距的 3/4，便于浇筑密实；对于实心混凝土板，粗骨料的最大粒径不宜超过板厚的 1/3，且不应超过 40mm。

3）水，凡可饮用的水，都可用来拌制和养护混凝土，其中不得含有影响水泥硬化的有害杂质、油脂和糖类物质。污水、工业废水及 pH 小于 4 的酸性水和硫酸盐含量大于 1%的水，均不得在混凝土中使用。

4）外加剂，为改善混凝土性能，常采用掺外加剂的办法，以适应新结构、新技术发展的需要。外加剂的种类繁多，商品外加剂往往是复合型的外加剂。按其作用不同可分为：

① 减水剂，是一种表面活性材料，加入后可定向吸附于水泥颗粒表面，增加水泥颗粒间的静电斥力，对水泥颗粒起扩散作用，能释放出游离水，从而保持混凝土工作性能不变而显著减少用水量，降低水灰比，改善和易性，节约水泥，有利于混凝土强度的增长及物理性能的改善。对不透水性要求较高的、大体积的、泵送的混凝土等，宜采用减水剂。

② 早强剂，可加速混凝土硬化过程，提高早期强度，对加快模板周转和工程进度有显著效果。常用早强剂有：氯化钙、硫酸钠、硫酸钾、三乙醇胺、三异丙醇胺、硫酸亚铁、硫酸钠等。禁止使用于预应力结构和大体积混凝土中。三乙醇胺及其所配制的复活早强剂，对钢筋无锈蚀作用，应用较为普遍。

③ 速凝剂，加速水泥凝结硬化，用于快速施工、堵漏和喷射混凝土等，与早强剂略有区别。常在加水与水泥拌和时立即反应，使水泥中的石膏丧失缓凝作用，促使 C_3A 迅速水化，并析出溶液中水化物，从而水泥浆迅速凝固。

④ 缓凝剂，可延长混凝土从塑性转化到固性状态的时间，广泛用于油井工程、大体积混凝土和气候炎热地区及长距离运输的混凝土。多与减水剂复合应用，如常用的糖蜜缓凝剂，当掺用量为水泥质量的0.2%~0.4%时，可缓凝2~3h，减水5%~8%，节约水泥10%左右，并减少混凝土收缩，提高其抗渗性。

⑤ 加气剂，能产生很多密闭的微气泡，增加水泥浆体积，减少砂石间的摩擦力，切断与外界相通的毛细孔道，从而改善混凝土的和易性，提高抗渗和抗化学侵蚀能力，适用于水工结构。但混凝土的强度会随含气量的增加而下降，使用时应严格控制掺用量，含气量控制在3%~6%。一般松香热聚物、松香酸钠的掺用量为水泥质量的0.01%；铝粉掺用量为0.03%。

⑥ 防水剂，用以配制防水混凝土，其种类较多。如按水泥质量的0.05%的松香酸钠和0.075%的氯化钙复合配制的加气剂，可使混凝土防渗能力达1.2~3.5MPa，用水玻璃配制不仅使混凝土防水，还有很大的黏结力和速凝作用，有效用于修补工程和堵塞漏水。

⑦ 抗冻剂，可在一定负温范围内，保持混凝土水分不受冻结，并促使其凝结、硬化。如氯化钠、碳酸钾、氯化钙可降低冰点；氯化钙还可起促凝早强作用。常用亚硝酸钠和硫酸盐复合剂，对钢筋无锈蚀，且能用于-10℃环境下施工，对混凝土有明显的塑化作用，其效果优于氯化钠、碳酸钾等抗冻剂，但用量较大时有析盐现象，影响结构美观。

总之，外加剂已成为改善混凝土性能、发展混凝土技术的有效途径，是近代混凝土中不可或缺的第五种原料。

5）掺合料或纳米材料，在采用硅酸盐水泥或普通硅酸盐水泥拌制混凝土时，为了节约水泥和改善混凝土的某种性能，可掺用一定的粉细混合材料或纳米材料。掺合料一般就地取材，应用当地的工业废料或廉价的地方材料，如磨细的粉煤灰、火山灰、矿渣粉和磷渣粉等。掺入掺合料或纳米材料，既可代替部分水泥，又可提高混凝土抗海水、硫酸盐等侵蚀的能力，还可改善和易性、降低渗水性。其掺用量应通过试验确定。

2. 混凝土的工作性及强度

混凝土的工作性及强度是衡量混凝土质量的两个主要指标。

（1）混凝土的工作性　工作性（或称和易性）包括流动性、黏聚性和保水性。和易性好的混凝土，运输时不产生分离、泌水现象，浇捣流动性大，易于捣实，利于保证混凝土的强度和耐久性。混凝土的工作性通常用坍落度或稠度表示，见表4-21。

表4-21　混凝土工作性指标

混凝土名称	坍落度/mm	稠度/s
干稠混凝土	10~40	30~11
低塑混凝土	50~90	10~5
塑性混凝土	100~150	≤4
流态混凝土	≥160	

影响混凝土工作性的主要因素有：组成材料的质量及其用量、温度、湿度和风速及时间等。水泥品种不同，其工作性也不同。在相同水灰比下，水泥用量越多，工作性越好；混凝土的流动性随用水量的增大而增大。但用水量过大，会使混凝土的黏聚性和均匀性变差，强

度也会降低。混凝土中砂石骨料的颗粒圆滑、粒径大、级配优良，则流动性好；砂率过大，水泥浆被砂粒吸附，流动性减小；砂率过小，会使流动性、黏聚性和保水性变差，甚至发生离析、溃散等现象。故在配制混凝土时，应选用最优砂率。此外，在混凝土中加入少量外加剂和掺合料可改善混凝土的工作性。

（2）混凝土的强度　混凝土具有较高的抗压强度，其抗拉、抗弯、抗剪强度均较小，故以抗压强度作为控制和评定混凝土质量的主要指标。

1）混凝土施工配制强度。当设计强度等级小于C60时，混凝土配置强度应按下式确定：

$$f_{cu,o}=f_{cu,k}+1.645\sigma \tag{4-1}$$

当设计强度大于或等于C60时，混凝土配置强度应按下式确定：

$$f_{cu,o}\geqslant 1.15f_{cu,k} \tag{4-2}$$

式中　$f_{cu,o}$——混凝土的施工配制强度（MPa）；

$f_{cu,k}$——设计的混凝土强度标准值（MPa）；

σ——施工单位的混凝土强度标准差（MPa）。

2）影响混凝土强度的因素。混凝土强度除与砂石质量有关外，主要取决于水泥的强度等级和水灰比。相同条件下，水泥强度等级越高，混凝土强度越高；反之，强度越低。在一定范围内，水灰比小，混凝土密实性好，孔隙率小，强度高；反之，水灰比大，混凝土密实性差，强度低。但不宜过高提高水泥强度等级或降低水灰比，因为水泥强度等级过高，会浪费水泥，增加成本；而水灰比小，会影响混凝土的和易性。混凝土的最大水灰比和最小水泥用量见表4-22。

表4-22　混凝土的最大水灰比和最小水泥用量

环境条件		结构物类型	最大水灰比			最小水泥用量/(kg/m^3)		
			素混凝土	钢筋混凝土	预应力混凝土	素混凝土	钢筋混凝土	预应力混凝土
干燥环境		正常的居住或办公用房内部件	不作规定	0.65	0.60	200	260	300
潮湿环境	无冻害	高湿度的室内部件 室外部件 非侵蚀性土和水中的部件	0.70	0.60	0.60	225	280	300
潮湿环境	有冻害	经受冻害的室外部件 在非侵蚀性土和水中且经受冻害的部件 高湿度且经受冻害的室内部件	0.55	0.55	0.55	250	280	300
有冻害和除冰剂的潮湿环境		经受冻害和除冰剂作用的室内和室外部件	0.50	0.50	0.50	300	300	300

注：1. 当用活性掺合料代替部分水泥时，表中的最大水灰比及最大水泥用量即为代替前的水灰比和水泥用量。

2. 配置C15级及其以下等级的混凝土，可不受本表限制。

3. 冬期施工应优先选用硅酸盐水泥和普通硅酸盐水泥。最小水泥用量不应小于300kg/m^3，水灰比不应大于0.60。

混凝土强度还与养护温度、湿度和龄期有关。当温度在4~40℃范围内，温度愈高，水泥水化作用和其强度发展愈快；当温度低于0℃时，混凝土强度停止发展，甚至因冻胀而破坏。养护时必须保持足够的湿度。混凝土的强度随龄期的增长逐渐提高。在正常养护条件下，混凝土的强度在最初7~14天内发展较快，后逐渐缓慢，28天达到设计强度，此后强度增长过程可延续数十年。

混凝土强度与其密实度成正比，密实度又与振捣有关。对流动性小的混凝土，振捣的时间愈长和力量愈大，混凝土愈密实，其强度愈大，尤其是干硬性混凝土，可充分利用振捣来提高强度。对流动性较大的混凝土，强力振捣或长时间振捣，往往会产生离析泌水现象，反而使混凝土质量不匀，强度降低。

3. 混凝土配料

混凝土设计配合比是根据完全干燥的砂、石料制订的，但实际使用的砂、石料都含有一些水分，而且含水量经常随气象条件发生变化。所以在拌制时应及时测定砂、石骨料的含水率，并将设计配合比换算成实际含水情况下的施工配合比。

设试验室配合比为：水泥∶砂子∶石子$=1:x:y$，水灰比为w/C，并测得砂子的含水率为w_x，石子的含水率为w_y，则施工配合比应为$1:x(1+w_x):y(1+w_y)$，计算时确保混凝土水灰比不变，则换算后材料用量为

按试验室配合比，$1m^3$混凝土水泥用量为C（kg）。

水泥：$C'=C$

石子：$G'_{石}=Cx(1+w_x)$

砂子：$G'_{砂}=Cy(1+w_y)$

水：$w'=C(w-xw_x-yw_y)$

【例4-3】　已知某构件混凝土试验室配合比为1∶2.58∶5.52，水灰比为0.64，每$1m^3$混凝土水泥用量为275kg，经测定砂子的含水率$w_x=4\%$，石子的含水率$w_y=3\%$，试确定施工配合比和每$1m^3$混凝土材料用量。

【解】（1）施工配合比　计算施工配合比为

$$1:[2.58\times(1+4\%)]:[5.52\times(1+3\%)]=1:2.68:5.69$$

每$1m^3$混凝土材料用量为

水泥：275kg

砂子：$275kg\times2.68=737.0kg$

石子：$275kg\times5.69=1564.8kg$

水：$275kg\times0.64-275kg\times2.58\times4\%-275kg\times5.52\times3\%=102.1kg$

（2）施工配料　求出混凝土施工配合比后，还须根据工地现有搅拌机的装料或出料容量进行配置。

如搅拌机的出料容量为400L时，则每搅拌一次（即一盘）的出料数量为

水泥：$275kg\times0.4=110kg$（实用100kg，即2袋水泥）

砂子：$737kg\times\dfrac{100}{275}=268.0kg$

石子：$1564.8\text{kg}\times\frac{100}{275}=569.0\text{kg}$

水：$102.1\text{kg}\times\frac{100}{275}=37.1\text{kg}$

如搅拌机的装料容量为400L时，则每搅拌一次的出料数量在上述的基础上乘以搅拌机的出料率0.625，即水泥62.5kg、砂子167.5kg、石子355.6kg、水23.2kg。

为严格控制混凝土的配合比，原材料的称量必须准确。计量允许偏差：水泥、外加剂、掺合料、水，为±2%；对粗、细骨料，为±3%。各种衡量器应定期校验，保持准确。骨料含水率应经常测定，雨天施工时，应增加测定次数。

4. 混凝土搅拌

混凝土搅拌要求：①保证混凝土拌合物的均匀性；②保证按施工进度所要求的产量。

搅拌之前，应先选好混凝土搅拌机。按搅拌混凝土的工作原理，搅拌机分自落式和强制式。自落式搅拌机常用于一般塑性混凝土的搅拌，强制式搅拌机常用于轻骨料混凝土和干硬性混凝土的搅拌。

在拌和混凝土时，必须严格控制每盘混凝土的搅拌时间、投料顺序和进料容量，以确保混凝土的质量。其中搅拌时间应满足表4-23的要求。

表4-23　混凝土搅拌的最短时间　（单位：s）

坍落度/mm	搅拌机机型	搅拌机出料量/L		
		<250	250~500	>500
≤40	强制式	60	90	120
>40且<100	强制式	60	60	90
≥100	强制式	60		

注：1. 混凝土搅拌的最短时间是指全部材料装入搅拌筒中，到开始卸料止的时间。
2. 当掺有外加剂与矿物掺合料时，搅拌时间应适当延长。
3. 采用自落式搅拌机时，搅拌时间应延长30s。
4. 当采用其他形式的搅拌设备时，搅拌的最短时间也可按设备说明书的规定或经试验确定。

向搅拌机投料时，其顺序应考虑如何提高搅拌质量、减少叶片磨损、减少砂浆与搅拌筒的黏结、改善工作条件等因素，常分为一次投料法、二次投料法和水泥裹砂法等。

1）一次投料法，是按照石子、水泥、砂子的顺序依次投料。此法可减少拌合物与搅拌筒的黏结，同时减少水泥的飞扬，改善工作条件。

2）二次投料法，又分预拌砂浆法和预拌水泥净浆法。预拌砂浆法是先将砂子、水泥和部分的水搅拌30~60s，后再投入石子和剩余部分的水，继续搅拌到规定时间。此法砂浆能均匀包裹住石子，对混凝土强度有利，且机械磨损和耗电量较小。预拌水泥净浆法是先将水泥和水充分搅拌成均匀的水泥净浆后，再加入砂、石搅拌成混凝土。

若使用外加剂时，应先将外加剂溶于拌合水中，再投入搅拌机内。此外，搅拌机不宜超载，一般不超过装料容积的10%。二次投料法较一次投料法的混凝土强度可提高约15%，在强度等级相同情况下，可节约水泥15%~20%。

3）水泥裹砂法，又称SEC法，其拌制的混凝土成为造壳混凝土（又称SEC混凝土）。

其原理是在砂子表面形成一层水泥浆壳。主要采用两项工艺措施：一是对砂子表面湿度进行处理；二是进行两次加水搅拌。其投料顺序如图4-56所示。

其关键在于控制砂子表面水率及第一次造壳用水量。一般一次搅拌加水为总量的20%~26%时，造壳混凝土的增强效果最佳。搅拌时间过短，不能形成均匀的低水灰比的水泥砂浆使之牢固黏结在砂子表面，即形成水泥浆壳；时间过长，造壳效果并不十分明显，强度无较大提高，以45~75s为宜。

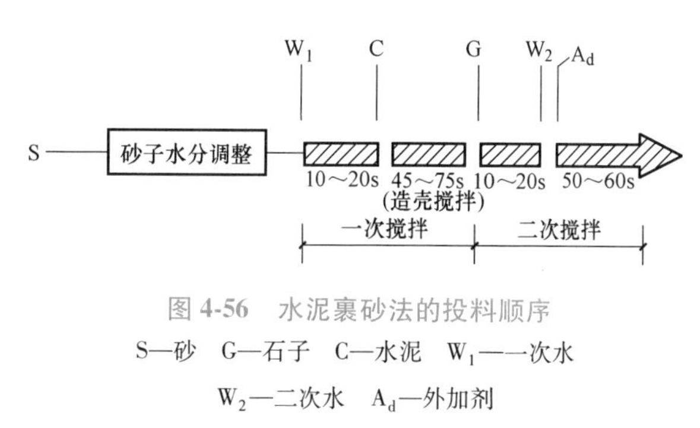

图4-56　水泥裹砂法的投料顺序

S—砂　G—石子　C—水泥　W_1—一次水

W_2—二次水　A_d—外加剂

4.3.2　混凝土的运输

混凝土自搅拌机卸出后，应及时运输到浇筑地点，其运输方案的选择，应根据建筑结构特点、混凝土工程量、运输距离和设备、道路情况和气温条件等综合考虑。

1. 混凝土运输的基本要求

1）保证浇筑量。尤其在不设留施工缝时，运输必须保证浇筑的连续，为此可按最大浇筑量和运距合理选择运输机具，并与搅拌机配合，运输机具的容积应为搅拌机出料容积的倍数。

2）保证在混凝土初凝前浇筑完毕。即混凝土运输到输送入模的延续时间不应超过表4-24的规定。

表4-24　混凝土运输到输送入模的延续时间　（单位：min）

条件	气温	
	≤25℃	>25℃
不掺外加剂	90	60
掺外加剂	150	120

3）保证运输过程中混凝土的质量。运输中不产生分层离析现象，否则要在浇筑前二次搅拌；容器应严密、不漏浆、不吸水，减少水分蒸发，保证浇筑时符合表4-25规定的坍落度。

表4-25　混凝土浇筑时的坍落度

结构种类	坍落度/mm
基础或地面等的垫层、无配筋的大体积结构（挡土墙、基础等）或配筋稀疏的结构	10~30
板、梁和大、中型截面的柱子等	30~50
配筋密列的结构（薄壁、斗仓、筒仓、细柱等）	50~70
配筋特密的结构	70~90

注：1. 本表是采用机械振捣混凝土时的坍落度，当采用人工捣实混凝土时其值可适当放大。

2. 当需要配置大坍落度混凝土时，应掺用外加剂。

3. 轻骨料混凝土的坍落度，宜比表中数值减少10~20mm。

2. 混凝土的运输机具

混凝土的运输机具分为间歇式运输机具（如手推车、机动翻斗车、自卸汽车、搅拌输送车、各种类型井架和桅杆、塔式起重机等）和连续式运输机具（如带式运输机、混凝土泵）两类，根据施工阶段、运输距离和浇筑量选用。

（1）手推车及机动翻斗车　手推车和机动翻斗车主要用于工地内地面上的水平运输和楼层面上的运输与布料。

（2）搅拌输送车　混凝土现在多以商品混凝土形式供应，混凝土搅拌输送车（图4-57）就是在载货汽车或专用运输底盘上安装着混凝土搅拌装置的组合机械，可在运送混凝土的同时对其进行搅拌，从而延长运输距离或时间，并保证混凝土的均匀性。

（3）塔式起重机运输　塔式起重机可在其工作幅度范围内，完成混凝土的垂直运输和水平运输，采用料斗能将混凝土从装料点吊升到浇筑点并送入模板内，其应用较为灵活和广泛。但提升速度较慢，随着建筑物高度的增加，输送的能力将下降，适用于30层以下的建筑物。

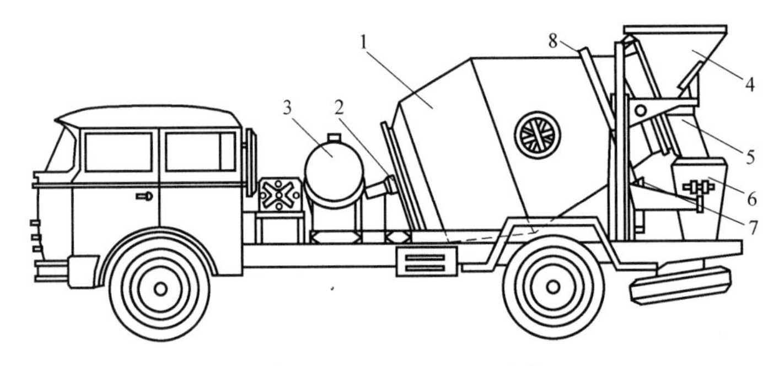

图4-57　混凝土搅拌输送车

1—搅拌筒　2—轴承座　3—水箱　4—进料斗　5—卸料槽　6—引料槽　7—托轮　8—轮圈

（4）混凝土泵运输

1）混凝土泵。混凝土泵是利用泵体的挤压力将混凝土挤压进管路系统并到达浇筑地点，同时完成水平运输和垂直运输。具有连续浇筑、施工速度快、生产效率高，工人劳动强度低，提高混凝土的强度和密实度等优点，多用于多高层建筑、水下及隧道等工程。

混凝土泵的种类多，有活塞泵、气压泵和挤压泵等类型，活塞泵的应用较广。活塞泵可分为机械式和液压式，常采用液压式。液压式较为先进，它省去了机械传动系统，具有体积小、质量轻、使用方便、工作效率高等优点，如图4-58所示。

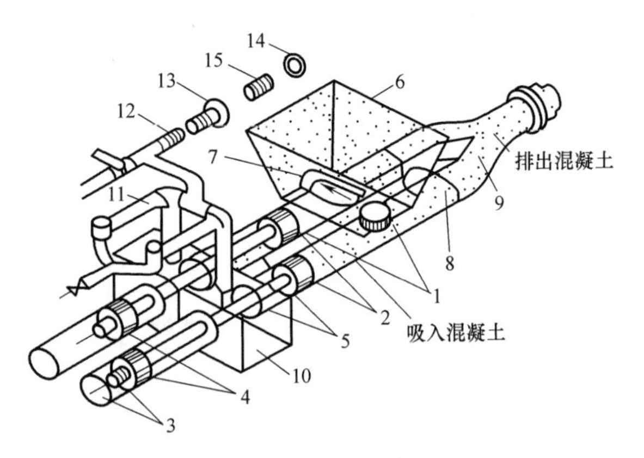

图4-58　混凝土液压活塞泵的工作原理

1—混凝土缸　2—推压混凝土活塞　3—液压缸　4—液压活塞　5—活塞杆　6—料斗　7—吸入阀门　8—排出阀门　9—Y形管　10—水箱　11—水洗装置换向阀　12—水洗用高压软管　13—水洗用法兰　14—海绵球　15—清洗活塞

活塞式混凝土泵的规格多，性能各

异，常以最大泵送距离和单位时间最大输出量作为其主要指标。目前，混凝土泵的最大运输距离，水平运输可达800m，垂直运输可达300m。

混凝土输送管常采用钢管，标准管长3m，还有1m和2m长的配套管和90°、45°、30°、15°等不同角度的弯管，弯管用于布管时管道弯折处。管径的选择根据混凝土骨料的最大粒径、输送距离、输送高度和其他工程条件来决定，为防止堵塞，石子的最大粒径与输送管径之比：碎石为1∶3，卵石为1∶2.5。

泵送混凝土前，应先开机用水湿润管道，然后泵送水泥浆或水泥砂浆，使管道处于充分湿润状态，再正式泵送混凝土。若直接泵送混凝土，管道在压力状态下大量吸水，导致混凝土坍落度减小，易出现堵管现象，因此充分湿润管道非常必要。

混凝土供应需保证混凝土泵连续工作，尽量避免中途停歇。当混凝土供应不足时，可通过减慢泵送速度，来保证混凝土泵连续工作。输送管线宜直，转弯宜缓，接头应严密。

2）布料装置。为充分发挥混凝土泵的使用效率，减轻人工作业强度，在浇筑地点设置布料装置，将输送来的混凝土进行摊铺或直接浇注入模。布料装置（又称布料杆）具有输送混凝土和摊铺布料的功能，按支承结构不同，分为立柱式和汽车式。

立柱式布料杆构造简单，有移置式、固定式和轨道移动式等形式。移置式布料杆（图4-59a）放置在楼面或模板上使用，其臂架和末端输送管可360°回转，其位置移动靠塔式起重机吊运，可在其工作幅度范围内的任何点浇注。固定式布料杆（图4-59b）将布料杆装在支柱或格构式塔架上，塔架可安装在建筑物梯井内或侧旁，高度随建筑物的高度调整。还可将布料杆附装在塔式起重机上。若在混凝土泵和塔架上配轨道行走装置，则成为轨道移动式布料杆。

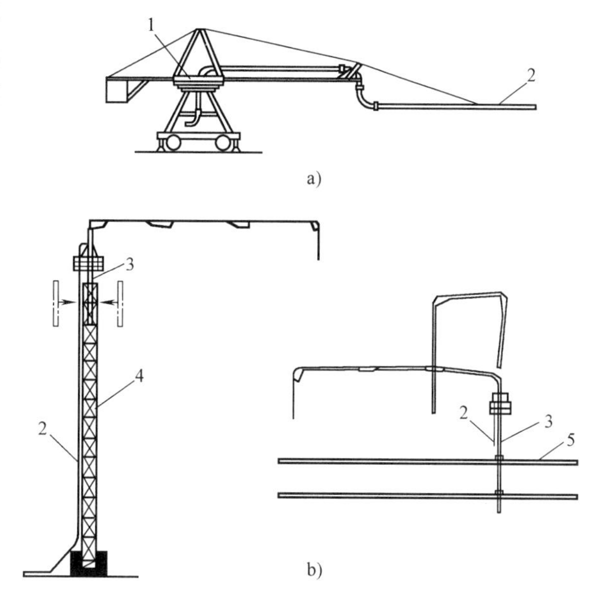

图4-59 立柱式布料杆示意图

a）移置式布料杆 b）固定式布料杆

1—转盘 2—输送管 3—支柱 4—塔架 5—楼面

汽车式布料杆（又称布料杆泵车，如图4-60所示）是把混凝土泵和布料杆都装在一台汽车的底盘上，转移灵活，工作时不需要另铺管道。臂杆总长一般在25m以下，适用于基础工程和多层建筑物的混凝土浇筑工作。

3）混凝土可泵性与配合比。用于泵送的混凝土，必须具有良好的被输送性能，混凝土在输送管道中的流动能力称为可泵性。混凝土可泵性好，与输送管壁的阻力小。为此对泵送混凝土应满足下列要求：

① 水泥用量。水泥浆起到润滑作用，水泥含量少，泵送阻力就增加，可泵性就差。一般每立方米混凝土中的水泥用量不宜少于300kg。

② 坍落度。坍落度以80~180mm为宜，这与管道材料和长度有关，根据实测记录每100m水平管道约降低10mm。

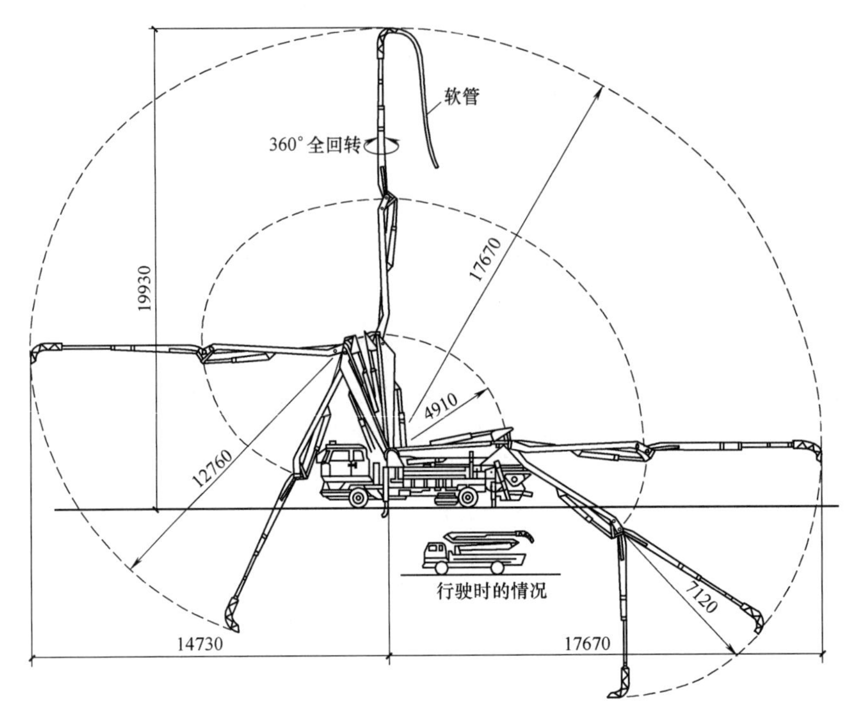

图 4-60　汽车式布料杆示意图

③ 骨料种类与级配。以卵石和河砂为宜。因管内混凝土在泵的压力下，水分易被轻骨料吸收，坍落度下降 30~50mm，所以泵送轻骨料混凝土时，坍落度应适当增加。

4.3.3　混凝土的成型

混凝土成型是在模板体系和钢筋安装完并检查后，将混凝土拌合料浇筑并加以捣实，使其达到设计的要求。混凝土成型过程包括浇筑与捣实，它是混凝土施工的关键，直接关系到构件的强度和结构的整体性、尺寸的准确性、表面平整度等各项验收指标，一定要在做好各项准备工作的条件下方可施工。

1. 混凝土的浇筑

（1）浇筑前准备工作

1）制订施工方案，进行技术与安全交底。

2）模板及支架的检查。应检查：标高、位置、尺寸是否符合设计要求；支撑系统是否稳定、牢固；起拱高度是否正确；组合模板的连接件是否按规定设置；模板接缝是否严密；预埋件、预埋孔洞的数量、位置是否准确；模板内的杂物是否清除；模板是否浇水润湿或涂隔离剂。

3）钢筋及预埋件的隐蔽验收。应检查：钢筋的位置、规格、数量是否满足设计要求；钢筋的搭接长度、接头位置是否符合规定；控制混凝土保护层厚度的垫块或支架是否按规定垫好；钢筋上的油污、铁锈是否清除。检查完毕后认真填写隐蔽工程验收单。

4）其他准备工作。包括对人力、机械设备、水、电供应、气象预报资料的掌握，避免中途停工，影响工程质量和工期。

（2）浇筑时的注意事项

1）混凝土应在初凝之前浇筑完毕，如在浇筑前已有初凝或离析现象，应进行强力搅拌，恢复流动性后方可入模。

2）混凝土的自由倾落高度，不应大于 2m。当浇筑高度大于 3m 时，应采用串筒、溜槽或振动串筒下落，以防产生离析现象。

3）为保证混凝土构件的整体性，浇筑时必须分层浇筑、分层捣实。每层浇筑厚度见表 4-26。

表 4-26　混凝土浇筑层的分层厚度　（单位：mm）

项次	捣实混凝土的方法		浇筑层厚度
1	插入式振捣		振捣器作用部分 1.25 倍
2	表面振捣		200
3	人工振捣	基础、无筋或配筋较少结构中	250
		梁、板、柱	200
		配筋密列的结构中	150
4	轻骨料混凝土	插入式振捣	300
		表面振捣	200

4）浇筑尽量连续进行，重要构件最好一次浇筑完毕。间歇时间超过表 4-27 规定时，应在规定位置上，按要求留设施工缝。

表 4-27　运输、输送入模及其间歇总的时间限值　（单位：min）

条件	气温	
	≤25℃	>25℃
不掺外加剂	180	150
掺外加剂	240	210

注：1. 本表数值包括混凝土的运输和浇筑时间。
2. 当混凝土中掺有缓凝或促凝型外加剂时，可根据试验结果确定。

5）注意混凝土的浇筑顺序。一般是自下而上、由外向里对称浇筑。对于厚大体积混凝土的浇筑，浇筑前需制订详细的浇筑方案。

（3）施工缝的留设

1）施工缝。施工缝是指在混凝土不能连续浇筑时，且停歇时间超过混凝土的初凝时间而预留的缝，在其余浇筑工作完成并达到一定强度后再进行浇筑。留设时要综合考虑结构的受力和施工的方便。通常施工缝的位置留设在结构受剪力较小且便于施工的部位。

2）施工缝的留设位置。对于不同结构构件，其位置是不尽相同的。柱应留设水平缝，梁、板、墙应留设垂直缝。①柱子施工缝宜留在基础的顶面、梁或吊车梁牛腿的下面、吊车梁的上面、无梁楼板柱帽的下面，如图 4-61 所示。②与板连成整体的大截面梁，施工缝留置在板底面以下 20~30mm 处。当板下有梁托时，留在梁托下部。单向板的施工缝留置在平行于板的短边的任何位置。③有主次梁的肋形楼盖，宜顺着次梁方向浇筑，施工缝应留置在次梁跨中 1/3 范围内；若顺着主梁方向浇筑，施工缝应留置在主梁跨中 2/4 和板跨中 2/4 范围内，如图4-62所示。④墙体的施工缝留置在门洞口过梁跨中1/3范围内，也可留置在纵横墙的交接处。

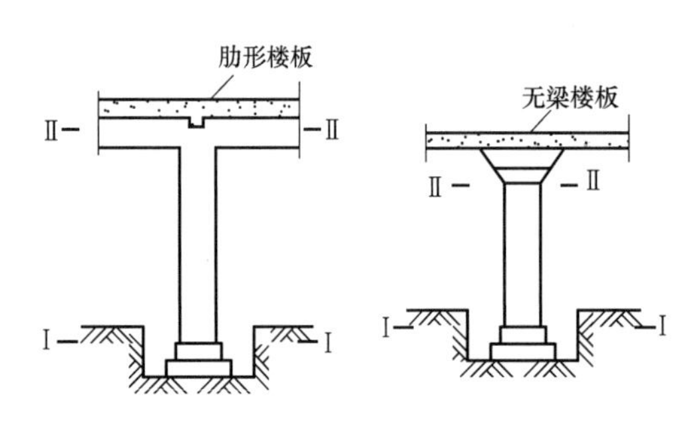

图4-61　柱子施工缝的留设位置

注：Ⅰ—Ⅰ、Ⅱ—Ⅱ为施工缝的位置。

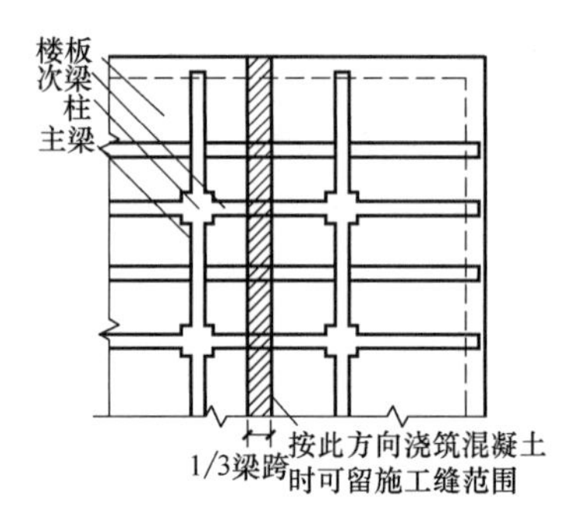

图4-62　肋形楼盖施工缝的留设位置

3）施工缝的处理。在施工缝处继续浇筑混凝土时，必须待已浇筑混凝土的强度达到1.2MPa以后才能进行，一般是将混凝土表面凿毛、清洗，除去泥垢浮渣，再满铺一层厚10~15mm的水泥浆（水泥∶水=1∶0.4），或与混凝土同水灰比的水泥砂浆，然后浇筑新的混凝土，在结合处应细致捣实，尽量使新旧混凝土结合牢固。

（4）混凝土浇筑方法

1）钢筋混凝土框架结构浇筑。钢筋混凝土框架结构主要构件有基础、柱、梁、楼板等，一般按结构层次进行分层施工；如果平面面积较大时，还应考虑分段施工，以便混凝土、钢筋、模板等工序能互相配合，进行流水作业。

在每一施工层中，应先浇筑柱或剪力墙，再依次浇筑梁和板。在每一施工段中的柱或剪力墙应按各层高度连续浇筑。每一排柱的浇筑顺序应由外向内对称进行，禁止由一端向另一端推进，以免模板吸水膨胀后使一端受推倾斜。柱浇筑宜在梁、板钢筋绑扎之前进行，以便利用梁板稳定柱模和操作平台。柱浇筑完后，应停歇1~1.5h，使混凝土初步沉实、排除泌水，再浇筑梁和板，梁、板应同时浇筑，先将梁的混凝土分层浇筑成阶梯形并向前推进；当起始点的混凝土达到板底位置时，与板的混凝土一起浇筑。当梁的高度大于1m时，可将梁单独浇筑至距板以下2~3cm处留设施工缝。

墙体混凝土浇筑分层厚度600mm左右，分段均匀浇筑，如有间歇，应在前层混凝土初凝前将次层混凝土浇筑完毕，接槎处混凝土应加强振捣，保证接槎严密。洞口浇筑混凝土时，应使洞口两侧混凝土高度一致，同时振捣，以防洞口变形。同时应先浇筑窗台下部，后浇筑窗间墙，以防窗台下部出现蜂窝孔洞。

2）大体积混凝土浇筑。大体积混凝土是指厚度大于或等于1.5m，长、宽较大，施工时水化热引起混凝土的最高温度与外界温度差不低于25℃的混凝土结构。一般多为设备基础，整体性要求高，且不允许留施工缝。为此，大体积混凝土施工，既要保证浇筑工作的连续性，又要尽可能降低温度应力。

一般应在下一层混凝土初凝前，将上一层混凝土浇筑并捣实完毕。因此，在组织施工时，首先应按下式计算每小时需要浇筑混凝土的数量，即

$$V=\frac{BLH}{t_1-t_2} \tag{4-3}$$

式中　V——每小时混凝土浇筑量（m^3/h）；

B、L、H——分别为浇筑层的宽度、长度、厚度（m）；

t_1——混凝土初凝时间（h）；

t_2——混凝土运输时间（h）。

根据上述浇筑量，计算需要搅拌机、运输工具和振动器的数量，并据此拟订浇筑方案和进行劳动组织。浇筑方案还应考虑结构大小、钢筋疏密、预埋管道和地脚螺栓的留设、混凝土供应情况以及水化热等影响因素。常采用的方法有以下几种：

a. 全面分层（图4-63a）。即在第一层全部浇筑完毕，且还未初凝时，再回头浇筑第二层，如此逐层连续浇筑，直至完工。该种方案，结构平面尺寸不宜太大，施工从短边开始，沿长方向进行较合适。必要时可分成两段，同时向中央相对地进行浇筑。

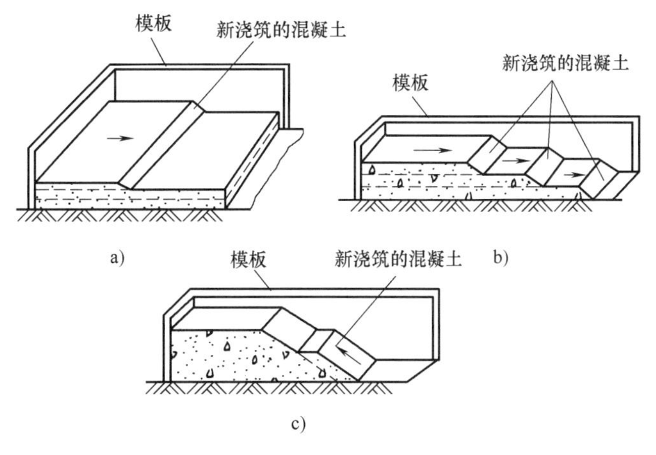

图4-63　大体积混凝土的浇筑方法

a）全面分层　b）分段分层　c）斜面分层

b. 分段分层（图4-63b）。适用于厚度不大，但面积或长度较大的结构。混凝土从第一段底层开始浇筑，进行2～3m后就回头浇筑第二层，依次至该段浇筑完毕；第二段再依次分层浇筑，因总层数不多，此时第一层末端的混凝土还未初凝。该方案单位时间内要求供应的混凝土量较少，没有第一方案那样集中。

c. 斜面分层（图4-63c）。要求斜面的坡度不大于1/3，适用于结构的长度大大超过厚度3倍的情况。采用该方案时，振捣工作应从浇筑层斜面的下端开始，逐渐上移，以保证混凝土的浇筑质量。

浇筑大体积混凝土时，必须采取适当措施：①宜选用水化热较低的水泥，如矿渣水泥、火山灰或粉煤灰水泥；②掺缓凝剂或缓凝型减水剂，也可掺入适量粉煤灰等外掺料；③采用中粗砂和大粒径、级配良好的石子；④尽量减少水泥用量和每立方米混凝土的用水量；⑤降低混凝土入模温度，故在气温较高时，可在砂、石堆场、运输设备上搭设简易遮阳装置或覆盖草包等隔热材料，采用低温水或冰水拌制混凝土；⑥扩大浇筑面和散热面，减少浇筑层厚度和浇筑速度，必要时在混凝土内部埋设冷却水管，用循环水来降低混凝土温度；⑦加强混凝土保温、保湿养护，严格控制大体积混凝土的内外温差，当设计无具体要求时，温差不宜超过25℃，故可采用草包、炉渣、砂、锯末、油布等不易透风的保温材料或蓄水养护，以减少混凝土表面的热扩散和延缓混凝土内部水化热的降温速率。

3）水下混凝土浇筑。在灌注桩、地下连续墙等基础以及水工结构工程中，常要直接在水下浇筑混凝土。其方法是利用导管输送混凝土并使之与环境水隔离，依靠管中混凝土的自重，压管口周围的混凝土在已浇筑的混凝土内部流动、扩散，来完成混凝土的浇筑（图4-64）。施工机具由导管、承料漏斗、提升机和球塞组成。

在施工时，先将导管放入水中（下部距离底面约100mm），用铅丝将球塞悬吊在导管内水位以上，然后边浇筑混凝土边下放球塞，等球塞快到管下口并且导管和承料漏斗装满混凝土后，松掉（或剪断）球塞铅丝，混凝土靠自重推动球塞下落，冲向基底，并向四周扩散。冲入基底的混凝土将管口包住，形成混凝土堆。同时不断地将混凝土浇入导管中，管外混凝土面不断被管内的混凝土挤压上升。随着管外混凝土面的上升，导管也逐渐提高。但不能提升过快，必须保证导管下端始终埋入混凝土内，其最小埋入深度参见表4-28；其最大埋置深度不宜超过5m。

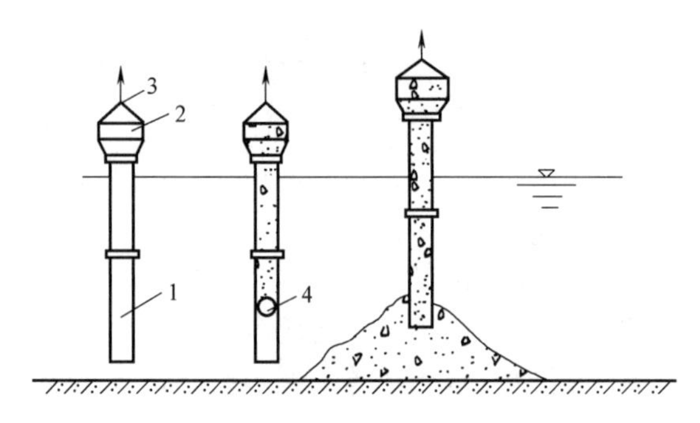

图4-64　水下浇筑混凝土示意图

1—导管　2—承料漏斗　3—提升机　4—球塞

表4-28　导管的最小埋入深度　（单位：m）

混凝土水下浇筑深度	导管埋入混凝土的最小深度
≤10	0.8
10~15	1.1
15~20	1.3
>20	1.5

导管法浇筑水下混凝土的关键：一是保证混凝土的供应量满足管内高度和导管埋入混凝土堆必需的埋置深度所要求的混凝土量之和；二是严格控制导管提升高度，且只能上下升降，不能左右移动，以避免造成管内返水事故。

2. 混凝土的振捣与成型

混凝土入模后，因骨料间的摩擦阻力和水泥浆的黏结力，内部疏松，不能自行填充密实，还需采取适当的方法在其初凝前密实成型。常采用的方法有振捣法、挤压法和离心法等。振捣法在施工现场广泛使用，挤压法与离心法主要用于预制构件的施工成型。

振捣法有人工振捣和机械振捣。人工振捣是用人工的冲击（夯或插）使混凝土密实成型。人工振捣效果差，故特殊情况下才使用。机械振捣是利用振动器的振动力降低水泥浆的黏度和骨料间的摩擦力，提高混凝土拌合料的流动性，使混凝土密实成型。其密实度大、质量好，应用广泛。现场常用的混凝土振捣机械分为：内部振捣器、表面振捣器、外部振捣器、振动台，如图4-65所示。

（1）内部振捣器　内部振捣器又称插入式振捣器，它由振动棒、软轴和电动机三部分组成，如图4-66所示，工作时依靠振动棒插入混凝土产生振动力而捣实混凝土。插入式振捣器是工地用得最多的一种，常用以振实梁、柱、墙等平面尺寸较小而深度较大的构件和体积较大的混凝土。使用时，可垂直或倾斜插入混凝土中，如图4-67所示，并插到下层未初凝的混凝土中约50~100mm，以使上、下层混凝土结合紧密。其插点要均匀排列，有行列式

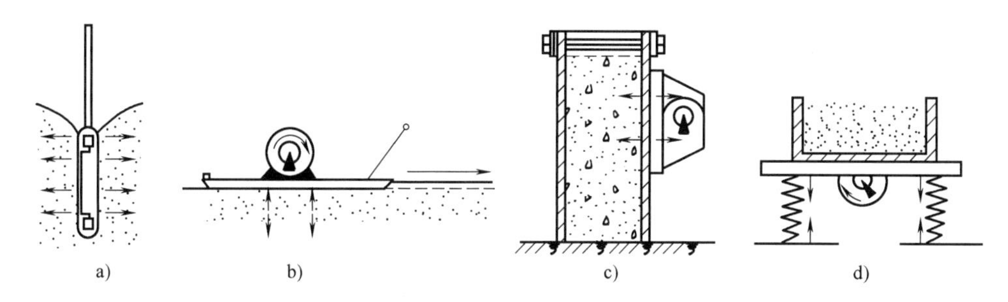

图 4-65　混凝土常见振捣机械

a）内部振捣器　b）表面振捣器　c）外部振捣器　d）振动台

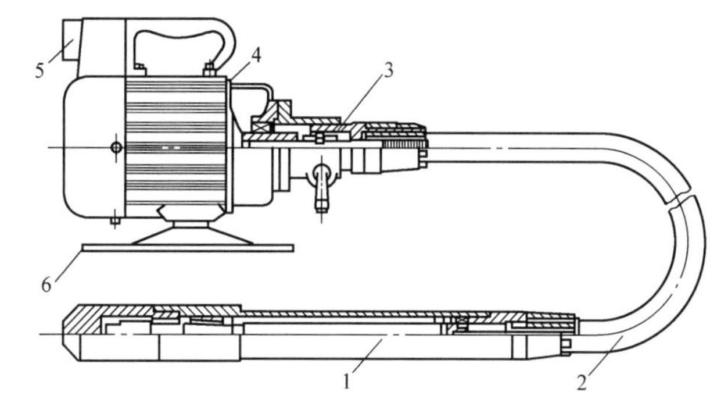

图 4-66　插入式振捣器

1—振动棒　2—软轴　3—防逆装置　4—电动机　5—电器开关　6—支座

和交错式两种，如图 4-68 所示。插点间距不应大于 1.5R（R 为振捣器的作用影响半径），如图 4-69 所示，距模板不应大于 0.5R，并尽量避免碰振钢筋、模板、吊环及预埋件等。每一插点的振捣时间一般为 20～30s，高频振捣器不应少于 10s，一般振捣至混凝土表面呈现浮浆，不再有显著下沉为止。

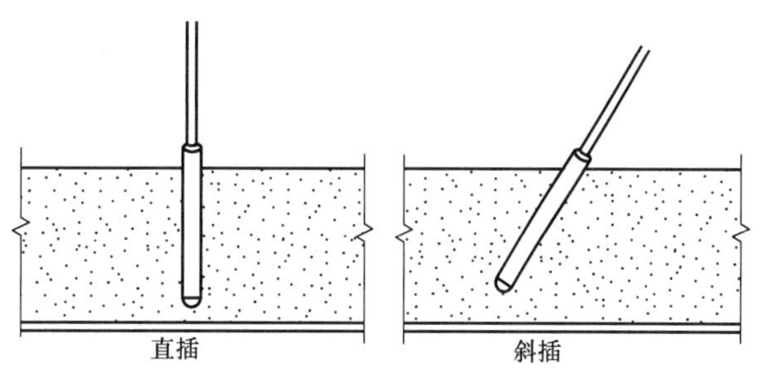

图 4-67　插入式振捣器振捣法

其操作要点是："直上和直下，快插与慢拔；插点要均匀，切勿漏插点；上下要插动，层层要扣搭；时间掌握好，密实质量佳"。快插可防止表面混凝土和下部混凝土发生分层、离析现象；慢拔可使混凝土填满振动棒抽出时的空隙。振动过程中，宜将振动棒上下略抽动，以使上下混凝土振捣均匀。

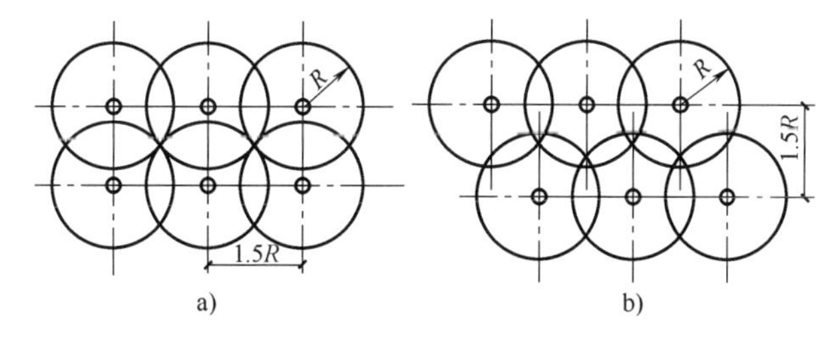

图 4-68　插入式振捣器的排列方式

a）行列式排列　b）交错式排列

（2）表面振捣器　表面振捣器又称平板式振捣器，它是将在电动机转轴上装有左右两个偏心块的振动器固定在一个平板上而成。电动机开动后，带动偏心块高速旋转，从而使整个设备产生振动，通过平板将振动传给混凝土。其振动作用深度较小，适用于振捣面积大而厚度小的构件，如楼板、地坪和预制板。振捣时其两次振捣位置应搭接 30～50mm，每一位置振捣 25～40s，以混凝土表面出现浮浆为准。

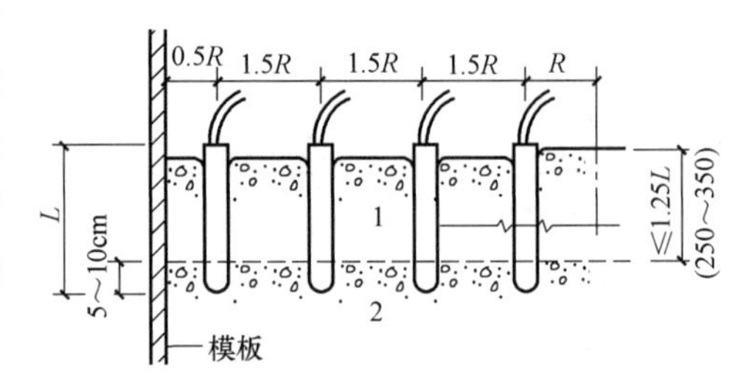

图 4-69　插入式振捣器的排列间距
1—上层混凝土　2—下层混凝土

（3）外部振捣器　外部振捣器又称附着式振捣器，它是固定在模板外侧的横档或竖档上，

振动器的偏心块旋转时产生的振动力通过模板传给混凝土，从而使混凝土被振捣密实。适用于振捣厚度小、钢筋密、不宜用插入式振捣器的构件，如薄腹梁、墙体等。

（4）振动台　振动台是一个支承在弹性支座上的工作平台，平台下面装有振动机构，当振动机构运转时，带动工作台强迫振动，从而使工作台上构件的混凝土得以密实。适用于混凝土制品厂预制构件的振捣，具有生产效率高、振捣效果好的优点。

4.3.4　混凝土养护

混凝土养护的目的是给混凝土提供一个较好的强度增长环境，使其在一定时间内达到设计要求强度，并防止产生收缩裂缝。混凝土强度的增长依靠水泥水化反应进行的结果，而影响水泥水化反应的主要因素是温度和湿度，因此混凝土养护就是为混凝土硬化提供必要的温度和湿度。

混凝土养护常用方法有自然养护、加热养护、蓄热养护。其中加热和蓄热养护多用于冬期施工，前者还用于预制构件的生产。

1. 自然养护

自然养护是指在自然气温条件下（平均气温高于 5℃），对混凝土表面进行覆盖、浇水、挡风、保温等养护措施。自然养护分为覆盖浇水养护和塑料薄膜养护。

（1）覆盖浇水养护　覆盖浇水养护是指混凝土在浇筑完毕后 3～12h 内，选用棉毡、草帘、芦席、麻袋、锯末和湿砂等材料将混凝土表面覆盖，并经常浇水使混凝土表面处于湿润状态的养护方法。养护日期对于硅酸盐水泥、普通硅酸盐水泥或矿渣硅酸盐水泥拌制的混凝土，不得少于 7 天；对掺用缓凝型外加剂或有抗渗性要求的混凝土，不得少于 14 天。每天浇水的次数以能保持混凝土有足够的湿润状态为宜。大面积结构如地坪、楼板、屋面等也可采用蓄水养护。

（2）塑料薄膜养护　塑料薄膜养护是以塑料薄膜为覆盖物，使混凝土表面与空气隔绝，防止混凝土内的水分蒸发，以达到养护目的。塑料薄膜养护有薄膜布直接覆盖法和喷洒塑料薄膜养生液法两种方法。

2. 加热养护

自然养护成本低、效果较好，但养护期长。为了缩短养护期，提高模板的周转率和场地的利用率，可采用加热养护。加热养护是通过对混凝土加热来加速混凝土的强度增长。常用的方法有蒸汽室养护、热模养护等。

4.3.5　混凝土的质量检查

混凝土质量检查包括施工中的检查和施工后的检查。

1. 混凝土施工中的检查

①检查混凝土所用材料的品种、规格和用量，每一工作班至少两次；②检查混凝土在浇筑地点的坍落度，每一工作班至少两次；③在每一工作班内，如混凝土配合比由于外界影响有变动时，应及时检查处理；④混凝土的搅拌时间应随时检查。

2. 混凝土施工后的检查

混凝土施工后的检查包括外观检查和强度检查。

（1）外观检查　混凝土构件拆模后，从外观检查其表面有无麻面、蜂窝、孔洞、露筋、缺棱掉角、缝隙夹层等缺陷，外形尺寸是否超过允许偏差值，如有应及时加以修正；对现浇混凝土结构其允许偏差应符合相应规定。

（2）强度检查　检查混凝土强度应做抗压强度试验。当有特殊要求时，还需做抗冻、抗渗等试验。

4.4　混凝土冬期施工

4.4.1　混凝土冬期施工原理

（1）温度与混凝土硬化的关系　混凝土之所以能凝结、硬化并获得强度，是由于水泥和水发生水化作用的结果。水化作用的速度在一定湿度条件下主要取决于温度，温度越高，强度增长也越快；反之则越慢。当温度降至0℃以下时，混凝土中的水会结冰，水泥不能与冰发生水化反应，水化反应基本停止，强度也无法提高。为确保混凝土结构的质量，规范规定：根据当地多年气温资料，室外日平均气温连续5天低于5℃时，即进入混凝土冬期施工阶段，混凝土结构工程应采取冬期施工措施，并及时采取气温突然下降的防冻措施。

（2）冻结对混凝土质量的影响　混凝土中的水结冰后体积增大8%~9%，在混凝土内部产生很大的冻胀应力。如果此时混凝土的强度还较低，冻胀应力会使强度较低的水泥石结构内部产生微裂缝，其强度、密实性及耐久性等都会因此而降低。同时，由于混凝土和钢筋的导热性能有差异，在钢筋周围将形成冰膜，从而削弱了混凝土与钢筋之间的黏结力。受冻后的混凝土在解冻后，其强度虽能继续增长，但已不能达到原设计的强度等级。

（3）冬期施工临界强度　试验证明，混凝土遭受冻结后强度的损失，与遭冻的时间早晚、冻结前混凝土自身的强度及水灰比等因素有关。遭冻时间越早、遭冻前混凝土的强度越低、水灰比越大，则强度损失越多，反之则损失越少。当混凝土达到一定强度后，再遭受冻结，由于混凝土已具有的强度足以抵抗冰胀应力，其最终强度将不会受到损失。因此，为避免混凝土遭受冻结带来危害，使混凝土在遭受冻结前达到这一强度称为混凝土受冻临界强度。规范规定冬期施工的混凝土，受冻前必须达到的临界强度值为：普通硅酸盐水泥和硅酸盐水泥配制的建筑物混凝土，为设计混凝土强度标准值的30%；矿渣硅酸盐水泥配制的建筑物混凝土，为设计混凝土强度标准值的40%，但不大于C10的混凝土，不得低于5MPa。

混凝土冬期施工原理，就是采取各种适当的方法，确保混凝土在遭冻结以前，至少应达到受冻临界强度。

4.4.2 混凝土冬期施工的措施

混凝土的冬期施工可从原材料、施工方法等方面采用多种措施。

1）改善混凝土的配合比。优先选用硅酸盐水泥或普通硅酸热水泥配置冬期施工的混凝土，水泥强度等级不应低于42.5MPa，最小水泥用量不宜少于300kg/m^3，水灰比控制在0.45~0.6，该方法适用于平均气温在4℃左右。

2）搅拌混凝土前，对原材料进行加热，提高混凝土的入模温度，并进行蓄热保温养护；搅拌混凝土时，加入一定的外加剂，加速混凝土硬化以提早达到临界强度，或降低水的冰点，使混凝土在负温下不致冻结。

3）混凝土浇筑后，对混凝土进行加热养护，使混凝土在正温条件下硬化。

4.4.3 混凝土冬期施工的方法

混凝土冬期施工方法分为：蓄热法、掺外加剂法、电热法、蒸汽加热法和暖棚法。

1. 蓄热法

蓄热法是利用原材料预热（除水泥）的热量及水泥水化热，再通过适当的保温，延缓混凝土的冷，使混凝土冻结前达到受冻临界强度的一种冬期施工方法。此法适用于室外最低温度不低于-15℃的地面以下工程或表面系数（指结构冷却的表面与全部体积的比值）不大于15m^{-1}的结构。具有施工简单、节能和冬期施工费用低等特点，应优先采用。

蓄热法养护的三个基本要素是混凝土的入模温度、围护层的总传热系数和水泥水化热值。应通过热工计算调整以上三个要素，使混凝土冷却到0℃时，强度能达到临界强度的要求。

蓄热法宜采用强度等级高、水化热大的硅酸盐水泥或普通硅酸盐水泥。对原材料加热时因水的比热容比砂石大，且水的加热设备简单，故优先考虑加热水，若水加热极限温度不足时，再考虑加热砂石。水的加热极限温度，当水泥强度等级$<$52.5MPa时，不得超过80℃；当水泥强度等级$\geqslant$52.5MPa时，不得超过60℃。若加热超过此值，则搅拌时应先与砂石拌和。骨料加热可将蒸汽直接加热或在骨料堆、贮料斗中安设蒸汽盘管进行间接加热；工程量小也可放在铁板上用火烘烤。砂石加热的极限温度，当水泥强度等级$<$52.5MPa时，不应超过60℃；当水泥强度等级$\geqslant$52.5MPa时，不应超过40℃。当骨料不需加热时，必须除去骨料中的冰凌后再进行搅拌。

2. 掺外加剂法

在冬期混凝土施工中掺入适量的外加剂，使混凝土强度迅速增长，在冻结前达到要求的临界强度；或降低水的冰点，使混凝土能在负温条件下凝结、硬化，该法是混凝土冬期施工的有效、节能和简便的方法。常用的外加剂有早强剂、防冻剂、减水剂和引气剂，可起到早强、抗冻、促凝、减水和降低冰点的作用。

3. 电热法

电热法是利用电流通过不良导体混凝土或电阻丝所发出的热量来养护混凝土。分电极法、电热器法、工频涡流加热法、远红外线养护法等。电热法设备简单，施工方便，但耗电大、费用高，应注意施工安全。

4. 蒸汽加热法

蒸汽加热法是利用低压（不高于0.07MPa）饱和蒸汽对新浇混凝土构件进行加热养护。此法除预制厂用的蒸汽养护窑外，在现浇结构中有蒸汽套法、毛细管法和构件内部通气法等。

蒸汽加热养护，当用普通硅酸盐水泥时，温度不宜超过80℃；用矿渣硅酸盐水泥时，可提高到85~95℃。养护时升温、降温速度要有严格控制，并应设法排除冷凝水。该法需锅炉等设备，消耗能源多、费用高，只有当采用其他方法达不到要求及具备蒸汽条件时才采用。

5. 暖棚法

暖棚法是在混凝土浇筑地点用保温材料搭设暖棚，在棚内采暖，使棚内温度不低于5℃，保证混凝土在常温下养护。此方法适用于建筑面积不大而混凝土工程又很集中的过程，如地下结构物或浇筑构件的养护。

本章小结及关键概念

- **本章小结**：本章内容主要包括模板工程、钢筋工程和混凝土工程。通过本章学习，要求了解混凝土结构工程的分类及施工过程；了解模板的类型、构造、要求、模板设计及安装拆除的方法；了解钢筋的种类、现场验收及加工工艺；掌握钢筋的冷加工、连接工艺、配料计算方法；了解混凝土原材料、施工设备和机具的性能；掌握混凝土的施工工艺和方法、施工配料；了解混凝土冬期施工工艺要求和常用措施。
- **关键概念**：模板工程、滑升模板、拆模、钢筋工程、钢筋配料、量度差值、箍筋调整值、混凝土的工作性、混凝土的配料、混凝土的浇筑与振捣、混凝土的冬期施工。

习　　题

一、复习思考题

4.1　简述钢筋混凝土工程的施工过程。

4.2　试述模板的作用、分类及对模板的要求。

4.3　试述基础、柱、梁、楼板及墙体结构的模板特点及安装要求。

4.4　建筑用钢筋是如何分类的？

4.5　钢筋的加工工艺流程是什么？

4.6　什么是钢筋冷拉？冷拉的作用和目的是什么？冷拉钢筋的应用需注意哪些问题？

4.7　试述钢筋的连接方法及各自的优缺点。

4.8　什么是钢筋的量度差值？什么是钢筋的下料长度？

4.9　如何计算钢筋的下料长度？如何进行钢筋配料？

4.10　钢筋网片和骨架的绑扎应满足哪些要求？

4.11　组成混凝土的原材料有哪些？各有什么要求？

4.12　混凝土中常见水泥强度等级有哪些?

4.13　如何计算混凝土施工配合比？如何进行施工配料的计算？

4.14　搅拌混凝土时的投料方式有哪几种?

4.15　混凝土浇筑前应做好哪些准备工作?

4.16　建筑结构中施工缝留设的位置遵循什么原则？施工缝如何处理?

4.17　试述大体积混凝土浇筑的方法及常用措施。

4.18　混凝土成型的方法有哪些?

4.19　为什么要对混凝土进行养护？养护方法有哪些?

4.20　什么是混凝土的冬期施工？低温对混凝土有何影响?

二、练习题

4.1　某工程有10根钢筋混凝土梁，其配筋图如图4-70所示，混凝土强度等级为C30，混凝土保护层厚25mm。两端墙厚240mm，梁截面250mm×550mm。纵向受力钢筋、分布筋、架立筋均采用HRB400级钢筋，箍筋采用HPB300级钢筋。试计算该工程钢筋的下料长度并填写配料单。

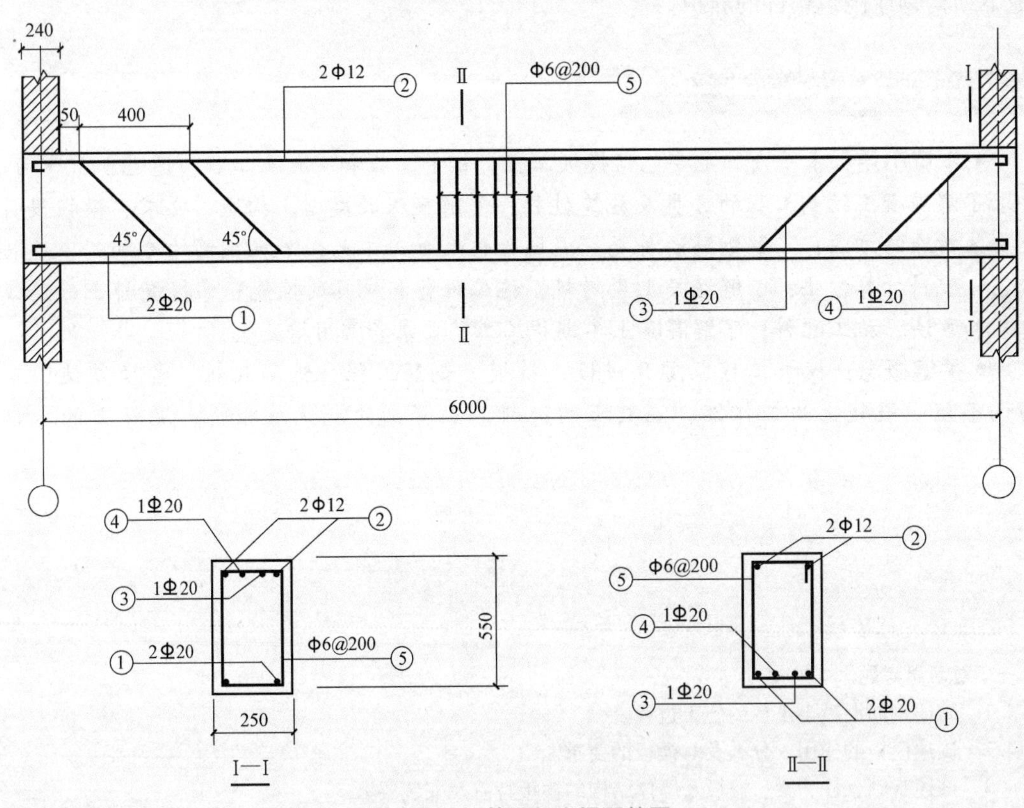

图4-70　钢筋混凝土梁配筋图

4.2　某钢筋混凝土梁 L_1：梁长6m，截面250mm×600mm，钢筋配料单见表4-29。试计算梁 L_1 中钢筋的下料长度，并完善配料单。

表 4-29　梁 L_1 钢筋配料单

构件名称	钢筋编号	简图	直径/mm	钢号	下料长度/mm	单位根数	合计根数	质量/kg
L 梁 共 10 根	①	5950	22	Ф		2	20	
	②	400　400 250　250 4050	22	Ф		2	20	
	③	5950	10	Φ		2	20	
	④	550 200	8	Φ		31	310	

4.3　已知某混凝土的实验室配合比为 1∶2.52∶5.11，水灰比为 0.6，经测定砂子含水率为 5%，石子含水率为 3%，试求：(1) 施工配合比；(2) 每下料两袋水泥时其他各种材料的用量。

4.4　设混凝土水灰比为 0.55，已知设计配合比为水泥∶砂∶石子 = 260kg∶660kg∶1390kg，现测得工地砂含水率为 4%，石子含水率为 2%，试计算施工配合比。若搅拌机的装料容积为 400L，每次搅拌所需材料又是多少？

二维码形式客观题

第 4 章
客观题

5

第5章 预应力混凝土工程

学习要点

知识点：预应力混凝土原理及特点、常见的预应力筋、先张法的概念及施工工艺、后张法的概念及施工工艺、预应力钢筋的下料长度计算、无黏结后张法及电张法施工。

重点：先张法台座、夹具的类型，掌握张拉程序和对张拉应力的控制；后张法锚具及张拉设备的性能，掌握构件制作孔道留设的方法，对预应力钢筋计算及控制。

难点：先张法及后张法的施工工艺；预应力钢筋的下料长度计算。

5.1 概述

5.1.1 预应力混凝土工作原理

预应力混凝土是指在构件承受外荷载之前，预先建立内应力的混凝土。混凝土的预压应力一般施加在结构或构件受拉区域，以减小或消除外荷载所产生的拉应力，从而阻止混凝土裂缝的出现。

预应力混凝土与普通钢筋混凝土相比，具有构件截面小、自重轻、刚度大、抗裂度高、耐久性好、材料省等优点，并能提高预制装配化程度，为建造大跨度结构创造条件。预应力混凝土施工，需要专门的机械设备，工艺比较复杂，对施工质量要求较高。

5.1.2 预应力筋

预应力筋是指在预应力结构中用于建立预应力的单根或成束的预应力钢丝、钢绞线或钢筋等。预应力筋常采用高强度、低松弛、耐腐蚀性钢材。常用的预应力钢筋有预应力螺纹钢筋、预应力钢丝、预应力钢绞线和非金属预应力筋。

1. 预应力螺纹钢筋

（1）热处理钢筋　热处理钢筋是由普通热轧中碳低合金钢筋经淬火和回火调制热处理制成。具有强度高，韧性好和黏结力强等优点，一般直径为6~10mm。

（2）精轧螺纹钢筋　精轧螺纹钢筋是用热轧方法在钢筋表面轧出不带纵肋的螺纹外形的钢筋，钢筋的接长使用螺纹套筒，端头锚固采用螺母。这种钢筋具有强度高、锚固简单、施工方便、无须焊接等优点。目前国内常用直径25mm和32mm两种规格的钢筋。

2. 预应力钢丝

预应力钢丝是用优质高碳钢盘条经过表面处理、冷加工（拉拔）及稳定化处理而成的钢丝总称，具有强度高、综合性能好、用途广的特点。按照处理工艺可分为冷拉钢丝、矫直回火钢丝、低松弛钢丝、镀锌钢丝和刻痕钢丝。按照强度级别可分为中强度钢丝、高强度钢丝。

3. 预应力钢绞线

预应力钢绞线是由多根碳素钢丝在绞线机上成螺旋形绞合，再经低温回火消除应力制成的。根据深加工的要求不同，可分为普通松弛钢绞线、低松弛钢绞线和镀锌钢绞线等几种。钢绞线按结构不同，可分为 1×3、1×7、1×19 等级别，7 股钢绞线由于面积较大、柔软、施工定位方便，适用于先张法和后张法预应力结构。钢绞线的直径较大，一般为 9~15mm，柔性好，施工方便，但价格比钢丝贵。

4. 非金属预应力筋

非金属预应力筋主要是指用纤维增强塑料制成的预应力筋，主要有玻璃纤维增强塑料、芳纶纤维增强塑料及碳纤维增强塑料预应力筋等几种形式。非金属预应力筋具有耐腐蚀性强、抗拉强度高、施工轻便等优点，但缺点是抗剪强度低、成本高。

5.1.3　预应力对混凝土的要求

预应力混凝土的强度等级不应低于 C30，当采用钢绞线、钢丝、热处理钢筋时不宜低于 C40。在某些重要的预应力混凝土结构中，混凝土强度等级已开始采用 C50~C60，而且逐渐向更高强度等级的混凝土发展。在预应力混凝土生产中（包括灌浆材料），不能掺用对钢筋有锈蚀作用的氯盐（如氯化钙、氯化钠等）。施加预应力时的混凝土强度应遵守设计规定，设计无规定时，应计算确定，并不低于设计强度的 75%。

5.2 先张法

5.2.1　先张法基本概念

先张法是在台座或钢模上生产构件时，先张拉预应力筋后浇筑混凝土的方法。其施工过程是：首先在台座或钢模上张拉预应力筋，然后用夹具临时固定预应力筋，再浇筑混凝土，待混凝土达到一定强度后，放张并切断构件外的预应力筋，通过预应力筋与混凝土的黏结力使混凝土产生预压应力（图 5-1）。先张法生产方法有台座法和机组流水法两种，台座法不需要复杂的机械设备，可以露天生产，自然养护或湿热养护。

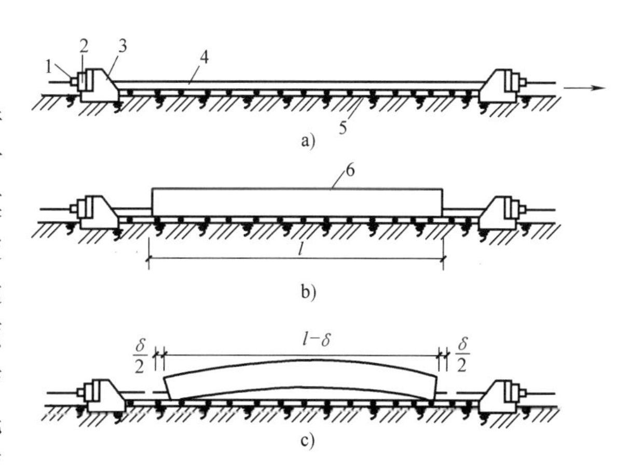

图 5-1　先张法施工示意图

a）张拉钢筋（钢丝）　b）浇筑混凝土　c）放松钢筋（钢丝）

1—夹具　2—横梁　3—台座承力结构

4—预应力筋　5—台面　6—混凝土构件

5.2.2 先张法施工机具

先张法的施工机具主要有固定预应力筋用的夹具、张拉用台座和张拉机具。

1. 台座

台座是先张法生产构件时张拉和临时固定预应力筋的支撑结构，必须具有足够的强度、刚度和稳定性。按构造形式可分为墩式台座和槽式台座。

(1) 墩式台座 墩式台座是以混凝土墩作为承力结构的台座，由台面、台墩和横梁组成，一般多用来生产屋架、空心板等平卧生产的中小型构件（图 5-2）。台座长度较长，一般为 100~150m，张拉一次可生产多根构件。

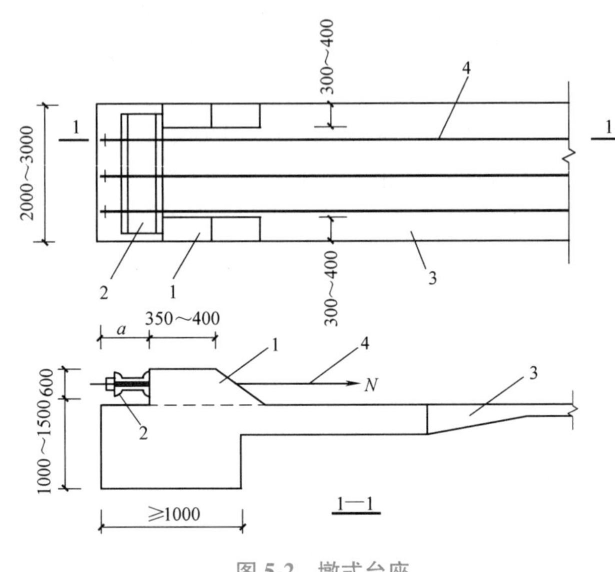

图 5-2 墩式台座

1—混凝土墩 2—横梁 3—台面 4—预应力筋

1) 台面。台面一般是在夯实的碎石垫层上浇筑一层厚度为 60~100mm 的混凝土而成，也有用预制板拼成的，板缝用混凝土连接。台面应平整光滑，并有 3‰的坡度，同时须坚实不下沉。

2) 台墩。台墩是由现浇钢筋混凝土做成。由于台座张拉的力量全部由台墩承担，所以应具有足够的承载力、刚度和稳定性。台座的稳定性验算包括抗倾覆验算和抗滑移验算。

3) 横梁。横梁直接承受预应力筋的张拉力，并传给台墩。横梁由型钢或钢筋混凝土构件组成，应通过设计确定，要保证有足够的刚度，不发生变形，以减少预应力损失。

(2) 槽式台座 槽式台座由钢筋混凝土承压杆、上横梁、下横梁及台面组成，既可以承受张拉力，又可作为蒸汽养护槽，适用于张拉大型构件（图 5-3）。为便于蒸汽养护，台座多低于地面。

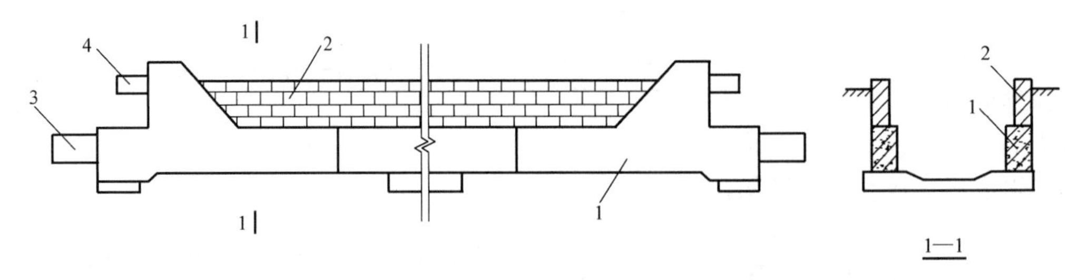

图 5-3 槽式台座

1—钢筋混凝土承压杆 2—砖墙 3—下横梁 4—上横梁

2. 夹具

夹具是指在先张法施工中为保持预应力筋拉力并将其固定在台座或设备上用的临时性锚

固装置。夹具可以重复使用，即预应力筋被放张后，就可转用至另一批构件的生产中去。

钢筋锚固多用螺纹端杆锚具、镦头锚和销片夹具（图 5-4）等。钢丝夹具分为两类：一类是将预应力筋锚固在台座或钢模上的锚固夹具，常用的有圆锥齿板式、圆锥槽式和镦头夹具等，如图 5-5 和图 5-6 所示；另一类是指张拉时夹持预应力筋用的张拉夹具，常用的有钳式、偏心式和楔形等，如图 5-7 所示。常用的钢绞线夹具是 QM 预应力体系中的 JXS、JXL、JXM 型夹具。

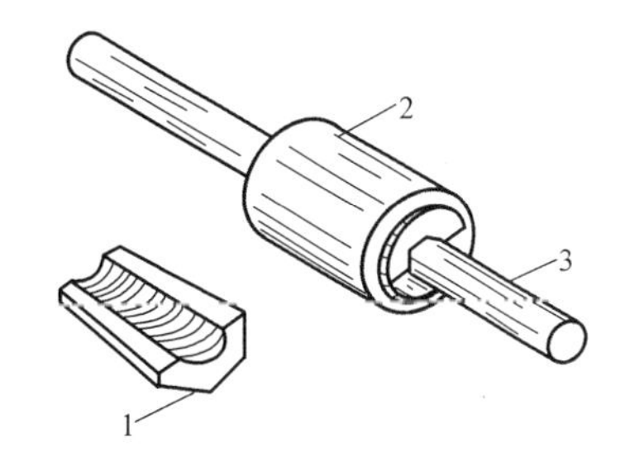

图 5-4　两片式销片夹具
1—销片　2—套筒　3—预应力筋

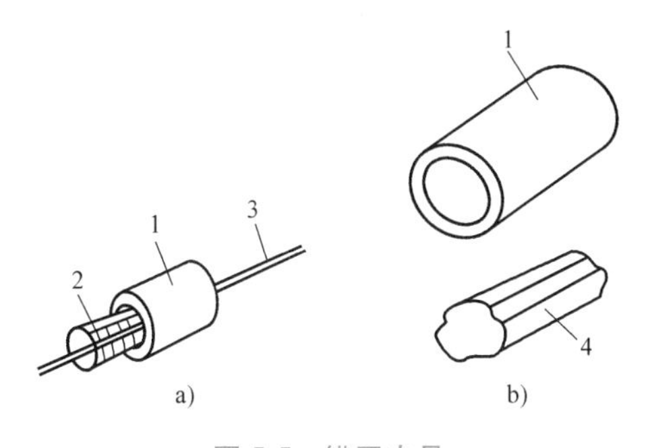

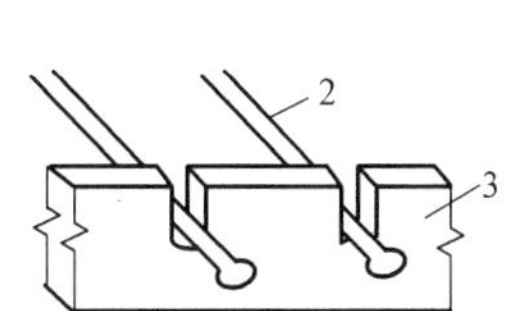

图 5-5　锚固夹具
a）圆锥齿板式　b）圆锥槽式
1—套筒　2—齿板　3—钢丝　4—锥体

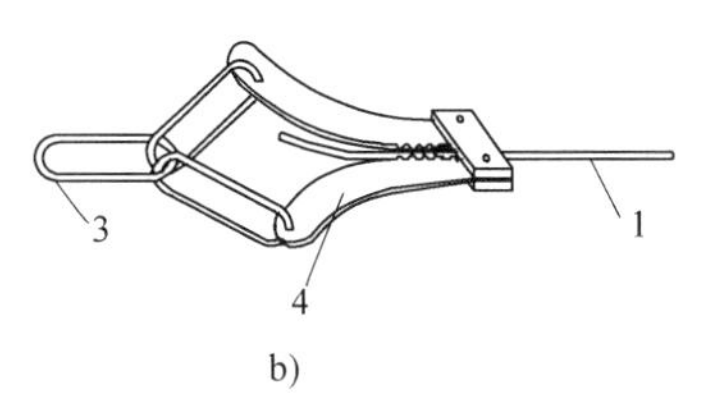

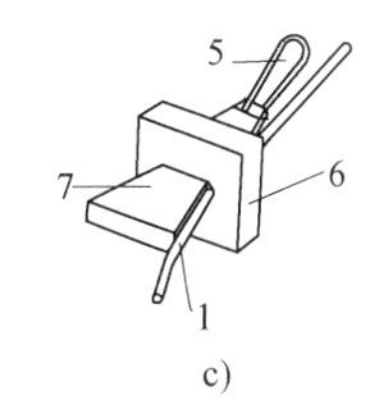

图 5-6　镦头夹具
1—垫片　2—镦头钢丝　3—承力板

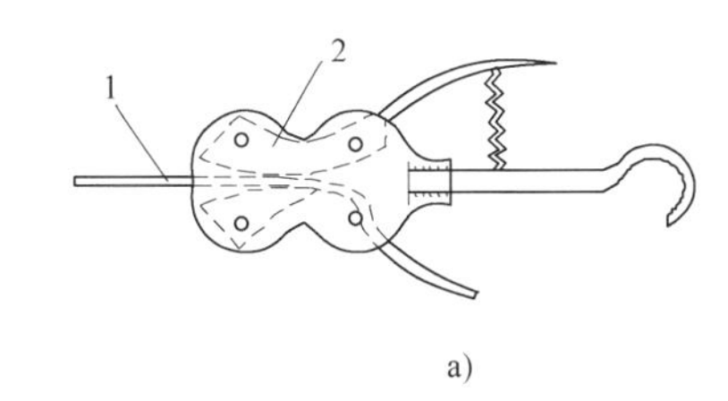

b)

c)

图 5-7　张拉夹具
a）钳式夹具　b）偏心式夹具　c）楔形夹具
1—钢丝　2—钳齿　3—拉钩　4—偏心块　5—拉环　6—锚板　7—楔块

3. 张拉机具

张拉机具的张拉力应不小于预应力筋张拉力的 1.5 倍；张拉机具的张拉行程不小于预应力筋伸长值的 1.1~1.3 倍。

钢丝张拉分单根张拉和多根张拉。在台座上生产常采用单根张拉，一般使用小型卷扬机或电动螺杆张拉机张拉。成组钢丝的张拉多用千斤顶在模板上进行。图 5-8 所示是台座式千斤顶成组张拉装置。

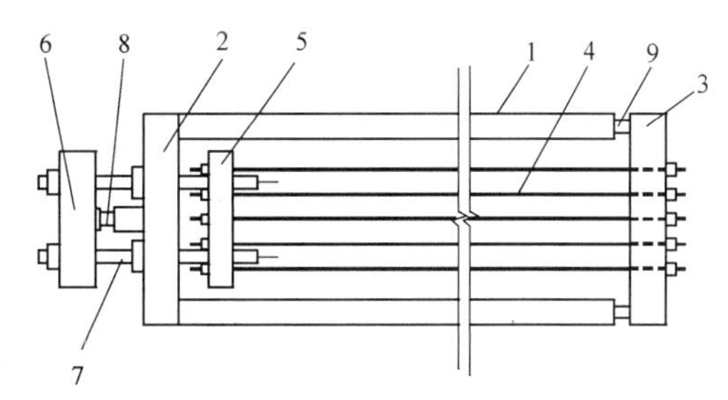

图 5-8　台座式千斤顶成组张拉装置
1—台模　2、3—前、后横梁　4—预应力筋
5—拉力架内横梁　6—拉力架外横梁
7—大螺纹杆　8—台座式千斤顶　9—放松装置

直径 12～20mm 的单根钢筋、钢绞线或钢

丝束的张拉多采用穿心式千斤顶。

5.2.3　先张法施工工艺

先张法施工的工艺流程如图5-9所示。

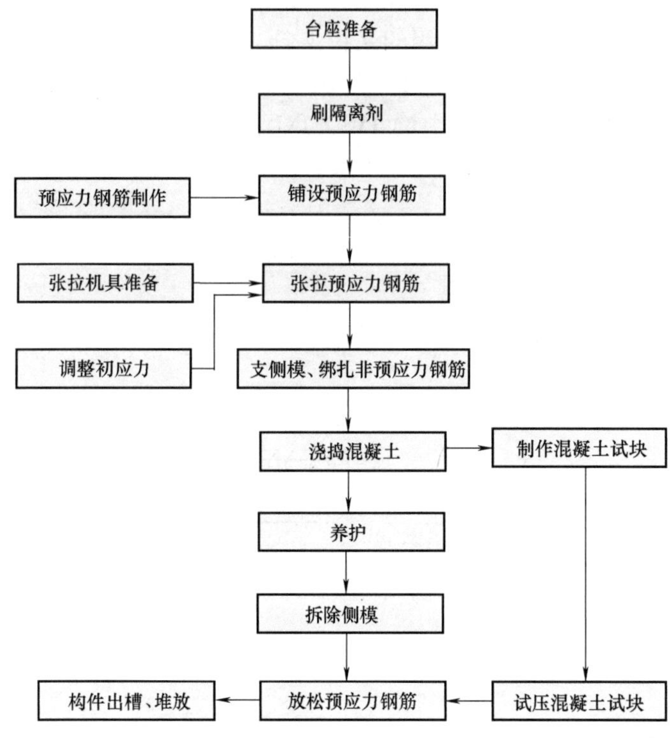

图5-9　先张法施工工艺流程

1. 张拉预应力筋

预应力筋的张拉应根据设计要求采用合适的张拉方法、张拉顺序和张拉程序进行。

（1）张拉方法和张拉顺序

1）单根张拉。所用设备构造简单，易于保证应力均匀。当预应力筋数量较小时，常采用小型张拉设备单根张拉。

2）多根成组张拉。成组张拉可以提高生产效率，但设备构造较复杂。当预应力筋的数量较多时，常采用拉力较大的张拉设备成组张拉。成组张拉时，应先调整好各预应力筋的初应力，使其长度、松紧一致，以保证张拉后各根预应力筋的应力一致。

预应力筋的张拉顺序应考虑减少台座的倾覆力矩和偏心力。预制空心板梁应先张拉中间的一根，再逐步向两边对称张拉。预制梁的张拉顺序应对称进行。

（2）张拉程序　预应力钢丝的张拉，由于张拉工作量大，宜采用一次张拉的程序：

$$0 \to 1.03\sigma_{con} \sim 1.05\sigma_{con} \to \text{锚固}$$

式中，σ_{con}是设计规定的张拉控制应力，单位为MPa。系数1.03~1.05是考虑到测力计误差、台座横梁或定位板刚度不足、工人操作等影响而超张拉。

对于预应力钢绞线的张拉，当采用普通松弛钢绞线时，一般不是从零直接张拉到控制应力。而是先张拉到比设计要求的控制应力稍大一些，如 $1.05\sigma_{con}$，这一过程叫作超张拉，其目的是减少预应力筋的应力松弛损失。当采用低松弛钢绞线时，可采取一次张拉，张拉程序分别如下：

1）$0\rightarrow1.05\sigma_{con}$（持荷 2min）$\rightarrow\sigma_{con}$。

2）$0\rightarrow1.03\sigma_{con}$。

式中，σ_{con}是指预应力筋的张拉控制应力，单位为 MPa。

钢筋在受到一定张拉力后，应力随时间的增长而降低，这与控制应力及延续时间有关，控制应力高，松弛也大，但在 1min 内便可完成 50%，24h 内可完成 80%。所以采取超张拉 $5\%\sigma_{con}$，并持荷 2min，则可减少 50%以上的应力松弛损失。

（3）张拉控制应力　预应力筋张拉时的控制应力应符合设计及专项施工方案的要求，但不宜超过表 5-1 中的限值。

表 5-1　预应力筋张拉控制应力值　（单位：N/mm^2）

预应力筋	控制应力 σ_{con}
消除应力钢丝、钢绞线	$0.75f_{ptk}$
中强度预应力钢丝	$0.70f_{ptk}$
预应力螺纹钢筋	$0.85f_{pyk}$

注：f_{ptk}为预应力筋极限抗拉强度标准值；f_{pyk}为预应力筋屈服强度标准值。

预应力筋的张拉力可按下式计算：

$$P=\sigma_{con}A_P \tag{5-1}$$

式中　P——预应力筋的张拉力（kN）；

A_P——预应力筋截面面积（mm^2）。

（4）张拉应力校核　预应力筋的张拉，一般采用张拉力控制，伸长值校核，张拉时预应力筋的理论伸长值与实际伸长值的允许偏差为±6%。预应力筋张拉锚固后，应采用内力测定仪检查所建立的预应力值，其偏差不得大于或小于设计规定相应阶段预应力值的 5%。预应力钢丝内力的检测，一般在张拉锚固后 1h 内进行，此时锚固损失已完成，钢丝松弛损失也部分产生。

2. 混凝土浇筑与养护

预应力筋张拉完毕后，即应绑扎非预应力筋、支模、浇筑混凝土。台座内每条生产线上的构件都应一次浇筑完毕，且构件应避开台面的伸缩缝及裂缝。混凝土必须振捣密实，特别是构件端部，以保证混凝土强度和黏结力。

混凝土可采用自然养护、蒸汽养护或太阳能养护。

3. 预应力筋的放张

（1）放张要求　放张预应力筋时，混凝土强度必须符合设计要求（一般不得低于设计强度等级的 75%）。放张时，应拆除构件的侧模和端模，使构件能自由压缩，以免损坏模板或构件开裂。

（2）放张顺序　预应力筋的放张顺序应符合设计要求，或遵照下列规定：

1）受轴心预压力的构件（如压杆、桩等），所有预应力筋同时放松。

2）受偏心预压力的构件，应先同时放张预压力较小区域的预应力筋，再同时放张预压力较大区域的预应力筋。

3）不能按上述规定放张时，应分阶段、对称、相互交错地放张，以防止放张过程中构件发生翘曲、裂纹及预应力筋断裂等现象。

放张后预应力筋的切断顺序，宜由放张端开始，逐次切向另一端。钢丝的放张与切断应从台座中部开始对称、相互交错地切断。

（3）放张方法　钢丝可用剪切、锯割等方法。对于配筋不多的中小型钢筋混凝土构件，钢筋可以采用无齿锯或切断机切断等方法放松。对于配筋多的钢筋混凝土构件，应同时放松。同时，放张的方法可用千斤顶、砂箱和楔块等（图5-10）进行。

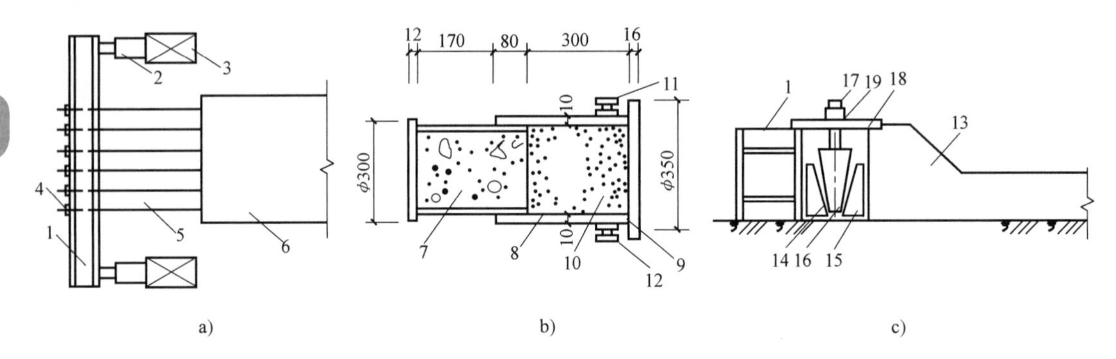

图5-10　预应力筋放张装置

a）千斤顶放张装置　b）砂箱放张装置　c）楔块放张装置

1—横梁　2—千斤顶　3—承力架　4—夹具　5—钢丝　6—构件　7—活塞

8—套箱　9—套箱底板　10—砂　11—进砂口　12—出砂口　13—台座

14、15—钢块　16—钢楔块　17—螺杆　18—承力板　19—螺母

5.3 后张法

5.3.1　后张法基本概念

后张法施工是先制作混凝土构件并预留预应力筋孔道，等混凝土达到一定强度后，通过孔道穿进预应力筋并张拉至设计值，然后用锚具永久固定，最后进行灌浆和封锚而使混凝土产生预加应力的施工。图5-11所示为后张法施工过程。后张法生产预应力构件，其预应力是通过构件端部的锚具施加在构件上的，锚具是预应力构件的组成部分。

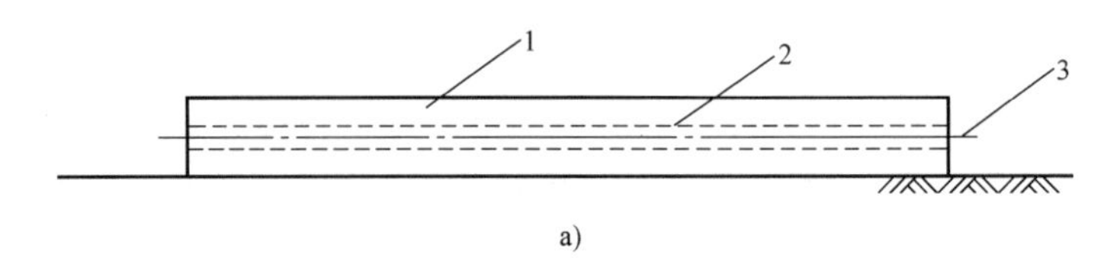

图5-11　后张法施工示意图

a）制作混凝土构件

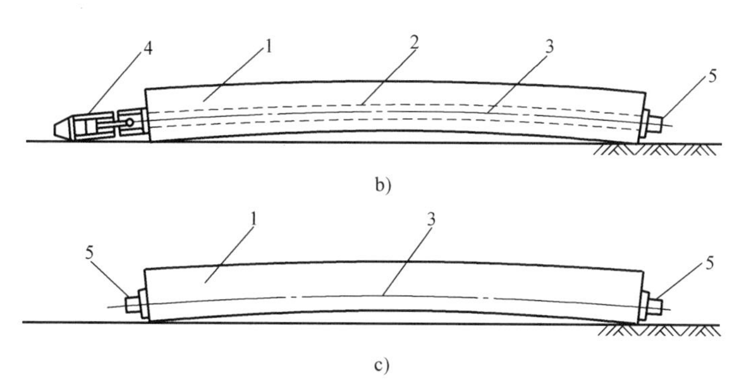

图 5-11　后张法施工示意图（续）

b）张拉预应力筋　c）锚固和孔道灌浆

1—混凝土构件　2—预留孔道　3—预应力筋　4—张拉机具　5—锚具

5.3.2　后张法施工机具

后张法施工主要用锚具锚固预应力筋，张拉机具采用各种类型和型号的千斤顶。

1. 锚具

锚具是后张法保持预应力筋的拉力传递到混凝土上所用的永久性锚固装置。锚具应具备自锁和自锚能力。自锁是锚塞（或夹片）顶压塞紧在锚环内而不自行回弹脱出的能力。自锚是使预应力筋在拉力作用下回缩时能带动锚塞（或夹片）在锚环中自动楔紧而达到可靠锚固预应力筋的能力。按锚固预应力筋的类型不同，分为钢绞线锚具、钢丝束锚具和粗钢筋锚具。

（1）钢绞线锚具

1）单孔夹片锚具。由锚环与夹片组成（图 5-12）。按夹片数可分为二片式、三片式等，主要应用于无黏结预应力混凝土结构中的单根钢绞线的锚固。

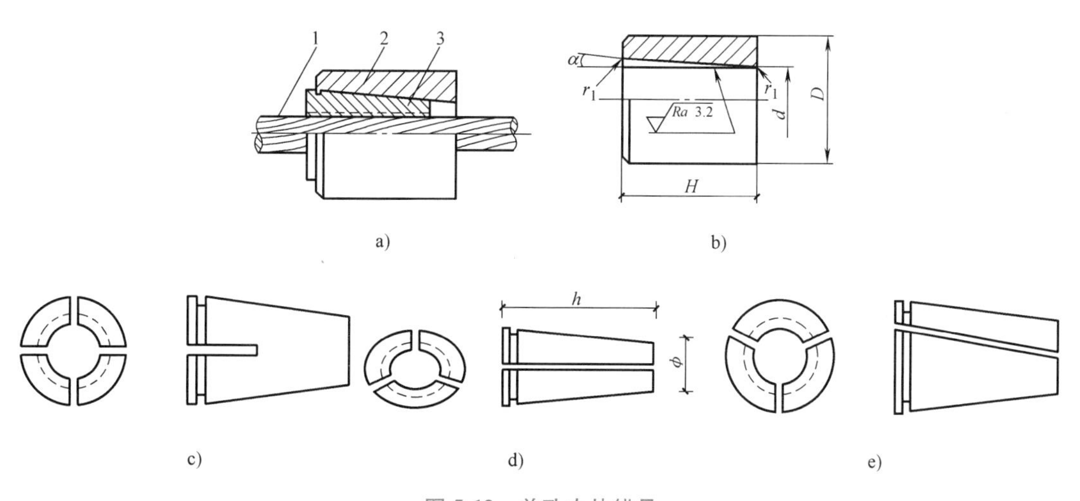

图 5-12　单孔夹片锚具

a）组装图　b）锚环　c）二片式夹片　d）三片式夹片　e）斜开缝夹片

1　预应力筋　2—锚环　3—夹片

2）多孔夹片锚具。也称群锚，由多孔的锚板和夹片组成。是利用每个锥形孔装一副夹片夹持一根钢绞线的一种楔紧式锚具。如图 5-13 所示。

3）固定端锚具。钢绞线用固定端锚具有挤压锚具、压花锚具等。

① 挤压锚具是利用液压挤压机将套筒挤紧在钢绞线端头上的一种锚具，如图 5-14 所示。

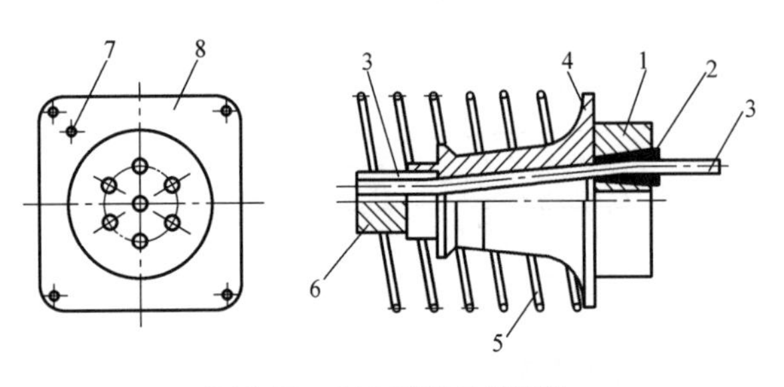

图 5-13　QM 型锚具及配件

1—锚板　2—夹片　3—钢绞线　4—喇叭形铸铁垫板　5—螺旋筋　6—波纹管　7—灌浆孔　8—锚垫板

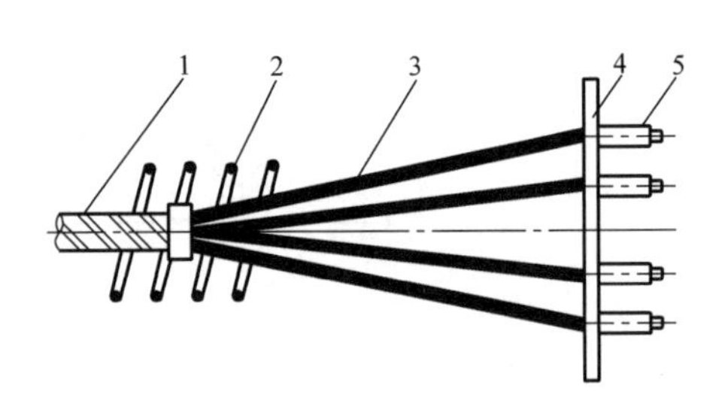

图 5-14　挤压锚具

1—波纹管　2—螺旋筋　3—钢绞线　4—钢垫板　5—挤压锚具

② 压花锚具是利用专用轧花机将钢绞线端头压成梨形头的一种握裹式锚具，如图 5-15 所示。

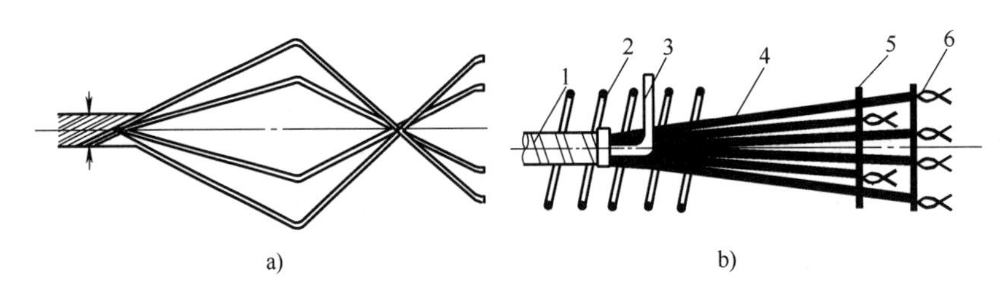

图 5-15　压花锚具示意图

a）压花锚具　b）多根钢绞线压花锚具

1—波纹管　2—螺旋筋　3—灌浆管　4—钢绞线　5—构造筋　6—压花锚具

（2）钢丝束锚具

1）镦头锚具。利用钢丝两端的镦粗头来锚固预应力钢丝的一种锚具，可锚固任意根数 ϕ5mm 与 ϕ7mm 钢丝束。也适用于单根粗钢筋的端部热镦、冷镦或锻打成型，如图 5-16 所示。

2）钢质锥形锚具。由锚环和锚塞（图 5-17）组成，用于锚固以锥锚式双作用千斤顶张拉的钢丝束。锚塞上刻有细齿槽，夹紧钢丝防止滑动。

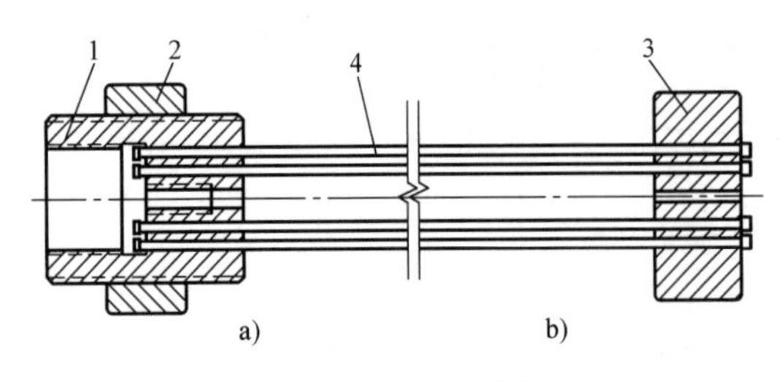

图 5-16　钢丝束镦头锚具

a）张拉端锚具（A 型）　b）固定端锚具（B 型）

1—锚环　2—螺母　3—锚板　4—钢丝束

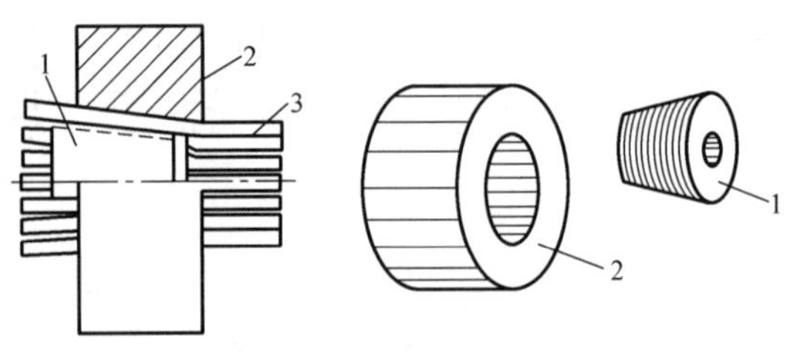

图 5-17　锥形锚具

1—锚塞　2—锚环　3—钢丝束

3）锥形螺杆锚具。由锥形螺杆、套筒、螺母等组成（图 5-18），用于锚固 14~28 根直径 5mm 的钢丝束。

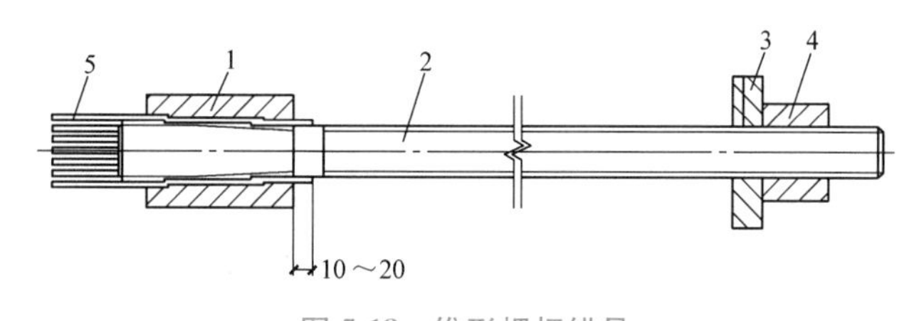

图 5-18　锥形螺杆锚具

1—套筒　2—锥形螺杆　3—垫板　4—螺母　5—钢丝束

（3）粗钢筋锚具　其锚具是利用与该精轧螺纹钢筋的螺纹相匹配的特质螺母进行锚固的一种支承式锚具，螺母锚具也称螺纹端杆锚具，由螺母、螺纹端杆及垫板组成（图 5-19）。该锚具的特点是将螺纹端杆与预应力筋对焊成一个整体，常用于高强预应力螺纹钢筋的锚固。

2. 张拉机具

施加预应力用的张拉机具可分为电动张拉机和液压张拉机两类。

（1）电动张拉机

1）电动螺杆张拉机。由电动机通过减速箱驱动螺母旋转，使螺杆前进或后退。螺杆前端连接弹簧测力计和张拉夹具。测力计上装有微动开关，当张拉力达到预定值时，可以自锁停车，如图 5-20 所示。

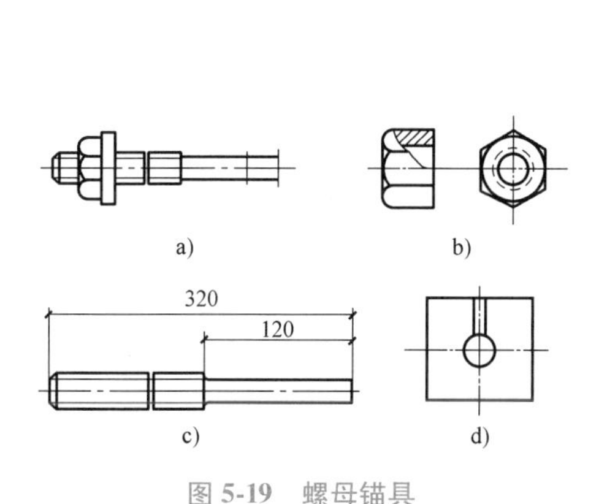

图 5-19　螺母锚具

a）螺母锚具　b）螺母　c）螺纹端杆　d）垫板

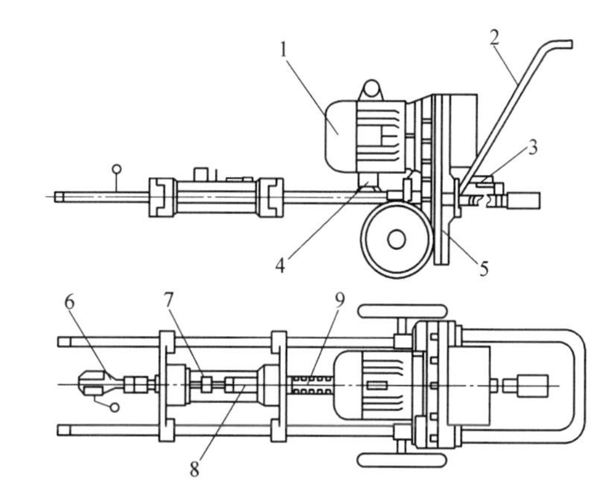

图 5-20　电动螺杆示意图

1—电动机　2—手柄　3—前限位开关　4—后限位开关　5—减速箱　6—夹具　7—测力计　8—计量标尺　9—螺杆

2）电动卷筒张拉机。由电动机通过减速带动一个卷筒，将钢丝绳卷起来进行张拉。钢丝绳绕过张拉夹具尾部的滑轮，与弹簧测力计连接。

（2）液压张拉机

1）拉杆式千斤顶。它是利用单活塞张拉预应力筋的单作用支承式千斤顶。

2）穿心式千斤顶。它是一种具有穿心孔，利用双液压缸张拉预应力筋和顶压锚具的双作用千斤顶。其适用性强，既适用于张拉需要顶压的锚具，也可用于张拉螺杆锚具和镦头锚具。该千斤顶操作简单，性能可靠。主要有YC20D、YC60（图5-21）、YC120型千斤顶。

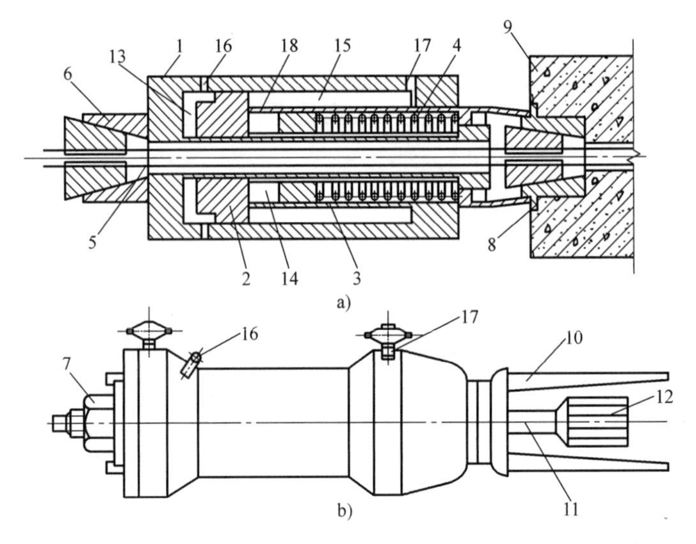

图5-21 YC60型穿心式千斤顶工作过程及构造示意图

a）构造与工作原理 b）加撑脚后的外形

1—张拉液压缸 2—顶压液压缸（张拉活塞） 3—顶压活塞 4—弹簧 5—预应力筋 6—工具锚 7—螺母 8—锚环 9—构件 10—撑脚 11—张拉杆 12—连接器 13—张拉工作液压油室 14—顶压工作液压油室 15—张拉回程液压油室 16—张拉缸油嘴 17—顶压缸油嘴 18—油孔

3）锥锚式千斤顶。它是一种具有张拉、顶锚和退楔功能的三作用千斤顶，用于张拉锚固钢丝束钢质锥形锚具。由张拉液压缸、顶压液压缸、顶杆、退楔装置等组成，如图5-22所示。楔块夹住预应力钢丝后，从A油嘴进油，顶杆伸出将锥形锚塞顶入锚环内；从B油嘴继续进油，千斤顶卸荷回油，利用退楔翼片退楔，顶杆靠弹簧回程。

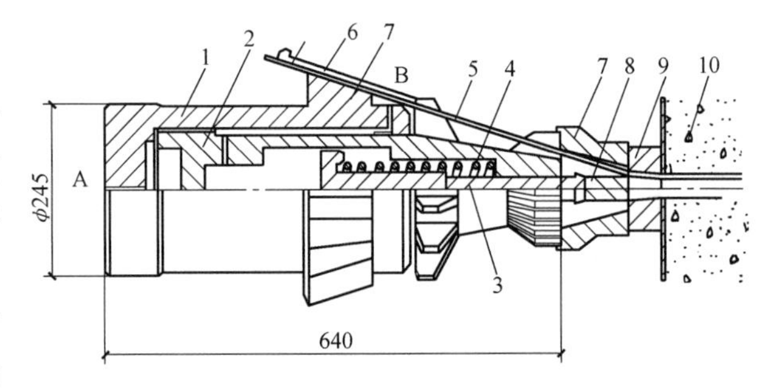

图5-22 锥锚式千斤顶

1—张拉液压缸 2—顶压液压缸（张拉活塞） 3—顶压活塞 4—弹簧 5—预应力筋 6—楔块 7—对中套 8—锚塞 9—锚环 10—构件

（3）全自动智能张拉设备 它是将液压伺服与变频控制技术引入预应力施工中，结合自动化控制技术、通信技术与现代工程管理技术所开发的全自动智能张拉设备。可保障预应力施工过程的质量管控，以实现预应力张拉的数控化施工与精细化管理。

3. 锚具和张拉机具的配套使用

根据预应力筋和配套锚具的不同，应选用不同的张拉千斤顶，见表5-2。

表5-2 锚具、张拉设备的配套使用

预应力品种	固定端		张拉端	张拉机具
	安装在结构外部	安装在结构内部		
钢绞线束	夹片锚具 挤压锚具	压花锚具 挤压锚具	夹片锚具	穿心式
钢丝束	夹片锚具 镦头锚具 挤压锚具	镦头锚具 挤压锚具	夹片锚具 镦头锚具 锥塞式锚具	拉杆式 锥锚式、穿心式
预应力螺纹筋	螺母锚具	螺母锚具	螺母锚具	拉杆式

5.3.3 预应力筋下料计算

1. 单根粗钢筋下料长度

计算时，要考虑锚具的种类、对接头和镦粗头的压缩量、张拉伸长值、冷拉率和钢筋的弹性回缩率、构件或构件孔道长的影响。

单根预应力粗钢筋下料长度计算的三种情况，如图5-23所示。

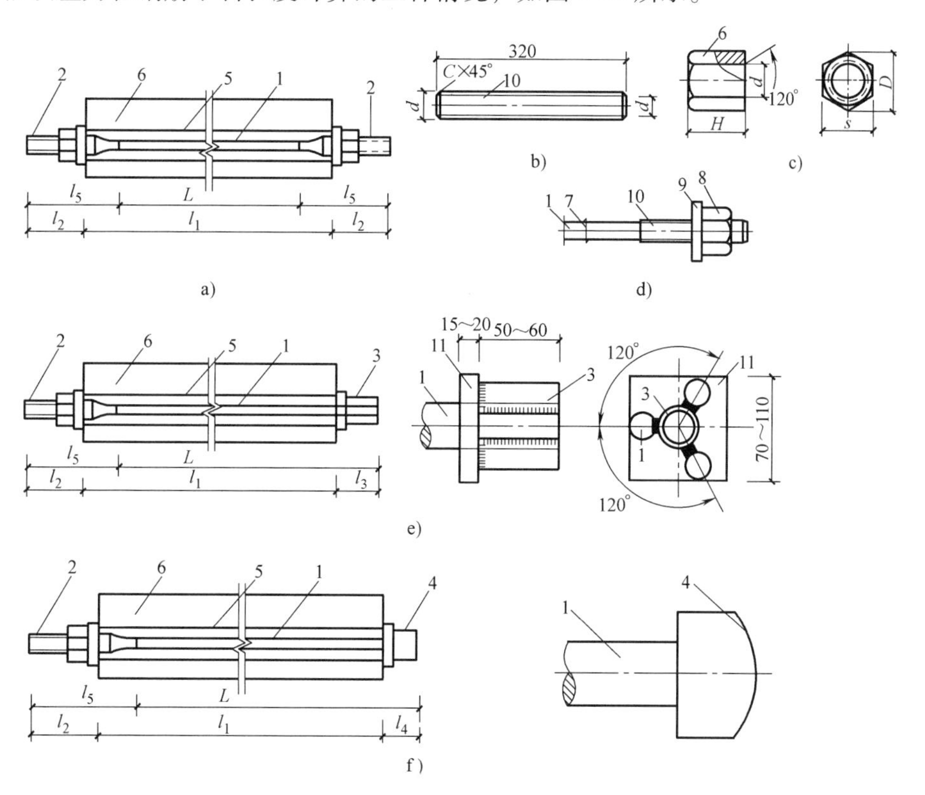

图5-23 预应力筋下料长度计算示意图

a）预应力筋两端均为螺纹端杆 b）螺纹端杆 c）螺母 d）螺纹端杆锚具 e）预应力筋一端为螺纹端杆锚具，另一端采用帮条锚具 f）预应力筋一端为螺纹端杆锚具，另一端采用镦头锚具

1—预应力筋 2—螺纹端杆锚具 3—帮条锚具 4—镦头锚具 5—孔道 6—混凝土构件 7—对焊接头 8—螺母 9—垫板 10—螺纹端杆 11—衬板

预应力筋两端均采用螺纹端杆锚具时，其下料长度：

$$L=\frac{l_1+2l_2-2l_5}{1+\delta-\delta_1}+nl_6 \quad (5\text{-}2)$$

式中　L——预应力筋的下料长度；

l_1——构件的孔道长度；

l_2——螺纹端杆在构件端部的外露长度（可取120~150mm）；

l_5——螺纹端杆长度（一般取320mm）；

l_6——每个对焊接头的压缩量（可取一倍的预应力钢筋的直径）；

n——对焊接头数量；

δ——预应力筋的冷拉率；

δ_1——预应力筋的冷拉弹性回缩率（可取0.4%~0.6%）。

预应力筋一端采用螺纹端杆锚具，另一端采用帮条锚具时，预应力筋的下料长度：

$$L=\frac{l_1+l_2+l_3-l_5}{1+\delta-\delta_1}+nl_6 \quad (5\text{-}3)$$

式中　l_3——帮条锚具长度（可取70~80mm）。

预应力筋一端采用螺纹端杆锚具，另一端采用镦头锚具时，预应力筋下料长度：

$$L=\frac{l_1+l_2+l_4-l_5}{1+\delta-\delta_1}+nl_6 \quad (5\text{-}4)$$

式中　l_4——镦头锚具长度（可取2.25倍的预应力钢筋直径加垫板厚度15mm）。

【例5-1】　某24m跨度的预应力钢筋混凝土屋架，屋架下弦孔道长度23800mm，预应力筋为$4\Phi^l25$，实测钢筋冷拉率$\delta=3.5\%$，冷拉后的弹性回缩率$\delta_1=0.3\%$，预应力筋两端采用螺纹端杆锚具，螺纹端杆长度320mm，其露在构件外的长度120mm。预应力筋用三根钢筋对焊而成。试求粗钢筋的下料长度。若预应力筋一端为螺纹端杆，另一端采用帮条锚具，帮条锚具及垫板厚度为90mm；预应力筋一端为螺纹端杆锚具，另一端采用镦头锚具（垫板厚度为15mm）。试求粗钢筋的下料长度。

【解】　预应力筋两端均为螺纹端杆锚具，各参数的取值为

$n=4$，$l_1=23800\text{mm}$，$l_2=120\text{mm}$，$l_5=320\text{mm}$，$l_6=25\text{mm}$，则

$$\begin{aligned}L&=\frac{l_1+2l_2-2l_5}{1+\delta-\delta_1}+nl_6\\&=\left(\frac{23800+2\times120-2\times320}{1+3.5\%-0.3\%}+4\times25\right)\text{mm}\\&=22774.42\text{mm}\end{aligned}$$

一端为螺纹端杆锚具，另一端采用帮条锚具，各参数的取值为

$n=3$，$l_1=23800\text{mm}$，$l_2=120\text{mm}$，$l_3=90\text{mm}$，$l_5=320\text{mm}$，$l_6=25\text{mm}$，则

$$\begin{aligned}L&=\frac{l_1+l_2+l_3-l_5}{1+\delta-\delta_1}+nl_6\\&=\left(\frac{23800+120+90-320}{1+3.5\%-0.3\%}+3\times25\right)\text{mm}\\&=23030.43\text{mm}\end{aligned}$$

一端采用螺纹端杆锚具，另一端采用镦头锚具，各参数的取值为

$n=3$，$l_1=23800\text{mm}$，$l_2=120\text{mm}$，$l_4=(2.25\times25+15)\ \text{mm}=71.25\text{mm}$，$l_5=320\text{mm}$，$l_6=25\text{mm}$，则

$$
\begin{aligned}
L&=\frac{l_1+l_2+l_4-l_5}{1+\delta-\delta_1}+nl_6\\
&=\left(\frac{23800+120+71.25-320}{1+3.5\%-0.3\%}+3\times25\right)\text{mm}\\
&=23012.26\text{mm}
\end{aligned}
$$

2. 钢筋束的下料长度

采用夹片锚具，以穿心式千斤顶在构件上张拉时（图5-24），钢筋束的下料长度 L 按式（5-5）和式（5-6）计算。

两端张拉：

$$L=l+2(l_1+l_2+l_3+100\text{mm}) \tag{5-5}$$

一端张拉：

$$L=l+2(l_1+100\text{mm})+l_2+l_3 \tag{5-6}$$

式中　l——构件的孔道长度（mm）；

l_1——夹片式工作锚厚度（mm）；

l_2——穿心式千斤顶长度（mm）；

l_3——夹片式工具锚厚度（mm）。

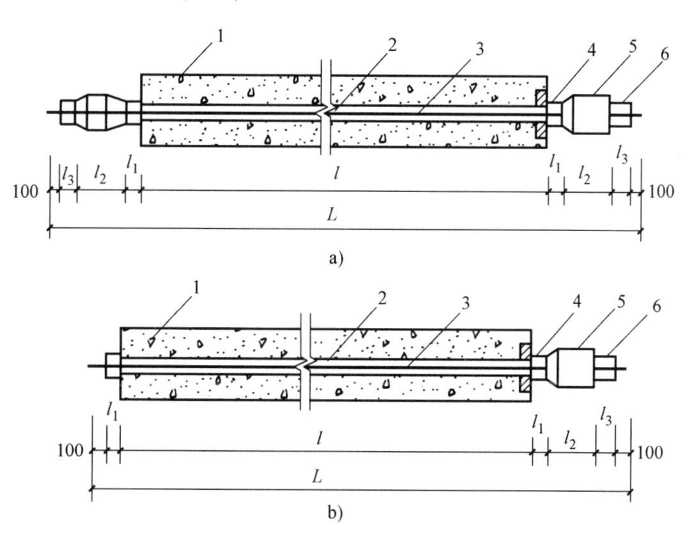

图5-24　钢筋束的下料长度计算简图

a）两端张拉　b）一端张拉

1—混凝土构件　2—孔道　3—钢绞线　4—夹片式工作锚　5—穿心式千斤顶　6—夹片式工具锚

3. 钢丝束的下料长度

采用镦头锚具时，钢丝的下料长度 L，按照预应力筋张拉后螺母位于锚环中部的原则，按式（5-7）计算（图5-25）。

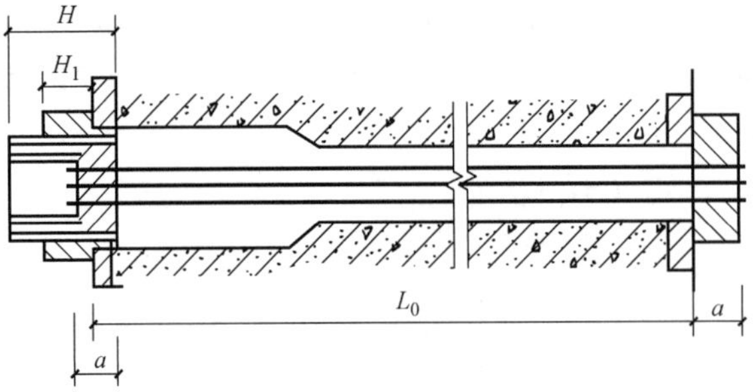

图 5-25　钢丝束的下料长度计算简图

预应力钢丝束的下料长度：

$$L=L_0+2a+2\delta-K(H-H_1)+\Delta l-C \tag{5-7}$$

式中　L_0——构件的孔道长度（mm），按实际量测；

a——锚环底厚或锚板厚度（mm）；

δ——钢丝镦头预留量，取 10mm；

K——系数，一端张拉时取 0.5，两端张拉时取 1.0；

H——锚环高度（mm）；

H_1——螺母厚度（mm）；

Δl——钢丝束拉伸长度（mm），由计算确定；

C——张拉时构件混凝土弹性压缩值（mm）。

5.3.4　后张法施工工艺

后张法施工工艺流程如图 5-26 所示。

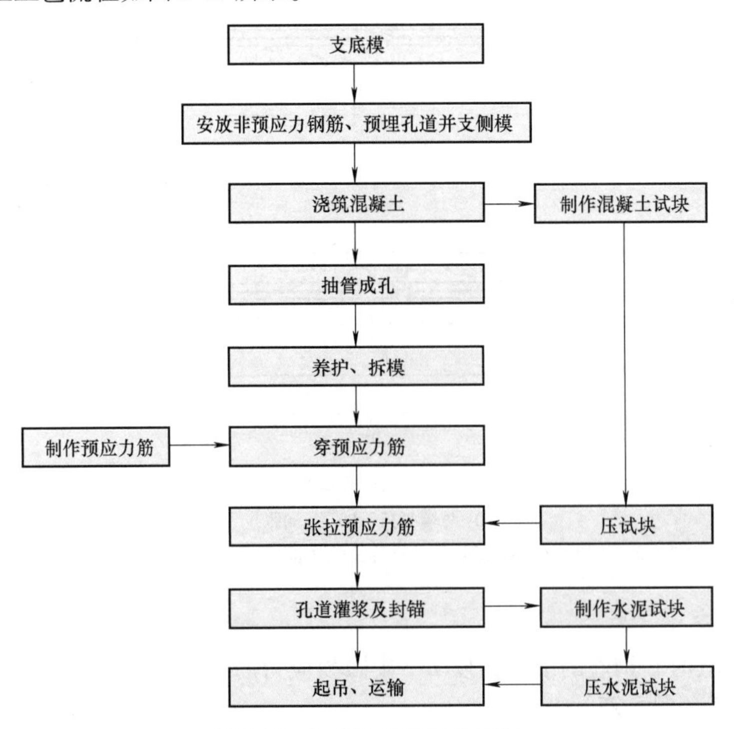

图 5-26　后张法施工工艺流程

对于块体拼装的构件，还应增加块体验收、拼装立缝灌浆和焊接连接板等工作。后张法工艺中比较重要的施工过程有孔道留设、预应力筋张拉和孔道灌浆三部分。

1. 孔道留设

预应力筋的孔道形状有直线、曲线和折线三种，而孔道留设是预应力后张法构件制作中的关键工序之一。一般采用钢管抽芯法、胶管抽芯法和预埋管法成孔。

（1）钢管抽芯法　预先将钢管埋设在模板内预应力筋的孔道位置处，在混凝土浇筑和养护过程中，为防黏结，每间隔一定时间慢慢转动钢管，待混凝土初凝后、终凝前抽出钢管，构件中即形成孔道。这种方法多用于留设直线孔道。恰当掌握抽管时间很重要，抽管过早，会造成坍孔；太晚则因混凝土与钢管黏结牢固造成抽管困难。常温下，在混凝土浇筑后3~6h即可抽管。

抽管顺序应先上后下，抽管方法可以是人工或卷扬机抽管，要匀速、平稳、边转边抽，并与孔道保持在一条直线上。抽管后，应及时检查孔道情况，并做好孔道的清理工作。

（2）胶管抽芯法　胶管有夹布胶管和钢丝胶管两种。前者质软，必须在管内充气或充水至0.8~1.0MPa，此时，胶管直径可增大3mm左右，待混凝土达到规定强度后，放出空气或水，胶管直径变小并与混凝土脱离，随即抽出胶管形成孔道。后者质硬，预留孔道时与钢管一样使用，不同的是浇筑混凝土后不需转动，抽管时利用其有一定弹性的特点，在拉力作用下断面缩小，即可把管抽出来。

抽管顺序应先上后下，先曲后直。此法与钢管抽芯法相比，弹性好，便于弯曲。因此，不仅可以留设直线孔道，还能留设曲线孔道。

（3）预埋管法　预埋管法是将与孔道直径相同的导管埋于构件中，无须抽出。当预应力筋密集、曲线配筋或抽管有困难时采用此法。预埋管一般为塑料波纹管、金属波纹管、薄钢管等。波纹管具有质量轻、刚度好、弯折方便、连接容易，与混凝土黏结良好，可形成各种形状孔道等优点，是目前用预埋管法形成预应力孔道的首选管材。

波纹管铺设安装前，应按设计要求在箍筋上标出预应力筋的曲线坐标位置，点焊或绑扎钢筋马凳。对圆形金属波纹管其马凳间距宜为1.0~1.5m，对扁波纹管和塑料波纹管宜为0.8~1.0m。安装后，应与钢筋马凳用钢丝绑扎固定。

2. 预应力筋的张拉

（1）张拉条件　张拉前，将预应力筋穿入预留孔道。张拉预应力筋时，混凝土的强度应符合设计规定，一般不应低于设计强度等级的75%，也不得低于所用锚具局部承压所需要的混凝土最低强度等级。

（2）控制应力　与先张法一样，控制应力过大或过小都会产生不良影响。后张法控制应力也应符合设计规定，如设计无规定时，可按表5-1取值。

（3）预应力筋张拉程序

1）采用低松弛钢丝和钢绞线时，张拉程序为$0 \rightarrow \sigma_{con}$。

2）采用普通松弛预应力筋时，按下列超张拉程序进行操作，并应分级加载。

对于镦头锚具等可卸载锚具，$0 \rightarrow 1.05\sigma_{con} \xrightarrow{\text{持荷 2min}} \sigma_{con}$。

对于夹片锚具等不可卸载夹片式锚具，$0 \rightarrow 1.03\sigma_{con}$。

对于曲线预应力束，一般以（20%~25%）σ_{con}为量测伸长值的起点，分3级加载，即

$0 \rightarrow 20\%\sigma_{con} \rightarrow 60\%\sigma_{con} \rightarrow \sigma_{con}$；或4级加载，即$0 \rightarrow 25\%\sigma_{con} \rightarrow 50\%\sigma_{con} \rightarrow 75\%\sigma_{con} \rightarrow \sigma_{con}$，每级加载均应量测张拉伸长值。

对于塑料波纹管内的预应力筋，张拉力达到张拉控制力后宜持荷2~5min。

（4）后张法张拉端设置　后张法预应力筋张拉的基本方式是一端张拉和两端张拉，应符合以下规定：

1）有黏结预应力筋长度不大于20m时，可一端张拉，大于20m时，宜两端张拉；预应力筋为直线形时，一端张拉的长度可延长至35m。

2）无黏结预应力筋长度不大于40m时，可一端张拉，大于40m时，宜两端张拉。

3）当同一截面中有多根一端张拉的预应力筋时，张拉端宜分别设置在结构的两端。当两端同时张拉同一根预应力筋时，宜先在一端锚固，再在另一端补足张拉力后进行锚固。

（5）张拉顺序　预应力筋的张拉顺序，应使混凝土不产生超应力、构件不扭转与侧弯、结构不产生不利变位、预应力损失最小等。因此，对称张拉是一条重要原则。

对重要的预应力混凝土结构，为了使结构均匀受力并减少弹性压缩损失，可分两阶段建立预应力，即全部预应力筋先张拉50%以后，再第二次拉至100%。

对叠层构件的张拉顺序宜采用先上后下逐层进行，并应逐层加大张拉力。一般在施工现场平卧重叠制作的后张法预应力混凝土构件，如屋架、吊车梁等，重叠层数为3~4层，层间应加设隔离层。

3. 孔道灌浆及封锚

（1）孔道灌浆　孔道灌浆是在预应力筋处于高应力状态，对其进行永久性保护的工序，所以应在预应力筋张拉后尽早进行孔道灌浆，孔道内水泥浆应饱满、密实。其所用水泥浆由水泥、水及外加剂组成。

1）灌浆用水泥浆要求。①宜采用普通硅酸盐水泥或硅酸盐水泥。②严格控制水泥浆的稠度和泌水率，以获得饱满密实的灌浆效果。水泥浆的水胶比不应大于0.45，水泥浆的稠度宜控制在12~25s。水泥浆的3h泌水率不应大于1%，泌水应能在24h内全部重新被水泥浆吸收。③水泥浆内掺入适量灌浆专用外加剂，能使水泥在硬化过程中产生适度的微膨胀，以补偿水泥浆体的干燥收缩和自身体积收缩，并具有适度缓凝和保持良好流动性的能力。

2）灌浆施工。①灌浆前孔道应湿润、洁净。灌浆顺序宜先下层孔道。②灌浆设备采用灰浆泵。灌浆压力不应小于0.5MPa，直至出浆口排出的浆体稠度与进浆口一致，灌满孔道后，应再继续加压0.5~0.7MPa，并应稳压1~2min后封闭灌浆孔。真空辅助灌浆技术对超长孔道、大曲率孔道、扁管孔道、腐蚀环境的孔道等灌浆效果显著。③灌浆工作应在水泥浆初凝前完成。每工作班留一组试块，标准养护28天，做抗压强度试验。

（2）张拉端锚具及外露预应力筋的封闭保护　预应力筋锚固后的外露部分及锚具应采用封头混凝土保护，封闭保护应符合设计要求；当设计无具体要求时，应符合下列规定：

锚固后的外露部分宜采用机械方法切割，外露长度不宜小于预应力筋直径的1.5倍，且不小于30mm。预应力筋的外露锚具必须有严格的密封保护措施，应采取防止锚具受机械损伤或遭受腐蚀的有效措施。外露预应力筋的保护层厚度，当处于正常环境时，不应小于20mm；当处于易受腐蚀的环境时，不应小于50mm。凸出式锚固端锚具的保护层厚度不应小于50mm。

5.4 其他预应力混凝土简介

5.4.1　无黏结后张法

1. 无黏结后张法概述

无黏结后张法是采用无黏结预应力筋（即在预应力筋表面刷涂料并包裹塑料布或管）像普通钢筋一样先铺设在支好的模板内，然后浇筑混凝土，待混凝土达到要求强度后进行张拉和锚固的施工方法。其优点是无须留孔与灌浆，施工简单，摩擦力小，预应力筋具有良好的抗腐蚀性，并弯成多跨曲线形状，但预应力筋的强度不能充分发挥（一般要降低 10%～20%），对锚具的要求也较高。适用于多层及高层建筑大柱网板柱结构（平板或密肋板），大荷载的多层工业厂房楼盖体系，大跨度梁类结构。

2. 无黏结预应力筋的制作

无黏结预应力筋由芯部的预应力钢材、润滑兼防腐的涂层以及外包层组成，施加预应力后沿全长与周围混凝土不黏结。预应力钢材按钢筋种类和直径分为：$\Phi^{j}12$、$\Phi^{j}15$ 的钢绞线或 $7\Phi^{s}5$ 的碳素钢丝束，如图 5-27 所示。

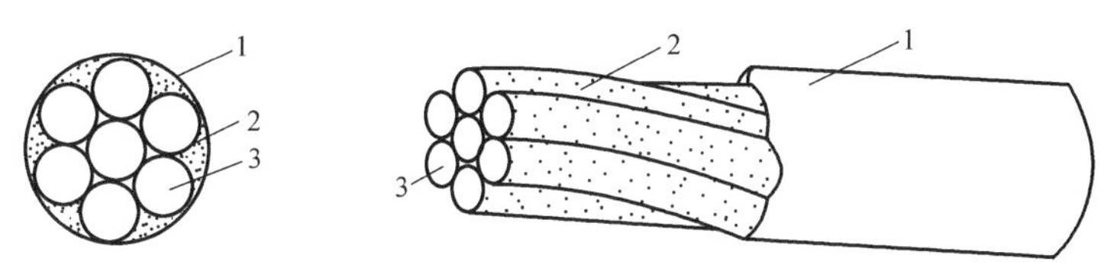

图 5-27　无黏结预应力筋

1—塑料保护套　2—防腐滑脂涂层　3—钢绞线

无黏结预应力筋的制作采用一次挤塑成型工艺，需长期保护，使之不受腐蚀。涂层的作用是使预应力筋与混凝土隔离，减少张拉时的摩擦损失，防止预应力筋腐蚀等。塑料外包层应有足够的抗拉强度和防水性能，以常用高、中密度聚乙烯为佳。

3. 无黏结预应力筋的铺设

在单向板中，无黏结预应力筋的铺设与非预应力筋的铺设基本相同。在双向板中，无黏结预应力筋一般为双向曲线配筋，两个方向的无黏结预应力筋互相穿插，所以必须事先编出铺设顺序。其方法是将各向无黏结预应力筋各搭接点的标高标出，应先铺设标高低的无黏结预应力筋，再依次铺设标高较高的无黏结预应力筋，并应尽量避免两个方向的无黏结预应力筋相互穿插编结，以此类推，定出各无黏结预应力筋的铺设顺序。

无黏结预应力筋在铺设过程中，其曲线坐标宜采用钢筋支托或马凳控制，板中间距不宜大于 2m，梁中间距不宜大于 1.5m，并用钢丝与无黏结预应力筋扎牢。

4. 锚具及端部处理

无黏结预应力构件中，预应力筋的张拉力完全借助于锚具传递给混凝土，当外荷载作用时，引起的预应力筋应力变化也全部由锚具承担。因此，无黏结预应力筋用的锚具不仅受力比有黏结预应力筋的锚具大，而且承受重复荷载。因而，对无黏结预应力筋的锚具有更高的要求，其性能应符合 I 类锚具的规定。无黏结预应力筋的张拉端可采用凸出式或凹入式做法

（图 5-28）。端头预埋承压钢板应垂直于预应力筋，螺旋筋应紧靠预埋承压钢板。张拉端处的端模常采用木模，以便于开孔。凹口可采用泡沫穴模或塑料穴模成型。

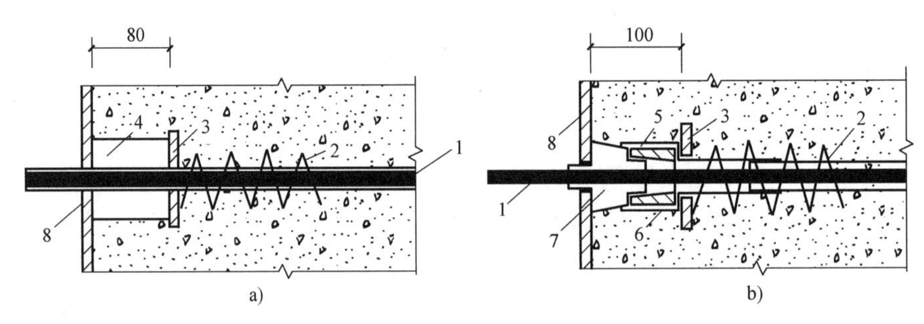

图 5-28　无黏结预应力筋张拉端部构造

a）泡沫穴模　b）塑料穴模

1—无黏结预应力筋　2—螺旋筋　3—承压钢板　4—泡沫穴模

5—锚环　6—带杯口的塑料套管　7—塑料穴模　8—模板

无黏结预应力筋的固定端宜采用内埋式做法（图 5-29），设置在端部的混凝土墙内、梁柱节点内或梁、板跨内承压板不得重叠，承压板与锚具、螺旋筋应贴紧。

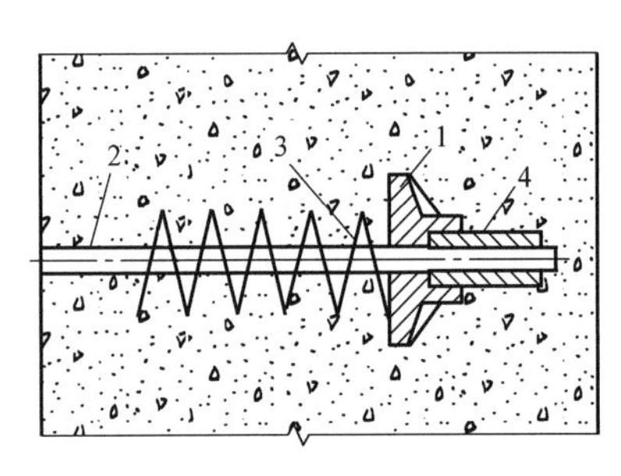

图 5-29　无黏结预应力筋固定端构造

1—铸铁承压板　2—钢绞线

3—螺旋筋　4—挤压锚具

5. 张拉端封堵处理

无黏结预应力筋张拉完毕后，应及时对锚固区进行保护。锚固区必须有严格的密封防护措施，严防水汽进入产生锈蚀。

先切除多余的预应力筋，使锚固后的外露长度不小于 30mm。在锚具与承压板表面涂以防水涂料，锚具端头涂防腐润滑油脂后，罩上封端塑料盖帽。对凹入式张拉端，用微膨胀混凝土或低收缩防水砂浆密封（图 5-30a）。对凸出式张拉端，可采用外包钢筋混凝土圈梁进行封闭（图 5-30b）。锚具的保护层厚度不小于 50mm。预应力筋的保护层厚度，正常环境下不小于 20mm，易受腐蚀的环境下不小于 50mm。

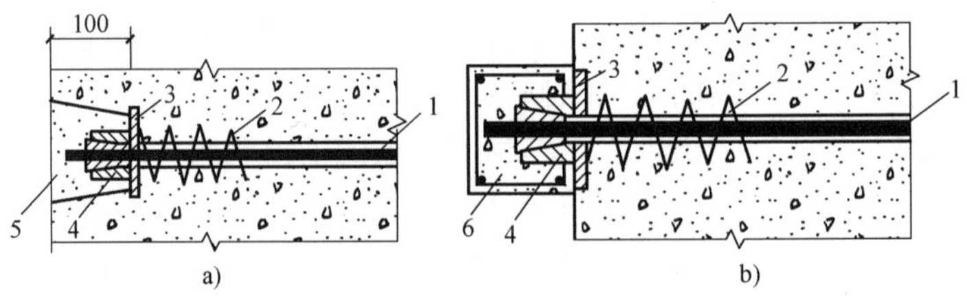

图 5-30　无黏结预应力筋张拉端封堵示意图

a）凹入式张拉端　b）凸出式张拉端

1—无黏结预应力筋　2—螺旋筋　3—承压板　4—夹片锚具

5—细石混凝土或水泥砂浆　6—混凝土圈梁

5.4.2　电张法

1. 电张法概述

电热张拉法（简称电张法）是利用热胀冷缩原理，在钢筋上通以低电压强电流使之热胀伸长，待达到要求的伸长值时锚固，随后停电冷缩，使混凝土构件产生预压应力。其具有设备简单、操作简便、无摩擦损失、便于高空作业、施工安全等优点。但耗电大，因材质不均匀用伸长值控制应力不易准确。只适用于冷拉钢筋作预应力筋的一般结构构件，既可先张，也可后张。

2. 电张法张拉工艺

电张法的预应力筋可采用螺纹端杆、镦头或帮条锚具。电张前，做好钢筋的绝缘处理，防止通电后产生分流和短路现象。当穿入钢筋接好导线后应拧紧螺帽，使各预应力筋松紧一致，建立相同的初应力（其值一般为 $5\%\sigma_{con} \sim 10\%\sigma_{con}$），正式电张前应进行试张拉。在通电张拉过程中，应随着钢筋的伸长，随时拧紧螺母，或插入Π形垫板，直至达到预定的伸长值停电为止。停电冷却（一般应经过12h）后，将预应力筋、螺母、垫板和预埋钢板互相焊牢，然后即可浇筑混凝土或进行孔道灌浆（也可先灌浆后焊）。

采用电热张拉时，构件的两端必须设置安全防护措施；操作人员必须穿胶鞋，戴绝缘手套，站在构件侧面操作。

本章小结及关键概念

● **本章小结**：本章介绍了预应力混凝土工程的施工特点、工作原理及施工工艺。通过本章学习，应该熟悉预应力混凝土张拉程序、超张拉的目的及放张要求，了解台座、锚（夹）具、张拉机具的作用及要求，掌握预应力钢筋制作过程，重点掌握先张法、后张法的施工工艺及预应力值的建立和传递的原理，掌握张拉力的计算和预应力钢筋下料长度的计算方法。

● **关键概念**：预应力混凝土、先张法、后张法、张拉设备、孔道留设、预应力筋下料、无黏结后张法。

习　　题

一、复习思考题

5.1　什么是预应力混凝土？与普通混凝土相比，优点是什么？

5.2　常见的预应力筋有哪几种？

5.3　先张法台座种类有哪几种？

5.4　简述预应力混凝土先张法施工工艺及其特点。主要适用于哪些构件的生产？

5.5　什么是超张拉？为什么要超张拉并持荷2min？

5.6　简述预应力混凝土后张法施工工艺及其特点。主要适用于哪些构件的生产？

5.7　简述各种后张法锚具的适用范围和特点。

5.8 如何进行预应力筋下料长度的计算？

5.9 孔道留设有哪些方法？应分别注意哪些问题？

5.10 孔道灌浆有何作用？施工中应注意哪些问题？

5.11 先张法和后张法的最大控制张拉应力如何确定？

5.12 试进行先张法与后张法的比较。

5.13 什么是无黏结后张法？其锚头端部应如何处理？

5.14 简述电张法的施工工艺。

二、练习题

5.1 某预应力混凝土屋架采用消除应力的刻痕钢丝$\Phi^{I}5$作为预应力筋，单根钢丝截面面积A_p=19.6mm^2，已知其抗拉强度标准值f_{ptk}=1570MPa，张拉程序为0→1.03σ_{con}（锚固），试计算单根钢丝的张拉力。

5.2 某预应力混凝土梁，强度C40，孔道长度为30m，每根梁配7束$\Phi^{S}15.2$预应力钢绞线束，极限抗拉强度标准值f_{ptk}=1860MPa，弹性模量$E_s=1.95\times10^5$MPa；预应力筋张拉控制应力$\sigma_{con}=0.7f_{ptk}$；每束钢绞线截面面积A_p=139mm^2；设计规定混凝土强度达到立方体抗压强度标准值的80%时才能张拉，试求：

（1）确定张拉程序。

（2）计算同时张拉7束钢绞线所需的张拉力。

（3）计算钢绞线计算伸长值。

5.3 某一跨度为18m的预应力屋架，采用后张法施工，下弦孔道长17.8m，预应力筋采用25mm的冷拉HRB335级钢筋，其屈服强度标准值f_{pyk}=450MPa，冷拉率为4%，弹性回缩率0.4%。每根钢筋均用3根钢筋对焊而成，试计算：

（1）两端均采用螺纹端杆锚具时，预应力筋的下料长度（螺纹端杆长320mm，构件外露长度120mm）。

（2）一端为螺纹端杆锚具，另一端为帮条锚具时，预应力筋的下料长度（帮条长80mm，垫板厚15mm）。

二维码形式客观题

第5章
客观题

第6章 脚手架与垂直运输

学习要点

知识点：脚手架及其分类、脚手架的基本构造、脚手架特点及要求、新型脚手架，垂直运输机械与设备的基本构造及其特点、起重机械的分类与选择。

重点：常见脚手架的分类及基本构造、不同脚手架适用的范围及特点、常见垂直运输机械的种类及适用范围。

难点：脚手架的基本构造及特点、起重机械与设备的选择。

6.1 脚手架

6.1.1 概述

1. 脚手架的概念及基本要求

脚手架是在施工现场为便于工人操作和安全防护而搭设的临时平台架。脚手架搭设不仅影响总体施工，也关系着作业人员的生命安全。因此要求：

1）坚固稳定，不变形、不摇晃和不倾斜。

2）构造简单合理，搭设、拆除和搬运方便。

3）有足够的面积，满足人员操作、材料堆放和运输；其宽度一般为1.2~1.5m，砌筑用脚手架的每步架高度一般为1.2~1.4m。

2. 脚手架的分类

1）按脚手架采用的材料，分为木质、竹质和金属（钢、铝）材料等脚手架。

2）按脚手架的搭设位置，分为外脚手架和里脚手架。外脚手架沿建筑物外围从地面搭起，既可用于外墙砌筑，又可用于外装饰施工，其主要形式有多立杆式、框式、桥式等。里脚手架设于建筑物内部，每层楼用完后，即可将其转移到上一层楼面，用于内外墙的砌筑和室内装饰施工，其结构形式有折叠式、支柱式和门架式等。

3）按脚手架的结构形式，分为立杆、框式（门式）、悬吊式和挑梁式等脚手架。

4）按脚手架的搭拆和移动方式，又分为人工装拆脚手架、附着式升降脚手架、整体提升脚手架、水平移动脚手架和升降桥架等脚手架。

6.1.2　常用脚手架的构造

1. 外脚手架

外脚手架按结构物立面上设置状态分为落地、悬挑、悬挂、附着升降四种基本形式。落地式脚手架搭设在结构物外围地面上，常用脚手架有多立杆式、框式（门式）脚手架。因受力杆承载力限制，加之材料耗用量大，占用时间长，所以这种脚手架搭设高度多控制在50m以下。在砖混结构房屋的施工中，该脚手架兼做砌筑、装修和防护之用；在多层框架结构房屋的施工中，该脚手架主要作为装修和防护之用。

（1）落地式脚手架

1）多立杆式脚手架。多立杆式脚手架是由杆件和连接件组合而成的脚手架。其杆件多为钢管材质，杆件按照连接配件不同，分为扣件式钢管脚手架、碗扣式钢管脚手架、盘扣式钢管脚手架等。

① 扣件式钢管脚手架。扣件式钢管脚手架由扣件和钢管等构成的脚手架与支撑架，包含落地式单、双排扣件式钢管脚手架，满堂扣件式钢管脚手架，型钢悬挑扣件式钢管脚手架，满堂扣件式钢管支撑架等。

多立杆式外脚手架主要是由立杆、纵向水平杆（也称大横杆）、横向水平杆（也称小横杆）、剪刀撑、扣件、底座、脚手板、安全网、缆风绳与地锚等部件构成，如图6-1所示。多立杆式外脚手架有单排、双排两种。按其所用材料分为木式、竹式与钢管式脚手架。

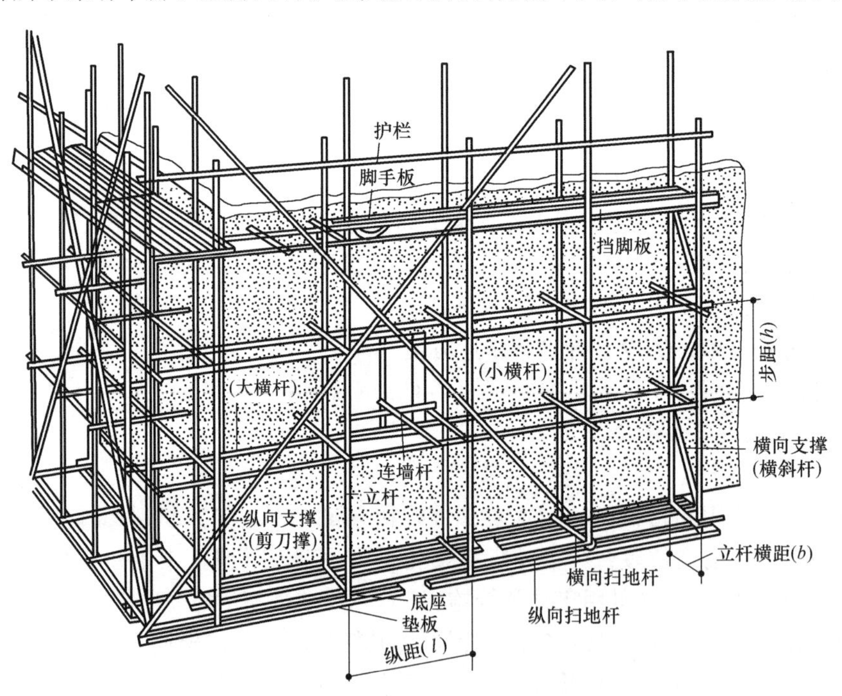

图6-1　双排多立杆式外脚手架的组成

a. 钢管。常采用ϕ48.3mm×3.6mm钢管。立杆是平行于建筑物并垂直于地面，将脚手架荷载传递给基础的受力构件。纵向水平杆（大横杆）是平行于建筑物并在纵向水平连接各立杆，是承受并传递荷载给立杆的受力杆件。横向水平杆（小横杆）是垂直于建筑物并在横向水平连接内、外排立杆，是传递脚手板荷载给大横杆→立杆的受力杆件。剪刀撑是设在脚手架外侧面与墙面平行的十字交叉斜杆，可增强脚手架的纵向刚度。连墙杆的作用是连接脚手架与建筑物，加强整体稳定性。

b. 扣件。扣件为钢管间的连接件，常用锻铸铁或铸钢制作，其基本形式有回转扣件、直角扣件和对接扣件，如图 6-2 所示，分别使得钢管间可成一定角度连接、直角连接或直线对接接长。

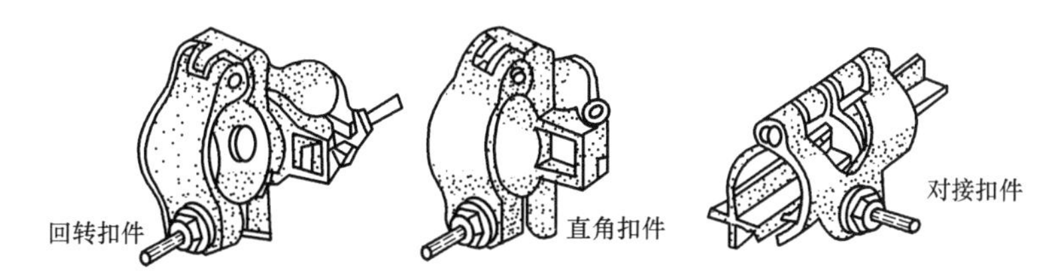

图 6-2　扣件

c. 底座。底座是设于立杆底部，用于承受并传递立杆荷载给地基的配件，包括固定底座、可调底座。其可用钢管与钢板焊接，也可用铸铁制成，如图 6-3 所示。

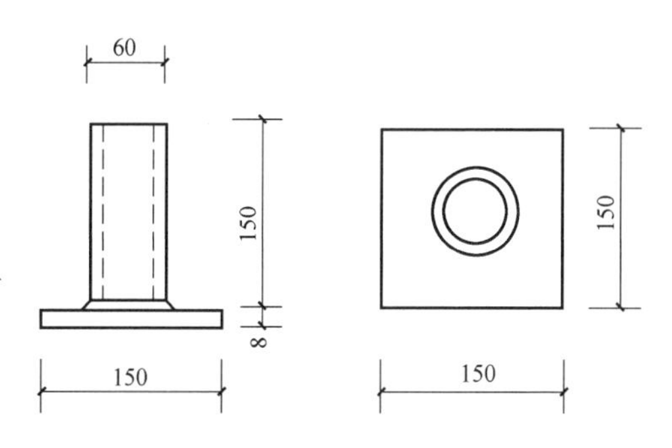

图 6-3　脚手架底座

d. 脚手板。脚手板是提供施工操作平台并承受和传递荷载给纵横水平杆的板件，可用竹、木、钢等材料制成。两端均应绑扎镀锌钢丝两道。

e. 安全网。安全网是保证施工安全和减少灰、光、声污染的措施，包括立网和平面网。

f. 固定件。为防止脚手架因风荷载或其他水平荷载引起的向外或向内倾覆，必须设置能够承受压力和拉力的固定件。刚性固定件由钢管连墙杆、扣件、预埋件等组成；柔性固定件由镀锌钢丝或 ϕ6mm 钢筋、顶撑、钢管、木楔等组成，如图 6-4 所示。

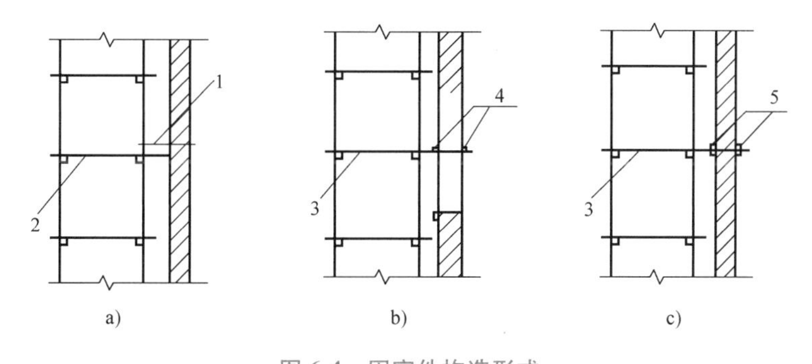

图 6-4　固定件构造形式

a）柔性固定件　b）、c）刚性固定件

1—镀锌钢丝或 ϕ6mm 钢筋　2—横向水平顶管　3—连墙杆　4—两根短管　5—两只扣件

g. 缆风绳与地锚。为保证整个脚手架系统的稳定，在脚手架四周设置缆风绳，材质选用直径 6mm 圆钢或钢丝绳，缆风绳角度为 45°～60°，设地锚并与之连接可靠，松紧适当。

地锚常采用普通热轧工字钢，全部打入地面以下，缆风绳通过紧线器与其连接。

多立杆式脚手架的立杆间距、大横杆步距和小横杆间距可按表6-1选用。剪刀撑在脚手架两端部双跨内设置，在脚手架中间部位每隔30m净距双跨设置。

表6-1　扣件式钢管脚手架构造参数　（单位：m）

用途	脚手架类型	里立杆距墙面	立杆间距		操作层小横杆间距	大横杆步距	小横杆挑向墙面的悬臂
			横向距墙面	纵向			
砌筑	单排 双排	— 0.5	1.2~1.5 1.5	2.0	0.67 1.0	1.2~1.4 1.2~1.4	— 0.4~0.45
装修	单排 双排	— 0.5	1.2~1.5 1.5	2.0	1.1 1.1	1.6~1.8 1.6~1.8	— 0.35~0.45

② 碗扣式钢管脚手架。碗扣式钢管脚手架是采用定型钢材杆件和碗扣接头连接而成的一种新型承插式脚手架。具有拼拆迅速、省力、承载力大、安全可靠、应用广泛等特点。

该脚手架的立杆与水平横杆是依靠特制的碗扣接头来连接的，如图6-5所示。

碗扣式接头可同时连接4根横杆，横杆可相互垂直，也可组成其他角度，因而可搭设各种形式的脚手架，特别适合于搭设扇形平面及高层建筑施工。

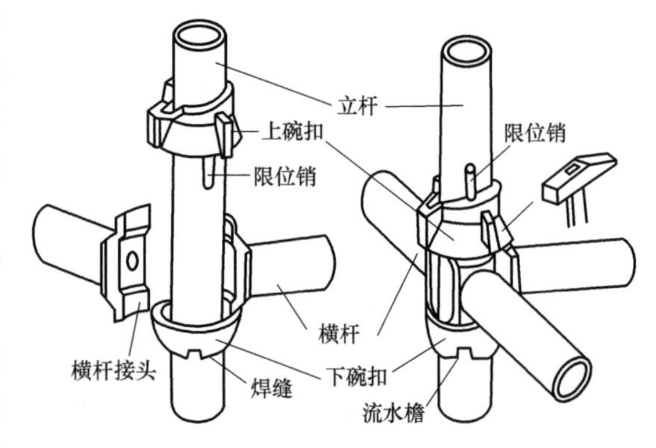

图6-5　碗扣式钢管脚手架连接示意图

③ 盘扣式钢管脚手架。盘扣式钢管脚手架是一种由对接立杆和带插销横杆组成，具有可靠的双向自锁能力的新型脚手架。其节点由焊接于立杆上的连接盘、水平杆杆端接头和斜杆杆端扣接头组成，如图6-6所示。搭设时，只需将横杆两端插头插入立杆相应的锥孔，再敲紧即可。其搭拆速度是碗扣式钢管脚手架的4~5倍，还解决了传统脚手架活动零件易损、不易保管等问题。

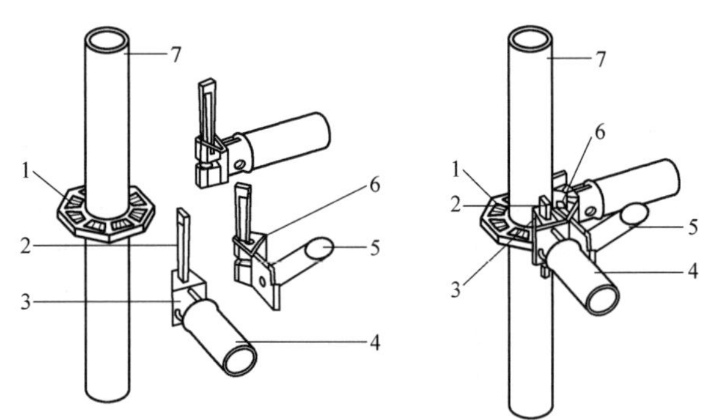

图6-6　盘扣式钢管脚手架连接示意图

1—连接盘　2—插销　3—水平杆杆端接头　4—水平杆
5—斜杆　6—斜杆杆端扣接头　7—立杆

2）框式脚手架。框式脚手架也称门式脚手架，是将门式框架、剪刀撑、水平梁架、螺旋基脚所组成的基本单元（图6-7a）相互连接，并增加梯子、栏杆及脚手板等形成的脚手架，如图6-7b所示。既可作外脚手架，又可作内脚手架、满堂脚手架。

其搭设流程为：铺放垫木板→拉线、安放底座→自一端起立门架并随即安装剪刀撑→装水平梁架（或脚手板）→装梯子（用于人员上下）→装设连墙杆→重复进行，逐层向上安装→装设顶部栏杆。门式脚手架的拆除顺序应与搭设顺序相反：自上而下进行。

框式脚手架是一种工厂生产、现场搭设的脚手架，一般根据产品目录所列的使用荷载和搭设规定进行施工，不必再进行验算。通常框式脚手架搭设高度限制在 45m 以内。

框式脚手架的地基应有足够的承载力，并严格控制第一步门式框架顶面的标高（竖向的误差不大于 5mm）。逐片校正门式框架的垂直度和水平度，确保整体刚度，门式框架之间必须设置剪刀撑和水平梁架（或脚手板）。

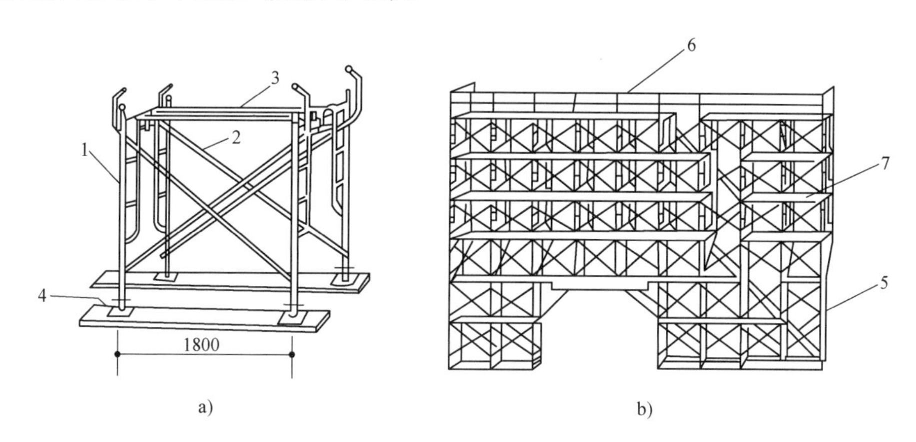

图 6-7　框式脚手架

a）基本单元　b）框式外脚手架

1—门式框架　2—剪刀撑　3—水平梁架　4—螺旋基脚　5—梯子　6—栏杆　7—脚手板

（2）悬挑式脚手架　悬挑式外脚手架（简称挑架）是一种利用建筑结构上已安装的悬挑承力结构，在其上搭设的外脚手架。其工作原理是通过悬挑承力结构，将整个高层脚手架荷载多次分段传递到建筑结构上，分段的外脚手架结构自成体系，避免外脚手架一次搭设过高而导致外脚手架结构承载力不够。该脚手架兼作装修和防护之用，在闹市区需要全封闭，以防坠物伤人。其支撑结构形式有三种：

1）悬挂式挑梁，如图 6-8a 所示。型钢挑梁一端固定在结构上，另一端用拉杆或拉绳拉结到结构的可靠部位上。拉杆（绳）应有收紧措施，以便在收紧以后承担脚手架荷载。悬挂式挑梁与结构的连接做法如图 6-9 所示。

2）下撑式挑梁，如图 6-8b 所示。其挑梁受拉，与结构的连接方法如图 6-10 所示。

3）桁架式挑梁，如图 6-8c 所示。通常采用型钢制作，其上弦杆受拉，与结构连接采用受拉构造；下弦杆受压，与结构连接采用支顶构造。桁架式梁与结构墙体之间还可以采用螺栓连接做法。螺栓穿在刚性墙体的预留孔洞或预埋套管中，可以方便地拆除和重复使用。

（3）悬挂式脚手架　悬挂式脚手架是一种利用吊索将桁架式工作台悬吊在屋顶设置的挑梁上，用于外墙砌筑、装饰装修的脚手架。其所有挑梁、挑架、吊索都应经过计算，固定方法要牢固可靠。其升降方法，可用手扳葫芦连续升降、电动卷扬机升降、液压提升及手动工具分节提升等。主要适用于高层框架和剪力墙结构。

图 6-11a 所示为液压提升法示意图。它是将滑升模板用的液压提升装置用于悬挂式脚手架的提升。桁架式工作台用钢筋悬吊在屋顶挑梁上，钢筋即为千斤顶的爬杆。

悬挂式脚手架的桁架式工作平台采用钢筋吊钩或铁链悬吊时，可用倒链、滑轮等手动工具分节提升，如图 6-11b 所示。

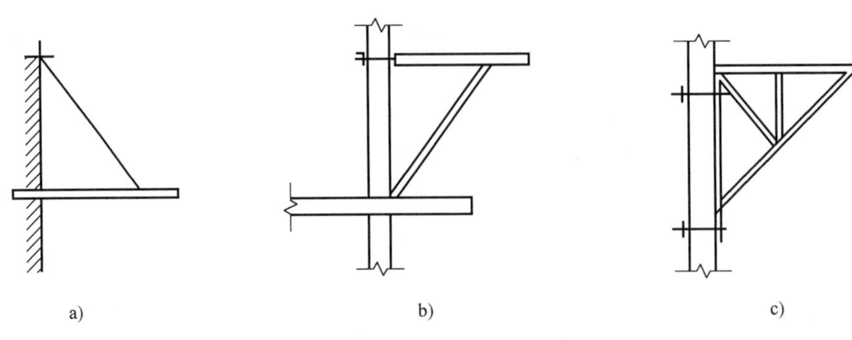

图6-8　悬挑式脚手架的支撑结构形式

a）悬挂式挑梁　b）下撑式挑梁　c）桁架式挑梁

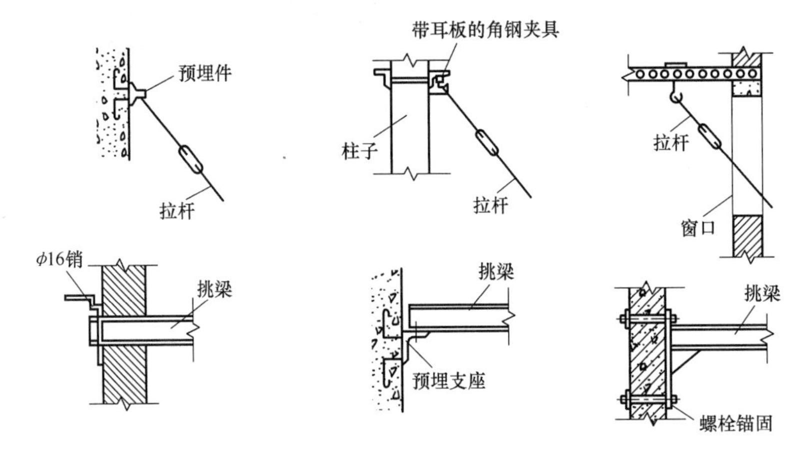

图6-9　悬挂式挑梁与结构的连接做法

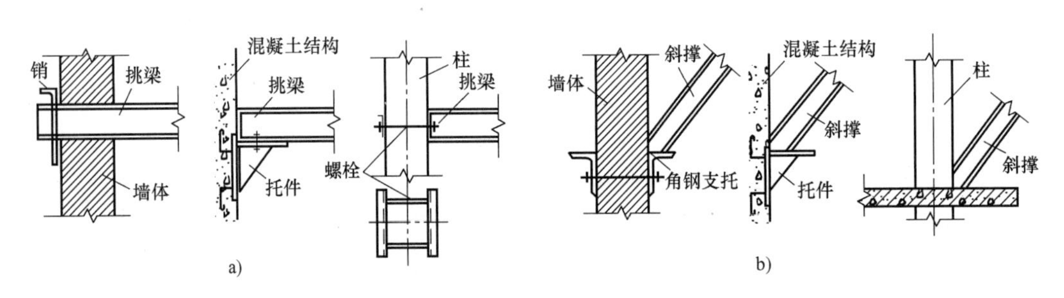

图6-10　下撑式挑梁与结构的连接方法

a）挑梁抗拉节点构造　b）斜撑杆底部支点构造

（4）附着式升降脚手架　附着式升降脚手架（也称爬架）是一种附着于建筑物结构，依靠自身提升设备提升的悬空脚手架。其基本原理是将专门设计的升降机构固定（附着）在建筑物上，将脚手架同升降机连接在一起，但可相对运动，通过固定于升降机构上的动力设备将脚手架提升或下降，从而实现脚手架的爬升或下降。其搭设高度一般为建筑物四个标准层高加一步护身栏的高度，架体的宽可沿建筑物周围一圈形成整体，整体升降。也可按开间的宽度形成一片一片的架体，分片升降。当建筑物的高度大于80m时，其经济效益明显优于其他形式的脚手架，是超高层建筑脚手架的主要形式。

附着式升降脚手架按附着支承形式，可分为导轨式（图6-12）、悬挑式（图6-13）、吊

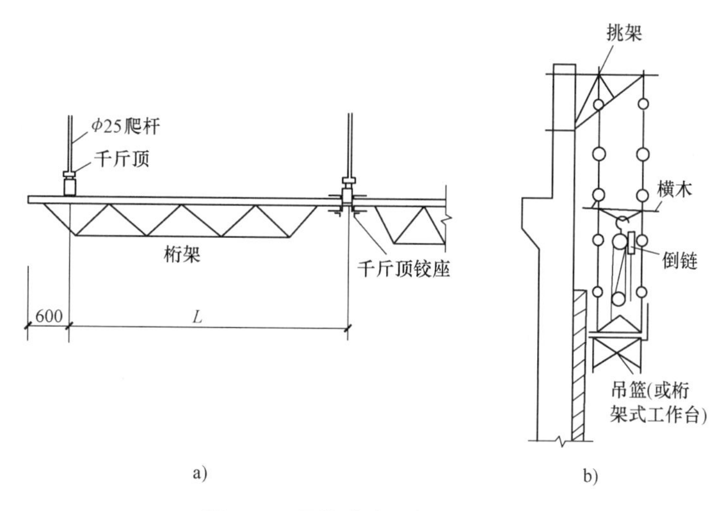

图 6-11　悬挂式脚手提升示意图
a）液压提升　b）倒链提升

拉式、导座式等；按升降动力类型，可分为电动、手拉葫芦、液压等；按控制方式，可分为人工控制和自动控制等。

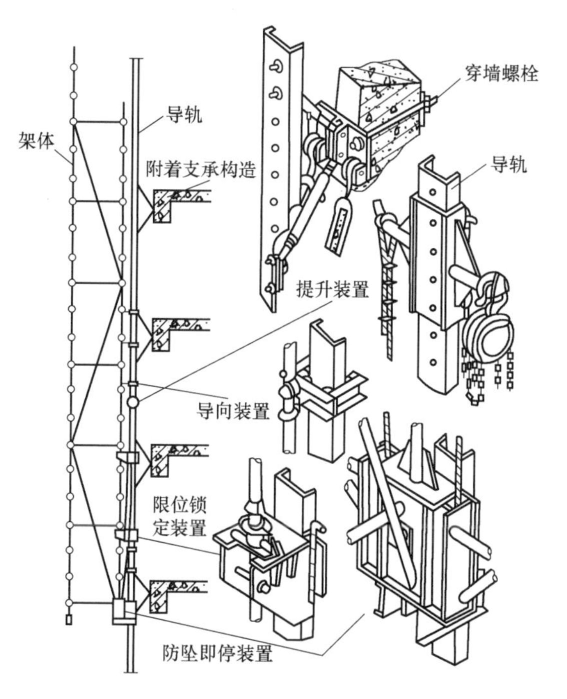

图 6-12　导轨附着升降式脚手架

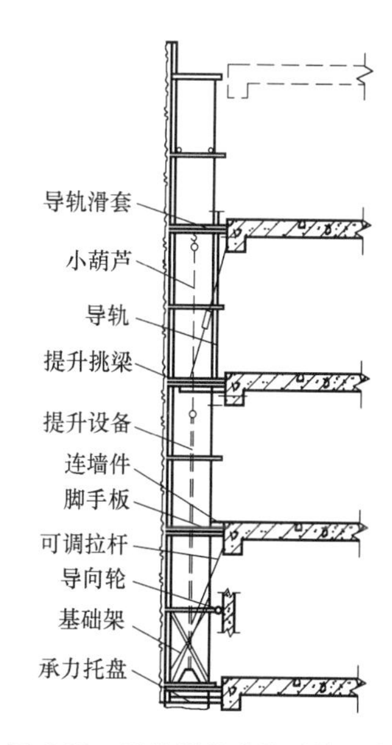

图 6-13　悬挑附着升降式脚手架

2. 里脚手架

里脚手架是搭设在建筑物内部，用于砌墙、抹灰以及其他室内装饰工程等的脚手架。多用于墙体高度不大于 4m 的房屋，每一层楼只需搭设 2~3 步架。因其所用工料少，比较经济，被广泛采用。

混合结构房屋墙体砌筑多用工具式里脚手架，将脚手架搭设在各层楼板上，待砌完一个楼层的墙体，即将脚手架全部运到上一个楼层上。工具式里脚手架有折叠式、支柱式、门架式等多种形式。

（1）折叠式里脚手架

1）角钢折叠式里脚手架。其搭设间距不超过2m，可搭设两步脚手架，第一步为1m，第二步为1.65m，如图6-14所示。

2）钢管折叠式里脚手架（搭设间距不超过1.8m）。

3）钢筋折叠式里脚手架（搭设间距不超过1.8m）。

（2）支柱式里脚手架　支柱式里脚手架由若干个支柱和横杆组成，上铺脚手板。支柱间距不超过2m。其支柱有套管式支柱和承插式支柱。

1）套管式支柱里脚手架，如图6-15所示，由立管、插管组成，插管插入立管中，以销孔间距调节脚手架的高度，是一种可伸缩式的里脚手架，其架设高度为1.57~2.17m；

2）承插式支柱里脚手架，如图6-16所示，在支柱立管上焊承插管，横杆的销头插入承插管中，横杆上面铺脚手板。

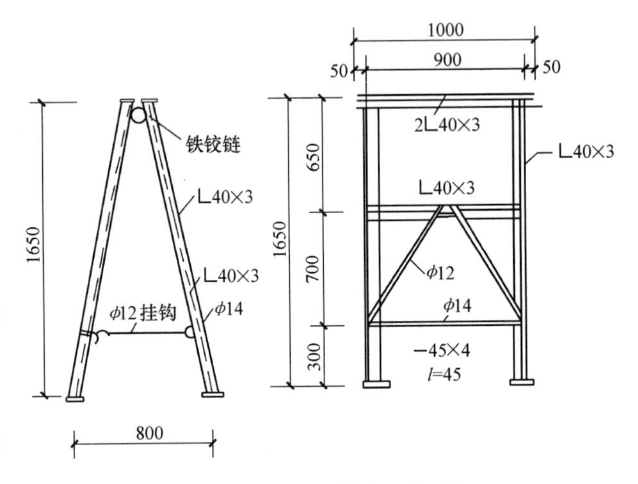

图6-14　角钢折叠式里脚手架

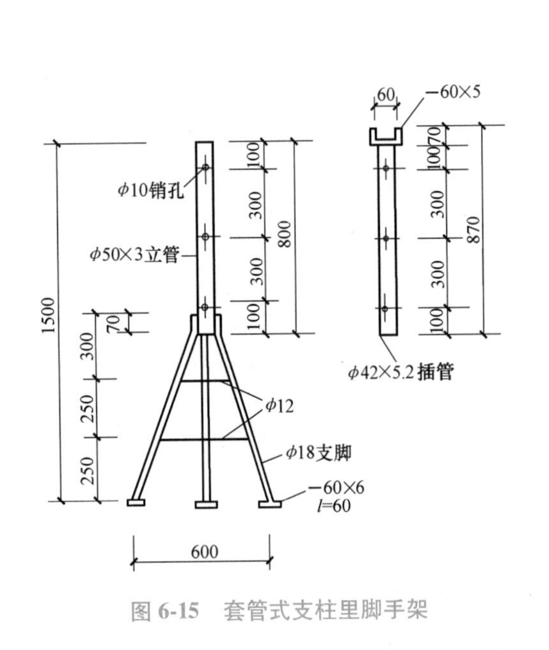

图6-15　套管式支柱里脚手架

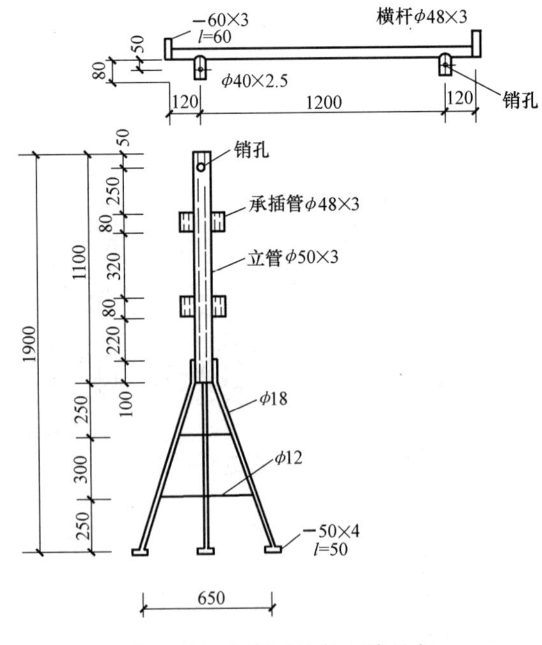

图6-16　承插式支柱里脚手架

（3）门架式里脚手架　门架式里脚手架由A型支架与门架组成，如图6-17所示。

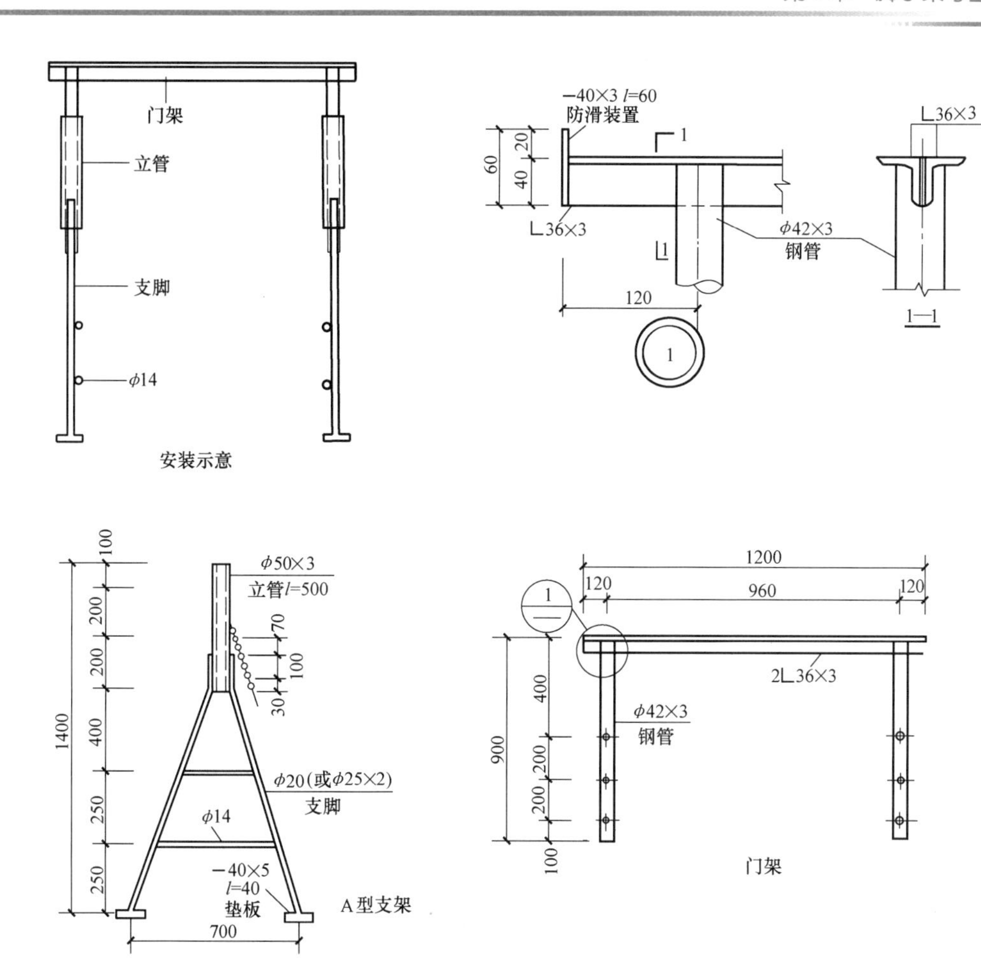

图6-17　门架式里脚手架

6.2 垂直运输机械与设备

常用的垂直运输机械与设备有井架、龙门架、独杆提升架、施工升降机及塔式起重机等。其中井架、龙门架、独杆提升架、塔式起重机只允许载货，严禁载人；施工升降机可载人载货。井架、龙门架和独杆提升架在使用过程中需配合使用卷扬机、缆风绳及地锚等辅助设备。

6.2.1　井架

井架是多层建筑经济适用的垂直运输设施，其稳定性好、运输量大，可用脚手架部件搭设。井架可为单孔、两孔和多孔，常用单孔。井架内设吊盘。井架上可根据需要设置拔杆，起重量一般为5~15kN。搭设高度可达50m以上。图6-18所示为八柱及六柱扣件式钢管井架。图6-19所示为普通型钢井架，主要由立柱、平撑和斜撑等杆件组成，一般采用单孔四立柱角钢井架。图6-20所示为自升式带外吊盘的型钢井架，井架上端设有小拔杆，用于井架的接高。

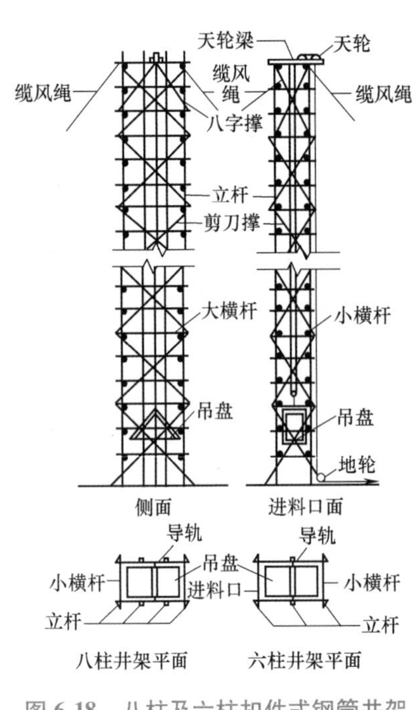

图 6-18　八柱及六柱扣件式钢管井架

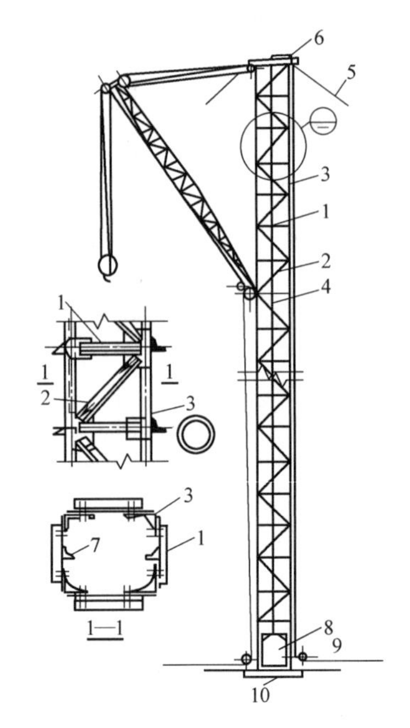

图 6-19　普通型钢井架

1—平撑　2—斜撑　3—立柱　4—钢丝绳　5—缆风绳
6—天轮　7—导轮　8—吊盘　9—地轮　10—垫木

6.2.2　龙门架

龙门架是由两根立杆和横梁（又称天轮梁）及缆风绳组成的门式架（图 6-21）。在龙门架上装设滑轮、导轨、吊盘，进行材料、机具、小型预制构件的垂直运输。龙门架构造简单、制作容易、装拆方便，常用于多层建筑施工。龙门架的立杆有多种组合形式，如图 6-22 所示。

6.2.3　施工升降机

施工升降机又称建筑用施工电梯，也可称为室外电梯，是建筑中经常使用的施工机械，主要用于高层建筑的内外装修、桥梁、烟囱等建筑的施工。

施工升降机的吊笼装在井架外侧，沿齿条式轨道升降。它附着在外墙或建筑物结构上，可载货 1.0~2t，可乘 12~15 人，可随建筑主体结构施工往上接高 100m，特别适用于高层建筑。施工升降机的种类很多，按运行方式，分为无对重和有对重两种；按控制方式，分为手动控制式和自动控制式。

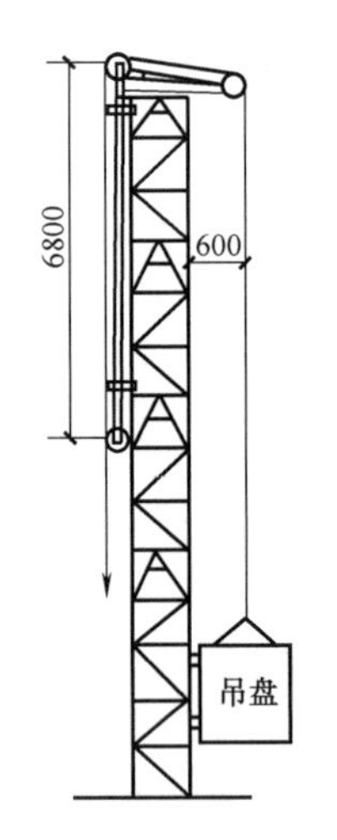

图 6-20　自升式带外吊盘型钢井架

6.2.4　自行杆式起重机

常用的自行杆式起重机有履带式起重机、汽车式起重机和轮胎式起重机等三种。它们具有灵活性大、移动方便的优点，但稳定性较差。

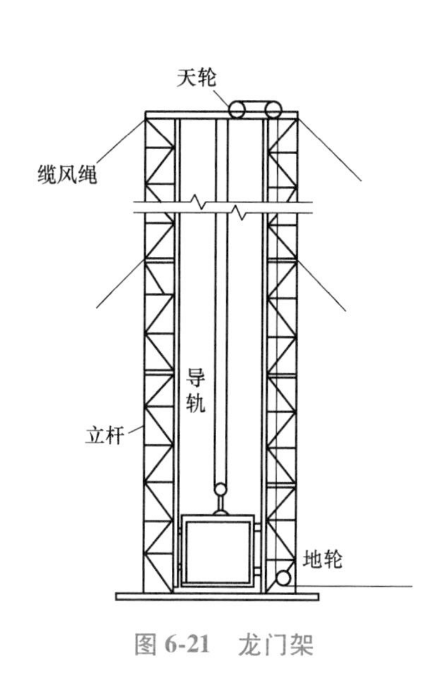

图 6-21　龙门架

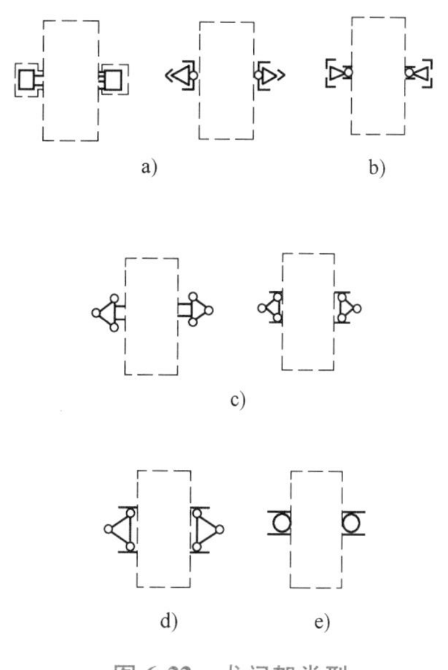

图 6-22　龙门架类型

a）角钢组合立杆　b）角钢钢管组合立杆　c）钢管组合立杆　d）圆钢组合立杆　e）钢管龙门架

（1）履带式起重机

1）构造特点及型号。履带式起重机由行走装置、回转机构、机身及起重臂等组成（图 6-23）的一种自行式、机身 360°全回转的起重机。它具有操作灵活、起吊能力大、场地适应性强、能负载行驶等特点，是结构吊装工程中常用的起重机械。但其自重大，行走速度慢，对路面有破坏性，且稳定性较差，当进行长距离转移需超负荷或接长起重臂时，需进行稳定性验算。

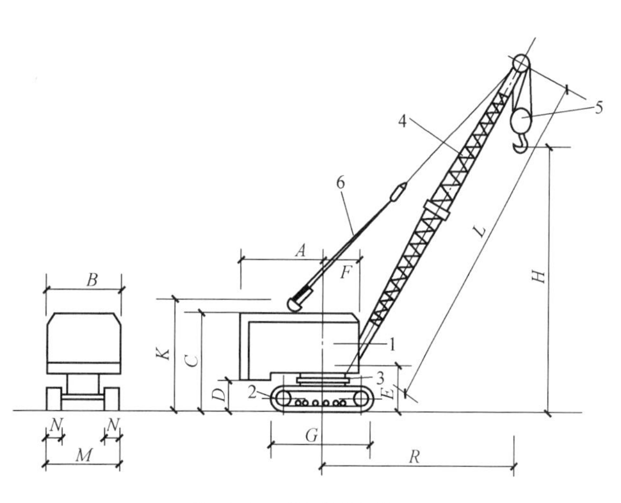

图 6-23　履带式起重机

1—机身　2—行走装置　3—回转机构　4—起重臂　5—起重滑轮组　6—变幅滑轮组

常用的型号有：国产 W_1-50、W_1-100、W_1-200，大吨位的 QUY160、QUY400 以及一些进口机型。W_1-100 型起重机的最大起重量为 15t，适用于吊装 18～24m 的厂房。W_1-200 型起重机的最大起重量为 50t，吊杆可接长至 40m，适用于吊装大型厂房。

2）技术性能。履带式起重机主要技术性能参数有三个：起重量 Q、起重半径 R 和起重高度 H。起重量 Q 是指吊钩能吊起的质量；起重半径 R 是指起重机回转中心至吊钩的水平距离；起重高度 H 是指起重吊钩中心至停机面的距离。常用 W_1-50、W_1-100、W_1-200 的主要技术性能参数见表 6-2。

表 6-2　履带式起重机的主要技术性能

参数		单位	型号									
			W_1-50			W_1-100				W_1-200		
起重臂长度		m	10	18	18 带鸟嘴	13	23	27	30	15	30	40
最大起重半径		m	10	17	10	12.5	17	15	15	15.5	22.5	30
最小起重半径		m	3.7	4.5	6	4.23	6.5	8	9	4.5	8	10
起重量	最小起重半径时	t	10	7.5	2	15	8	5	3.6	50	20	8
	最大起重半径时	t	2.6	1	1	3.5	1.7	1.4	0.9	8.2	4.3	1.5
起重高度	最小起重半径时	m	9.2	17.2	17.2	11	19	23	26	12	26.8	36
	最大起重半径时	m	3.7	7.6	7.6	5.8	16	21	23.8	3	19	25

由表 6-2 可看出：起重量、起重半径和起重高度的大小相互关联，且与起重臂长度有关。

（2）汽车式起重机　汽车式起重机（图 6-24）是将起重机构安装在汽车通用或专用底盘上的全回转起重机。它具有行驶速度高、机动性好、对地面破坏小等优点；其缺点是起吊时必须支腿落地，不能负载行驶，使用时不及履带式起重机灵活。汽车式起重机常用于构件运输、装卸和结构吊装作业。

常用的汽车式起重机有 Q_2 系列、QY 系列等。如 QY-32 型汽车式起重机，臂长达 32m，最大起重量 32t，起重臂分四节，外面一节固定，里面三节可以伸缩，液压操纵，可用于一般工业厂房的结构安装。国产汽车式起重机的最大起重量已达上千吨，起重高度超过 100m，且已凭借安全可靠的性能经历了大型结构吊装作业以及风电项目的考验。

（3）轮胎式起重机　轮胎式起重机是把起重机构安装在加重型轮胎和轮轴组成的专用底盘上的全回转起重机（图 6-25）。随着起重量大小的不同，底盘下装有若干根轮轴，配备有 4~10 个或更多个轮胎，并有可伸缩的支腿；起重时，利用支腿增加机身的稳定，并保护轮胎。轮胎式起重机具有与汽车式起重机相同的特点。

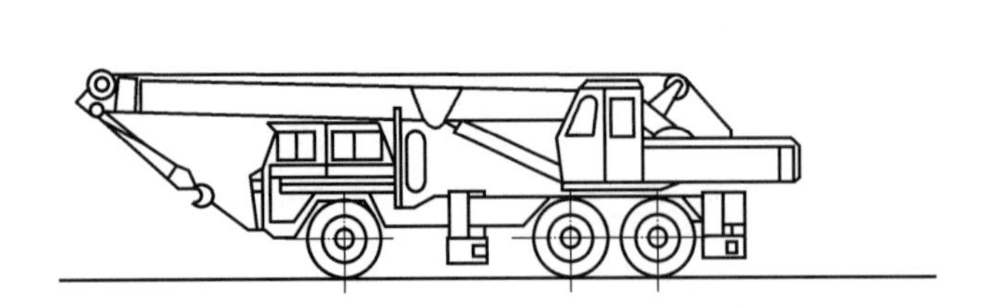

图 6-24　QY-16 型汽车式起重机外形

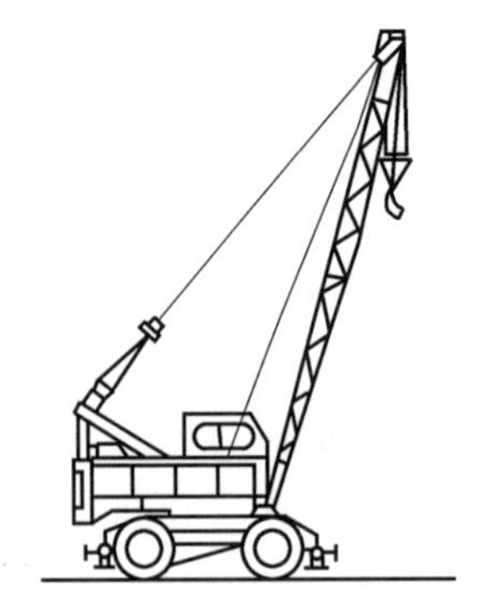

图 6-25　QL3-16 型轮胎式起重机

6.2.5　塔式起重机

塔式起重机是一种塔身直立，起重臂安装在塔身顶部且可做 360° 回转的起重机。它具有工作幅度和起重高度较大、工作效率较高等特点，广泛应用于多高层建筑结构的施工。

按行走机构、变幅方式、回转机构的位置以及爬升方式的不同分成若干类型，主要有轨道式、爬升式和附着式塔式起重机。

（1）轨道式塔式起重机　可同时完成垂直和水平运输，在直线或曲线轨道上均能行走，生产效率高，能负荷行走，起重高度可按需要增减塔身互换节架，如图6-26所示。但需铺设轨道，装拆、转移费工费时。常用型号有QT_1-2、QT_2-6、QT60/80、TD-25型等。

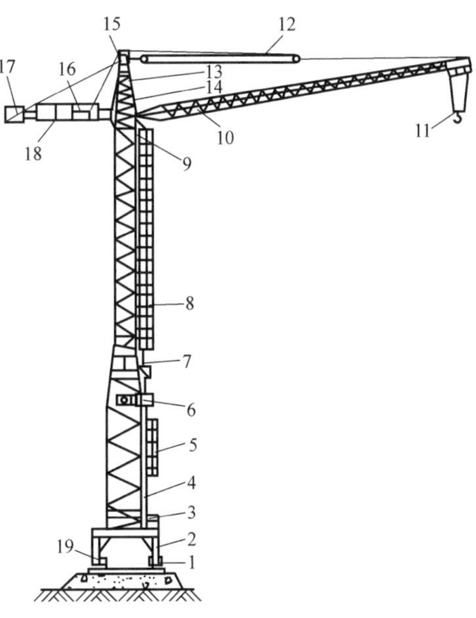

图6-26　QT60/80型轨道式塔式起重机示意图

1—大车行走机构　2—门架　3—压重　4—塔身底节　5—爬梯及护圈　6—起升机构　7—驾驶员室　8—塔身上节　9—回转机构　10—吊臂　11—吊钩滑轮　12—变幅滑轮组　13—塔尖节　14—塔帽　15—变幅限位开关　16—变幅机构　17—平衡重　18—平衡臂　19—电缆卷筒

（2）爬升式塔式起重机　爬升式塔式起重机是安装在建筑物内部电梯井或特设开间的结构上，借助于爬升机构随建筑物的升高而向上爬升的起重机械。一般每施工1~3层楼便爬升一次。其主要由底座塔身套架、塔顶起重臂及平衡臂等组成，具有机身体积小，不需要铺设轨道和附着装置，用钢量省，不占施工场地，安装简单等优点。但因塔机荷载作用于楼层，建筑结构需进行相对加固。适用于施工现场狭窄的高层建筑施工（图6-27）。

1）爬升式起重机的爬升过程。塔式起重机的爬升过程如图6-28所示。首先用起重钩将套架提升到上一个塔位处予以固定，如图6-28b所示。然后松开塔身底座梁与建筑物骨架的连接螺栓，将活动支腿收回套架梁内，将塔身提至需要位置，如图6-28c所示。最后旋出活动支腿，拧紧连接螺栓，即告完成。

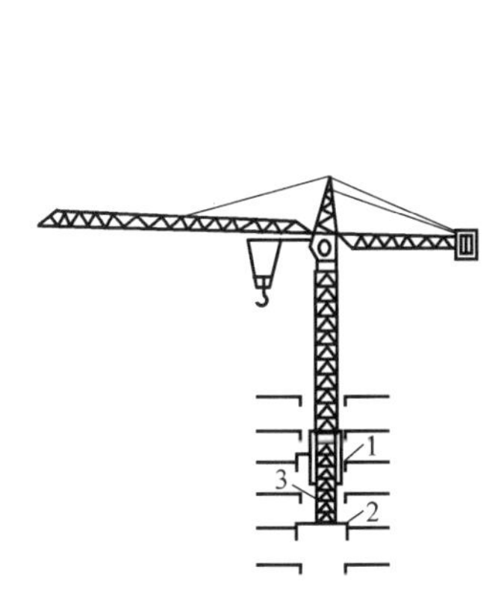

图6-27　爬升式塔式起重机

1—爬升套架　2—塔身底座　3—塔身

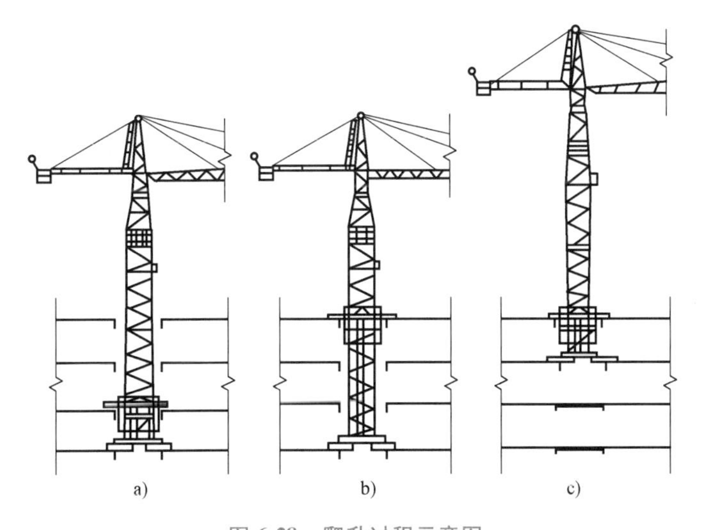

图6-28　爬升过程示意图

a）准备状态　b）提升套架　c）提升塔身

2）内爬外挂塔式起重机。超高层建筑结构施工中，出现了一种将大型塔式起重机悬挂于混凝土结构的外部，随着建筑高度爬升的“内爬外挂技术”。该技术采用一套可循环周转的外挂支撑体系（外挂架）将塔式起重机悬挂于核心筒的外壁，通过塔式起重机自带的液压顶升系统与外挂架之间的相对运动实现顶升，如图6-29所示。内爬外挂塔式起重机的外挂架结构由三套外爬框架组成，正常作业时两套外爬框架共同作业，爬升时在上方安装第三套外爬框架，并在第二套外爬框架下悬挂导轨用于起重机爬升；爬升后拆除第一套外爬框架和爬升导轨，以备下次爬升时使用。塔式起重机的外挂架结构可根据工程实际设计为“斜拉式”或“斜撑式”或两种形式的组合，主要由支撑横梁、水平支撑及次梁构成水平框架，斜拉杆与斜撑杆构成水平框架之间的连接构件。

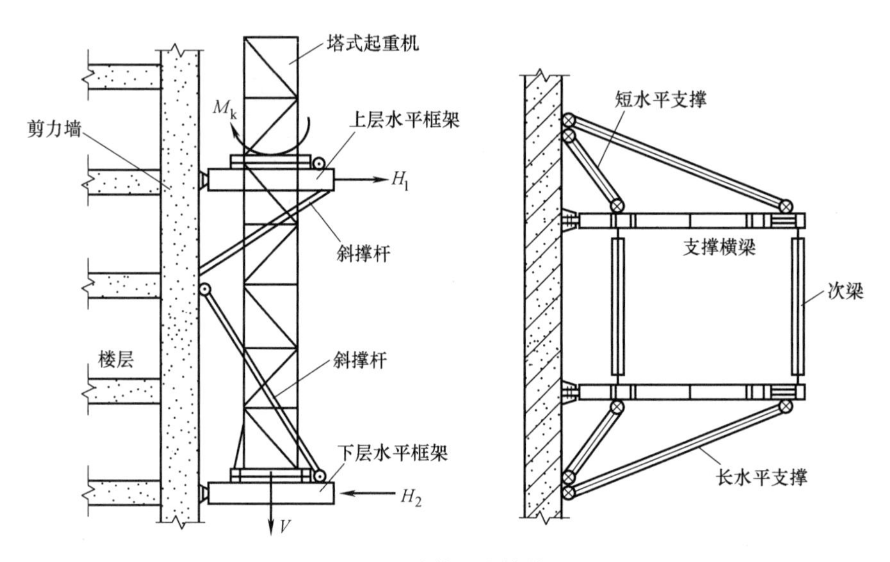

图6-29 外挂架支撑体系

内爬外挂式塔式起重机施工技术克服了核心筒内平面尺寸小不能布置两台以上塔式起重机的问题，避免了塔身穿过楼板等不利因素；且与传统爬升式塔机相比，塔式起重机依附于核心筒外壁，使塔式起重机更靠近外框钢结构，能充分发挥塔式起重机的机械效率。

（3）附着式塔式起重机　附着式塔式起重机是固定在拟建建筑物近旁混凝土基础上，与建筑物附着连接，借助顶升系统自行向上接高塔身的起重机械。多用于高层建筑施工。为增加刚度和塔身的稳定性，每隔20m左右将塔身与建筑物用锚固装置相连。图6-30所示为QT_4-10型附着式塔式起重机，起重量为5~10t，起重半径3~30m，每次接高2.5m，最大起吊高度160m。其顶升接高过程可分为五个步骤，如图6-31所示。①将标准节起吊到摆渡小车上，并将过渡节与塔身标准节相连接的螺栓松开，准备顶升（图6-31a）。②开动液压千斤顶，将塔式起重机上部结构包括顶升套架向上升到超过一个标准节的高度，然后用定位销将套架固定。这样，塔式起重机上部结构的质量便通过定位销传递到塔身上（图6-31b）。③千斤顶回缩，形成引进空间，接着将装有标准节的摆渡小车推入引进空间（图6-31c）。④用液压千斤顶顶起待接高的标准节，退出摆渡小车，然后将待接的标准节平稳地落到下面的塔身上，并用螺栓连接（图6-31d）。⑤拔出定位销，下降过渡节，使之与已接高的塔身连成整体（图6-31e）。

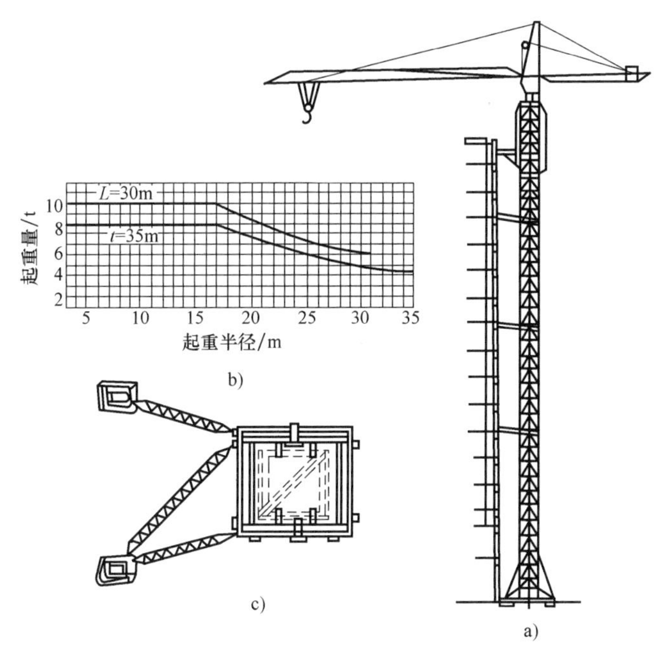

图 6-30　QT_4-10型附着式塔式起重机

a）全貌图　b）性能曲线　c）锚固装置

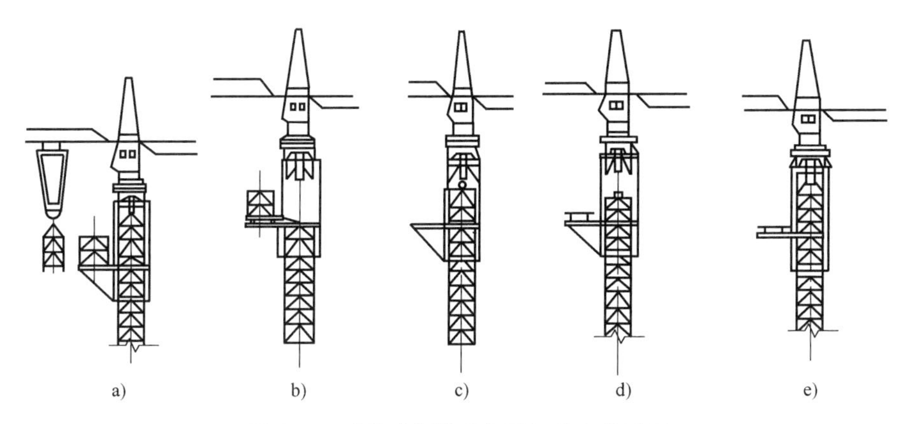

图 6-31　附着式起塔式起重机的自升过程

a）准备状态　b）顶升塔顶　c）推入标准节　d）安装标准节　e）塔顶与塔身连成整体

6.2.6　辅助起重设备

在吊装施工时除了起重机外，还需要使用许多辅助起重设备，如卷扬机、钢丝绳、地锚、横吊梁等。

（1）卷扬机　也称绞车，是吊装施工中最常用的工具。建筑施工中常用的卷扬机分快速和慢速两种。快速卷扬机又有单筒和双筒之分，主要用于垂直、水平运输，牵引力一般为4.0~50kN；慢速卷扬机多为单筒式，牵引力一般为30~200kN。

（2）钢丝绳　钢丝绳是先由若干根钢丝捻成股，再由若干股围绕绳芯捻成绳。钢丝绳按照每股钢丝数量的不同，有6×19、6×37和6×61三种。6×19钢丝绳是指钢丝绳由6股拧成，每股由19根钢丝捻制而成。6×19钢丝绳钢丝粗、较硬、不易弯曲，多用作缆风绳；6×37钢丝细，较柔软，多用作起重用索；6×61钢丝绳质地软，多用于重型起重机械。

（3）地锚　又称锚碇，是用来固定缆风绳、卷扬机等与地面进行锚定的设施。一般有桩式地锚和水平地锚两种。桩式地锚是用木桩或型钢打入土中而成，多用于固定受力不大的缆风绳。水平地锚通常用一根或几根圆木绑扎在一起，水平埋入土体内而成，可承受较大荷载。水平地锚的拉力大于5kN时，应在地锚上加压板；若拉力超过150kN，还要在地锚前加立柱及垫板，如图6-32所示。

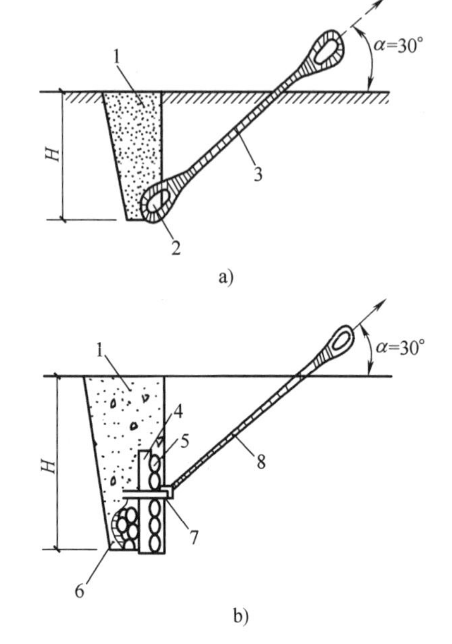

图6-32　水平锚碇构造示意图

a）拉力在30kN以下　b）拉力为100~400kN

1—回填土逐层夯实　2—地龙木1根　3—钢丝绳或钢筋　4—柱木　5—挡木　6—地龙木3根　7—压板　8—钢丝绳圈或钢筋环

（4）横吊梁　为称铁扁担，常用于柱和屋架等构件的吊装。用横吊梁吊柱可使柱身保持垂直，便于安装；用横吊梁吊屋架则可降低起吊高度和减少吊索的水平分力对屋架的压力。

横吊梁有滑轮横吊梁、钢板横吊梁、桁架横吊梁和钢管横吊梁等形式。滑轮横吊梁由吊环、滑轮和轮轴等部分组成（图6-33a），一般用于吊装8t以内的柱；钢板横吊梁由Q235钢板制作而成（图6-33b），一般用于10t以下柱的吊装；桁架横吊梁用于双机抬吊安装柱子（图6-33c）；钢管横吊梁的钢管长6~12m（图6-34），一般用于吊屋架。

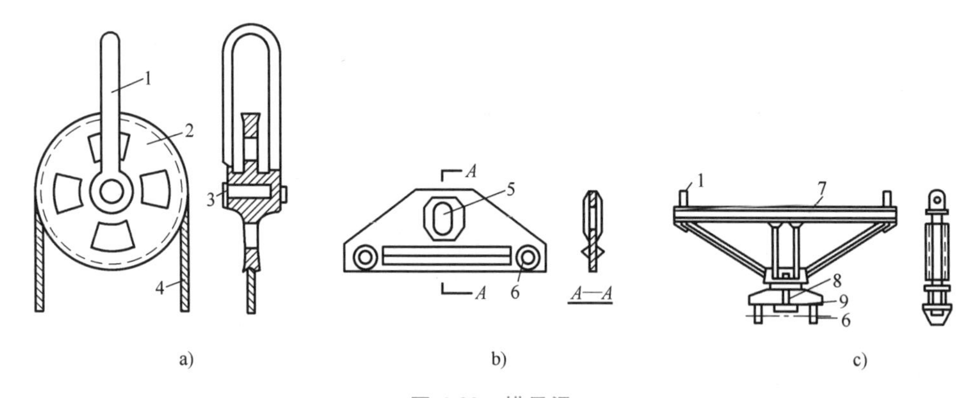

图6-33　横吊梁

a）滑轮横吊梁　b）钢板横吊梁　c）桁架横吊梁

1—吊环　2—滑轮　3—轮轴　4—吊索　5—挂钩孔　6—挂吊索的孔眼　7—桁架　8—转轴　9—横梁

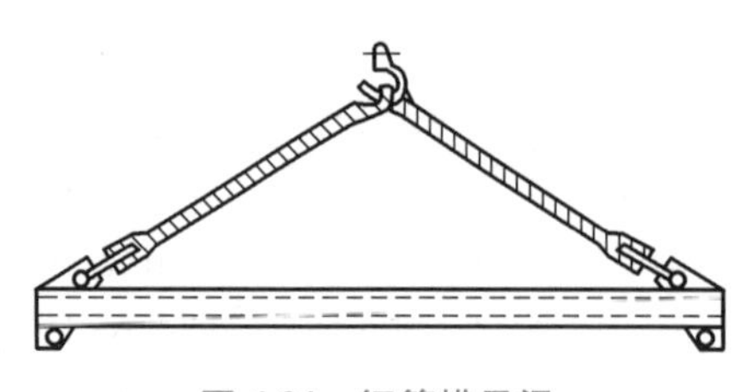

图6-34　钢管横吊梁

本章小结及关键概念

● **本章小结：**本章主要介绍了脚手架的分类、脚手架的安全与技术管理、垂直运输机械与设备的基本构造及其特点。系统叙述了不同种类脚手架的组成及适用范围，不同类型的垂直运输机械与起重机械主要构造和技术性能。通过本章学习，了解脚手架和垂直运输机械的不同分类；掌握脚手架的基本构造及适用范围，履带式和塔式起重机的主要构造、各种技术性能曲线的意义及应用。

● **关键概念：**脚手架、一步架高、多立杆式脚手架、扣件、框式脚手架、井架、施工升降机、自行杆式起重机、塔式起重机、卷扬机、地锚。

习　　题

6.1　脚手架按照结构形式可以分为哪几种？
6.2　多立杆式外脚手架由哪几部分构件组成？
6.3　扣件的基本形式有哪几种？各用于哪种情况下的连接？
6.4　常见的里、外脚手架各有哪几种？
6.5　附着式升降脚手架按附着支承形式可分为哪几种？
6.6　什么是里脚手架，它的适用范围是什么？
6.7　常用的垂直运输方式有哪几种？
6.8　简述自行杆式起重机的类型和特点。
6.9　履带式起重机的技术性能主要有哪几个参数？参数之间有什么相互关系？
6.10　塔式起重机有哪几种类型？各自的适用范围是什么？
6.11　简述爬升式塔式起重机的构造和自升原理。
6.12　简述附着式塔式起重机的构造和自升原理。
6.13　简述施工中常用电动卷扬机的类型和选用。
6.14　吊装用的钢丝绳有几种？各有何特点？
6.15　何谓地锚？有哪些类型？
6.16　简述横吊梁的种类及适用范围。

二维码形式客观题

第 6 章
客观题

第 7 章 结构安装工程

学习要点

知识点：结构安装工程的特点，单层及多高层装配式结构的吊装工艺、吊装方案，多高层结构安装中常用的起重机械的选择与布置，钢结构安装工艺与校正；空间网架结构的吊装方法。

重点：预制钢筋混凝土结构安装工程构件制作与堆放、吊装工艺及施工机械选择；钢结构的构件制作、安装及校正；空间网架结构安装方法。

难点：单层及多高层混凝土装配式结构工程的施工程序及要点；钢结构安装工程的制作及安装工艺。

7.1 单层建筑结构安装

7.1.1 概述

结构安装工程是先在现场或工厂将结构构件或构件组合单元制作成型，再用起重机械在施工现场将其起吊并安装到设计位置，形成装配式结构的施工过程。按结构类型，可分为混凝土结构安装工程和钢结构安装工程等。

结构安装工程具有构件类型多、受机械和吊装方法影响大、吊装中构件应力状态变化大、高空作业多等特点。因此，在制订施工方案时应倍加认真。

7.1.2 单层预制钢筋混凝土结构安装

结构安装是单层工业厂房施工中的主导工程，除混凝土基础外，其他构件均为预制构件，而且多在现场预制，其预制位置必须与随后的吊装就位相匹配。因此，整个施工准备、构件预制、运输、堆放、吊车选择直至结构的安装顺序必须通盘考虑。

1. 吊装前准备工作

（1）构件的制作和运输　单层工业厂房一般除基础是现场浇筑外，其他构件如柱、屋架、梁、屋面板等一般在现场预制或工厂预制。吊运过程中必须保证不变形、不倾倒、不损坏；构件吊运时的混凝土强度不应低于设计强度等级的 75%（当设计无要求时）；运输时构件的垫点和装卸时构件的吊点，均应按设计要求进行；叠放时，上下构件之间的垫木要在同一条垂直线上且厚度相同；对于重心较高、支承面较窄的构件如屋架，应使用支架固定，以防倾倒。图7-1为几种构件的运输示意图。

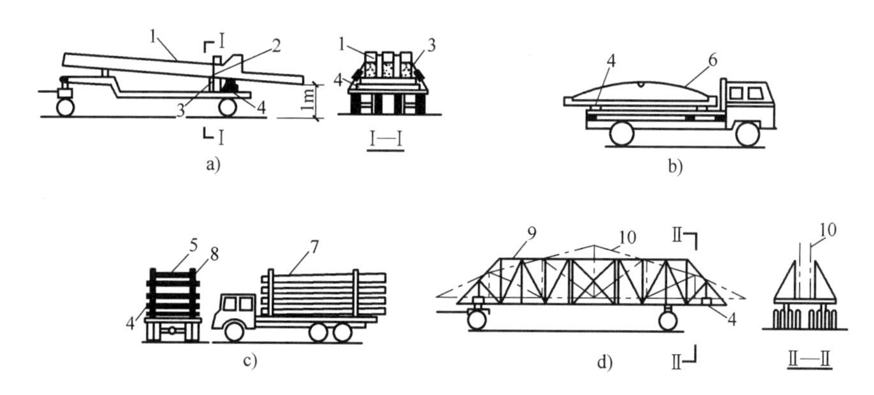

图7-1　构件运输示意图

a）用拖车两点支承运输柱子　b）运输吊车梁　c）用载重汽车运输大型屋面板　d）用钢托架运输屋架

1—柱子　2—倒链　3—钢丝绳　4—垫木　5—钢丝　6—吊车梁　7—屋面板　8—木杆　9—钢托架　10—屋架

进场后，应按结构吊装方案的构件平面布置图堆放，避免进行二次搬运。中小型构件可叠层堆放，通常柱不宜超过2层，梁不宜超过3层，大型屋面板不宜超过6层。

（2）现场施工准备　一般包括：场地清理和道路修筑、构件的检查与清理、构件的弹线放样和编号、基础的准备、构件吊装现场的运输路线、构件吊装现场的摆放。

1）基础准备。钢筋混凝土柱的基础一般采用杯形基础。浇筑时应保证基础定位轴线及杯口尺寸准确，且杯底浇筑后的标高应比设计标高低50mm。柱吊装前要对基础进行杯底抄平及杯口顶面弹线。

杯底抄平就是测出杯底的实际标高，再量出柱底到牛腿顶面的实际长度，然后根据安装后柱的牛腿顶面的设计标高计算出杯底标高调整值，将其在杯口内标出。最后用水泥砂浆或细石混凝土将杯底抄平至所需的标高处。

杯口顶面弹线就是在杯口顶面弹出建筑物的纵、横定位轴线，作为柱对位与校正的依据。

2）构件的弹线放样和编号。为方便构件对位和校正，吊装前要在其表面弹出吊装准线。对于形状复杂的构件，还应标出其重心和绑扎点的位置。弹线时要根据设计图对构件进行编号，对于不易区分上下、左右的构件，还要在相应部位加以注明。

① 柱。柱应在柱身的三个面上弹出几何中心线，中心线应与基础杯口面上的安装中心线吻合，此外在牛腿面和柱顶弹出吊车梁和屋架的吊装准线。

② 屋架。屋架应在上弦顶面弹出几何中心线，并由跨中向两端分别弹出天窗架、屋面板的吊装准线；屋架端头应弹出屋架的纵、横吊装准线。

③ 吊车梁。吊车梁应在两端及顶面弹出几何中心线。

2. 构件吊装工艺

结构构件的吊装过程包括：绑扎、吊升、对位、临时固定、校正、最后固定等工序。

（1）柱的吊装

1）柱的绑扎。柱的绑扎方法与柱的质量、形状、几何尺寸、吊装方法等有关。自重在

13t 以下的中小型柱多采用一点绑扎，重型柱或细长柱多采用两点绑扎或三点绑扎。根据起吊后柱身是否垂直，可以分为斜吊法和直吊法。

① 斜吊绑扎法。当柱子的宽面抗弯能力满足吊装要求时，可采用图 7-2 所示的斜吊绑扎法。采用此法，柱起吊后呈倾斜状态，起重机的起重高度可以小一些，但因柱身倾斜，就位对中较困难。

② 直吊绑扎法。若柱平放起吊的宽面抗弯强度不够时，需先将柱翻身，然后采用图 7-3 所示的直吊绑扎法起吊。采用此法，柱起吊后呈竖直状态，柱身与基础杯底垂直，容易对位。但需用横吊梁，起重高度比斜吊法大。

此外，当柱较长，一点绑扎抗弯强度不足时，可以采用图 7-4a 所示的两点绑扎斜吊法。若抗弯强度不够时，可先将柱翻身，然后利用图 7-4b 所示的两点绑扎直吊法。

2）柱的吊升。柱的吊升方法应根据柱的质量、长度、起重机性能及现场条件等确定，常用的方法分为旋转法和滑行法，对于重型柱还可采用双机抬吊法。

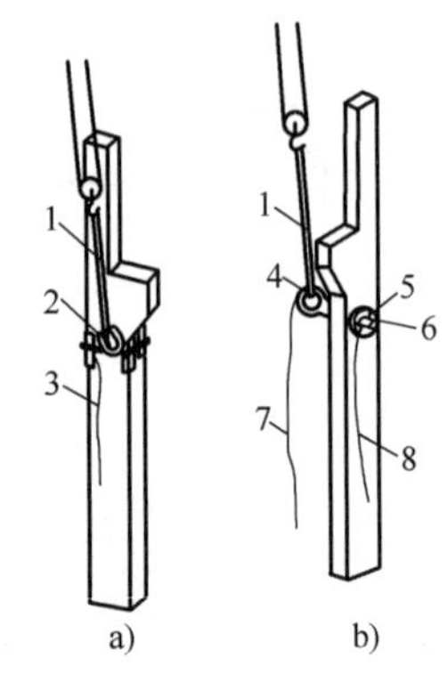

图 7-2　斜吊绑扎法

a）采用活络卡环　b）采用柱销

1—吊索　2—卡环　3—卡环插销拉绳

4—柱销　5—垫圈　6—插销

7—柱销拉绳　8—插销拉绳

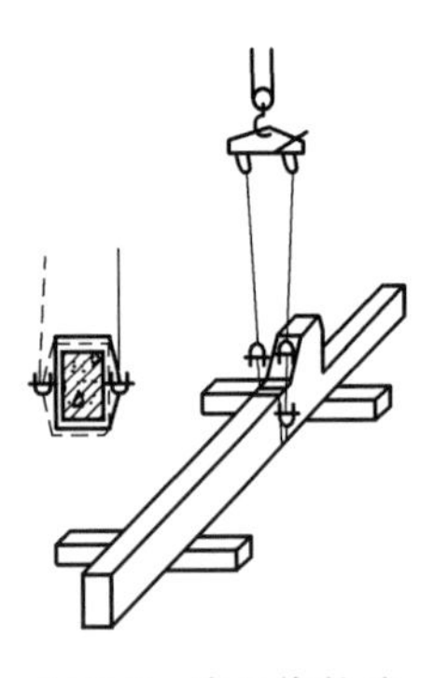
图 7-3　直吊绑扎法

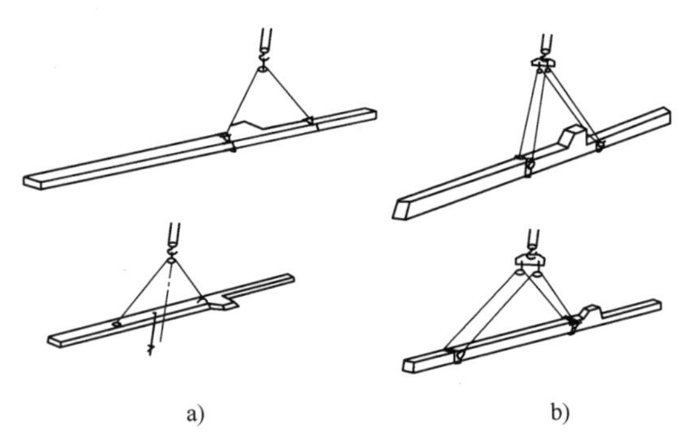

图 7-4　两点绑扎吊装柱

a）斜吊法　b）直吊法

① 旋转法。图 7-5 所示为旋转法示意图。此方法要求：绑扎点、柱脚中心与柱基础杯口中心三点共弧，即在以起重半径 R 为半径的圆弧上，柱脚应靠近基础。起吊时，起重半径不变，起重臂边升钩边回转，使柱绕柱脚旋转而呈直立状态，然后将柱吊离地面，稍回转起重臂把柱吊到基础杯口上方，将柱插入杯口。

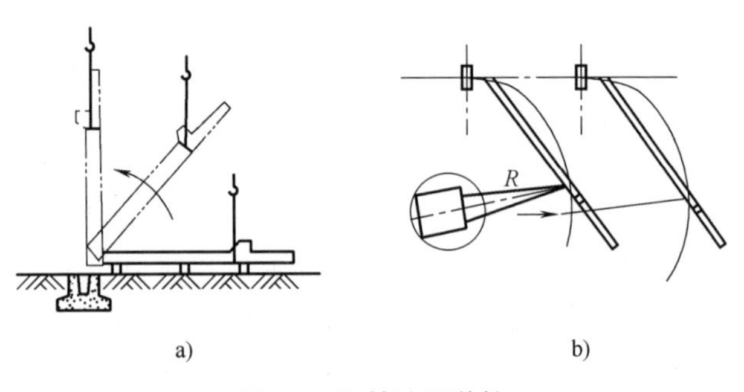

图 7-5　旋转法吊装柱

a）柱吊升过程　b）柱平面布置

② 滑行法。当柱子较重、较长或起重机在安全荷载下的起重半径不够、现场狭窄、柱子无法按旋转法布置时，可采用图 7-6 所示的滑行法吊装柱子。采用滑行法吊装柱时，柱子受到振动较大，故吊装前应对柱脚采取

保护措施，并在柱脚下设置托板、滚筒，铺设滑行道等来减少柱脚与地面的摩擦。

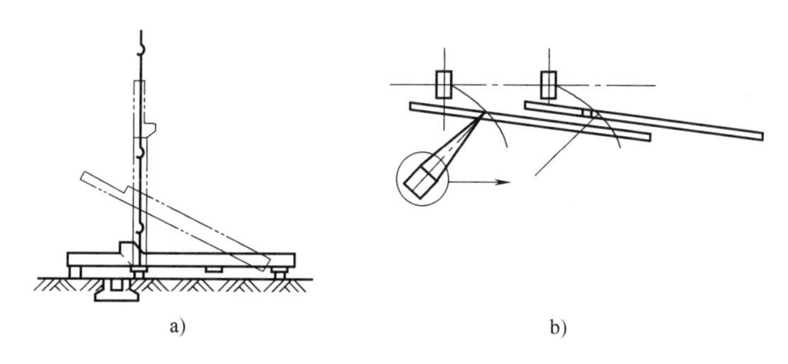

图 7-6　滑行法吊装柱

a）柱吊升过程　b）柱平面布置

3）柱的对位与临时固定。柱插入杯口后，应保持基本垂直，柱底距杯底约 30～50mm 时进行对位。对位时，先在柱四周每边各放入 2 个楔子，并用撬棍拨动柱脚，使柱的吊装准线对准杯口顶面的吊装准线，然后略打紧楔子，放松吊钩，将柱沉至杯底，再复查吊装准线的对准情况，打紧楔子，将柱临时固定，最后起重机脱钩，如图 7-7 所示。

4）柱的校正。柱的校正包括三个方面，即柱的平面位置、标高和垂直度。柱平面位置的校正在柱子对位时已经完成，标高的校正在基础杯底抄平时也已完成。因此，柱的校正主要是对其垂直度进行校正。

柱垂直度的检查一般是利用两台经纬仪从柱的相邻两边检查其吊装准线的垂直度来完成。对中小型柱或垂直度偏差较小的，可以采用敲打楔块法；对重型柱，可以采用千斤顶校正法、钢管顶撑法、缆风绳校正法等，如图 7-8 所示。

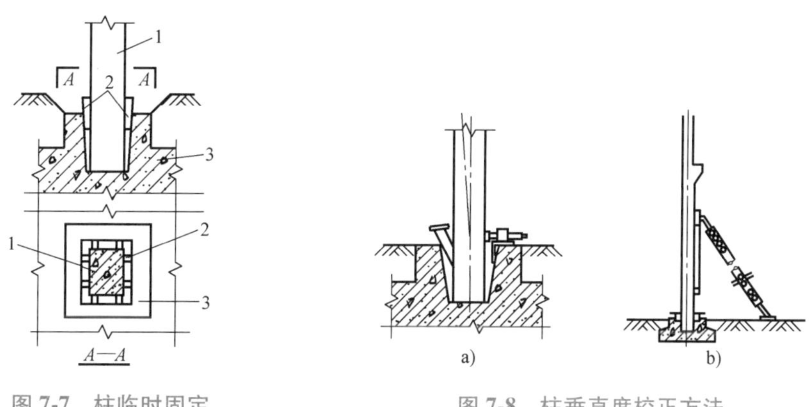

图 7-7　柱临时固定

1—柱　2—楔块　3—基础

图 7-8　柱垂直度校正方法

a）千斤顶校正法　b）钢管顶撑法

5）柱的最后固定。柱校正后，应立即进行最后固定。方法是在柱脚与杯口的空隙中浇筑细石混凝土。灌缝工作一般分两次进行，采用钢楔或木楔做临时固定时，第一次灌到楔子下端，待混凝土强度达到设计强度等级的 30%后，方可拔除楔子，再第二次灌缝至基础顶。当第二次浇筑的混凝土强度达到设计强度等级的 75%后，才能安装上部构件。

（2）吊车梁的吊装

1）吊车梁的绑扎、吊升、对位与临时固定。吊车梁的绑扎点应对称地设置在梁的两端，起吊后要能基本保持水平，梁的两头要拴溜绳以便控制梁在空中的位置。梁就位时应缓慢落钩，争取一次对好纵轴线，避免在纵轴线方向撬动梁而导致柱偏斜。吊车梁在就位时用垫铁垫平即可，但当梁的高度与底宽之比大于4时，可以使用钢丝将梁临时捆在柱上，以防倾倒。

2）吊车梁的校正和最后固定。吊车梁的校正应在厂房结构已经校正和固定后进行，内容包括垂直度和平面位置校正，两者应同时进行。梁的标高在基础杯口底部调整时已基本完成，如果仍存在误差，可以在铺设轨道时再进行调整。

吊车梁校正后，应立即焊接牢固，并在吊车梁与柱接头的空隙处浇筑细石混凝土进行最后固定。

（3）屋架的吊装

1）屋架的绑扎。屋架绑扎点应选在上弦节点处，左右对称。为避免屋架承受过大的横向压力，吊索与水平线的夹角，翻身扶直时不宜小于60°，吊装时不宜小于45°。屋架吊点的数目、位置与屋架的形式和跨度有关。图7-9所示为屋架翻身和吊装时的几种绑扎方法。一般当屋架跨度在18m以内时，采用两点绑扎；屋架跨度在18~30m时，采用四点绑扎；屋架的跨度超过30m时，为了减小屋架吊索高度及横向压力，可采用横吊梁，四点绑扎；对于侧向刚度较差的屋架如三角形组合屋架也应采用横吊梁。

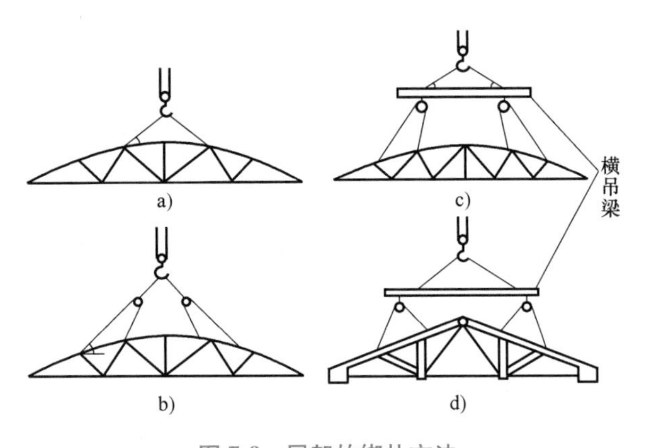

图7-9　屋架的绑扎方法

a）跨度≤18m　b）跨度18~30m

c）跨度≥30m　d）三角形组合屋架

2）屋架的扶直与就位。混凝土屋架在安装前应先将其翻身扶直和就位，即先将屋架扶成竖立状态，吊放在预先设计好的排放位置上，以备随后的吊升安装工作。屋架的扶直可以分为正向扶直（图7-10a）和反向扶直（图7-10b）。

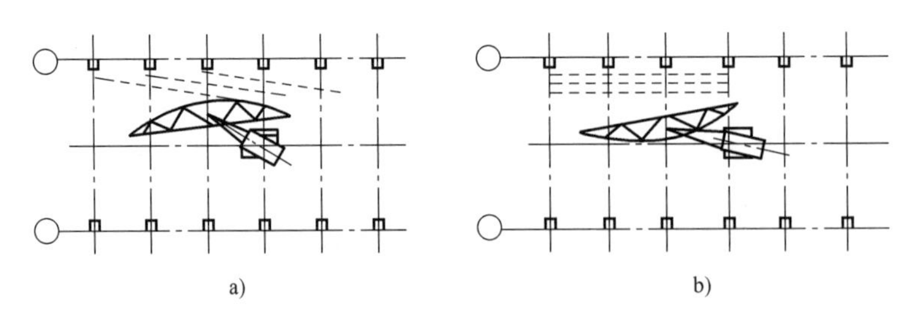

图7-10　屋架的扶直（虚线表示屋架的排放位置）

a）正向扶直　b）反向扶直

屋架扶直后应立即进行就位排放。就位位置与屋架的安装方法、起重机的性能有关，应考虑屋架的安装顺序、两端朝向等，且应少占用场地，便于吊装。一般采用靠柱边斜放（图7-10a）或以3~5榀为一组平行柱边纵向就位（图7-10b）。

3）屋架的吊升、对位和临时固定。屋架吊升是先将屋架吊离地面约500mm，然后将其转至吊装位置的下方，再升钩将屋架提升到高于柱顶约300mm处，用溜绳旋转屋架使其对准柱顶，然后将屋架缓慢降到柱顶，进行对位并立即进行临时固定，然后方能脱钩。

第一榀屋架临时固定必须十分牢固，一般是用四根缆风绳从两边将屋架拉牢，也可将屋架与抗风柱连接作为临时固定。其他各榀屋架的临时固定是用两根工具式支撑（也称为屋架校正器）撑牢在前一榀屋架上，如图7-11和图7-12所示。当屋架经过了校正、最后固定，并安装了若干块大型屋面板后，才可以将支撑取下。

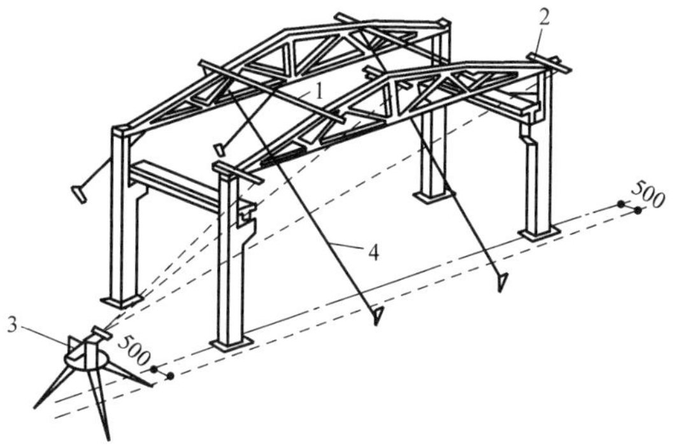

图7-11　屋架的临时固定与校正

1—工具式支撑　2—卡尺　3—经纬仪　4—缆风绳

4）屋架的校正与最后固定。屋架的校正主要是垂直度偏差校正，一般可用经纬仪或垂球检查，利用工具式支撑校正垂直偏差。屋架校正完毕后，立即用电焊做最后固定。

（4）天窗架和屋面板的吊装

天窗架可以和屋架组合在一起吊装，也可以单独吊装，其吊装和校正方法与屋架基本相同。

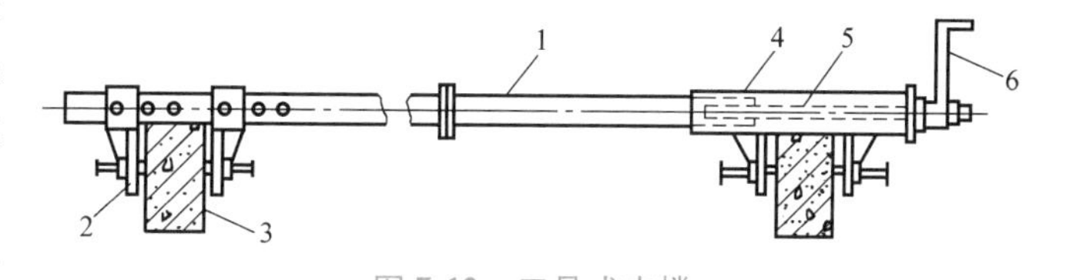

图7-12　工具式支撑

1—钢管　2—撑脚　3—屋架上弦　4—螺母　5—螺杆　6—摇把

屋面板较轻，可采用一钩多吊的方法。其安装顺序应由两边檐口左右对称交替地逐块铺向屋脊，以免屋架不对称受荷。屋面板就位、校正后，应立即与屋架或天窗架焊接牢固。

3. 结构吊装方案

单层工业厂房平面尺寸大，构件类型少、质量大，因此在制订吊装方案时，主要应解决结构吊装方法、起重机的选择、起重机的开行路线以及构件的平面布置等。

（1）结构吊装方法　工业厂房的结构吊装方法主要有分件吊装法和综合吊装法两种。

1）分件吊装法。分件吊装法是在厂房结构吊装时，起重机分三次开行，每开行一次，仅吊装一种或几种构件，即

第一次开行：吊装全部的柱子，并对柱子进行校正和最后固定。

第二次开行：吊装基础梁、吊车梁、连系梁和柱间支撑等。

第三次开行：依次按节间吊装屋架、天窗架、屋面板以及屋面支撑等。

分件吊装法每次开行吊装的是同类构件，索具不需经常更换，操作方法基本相同，所以吊装速度快，工作效率高，且构件可以分批供应，现场平面布置比较简单，还能给构件的校正、固定焊接、混凝土的浇筑及养护等提供充分的时间，但此法不能为后续施工及早提供工作面，起重机的开行路线也比较长。

2）综合吊装法。综合吊装法是起重机在一次开行中，分节间吊装完所有类型的构件。

一般先吊装4~6根柱子并立即进行校正和最后固定，然后吊装该节间内的吊车梁、连系梁、屋架、屋面板等构件，以此顺序按节间吊装直到整个结构吊装完毕。此法起重机开行路线短、停机次数少，但施工中索具更换频繁，吊装效率低，构件的校正和固定时间紧迫，构件的供应和平面布置也较复杂，故只有遇到特殊情况或采用移动困难的起重机时（如桅杆式起重机）才采用。

（2）起重机的选择　起重机的选择包括：起重机的类型、型号和数量。它关系到构件的吊装方法、起重机的开行路线与停机点、构件的平面布置等一系列问题。

1）起重机类型和型号的选择。起重机的类型主要考虑厂房的结构特点、跨度、构件质量和吊装高度。一般工业厂房多采用履带式起重机、轮胎式起重机或汽车式起重机。对于大跨度的重型厂房可以选用塔式起重机进行吊装。

起重机的类型确定以后，要根据起重量Q、起重高度H和起重半径R来确定起重机的型号。如自行杆式起重机（履带式、汽车式、轮胎式起重机）型号的选择方法。

① 起重量。起重机的起重量必须大于所安装构件的质量与索具的质量之和，即

$$Q \geqslant Q_1+Q_2 \tag{7-1}$$

式中　Q——起重机的起重量（t）；

Q_1——构件的质量（t）；

Q_2——索具的质量（t）。

② 起重高度。起重机的起重高度必须满足所吊装构件的安装高度要求，如图7-13所示，可按下式计算：

$$H \geqslant h_1+h_2+h_3+h_4 \tag{7-2}$$

式中　H——起重机的起重高度（从停机面算起至吊钩中心）（m）；

h_1——安装支座的表面高度（从停机面算起）（m）；

h_2——安装间隙，视具体情况而定，应不小于0.2m；

h_3——绑扎点至起吊后构件底面的距离（m）；

h_4——索具高度（自绑扎点到吊钩中心），视具体情况而定（m）。

③ 起重半径。当起重机不受限制可开到安装附近去吊装构件时，可不验算起重半径；但当受限制时，应验算起重半径为定值时其起重力与起重高度能否满足吊装要求。

2）起重机数量的确定。投入施工现场的起重机数量可以根据工程量、工期和起重机台班产量按下式计算：

$$N=\frac{1}{TCK}\sum\frac{Q_i}{P_i} \tag{7-3}$$

式中　N——起重机台数；

T——工期（天）；

C——每天工作班数；

K——时间利用系数，一般取0.8~0.9；

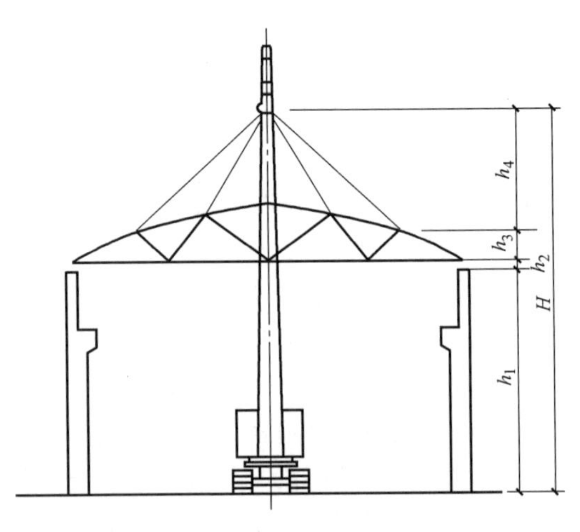

图7-13　起重高度计算简图

Q_i——每种构件的安装工程量（件或 t）；

P_i——起重机相应的产量定额（件/台班或 t/台班）。

（3）构件的平面布置　一般分为预制阶段构件的平面布置和吊装阶段构件的平面布置。

1）预制阶段构件的平面布置。单层工业厂房在现场预制的构件主要是柱子和屋架。

① 柱的预制布置。柱子质量较大，不易移动，因此柱子的现场预制位置就是吊装的就位位置。柱的布置有斜向布置和纵向布置两种。

当柱子采用旋转法起吊时，应优先按三点共弧斜向布置，布置位置可参见图 7-14a。当受场地限制或者柱子过长，难以做到三点共弧时，也可采用两点共弧斜向布置（图 7-14b）。

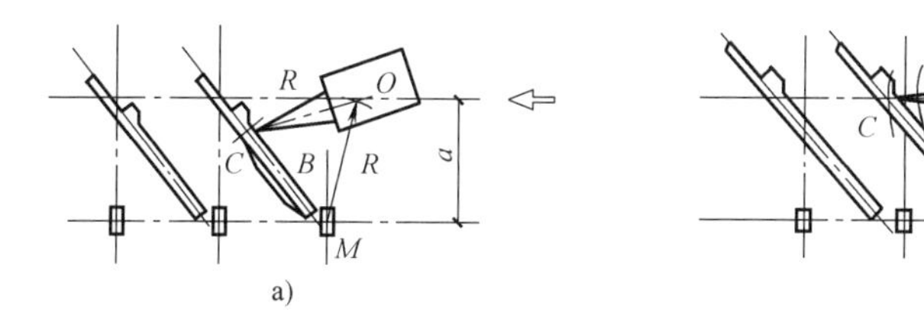

图 7-14　旋转法吊装柱子时，柱的平面布置

a）三点共弧　b）柱脚与柱基中心两点共弧

无论采用哪种布置方式，都应注意牛腿的朝向。当柱布置在跨内预制时，牛腿应朝向起重机；当布置在跨外预制时，牛腿应背向起重机。

② 屋架的预制布置。屋架一般在跨内以每 3~4 榀为一叠平卧叠层浇筑。布置的方式有斜向布置、正反斜向布置和正反纵向布置，如图 7-15 所示。布置时，为便于支模及浇筑混凝土，屋架间应预留 1m 的间距。如果是预应力混凝土屋架，在其一端或两端要留出抽管和穿筋所需的长度，留设长度一端抽管时为屋架全长再加上抽管时所需的工作场地 3m；两端抽管时为屋架长度的 1/2 再加 3m。为了便于屋架的扶直和排放，一般优先采用斜向布置方式，此外，为了方便扶直，应将先扶直后吊装的放在上层。

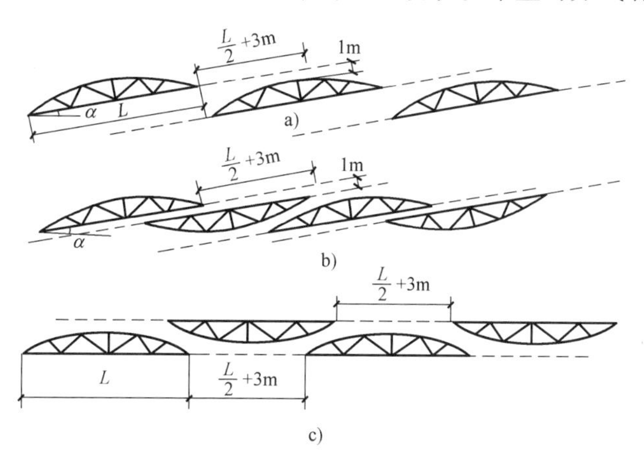

图 7-15　屋架现场预制布置方式

a）斜向布置　b）正反斜向布置　c）正反纵向布置

2）吊装阶段构件的平面布置。

① 屋架的扶直排放。屋架扶直后应立即排放到设计好的地面位置上，按排放位置的不同，分为同侧排放和异侧排放，如图 7-16 所示。同侧排放时，屋架的预制位置与排放位置在起重机开行路线的同一边；异侧排放时，需要将屋架由预制的一边移至起重机开行路线的另一边排放。

斜向排放多用于跨度和质量较大的屋架，其排放位置的确定采用作图法（图 7-17）。

a. 确定起重机吊装屋架时的开行路线和停机点。起重机吊装屋架时一般沿跨中开行，先在跨中画出起重机的开行路线，然后以准备吊装屋架的轴线（如②轴线）中点为圆心，

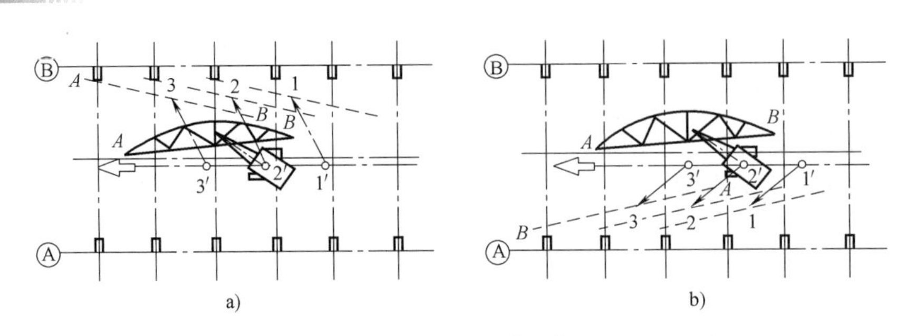

图 7-16　屋架排放示意图

a）同侧排放　b）异侧排放

以吊装该屋架时的起重半径 R 为半径画弧，交开行路线于 O_2 点，则 O_2 点即为吊装②轴线屋架的停机位置。

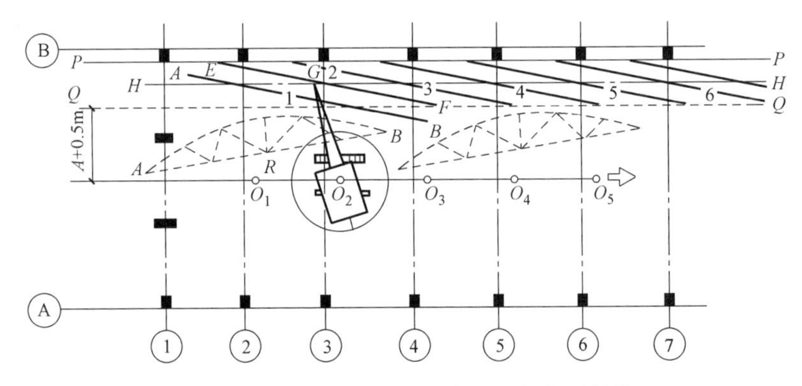

图 7-17　屋架斜向排放（虚线表示屋架的预制位置）

b. 确定屋架的排放范围。屋架一般靠柱边排放，可选择距柱边的净距不小于 200mm 的位置定出 P—P 线；然后以距起重机开行路线的距离为 A+0. 5m（A 为起重机尾部到回转中心的距离）定出 Q—Q 线，则 P—P 线和 Q—Q 线之间的范围就是屋架的可排放范围。

c. 确定屋架的排放位置。做出 P—Q 的中线 H—H。屋架排放后，其中心点均应该在 H—H 上。以吊②轴线屋架为例：以停机点 O_2 为圆心，起重半径 R 为半径画弧，交 H—H 于 G 点，则 G 点即为排放②轴线屋架的中点。再以 G 为圆心，以屋架跨度的一半为半径画弧，交 P—P、Q—Q 于 E 和 F 点，连接 E、F 点，所得 EF 线段即为②轴线屋架的排放位置。依次类推，可定出其他屋架的排放位置。第①轴线的屋架由于已经安装了抗风柱，故后退到②轴线屋架附近排放。

② 吊车梁、连系梁、屋面板的排放。吊车梁、连系梁和屋面板一般在构件预制厂制作，再运到现场排放、吊装。吊车梁、连系梁一般在其吊装位置的柱列附近排放，跨内、跨外均可，有时也从运输车辆上直接吊装。屋面板可以按 6~8 块为一叠，靠柱边堆放。

在制订构件的平面布置方案时，应充分考虑现场的实际情况，制订切实可行的现场构件平面布置图。图 7-18 所示为某车间的预制构件平面布置图。

7.1.3　单层钢结构安装

钢结构具有自重轻、构件截面小、工业化、机械化施工程度高、现场安装作业量少等优

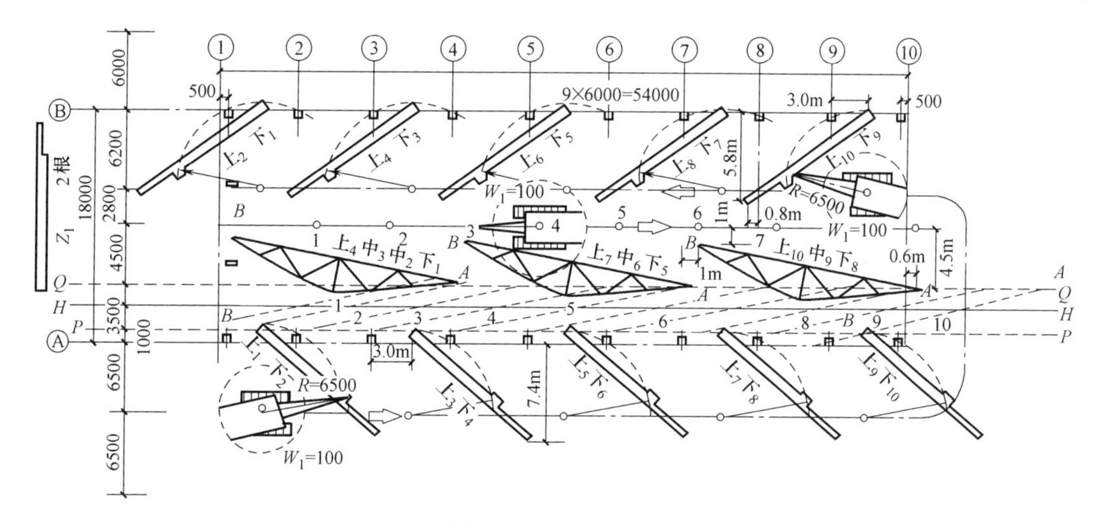

图7-18 某车间的预制构件平面布置图

点，已得到广泛应用。

1. 钢结构安装准备

（1）技术准备

1）编制施工组织设计。结构吊装前，应编制施工组织设计，包括：计算钢结构构件和连接件数量；选择吊装机械；确定流水程序；确定构件吊装方法；制订进度计划；确定劳动组织；规划钢构件堆场；确定质量标准、安全措施和特殊施工技术等。

吊装机械的选择是钢结构吊装的关键，吊装机械型号和数量必须满足钢结构的吊装技术和进度要求。对于重型钢结构安装工程，可选用起重量大的履带式起重机，对于较轻的单层钢结构安装工程，可选用汽车式起重机。

2）基础准备。基础准备包括轴线误差量测、基础支撑面的准备、地脚螺栓位置和伸出支撑面长度的量测等。

基础支撑面的准备有两种做法：一种是基础一次浇筑到设计标高，即基础表面先浇筑到设计标高以下20~30mm处，然后在设计标高处设角钢或槽钢制导架，测准其标高，再以导架为依据，用水泥砂浆仔细铺筑支座表面；另一种是基础预留标高，即基础表面先浇筑至设计标高以下50~60mm处，柱子吊装时，在基础面上放钢垫板（不得多于3块）以调整标高，待柱子吊装就位后，再在钢柱脚底板下浇筑细石混凝土。

（2）构件及材料的准备

1）钢构件。钢结构通常在专门的钢结构加工厂制作，然后运至现场直接吊装或经拼装后吊装。钢构件在吊装现场遵循重近轻远的原则堆放。

钢构件外形和几何尺寸准确是保证结构安装顺利进行的前提。为此，在构件吊装之前，应对钢结构构件的变形、标记、制作精度和孔眼位置等进行检查，如有超出规定的偏差，吊装前应设法消除。此外，为便于校正钢柱的平面位置和垂直度、桁架和吊车梁的标高等，需在钢柱的底部和上部标出两个方向的轴线，在钢柱底部适当高度处标出标高准线。

2）焊接材料。钢结构焊接之前，应对焊接材料的品种、规格、性能进行检查，各项指标应符合现行国家标准和设计要求。对重要钢结构采用的焊接材料应进行抽样复验。

3）高强螺栓。钢结构设计用高强螺栓应根据图样要求按规格统计所需高强度螺栓的数量，并检查其出厂合格证、产品质量证明文件等是否齐全，并按规定做紧固轴力或扭矩系数复验。

2. 钢结构吊装工艺

单层钢结构多为轻型钢结构。构件轻质高强，结构抗震性能好。单层钢结构吊装采用的起重机械与单层装配式混凝土结构基本相同；而对于钢结构，构件的具体构造和连接形式又有其自身的特点。

（1）钢柱的吊装与校正　钢柱的吊装方法与装配式混凝土柱相似，钢柱吊升时，宜在柱脚底部拴好拉绳并垫以垫木，防止钢柱起吊时，柱脚拖地和碰坏地脚螺栓。

钢柱就位是将柱脚插入基础锚固螺栓进行固定。钢柱就位后，主要是校正钢柱的垂直度，可以用经纬仪检验，垂直度偏差宜控制在20mm以内，如有偏差，可敲打楔块、使用螺旋千斤顶等方法校正。钢柱位置的校正，对于重型钢柱可用螺旋千斤顶加链条套环托座沿水平顶校钢柱。校正后在柱四边用10mm厚的钢板定位，并用点焊固定。钢柱复校后，再紧固锚固螺栓。

（2）钢梁的吊装与校正　对单层厂房有吊车梁的，应先安装吊车梁，再进行屋面梁的安装。吊车梁的吊装应在钢柱最后固定后进行，通常采用与吊装柱子相同的起重机起吊。吊装之前，为了防止垂直度、水平度超出偏差，应检查其变形情况，若发生变形应予以矫正，并采取加固措施防止吊装再变形。吊车梁的校正应在梁全部安装完、屋面构件校正完并最后固定后进行。屋面梁吊装宜采用两点对称绑扎，吊升应缓慢，吊升超过柱顶后，由操作工人扶正对位，用螺栓穿过连接板与钢柱临时固定并进行校正。

（3）钢桁架的吊装与校正　为使钢桁架在吊起后不致发生摇摆与其他构件碰撞，起吊前在离支座的节间附近用麻绳系牢，随吊随放松，以保证其正确位置。

桁架的绑扎点要保证桁架吊装不变形，否则须在吊装前做好临时加固。钢桁架的侧向稳定性较差，在吊装机械的起重量和起重臂长度允许时，最好经扩大拼装后进行组合吊装，即在地面上将两榀桁架及其上的天窗架、檩条、支撑等拼装成整体，一次进行吊装，这样不仅可提高吊装效率，也保证了钢桁架的侧向稳定性。桁架的临时固定若用临时螺栓和冲钉，则每个节点处应穿入的数量必须由计算确定。

钢桁架临时固定后要校正垂直度和弦杆的正直度。垂直度可用挂线锤球检验，而弦杆的正直度则可用拉紧的测绳进行检验。钢桁架安装的允许偏差须满足《钢结构工程施工质量验收规范》（GB 50205）的有关规定。钢桁架的最后固定，用电焊或高强螺栓固定。

（4）屋面檩条及墙架的吊装与校正　屋面檩条和墙架因截面较小，质量较轻，故多采用一钩多吊或成片吊装的方法。吊装时为防止发生变形，可用木杆进行加固。檩条和墙架的校正主要是尺寸和自身平直度的校正，间距检查可用样杆顺着檩条或墙架之间来回移动检查，平直度可用拉线或钢直尺进行检查，校正后，用电焊或螺栓最后固定。

7.2 多层和高层建筑结构安装

7.2.1 多高层预制钢筋混凝土结构安装

多层和高层房屋（工业和民用建筑等）如果采用装配式结构，可以大大加快施工进度。

常用的装配式结构有装配式钢筋混凝土框架结构和装配式墙板结构等。

相对于单层厂房的结构吊装施工，多高层装配式结构施工具有高度大、占地少、构件类型多、数量大、接头复杂、技术要求高等特点。因此，施工中主要应解决起重机械选择、构件的供应、现场平面布置以及结构安装方法等问题。

1. 起重机械的选择与布置

（1）起重机的选择　主要根据工程的特点（建筑物高度、平面尺寸、构件的尺寸和大小等）、施工现场情况和现有机械设备能力等因素来确定。

对于高度在18m以下的多层以及外形不规则的房屋，可采用履带式和轮胎式起重机；对于10层以上的高层住宅，可采用爬升式或附着式塔式起重机进行吊装。

（2）起重机的布置　按照房屋的平面尺寸和质量可以单侧布置、双侧布置、U形布置和环形布置。

1）自行杆式起重机。可以布置在建筑物的跨内和跨外，通常按沿跨内行走布置。

2）塔式起重机。通常布置在建筑物的外侧，有单侧布置和双侧布置两种方案。

2. 结构安装方法

多层及高层装配式结构的安装方法有分件安装法和综合安装法两种。

（1）分件安装法　按其流水方式的不同，分为分层分段流水安装法和分层大流水安装法两种。

1）分层分段流水安装法（图7-19a）。即以一个楼层为一个施工层，每一个施工层再划分为若干个施工段。施工段的划分取决于建筑物的形状和平面尺寸、起重机性能和开行路线、完成工序所需时间等因素，一般框架结构以6~8个节间为宜。施工层的数目越多，柱的接头就越多，安装速度将会受到影响。

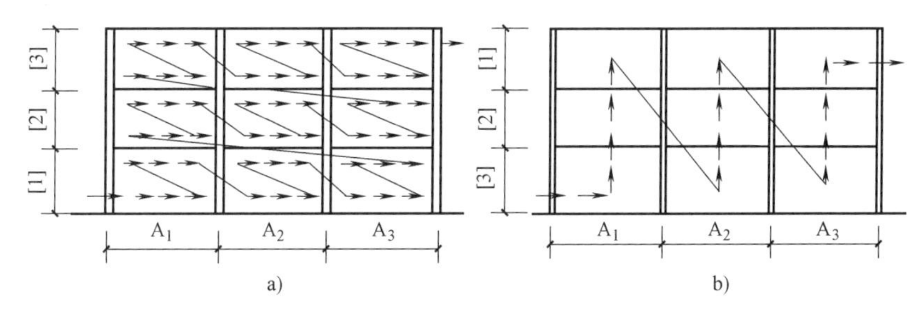

图7-19　多层装配式框架结构安装方法

a）分层分段流水安装法　b）综合安装法

A_1、A_2、A_3—施工段　[1]、[2]、[3]—施工层

2）分层大流水安装法。即每个施工层不再划分施工段，而是按一个楼层组织各工序的流水。这将使临时固定支撑的用量大大增加，因此只适于面积不大的房屋安装工程。

分件安装法是装配式框架结构最常用的安装方法，优点是：容易组织安装，校正、焊接、灌缝等工序可流水作业；便于安排构件的供应和现场布置工作；起重机变幅和更换索具的次数少，从而提高了安装速度和效率，施工操作也比较方便和安全。

（2）综合安装法　综合安装法是以一个节间（柱网）或若干个节间（柱网）为一个施工段，以房屋的全高为一个施工层来组织各工序的流水，如图7-19b所示。采用该方法吊装，起重机宜布置在跨内，采取边吊边退的行车路线。

3. 构件的平面布置

装配式结构的预制构件，除了一些较长、较重的柱需要在现场就地制作以外，其他构件大多在工厂集中制作后运往施工现场进行安装。因此，构件平面布置主要是解决柱的现场预制位置和工厂预制构件运到现场后的堆放问题。根据与塔式起重机轨道的相对位置的不同，柱的布置方式可以分为平行布置、倾斜布置和垂直布置三种，如图 7-20 所示。平行布置的优点是可以将几层柱通长预制，有助于减少柱接头的预制偏差。倾斜布置可以使用旋转法起吊，适用于较长的柱。垂直布置适合起重机跨中开行，柱的吊点在起重机的起重半径内。

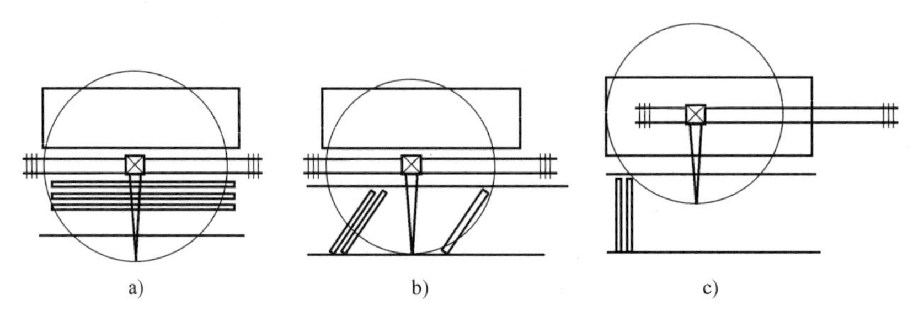

图 7-20　使用塔式起重机安装柱的布置方案

a）平行布置　b）倾斜布置　c）垂直布置

图 7-21 所示为塔式起重机跨外环行开行安装一幢五层框架结构的构件平面布置图。柱全部在房屋两侧预制，采用两层叠浇，紧靠塔式起重机轨道外侧倾斜布置；为了减少柱的接头和构件数量，将五层框架柱分两节预制，梁、板和其他构件由工厂运到工地，堆放在柱的外侧。这样，全部构件均布置在塔式起重机的工作范围之内，不需进行二次搬运，且房屋内部和塔式起重机轨道内不布置构件，可大大简化组织工作。

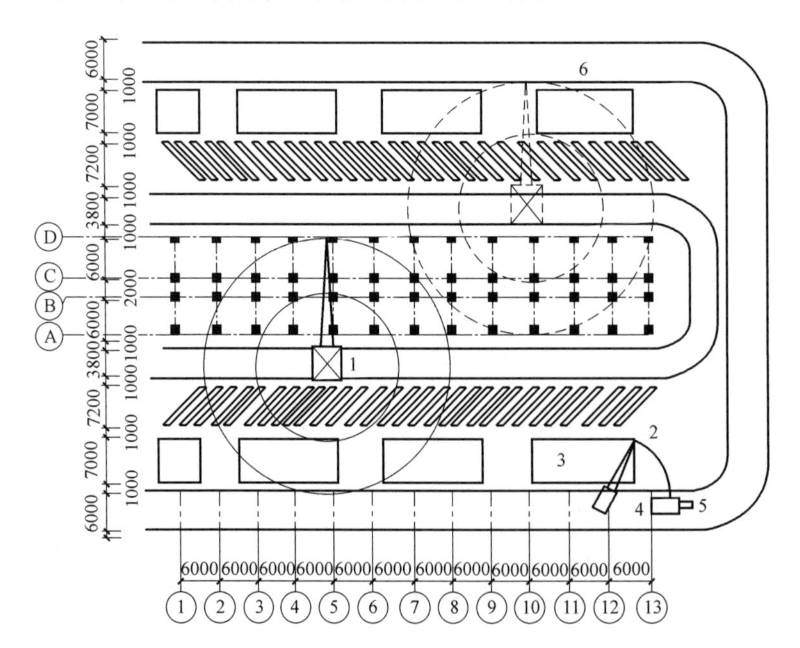

图 7-21　塔式起重机跨外环行开行时构件平面布置图

1—塔式起重机　2—柱子预制场地　3—梁板堆放场地　4—汽车式起重机　5—载重汽车　6—临时道路

图7-22所示为塔式起重机跨内开行时安装一座五层房屋的结构平面布置图。柱预制在靠近塔式起重机的一侧。由于受塔式起重机工作幅度的限制，将柱按与房屋成垂直布置。主梁预制在房屋的另一边，小梁和楼板等其他构件可以在窄轨上用平台车运入，随运随吊。此方案房屋内部不布置构件，只有柱和主梁预制在房屋的两侧，场地布置简单。但主梁的起吊比较困难，柱子需要采用滑行法起吊或者需要辅助起重机协助起吊。

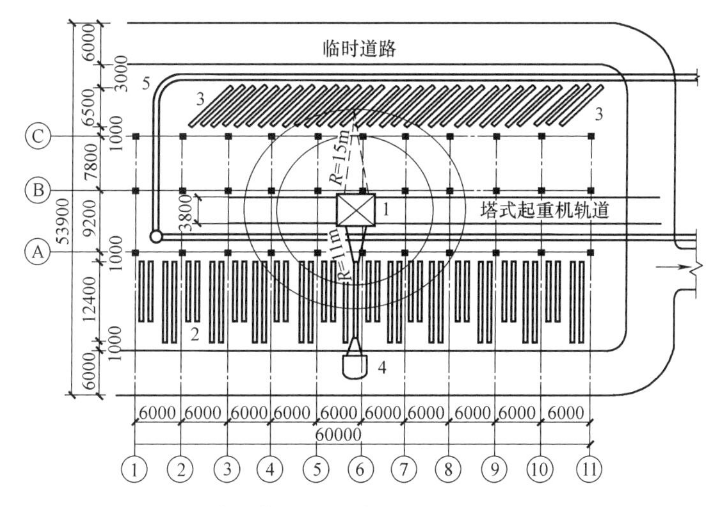

图7-22　塔式起重机跨内开行时构件平面布置图

1—塔式起重机　2—现场预制柱　3—预制主梁　4—辅助起重机　5—轻便窄轨

4. 结构构件的安装

（1）装配式框架结构的吊装　多层装配式梁板式框架结构由柱、主梁和楼板组成。柱一般为方形或矩形截面，为了便于预制和吊装，可通过改变柱的配筋或混凝土强度等级的方法，在不影响承载力的情况下保持上下各层柱的截面不变。根据现场起重设备的起重能力，柱可做成1层一节或2~3层一节，有时也可做成梁柱整体式结构，如H形或T形柱。

1）柱的安装。柱的起吊方法与单层厂房相同，一般采用旋转法。由于上柱的根部有外伸的钢筋，因此起吊前要对外伸钢筋加以保护，以免起吊时钢筋弯曲，影响柱子的对位安装。

底层框架柱大多插入基础杯口。上下层柱的对线方法根据柱子是否按统长预制而定。

2）柱的临时固定与校正。下节柱的临时固定和校正方法与单层厂房的柱子相同。较轻的上节柱可以采用方木和管式支撑进行临时固定和校正。管式支撑为两端带有螺杆的钢管，上端与套在柱上的夹箍相连，下端与楼板的预埋件连接，如图7-23和图7-24所示。

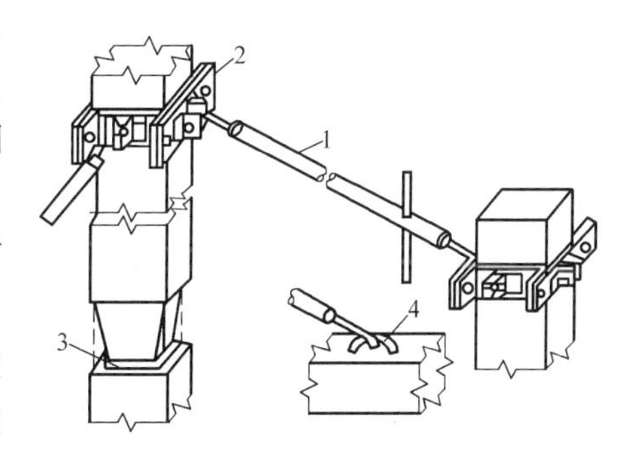

图7-23　管式支撑临时固定柱示意图

1—管式支撑　2—夹箍

3—预埋钢管　4—预埋件

对于较重的上节柱，要采用缆风绳进行临时固定与校正，每根柱子需要用4根缆风绳。柱子校正后，每根缆风绳都要用倒链拉紧。

柱子的校正共分三次进行。第一次在起重机脱钩后和电焊前进行初校；第二次在柱接头电焊后进行，用来校正因为电焊后钢筋收缩不均匀所产生的偏差；第三次在安装了梁和楼板后进行校正。对于几层一节的长柱，当每层楼板安装后，均需要观测垂直偏移值，以便使柱子的最终垂直偏移值控制在允许偏差范围之内。

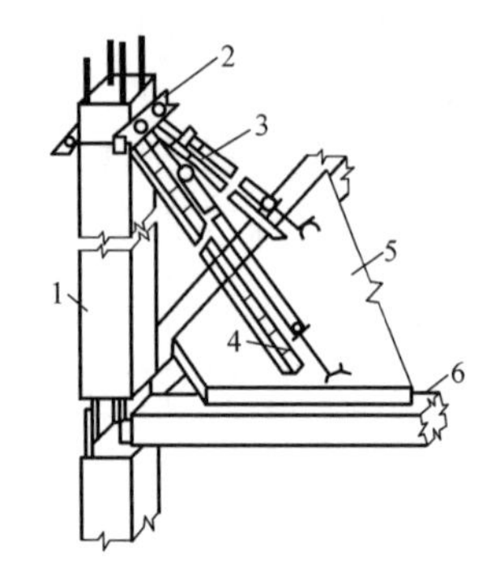

图 7-24　角柱的临时固定示意图
1—柱　2—角钢夹板　3—钢管拉杆　4—木支撑　5—楼板　6—梁

3）梁与柱的连接。多层装配式框架常用的梁柱接头形式有：明牛腿式刚性接头、浇筑整体式接头、齿槽式接头等。

明牛腿式刚性接头的形式如图 7-25 所示，接头的节点刚度大，受力可靠，安装方便，适用于重型框架以及具有振动的多层厂房中。由于要求接头承受节点负弯矩，因此，梁和柱的钢筋要进行焊接，以保证梁的受力钢筋有足够的锚固长度。

齿槽式接头取消了牛腿，改为利用梁柱接头处设置的齿槽来传递梁端剪力，如图 7-26 所示。安装时用临时钢牛腿提供临时支托，待接缝混凝土达到一定强度，能够承担上部荷载时，即可将钢牛腿拆除。

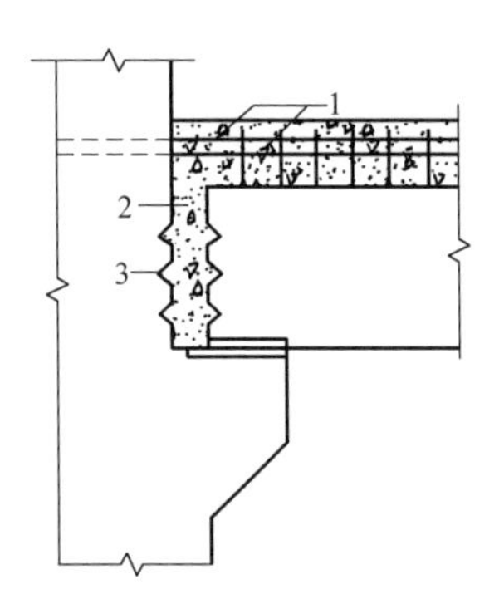

图 7-25　明牛腿式刚性接头
1—坡口焊　2—后浇细石混凝土　3—齿槽

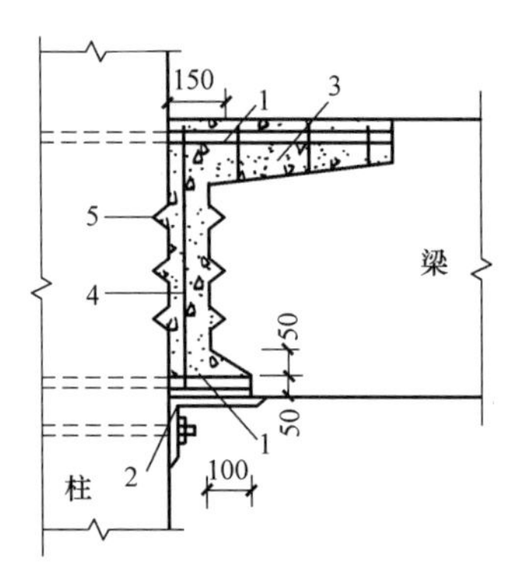

图 7-26　齿槽式接头
1—坡口焊　2—安装用临时钢牛腿　3—后浇细石混凝土　4—附加钢筋（$d \geqslant 8$mm）　5—齿槽

浇筑整体式接头实际上是把柱与柱、柱与梁浇筑在一块的节点，如图 7-27 所示。采用此种接头，柱子为每层一节，梁放在柱子上，梁底的钢筋按锚固长度要求上弯或焊接，在节点核心区加上箍筋后，浇筑混凝土到楼板顶面的高度。当混凝土的强度大于 10MPa 后，即可安装上柱，上柱与下柱钢筋的搭接长度要求≥20d（d 为钢筋直径）。第二次浇筑混凝土到上柱的榫头上方并留下 35mm 左右的空隙，最后用细石混凝土捻塞，形成刚性接头。

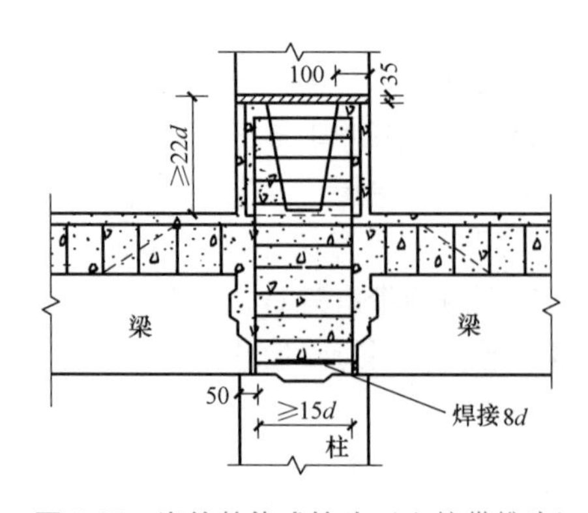

图 7-27　浇筑整体式接头（上柱带榫头）

（2）装配式墙板结构的吊装　装配式墙板结构

的安装方法主要有堆存安装法、原车安装法和部分原车安装法三种。

堆存安装法即先把构件在生产场地按型号、数量配套，直接运到工地，堆存在起重机械的起重半径范围内，然后进行安装。堆存数量一般为1~2层的构配件。

原车安装法是把墙板在生产场地按墙板安装顺序配套后运往施工现场，从运输工具上直接安装到建筑物上。

部分原车安装法界于上述两种方法之间，即构件既有现场堆放，又有原车安装。一般将特殊规格和非标准的构件堆放在现场，通用构件除少量堆放在现场外，大部分组织原车安装。

装配式墙板结构的安装顺序一般采用逐间封闭安装法。有通长走廊的房屋一般采用逐间封闭；单元住宅则多采用双间封闭。为了避免误差积累，一般从建筑物的中间单元或建筑物一端第二个单元开始安装，按照先内墙后外墙的顺序逐间封闭，如图7-28所示。这样可以保证建筑物在施工期间的整体性，便于临时固定。封闭的第一间作为标准间，作为安装其他墙板的依据。

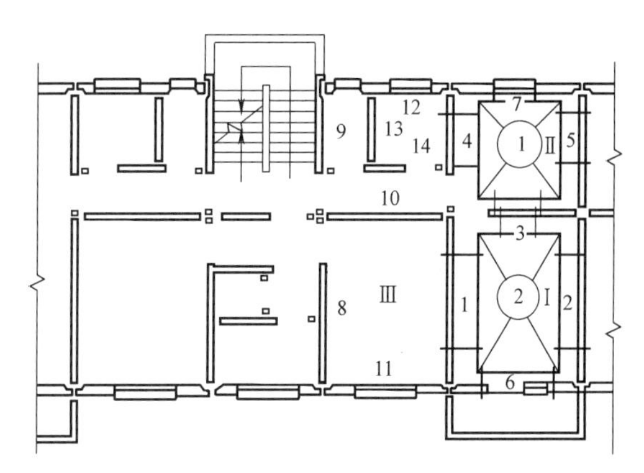

图7-28　逐间封闭的安装顺序示意图
1~14—墙板安装顺序号　Ⅰ、Ⅱ、Ⅲ—逐间封闭顺序号　①、②—操作平台

7.2.2　多高层钢结构安装

1. 钢结构吊装准备

多高层钢结构安装除应做好技术准备和构件及材料准备这些一般的准备工作之外，还应做好以下特有的准备工作：

（1）钢构件的预检和配套　钢构件的预检主要检查构件的外形尺寸、螺孔大小及间距、连接件数量和质量、预埋件位置、焊缝坡口、铆钉、节点连接面处理等。构件预检的数量，一般是关键构件全部检查，其他构件抽查10%~20%，预检时应记录所有预检的数据。

多高层钢结构吊装，根据施工方案的要求按吊装流水顺序进行，钢构件必须按照安装进度的需要配套供应到现场。为充分利用施工场地和吊装设备，应周密制订构件进场及吊装计划，保证满足吊装计划及配套。配套中应特别注意附件（如连接板等）的配套，一般可将零星附件用螺栓或钢丝直接临时固定在安装节点上。

（2）钢柱基础检查　安装在钢筋混凝土基础上的钢柱，其安装质量和工效同柱基和地脚螺栓的定位轴线、基础标高直接有关。安装单位对柱基的检查重点为：定位轴线间距、柱基面标高和地脚螺栓预埋位置。

（3）标高块设置及柱底灌浆　吊装前，先做好钢柱基础准备，进行找平，画出纵横线。同时，为精确控制钢结构上部结构的标高，在钢柱吊装前要根据钢柱预检（实际长度、牛腿与柱底间距离、钢柱底板平整度等）结果，在柱子基础表面浇筑标高块（图7-29）。标高块用无收缩砂浆，立模浇筑，其强度应不低于30MPa，标高块顶面须埋设厚度为16~20mm的厚钢板。待第一节钢柱吊装、校正和锚固螺栓拧紧固定后，进行钢柱柱底灌浆。灌浆前应在柱脚四周立模板，将基础表面用水清洗干净，排除积水，然后用高强度聚合砂浆从一边连续灌入直至密实，浇灌后应及时做好覆盖养护。

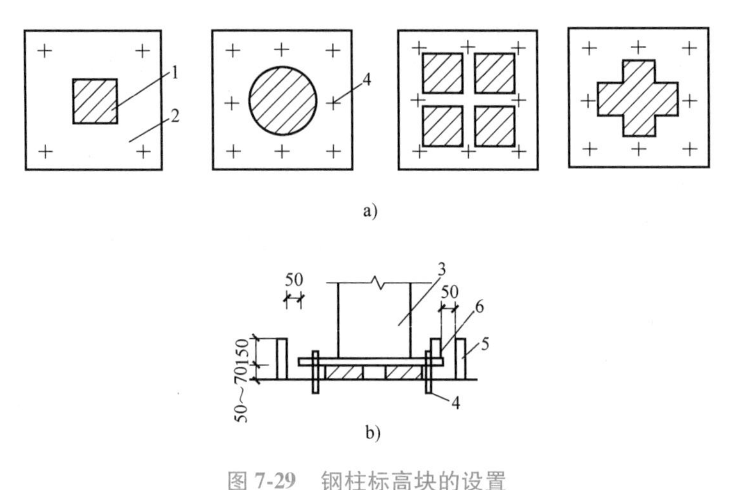

图 7-29　钢柱标高块的设置

a）几种形式的标高块　b）立模灌浆

1—标高块　2—基础表面　3—钢柱　4—地脚螺栓　5—模板　6—灌浆口

2. 钢结构构件安装与校正

（1）钢柱的安装与校正　在多层及高层钢结构中，钢柱多为实腹式，实腹钢柱的截面多为工字形、箱形、十字形和圆形等形式。对于很高和细长的钢柱，可以采取分节吊装的方法，在下节柱与柱间支撑安装并校正后，再安装上节柱。高层钢结构的钢柱，为了充分利用起重机的能力和减少连接，一般是3~4层为一节，节与节之间用坡口焊连接。一个节间的柱网必须安装三层的高度后再安装相邻节间的柱。

钢柱就位后，应立即对垂直度、轴线、牛腿面标高进行调整。校正时一般取标准柱的柱基中心线为基准点，用激光经纬仪以基准点为依据对标准柱的垂直度进行观测，柱子顶部固定有测量目标靶。除基准柱外，其他柱子的误差量测通常用丈量法，即以标准柱为依据，在角柱上沿柱子外侧拉设钢丝绳组成平面封闭状方格，用钢直尺丈量距离，超过允许偏差者则进行调整。钢柱校正时，应在起重机脱钩后并在电焊前进行初校，由于电焊后的钢筋接头的冷却收缩会使柱偏移，所以在电焊完后应再做二次校正，梁板安装完后需再次校正。

（2）钢梁的安装与校正　钢梁在吊装前，应检查柱子牛腿标高和柱子间距，特别是对于数层一节的长柱，在每层梁的安装前后均需要校正。在每一节柱子的全部构件安装、焊接、栓接完成并验收合格后，才能从地面引测上一节柱子的定位轴线。

钢梁的吊装应采用专用吊具，两点绑扎吊装。在安装框架主梁时，必须跟踪测量，校正柱与柱之间的距离，并根据焊缝收缩量预留焊缝变形量。同时，并对柱子的垂直度进行监测。

（3）钢梯、钢平台、栏杆的安装　钢梯的安装，无论是钢直梯还是钢斜梯应全部采用焊接连接，焊接要求应符合《钢结构工程施工质量验收规范》（GB 50205）的规定。

钢平台钢板应铺设平整，与承台梁或框架密贴、连接牢固，表面有防滑措施。栏杆安装连接应牢固，扶手转角应光滑。梯子、平台和栏杆宜与主要构件同步安装。

（4）构件的连接与固定　施工现场钢结构的柱与柱、柱与梁、梁与梁的连接按设计要求，可采用高强螺栓连接、焊接连接以及二者并用的方式连接。对焊接和高强螺栓并用的连接，为避免焊接变形造成错孔导致高强螺栓无法安装，一般采用先栓后焊。对柱与柱、梁与柱接头的焊接，以互相协调为好，一般可以先焊一层柱的顶层梁，再从下向上焊各层梁与柱的接头，柱与柱的接头可以先焊，也可以最后焊。

7.3 空间网架结构吊装

空间网架结构是许多杆件沿平面按一定规律组成的高次超静定空间网状结构。由于大跨度结构跨度大、构件重、安装位置高等特点，科学合理地选择安装方案，是大跨度结构施工的首要任务。这里仅介绍几种典型的吊装方法。

7.3.1 高空散装法

高空散装法是将网架杆件和节点，或将网架杆件和节点预拼成小拼单元直接在设计位置进行拼装的方法。适用于螺栓球节点或高强螺栓连接的各种类型网架。

1. 工艺特点

高空散装法有全支架法（搭设满堂脚手架）和悬挑法两种。全支架法将散件或者小拼单元在高空拼装，而悬挑法则是为了节省支架，将部分网架悬挑。

2. 拼装支架

搭设拼装支架时，拼装支架支撑立杆的位置应与网架下弦节点的位置一致，在拼装支架底部用垫板分布荷载，防止地面受力过大变形和沉陷。

3. 网架拼装

网架在拼装前应按设计图将网架的各轴线标在拼装支架上，并在网架各支点位置按起拱高度设置安装支座（或千斤顶）。网架的拼装顺序应便于保证拼装的精度，减少累积误差。在拼装过程中，应随时检查杆件的轴线位置、标高，如发现大于施工工艺允许偏差时，应及时纠正。图 7-30 所示为拼装顺序示意图，拼装应从建筑物一端以两个三角形同时进行，两个三角形相交后，按人字形逐榀向另一侧推进，最后在另一端正中闭合。

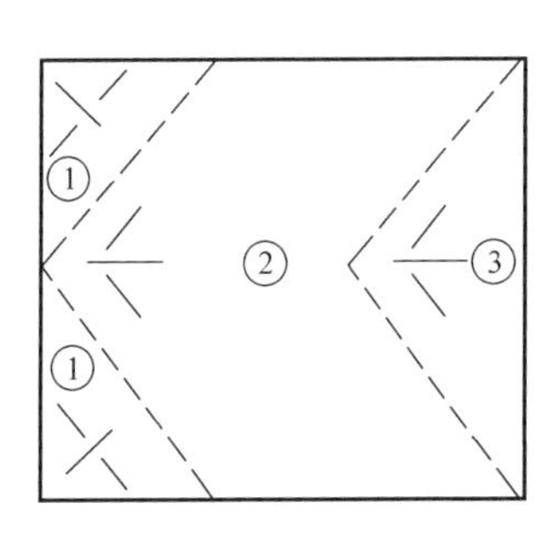

图 7-30　网架的拼装顺序示意图

7.3.2 高空滑移法

高空滑移法是先用起重机将网架的分块的结构单元吊到屋盖一端搭设的拼装支架上，然后利用牵引设备将其逐步水平滑移到设计位置就位拼装成整体的安装方法。

1. 工艺特点

常用的高空滑移施工法有逐条滑移和累计滑移两种。逐条滑移是起吊一个单元，即将其滑移到设计位置。一般用于大跨度桁架结构和钢网架结构吊装。此法所需的牵引力小（采用滚动摩擦更为有利），且安装方便，但当高空拼装地点分散，常需要搭设较多的脚手架。累积滑移（图 7-31）是吊装一网架单元，就与前一单元进行拼接，一起平移一段距离，然后再吊装拼接一个单元，如此依次进行；每滑移一次再拼装组合上一个单元，直到远端滑移到设计位置为止。此法所需的牵引力较大，但高空拼装作业地点集中在起点一端，搭设脚手架较少。

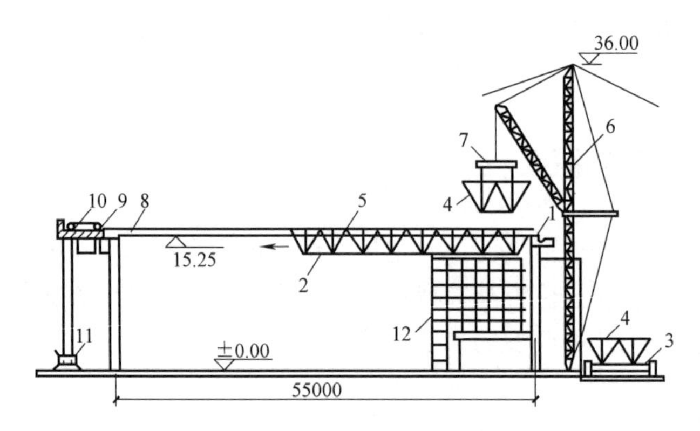

图 7-31 累积滑移法安装网架结构

1—天沟梁 2—网架 3—拖车架 4—网架分块单元 5—拼装节点 6—悬臂桅杆 7—一字形横吊梁（铁扁担） 8—牵引线 9—牵引滑轮组 10—反力架 11—卷扬机 12—脚手架

2. 滑移装置

1）滑轨。对于中小型网架，可用圆钢、扁铁、角钢或小槽钢构成，对于大型网架，可用钢轨、工字钢、槽钢等构成。滑轨可用焊接或螺栓固定于梁上，其安装水平度及接头要求与吊车梁轨道相同。

2）导向轮。一般设在导轨内侧，是滑移安全保险装置。在正常滑移时导向轮与导轨脱开，其间隙为 10~20mm，只有当同步差或拼装偏差超出规定值较大时才会碰上。

7.3.3 整体安装法

整体安装法是将结构在地面整体拼装后，再利用起重设备安装至设计位置的施工方法，可分为整体吊装、整体提升及整体顶升法三种。

1. 整体吊装法

整体吊装法是将网架在地面总拼成整体后，用起重设备将其吊装至设计位置的方法。此法适用于中小型空间网格结构。吊装时可以在高空平移或旋转吊装就位，拼装采用就地与柱错位总拼或在场外总拼的方式。此方法不需高大的拼装支架，高空作业较少，易保证其几何尺寸的精准度和结构施工质量。但由于整个结构的就位全靠起重设备来实现，所以起重设备的能力和起重移动非常重要。较适用于焊接连接网架。

整体吊装法往往由若干台起重机进行抬吊，故大体上可分为多机抬吊法和桅杆吊装法。

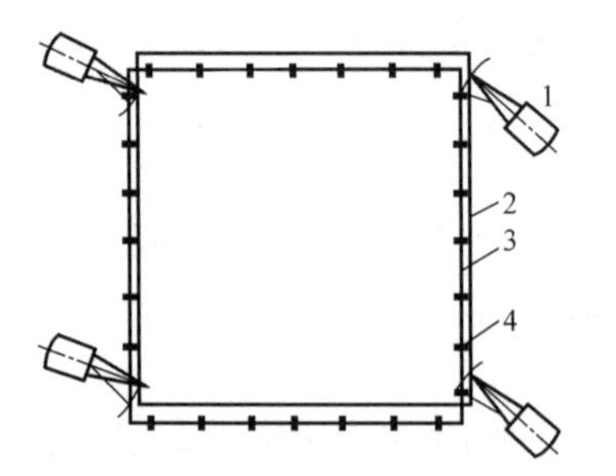

图 7-32 起重机在两侧抬吊网架

1—起重机 2—网架拼装位置 3—网架安装位置 4—柱子

（1）多机抬吊法（图 7-32） 此法适用于网架质量和安装高度都不大的中、小网架结构（多在 40m×40m 以内）。安装前先在地面上进行错位拼装，即拼装位置与安装轴线错开一定距离。拼装后用多台起重机（如两台或四台履带式或汽车式起重机）将网架整体提升到安装支座位置以上，在空中移位后下落就位固定。

（2）桅杆吊装法　桅杆吊装法所用的桅杆构造简单，稳定性好、起重量较大，在我国多用于大型焊接球节点钢管网架的吊装。网架先在地面上错位拼装，然后用多根独脚桅杆将网架提升到安装支座位置上空，然后空中移位、下落就位。

2. 整体提升法

整体提升法是起重设备位于网架的上面，通过吊杆将网架提升至设计标高，如图7-33所示。可以在结构上直接安装提升设备提升网架，也可以在进行滑模施工的同时提升网架，此时网架可作为操作平台。由于网架提升时不进行水平移动，所以网架拼装可在原位进行拼装，采用整体提升法时的网架必须在地面按高空安装位置就位拼装。网架提升应保证做到同步。整体提升法的下部支承柱应进行稳定性验算。周边与柱子（或连系梁）相碰的杆件必须预留，待网架提升到位后再进行补装。

3. 整体顶升法

整体顶升法是千斤顶位于网架之下，一般是利用结构柱作为网架提升的临时支承结构，如图7-34所示。与整体提升法的区别在于提升设备的位置不同。整体顶升法的顶升过程中如无导向措施，极易发生偏转。两者共同的特点是安装过程中网架只能垂直上升，不能或不允许平移或转动。

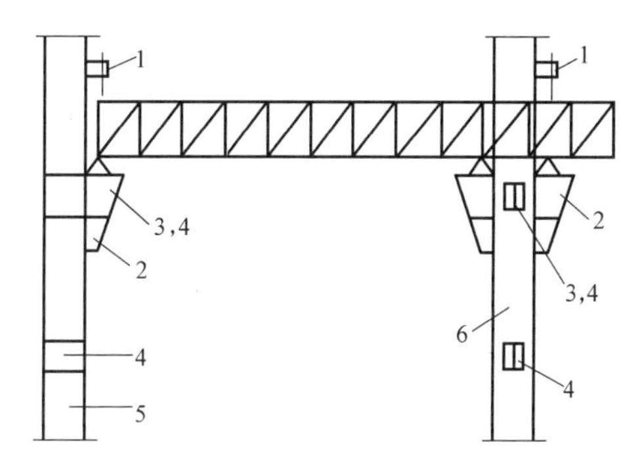

图7-33　整体提升法示意图

1—提升机具　2—牛腿（提升到位后加制）

3—承重销　4—承重销孔（停歇孔）

5—边立柱　6—中间立柱

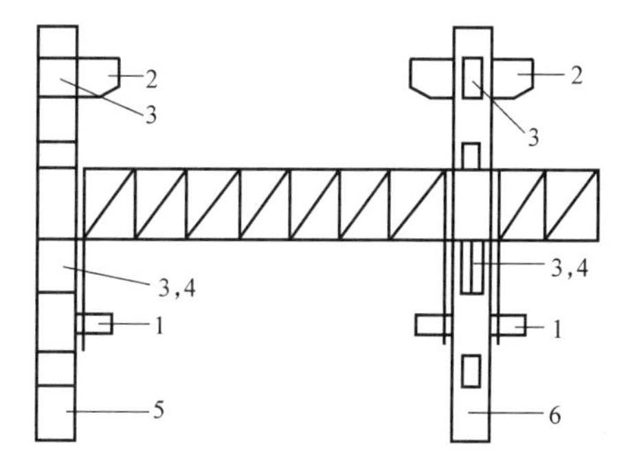

图7-34　整体顶升法示意图

1—顶升机具　2—牛腿（提升到位后加制）

3—承重销　4—承重销孔（停歇孔）

5—边立柱　6—中间立柱

整体顶升法一般用液压千斤顶顶升，设备较小，当少支柱的大型网架采用整体顶升法施工时，可用专门的大型千斤顶。除用专用支架外，顶升时网架支承情况与使用阶段基本一致。此外，为了充分利用千斤顶的起重能力，可将全部屋面结构及电气通风设备在地面安装完毕，一并顶升至设计标高，以便最大限度地扩大地面作业量，降低施工费用。该方法适用于安装多支点支承的各种四角锥网架屋盖。

此外，整体安装技术还有折叠展开式整体提升法、提升悬挑安装法、整体起扳法等。

本章小结及关键概念

● **本章小结**：本章主要介绍了单层和多高层装配式结构安装工艺、施工方案和操作方法等内容。通过本章的学习，要求熟悉单层和多高层装配式结构吊装前的准备工作，掌握各种构件的吊装工艺和结构吊装方案，熟悉空间网架结构吊装方法。

● **关键概念**：结构安装工艺、构件吊装、结构吊装方案、分件吊装法、钢结构安装、高空散装法、高空滑移法、整体安装法。

习　题

一、复习思考题

7.1　构件运输时应注意哪些事项？

7.2　如何进行构件的弹线和编号？

7.3　柱绑扎有哪几种方法？各自的适用范围是什么？

7.4　试比较旋转法和滑行法各自的适用范围，对柱的平面布置各有何要求？

7.5　简述柱子的吊升工艺及吊点的选择原则。

7.6　柱如何进行对位和临时固定？

7.7　柱的吊装过程中，对柱的垂直度有什么要求？如何检查和校正柱的垂直度？柱怎样进行最后固定？

7.8　简述吊车梁的临时固定、校正和最后固定方法。

7.9　简述屋架的扶直就位方法和起吊时绑扎点的选择原则。

7.10　屋架的正向扶直和反向扶直各有什么特点？

7.11　试述屋架的临时固定和校正方法。

7.12　试比较分件吊装和综合吊装法的优缺点。

7.13　柱吊装时，起重机的开行路线有几种？如何确定？

7.14　单层工业厂房结构安装时，选用起重机时应考虑哪些问题？

7.15　如何根据起重机的开行路线来确定停机点和布置柱？

7.16　屋架预制及扶直就位时的平面布置有哪几种方式？

7.17　简述单层钢结构安装的特点。

7.18　简述单层建筑结构安装中钢柱的吊装与校正方法。

7.19　多层装配式框架结构吊装时如何选择起重机械？

7.20　塔式起重机的平面布置有几种方式？各自的特点及适用范围是什么？

7.21　多层装配式框架有几种吊装方法？各有何特点？

7.22　试述钢结构构件的连接与固定方法。

7.23　大跨度结构有哪些典型的吊装方法？各有哪些特点？

二、练习题

7.1　某单层工业厂房吊装柱时，厂房柱重28t，准备采用一点绑扎双机抬吊，其中一台起重机的最大负荷为20t，另一台起重机的最大负荷为15t，需要对起重机进行负荷分配。已知该柱宽0.8m，则柱两侧各应加多厚的垫木，方可使两台起重机的负荷满足要求？

7.2　一厂房柱的牛腿标高为8m，吊车梁长6m，高0.8m。当起重机停机面的标高为-0.3m时，试计算安装该吊车梁时所需的起重高度。

7.3　已知车间跨度为21m，柱距为6m，吊柱时，起重机分别沿纵轴线的跨内和跨外一侧开行。当起重半径为7m、开行路线距柱纵轴线为5.5m时，试对柱做“三点共弧”布置，并确定停机点位置。

7.4　某车间跨度24m，柱距6m，天窗架顶面标高18m，屋面板厚度为240mm，试选择履带式起重机的最小臂长（停机面标高-0.2m，起重臂底铰中心距地面高度为2.1m）。

7.5　某单层工业厂房跨度为18m，柱距为6m，有9个节间。现拟选用W-100型履带式起重机进行结构安装，安装屋架时的起重半径为9m，试绘制屋架的斜向就位图。

二维码形式客观题

第7章
客观题

第8章 防水工程

学习要点

知识点：地下防水工程、屋面防水及室内防水工程的分类及构造，各种防水工程的施工方法。

重点：地下防水工程分类、地下卷材防水、涂膜防水及防水混凝土结构施工方法；屋面防水工程的分类及构造，卷材防水屋面及涂膜防水屋面的施工方法；室内防水的施工方法。

难点：地下卷材防水的施工方法；卷材防水屋面及涂膜防水屋面的施工方法；室内防水的施工要点。

防水工程施工质量的好坏，不仅直接影响建筑物的使用寿命，更关系到人们的居住环境和卫生条件，因此必须做好建筑物的防水工作。

防水工程按材料的不同，可分为刚性防水和柔性防水。刚性防水是以水泥、砂、石为原料，通过调整配合比或掺入防水剂，增加材料密实性的防水方法。柔性防水是在建筑构件上使用柔性材料（如防水卷材、防水涂膜等），以达到防水目的的做法。

防水工程按部位的不同，分为地下防水工程、屋面防水工程、室内防水工程和外墙面防水工程等。

8.1 地下防水工程

8.1.1 地下防水工程概述

地下防水工程是防止地下水对地下构筑物或建筑物基础的长期浸透，保证地下构筑物或地下室使用功能正常发挥的一项重要工程。根据地下工程对防水的要求，确定结构主体允许渗漏水量的等级标准，可将地下防水分为4个等级。其中建筑物的地下室多为一、二级防水，即达到“不允许渗水，结构表面无湿渍”和“不允许渗水，结构表面可有少许湿渍”的标准。此外，地下防水工程的防水等级标准应符合表8-1的规定。

8.1.2 地下防水方案

地下工程的防水方案，常根据使用要求、自然环境条件及结构形式等因素确定。一般分为以下三类方案：

表 8-1　地下防水工程不同防水等级的适用范围

防水等级	适用范围
一级	人员长期停留的场所；因有少量、偶见湿渍会使物品变质、失效的贮物场所及严重影响设备正常运转和危及工程安全的部位；极重要的战备工程、地铁车站
二级	人员经常活动的场所；在有少量湿渍的情况下，不会使物品变质、失效的贮物场所及基本不影响设备正常运转和工程安全运营的部位；重要的战备工程
三级	人员临时活动的场所；一般战备工程
四级	对渗漏水无严格要求的工程

1）采用结构自防水。即依靠防水混凝土本身的抗渗性和密实性来进行防水，其特点是本身既是承重及围护结构，又可作为防水层，因此应用较为广泛。

2）表面防水层。即在地下结构的外侧增设防水层，以达到防水目的。常用的防水层有水泥砂浆、卷材、涂膜等。

3）渗排水方案。即利用盲沟、渗排水层等措施把地下水排走，以达到防水目的。

8.1.3　防水混凝土结构施工

防水混凝土是通过调整混凝土配合比或掺外加剂等方法来提高混凝土本身的密实性，使其具有一定防水能力的特殊混凝土。防水混凝土具有取材容易、施工简便、耐久性好、工程造价低等优点。

1. 防水混凝土分类

（1）普通防水混凝土　普通防水混凝土是通过调整混凝土的配合比来提高混凝土的密实度，以满足抗渗要求的混凝土。适用于一般房屋结构及公共建筑的地下防水工程。

防水混凝土的配合比，应根据设计要求和实际使用材料通过试验选定，且按设计要求的抗渗等级提高0.2~0.4MPa。水泥宜采用硅酸盐水泥、普通硅酸盐水泥，每立方米混凝土中的胶凝材料不小于320kg，但也不宜超过400kg；含砂率以35%~40%为宜；灰砂比应为1∶2~1∶2.5；水胶比不大于0.5；防水混凝土宜采用预拌商品混凝土，其入泵坍落度宜控制在120~160mm。

（2）掺外加剂的防水混凝土　掺外加剂的防水混凝土是在混凝土中掺入一定量的外加剂，改善混凝土的性能和结构组成，提高混凝土的密实性和抗渗性，从而达到防水的目的。常掺的外加剂有：三乙醇胺、氯化铁、减水剂、引气剂、密实剂、防水剂、膨胀剂等，一般应按地下防水结构的要求及具体条件选用。

2. 地下防水混凝土结构施工要点

为保证防水混凝土的施工质量，搅拌、运输、浇筑振捣、养护等工序均应按照施工及验收规范和操作规程的规定进行。

（1）模板　模板应表面平整，拼缝严密不漏浆，吸水性小，并具有足够的承载力和刚度。固定模板用的螺栓必须穿过混凝土结构时，应在对拉螺栓或套管中部加焊（满焊）止水环，以防止在混凝土内部造成引水通路。具体可采用工具式螺栓、螺栓加堵头、螺栓加焊方形止水环（10cm×10cm）等。具体做法如下：

1）工具式螺栓做法。用工具式螺栓将防水螺栓固定并拧紧，以压紧固定模板。拆模时将工具式螺栓取下，再以嵌缝材料及聚合物水泥砂浆将螺栓凹槽封堵严密，如图 8-1 所示。

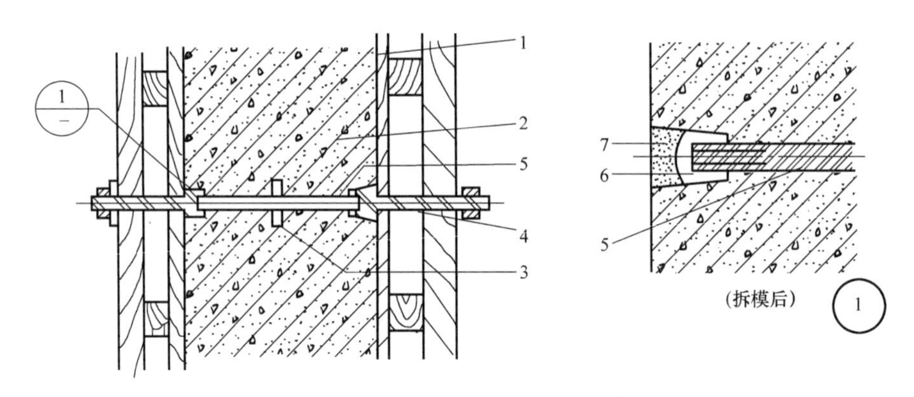

图 8-1　工具式螺栓防水做法示意图

1—模板　2—结构混凝土　3—止水环　4—工具式螺栓

5—固定模板用螺栓　6—嵌缝材料　7—聚合物水泥砂浆

2）螺栓加堵头做法。在结构两边螺栓周围做凹槽，拆模后将螺栓沿平凹底割去，再用膨胀水泥砂浆将凹槽封堵，如图 8-2 所示。

3）螺栓加焊止水环做法。在对拉螺栓中部加焊止水环，止水环与螺栓必须满焊严密。拆模后，应沿混凝土结构边缘将螺栓割断。此法将消耗所用螺栓，如图 8-3 所示。

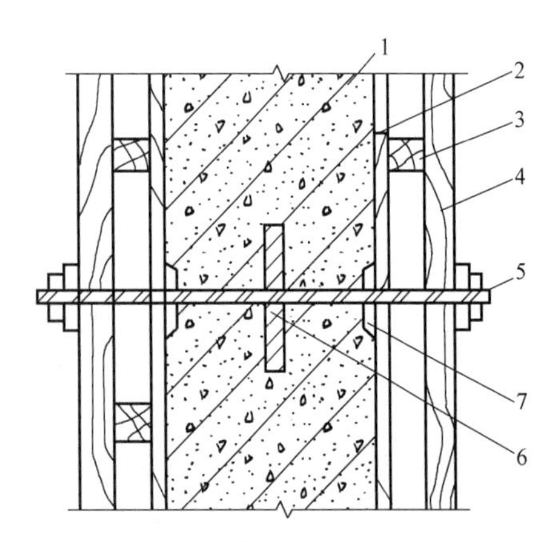

图 8-2　螺栓加堵头做法示意图

1—围护结构　2—模板　3—小龙骨

4—大龙骨　5—螺栓　6—止水环　7—堵头

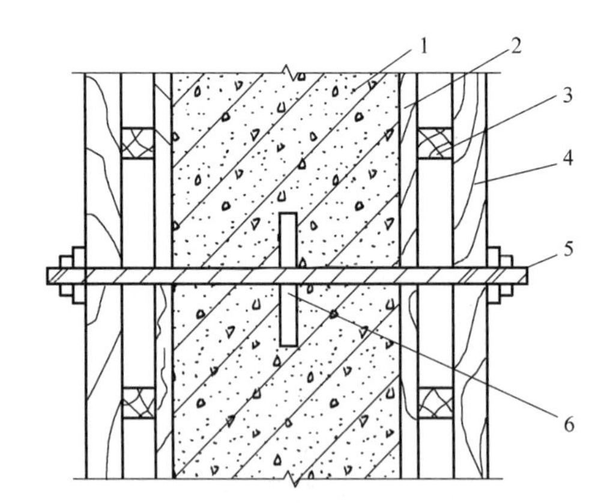

图 8-3　螺栓加焊止水环做法示意图

1—围护结构　2—模板　3—小龙骨

4—大龙骨　5—螺栓　6—止水环

（2）混凝土浇筑　混凝土应严格按配料单进行配料，应采用机械搅拌，搅拌时间至少 2min。掺外加剂的混凝土，外加剂应先用拌合水稀释均匀，不得直接投入，搅拌时间可延长至 3min，但搅拌掺引气剂的防水混凝土时不宜过长，应控制在 1.5～2min，并应在半小时内运到现场，防止产生离析现象及坍落度和含气量损失，并于初凝前浇筑完毕。混凝土浇筑时应分层连续浇筑，分层厚度不得大于500mm，相邻两层浇筑时间间隔不宜超过2h，夏季可适当缩短。其自由倾落高度应控制在1.5m以内，必要时采用溜槽或串筒浇筑，采用机械振捣至混凝土开始泛浆和不冒气泡为准。

（3）养护　防水混凝土的养护条件对其抗渗性影响很大，终凝后4~6h即应覆盖草袋，12h后浇水养护，3天内浇水4~6次/天，3天后浇水2~3次/天，养护时间不少于14天。

（4）拆模　防水混凝土不宜过早拆模，一般在混凝土浇筑3天后将侧模板松开，在其上口浇水养护14天后方可拆除。拆模时，混凝土必须达到70%的设计强度。地下结构应及时回填，避免因干缩和温差产生裂缝。

（5）施工缝处理　底板混凝土应连续浇灌，不得留施工缝。墙体一般只留设水平施工缝，其位置不应留在剪力与弯矩最大处或底板与侧壁交接处，一般宜留在高出底板上表面不小于200mm的墙身上，施工缝防水构造如图8-4所示。

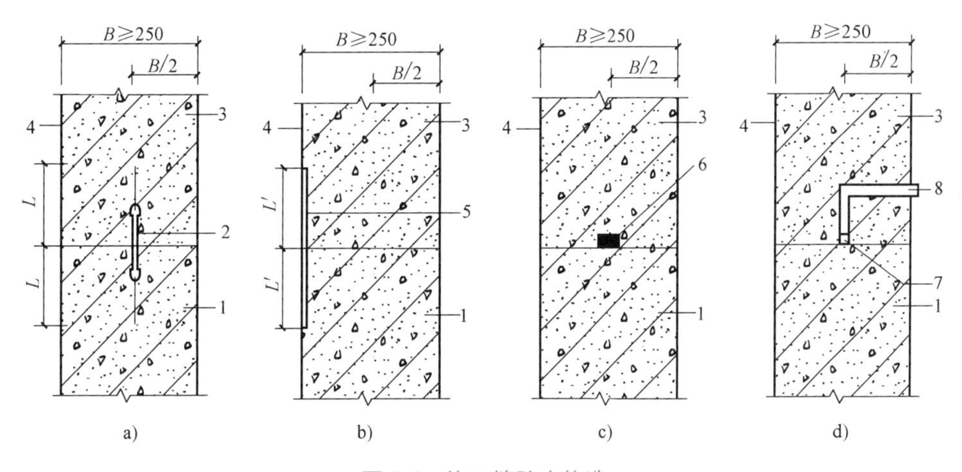

图8-4　施工缝防水构造

a）中埋式　b）外贴式　c）遇水膨胀止水条（胶）式　d）预埋注浆管式

1—现浇混凝土　2—中埋止水带（钢板止水带 $L\geqslant150$mm；橡胶止水带 $L\geqslant200$mm；钢边橡胶止水带 $L\geqslant120$mm）
3—后浇混凝土　4—结构迎水面　5—外贴止水带（外贴止水带 $L'\geqslant150$mm；外涂防水涂料 $L'=200$mm；外抹防水砂浆 $L'=200$mm）　6—遇水膨胀止水条（胶）　7—预埋注浆管　8—注浆导管

为使接缝严密，继续浇筑混凝土前，应将施工缝处混凝土凿毛，清除浮粒和杂物，用水清洗干净并保持湿润，再铺上一层厚20~50mm与混凝土成分相同的水泥砂浆，然后浇筑混凝土。

8.1.4　卷材防水层施工

地下卷材防水层是将防水卷材用胶结材料粘贴在地下结构基层表面，以起到防水作用。常采用的防水卷材有高聚物改性沥青防水卷材和合成高分子防水卷材，其具有良好的韧性和延伸性，能适应振动和微小变形；对酸、碱、盐溶液具有良好的耐腐蚀性，但卷材机械强度低、耐久性差、施工操作繁杂，出现渗漏时难以修补。因此，卷材防水层只适于铺贴在形式简单的整体钢筋混凝土结构基层，以及整体的以水泥砂浆、沥青砂浆或沥青混凝土为找平层的基层上。

卷材防水层的铺贴方法按其与地下结构施工的先后顺序，分为外防外贴法（简称外贴法）和外防内贴法（简称内贴法）两种。

1. 外贴法

外贴法，即将立面卷材直接粘贴在需防水结构的外墙外表面，如图 8-5 所示。在混凝土垫层及砂浆找平层施工完毕后，在垫层四周干铺卷材一层。再砌保护墙，下部为 $B+(200\sim500)$ mm 高的永久半砖保护墙，上部为石灰砂浆砌筑的临时保护墙，并在永久保护墙内侧抹找平层。找平层干燥后刷 1～2 道冷底子油，再铺保护墙的部分卷材防水层，在四周留出卷材接头，并用两块木板将接头压入其间，从而防止接头断裂、损伤。然后在卷材上做保护层，并进行钢筋混凝土底板等的结构施工。在外墙施工完成后，拆临时保护墙，在结构墙面上抹找平层，刷冷底子油，干燥后铺卷材防水层，并在其上做保护层以保护卷材。

2. 内贴法

内贴法是在墙体未做前先砌筑保护墙，然后将卷材防水层铺贴在保护墙上，再进行结构墙体施工，如图 8-6 所示。在混凝土垫层及砂浆找平层施工完毕后，在垫层四周干铺卷材一层，并在其上砌筑一砖厚的永久保护墙，并在内侧抹找平层，干燥后刷 1～2 道冷底子油，再铺卷材防水层，先贴立面，再贴水平面，先贴转角，后贴大面，铺贴完后，在其上做保护层，最后进行钢筋混凝土底板及外墙砌筑等的结构施工。

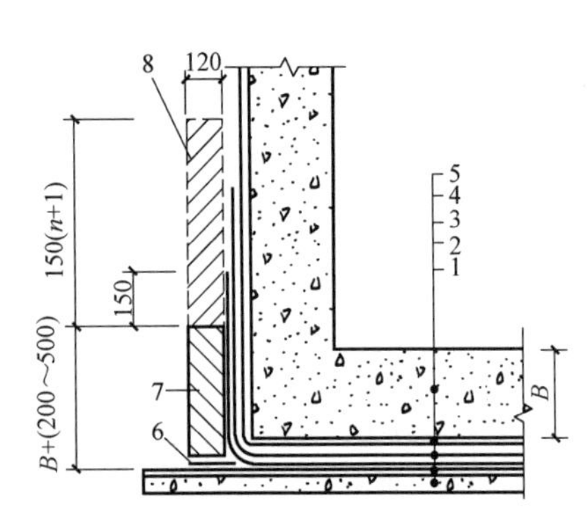

图 8-5　外防外贴法

1—垫层　2—找平层　3—卷材防水层　4—保护层
5—构筑物　6—卷材　7—永久保护墙
8—临时性保护墙　*B*—板厚　*n*—卷材层数

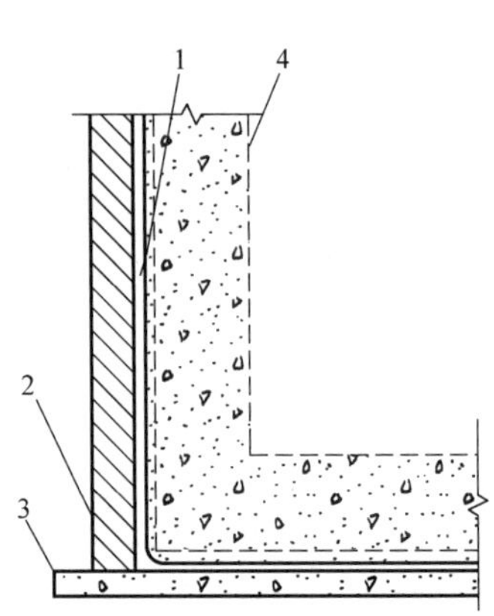

图 8-6　外防内贴法

1—卷材防水层　2—永久性保护墙
3—垫层　4—尚未施工的构筑物

8.1.5　地下工程涂料防水层施工

涂料防水施工方便、适应面广，被广泛用于形状相对复杂的地下工程。地下工程涂料防水层适用于混凝土结构或砌体结构迎水面或背水面涂刷。防水涂料宜选用外防外涂或外防内涂，如图 8-7 和图 8-8 所示，施工顺序及方法与卷材防水层基本相同。

涂料防水层按涂料的化学性质，可分为无机防水涂料防水层和有机防水涂料防水层。无机防水涂料宜用于结构主体的背水面；有机防水涂料宜用于地下工程主体结构的迎水面。防水涂料应分层刷涂或喷涂，涂层应均匀，不得漏刷、漏涂，接槎宽度不应小于 100mm。铺贴胎体增强材料时，应使胎体层充分浸透防水涂料，不得有露槎或褶皱。

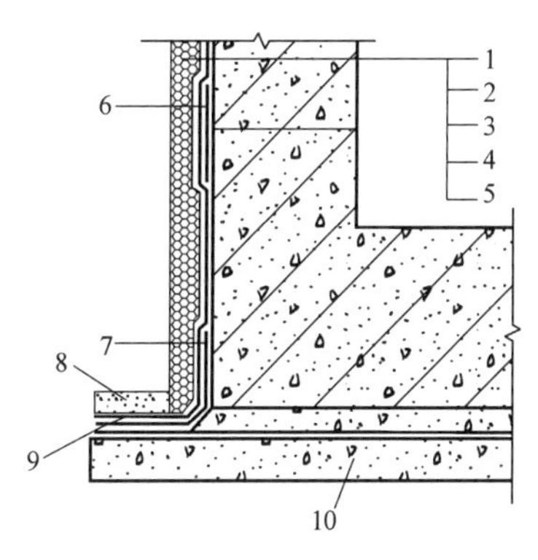

图 8-7 防水涂料外防外涂构造

1—保护墙 2—砂浆保护层 3—涂料防水层 4—砂浆找平层 5—结构墙体 6—涂料防水加强层 7—涂料防水层加强层 8—涂料防水层搭接部位保护层 9—涂料防水层搭接部位 10—混凝土垫层

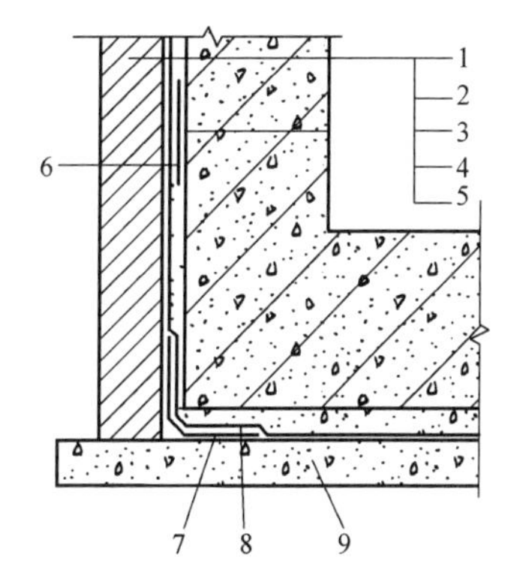

图 8-8 防水涂料外防内涂构造

1—保护墙 2—涂料保护层 3—涂料防水层 4—找平层 5—结构墙体 6—涂料防水加强层 7—涂料防水层加强层 8—涂料防水层搭接部位 9—混凝土垫层

8.2 屋面防水工程

8.2.1 屋面防水工程的分类及构造

屋面防水工程按照防水层做法不同，可分为卷材防水、涂膜防水和刚性防水。其构造如图 8-9~图 8-11 所示。

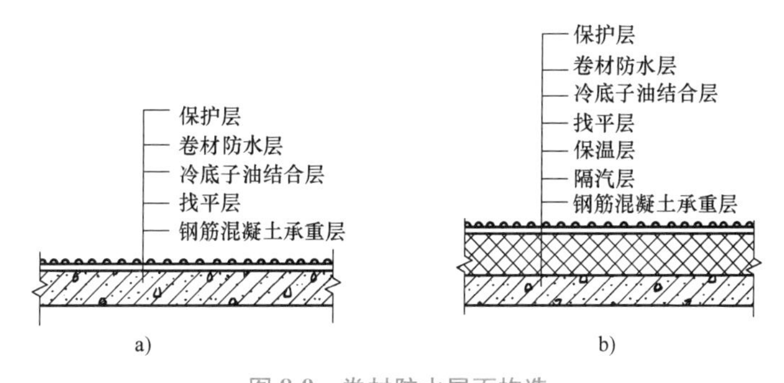

图 8-9 卷材防水屋面构造

a）不保温卷材屋面 b）保温卷材屋面

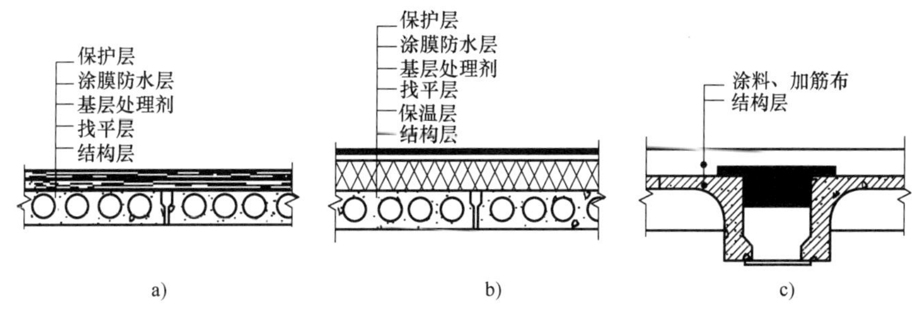

图 8-10 涂膜防水屋面构造

a）无保温涂膜防水屋面 b）有保温涂膜防水屋面 c）槽形板涂膜防水屋面

屋面防水工程根据建筑类别确定防水等级，并按相应等级进行防水设防。屋面防水等级和设防要求应符合表 8-2 的规定。

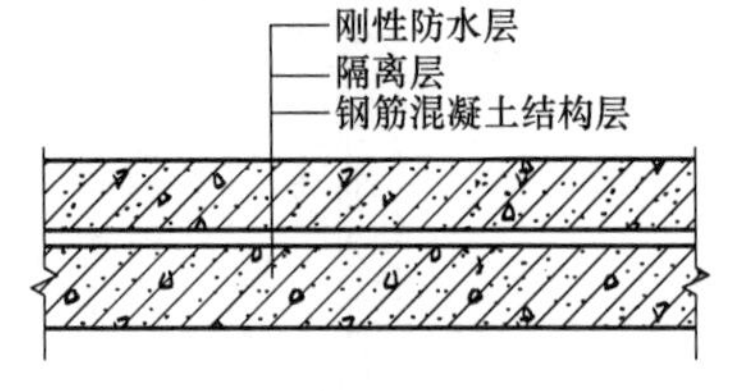

图 8-11　刚性防水屋面构造

8.2.2　屋面找平层

防水层的基层是指在结构层或保温层上面起到找平作用的基层，俗称找平层。找平层是防水层依附的一个层次，为防水层的铺设做铺垫，其质量好坏将直接影响防水层的质量。要求表面平整、坚固、坡度准确、排水流畅，表面不起砂、不起皮、不开裂。屋面找平宜采用水泥砂浆或细石混凝土找平层，其厚度和技术要求应符合表 8-3 的规定。

表 8-2　屋面防水等级和设防要求

防水等级	建筑类别	设防要求	防水做法
一级	重要建筑和高层建筑	两道防水设防	卷材防水层和卷材防水层、卷材防水层和涂膜防水层、复合防水层
二级	一般建筑	一道防水设防	卷材防水层、涂膜防水层、复合防水层

注：在Ⅰ级屋面防水做法中，防水层仅作单层卷材时，应符合有关单层防水卷材屋面技术的规定。

表 8-3　找平层厚度和技术要求

找平层分类	基层种类	厚度/mm	技术要求
水泥砂浆	整体现浇混凝土板	10～20	1∶2.5 水泥砂浆
	整体材料保温层	20～25	
细石混凝土	装配式混凝土板	30～35	C20 混凝土，宜加钢筋网片
	板状材料保温层		C20 混凝土

8.2.3　屋面保温层

保温层是减少屋面热交换作用的构造层，应选用吸水率低、导热系数小，并具有一定强度的保温材料。保温层设在防水层上面时应做保护层，设在防水层下面时须做找平层；屋面坡度较大时，保温层应采取防滑措施。保温层的基层应平整、干燥和干净。对于松散保温材料施工时应分层铺设，每层虚铺厚度不宜大于 150mm，适当压实，压实后不得在上面行车或堆放重物。整体保温材料要求表面平整，具有一定强度。一般要求整块材料抗压强度≥2MPa，板状材料抗压强度≥0.4MPa，有机纤维板抗折强度≥1MPa。

8.2.4　卷材防水屋面

将防水卷材用胶结材料粘在屋面上起到防水作用的屋面称为卷材防水屋面，其具有质量轻、柔韧性好等特点。

1. 材料要求

1）基层处理剂。基层处理剂是为增强防水材料与基层之间的黏结力，在防水层施工前，预先涂刷在基层上的稀质涂料。基层处理剂应与所用卷材的材性相容，以避免与卷材发生黏结不良或腐蚀卷材。

2）胶黏剂。胶黏剂主要有两种，分别为用于卷材与基层黏贴的胶黏剂和用于卷材与卷材搭接的胶黏剂。高聚物改性沥青卷材的胶黏剂多为橡胶改性沥青胶黏剂，主要由氯丁橡胶加入沥青和助剂以及溶剂等配制而成。合成高分子卷材的胶黏剂随卷材配套供应或卷材生产厂家指定。

3）防水卷材。选择合适的卷材是搞好卷材防水工程质量的基础条件。常用防水卷材类别、品种及特点见表8-4，每道卷材防水层最小厚度应符合表8-5的要求。

表8-4　常用防水卷材类别、品种及特点

材料分类		品种	特点
高聚物改性沥青		SBS改性沥青卷材	耐低温、耐老化
		APP改性沥青卷材	耐高温
		自粘改性沥青卷材	延伸大、耐低温、施工简便
合成高分子卷材	硫化橡胶型	三元乙丙橡胶卷材（EPDM）、氯化聚乙烯橡胶共混卷材（CPE）、再生胶类卷材	强度高、延伸大、耐低温、耐老化
	树脂型	聚氯乙烯卷材（PVC）、氯化聚乙烯橡塑卷材（CPE）、聚乙烯卷材（HDPE · LDPE）	
	橡胶共混型	乙丙橡胶-聚丙烯共聚卷材（TPO）	延伸大、耐低温、施工方便
		自粘卷材（无胎）	延伸大、施工简便
		自粘卷材（有胎）	强度高、施工简便

表8-5　每道卷材防水层最小厚度　（单位：mm）

防水等级	合成高分子防水卷材	高聚物改性沥青防水卷材		
		聚酯胎、玻纤胎、聚乙烯胎	自粘聚酯胎	自粘无胎
一级	1.2	3.0	2.0	1.5
二级	1.5	4.0	3.0	2.0

2. 卷材防水层的施工

（1）高聚物改性沥青防水卷材施工　高聚物改性沥青防水卷材的铺贴方法有热熔法、冷粘法和自粘法三种，常采用热熔法施工。热熔法是指用火焰加热器熔化卷材底层的改性沥青熔胶后直接与基层粘贴，其施工工艺流程为：清理基层→涂刷基层处理剂→铺贴附加层卷材→铺贴卷材→热熔封边→蓄水试验→保护层施工。

1）清理基层。高聚物改性沥青防水屋面可用水泥砂浆、沥青砂浆或细石混凝土找平层做基层。找平层要抹光压平，无空鼓、起砂，阴阳角应呈圆弧形或钝角，尘土、杂物要清理干净，且保持干燥。

2）涂刷基层处理剂。高聚物改性沥青防水卷材施工，应按产品说明书选用配套基层处理剂。将基层处理剂均匀涂刷在基层上，要求厚薄一致。待其干燥后，方可进行下道工序。

3）铺贴附加层卷材。在管道根部、阴阳角、檐口等细部薄弱部位要先铺贴改性沥青卷材附加层，附加层的范围应符合设计和技术规范的有关规定。

4）铺贴卷材。卷材的层数、厚度应符合设计要求，同时厚度不应小于3mm。铺贴时随放卷材随用火焰加热器加热基层与卷材的交接处，其两者距离以300mm左右为宜，经往返均匀加热，卷材表面热熔后，应立即滚铺卷材。双层铺贴时，上下两层卷材的搭接缝应错开1/3~1/2幅宽。

5）热熔封边。将卷材搭接处用喷枪加热，以溢出2mm左右热熔的改性沥青并均匀顺直为宜，搭接宽度为80~100mm，末端收头用密封膏嵌填严密。

6）蓄水试验。屋面防水层完工后，应做蓄水试验或淋水试验。一般有女儿墙的平屋面做蓄水试验，坡屋面做淋水试验。蓄水高度根据工程实际而定，应在不超过屋面允许荷载的前提下，尽可能使水没过屋面。

7）保护层施工。对于上人屋面，可按设计要求做各种刚性屋面保护层。不上人屋面可在防水层表面涂刷氯丁橡胶沥青等改性沥青胶黏剂，随即撒石屑，用压辊滚压，要求铺撒均匀，粘贴牢固。待干透粘牢后，将未粘牢的石屑清除。

（2）合成高分子防水卷材施工　合成高分子防水卷材的施工方法有冷粘法、自粘法和热熔（热风焊接）法三种，常采用冷粘法施工。冷粘法是指用与卷材同类型的胶黏剂将合成高分子卷材粘贴在基层上，其施工工艺流程为：清理基层→涂刷基层处理剂→铺贴附加层卷材→涂刷基层胶黏剂→铺贴卷材→卷材接头粘贴→卷材末端收头处理→蓄水试验→保护层施工。

1）清理基层。基层表面为水泥砂浆找平层，要求表面平整。当基层表面有凹坑或不平时，可用建筑胶水泥砂浆嵌平或抹成缓坡。基层在铺贴前应做到洁净、干燥。

2）涂刷基层处理剂。基层处理剂有隔绝基层渗透的水分和提高基层表面与合成高分子卷材之间黏结能力的作用。先用油漆刷在阴阳角、管道根部、水落口等部位均匀涂刷一道，再用长把滚刷在基层满刷一道。涂刷应厚薄一致，不得有漏刷、花白等现象。在涂刷4~12h表面干燥后进行下一道工序施工。

3）铺贴附加层卷材。在檐口、阴阳角、管道根部、水落口周围等构造节点必须先做附加层，可采用自粘性密封胶或聚氨酯涂膜，也可铺贴一层合成高分子防水卷材，铺设范围应根据设计要求和技术规范确定。

4）涂刷基层胶黏剂。与卷材配套的胶黏剂需在基层和防水卷材表面分别涂刷。卷材涂胶时，先将卷材铺展在干净平整的基层上，用长把滚刷蘸满搅拌均匀的胶黏剂，涂刷在卷材的表面，厚度要均匀且无漏涂，但在沿搭接部位要留出100mm宽的无胶带。静置10~20min后，当胶膜干燥且手指触摸基本不粘手时，用原卷材筒将卷材刷胶面向外卷起来。卷时要端头平整，并要防止卷入砂粒和杂物，保持洁净。

基层表面涂胶应在基层处理剂干燥后进行，用长把滚刷蘸满胶黏剂涂刷在基层表面，不得在一处反复涂刷，防止粘起基层处理剂或形成凝聚块，细部位置可用毛刷均匀涂刷，静置晾干即可铺贴卷材。

5）铺贴卷材。卷材及基层的胶黏剂基本干燥后，进行卷材铺贴施工。先弹出基准线，然后将已涂刷胶黏剂的卷材一端先粘贴固定在预定部位，再逐渐沿基线滚动展开卷材，将卷材粘贴在基层上。

铺贴屋面卷材时，应先从檐口、天沟、排水口等排水比较集中的部位，按标高由低向高的顺序铺设；应将卷材顺长方向进行铺贴，并使卷材面与流水坡度垂直，卷材的搭接要顺流水方向，不应铺成逆向。铺贴平面与立面相连的卷材，应由下向上进行，使卷材紧贴阴阳角。铺贴时不可将卷材拉得过紧，且不得有皱折、空鼓等现象。卷材铺贴时应注意减少阴阳角接头。

卷材铺贴后，要做好排气、压实工作。可在铺完一卷卷材后，立即用干净松软的长把滚刷从卷材的一端开始，沿卷材的横向用力滚压，以排除卷材粘贴层间的空气。排除空气后，可用外包橡胶的铁辊滚压，使卷材与基层粘贴牢固。

6）卷材接头粘贴。合成高分子卷材的搭接宽度，满贴法为80mm，空铺、点粘、条粘法为100mm。卷材搭接要使用专门的卷材接缝胶黏剂，均匀涂刷在翻开的卷材接头的两个粘贴面上，静置干燥20min后从一端开始粘合。操作时用手从里向外一边压合，一边排除空气，并用手持小铁压辊压实，边缘用聚氨酯嵌缝膏封闭。

7）卷材末端收头处理。为了防止卷材末端剥落，造成渗水，卷材末端收头必须用聚氨酯嵌缝膏或其他密封材料嵌固封闭。

8）蓄水试验。同高聚物改性沥青防水卷材施工。

9）保护层施工。蓄水试验合格后，即应进行保护层施工，以免卷材损伤。不上人屋面涂刷配套的表面着色剂，涂刷前要将卷材表面清理干净，再用长把滚刷依次涂刷均匀，且两遍成活。上人屋面根据设计要求做成块状等刚性保护层。

8.2.5 涂膜防水屋面

涂膜防水屋面是在屋面基层上喷涂、刮涂或涂刷抹压防水涂料，固化后形成具有不透水性、耐候性和延伸性的致密物质，以达到屋面防水之目的。涂膜防水屋面具有防水性能好、可适应各种形状复杂的基层，操作方便、与基层粘贴强度高、有良好的温度适应性、施工速度快、易于维修、无污染等优点。

1. 防水涂料的分类

防水涂料按成膜的成分可分为沥青基防水涂料、合成高分子防水涂料和高聚物改性沥青防水涂料，后两类较为常用。沥青基防水涂料是以沥青为基料配制而成的水乳型或溶剂型防水涂料。合成高分子防水涂料包括聚氨酯系列防水涂料、丙烯酸酯类系列防水涂料、硅橡胶类系列防水涂料。高聚物改性沥青防水涂料包括SBS改性沥青防水涂料、水乳型氯丁橡胶防水沥青等。

2. 涂膜防水层施工

涂膜防水屋面的施工程序为：清理基层→涂刷基层处理剂→附加涂膜层施工→涂布防水涂料及铺贴胎体增强材料→收头处理→保护层施工。每道涂膜防水层最小厚度应符合表8-6的要求。

表8-6 每道涂膜防水层最小厚度 （单位：mm）

防水等级	合成高分子防水涂膜	高聚物改性沥青防水涂膜
一级	1.5	2.0
二级	2.0	3.0

1）清理基层。涂刷防水层前，先将基层表面的杂物、砂浆硬块等清扫干净，基层要平

整、无空鼓、起砂。基层的干燥程度应视涂料特性而定，对高聚物改性沥青防水涂料，为水乳型时，基层干燥程度可适当放宽，为溶剂型时，基层必须干燥；对合成高分子防水涂料，基层必须干燥。

2）涂刷基层处理剂。其作用：一是堵塞基层毛细孔，使基层的水蒸气不易向上渗透至防水层，减少防水层起鼓；二是增加防水层与基层的黏结力。基层处理剂的种类有水乳型防水涂料、溶剂型防水涂料、沥青溶液（冷底子油）三种。基层处理剂涂刷时，应用力薄涂，涂刷均匀，覆盖完全，待其干燥后再进入下道施工工序。

3）附加涂膜层施工。涂膜防水层施工前，在管道根部、落水口、阴阳角等部位必须先做附加涂层。附加涂层的做法是在附加层涂膜中铺设玻璃纤维布，用板刷排除气泡，将玻璃纤维布紧密地贴在基层上，不得出现空鼓、褶皱。阴阳角部位一般为条形，管道根部应裁成块形布铺设，可多次涂刷涂膜。

4）涂布防水涂料及铺贴胎体增强材料。涂料涂布时，涂刷致密是保证质量的关键，涂刷时应按规定的涂层厚度均匀、仔细地涂刷。各道涂层之间的涂刷方向相互垂直，以提高防水层的整体性和均匀性。涂层间的接槎，在每遍涂刷时应退槎 50~100mm，接槎时也应超过 50~100mm，避免在搭接处发生渗漏。

在第二遍涂刷涂料时或第三遍涂刷前，即可加铺胎体增强材料，铺贴方法可采用湿铺法或干铺法。湿铺法是边倒涂料、边涂刷、边铺贴的方法；干铺法则是在前一遍涂层干燥后，边干铺胎体增强材料，边在已展平的表面上用橡皮刮板均匀满刮一道涂料。无论采用湿铺法或干铺法，都必须使胎体增强材料铺贴平整，不起皱、不翘边、无空鼓。

在屋面铺胎体增强材料时，一般平行于屋脊铺设。当屋面坡度大于 15%时，为防止胎体增强材料下滑，宜垂直于屋脊铺设。胎体增强材料的搭接应顺流水方向。搭接时，其长边搭接宽度不小于 50mm，短边搭接宽度不小于 70mm。采用两层胎体增强材料时，上下层不得相互垂直铺设，搭接缝应错开，其间距不应小于幅宽的 1/3。

5）收头处理。为防止收头部位出现翘边现象，所有收头均应用密封材料压边，压边宽度不得小于 10mm。收头处的胎体增强材料应剪裁整齐，如遇有凹槽，应压入凹槽内而不得出现翘边、褶皱、露白等现象，否则应先进行处理，再涂密封材料。

6）保护层施工。屋面保护层可用绿豆砂、云母、蛭石、浅色涂料，也可用水泥砂浆、细石混凝土或块体材料等刚性保护层。采用水泥砂浆、细石混凝土或块材保护层时，应在防水涂膜与保护层之间设置隔离层，以防止因保护层的伸缩变形，将涂膜防水层破坏而造成渗漏。另外，刚性保护层与女儿墙、山墙之间应预留宽度为 30mm 的缝隙，并用密封材料嵌填严密。

8.2.6 复合防水屋面

复合防水层是指彼此相容的卷材和涂料组合而成的防水层，是屋面防水工程中推广的一种技术。防水层厚度是影响防水层使用年限的主要因素之一，防水等级对应复合防水层最小厚度见表 8-7。使用过程中除要求两种材料材性相容外，同时要求两种材料不得相互腐蚀，施工过程中不得相互影响。复合防水层施工要求同卷材及涂膜防水施工，若卷材与涂料符合使用时，涂膜防水层宜设置在卷材防水层的下面。

表 8-7 复合防水层最小厚度 (单位：mm)

防水等级	合成高分子防水卷材+合成高分子防水涂膜	自粘聚合物改性沥青防水卷材（无胎）+合成高分子防水涂膜	高聚物改性沥青防水卷材+高聚物改性沥青防水涂膜	聚乙烯丙纶卷材+聚合物水泥胶结材料
一级	1.2+1.5	1.5+1.5	3.0+2.0	(0.7+1.3)×2
二级	1.0+1.0	1.2+1.0	3.0+1.2	0.7+1.3

8.2.7 刚性防水屋面

刚性防水屋面是指利用刚性防水材料做防水层的屋面，主要有普通细石混凝土防水屋面、块体刚性防水屋面、预应力钢筋混凝土防水屋面、补偿收缩混凝土防水屋面等。与卷材及涂膜防水屋面相比，刚性防水屋面具有所用材料易得、价格便宜、耐久性好、维修方便等优点，但其表观密度大，抗拉强度低，极限拉应变小，易受混凝土或砂浆的干湿变形、温度变形和结构变形的影响而产生裂缝。

刚性防水屋面一般由结构层、找平层、隔离层和防水层组成。

1）结构层。刚性防水屋面的结构层要求具有足够的强度和刚度，一般应采用现浇或预制装配的钢筋混凝土屋面板，并在结构层现浇或铺板时形成屋面的排水坡度。

2）找平层。为保证防水层厚薄均匀，通常应在结构层上用 20mm 厚 1∶3 水泥砂浆找平。若采用现浇钢筋混凝土屋面板或设有纸筋灰等材料时，也可不设找平层。

3）隔离层。为减少结构层变形及温度变化对防水层的不利影响，宜在防水层下设置隔离层。隔离层可采用纸筋灰、低强度等级砂浆或薄砂层上干铺一层油毡等。当防水层中加有膨胀剂类材料时，其抗裂性有所改善，也可不作隔离层。

4）防水层。常用配筋细石混凝土防水屋面的混凝土强度等级应不低于 C20，其厚度宜不小于 40mm，双向配置 $\phi4\sim\phi6.5$mm 钢筋，间距为 100～200mm 的双向钢筋网片。为提高防水层的抗渗性能，可在细石混凝土内掺入适量外加剂（如膨胀剂、减水剂、防水剂等）以提高其密实性能。

8.3 室内防水工程

8.3.1 室内防水的特点

室内防水工程是指建筑室内厨房、卫生间、浴室、水池等各种用水房间的防水工程。与屋面防水工程、地下防水工程相比，其特点是水的侵蚀具有长久性或干湿交替性，防水材料施工不易操作、防水效果不易保证，对材料的可操作性要求较高。采用的各种防水卷材因剪口和接缝较多，很难粘贴牢固、封闭严密，难以形成一个有弹性的整体防水层。通过大量实践证明，涂膜防水能使室内的地面和墙面形成一个没有接缝、封闭严密的整体防水层，从而保证室内防水工程的质量。

8.3.2 室内涂膜防水

防水涂料的品种很多，如聚氨酯防水涂料、聚合物乳液防水涂料、聚合物水泥防水涂料和水乳型沥青防水涂料等。现主要介绍常用的聚氨酯防水涂料和聚合物水泥防水涂料的施工。

1. 聚氨酯防水涂料施工

聚氨酯防水涂料是双组分化学反应固化型的高弹性防水涂料，多以甲、乙双组分形式使用。聚氨酯涂膜防水的特点见表8-8。

表8-8　聚氨酯涂膜防水的特点

优点	缺点
1. 固化前为无定形黏稠状液态物质，在任何复杂的基层表面均易于施工，对端部收头容易处理，防水工程质量易于保证 2. 借化学反应成膜，几乎不含溶剂，体积收缩小，易做成较厚的涂膜，涂膜防水层无接缝，整体性强 3. 冷作业，操作安全 4. 涂膜具有橡胶弹性，延伸性好，抗拉强度和抗撕裂强度均较高，对在一定范围内的基层裂缝有较强的适应性	1. 原材料为较昂贵的化工材料，故成本较高，售价较贵 2. 施工过程中难以使涂膜厚度做到像高分子防水卷材那样均匀一致。为使防水涂膜的厚度比较均一，必须要求防水基层有较好的平滑度，并要加强施工技术管理，严格执行施工操作规程 3. 有一定的可燃性和毒性 4. 本涂料为双组分反应型，须在施工现场准确称量配合，搅拌均匀，不如其他单组分涂料使用方便 5. 必须分层施工，上下覆盖，才能避免产生直通针眼气孔

（1）材料　主要材料有聚氨酯涂膜防水材料甲组分（预聚体）、聚氨酯涂膜防水材料乙组分，主要含有固化剂、增韧剂、防霉剂、促进剂、增黏剂、增充剂等。

其他材料有无机铝盐防水剂和涤纶无纺布。前者是水泥砂浆找平层的添加剂，可使找平层降低透湿率，使基层含水率较快地达到施工要求；后者由涤纶纤维加工制成，可用于底板与立墙之间的阴角作增强材料。

辅助材料主要包括二甲苯（清洗工具用）、二月桂酸二丁基锡（凝固过慢时，作促凝剂用）、苯磺酰氯（凝固过快时，作缓凝剂用）等。

（2）基层条件

1）防水基层必须用1：3的水泥砂浆找平，要求抹平压光无空鼓，表面要坚实，不应有起砂、掉灰现象。在抹找平层时，凡遇到管子根的周围，要使其略高于地面；在地漏的周围，应做成略低于地面的洼坑。

2）室内楼（地）面找平层的坡度以1%~2%为宜，凡遇到阴、阳角处，要抹成半径不小于10mm的小圆弧。

3）穿过楼地面或墙壁的管件（如套管、地漏等）以及卫生洁具等，必须安装牢固，收头圆滑。管件或卫生器具与周边的缝隙用水泥砂浆堵严；缝隙大于20mm时，常吊底模，用微膨胀细石混凝土浇筑严实。下水管转角墙的坡度及其与立墙之间的距离，应按图8-12所示施工。

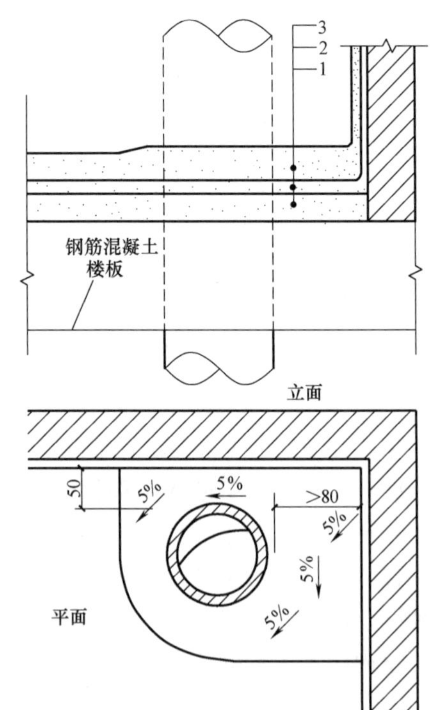

图8-12　下水管转角墙立面及平面图

1—找平层　2—防水层　3—抹平层

4）基层必须基本干燥，一般在基层表面均匀泛白无明显水印时，才能进行涂膜防水层施工。施工前要把基层表面的尘土杂物彻底清扫干净。

（3）施工工艺　聚氨酯涂膜防水涂料的施工工艺为：清理基层→涂布底胶→配制聚氨酯涂膜防水涂料→涂膜防水层施工→保护层施工。

1）清理基层。施工前，先将基层表面的突出物、砂浆疙瘩等异物铲除，并进行彻底清扫。如发现有油污、铁锈等，要用钢丝刷、砂布和有机溶剂等彻底清扫干净。

2）涂布底胶。将聚氨酯甲、乙组分和二甲苯按1∶1.5∶2的比例（质量比）配合搅拌均匀，再用小滚刷或油漆刷均匀涂布在基层表面上。干燥固化4h以上，才能进行下道工序。

3）配制聚氨酯涂膜防水涂料。将聚氨酯甲、乙组分和二甲苯按1∶1.5∶0.3的比例配合，用电动搅拌器强力搅拌均匀备用。应随配随用，一般在2h内用完。

4）涂膜防水层施工。用小滚刷或油漆刷将已配好的防水混合材料均匀涂布在底胶已干涸的基层表面上。涂布时要求厚薄均匀一致，平刷3~4度为宜。防水涂膜的总厚度以不小于1.5mm为合格。涂完第1度涂膜后，一般需固化5h以上，在基本不粘手时，再按上述方法涂布第2~4度涂膜，并使后一度与前一度的涂布方向相垂直。对管子根和地漏周围以及下水管转角墙部位，必须认真涂刷，涂刷厚度不小于2mm。在涂刷最后一度涂膜固化前，及时稀撒少许干净的粒径为2~3mm的小豆石，使其与涂膜防水层黏结牢固，作为与水泥砂浆保护层黏结的过渡层。

5）保护层施工。当聚氨酯涂膜防水层完全固化和通过蓄水试验并检验合格后，即可铺设一层厚度为15~25mm的水泥砂浆保护层。然后可根据设计要求铺设陶瓷面砖或马赛克等饰面层。

2. 聚合物水泥防水涂料施工

（1）材料　聚合物水泥防水涂料是以丙烯酸酯、乙烯-乙酸乙烯酯等聚合物乳液和水泥为主要原料，加入填料及其他助剂配制而成，经水分挥发和水泥水化反应固化成膜的双组分水性防水涂料。其既有聚合物涂膜的延伸性、防水性、弹性，又具有水泥水硬性材料强度高、易与潮湿基层黏结的优点，施工方法灵活方便，尤其是以水为分散剂，有利于环保。

（2）基层条件　对基层的要求有：①基层（找平层）可用水泥砂浆抹平压光，待表面干燥后再做防水层；②基层表面泛水坡度在2%以上，不得积水；③基层遇转角处等部位，水泥砂浆应抹成小圆角；④基层与相连接的管件、地漏、排水口等应在防水层施工前先将预留管道安装牢固，转角处水泥砂浆收头圆滑，管根处按设计要求用密封膏嵌填密实。

（3）施工工艺　聚合物水泥防水涂料的施工工艺为：清理基层→涂布底胶→聚合物水泥防水涂料配制→节点部位加强处理→大面分层涂刮聚合物水泥防水涂料→保护层施工。

基层平整度较差时，在乳液中掺和适量的水搅拌均匀后，涂抹在基层表面做底涂。聚合物水泥防水涂料配制时，先将乳液和水泥按比例配制好，加入水中用搅拌器搅拌至均匀细微，不含团粒的混合物即可使用，并应在40min内用完。按设计或规范要求对节点部位（阴阳角、施工缝、地漏等）涂刷聚合物水泥防水涂料加强层，涂层中间加设胎体材料增强。然后，分纵横方向涂刮聚合物水泥防水涂料，后一涂层应在前一涂层表干但未实干时施工（一般情况下，两层之间约2~4h），以指触不粘为准。收头采用多遍涂刷或用密封材料封严。

本章小结及关键概念

● **本章小结：** 本章主要介绍了地下防水工程、屋面防水工程及室内防水工程等内容。通过本章学习，要求了解地下工程防水分类，掌握地下工程卷材防水、涂膜防水以及混凝土结构防水的施工方法；了解屋面防水的分类及构造，掌握卷材防水屋面、涂膜防水屋面的施工工艺；了解室内防水的施工方法等。

● **关键概念：** 地下防水工程、外贴法、内贴法、屋面防水工程、室内防水工程。

习　题

8.1　如何进行地下工程的防水？

8.2　地下防水中，何为卷材防水层的内贴法和外贴法？试述各自的施工工艺。

8.3　试述防水混凝土的防水原理，其施工有哪些要求？

8.4　简述卷材防水屋面的构造。

8.5　简述高聚物改性沥青防水卷材及合成高分子卷材的主要品种及特点。

8.6　试述高聚物改性沥青防水卷材热熔法施工的要点。

8.7　合成高分子卷材冷粘法施工的要点有哪些？

8.8　涂膜防水屋面施工的要点有哪些？

8.9　室内防水施工有哪些特点？

8.10　简述室内聚氨酯防水涂料的施工要点。

8.11　聚合物水泥防水涂料施工的要点有哪些？

二维码形式客观题

第8章
客观题

第9章 装饰工程

学习要点

知识点：抹灰、饰面、幕墙、吊顶及轻质隔墙、涂饰和裱糊工程及门窗工程等内容，着重理解其材料、施工工艺、质量标准等。

重点：抹灰的分类及组成、一般抹灰的施工工艺及质量要求；装饰抹灰的种类，装饰抹灰面层的常见做法；幕墙、吊顶及轻质隔墙的种类、构造及作法；常见饰面工程的施工工艺及质量要求；涂饰的种类、性能及其施工要点；裱糊工程的施工要点。

难点：抹灰的做法及质量要求；装饰抹灰面层的常见做法；常见饰面工程的施工工艺及质量要求；涂饰及裱糊工程的施工要点。

装饰工程是采用装饰材料或饰物对建筑物内外表面及空间进行各种处理的施工过程，是建筑工程施工的最后一项内容。其作用是使结构构件免受风、雨、潮气的侵蚀，改善隔热、隔声及防潮功能，增强建筑物的耐久性及美观性等。

装饰工程按照材料和部位划分，通常包括抹灰工程、饰面工程、幕墙工程、吊顶工程、轻质隔墙工程、门窗工程、涂料及裱糊工程等。其特点是量大面广、工期长、造价高，手工作业量大、工序复杂，施工质量对建筑物使用功能和整体建筑效果影响大，建筑新材料、新方法发展迅速。

9.1 抹灰工程

9.1.1 抹灰工程概述

抹灰工程是用砂浆、石灰或各种装饰材料涂抹在建筑物表面，以起到找平、装饰、保护作用的装饰工作。其除具有保护结构、找平、防潮防水、隔热保温等功能外，还可以通过材料及工艺的选用形成不同的质感、色彩、线形来增加建筑物的装饰效果。

1. 抹灰工程的分类与组成

（1）抹灰工程的分类　抹灰工程按所用材料和装饰效果的不同，可分为一般抹灰和装饰抹灰；按工程部位的不同，可分为墙面抹灰、柱面抹灰、顶棚抹灰和地面抹灰。

一般抹灰是指一般通用型的砂浆抹灰工程，包括采用水泥砂浆、石灰砂浆、水泥石灰混合砂浆、聚合物水泥砂浆、麻刀灰、纸筋灰、石膏灰等抹灰材料进行涂抹施工。装饰抹灰是指采用装饰性很强的材料，或用不同的处理方法，使建筑物具有某些艺术效果的抹灰。装饰抹灰采用的材料和处理方法主要有水磨石、水刷石、斩假石、干粘石、假面砖、拉条灰、喷涂、滚涂、弹涂、仿石、彩色抹灰等。

（2）抹灰层的组成　抹灰层一般由底层、中层（或几遍中层）和面层组成，如图9-1所示。底层的作用是与基体黏结牢固并初步找平，要求砂浆有较好的保水性，砂浆的组成材料根据基层的种类选取相应的配合比；中层的作用是找平，砂浆的种类基本与底层相同，只是稠度稍小；面层是使表面光滑细致，起装饰作用，一般用混合砂浆、纸筋灰、石膏灰等。之所以分层抹灰，是为了黏结牢固、控制平整度并保证抹灰质量，防止产生裂纹、起鼓或脱落，造成材料的浪费。

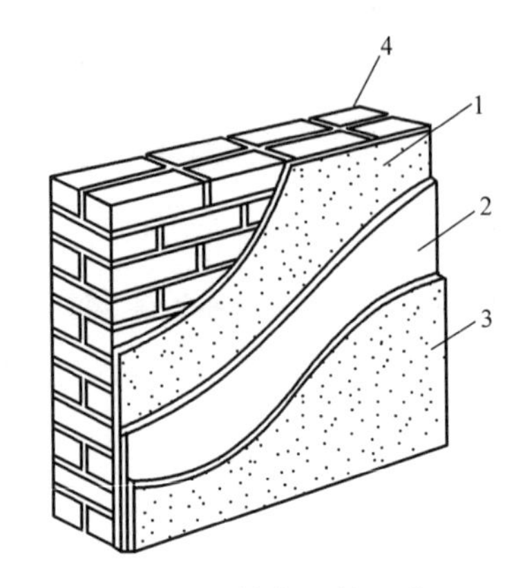

图9-1　抹灰层的组成
1—底层　2—中层　3—面层　4—基体

2. 抹灰工程对材料的质量要求

1）砂的质量要求。抹灰用砂宜采用中砂，要求砂颗粒坚硬洁净，在使用前应过筛，去除粗大颗粒及杂质。

2）胶凝材料的质量要求。在抹灰工程中，胶凝材料主要有水泥、石灰、石膏等，其均应符合设计要求及国家现行产品标准的规定，有出厂合格证明。

常用水泥有32.5级、42.5级硅酸盐水泥、普通硅酸盐水泥和矿渣硅酸盐水泥等，水泥的凝结时间和安定性应进行复验合格后方可使用。不同品种水泥不能混用，出厂超过3个月的水泥应经试验满足要求才能使用，不得使用受潮、结块的失效水泥。

石灰膏要经充分熟化后使用，以避免引起抹灰层的起鼓和开裂。生石灰的熟化陈伏时间应不小于2周，用于面层则不应小于30天。如用生石灰粉，可直接拌水使用，当用于面层时，也要经过不少于3天时间的熟化。

3）其他材料的质量要求。麻刀、纸筋是抹灰砂浆中常加的纤维材料，主要起拉结作用，以提高抹灰层的抗拉强度和抗裂能力。麻刀应均匀、干燥、不含杂质，长度以20~30mm为宜，用时将其敲打松散；纸筋应用水浸透、捣烂，罩面纸筋应机碾磨细。

3. 抹灰工程的施工顺序

为保护好成品，抹灰施工前应安排好施工顺序。一般应遵循先室外后室内，先上层后下层，先顶棚、墙面后地面的施工顺序。先室外后室内，是指先完成室外抹灰，拆除外脚手架，堵上脚手眼后再进行室内抹灰。先上层后下层，是指在屋面防水工程完成后室内外抹灰最好从上层往下层进行。当高层建筑施工采用立体交叉流水作业时，也可以采取从下往上施工的方法，但必须采取相应的成品保护措施。先顶棚、墙面后地面，是指室内抹灰一般先完成顶棚和墙面抹灰，再开始楼地面抹灰。室内抹灰应在屋面防水工程完工后进行，以防止漏水造成抹灰层损坏及污染。

9.1.2　一般抹灰施工

1. 质量要求

一般抹灰按质量要求分为普通抹灰和高级抹灰两个等级，其质量要求及适用范围见表9-1。

表 9-1 一般抹灰的质量要求及适用范围

项目	质量要求	适用范围
普通抹灰	一底层、一中层、一面层。阳角找方，设置标筋，分层赶平、修整、表面压光。要求表面洁净、线角顺直清晰，接槎平整	适用于一般居住、公用和工业建筑（如住宅、宿舍、教学楼、办公楼）以及建筑物中附属用房，如车库、仓库、锅炉房、地下室、储藏室等
高级抹灰	一底层、数中层、一面层。阴阳角找方，设置标筋，分层赶平、修整、表面压光。要求表面光滑洁净，颜色均匀，线角平直，清晰美观无抹纹	适用于大型公共建筑物、纪念性建筑物（如剧院、礼堂、宾馆、展览馆和高级住宅等）以及有特殊要求的高级建筑等

2. 基层处理

一般抹灰施工时，为防止产生空鼓现象，抹灰前应对基层进行必要的处理。对凹凸不平的基层表面，应剔平或用 1∶3 水泥砂浆补平。对楼板洞、穿墙管道及墙面脚手架洞、门窗框与墙交接缝处应用 1∶3 水泥砂浆分层嵌缝密实。表面上的灰尘、污垢和油渍等应清除干净，并洒水润湿。墙面太光的要凿毛，或用掺 10%108 胶的 1∶1 水泥砂浆薄抹一层。不同材料相接处，应用宽纤维质胶带粘贴，以防基体温度变化胀缩不一而产生裂缝。在内墙面的阳角和门洞口的侧壁的阳角、柱角等易于碰撞之处，宜用强度较高的 1∶2 水泥砂浆制作护角，其高度不应低于 2m，每侧宽度不小于 50mm。对砖砌基体，应待砌体充分沉实后抹底层灰，以防砌体沉陷拉裂抹灰层。

3. 一般抹灰施工工艺

（1）墙、柱面抹灰　高级抹灰除有普通抹灰要求的工序外，还要求在阴阳角找方，工艺流程为：基层处理→弹准线→抹灰饼、冲筋→做护角→抹底层灰→抹中层灰→抹罩面灰→阴角、阳角抹灰。

1）弹准线。将房间用角尺规方，小房间可用一面墙壁作基线；大房间或有柱网时，应在地面上弹出十字线。在距离墙阴角 100mm 处用线锤吊直，弹出竖线后，再按规方地线及抹面层厚度向里反弹出墙角抹灰准线，并在准线上下两端钉上钢钉，挂上白线，作为抹灰饼、冲筋的标准。

2）抹灰饼、冲筋。在抹灰前要用水泥砂浆先做出灰饼和冲筋，如图 9-2 所示。首先，在距离顶棚 200mm 处先做两个上灰饼；其次，以上灰饼为基准，吊线做下灰饼。下灰饼的位置一般在踢脚线上方 200～250mm 处。然后，根据上灰饼，再上下左右拉通线做中间灰饼，灰饼间距 1.2～1.5m，灰饼大小一般为 40mm×40mm，待灰饼砂浆收水后，在竖向灰饼之间填充灰浆做成冲筋。抹好冲筋砂浆后，用硬刮尺与冲筋通平，冲筋面宽 50mm，底宽约 80mm。墙面不大时，可只做两条冲筋。

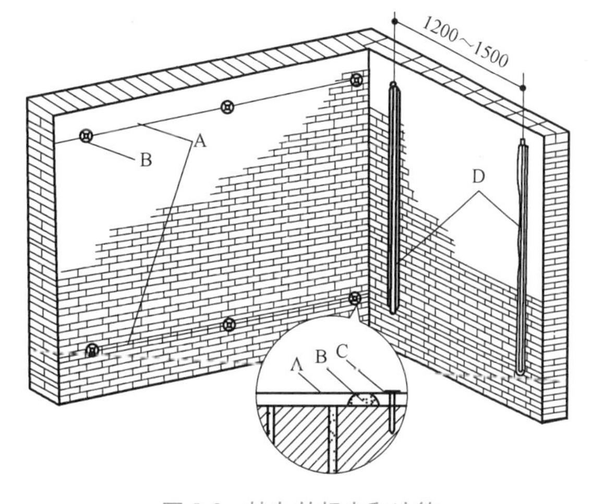

图 9-2 抹灰的标志和冲筋

A—引线 B—灰饼 C—钉子 D—冲筋

3）抹底层灰。冲筋达到一定强度

（刮尺操作不致损坏），即可抹底层灰。抹底层灰前，检查基体表面的平整度并提前一天浇水湿润。底层砂浆的厚度为冲筋厚度的2/3，用铁抹子将砂浆抹上墙面并进行压实，并用木刀修补、压实、搓平、搓粗。

4）抹中层灰。待底层灰7~8成干后抹中层灰。中层砂浆同底层砂浆，抹中层灰时依照冲筋厚以装满砂浆为准，然后以大刮尺紧贴冲筋，将中层灰刮平，最后用木抹子搓平。搓平后用2m长的靠尺检查。凡有不合质量标准者，必须修整，直至符合标准为止。

5）抹罩面灰。中层灰7~8成干后，用纸筋灰或腻子罩面，用铁抹子抹平，并分两遍连续适时压实收光。表面达到光滑，色泽一致，不显接槎为好。

6）阴角、阳角抹灰。用阴、阳角方尺检查阴、阳角的直角度，用线锤检查阴角或阳角的垂直度，根据偏差，确定抹灰层厚度。将底层灰抹于阴、阳角，用木阴、阳角器压住抹灰层并上下搓动，使阴、阳角的抹灰基本达到直角。再用阴、阳角抹子上下抹压，使角线垂直。阴、阳角处底层灰凝结后，将面层抹于阴、阳角处，上下抹压，使中层灰达到平整光滑。阴阳角找方与墙面抹灰同时进行。

（2）楼地面抹灰　楼地面抹灰是在混凝土地面垫层或楼面上抹上一层或两层水泥砂浆，作为地面或楼面面层。水泥砂浆楼地面是一种造价低、耐久性强、施工简便的传统做法，被广泛应用，在现代室内装修中多用于其他装饰层的基层。其工艺流程为：基层处理→弹面层线、做灰饼、标筋→润湿基层→扫水泥素浆→铺水泥砂浆→木杠压实、刮平→木抹子压实、搓平→铁抹子压光（三遍）→覆盖、浇水养护。

（3）顶棚抹灰　顶棚抹灰的工艺流程为：基层处理→弹线→湿润→抹底层灰→抹中层灰→抹罩面灰。

在墙顶四周弹出水平线，以控制抹灰层厚度，然后沿顶棚四周抹灰并找平。在抹底层灰的当天，根据顶棚湿润情况，用毛扫帚洒水湿润，接着满刷一遍建筑胶水泥浆，随刷随抹底层灰。底层灰使用水泥砂浆，抹时用力挤入缝隙中，厚度为3~5mm，并随手带成粗糙毛面。

抹底层灰后（常温12h后），采用水泥混合砂浆抹中层灰，抹完后先用刮尺顺平，然后用木抹子搓平。低洼处当即找平，使整个中层灰表面顺平。

待中层灰凝结后，即可抹罩面灰，用铁抹子抹平压实收光。面层抹灰经抹平压实后的厚度应不大于2mm。顶棚面要求表面平顺，无抹纹与接槎，与墙面交角应成一直线。如有线脚，宜先用准线拉出线脚，再抹顶棚大面，罩面应两遍压光。

对平整的混凝土大板，如设计无特殊要求，可不抹灰，而用腻子分遍刮平收光后刷浆，要求各遍黏结牢靠，总厚度不大于2mm。

9.1.3 装饰抹灰施工

1. 水磨石面层施工

水磨石多用于地面或墙裙。水磨石的制作过程：1：3水泥砂浆打底的砂浆终凝后，洒水湿润，刮一层厚1~1.5mm的水泥浆作为黏结层，找平后按设计的图案镶嵌分格条，分格条有黄铜条、铝条、不锈钢条或玻璃条，其作用除可做成花纹图案外，还可防止面层面积过大而开裂。安设时两侧用素水泥浆黏结固定，然后刮一层水泥素浆，随即将具有一定色彩的水泥石子浆（水泥：石子=1：1~1：2.5）填入分格网中，抹平压实，厚度要比嵌条稍高1~2mm，为使水泥石子浆罩面平整密实，可补撒一些石子，使表面石子均匀。待收水后用滚筒滚压，再浇水养护，然后根据气温、水泥品种，2~5天后开磨，以石子不松动、不脱落，表面不过硬为宜。

磨石分三遍进行。第一遍用60~80号粗金刚石盘磨，磨至石子外露、磨平、磨匀、磨出全部分格条，再用水冲洗，稍干后，批上同色水泥浆一遍，养护2天。第二遍用100~150号中金刚石，磨至表面光滑，用水冲洗，稍干后，上同色水泥浆补砂眼，养护2天。第三遍用180~240号细金刚石，细磨至表面光亮，用水冲洗后，再涂刷草酸，最后用280号油石细磨出白浆，再冲水，晾干后打一层地板蜡。待地板蜡干后，再在磨石机上扎上磨布，打磨到发光发亮为止。

水磨石装饰工程的质量要求是：表面平整、光滑；石子显露均匀，色泽一致，条位分格准确；且无砂眼、无磨纹、无漏磨。

2. 水刷石面层施工

水刷石多用于外墙面。它的施工过程是：1∶3打底的水泥砂浆终凝后，在其上按设计分格弹线，依据弹线安装分格条（木条或塑料条），用水泥浆在两侧黏结固定，以防大片面层收缩开裂。然后将底层浇水湿润后刮水泥浆（水灰比0.37~0.4）一道，以增强与底层的黏结。随即抹上稠度为5~7cm、厚8~12mm的水泥石子浆（水泥∶石子=1∶1~1∶2.5）面层，拍平压实，使石子密实且分布均匀。待面层凝结前，用棕刷蘸水自上而下刷掉面层水泥浆，使表面石子完全外露为止，并用水冲洗表面水泥浆，为使表面洁净，可用喷雾器自上而下喷水冲洗。水刷石的质量要求：石粒清晰、分布均匀、色泽一致、平整密实，不得有掉粒和接槎的痕迹。

3. 干粘石面层施工

干粘石是在水泥砂浆上面直接干粘石子的做法。其施工方法同样先在已硬化的1∶3底层水泥砂浆层上按设计要求弹线分格，根据弹线镶嵌分格条。将底层浇水润湿后，抹上一层1∶2~1∶2.5的水泥砂浆层，同时用喷枪将不同颜色或同色粒径4~6mm的石子均匀有力地喷射于黏结层上，用铁抹子轻轻压一遍，使表面平整。干粘石的质量要求：石粒黏结牢固，分布均匀、不掉石粒、不露浆、不漏色、颜色一致。

4. 斩假石面层施工

斩假石是在水泥砂浆上在（底层）养护硬化后弹线分格并黏结分格条。洒水润湿后，刮素水泥浆一道，随即抹1∶1.25（水泥∶石渣）内掺有30%石屑的水泥石渣浆罩面层。罩面层应采取防晒措施，常温（15~30℃）养护2~3天，待强度达到设计强度的60%~70%时，用錾子将面层錾毛者为斩假石；用斧将面层剁毛者为剁斧石。面层的剁錾纹应均匀，方向和深度一致，棱角和分格缝周边留15mm不剁。一般錾、剁两遍，即可做出近似用石料砌成的墙。

剁、錾工作量大，后来出现仿斩假石的新施工方法，如图9-3所示。其做法与斩假石基本相同，不同之处是表面纹路不是剁出，而是用钢箅子待面层收水后，沿导向的长木引条轻轻划纹，随划随移动引条。待面层终凝后，仍按原纹路自上而下拉刮几次，形成与斩假石相似的效果。

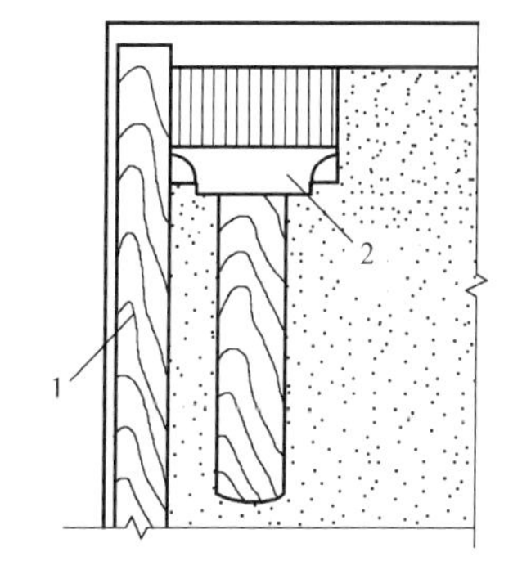

图9-3 仿斩假石做法

1—长木引条 2—废锯条制抓耙

5. 喷涂、滚涂与弹涂面层施工

（1）喷涂饰面　即用挤压式灰浆泵或喷斗将聚合物水泥砂浆经喷枪均匀喷涂在墙面基层上。根据涂料的稠度和喷射压力的大小，以质感区分，可喷成砂浆饱满、呈波纹状的波面喷涂和表面布满点状颗粒的粒状喷涂。基层一般为1∶3水泥砂浆。喷涂前喷或刷一道胶水溶液（108胶∶水=1∶3），使基层吸水率趋近一致、黏结牢固。喷涂层厚3~4mm，粒状喷涂应连续三遍完成；波面喷涂必须连续操作，喷至全部泛出水泥浆但又不至于流淌为宜。在大面喷涂后，按分格位置用铁皮刮子沿靠尺刮出分格缝，喷涂层凝固后再喷涂罩面层。质量要求：表面平整，颜色一致，花纹均匀，不显接槎。

（2）滚涂饰面　即在基层上抹一层厚3mm的聚合物砂浆，随后用带花纹的橡胶或塑料滚子滚出花纹。滚子表面花纹不同即可滚出多种图案，最后喷罩有机硅疏水剂。

滚涂砂浆的配合比为水泥∶骨料（砂子、石屑或珍珠岩）=1∶0.5~1∶1，再掺入占水泥量20%的108胶和0.3%的木钙减水剂。手工操作分为干滚和湿滚，干滚时滚子不蘸水，滚出的花纹较大，工效较高；湿滚时滚子反复蘸水，滚出花纹较小。滚涂一般为一次成活，多次滚涂易产生翻砂现象。

（3）弹涂饰面　即在基层上喷或刷涂掺有108胶的聚合物水泥色浆涂层，然后用弹涂器分几遍将不同色彩的聚合物水泥浆弹出在已涂刷的涂层上，形成1~3mm或5~8mm大小的扁圆花点。通过不同的颜色组合和浆点所形成的质感，相互交错，相互衬托，有近似于干粘石的装饰效果；也有做成单色光面、细麻面等多种花色。

弹涂器分为手动和电动两种，后者工效高，适合大面积施工。

9.2 饰面工程

饰面工程是指将块料面层粘贴或安装在基层表面上的一种装饰方法。块料面层的种类主要为饰面砖和饰面板两大类。

9.2.1 饰面砖施工

常用的饰面砖有釉面瓷砖、面砖和陶瓷锦砖等。

1. 釉面瓷砖、面砖的镶贴

镶贴前应先挑选、预排，使釉面瓷砖或面砖规格、颜色一致，灰缝均匀。基层应扫净并浇水湿润，用1∶3水泥砂浆打底，找平划毛，打底后养护1~2天方可镶贴。镶贴前按砖尺寸，弹出横竖控制线，定出水平标准和皮数。接缝宽度应符合设计要求，一般缝宽为1~1.5mm。镶贴时先浇水湿润底层，根据弹线稳好平尺板，作为贴第一皮砖的依据。镶贴时一般从阳角开始，由下往上逐层粘贴。

采用聚合物水泥浆作黏结层时，可抹一行贴一行；采用其他水泥砂浆作黏结层时，应将水泥砂浆均匀刮抹在砖背面，逐块进行粘贴。涂抹水泥浆到贴砖、修整缝隙，全部工作宜在3h内完成，并注意随时用棉纱或干布将缝中挤出的浆液擦净。

用砂浆黏结时，用小铲把轻轻敲击；用聚合物水泥浆黏结时，用手轻压，并用橡胶锤轻轻敲击，使其与基层黏结紧密牢固。用靠尺随时检查平直方正情况，修正缝隙。

室外接缝应用水泥浆或水泥砂浆嵌缝；室内接缝宜用与砖同颜色或白色的水泥浆或美缝

膏嵌缝。待嵌缝材料硬化后，用棉丝或稀盐酸刷洗，然后用清水冲洗干净。

2. 陶瓷锦砖的镶贴

陶瓷锦砖镶贴前，应根据铺贴面实际尺寸，确定排砖数和分格标准，并进行预排。

基层用1∶3水泥砂浆找底，找平搓毛。贴前弹出纵横分格线，然后湿润墙面，并在底层上刷素水泥浆一道。再抹一层3mm厚1∶1水泥砂浆黏结层，用刮尺刮平，抹子抹平，同时将锦砖底面朝上铺在木垫板上，缝里抹水泥浆，并用软毛刷子刷净底面浮砂，薄涂一层黏结灰浆，然后逐张拿起，清理四边余灰，按平尺板上口沿线由下往上对齐接缝黏结于墙上。黏结时应仔细拍实，使其表面平整。待水泥砂浆初凝后，用软毛刷将护面纸刷水润湿，约0.5h后揭纸，并检查缝的平直大小，校正拨直。待嵌缝材料硬化后用稀盐酸溶液刷洗，并随即用清水冲洗干净。

从2022年9月起，全面停止在新开工项目中使用现场水泥拌砂浆粘贴外墙饰面砖施工工艺。

9.2.2 饰面板施工

饰面板有石材饰面板、木质饰面板、金属饰面板、玻璃饰面等。墙面常用石材饰面，地面常用石材或竹、木地板饰面，有时也用地毯等装饰。

1. 石材饰面板施工

（1）材料　石材饰面板分为天然石材和人造石材。前者包括大理石板、花岗石板、青石板；后者包括预制水磨石板、人造大理石板、人造花岗石板、合成装饰板等。按照石材规格又可分为小规格饰面板（边长不大于400mm）和大规格饰面板。小规格饰面板的施工通常采用粘贴法，大规格饰面板则采用湿作业法、干作业法和G·P·C工艺等来安装。

（2）施工方法

1）粘贴法。粘贴法工艺流程为：基层处理→抹底层灰、中层灰→弹线、分格→选料、预排→对号→粘贴→嵌缝→清理→抛光打蜡。操作要点：

① 将基层表面灰尘、污垢和油渍清除干净，并浇水湿润。对于混凝土等表面光滑平整的基体，应进行凿毛处理。检查墙面平整、垂直度，并设置标筋，作为抹底、中层灰的标准。

② 将饰面板背面和侧面清洗干净，湿润后阴干，然后在背面均匀抹上厚度约2~3mm的建筑胶水泥砂浆，依据已弹好的水平线镶贴墙面底层两端的两块饰面板。然后在两端饰面板上口拉通线，依次镶贴饰面板，第一层镶贴完毕，进行第二层镶贴，以此类推，直至贴完。在镶贴过程中应随时用靠尺、吊线锤、橡皮锤等工具将饰面板校直找平，并将饰面板缝内挤出的水泥浆在凝结前擦净。

③ 饰面板镶贴完毕，表面应及时清洗干净，晾干后，打蜡擦亮。

2）湿作业法。湿作业法是按照设计要求在基层上先绑扎钢筋网，与结构预埋件连接牢固。并在饰面板侧用钻头打出圆孔，以便与钢筋骨架连接。板材安装前，应对基层抄平，如图9-4

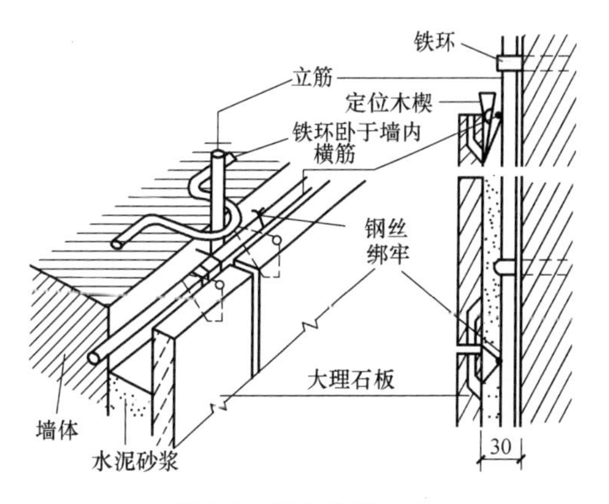

图9-4　湿作业法工艺

所示。安装时用铜丝或不锈钢丝把板块与结构表面的钢筋骨架绑扎固定，防止移动，且随时用托线板靠直靠平，保证板与板交接处四角平整。板块与基层间的缝隙（即灌浆厚度）一般为30~50mm。用1∶2.5水泥砂浆分层灌注，待下层初凝后再继续上层灌浆，直到距上口50~100mm停止。安装固定后的饰面板，需将饰面清理干净，如饰面层光泽受到影响，可以重新打蜡出光，但要采取临时措施保护棱角。这种工艺仅可用于高度较小的部位。

3）干作业法。干作业法是直接在板上打孔，然后用不锈钢连接器与埋在混凝土墙体内的膨胀螺栓相连，板与墙体间形成80~90mm空气层，如图9-5所示。此种工艺常用于30m以下的钢筋混凝土结构，不适用砖墙或加气混凝土基层。

4）GPC工艺。GPC（Granite Pre-Cast）是干法工艺的发展，是由花岗岩薄板与钢筋混凝土作加强衬板制成的磨光花岗岩复合板作为吊挂件，通过连接器悬挂到结构骨架上成为一体，并且在复合板与结构之间组成一个空腔的安装工艺，如图9-6所示。该工艺形成柔性节点，常用于超高层建筑来满足抗震要求。

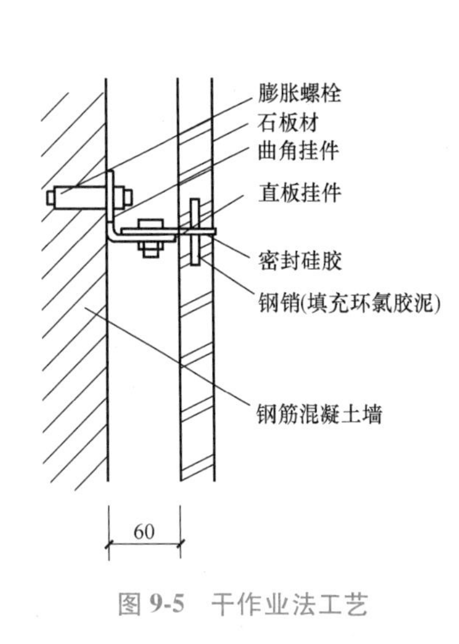

图9-5　干作业法工艺

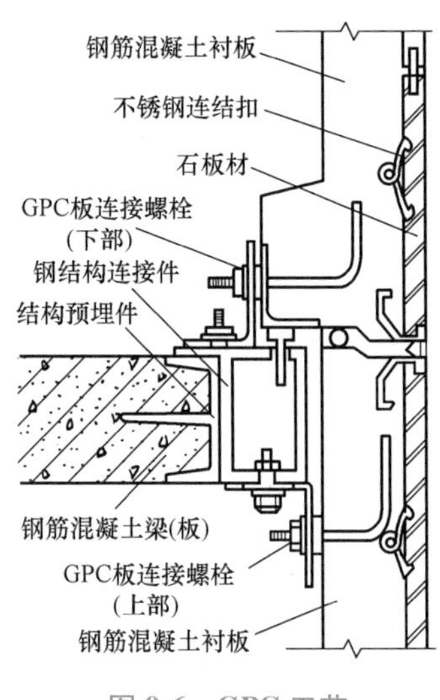

图9-6　GPC工艺

2. 竹、木地板施工

竹、木地板常见的有实木地板、实木复合地板、竹地板等，具有很强的装饰效果，被广泛用于高档的地面装修中。其铺设方式有空铺和实铺两种，常用的是空铺方式，施工工艺流程：基层处理→安装木格栅→铺毛地板→铺竹、木地板→刨平磨光→刷涂料、打蜡。

1）基层处理。先用錾子或钢丝刷清理粘在基层上的浮浆、落地灰等，再用扫帚将浮土清扫干净。

2）安装木格栅。先在楼板上弹出木格栅的安装位置线（间距300mm或按设计要求）及标高，将格栅放平、放稳，并找好标高，用膨胀螺栓和角码（角钢上钻孔）把格栅牢固固定在基层上，木格栅下与基层间缝隙应用干硬性砂浆填密实。

3）铺毛地板。根据木格栅的模数和房间的情况，将毛地板下好料。将毛地板牢固钉在木格栅上，钉法采用直钉和斜钉混用，钉帽不得突出板面。毛地板可采用条板，也可采用整张的细木工板或中密度板等类产品。

4）铺竹、木地板。从墙的一边开始打胶或铺钉企口竹、木地板，靠墙的一块板应离开墙面 10mm 左右，此后逐块排紧。钉法采用斜钉，竹、木地板面层的接头应按设计要求留置。铺竹、木地板时应从房间内退着往外铺设。

5）刨平磨光。需要刨平磨光的地板应先粗刨后细刨，使面层完全平整后再用砂带机磨光。

6）刷涂料、打蜡。一般做清漆罩面，刷涂完毕后养护 3~5 天打蜡，蜡要涂得薄而匀，再用打蜡机擦亮，隔 1 天后就可上人使用。

9.3 吊顶和轻质隔墙工程

9.3.1 吊顶工程

吊顶又称为悬吊式顶棚或天花板，是指在建筑物结构层下部悬吊骨架及饰面板组成的装饰构造层。它是室内装饰的重要组成部分，直接影响建筑室内空间的装饰风格和效果，同时还起着吸声、保温、隔热的作用，也是安装照明、通风、防火、报警等设备管线的隐蔽层。

1. 吊顶的组成构件

吊顶主要是由吊杆、龙骨和饰面层组成。

（1）吊杆　吊杆是吊顶的支承部分，由吊杆和吊头组成。吊筋的材料及固定可采用预埋 6mm 直径钢筋或 8 号镀锌钢丝，也可采用顶板预埋件焊接轻钢杆件做吊杆。吊杆的间距一般为 1.2~1.5m。

（2）龙骨　龙骨是用来支撑各种饰面造型、固定结构的一种材料。按照制作材料的不同，分为木龙骨、轻钢龙骨和铝合金龙骨等。

1）木龙骨。使用木龙骨作为骨架的优点是加工容易、施工方便，容易做出各种造型，但因其防火性能较差只适用于局部空间使用。木龙骨系统可分为主龙骨、次龙骨、横撑龙骨。木龙骨规格范围为 20mm×30mm~60mm×80mm。在施工中应作为防火、防腐处理。

2）轻钢龙骨。轻钢龙骨有很好的防火性能，且具有标准规格和标准配件，施工速度快，装配化程度高，是吊顶装饰最常用的骨架形式。轻钢龙骨按断面可分为 U 形、T 形、C 形、L 形等类型。

3）铝合金龙骨。铝合金龙骨常与活动面板配合使用，主龙骨多采用专用龙骨，次龙骨则采用 T 形及 L 形的合金龙骨。铝合金龙骨不易锈蚀，但刚度较差，容易变形。

（3）饰面层　饰面层有装饰室内空间，以及吸声、反射等功能，常见的有石膏板、矿棉板、塑料板、铝塑板、金属板和采光板等。

2. 吊顶工程施工工艺及质量要求

（1）木龙骨吊顶施工　木龙骨吊顶是以木质龙骨为基本骨架，配以胶合板、纤维板或其他人造板作为罩面板组合而成的吊顶体系，其施工方便、造型效果强，但不适用于大面积的吊顶。主要施工工序有：

1）弹水平线。首先将楼地面基准线弹在墙上，并以此为起点，弹出吊顶高度水平线。

2）主龙骨的安装。主龙骨与屋顶结构或楼板结构连接主要有三种形式：用屋面结构或楼板内预埋件固定吊杆；用射钉将角铁固定于楼底面固定吊杆；用金属膨胀螺栓固定铁件再与吊杆连接。

主龙骨安装后，沿吊杆标高线固定沿墙木龙骨，木龙骨的底边与吊顶标高线齐平。一般是用冲击电钻在标高线上10mm处墙面打孔，孔内塞入木楔，将沿墙龙骨钉在墙内木楔上，然后将拼接组合好的木龙骨架拖到吊顶标高位置，整片调正调平后，将其与沿墙龙骨与吊顶连接。

3）饰面板的铺钉。饰面板按设计要求切成方形或长方形等。安装前，按分块尺寸弹线，安装时由中间向四周呈对称排列，顶棚的接缝与墙面交圈应保持一致。面板应安装牢固且不得出现折裂、翘曲、缺棱掉角等缺陷。

（2）轻钢龙骨和铝合金龙骨吊顶施工　轻钢龙骨吊顶是以轻钢龙骨为吊顶骨架，配以轻型装饰罩面板组合而成的顶棚，如图9-7所示。施工工艺流程为：弹线→安装吊杆→安装龙骨架→安装面板。

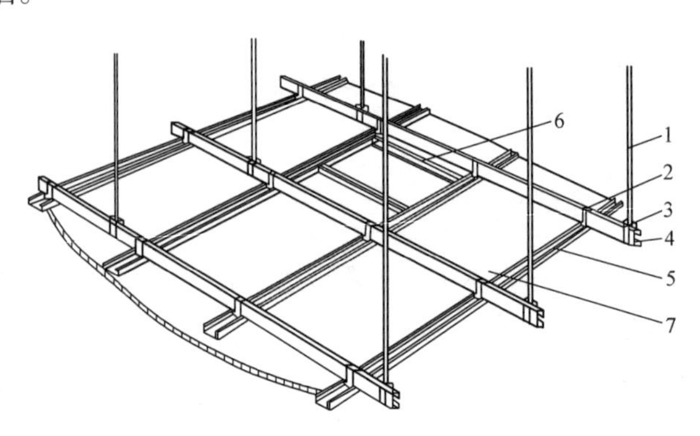

图9-7　轻钢龙骨吊顶

1—吊杆　2—次龙骨连接件　3—吊挂件　4—主龙骨　5—次龙骨　6—横撑龙骨　7—饰面板

先按龙骨的标高在房间四周的墙上弹水平线，再根据龙骨的要求，按一定间距弹出龙骨的中心线，找出吊顶中心，将吊顶固定在埋件上。吊顶结构未设埋件时，要按确定的节点中心用射钉考虑紧固的余量，并分别配好紧固用的螺母。主龙骨的吊顶挂件连在吊顶上校平后，拧紧固定螺母，然后根据设计和饰面板尺寸要求确定的间距，用吊挂件将次龙骨固定在主龙骨上，调平后安装饰面板。

铝合金吊顶龙骨的安装方法与轻钢龙骨吊顶基本相同。

（3）饰面板常见安装方法　常见安装方法有：①搁置法。将饰面板直接放在T形龙骨组成的格框内。②嵌入法。将饰面板事先加工成企口暗缝，安装时将T形的龙骨两肢插入企口缝内。③粘贴法。将饰面板用胶黏剂直接粘贴在龙骨上。④钉固法。将饰面板用钉、螺钉、自攻螺钉等固定在龙骨上。⑤卡固法。多用于铝合金吊顶，板材与龙骨直接卡接固定。

9.3.2　轻质隔墙工程

1. 隔墙的构造类型

轻质隔墙是指非承重的轻质内隔墙，具有墙体薄、自重轻、施工便捷、节能环保等优点。主要分为骨架隔墙和板材隔墙。

2. 骨架隔墙施工

骨架隔墙是指在隔墙龙骨两侧安装墙面板以形成墙体的轻质隔墙。这类隔墙主要是由龙骨作为受力骨架固定于建筑主体结构上。常见的龙骨有轻钢龙骨和木龙骨，常见墙面板有纸面石膏板、人造木板、防火板、金属板、水泥纤维板以及塑料板等。龙骨骨架中根据设计要求可设置填充材料或安装一些设备管线等。常见的轻钢龙骨石膏板隔墙如图9-8所示。

其施工工序为：弹线→安装门洞口框→固定沿地、沿顶和沿墙龙骨→龙骨架装配及校正→石膏板固定→饰面处理。

1）弹线。根据设计要求确定隔墙位置线、门窗洞口边框线和顶龙骨位置线。

2）安装门洞口框。放线后先按设计将隔墙的门洞口框安装完毕。

3）固定沿地、沿顶和沿墙龙骨。沿地、沿顶和沿墙龙骨固定前，将固定点与竖向龙骨位置错开，用膨胀螺栓和木楔钉、铁钉与结构固定，或直接与结构预埋件连接。

4）龙骨架装配及校正。根据设计要求、石膏板尺寸和门窗洞口位置，进行骨架分格设置。然后根据分格位置将预选切裁好的竖向龙骨装入沿地、沿顶和沿墙的龙骨内，调整垂直及定位准确后，用抽心铆钉固定；靠墙、柱边龙骨用射钉或木螺钉与墙、柱固定，钉距为1000mm。

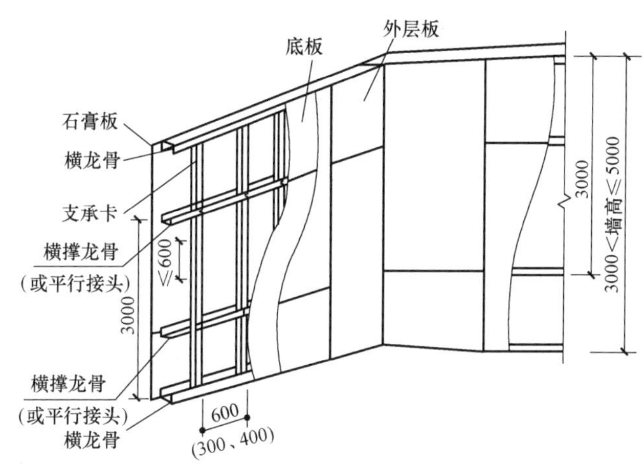

图9-8　轻钢龙骨石膏板隔墙

5）石膏板固定。安装一侧的石膏板，从门口处开始，无门洞口的墙体由墙的一端开始，石膏板一般用自攻螺钉固定，板边钉距为200mm，板中间距为300mm，螺钉距石膏板边缘的距离为10～16mm。自攻螺钉固定时，必须与龙骨紧靠。另一侧石膏板的安装方法雷同，但接缝应与对面侧面板错开。

6）饰面处理。待嵌缝腻子完全干燥后，即可在石膏板隔墙表面裱糊墙纸，织物或进行涂料施工。

3. 板材隔墙施工

板材隔墙是指不需设置隔墙龙骨，由隔墙板材自承重，将预制或现制的隔墙板材直接固定于建筑主体结构上的隔墙工程。常见的隔墙板材有金属夹芯板、石膏夹芯板、石膏水泥板、石膏空心板、增强水泥聚苯板（GRC板）、加气混凝土条板、水泥陶粒板等。它具有自重轻、墙身薄、拆装方便、节能环保、施工速度快、工业化程度高的特点。

板材隔墙的施工操作工序：基层处理→墙位放线→配板→配置胶黏剂→安装固定卡（有抗震要求时）→安装隔墙板材→安装门窗框→机电配合安装→板缝处理。其施工要点如下：

1）基层处理。清理隔墙板与结构墙面、地面、顶棚的结合部位，凡凸出的浮浆、混凝土块等必须剔除并清扫，并进行结合部位的找平。

2）墙位放线。应按设计要求，沿地、墙、顶弹出隔墙的中心线和宽度线，宽度应与隔墙厚度一致，弹线清晰，位置应准确。

3）配板。板材隔墙饰面板安装前应按品种、规格、颜色等进行分类选配。

4）安装隔墙板材。条板与条板拼缝、条板顶端与主体结构用胶黏剂黏结，胶黏剂要随配随用，并30min内用完。当设计有抗震要求时，按设计在两块条板顶端拼缝处设U形或L形钢板卡，与主体结构连接。将板的上端与上部结构底面用胶黏剂黏结，下部用木楔顶紧后空隙间填入细石混凝土。隔墙板安装顺序应从门洞口处向两侧依次进行，门洞两侧宜用整块板；当无洞口时，应从一端向另一端安装。

5）安装门窗框。在墙板安装的同时，应按定位线依顺序立好门框。隔墙板安装门窗时，在角部增加角钢补强。

6）板缝处理。隔板安装后10天，检查所有缝隙是否黏结良好，有无裂缝，如出现裂缝，应查明原因后进行修补。

9.4 幕墙工程

建筑幕墙是由各种板材和金属构件组成的悬挂在建筑主体结构外，不承担主体结构荷载的建筑外围护结构或装饰性结构。它具有抗风压、防水、气密、隔热保温、隔声和美观等性能。按面板材料可分为玻璃幕墙、金属幕墙、石材幕墙等。

9.4.1 玻璃幕墙

1. 玻璃幕墙的分类

面板材料为玻璃板的建筑幕墙称为玻璃幕墙。根据所需的建筑效果，可采用不同的结构形式，主要形式有框支承玻璃幕墙、点支承玻璃幕墙及全玻璃幕墙。框支承玻璃幕墙由金属框架作玻璃幕墙结构的支承，玻璃作装饰的面板，玻璃与金属框架周边连接，按其金属框架是否外露分为明框玻璃幕墙、隐框玻璃幕墙、半隐框玻璃幕墙。点支承玻璃幕墙由玻璃面板、点支承装置及支承结构构成，玻璃与支承结构间通过点支承装置相连。全玻璃幕墙由玻璃肋和玻璃面板构成，玻璃本身承受自重及风荷载。

2. 玻璃幕墙的材料

玻璃幕墙所使用的材料有骨架材料、面板材料、密封填缝材料、黏结材料和其他材料等。作为建筑物的外围护结构，幕墙经常受自然环境不利因素的影响。因此，要求幕墙材料要有足够的耐候性和耐久性，具备防风暴、防日晒、防盗、防撞击、保温隔热等功能。

玻璃是玻璃幕墙的主要材料，种类有钢化玻璃、热反射玻璃、吸热玻璃、夹丝（网）玻璃和中空玻璃等，使用时根据需要选择。玻璃幕墙所用的密封胶有硅酮结构密封胶和硅酮耐候密封胶。硅酮结构密封胶用于结构之间的黏结，要求具有较高的强度、延性和黏结性能；硅酮耐候密封胶用于幕墙面板之间、幕墙面板与结构面或金属框架间的嵌缝，要求其具有较强的耐大气变化、耐紫外线、耐老化性能。金属材料和金属零配件除不锈钢及耐候钢外，钢材应进行有效防腐措施，铝合金材料也应进行相应的处理。

3. 玻璃幕墙安装施工

玻璃幕墙现场安装施工有构件式和单元式两种方式。

（1）构件式安装施工　构件式安装施工是将立柱、横梁、玻璃板材等材料分别运至施工现场，逐件进行安装。其主要工序如下：

1）放线定位。放线定位是根据土建单位提供的中心线及标高控制点，在主体结构上放出骨架的位置线。对于由横梁、立柱组成的幕墙骨架，一般先在结构上放出立柱的位置线，然后确定立柱的锚固点。待立柱通长布置完毕，再将横梁弹到立柱上，如果是全玻璃安装，则应该首先将玻璃的位置弹到地面上，再根据外缘尺寸确定锚固点。

2）预埋件检查。为保证幕墙与主体结构连接可靠，预埋件应在主体结构施工时，按设计要求的数量、位置和方法进行埋设。幕墙骨架施工安装前，应检查各连接位置预埋件是否齐全，位置是否符合设计要求。

3）骨架安装施工。依据放线位置安装骨架。常用连接件将骨架与主体结构相连，连接件与主体结构可以通过预埋件或后埋锚栓固定，但当采用后埋锚栓固定时，应通过试验确定其承载力。骨架安装一般先安装立柱，再安装横梁。横梁与立柱的连接依据其材料的不同，可采用焊接、螺栓连接、穿插件连接或角铝连接等方法。

4）玻璃安装。玻璃幕墙的类型不同，对应固定玻璃的方法也不同。钢骨架，因型钢无镶嵌玻璃的凹槽，多用窗框过渡，将玻璃安装在铝合金窗框上，再将窗框与骨架相连。在隐框、半隐框玻璃幕墙安装前，应对四周的立柱、横梁和板块铝合金副框进行清洁，保证嵌缝耐候胶可靠黏结。安装前玻璃的镀膜面应粘贴保护膜加以保护，交工前再全部揭去。

5）密缝处理及清洁维护。玻璃或玻璃组件安装完毕后，必须及时用耐候胶嵌缝密封，以保证玻璃幕墙的气密性、水密性等性能。整个幕墙安装完毕后，用中性清洁剂自上而下对外露构件及幕墙表面进行清洗干净。

（2）单元式安装施工　单元式安装施工是将立柱、横梁和玻璃面板在工厂已拼装为一个安装单元（一般为一层楼高度），运至施工现场后整体安装在主体结构上。特点是可工业化生产，提高加工精度、保证幕墙质量、安装方便，缩短施工工期，常用于外形规整的高层或超高层建筑。

单元式玻璃幕墙安装包括运输、堆放、起吊就位、校正和固定等过程。验收合格的单元板运至现场后按板块编号排列放置。单元板起吊时，吊点不少于2个且各起吊点均匀受力，起吊过程应保持单元板块平稳。单元板就位时，先将其挂到主体结构的挂点上，及时进行校正和固定。

9.4.2　金属和石材幕墙

1. 金属和石材幕墙的构成

面板材料为金属板的建筑幕墙称为金属幕墙。其主要由金属饰面板、固定支座、骨架结构、各种连接件及固定件、密封材料等构成。与玻璃幕墙和石材幕墙相比，金属幕墙的强度高、质量轻，防火性能好、施工周期短，可用于各类建筑物上。

面板材料为石板材的建筑幕墙称为石材幕墙。其主要由石材面板、固定支座、骨架结构、各种连接件及固定件、密封材料等组成。采用干挂工艺，利用金属挂件将石板材直接悬挂在钢骨架或结构上，形成独立的围护结构体系。

2. 金属和石材幕墙的安装

金属幕墙的施工流程：安装预埋件→测量放样→安装骨架→保温隔热和防火材料的安装→防雷处理→金属面板的安装→节点的处理→清洗扫尾。

石材幕墙的施工流程：安装预埋件→测量放样→安装骨架→石材面板的安装→接缝处理→清洗扫尾。

9.5　涂饰和裱糊工程

9.5.1　涂饰工程

涂饰工程是将胶质装饰溶液涂敷于建筑物的基体表面，经干燥后形成坚韧薄膜与基体黏结，达到装饰、美观和保护基层等目的的装饰工程，主要包括油漆涂饰和涂料涂饰。

1. 涂饰材料的种类

（1）油漆　油漆是一种胶结用的胶体溶液，主要由胶黏剂、溶剂（稀释剂）及颜料和其他填充料或辅助材料（如催干剂、增塑剂、固化剂）等组成。建筑工程常用的油漆有清油、清漆、厚漆、调和漆等。

（2）涂料 涂料按建筑装饰部位可分为内墙涂料、外墙涂料、顶棚涂料、地面涂料及屋面防水涂料等；按化学成分分为有机高分子涂料和无机高分子涂料，目前无机高分子涂料较为常用。

2. 涂饰施工工艺

油漆、涂料施工包括基层准备、刮腻子和涂刷施工等工序。

（1）基层准备 木材表面应清除钉子、油污等，除去松动节疤及脂囊，裂缝和凹陷处均应用腻子填补，用砂纸磨光。金属表面应清除一切鳞皮、锈斑和油渍等。新抹的灰层表面应仔细除去粉质浮粒。基体如为混凝土表面和抹灰层，含水率均不应大于8%。

（2）刮腻子 腻子一般是由基料（水泥和有机聚合物）、填料（碳酸钙、滑石粉和石英砂）、水和助剂（增稠剂、保水剂）等组成，有的还加入纤维以抗裂。腻子通常刮三遍以使表面平整。在基体上用胶皮刮板横向满刮一层腻子，待其干燥后用砂纸打磨并清扫干净；然后用胶皮刮板竖向满刮一遍腻子，干燥后打磨平整；最后用胶皮刮板找补腻子或用钢片刮板满刮腻子，刮平抹光，干燥后磨平磨光并清理干净。

（3）涂刷施工 为了使面层涂刷均匀和节省材料，涂刷过程常分底层和面层两次进行，底层涂刷一遍，面层涂刷两遍。涂刷方式有刷涂、喷涂、擦涂及滚涂等。

1）刷涂法是用鬃刷蘸涂饰材料涂刷在表面上。其设备简单、操作方便，但工效低，不适于快干和扩散性不良的油漆、涂料施工。

2）喷涂法是用喷雾器或喷浆机将涂饰材料喷射在物体表面。其优点是工效高，涂膜分散均匀，平整光滑，干燥快；缺点是材料消耗大，需要喷枪和空气压缩机等设备，施工时应注意通风、防火、防爆。

3）擦涂法是用棉花团外包纱布蘸涂饰材料在物面上擦涂，待涂膜稍干后再连续转圈揩擦多遍，直到均匀擦亮为止，此法涂饰的质量好，但效率低。

4）滚涂法是用羊皮、橡皮或其他吸附材料制成的滚筒，滚上涂饰材料后，滚涂于物面上。适用于墙面滚花涂刷。

涂刷时，后一遍涂刷必须在前一遍干燥后进行。每遍涂刷都应均匀，结合牢固。一般涂饰工程施工时的环境温度不宜低于10℃，相对湿度不宜大于60%。当遇有大风、雨、雾情况时，不可进行室外施工。

9.5.2 裱糊工程

裱糊工程是将壁纸、墙布等用胶黏剂裱糊在结构基层表面的装饰工程。主要有壁纸裱糊和墙布裱糊两种，是广泛用于室内墙面、柱面及顶棚的一种装饰，具有色彩丰富、质感性强、耐用、易清洗的特点。

1. 常用材料

（1）壁纸和墙布 常用壁纸有普通壁纸、发泡壁纸、特种壁纸等。普通壁纸是以纸为基底，用高分子乳液涂布于面层，再进行印花、压纹等工序制成的卷材。发泡壁纸又称浮雕壁纸，是以100g/m^{2}的木浆纸做基材，涂刷300~400g/m^{2}掺有发泡剂的聚氯乙烯（PVC）糊状物，印花后再经加热发泡而成；其表面呈凹凸花纹，立体感强，装饰效果好，又可分为高发泡印花壁纸和低发泡印花壁纸两种。特种壁纸是指具有特殊功能的塑料面层壁纸，如耐水壁纸、防火壁纸、自粘型壁纸、金属面壁纸、彩色砂粒壁纸、图景画壁纸等。常见的墙布包括玻璃纤维墙布、纯棉装饰墙布、化纤装饰墙布、无纺墙布等。

（2）胶黏剂　胶黏剂应具有良好的黏结强度、抗老化性以及防潮、防霉和耐碱性，干燥后还应有一定的柔性，以适应基层和壁纸的伸缩。主要有自配胶黏剂和专用胶黏剂两种。

2. 施工工艺

裱糊工程的工艺流程一般为：基层处理→弹垂直线→裁纸→润纸和刷胶→裱糊壁纸→清理修整。

（1）基层处理　要求基层干燥，混凝土和抹灰层的含水率不得大于8%，木材基层含水率不得大于10%，基体或基层表面应坚实、平滑、无飞刺、砂粒。对于局部麻点须先批腻子找平，并满批腻子，用砂纸磨平。然后在表面上满刷一遍用水稀释的108胶作为底胶，以免引起胶黏剂脱水而影响墙纸与基层的黏结。

（2）弹垂直线　待底胶干后，从墙的阳角开始，根据房间大小、门窗位置、壁纸宽度和花纹图案的完整性，以壁纸宽度在墙面上弹垂直线，作为裱糊时的操作准线。

（3）裁纸　壁纸粘贴前应进行预拼试贴，以确定裁纸的尺寸。裁纸按实际尺寸统筹规划，一般以装饰面的高度进行分幅拼花裁切。最后将纸幅编号，以便按顺序粘贴。

（4）润纸和刷胶　壁纸裱糊有遇水膨胀、干后收缩的特点。因此，准备上墙裱糊的壁纸，应先浸水3min，再抖掉余水，静置20min待用。这样，裱糊后可避免出现皱褶。裱糊用的胶黏剂应按壁纸的品种选用，在纸背和基层表面上薄而均匀地涂刷。

（5）裱糊壁纸　以阳角处弹好的垂直线作为第一幅壁纸裱糊的基准。依次进行壁纸裱糊，纸幅要垂直，先对花纹、拼缝，后由上而下赶平、压实，将多余胶黏剂挤出纸边，并及时揩净以保持整洁。每裱糊2~3幅后，应吊线检查垂直度，以防造成累积误差。

（6）清理修整　裱糊完成后，应进行细致全面的检查，对未贴好的进行局部修整，并要求修整后不留痕迹，然后将已裱糊的壁纸予以保护。

以上先裁边后粘贴拼缝的施工工艺，其缺点是裁时不易平直，翘边和拼缝明显可见。也可采取先粘贴后裁边的“搭接裁缝”，即相邻两张墙纸粘贴时，纸边接搭重叠20mm，然后用裁纸刀沿搭接的重叠部位中心裁切，再撕去重叠的多余纸边，经滚压平服而成的施工方法。其优点是接缝严密，可达到或超过施工规范的要求。

9.6 门窗工程

门、窗具有采光、通风、交通、隔热等作用，是建筑装饰的重要组成部分。常用的门窗有木质、塑钢、铝合金等材质，主要采用工厂制作、现场安装的施工方法。

9.6.1 木门窗的安装

普通木门的种类有夹板门、镶纤维板门、镶木板门、半截玻璃门、拼板门、双扇门、弹簧门、推拉门、平开木大门等。木窗有平开窗、中悬窗、立转窗、百叶窗、推拉窗、联门窗等。木门窗的安装主要包括门窗框的安装、门窗扇的安装和五金配件等的安装等。门窗框靠墙或地的一侧一般应刷防腐涂料。门窗框主要有以下两种安装方法：

1）先立门窗框（先立口）。即在砌墙前将木门窗框按照设计位置立直、找正后用临时斜撑固定，上吊压重，保持位置稳固，然后砌墙，将门窗框直接砌在墙中。安装固定前要注意门窗框的标高、垂直度和水平度。

2）后立门窗框（后塞口）。即在砌筑墙体时预先按门窗尺寸留好洞口，洞口尺寸应比门窗框大40~50mm，在洞口两边预埋好木砖，待墙体砌好以后再将门窗框塞入洞口内，在木砖处垫好木片，待水平和垂直校正无误后，用钉子钉牢，每个木砖应至少钉2颗钉子。木砖应预先做好防腐处理，其位置应错开门窗扇安装铰链处。

木门窗框安好后，再安装门窗扇和五金配件。

9.6.2　铝合金门窗的制作与安装

铝合金门窗是将经过表面处理的型材，通过下料、打孔、铣槽等工序，制作成门窗框料构件，然后与连接件、密封件、开闭五金件一起组合配装而成。根据结构与开启形式的不同，铝合金门窗可分为推拉门（窗）、平开门（窗）、固定窗、悬挂窗、回转门（窗）等几种。

1. 铝合金门窗的制作

1）断料。用铝合金切割机，在确保精度的前提下进行切割，注意保证方正。当对角线长度不小于2000mm时，其对角线误差不应大于3mm；当对角线长度小于2000mm时，对角线误差不应大于2mm。施工中注意同批料一次下齐，以防颜色深浅不一。

2）钻孔。门窗的组装采用钻孔后螺钉连接，当批量生产时钻孔宜采用13mm的小型台钻。安装拉锁、执手圆锁的较大孔洞时，一般先钻孔，再用手锯切割，最后用锉刀修平。钻孔位置要准确，钻孔前应先画好线。钻孔孔位、孔距的偏差应控制在±0.5mm内。

3）组装。根据门窗的类型，铝合金门窗有不同的组装方式，常用的有45°对接、直角对接、垂直插接等。横竖杆件的固定，一般采用专用连接件或角铝，用螺钉、螺栓、铝拉钉固定。

4）保护和包装。铝合金门窗组装完后，应用塑料胶纸将所有的型材表面包起来，防止其表面的氧化膜保护层在运输和施工过程中遭到破坏。

2. 铝合金门窗的安装

铝合金门窗的安装工艺流程为：门窗洞口检查处理→安装立柱→安装连接件→铝合金门窗安装→门窗四周嵌缝→安装门窗扇、五金配件→清理、校正。

铝合金门窗安装前应对预留洞口进行检查，洞口尺寸应比门窗框尺寸每边大20~25mm。对于大型组合铝合金门窗，应安装立柱，立柱与主体结构要牢固连接，门窗框与立柱通过连接件固定。

铝合金门窗框的安装，应在主体结构基本结束后进行；门窗扇的安装，宜在室内外装饰施工结束后进行，以免污染或毁坏。安装时将铝合金门、窗框用木楔临时固定，待检查其垂直度、水平度及上下左右间隙均符合要求后，用水泥钉（或膨胀螺栓）将角码（或镀锌锚板）钉固在窗洞墙内。

由于铝合金的线膨胀系数较大，安装时外框与洞口应弹性连接并保证牢固，不得将门窗外框直接埋入墙体。窗框与窗洞墙间缝隙应采用矿棉条或毡条分层填塞，缝隙表面留5~8mm深的槽口，填密封油膏，密封胶表面应光滑顺直无裂纹。最后安装窗玻璃、窗扇和五金配件。

9.6.3　塑钢及彩板门窗的安装

塑钢及彩板门窗的制作与安装与铝合金门窗大体相同。安装工序随室外墙面装饰面层的不同而有所差异。当室外装饰面层为大理石、马赛克、瓷砖时，需要安装副框；当室外装饰面层为水泥砂浆抹面时，则可以不安装副框，门窗外框直接与洞口固定。

带副框门窗安装工序：副框组装→连接件安装→副框调整、定位→副框固定→洞口处理→门窗框和副框连接→缝隙处理→揭保护膜、清洗。

不带副框门窗安装工序：洞口抹灰→连接点钻孔→立门窗樘→固定门窗→缝隙处理→揭保护膜、清洗。

本章小结及关键概念

- **本章小结**：本章主要介绍了抹灰工程、饰面工程、吊顶及轻质隔墙工程、幕墙工程、涂饰及裱糊工程、门窗工程等内容。通过本章的学习，要求熟悉抹灰的组成及作用，掌握一般抹灰的施工工艺；熟悉装饰抹灰的种类，掌握装饰抹灰面层的常见做法；了解幕墙、吊顶及轻质隔墙的种类、构造；掌握常见饰面工程的施工工艺；了解涂饰的种类、性能，掌握其施工要点；掌握裱糊施工的要点，熟悉门窗施工方法。
- **关键概念**：抹灰工程、饰面工程、吊顶工程、隔墙工程、幕墙工程、涂饰及裱糊工程、门窗工程。

习　题

9.1　装饰工程有什么作用？包括哪些内容？
9.2　试述一般抹灰的分类、构成层次及各层的作用。
9.3　一般抹灰有几个过程？要求如何？
9.4　装饰抹灰常见的有哪些？并简述其做法。
9.5　喷涂和滚涂各有什么施工特点？
9.6　简述石材饰面板常用施工方法。
9.7　常用的建筑幕墙主要形式有哪几种？
9.8　试述轻钢龙骨吊顶和隔墙的施工要点。
9.9　涂饰工程主要有哪些种类？其如何施工？
9.10　裱糊工程有什么施工特点？如何施工？
9.11　何谓“先立口”和“后塞口”？
9.12　试述铝合金门窗的制作安装过程。

二维码形式客观题

第9章
客观题

第2篇

施 工 组 织

第 10 章　施工组织概论
第 11 章　流水施工原理及应用
第 12 章　网络计划技术
第 13 章　单位工程施工组织设计
第 14 章　施工组织总设计

第10章 施工组织概论

学习要点

知识点：工程建设及施工程序，组织施工的基本原则，建筑产品及其施工的特点，施工组织设计的概念、作用、分类及其内容，施工准备工作的含义、任务、分类、内容及其基本要求。

重点：工程建设程序和施工程序，施工组织设计的概念、作用及其分类，施工组织设计的基本内容；施工准备工作的含义、任务、分类和内容。

难点：原始资料的获取、分析，如何利用原始资料构建最佳施工组织设计方案。

10.1 建设程序与组织施工原则

10.1.1 工程建设及其程序

1. 工程建设的概念

工程建设是指为了国民经济各部门的发展和人民物质文化生活水平的提高而进行的有组织、有目的的投资兴建固定资产的经济活动，即建造、购置和安装固定资产的活动以及与之相联系的其他工作。

2. 工程建设程序

工程建设程序是指工程项目从策划、评估、决策、设计、施工到竣工验收、投入生产或交付使用的整个建设过程中，各项工作必须遵循的先后次序。它是工程建设客观规律的反映，是长期工程建设实践的总结。

它主要由投资决策、勘察设计、施工准备、施工、生产准备、竣工验收、生产运营和项目后评价等八个阶段组成。每个阶段又包含着若干个环节，各有不同的工作内容，如图10-1所示。

10.1.2 施工程序

施工程序是指拟建工程项目在整个施工安装阶段必须遵守的先后工作顺序。施工安装是工程建设各阶段中，投资量和管理难度最大、涉及部门和人员最多的阶段，因此在该阶段必须加强科学管理，严格按施工程序组织施工，这是保证工程质量、降低成本、缩短工期、加

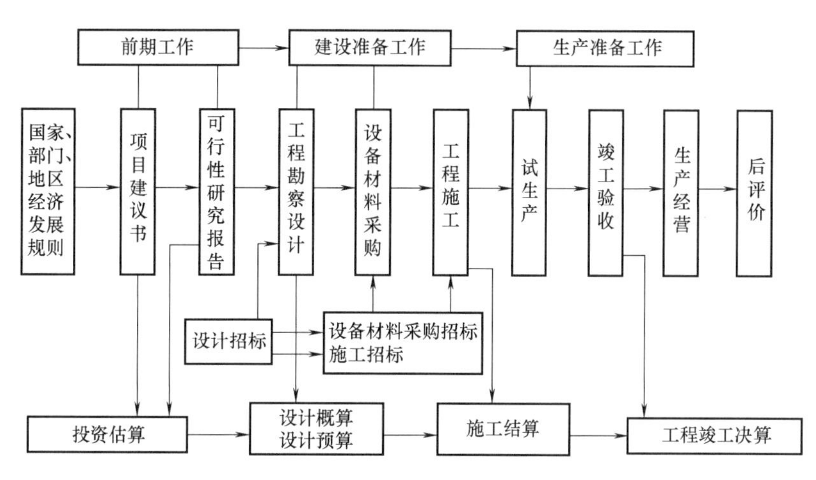

图 10-1　我国工程建设程序图

快建设速度的重要前提。主要包括：承接施工任务及签订施工合同、施工准备、组织施工、竣工验收、保修服务等五个环节组成。

（1）承接施工任务及签订施工合同　目前，承接施工项目的主渠道是通过参加投标，中标得到的。无论通过哪种方式承接工程任务，施工单位与建设单位都必须按照《中华人民共和国民法典》和《建设工程施工合同（示范文本）》的有关规定，结合具体工程的特点签订施工合同，明确双方的权利和义务。

（2）施工准备　施工准备是保证工程施工按计划顺利完成的关键和前提，其基本任务是为工程建设创造必要的技术和物质条件。通常包括：技术准备、物资准备、劳动组织准备、施工现场准备和施工场外准备等几个方面。

（3）组织施工　组织施工是实施施工组织设计，完成整个施工任务的实践活动过程。其目的是把投入施工过程中的各项资源（人、材、机、方法、环境、资金、时间和空间等）有机地结合起来，有计划、有组织、有节奏地均衡施工，以期达到质量高、工期短、成本低、安全、文明、环保、绿色的效果。

（4）竣工验收、交付使用　竣工验收是项目建设的最后环节，是项目向生产、使用转移的必要前提，也是对建设项目设计和施工质量的全面考核。正式竣工验收前，施工单位应首先自检合格，保证具备竣工验收的各项要求，并经监理单位认可后，向建设单位提交“工程竣工验收申请报告”，然后由建设单位组织勘察、设计、施工、监理等单位正式验收，验收合格后，才能交付使用。

（5）保修服务　工程移交发包人后，因承包人原因产生的质量缺陷，承包人应承担质量缺陷责任和保修义务。缺陷责任期届满，承包人仍应按合同约定的工程各部位保修年限承担保修义务。

施工程序受制于工程建设程序，必须服从工程建设程序的安排，但也影响着工程建设程序。它们之间是全局与局部的关系。

10.1.3　组织施工的基本原则

1. 贯彻执行国家的建设法规和制度，坚持建设程序

国家有关的建设法规和制度，是我国多年来改革与管理实践中形成的重要制度，对施工

许可制度、从业资格管理制度、招投标制度、总承包制度、发承包合同制度、工程监理制度、安全生产管理制度、工程质量责任制度、竣工验收制度等给予了法律肯定，这对建立和完善建筑市场的运行机制，加强建筑活动的实施与管理，提供了重要的法律依据。

坚持建设程序，是工程建设顺利进行的关键，是发挥其投资效益的重要保证。

2. 保证重点，统筹安排，信守合同

工程施工的根本目标就是尽快地完成建设任务，使其能早日投产或交付使用。因此，应根据各拟建项目的轻重缓急和施工条件进行统筹安排、合理排队，把有限的资源优先用于业主最急需的重点项目上，保证工期，树立企业的诚信品牌。

3. 合理安排施工顺序，提高施工质量

施工顺序的安排必须符合施工工艺，满足技术要求。建筑施工时，常采用：先准备，后施工；先场外，后场内；先地下，后地上；先基础，后主体；先结构，后围护；先主体，后装饰等。充分利用时间和空间，组织立体交叉、平行流水施工。

4. 采用流水施工和网络计划技术，合理使用人力、物力和财力

流水施工和网络计划技术可使施工过程连续、均衡、有节奏地进行，从而达到最大限度合理利用各项资源、时间和空间之目的，是组织施工的有效方法。

5. 尽量采用先进的科学技术，提高建筑工业化程度和机械化程度

6. 加强季节性施工，保证全年施工的连续性和均衡性

7. 合理布置施工现场，尽量减少暂设工程，提高文明施工的水平

8. 积极推进绿色施工，实现“四节一环保”（节能、节地、节水、节材和环境保护）

上述原则，既是建筑施工的客观需要，也是保证工程质量、加快施工速度、缩短工期、降低成本、提高效益的需要，因此必须在组织施工中认真贯彻执行。

10.2 建筑产品及其施工的特点

10.2.1 建筑产品的特点

1）固定性。任何一个建筑产品都是在建设单位所选定的地点，固定建造和使用的。固定性是其最显著的特点，其他施工特点也由此引出。

2）多样性。建筑产品种类繁多，用途各异。每一个建筑产品不仅要考虑用户对其使用功能和质量的要求，还要按照当地特定的社会环境、自然条件来设计和建造不同用途的建筑物。因此，建筑产品在规模、容积率、外部体形、结构、构造、材料选用、基础和装饰类型等诸方面组合出多种多样的变化。

3）体形庞大性。比起一般工业产品，建筑产品需消耗大量的物质资源。为了满足特定的使用功能，必然占据广阔的地面与空间，因而体形庞大。

4）综合性。建筑产品由各种材料、构配件和设备组装而成，不仅综合了各种艺术风格、建筑功能、结构构造、装饰做法等，而且综合了工艺设备、供电供水、采暖通风、卫生设施、办公（通信）智能化系统等各类设施，错综复杂。

10.2.2 建筑产品施工的特点

1）流动性。建筑产品的固定性决定了其施工的流动性。即施工所需的大量劳力、材料、机械设备必须围绕其固定性产品开展活动，而且在完成一个固定性产品以后，又要流动到另一个固定性产品上去，要使它们紧密衔接、相互协调配合，做到连续、均衡施工。因此，在施工前必须做好科学分析和决策、合理组织与安排。

2）单件性。建筑产品的固定性和多样性决定了其施工的单件性。每一个建筑产品必须按照当地的规划和用户的需要，在选定的地点单独设计、单独施工。因此，必须做好施工准备，编好施工组织设计，以便工程施工能因时制宜、因地制宜。

3）地区性。建筑产品的固定性必然造成生产的地区性，也即必然受到该建设地区的自然、技术、经济和社会条件的限制，因此，必须对该地区的建设条件进行深入的调查分析，做好各种施工安排和预案。

4）周期长，露天作业、高空作业多，安全性差。正是由于建筑产品的固定性和体形庞大性，决定了其施工的周期长，大多在固定地点露天建造，而且高空作业多，尤其大跨、高层建筑越来越多，高空露天作业更为突出，安全性更为重要。因此，必须事先做好各种防范措施，加强施工过程中的管理。

5）综合性和复杂性。从上述建筑产品的诸多特点看出，其生产涉及的范围广、类别杂。一方面涉及力学、材料、构造、结构、地基基础、水暖电、机械设备和施工技术等学科的专业知识，要在不同时期、不同地点和不同产品上组织多专业、多工种的综合作业；另一方面涉及各专业的施工单位，以及社会各部门和各领域的协作配合，从而使建筑产品生产的组织协作关系具有复杂性。

10.3 施工组织设计概述

10.3.1 施工组织设计的概念及其作用

1. 施工组织设计的概念

施工组织设计是以施工项目为对象编制的，用以指导施工的技术、经济和管理的综合性文件。它是整个施工活动实施科学管理的有力手段和统筹规划设计。其基本任务是根据国家和政府的有关技术规定、业主对建设项目的各项要求、设计图和施工组织的基本原则，选择经济、合理、有效的施工方案；确定紧凑、均衡、可行的施工进度；拟订有效的技术组织措施；采用最佳的部署和组织，确定施工中的劳动力、材料、机械设备等需要量；合理利用施工现场的空间，以确保全面、高效、优质地完成最终建筑产品。

2. 施工组织设计的作用

1）施工组织设计是施工准备工作的重要组成部分，同时是做好各项施工准备工作的保证和依据；可以说施工组织设计是整个施工准备工作的核心。

2）可实现工程建设计划和设计的要求，可进一步验证设计方案的合理性与可行性。

3）施工组织设计是指导开展紧凑、有秩序施工活动的技术依据。

4）所提出的各项资源需要量计划，直接为资源供应和使用提供了数据。

5）为现场文明施工、绿色施工创造了条件，为现场平面管理提供了依据。

6）通过编制施工组织设计，可分析施工中存在的风险和矛盾，及时研究对策和措施，从而提高了施工的预见性，减少了盲目性。

7）指导工程投标和签订工程承包合同，并作为投标书的一项重要内容（技术标）和合同文件的一部分。

8）对施工企业的施工计划起决定性和控制性的作用。施工计划是根据施工企业结合自身的具体情况，对建筑市场所进行科学预测和中标的结果。而施工组织设计是按照具体的拟建工程对象的开、竣工时间编制的指导施工的文件，两者相辅相成、互为依据。

9）施工组织设计是统筹安排施工企业生产的投入与产出过程的关键和依据。建筑施工和其他工业产品的生产一样，都是按照要求投入生产要素，通过一定的生产过程，生产出成品，而中间转换的过程离不开管理。施工企业从承担工程任务开始，到竣工验收、交付使用为止，全部施工过程的计划、组织和控制的投入与产出过程的管理，就是以科学的施工组织设计为基础。

10.3.2　施工组织设计的分类

施工组织设计按编制的对象和范围、中标前后、设计阶段、编制内容的繁简程度，有以下四种分类：

1. 按编制的对象和范围分类

按编制的对象和范围不同，分为施工组织总设计、单位工程施工组织设计、施工方案等三个层次。

1）施工组织总设计。它是以若干单位工程组成的群体工程或特大型项目为主要对象编制的施工组织设计，对整个项目的施工过程起统筹规划、重点控制的作用。它是整个建设项目的全局性战略部署，其内容和范围大而概括，属规划和控制型。

2）单位工程施工组织设计。它是以单位工程为主要对象编制的施工组织设计，对单位工程的施工过程起指导和制约作用。它是在施工组织总设计的控制下，针对具体的单位工程所编制的指导施工各项活动的技术经济性文件，它是施工组织总设计内容的具体化、详细化，属实施指导型。

3）施工方案。它是以分部（项）工程或专项工程为主要对象编制的施工技术与组织方案，用以具体指导其施工过程。它必须在单位工程施工组织设计控制下，针对特殊的分部分项工程或专项工程进行编制，属具体实施操作型。

它们之间是同一建设项目不同广度、深度和控制与被控制的关系。不同点是：编制的对象和范围不同，编制的依据不同，参与编制的人员不同，编制的时间不同，所起的作用有所不同。相同点是：目标一致，编制原则一致，主要内容相通。

2. 按中标前后分类

按中标前后的不同，分为标前设计（即投标阶段施工组织设计）和标后设计（即实施阶段施工组织设计）。标前设计是在投标之前编制的施工项目管理规划和各项目标实现的组织与技术的保证，强调要符合招标文件要求，以中标为目的。标后设计是中标以后根据标前设计和施工合同及后续补充依据，所编制的详细的实施性施工组织设计，以保证要约和承诺的落实，强调可操作性，同时鼓励企业技术创新。因此，它们之间具有先后次序关系和单项制约关系。它们的区别见表10-1。

3. 按设计阶段的不同分类

施工组织设计的编制一般应与设计阶段相配合，按设计阶段不同，分为两阶段设计和三阶段设计。其中，两阶段设计分为施工组织总设计（扩大初步施工组织设计）和单位工程施工组织设计；三阶段设计分为施工组织设计大纲（初步施工组织条件设计）、施工组织总设计和单位工程施工组织设计。当采用三阶段设计时，设计阶段与施工组织设计的关系是：初步设计完成，可编制施工组织设计大纲；技术设计之后，可编制施工组织总设计；施工图设计完成后，可编制单位工程施工组织设计。

表 10-1　两种施工组织设计的区别

种类	服务范围	编制时间	编制者	主要特性	追求主要目标
标前设计	投标与签约	投标书编制前	经营管理层	规划性	中标和经济效益
标后设计	施工准备至验收	签约后开工前	项目管理	作业性	可操作性和效益

4. 按编制内容的繁简程度的不同分类

按编制内容的繁简程度不同，施工组织设计可分为完整的施工组织设计和简明的施工组织设计两种。对于重点工程，规模大、结构复杂、技术要求高，采用新结构、新技术、新工艺的拟建工程项目，必须编制内容详尽、完整的施工组织设计。反之，对于非重点工程，规模小、结构又简单，技术不复杂而且以常规施工为主的拟建工程项目，通常可以编制仅包括施工方案、施工进度计划和施工平面图（简称“一案、一表、一图”）等内容的简明施工组织设计。

10.3.3　施工组织设计的内容

施工组织设计的内容要结合工程对象的实际特点、施工条件和技术水平进行综合考虑，一般包括以下基本内容：

1. 编制依据

1）与工程建设有关的法律、法规和文件。

2）国家现行的有关标准和技术经济指标。

3）工程所在地区行政主管部门的批准文件，建设单位对施工的要求。

4）工程施工合同或招标投标文件。

5）工程设计文件。

6）工程施工范围内的现场条件、工程地质及水文地质、气象等自然条件。

7）与工程有关的资源供应情况。

8）施工企业的生产能力、机具设备状况、技术水平等。

2. 工程概况及特点分析

施工组织设计应首先对拟建工程的概况及特点进行分析并加以简述，目的在于搞清工程任务的基本情况。工程概况应包括：拟建工程的建筑和结构特点、工程规模及用途、建设地点的特征、施工条件、施工力量、施工期限、技术复杂程度、工程重点及难点、资源供应情况、建设单位提供的条件及要求等各种情况的分析。

3. 施工部署

施工部署是对项目实施过程做出的统筹规划和全面安排，包括：确定施工总目标、建立施工组织机构、组织与划分施工任务、规划工期、划分施工段、划分与安排施工场地、引进劳务、全场性的技术组织措施等。

4. 施工方案（主要施工方法）

施工方案是通过优化选择，制订工程施工期间所采用的施工流向、施工顺序、施工方法和机械选择、技术措施和检验手段等。它直接影响施工质量、进度、安全以及工程成本。施工方案的选择应遵循先进、可行、安全、环保、经济兼顾的原则，结合人力、材料、机械、资金和可采用的施工方法等可变因素与时空优化组合，全面布置任务，安排施工顺序和施工流向，确定施工方法和施工机械。

5. 施工进度计划

施工进度计划是为实现项目设定的工期目标，对各项施工过程的施工顺序、起止时间和相互衔接关系所做的统筹策划和安排。施工进度计划要保证拟建工程在规定的期限内完成，保证施工的连续性和均衡性，节约施工费用。编制施工进度计划需依据建筑工程施工的客观规律和施工条件，参考工期定额，综合考虑资金、材料、设备、劳动力等资源的投入。并采用先进的组织方法（如立体交叉流水施工）和计划理论（如网络计划、横道计划等）以及计算方法（如各项参数、资源量、评价指标计算等），综合平衡进度计划，合理规定施工的步骤和时间，以期达到各项资源在时间和空间的科学合理利用，满足既定目标。

施工进度计划的编制包括：划分施工过程、计算工程量、计算工程劳动量、确定工作天数和人数或机械台班数、编制进度计划表及检查与调整等项工作。

6. 施工准备与资源配置计划

施工准备与资源配置计划是提供资源（人力、材料、机械）保证的依据和前提。为确保进度计划的实现，必须编制与其进度计划相适应的各项资源需要量计划，以落实人力、材料、机械等资源的需要量和进场时间。

7. 施工现场平面布置及主要施工管理计划

施工现场平面布置是指在施工用地范围内，对各项生产、生活设施及其他辅助设施等进行规划和布置。合理布置施工现场，对保证工程施工顺利进行具有重要意义，施工现场平面布置应遵循方便、经济、高效、安全、环保、节能的原则。

施工管理计划是施工组织设计中的管理和技术措施，涵盖很多方面的内容，主要包括：进度、质量、安全、环境、成本等管理计划。

10.3.4　施工组织设计的编制程序与审批

1. 施工组织设计的编制程序

编制一个合理、完善、符合招标要求的施工组织应按以下程序进行：

1）收集并熟悉招标文件、工程量清单、施工图以及现场情况等编制依据。

2）计算工程量。对于主要工种的工程量要加以计算，统一列出。

3）编写工程概况和特点分析。

4）施工部署与选择施工方案。施工方案要先进、合理，针对性、可行性强。

5）编制进度计划。进度计划要合理、可靠。

6）编制施工机械设备配置计划。只有进度计划编制完成后才有可能清楚各种机械设备的投入时间，投入数量，根据工作的持续时间、工程量选择机械设备的数量、型号。

7）编制材料、构配件配置计划。依据造价文件提取主要材料、构配件、半成品的数量，根据进度计划安排供应时间。

8）编制劳动力计划。根据工程量清单，列出本工程需要的工种，再根据进度计划的每个时间段，大致计算出这个工种需要投入的劳动力数量。

9）编制临时用地表、绘制施工总平面图。

10）编制各种施工管理计划（保证措施）。包括质量、安全文明、工期、环境保护等管理计划。

2. 施工组织设计的审批

施工组织设计编制完成后，应履行审核、审批手续。

10.4 施工准备工作

10.4.1 施工准备工作的含义、任务及其分类

1. 施工准备工作的含义和任务

施工准备工作是指施工前，为保证整个工程能够按计划顺利地施工而事先必须做好的各项工作。它是施工程序中的重要环节，其基本任务是：调查研究各种有关施工的原始资料、施工条件以及业主要求，全面合理地部署施工力量，从组织、计划、技术、物质、资金、劳力、设备、现场以及外部施工环境等方面为拟建工程的顺利施工建立一切必要的条件，并对施工中可能发生的各种变化做好应变准备。

2. 施工准备工作的分类

1）按规模范围分类，可分为全场性施工准备、单位工程施工条件准备和分部（项）工程作业条件准备三个层次。

全场性施工准备是以整个建设项目为对象而进行统一部署的各项施工准备。它不仅要为全场性施工创造有利条件，同时要兼顾单位工程施工条件的准备。

单位工程施工条件准备是以建设一栋建筑物或构筑物为对象而进行的施工条件准备工作，它不仅要为该单位工程的施工做好准备，也要为各分部（项）工程的施工做好准备。

分部（项）工程作业条件准备是以一个分部（项）工程或冬、雨期施工项目为对象而进行的施工条件准备。

2）按施工阶段分类，可分为开工前的施工准备和开工后的施工准备。

开工前的施工准备是在拟建工程正式开工之前所进行的一切施工准备，目的是为正式开工创造必要的施工条件。包括施工总准备和单位工程施工条件准备。

开工后的施工准备是在拟建工程开工之后各个施工阶段正式开工之前所进行的施工准备，目的是为各施工阶段的顺利施工创造必要的施工条件。它具有局部性、短期性和经常性。

施工准备工作不仅要在正式开工前的准备期进行，还应贯穿于整个施工过程。

10.4.2 施工准备工作的内容

1. 原始资料的调查分析

为编制符合实际情况、切实可行的最佳施工组织设计，必须进行自然条件和技术经济调

查，以获得真实可靠的原始资料。

（1）建设地区的自然条件调查分析　建设地区的自然条件调查分析的内容和目的见表10-2。

表10-2　建筑地区自然条件调查内容表

序号	项目		调查内容	调查目的
1	气象	气温	1. 年平均、最高、最低、最冷、最热月的逐日平均温度，结冰期，解冻期 2. 冬、夏季室外计算温度 3. ≤-3℃、0℃、5℃的天数，起止时间	1. 防暑降温 2. 冬期施工 3. 估计混凝土、砂浆强度
		雨（雪）	1. 雨期起止时间 2. 全年降雨（雪）量、最大降雨（雪）量、一昼夜最大降雨（雪）量 3. 年雷暴日数	1. 雨期施工 2. 工地排水、防洪 3. 防雷
		风	1. 主导风向及频率（风玫瑰图） 2. ≥8级风全年天数、时间	1. 布置临时设施 2. 高空作业及吊装措施
2	工程地质、地形	地形	1. 区域地形：1/25000～1/10000 2. 工程位置地形图：1/2000～1/1000 3. 该区域的城市规划图 4. 控制桩、水准点的位置	1. 选择施工用地 2. 布置施工总平面图 3. 场地平整及土方量计算 4. 掌握障碍物及数量
		地质	1. 钻孔布置图 2. 地质剖面图，土层类别、厚度 3. 物理力学指标：天然含水率、孔隙比、塑性指标、渗透系数、压缩试验及地基土强度 4. 地层的稳定性：断层滑块、流砂 5. 最大冻结度 6. 地基土破坏情况，钻井、古墓、防空洞及地下构筑物	1. 选择土方施工方法 2. 确定地基处理方法 3. 基础施工方法 4. 复核地基基础设计 5. 障碍物拆除和问题土处理
		地震	1. 地震设防烈度 2. 历史记载情况	1. 地基、结构按不同的震级规程施工 2. 技术措施
3	工程水文地质	地下水	1. 最高、最低水位及时间 2. 流向、流速及流量 3. 水质分析，水的化学成分 4. 抽水试验	1. 基础施工方案的选择 2. 确定是否降低地下水位及降水方法 3. 防止水侵蚀性及施工注意事项
		地面水	1. 附近江河湖泊距工地距离 2. 洪水、平水、枯水期水位、流量及航道深度 3. 水质分析 4. 最大、最小冻结及结冰时间	1. 临时给水方案 2. 施工防洪措施 3. 水利工程施工方案

（2）建设地区的技术经济条件调查分析　主要包括：地方建筑施工企业的状况；施工现场的动迁状况；当地可利用的地方材料状况；材料供应状况；地方能源和交通运输状况；地方劳动力和技术水平状况；当地生活供应、教育和医疗卫生状况；当地消防、环保、治安

状况和参加施工单位的力量状况等。

2. 技术准备

技术准备就是通常所说的“内业”工作，它为施工提供各种指导性的技术经济文件，是整个施工准备工作的基础和核心。主要内容包括：

1）熟悉、审查施工图和有关设计技术资料。只有在充分了解设计意图和设计技术要求的基础上，才能做出切合实际的施工组织设计和造价；通过审查，发现施工图存在的问题和错误并加以及时纠正，为今后施工提供准确完整的施工图。

2）熟悉技术规范、规程和有关规定，建立质量检验和技术管理工作流程。

3）学习建筑法规，签订工程承包合同。

4）编制中标后的施工组织设计。

5）编制施工预算，进行成本分析。施工预算是在工程承包合同价的基础上编制的，它是施工企业进行管理和内部经济核算的依据。

3. 物资准备

物资准备是指施工中必需的劳动手段（施工机械、工具、临时设施）和劳动对象（材料、构配件、制品）的准备，它是保证施工顺利进行的物质基础。主要内容包括：

1）建筑材料的准备。根据施工预算的材料分析和施工进度计划的要求，编制建筑材料需要量、确定材料的进场时间和现场堆放、做好现场的抽检与保管工作，编制其配置计划。

2）各种构（配）件和制品的加工准备。根据施工预算所提供的构（配）件、制品的名称、规格、数量和加工要求，确定加工方案、供应渠道及进场后的储存地点和方式，编制其配置计划。

3）施工机具的准备。根据施工方案和进度计划的要求，确定施工机具的类型、数量和进场时间，确定施工机具的供应渠道和进场后的存放地点和方式，编制机具的配置计划。

4）生产工艺设备的准备。根据拟建工程的生产工艺流程和工艺设备布置图，提出工艺设备的名称、型号、生产能力和需要量，确定其进场时间和保管方式，编制其配置计划。

4. 施工现场准备

施工现场是施工的活动空间，其准备工作主要是给拟建工程的施工创造有利的施工条件和物质保障，主要应完成以下工作：

（1）保证“四通一平”　工程开工前，必须做好现场的“四通一平”（路通、水通、电通、通信通和场地平整），在一些要求较高的地域，甚至要求“七通一平”（给水通、排水通、电通、通信通、热力通、路通、燃气通和场地平整）。

1）路通。施工现场的道路是组织物质进场的运输动脉。按照施工总平面图的要求，开工前，必须先修通主要干道。为节省费用，应尽可能利用已有的道路或规划的永久性道路。为了使施工时不损坏路面，规划的永久性道路可以先做路基，工程施工完毕后再做路面。

2）水通。水是施工现场生产和生活不可缺少的。按照施工总平面的要求，工程开工前，必须接通施工用水和生活用水的管线，尽量利用永久性给水系统，还应做好地面的排水系统，为施工创造良好的环境。

3）电通。电是施工现场的主要动力来源。开工前，必须接通电力设施。还应做好通信、能源（蒸汽、压缩空气）供应工作，确保施工现场的动力设备和通信设备的正常运行。

4）场地平整。按照施工总平面图的要求，拆除施工场地内妨碍施工的各种障碍物，根据施工总平面图规定的标高，计算出挖土及回填土的数量，确定平整场地的施工方案，进行场地平整工作。

（2）建立测量控制网和现场测量放线　按照建筑总平面图和给定的永久性坐标控制网和水准控制基桩，设置场区的永久性坐标桩、水准基桩，建立场区工程测量控制网。

（3）搭建临时设施　施工现场的临时设施是指各种生产、生活需用的临时建筑，包括各种仓库、预制构件场、机修站、各种生产作业棚、办公用房、宿舍、食堂、文化生活设施等。依据施工总平面图的布置和资源配置计划，搭建临时设施。

（4）做好建筑材料、构（配）件及制品的储存和堆放　应依据建筑材料、构（配）件及制品的配置计划组织进场，并应按施工平面图规定的地点和范围进行储存和堆放。

（5）组织施工机具进场安装和调试　依据施工机具配置计划，组织施工机具进场，按照施工总平面将施工机具安置在规定的地点及仓库。

（6）做好季节性施工安排　依据施工组织设计的要求，落实冬雨期及高温季节施工的临时设施和技术措施。

（7）设置环保、消防、保安设施　依据施工组织设计的要求，根据施工总平面图的布置，安排好环保、消防和安保等设施，并建立相应的组织机构和规章制度。

（8）做好新技术项目的试制、试验和人员培训　依据有关规定和相关资料，对施工中的新技术项目，认真进行试制、试验，并对相关的人员进行培训。

5. 劳动组织准备

施工的一切结果都是靠人创造的，选好人、用好人是整个工程的关键。为此，必须做好劳动组织准备，其主要工作内容有：

1）建立施工项目管理机构。建立一个精干、高效、高素质的项目班子，是搞好施工的前提和首要任务。应根据工程的规模、项目特点和复杂程度，确定管理机构的人员组成。将富有经验、有责任心、有创新意识的人选入管理机构。

2）建立、健全各项管理制度。管理制度是施工活动顺利进行的保证，因此必须建立健全现场管理的各项规章制度并认真执行。管理制度通常包括：施工交底制度，工程技术档案管理制度，材料、主要构（配）件和制品检查验收制度，材料出入库制度，机具使用保养制度，职工考勤考核制度，安全操作制度，工程质量检查与验收制度，工程项目及班组经济核算制度等。

3）准备施工队组。根据工程的规模、特点、劳动力配置计划来确定施工队组。施工队组的选择要坚持合理、精干的原则。当靠自身的施工队伍不能满足施工需要时，往往需要组织一些外包施工队伍来共同承担施工任务。

4）组织劳动力进场。按照开工日期和劳动力配置计划，组织劳动力进场，并对他们进行安全、防火和文明施工等方面的教育，并安排好职工的生活，做好后勤保障工作。

5）做好技术交底工作。为落实施工计划和技术责任制，应逐级进行技术交底。技术交底应在每一分部（项）工程开工之前及时地把拟建工程的施工内容、施工方法、施工计划和技术要求以及安全操作规程等，详尽地向施工班组工人讲述清楚。

6. 施工场外准备

1）做好分包工作、签订分包合同。对于某些专业工程，如大型土（石）方工程、结构安装、精装修等，可分包给相应有资质的专业承包公司或劳务分包公司。

2）创造良好的施工外部环境。施工必然要与当地各级部门和单位打交道，并应服从当地各级政府部门的管理。因此，应积极与有关部门和单位取得联系，办好有关手续，为正常施工创造良好的外部环境。

3）材料及设备的加工和订货。必须根据配置计划及时跟有关的生产、加工部门签订供货合同，保证及时供应。

4）提交开工申请报告。在各项施工准备达到开工条件时，应及时填写开工申请报告，报上级和监理方审查批准。

以上各项施工准备工作是互相补充、互相配合的。为了落实各项施工准备工作，必须编制相应的施工准备工作计划，建立、健全施工准备工作责任制和检查等制度，使其有组织、有计划地进行。

10.4.3　施工准备工作的基本要求

（1）编好施工准备工作计划　为了全面地搞好施工准备，应按表 10-3 的形式编制施工准备工作计划。

表 10-3　施工准备工作计划

序号	施工准备项目	简要内容	负责单位	负责人	起止时间		备注
					月　　日	月　　日	

（2）建立严格的施工准备工作责任制

（3）协调配合做好各项准备工作　认真处理好室内与室外、前期与后期、土建与安装、场内与场外、班组与总体准备之间的关系，在统一部署的前提下，协调配合进行。

本章小结及关键概念

- **本章小结**：本章介绍了工程建设及其程序，施工程序和组织施工的基本原则，建筑产品及其施工的特点，施工组织设计的概念、作用、分类及其内容，施工准备工作的含义、任务、分类、内容和基本要求。通过本章学习，要求熟悉工程建设的程序和施工程序，了解组织施工的基本原则，熟悉施工组织设计的概念、作用、分类并掌握其基本内容，了解施工组织设计编制与审批，掌握施工准备工作的含义和任务，熟悉准备工作的分类和内容，了解施工准备工作的基本要求。
- **关键概念**：工程建设、工程建设程序、施工程序、施工组织设计、施工准备工作、技术准备。

习　　题

10.1　何谓工程建设？简述工程建设程序。

10.2　何谓施工程序？分为哪几个环节？

10.3　组织施工的原则有哪些？

10.4　建筑产品及其施工具有哪些特点？

10.5　何谓施工组织设计？其作用是什么？

10.6　施工组织设计分为哪些类别？

10.7　施工组织设计的基本内容有哪些？

10.8　何谓施工准备工作？其基本任务是什么？

10.9　施工准备工作的内容是什么？

10.10　何谓技术准备？它应完成哪些主要工作？

10.11　施工准备工作有哪些基本要求？

二维码形式客观题

第 10 章
客观题

第 11 章 流水施工原理及应用

学习要点

知识点：组织施工的方式及其特点、流水施工的分类、组织流水施工的步骤、流水施工的技术经济效果、流水施工进度计划的表达方法、流水施工参数及其确定方法、流水施工的基本方式和流水施工实例。

重点：组织施工的方式及其特点，组织流水施工的步骤和流水施工进度计划的表达方法，流水施工参数的确定方法，各流水施工方式的组织方法。

难点：流水施工参数的确定、流水施工进度计划的表达方法、各流水施工方式的组织方法。

11.1 流水施工的基本概念

流水施工是指将整个施工过程划分为若干个不同的工序，将施工对象划分为若干个施工区段，组织完成各工序的施工队组，按照规定的路线和施工速度像流水不断地在各施工区段转移施工。该方法是建立在分工协作和转移施工的基础上，其实质为连续作业，组织均衡生产。流水施工与非流水施工相比，具有工期短、资源省、成本低、效益好等优点。

11.1.1 组织施工的方式及其特点

在组织多幢同类型房屋或将一幢房屋划分为若干个施工区段进行施工时，根据工程的特点、工艺流程、工期要求、资源供应状况、平面及空间布置要求等，可以采用依次施工、平行施工和流水施工等三种组织施工方式，它们的特点如下：

1. 依次施工

依次施工是将整个施工内容划分为若干个施工过程，按照一定施工顺序，在前一个施工过程完成之后，才进行下一个施工过程的组织方式，如图 11-1a 所示。

图 11-1a 表示第一幢房屋的 4 个施工过程完成后，再依次进行其他各幢房屋施工过程的组织方式，每段时间内只有一个施工过程在施工。这样，一共有 4 个施工过程，3 幢房屋，每幢房屋的每个施工过程耗时 2 周，故总工期为：（2×4×3）周 = 24 周。图中进度表下的曲线是劳动力消耗动态图，其纵坐标为每天施工人数，横坐标为施工进度。

依次施工组织方式具有如下特点：

1）由于没有充分利用工作面（空间）去争取时间，所以工期长。

2）工作队不分专业，不利于提高工程质量和劳动生产率。

3）工作队无法连续作业，造成窝工现象。

4）工作面闲置多，空间资源利用不充分。

5）施工现场组织、管理较简单。

6）单位时间内资源投入量较少且较均衡，利于资源供应组织工作。

2. 平行施工

平行施工是组织多个相同的工作队，在同一时间、不同空间同时进行施工的组织方式，如图11-1b所示。

由图11-1b可看出，基础、主体、屋面、装饰装修4个施工过程依次施工，但是每个施工过程都是3幢房屋同时在施工，故总工期为（2×4）周=8周，比依次施工工期缩短了16周。

平行施工组织方式具有如下特点：

1）充分利用了空间、争取了时间，可以缩短工期。

2）适用于组织综合工作队施工，不能实现专业化生产，不利于提高工程质量和劳动生产率。

3）若采用专业工作队施工，则工作队不能连续作业。

4）单位时间内投入施工的资源量成倍增加，资源供应紧张，现场各项临时设施也相应增加。

5）现场施工组织、管理、协调、调度复杂。

3. 流水施工

流水施工是将拟建项目的整个建造过程分解为若干个施工过程，各工作队按照一定施工顺序投入施工，依次、连续地在各幢楼完成各自施工任务的组织方式。该组织方式能保证施工全过程在时间上、空间上，有节奏、连续、均衡地进行下去，直到完成全部施工任务，如图11-1c所示。

由图11-1c可看出，每一施工过程均依次在各幢房屋连续施工，而不同施工过程在不同楼房之间平行搭接施工，如第一幢房屋的主体和第二幢房屋的基础同时施工，第一幢房屋的屋面、第二幢房屋的主体和第三幢房屋的基础同时进行等，这样总工期就变为12周，较依次施工缩短了12周，但却比平行施工用时长4周。

流水施工组织方式具有如下特点：

1）科学地利用了工作面，争取了时间，总工期趋于合理。

2）工作队（组）实现了专业化生产，有利于改进技术、保证工程质量和提高劳动生产率。

3）工作队（组）能够连续作业，相邻两个专业工作队（组）之间，可实现合理搭接。

4）每天投入的资源量较为均衡，有利于资源供应的组织工作。

5）为现场文明施工和科学管理创造了有利条件。

由上面各组织方式的特点可得出：流水施工组织方式能够充分利用时间和空间，实现连续、均衡性施工，是组织施工的主推方式。

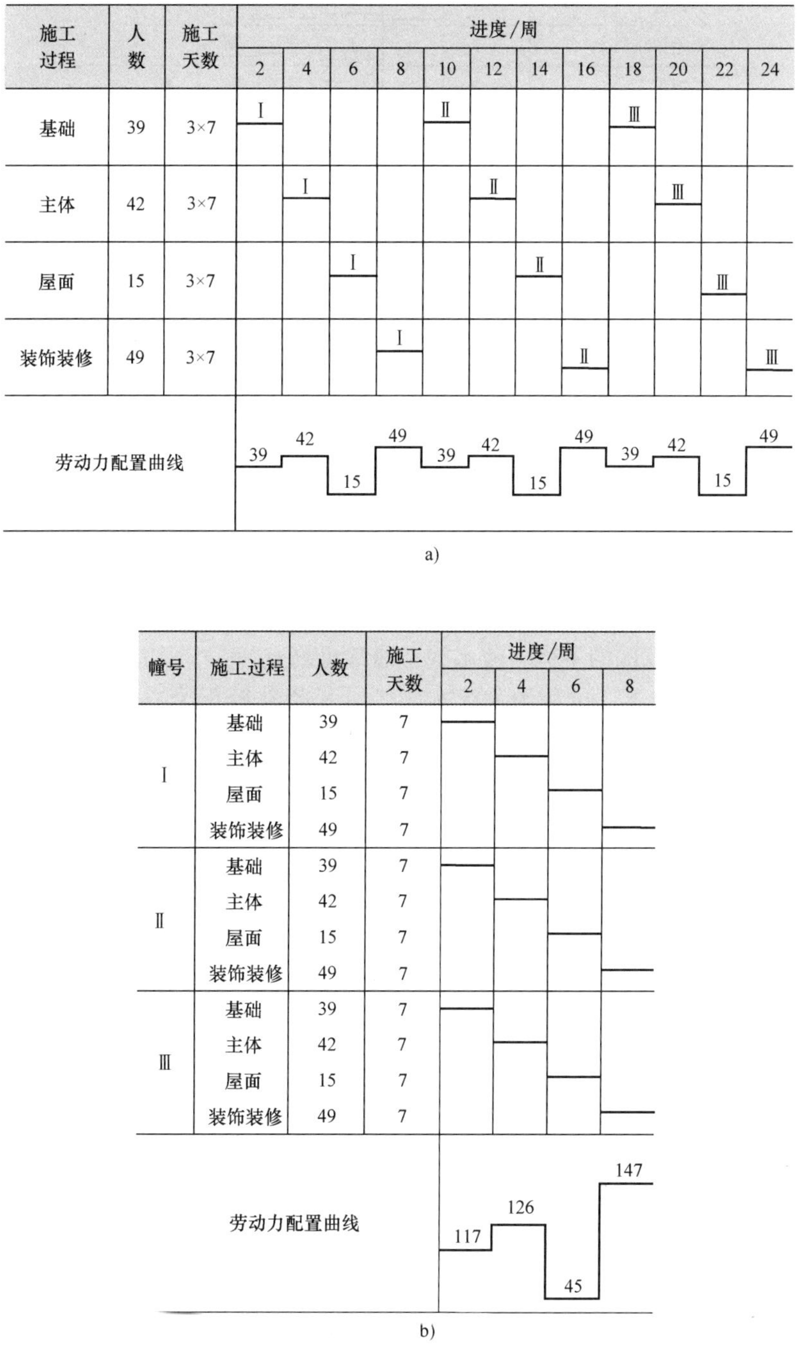

施工过程	人数	施工天数	进度/周											
			2	4	6	8	10	12	14	16	18	20	22	24
基础	39	3×7	Ⅰ——				Ⅱ——				Ⅲ——			
主体	42	3×7		Ⅰ——				Ⅱ——				Ⅲ——		
屋面	15	3×7			Ⅰ——				Ⅱ——				Ⅲ——	
装饰装修	49	3×7				Ⅰ——				Ⅱ——				Ⅲ——
劳动力配置曲线			39	42	15	49	39	42	15	49	39	42	15	49

a)

幢号	施工过程	人数	施工天数	进度/周			
				2	4	6	8
Ⅰ	基础	39	7	——			
	主体	42	7		——		
	屋面	15	7			——	
	装饰装修	49	7				——
Ⅱ	基础	39	7	——			
	主体	42	7		——		
	屋面	15	7			——	
	装饰装修	49	7				——
Ⅲ	基础	39	7	——			
	主体	42	7		——		
	屋面	15	7			——	
	装饰装修	49	7				——
劳动力配置曲线				117	126	45	147

b)

图 11-1　施工组织方式

a）依次施工　b）平行施工

施工过程	人数	施工天数	进度/周					
			2	4	6	8	10	12
基础	39	3×7	Ⅰ	Ⅱ	Ⅲ			
主体	42	3×7		Ⅰ	Ⅱ	Ⅲ		
屋面	15	3×7			Ⅰ	Ⅱ	Ⅲ	
装饰装修	49	3×7				Ⅰ	Ⅱ	Ⅲ
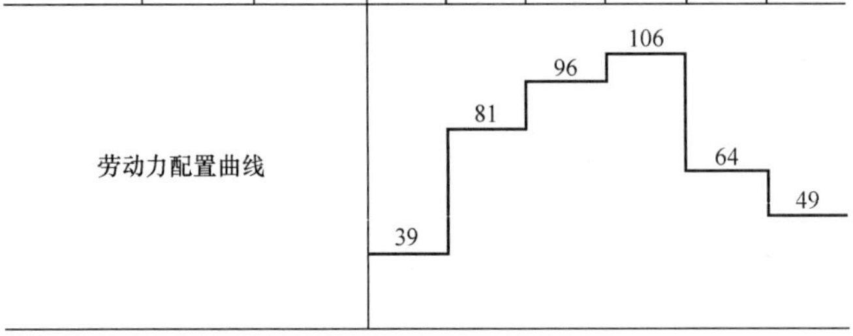 劳动力配置曲线			39	81	96	106	64	49

c)

图 11-1　施工组织方式（续）
c）流水施工

11.1.2　流水施工的分类

根据流水施工组织范围的不同，流水施工通常可划分为：

1）群体工程流水施工。也称为大流水施工，是指在若干个单位工程间组织的流水施工，编排的是项目施工总进度计划。

2）单位工程流水施工。也称为综合流水施工，是指在一个单位工程内部、各分部工程之间组织的流水施工。

3）分部工程流水施工。也称为专业流水施工，是指在一个分部工程内部，各分项工程间组织的流水施工。

4）分项工程流水施工。也称为细部流水施工，是指在一个专业工种内部组织的流水施工。

各类流水施工的关系如图 11-2 所示。

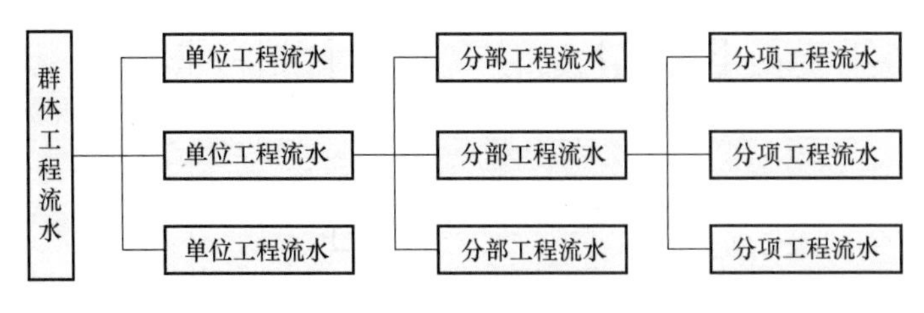

图 11-2　各类流水施工的关系

11.1.3　组织流水施工的步骤

1）流水施工的组织步骤如下：

① 确定施工流水线，划分其中包含的施工过程数，并确定施工顺序。

② 划分施工段，确定施工段数。

③ 组织各专业施工队（组）。

④ 确定各施工专业队在各施工段上的流水节拍。

⑤ 确定相邻两专业施工队间的流水步距。

⑥ 计算流水施工的计划工期，绘制流水施工进度图。

2）以某工程为例，来说明流水施工的组织步骤。

① 该工程施工流水线按顺序分为基础、主体、屋面、装饰装修等 4 个施工过程。

② 为了缩短工期，将该工程划分为 3 个施工段进行平行搭接流水施工。

③ 按照专业，组织 4 个施工队进行作业。

④ 设定其流水节拍为：基础 3 周，主体 3 周，屋面 3 周，装饰装修 3 周。

⑤ 为组织流水施工，每两个施工过程之间的开始时间相差（流水步距）3 天。绘制横道图如图 11-3 所示。由图中可以看出，每个施工过程的施工都是连续的，并且每个施工段上的施工也是连续的。

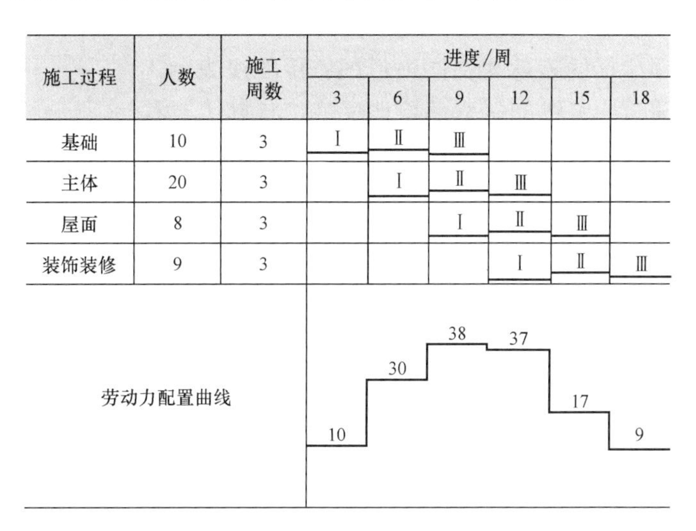

图 11-3　基础流水施工横道图

11.1.4　流水施工的技术经济效果

流水施工由于在工艺划分、空间布置及时间安排上进行了统筹安排，使劳动资源得以合理使用，产生的技术经济效果是显著的。

1）施工工期较短，可以尽早发挥投资效益。可缩短工期 1/3 以上。

2）实现专业化生产，可以提高施工技术水平和质量以及劳动生产率。

3）连续施工，可以充分发挥施工机械、劳动力的生产效率，充分利用时间和空间。

4）提高了工程质量，延长建筑产品使用寿命，节约使用过程中的维修费用。

5）降低了工程成本，提高了承包单位的经济效益。由于流水施工资源消耗均衡，便于组织资源供应，使得资源储存合理，可以减少不必要的损失，节约材料费；流水施工生产效率高，可以节约人工费和机械使用费；流水施工工期较短，可以减少企业管理费。

11.1.5　流水施工进度计划的表达方法

流水施工进度计划的表达方法主要有横道图法、垂直图法和网络图法 3 种，如图 11-4 所示。本章主要介绍横道图法和垂直图法，网络图法将在第 12 章中介绍。

1. 横道图法（又称水平图法）

在流水施工水平图的表达方式中，横坐标表示流水施工的持续时间；纵坐标表示开展流水施工的施工过程或施工段；用水平线条表示工作进度，水平线长度表示某施工过程在某施工段上的作业时间，水平线的开始与结束位置表示某施工过程在某施工段上作业的起止时间，如图 11-5 所示。

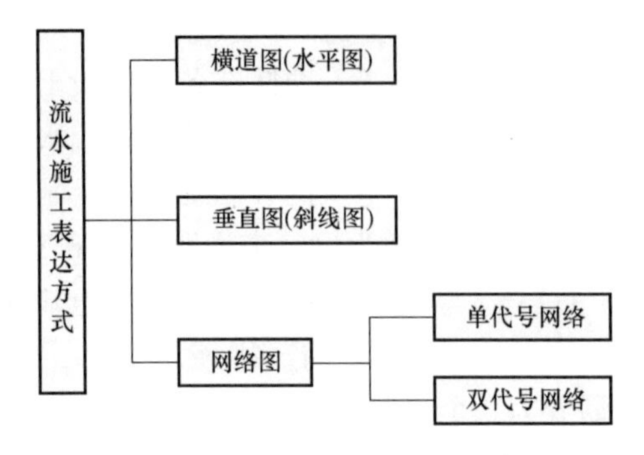

图 11-4　流水施工表达方式示意图

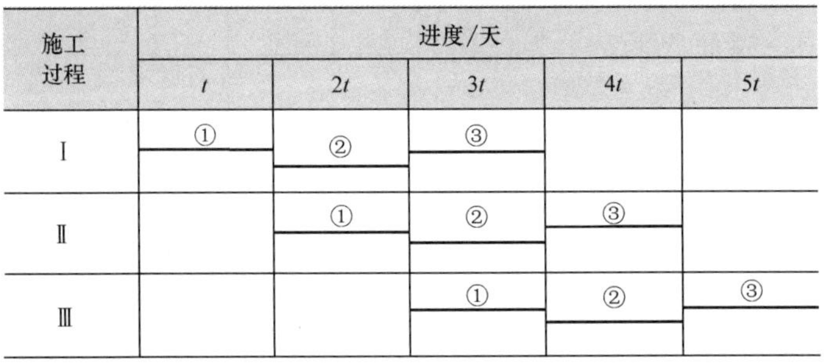

图 11-5 中，①、②、③表示施工段，Ⅰ、Ⅱ、Ⅲ表示施工过程，t 表示一个时间单位。

2. 垂直图法（又称斜线图法）

在流水施工斜线图的表达方式中，横坐标和纵坐标的表达含义同横道图；用斜线表示工作进度，斜线的斜率形象地反映出各施工过程的施工速度，斜率越大，施工速度越快，如图 11-6 所示。

施工过程	进度/天				
	t	$2t$	$3t$	$4t$	$5t$
Ⅰ	①	②	③		
Ⅱ		①	②	③	
Ⅲ			①	②	③

图 11-5　流水施工的横道图

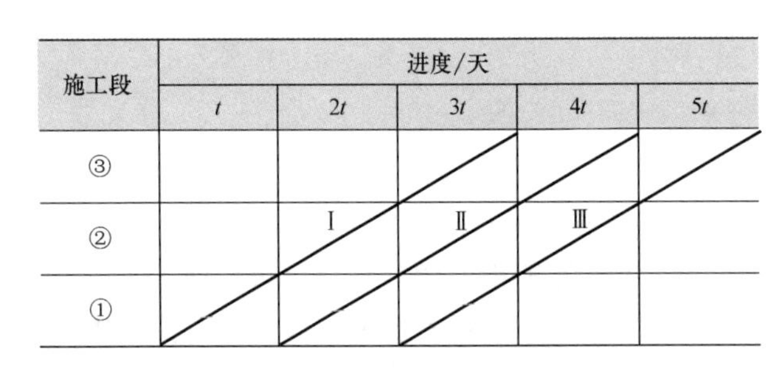

图 11-6　流水施工的垂直图

11.2 流水施工的基本参数

为了正确反映流水施工在时间和空间上的开展情况与相互关系，设置了一系列参数，主要包括工艺参数、空间参数和时间参数三类。

11.2.1　工艺参数

工艺参数是指在组织流水施工时，用来表达施工工艺上开展顺序及其特征的参数，包括施工过程数和流水强度。

1. 施工过程数（n）

组织流水施工时，通常将整个施工内容划分为若干个施工过程，针对每一个施工过程组织专业队（组）进行施工，以提高工人的技能和劳动生产率。划分施工过程时，应根据工程的类型、进度计划的性质、工程对象的特征确定。施工过程数的确定应考虑以下因素：

1）以占用工作面的主导施工过程划分，辅以制备类和运输类施工过程。

2）施工过程数确定要适当，以便于组织流水。施工过程数过多会导致计划复杂，过少会导致计划编制过于笼统，丧失指导施工的作用。

3）施工过程数与拟建工程的复杂程度、结构类型及施工方法等因素有关。复杂的施工内容宜划分得细些，而简单的施工内容则不宜过细。

2. 流水强度（v）

流水强度也称为流水能力或生产能力，是指某一施工过程在单位时间内能够完成的工程量，包括机械施工过程的流水强度和手工操作过程的流水强度。

1）机械施工过程的流水强度。可按式（11-1）计算。

$$V_i = \sum_{i=1}^{x} R_i S_i \tag{11-1}$$

式中　V_i——第 i 施工过程的流水强度；

R_i——第 i 施工过程的某种主要施工机械的台数；

S_i——该种施工机械的产量定额；

x——投入第 i 施工过程的主要施工机械的种类数。

2）手工操作过程的流水强度。可按式（11-2）计算。

$$V_i = R_i S_i \tag{11-2}$$

式中　V_i——第 i 施工过程的流水强度；

R_i——投入第 i 施工过程的工人数；

S_i——第 i 施工过程的产量定额。

11.2.2　空间参数

组织流水施工时，用以表达流水施工在空间布置上所处状态的参数，称为空间参数。空间参数主要有：工作面、施工段数和施工层三种。

1. 工作面（A）

工作面是指某专业工种的工人在进行建筑产品生产加工过程中，所必须具备的活动空间。工作面的大小取决于相应工种单位时间内的产量定额、建筑安装工程操作规程和安全规定等要求确定。工作面的合理确定直接影响专业工种工人的劳动生产率，因此必须合理确定工作面。主要工种工作面参考数据见表 11-1。

表 11-1　主要工种工作面参考数据

工作项目	每个技工的工作面	说明
砖基础	7.6m/人	以 $1\frac{1}{2}$ 砖计 2 砖乘以 0.8 3 砖乘以 0.5

（续）

工作项目	每个技工的工作面	说明
砌砖墙	8.5m/人	以$1\frac{1}{2}$砖计 2砖乘以0.71 3砖乘以0.57
毛石墙基	3m/人	以60cm计
毛石墙	3.3m/人	以40cm计
混凝土柱、墙基础	8m^3/人	机拌、机捣
混凝土设备基础	7m^3/人	机拌、机捣
现浇钢筋混凝土柱	2.5m^3/人	机拌、机捣
现浇钢筋混凝土梁	3.20m^3/人	机拌、机捣
现浇钢筋混凝土墙	5m^3/人	机拌、机捣
现浇钢筋混凝土楼板	5.3m^3/人	机拌、机捣
预制钢筋混凝土柱	3.6m^3/人	机拌、机捣
预制钢筋混凝土梁	3.6m^3/人	机拌、机捣
预制钢筋混凝土屋架	2.7m^3/人	机拌、机捣
预制钢筋混凝土平板、空心板	1.91m^3/人	机拌、机捣
预制钢筋混凝土大型屋面板	2.62m^3/人	机拌、机捣
混凝土地坪及面层	40m^2/人	机拌、机捣
外墙抹灰	16m^2/人	
内墙抹灰	18.5m^2/人	
卷材屋面	18.5m^2/人	
防水水泥砂浆屋面	16m^2/人	
门窗安装	11m^2/人	

2. 施工段数（m）

施工段数是指为组织流水施工，将施工对象在平面上划分的施工区段的数量。划分施工段的目的在于使不同工种的专业队能够同时在不同工作面上进行作业，以充分利用空间，为流水施工的组织创造条件。

施工段数设置过多，会导致工人数量减少而延长工期；设置过少，则会造成资源供应过分集中，而不利于流水施工的组织。因此，为合理划分施工段，应遵循如下原则：

1）从结构整体性出发，应首先考虑结构界限（沉降缝、伸缩缝、单元分界等）。

2）专业工作队在各施工段上的劳动量应大致相等，其相差幅度不宜超过10%~15%。

3）为充分发挥工人、主导机械的效率，应保证每个施工段均有足够的工作面。

4）施工段数设置不宜过多。

5）为保证各专业队连续作业，施工段数与施工过程数应相适应。当有层间关系时，施工段数与施工过程数间的关系如下：

① 当$m>n$时，各专业队能连续施工，但施工段存在空闲。

② 当$m=n$时，各专业队能连续施工，各施工段也无闲置。

③ 当 $m<n$ 时，对单栋建筑进行组织流水时，专业队无法连续施工而产生窝工现象。如果对两栋以上的同类建筑物组织流水时，才能保证连续施工。

【例 11-1】 一座三层楼房，平面上划分为 3 个施工段，分 2 个施工过程进行施工，各施工过程在各段上的作业时间为 3 天，试画出流水进度表。

【解】 根据题意画出流水进度表，如图 11-7 所示。

施工过程	进度/天									
	3	6	9	12	15	18	21	24	27	30
Ⅰ	1-①	1-②	1-③	2-①	2-②	2-③	3-①	3-②	3-③	
Ⅱ		1-①	1-②	1-③	2-①	2-②	2-③	3-①	3-②	3-③

图 11-7　例 11-1 流水进度表

图中 1、2、3 表示层数，①、②、③表示段数。

从图 11-7 可看出，两个施工队可以连续施工，但每层施工过程 Ⅱ 结束之后不能立刻投入其上一层的施工过程 Ⅰ，这样空间无法被连续利用。

【例 11-2】 一座三层建筑物主体工程分两段进行施工，施工过程分为 3 个，各施工过程在各段上作业天数均为 3 天，试画出流水进度表。

【解】 根据题意画出流水进度表，如图 11-8 所示。

施工过程	进度/天									
	3	6	9	12	15	18	21	24	27	30
Ⅰ	1-①	1-②		2-①	2-②		3-①	3-②		
Ⅱ		1-①	1-②		2-①	2-②		3-①	3-②	
Ⅲ			1-①	1-②		2-①	2-②		3-①	3-②

图 11-8　例 11-2 的流水进度表

从图 11-8 可看出，每一施工段一旦进入施工，就不断有施工队进入工作，但每一施工队无法连续工作，存在窝工现象。

3. 施工层（J）

施工层是指在组织流水施工时，为了满足专业工种对操作高度和施工工艺的要求，将拟建工程项目在竖向上划分的若干操作层。施工层的划分应依据工程项目的具体情况（如建筑物的高度，楼层）来确定。

11.2.3　时间参数

在组织流水施工时，用来表达流水施工的时间排列上所处状态的参数，称为时间参数。时间参数包括流水节拍、流水步距、间歇时间、平行搭接时间、施工过程流水持续时间和流水施工工期。

1. 流水节拍（t）

流水节拍是指在组织流水施工时，每个专业队在各个施工段上完成相应施工任务所需要的工作延续时间。流水节拍的大小反映施工速度的快慢和资源消耗量的多少。

确定流水节拍需要考虑的主要因素有：施工时所采取的施工方法、各种资源的供应情况、是否有足够的工作面及是否存在其他限制条件；存在工期要求时，以满足工期要求为原则。为了避免工作队在转移时浪费工时，流水节拍在数值上尽量确定为半天的整数倍。其数值的确定，可以按以下方法进行：

（1）定额计算法　此法是根据各施工段的工程量、可投入的资源量（如工人数、机械台数和材料量等），按式（11-3）或式（11-4）计算确定。

$$t_i=\frac{Q_i}{S_iR_iN_i}=\frac{P_i}{R_iN_i} \tag{11-3}$$

或

$$t_i=\frac{Q_iH_i}{R_iN_i}=\frac{P_i}{R_iN_i} \tag{11-4}$$

式中　t_i——某专业工作队在第 i 施工段的流水节拍；

Q_i——某专业工作队在第 i 施工段要完成的工程量；

S_i——某专业工作队的计划产量定额；

H_i——某专业工作队的计划时间定额；

P_i——某专业工作队在第 i 施工段需要的劳动量或机械台班数量；

R_i——某专业工作队投入的工作人数或机械台数；

N_i——某专业工作队的工作班次。

（2）经验估算法　此法是根据以往的施工经验进行估算，多适用于采用新工艺、新方法和新材料等没有定额可循的工程。为了提高准确度，应分别估算出流水节拍的最长、最短和最可能（正常）的三种时间，然后按式（11-5）求出期望时间，作为某专业工作队在某施工段的流水节拍。

$$t=\frac{a+4c+b}{6} \tag{11-5}$$

式中　t——某施工过程在某施工段上的流水节拍；

a——某施工过程在某施工段上的最短估算时间；

b——某施工过程在某施工段上的最长估算时间；

c——某施工过程在某施工段上的正常估算时间。

（3）工期计算法　对某些施工任务在规定日期内必须完成的工程项目，往往需要采用倒排进度法确定各施工过程的流水节拍。具体步骤如下：

1）根据工期倒排进度，确定某施工过程的工作延续时间。

2）确定某施工过程在某施工段上的流水节拍。若同一施工过程的流水节拍不等，采用估算法；若流水节拍相等，则按式（11-6）进行计算确定。然后根据式（11-3）或式（11-4）反算确定资源量。

$$t=\frac{D}{m} \tag{11-6}$$

式中　t——流水节拍；

D——某施工过程的工作持续时间；

m——某施工过程划分的施工段数。

2. 流水步距（K）

流水步距是指在组织流水施工时，相邻两个专业队在保证施工顺序、满足连续施工和保证工程质量的前提下，相继投入施工的最小时间间隔。

为满足连续施工，流水步距的确定方法与组织流水施工的方式有关。

1）当组织全等节拍流水施工时，各流水步距彼此相等，且等于流水节拍 $K=t$。

2）当组织成倍节拍流水施工时，流水步距彼此相等，且等于流水节拍的最大公约数。

3）当为无节奏流水（分别流水）施工时，各施工过程间的流水步距一般用“累加数列错位相减取最大差法”确定。其计算步骤如下：

① 根据各专业工作队在各施工段上的流水节拍，求累加数列。

② 根据施工顺序，对所求相邻两累加数列，错位相减。

③ 根据错位相减的结果，确定相邻专业工作队间的流水步距，即相减结果中数值最大者。

确定流水步距的具体计算过程见例 11-3。

【例 11-3】　某项目由四个施工过程组成，分别由 A、B、C、D 四个专业工作队完成，在平面上划分为四个施工段，每个专业工作队在各施工段上的流水节拍见表 11-2。试确定相邻专业工作队间的流水步距。

表 11-2　各专业工作队在各施工段上的流水节拍

流水节拍/天 施工段 工作队	①	②	③	④
A	4	2	3	2
B	3	4	3	4
C	3	2	2	3
D	2	2	1	2

【解】　为使专业工作队连续施工，取施工段数等于施工过程数，即 $m=n=4$。

1）求各专业工作队的累加数列。

A：4，6，9，11

B：3，7，10，14

C：3，5，7，10

D：2，4，5，7

2）错位相减。

A 与 B：

	4，	6，	9，	11，	
−)		3，	7，	10，	14
	4，	3，	2，	1，	−14

B 与 C：

	3，	7，	10，	14，	
−)		3，	5，	7，	10
	3，	4，	5，	7，	−10

C 与 D：

	3，	5，	7，	10，	
−)		2，	4，	5，	7
	3，	3，	3，	5，	−7

3）求流水步距。因流水步距等于错位相减后所得结果中数值最大者，故有：

$$K_{A,B}=\max\{4,\ 3,\ 2,\ 1,\ -14\}\text{天}=4\text{天}$$

$$K_{B,C}=\max\{3,\ 4,\ 5,\ 7,\ -10\}\text{天}=7\text{天}$$

$$K_{C,D}=\max\{3,\ 3,\ 3,\ 5,\ -7\}\text{天}=5\text{天}$$

3. 间歇时间（Z）

间歇时间分为技术间歇时间和组织间歇时间。

1）技术间歇时间是指在组织施工时，根据材料的工艺性质和质量要求，需要考虑的合理工艺等待时间，如混凝土浇筑后的养护时间、砂浆抹面的干燥时间等。

2）组织间歇时间是指组织流水施工时，由于施工组织或施工技术的原因，造成的在流水步距之外增加的间歇时间，如施工人员、机械的转移，回填土前地下管道的检查验收等。

4. 平行搭接时间（D）

平行搭接时间是指组织施工时，为缩短工期，在工作面允许的条件下，在同一施工段上，不等前一施工过程完成，后一施工过程就投入施工，相邻两施工过程在同一施工段上的平行工作时间。

5. 施工过程流水持续时间（T_i）

施工过程的流水持续时间是指某施工过程在工程对象的各施工段上作业时间的总和，按式（11-7）计算。

$$T_i=\sum_{j=1}^{m}t_i^j \tag{11-7}$$

式中　t_i^j——第 i 施工过程在第 j 段上的作业时间；

　　m——施工段总数。

6. 流水施工工期（T）

流水施工工期是指所有纳入流水施工过程所耗用时间的总和。对于全部采用流水施工的工程，流水施工工期等于施工总工期；对于局部采用流水施工的工程，流水施工工期小于施工总工期。

11.3 流水施工的基本方式

流水施工的基本方式有：全等节拍流水、成倍节拍流水和分别流水。

11.3.1　全等节拍流水

全等节拍流水是指纳入流水施工的所有施工过程，在各个施工段上的流水节拍均相等的流水方式，又称为固定节拍流水或等节奏流水。

1. 基本特征

全等节拍流水具有以下基本特征：

1）流水节拍彼此相等。

2）当没有平行搭接和间歇时，流水步距彼此相等，且等于流水节拍。

3）每个专业工作队能够连续施工，施工段没有空闲。

4）专业工作队数等于施工过程数。

2. 组织步骤

1）确定项目施工起点流向，分解施工过程。

2）划分施工段，确定施工段数。

3）按等节拍专业流水要求，确定流水节拍。

4）确定流水步距，通常取 $K=t$。

5）计算流水工期。

6）绘制流水施工进度表。

3. 参数计算

全等节拍流水可分为无平行搭接和间歇情况下的全等节拍流水、有平行搭接和间歇情况下的全等节拍流水两种。

（1）无平行搭接和间歇情况下的全等节拍流水　此种情况的组织形式如图 11-9 所示，该工程分为 4 个施工过程，每个施工过程分为 4 个施工段，各个施工过程在各个施工段上的流水节拍均为 2 天。其流水步距均相等，也为 2 天。

相关参数计算如下：

1）流水步距。此种情况下的流水步距都相等且均等于流水节拍，即 $K=t$。

2）流水工期。

① 无层间关系时，按式（11-8）计算。

$$T=W+mt=(n-1)t+mt=(n+m-1)t$$

或

$$T=nt+(m-1)t=(n+m-1)t \tag{11-8}$$

② 有层间关系（J 为层数）时，按式（11-9）计算。

$$T=(n+mJ-1)t \tag{11-9}$$

（2）有平行搭接和间歇情况下的全等节拍流水　此情况组织形式如图 11-10 所示，该工程分为 5 个施工过程，每个施工过程分为 4 个施工段，各个施工过程在各个施工段上的流水节拍均为 2 天。其中：$D_{\mathrm{I},\mathrm{II}}=1$ 天；$Z_{\mathrm{II},\mathrm{III}}=2$ 天；$D_{\mathrm{III},\mathrm{IV}}=1$ 天；$Z_{\mathrm{IV},\mathrm{V}}=1$ 天。

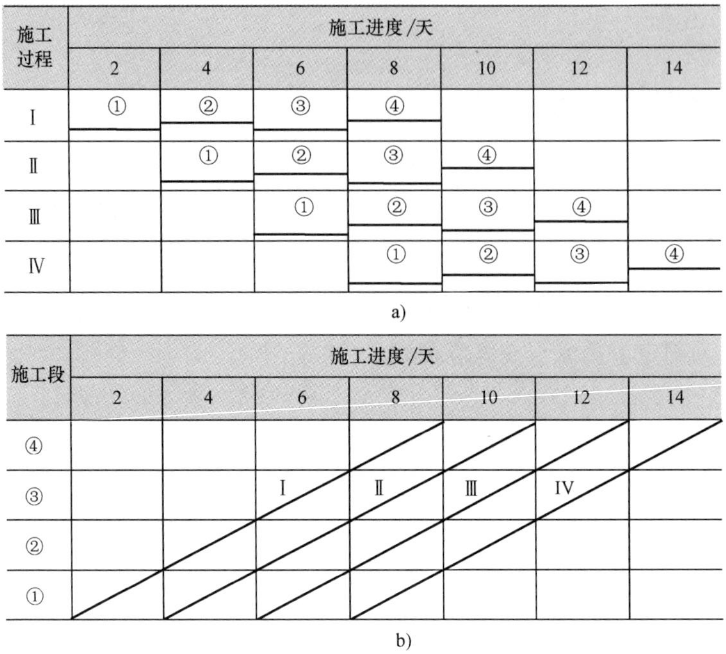

施工过程	施工进度/天						
	2	4	6	8	10	12	14
Ⅰ	①	②	③	④			
Ⅱ		①	②	③	④		
Ⅲ			①	②	③	④	
Ⅳ				①	②	③	④

a)

施工段	施工进度/天						
	2	4	6	8	10	12	14
④							
③			Ⅰ	Ⅱ	Ⅲ	Ⅳ	
②							
①							

b)

图 11-9　无平行搭接和间歇情况下的全等节拍流水

a）横道图　b）垂直图

施工过程	施工进度/天								
	2	4	6	8	10	12	14	16	18
Ⅰ	①	②	③	④					
Ⅱ	$D_{Ⅰ,Ⅱ}$	①	②	③	④				
Ⅲ			$Z_{Ⅱ,Ⅲ}$	①	②	③	④		
Ⅳ			$D_{Ⅲ,Ⅳ}$	①	②	③	④		
Ⅴ				$Z_{Ⅳ,Ⅴ}$		①	②	③	④

a)

施工段	施工进度/天								
	2	4	6	8	10	12	14	16	18
④									
③			Ⅰ Ⅱ		Ⅲ	Ⅳ	Ⅴ		
②									
①									

b)

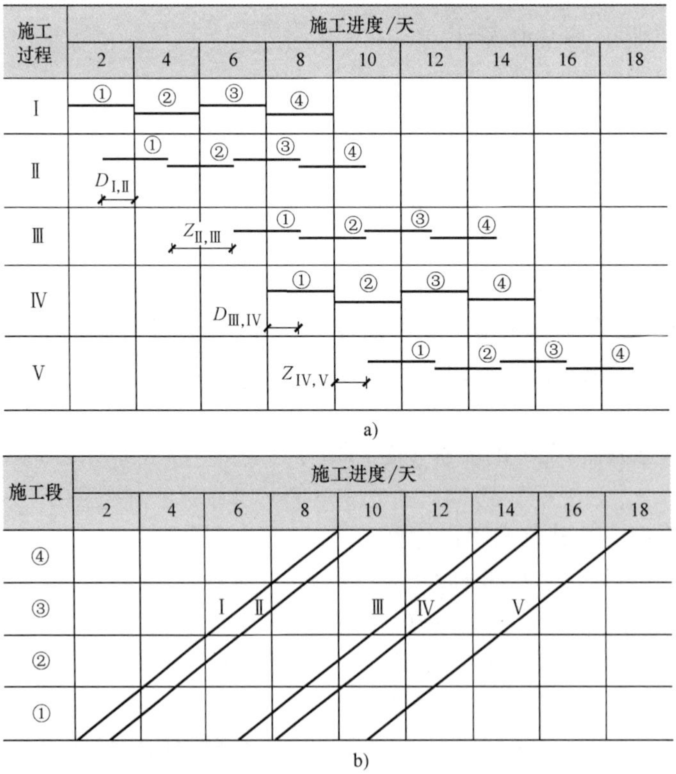

图 11-10　有平行搭接和间歇情况下的全等节拍流水

a）横道图　b）垂直图

相关参数计算如下：

1）施工段数。当有层间关系又有技术和组织间歇时，为保证各专业工作队可以连续施工，每层施工段数 m 可按式（11-10）确定：

$$m \geqslant n+\frac{\sum Z_1}{K}+\frac{Z_2}{K} \tag{11-10}$$

式中　$\sum Z_1$——同一施工层内各施工过程间的技术、组织间歇时间之和；

Z_2——楼层间技术、组织间歇时间，若 Z_2 不相等，取最大者。

2）流水步距。流水步距都相等且均等于流水节拍，即 $K=t$。

3）流水工期。

① 无层间关系时，按式（11-11）计算。

$$\begin{aligned} T &= K+mt=(n-1)K+\sum Z_1-\sum D+mK \\ &=(n+m-1)K+\sum Z_1-\sum D \end{aligned} \tag{11-11}$$

② 有层间关系时，按式（11-12）计算。

$$T=(mJ+n-1)K+\sum Z_1-\sum D \tag{11-12}$$

4. 应用示例

【例 11-4】　某分部工程由 4 个分项工程组成，划分为 5 个施工段，流水节拍均为 3 天，无技术、组织间歇，试确定流水步距，计算工期，并绘制流水施工进度表。

【解】　由已知条件 $t_i=t=3$ 可知，本分部工程宜组织全等节拍流水。

1）确定流水步距。由全等节拍流水的特点知：$K=t=3$ 天

2）计算工期。由式（11-8）得：$T=(n+m-1)K=(4+5-1)\times 3$ 天 $=24$ 天

3）绘制流水施工进度表，如图 11-11 所示。

分项工程编号	施工进度/天							
	3	6	9	12	15	18	21	24
Ⅰ	①	②	③	④	⑤			
Ⅱ		①	②	③	④	⑤		
Ⅲ			①	②	③	④	⑤	
Ⅳ				①	②	③	④	⑤

图 11-11　无平行搭接和间歇的全等节拍流水施工进度

【例 11-5】　某两层建筑物主体工程由 4 个施工过程组成，已知流水节拍均为 2 天，且第Ⅱ个施工过程与第Ⅰ个施工过程的技术间歇时间为 2 天，层间间歇为 2 天，试确定施工段数，计算工期，绘制流水施工进度表。

【解】　由已知条件 $t_i=t=2$ 可知，本工程可组织全等节拍流水。

1）确定流水步距。由全等节拍流水的特点知：$K=t=2$ 天。

2）确定施工段数。由式（11-10）得：$m \geqslant n+\frac{\sum Z_1}{K}+\frac{Z_2}{K}=\left(4+\frac{2}{2}+\frac{2}{2}\right)$ 段 $=6$ 段，取 $m=6$

段，各专业队连续施工。

3）计算流水施工工期。由式（11-12）可得：

$$T=(mJ+n-1)K+\sum Z_1-\sum D=[(6\times2+4-1)\times2+2-0]\text{天}=32\text{天}$$

4）绘制流水施工进度表。流水进度表，如图 11-12 所示。

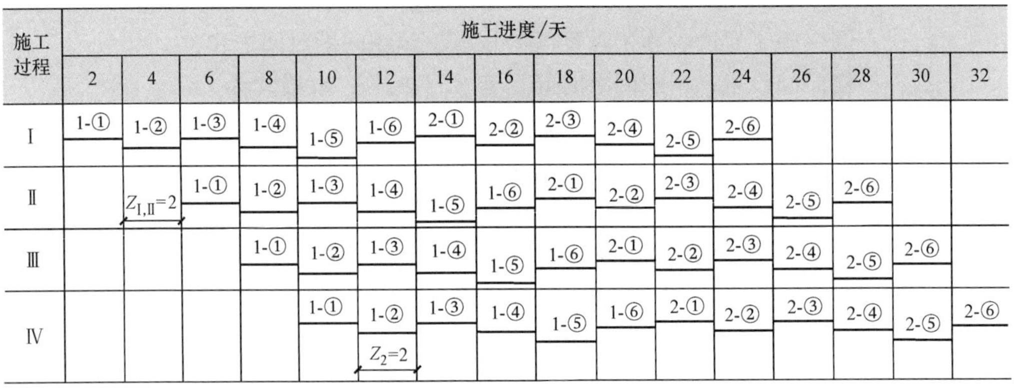

施工过程	施工进度/天															
	2	4	6	8	10	12	14	16	18	20	22	24	26	28	30	32
Ⅰ	1-①	1-②	1-③	1-④	1-⑤	1-⑥	2-①	2-②	2-③	2-④	2-⑤	2-⑥				
Ⅱ		$Z_{Ⅰ,Ⅱ}=2$	1-①	1-②	1-③	1-④	1-⑤	1-⑥	2-①	2-②	2-③	2-④	2-⑤	2-⑥		
Ⅲ				1-①	1-②	1-③	1-④	1-⑤	1-⑥	2-①	2-②	2-③	2-④	2-⑤	2-⑥	
Ⅳ					1-①	1-② $Z_2=2$	1-③	1-④	1-⑤	1-⑥	2-①	2-②	2-③	2-④	2-⑤	2-⑥

图 11-12　有平行搭接和间歇的全等节拍流水施工进度

11.3.2　成倍节拍流水

成倍节拍流水是指纳入流水施工的同一施工过程在各施工段上的流水节拍彼此相等，不同施工过程在同一施工段上的流水节拍彼此不等但互成一定倍数的流水施工方式。

1. 基本特征

1）同一施工过程在各施工段上的流水节拍彼此相等，不同施工过程在同一施工段上的流水节拍彼此不同，但其值互为倍数关系。

2）专业工作队数大于施工过程数。

3）每个专业工作队能够连续施工，施工段没有空闲。

4）流水步距彼此相等，且等于各流水节拍的最大公约数。

2. 组织步骤

1）确定施工起点流向，分解施工过程。

2）按成倍节拍流水要求，确定各施工过程的流水节拍。

3）计算流水步距。

4）计算各施工过程需要的专业工作队数。

5）确定每层施工段数。

6）计算流水工期。

7）绘制流水施工进度表。

3. 参数计算

1）流水步距。流水步距（K_b）= 各施工过程流水节拍的最大公约数。

2）各施工过程的专业队数。各施工过程的专业队数由式（11-13）确定。

$$b_i=\frac{t_i}{K_b} \tag{11-13}$$

式中　b_i——第 i 施工过程的专业队数；

t_i——第 i 施工过程的流水节拍。

3）施工段数。当存在技术和层间间歇时，施工段数由式（11-14）确定。

$$m \geqslant \sum b_i + \frac{\sum Z_1}{K_b} + \frac{Z_2}{K_b} \tag{11-14}$$

若无层间间歇时，为保证各专业队可连续施工，应使每层施工段数不小于施工队数的总和，即如式（11-15）所示。

$$m \geqslant n_1 = \sum b_i \tag{11-15}$$

4）流水工期。当存在技术和层间间歇时，流水工期按式（11-16）计算。

$$T=(mJ+n_1-1)K_b+\sum Z_1-\sum D \tag{11-16}$$

若无技术和层间间歇时，流水工期按式（11-17）计算。

$$T=(mJ+n_1-1)K_b \tag{11-17}$$

4. 应用示例

【例 11-6】　某项目由Ⅰ、Ⅱ、Ⅲ三个施工过程组成，每个施工过程分为 6 个施工段，各施工过程流水节拍分别为 2 天、6 天、4 天，试组织流水施工，并绘制流水施工进度表。

【解】　1）流水步距 K_b＝最大公约数｛2，6，4｝＝2 天。

2）计算专业工作队数：

$$b_{\mathrm{I}}=\frac{t_{\mathrm{I}}}{K_b}=\frac{2}{2}\text{个}=1\text{ 个}$$

$$b_{\mathrm{II}}=\frac{t_{\mathrm{II}}}{K_b}=\frac{6}{2}\text{个}=3\text{ 个}$$

$$b_{\mathrm{III}}=\frac{t_{\mathrm{III}}}{K_b}=\frac{4}{2}\text{个}=2\text{ 个}$$

$$n_1=\sum_{j=1}^{3} b_j=(1+3+2)\text{个}=6\text{ 个}$$

3）计算工期：

$$T=(mJ+n_1-1)K_b=(6\times1+6-1)\text{天}\times2=22\text{ 天}$$

4）绘制流水施工进度表，如图 11-13 所示。

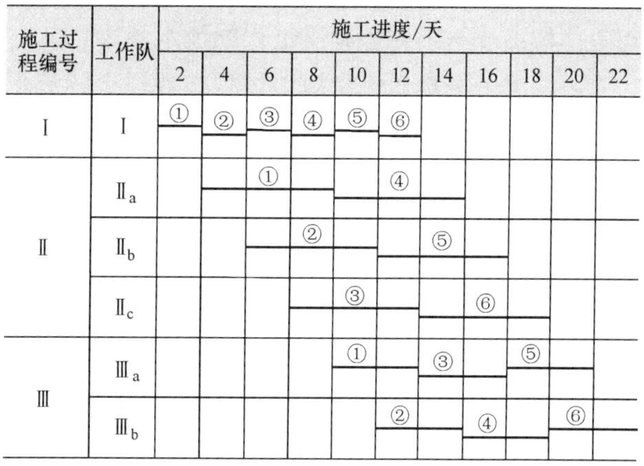

施工过程编号	工作队	施工进度/天										
		2	4	6	8	10	12	14	16	18	20	22
Ⅰ	Ⅰ	①	②	③	④	⑤	⑥					
Ⅱ	Ⅱa			①			④					
	Ⅱb				②			⑤				
	Ⅱc					③			⑥			
Ⅲ	Ⅲa					①		③		⑤		
	Ⅲb						②		④		⑥	

图 11-13　例 11-6 的流水施工进度

11.3.3　分别流水

分别流水是指同一施工过程在各施工段上的流水节拍彼此不等，不同施工过程的流水节拍也不相同，具有独立的流水参数，但还要组织成每个专业队连续施工的流水施工方式。这种情况下，可根据流水施工的基本概念，采用一定的计算方法，确定相邻施工过程间的流水步距，使得各施工过程在满足施工工艺及施工顺序的前提下，在时间上最大限度地搭接起来且使每个专业队能连续施工，即无节奏流水。它是组织流水施工的普遍形式。

1. 基本特征

1）每个施工过程在各个施工段的流水节拍不尽相等。

2）多数情况下，流水步距彼此不等。

3）各专业工作队能够连续施工，个别施工段可能有空闲。

4）专业工作队数等于施工过程数。

2. 组织步骤

1）确定施工起点流向，分解施工过程。

2）划分施工段，确定施工段数。

3）计算每个施工过程在各个施工段上的流水节拍。

4）确定相邻两个专业工作队之间的流水步距。

5）计算流水工期。

6）绘制流水施工进度表。

3. 参数计算

1）流水步距。组织分别流水施工时，为保证各施工专业队连续施工，关键在于确定流水步距，常用的方法为“累加数列错位相减取最大差法”。

2）流水工期。流水工期按式（11-18）计算：

$$T=\sum_{i=1}^{n-1}K_{i,i+1}+\sum_{j=1}^{m}t_n^j=\sum_{i=1}^{n-1}K_{i,i+1}+T_n \tag{11-18}$$

式中　$K_{i,i+1}$——两相邻施工过程间流水步距；

t_n^j——最后一个施工过程在各段上的流水节拍；

T_n——最后一个施工过程在各段上的流水节拍之和。

4. 应用示例

【例11-7】 某工程流水节拍见表11-3，试组织流水施工。

表11-3　流水节拍

流水节拍/天　施工段 工作队	①	②	③	④
A	3	2	1	4
B	2	3	2	3
C	1	3	2	3
D	2	4	3	2

【解】（1）求累加数列

A：3，　5，　6，　10

B：2，　5，　7，　10

C：1，　4，　6，　9

D：2，　6，　9，　11

（2）确定流水步距

1）$K_{A,B}$：

$$
\begin{array}{rrrrrr}
 & 3, & 5, & 6, & 10 & \\
-) & & 2, & 5, & 7, & 10 \\
\hline
 & 3, & 3, & 1, & 3, & -10
\end{array}
$$

$$K_{A,B}=\max\{3,3,1,3,-10\}\text{天}=3\text{天}$$

2）$K_{B,C}$：

$$
\begin{array}{rrrrrr}
 & 2, & 5, & 7, & 10 & \\
-) & & 1, & 4, & 6, & 9 \\
\hline
 & 2, & 4, & 3, & 4, & -9
\end{array}
$$

$$K_{B,C}=\max\{2,4,3,4,-9\}\text{天}=4\text{天}$$

3）$K_{C,D}$：

$$
\begin{array}{rrrrrr}
 & 1, & 4, & 6, & 9 & \\
-) & & 2, & 6, & 9, & 11 \\
\hline
 & 1, & 2, & 0, & 0, & -11
\end{array}
$$

$$K_{C,D}=\max\{1,2,0,0,-11\}\text{天}=2\text{天}$$

（3）计算工期

$$T=[(3+4+2)+(2+4+3+2)]\text{天}=20\text{天}$$

（4）绘制流水施工进度表　如图 11-14 所示。

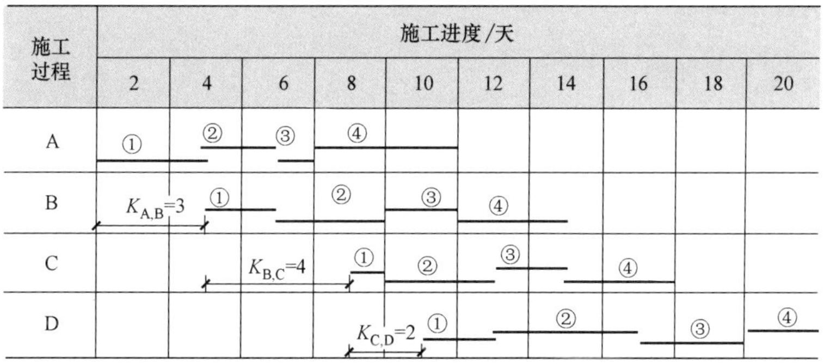

施工过程	施工进度/天									
	2	4	6	8	10	12	14	16	18	20
A	①	②	③	④						
B	$K_{A,B}=3$	①		②	③	④				
C			$K_{B,C}=4$	①	②	③		④		
D				$K_{C,D}=2$	①		②		③	④

图 11-14　例 11-7 的流水施工进度

11.4 流水施工实例

本例为现浇钢筋混凝土框架主体结构流水施工组织设计。

11.4.1　工程概况及施工条件

某三层工业厂房，其主体结构为现浇钢筋混凝土框架。框架全部由 6m×6m 的单元构成。

横向为3个单元，纵向为21个单元，划分为3个温度区段。其剖面及平面简图如图11-15所示。施工工期为63个工作日。施工时平均气温为15℃。劳动力：木工不得超过20人，混凝土工与钢筋工可根据计划要求配备。机械设备：混凝土振捣器、卷扬机可根据要求配备。

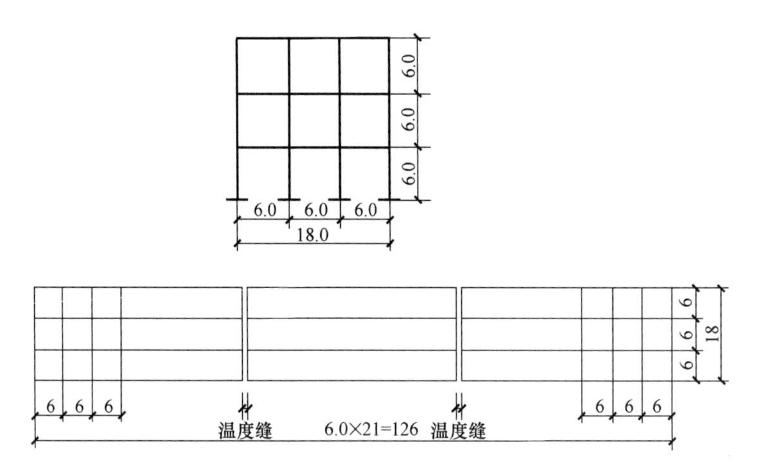

图11-15　某钢筋混凝土框架结构剖面及平面尺寸简图

11.4.2　施工方案

模板采用定型钢模板。混凝土为半干硬性，坍落度1~3cm，采用J_1-400混凝土搅拌机搅拌，插入式振捣器捣固，双轮车水平运输，垂直运输采用钢管井架，楼梯与框架同时施工。

11.4.3　流水作业设计

1. 计算工程量与劳动量

该工程每层每个温度区段的模板、钢筋、混凝土的工程量根据施工图计算；定额根据劳动定额手册和工人实际生产率确定；劳动量按工程量和定额计算。工程量、定额根据劳动定额手册和工人实际生产率确定；劳动量按工程量和定额计算。工程量、定额与劳动量汇总于表11-4。

表11-4　某厂房钢筋混凝土框架工程量、定额与劳动量汇总

结构部位	分项工程名称		单位	时间定额/（工日/单位产品）	每层每个温度区段的工程量与劳动量					
					工程量			劳动量/工日		
					一层	二层	三层	一层	二层	三层
框架	支模板	柱	m^2	0.0833	332	311	311	27.7	25.9	25.9
		梁	m^2	0.08	698	698	720	55.8	55.8	57.6
		板	m^2	0.04	554	554	523	22.2	22.2	20.9
	绑扎钢筋	柱	t	2.38	10.9	10.3	10.3	26.0	24.5	24.5
		梁	t	2.86	9.80	9.80	10.1	28.0	57.6	28.9
		板	t	4.00	6.40	6.40	6.73	25.6	21.1	26.9
	浇筑混凝土	柱	m^3	1.47	46.1	43.1	43.1	67.8	63.4	63.4
		梁板	m^3	0.78	156.2	156.2	156.2	122.4	122.4	124.0

（续）

结构部位	分项工程名称	单位	时间定额/（工日/单位产品）	每层每个温度区段的工程量与劳动量					
				工程量			劳动量/工日		
				一层	二层	三层	一层	二层	三层
楼梯	支模板	m^2	0.16	34.8	34.8	—	5.7	5.7	—
	绑扎钢筋	t	5.56	0.45	0.45	—	2.5	2.5	—
	浇筑混凝土	m^3	2.21	6.6	6.6	—	14.6	14.6	—

2. 划分施工过程

该工程框架部分采用以下施工顺序：绑扎柱钢筋—支柱模板—支主梁模板—支次梁模板—支板模板—绑扎梁钢筋—绑扎板钢筋—浇筑柱混凝土—浇筑梁、板混凝土。

根据施工顺序和劳动组织，划分为以下 4 个施工过程：绑扎柱钢筋、支模板、绑扎梁及板钢筋、浇筑混凝土。各施工过程中均包括楼梯间部分。

3. 划分施工段，确定流水节拍及绘制流水指标图表

该工程考虑以下两个方案：

（1）第一方案　由于该工程 3 个温度区段大小一致，各层构造基本相同，各施工过程工程量相关均小于 15%。故首先考虑组织全等或成倍节拍流水。

1）划分施工段。考虑结构整体性，利用温度缝作为分界线，最理想的是每层划分为 3 个施工段。为保证各工作能连续施工，按全等节奏组织流水作业，每层最少施工段数可按式（11-10）计算。式中 $n=4$，$K=t$，$Z_2=1.5$（根据气温条件，混凝土达到初凝强度需要 36h）；$\sum Z_1=0$，$\sum C=0.33t$（只考虑绑扎柱钢筋和支模板间可搭接施工，取搭接时间为 $0.33t$）。代入式（11-10），得

$$m \geqslant 4+\frac{1.5}{t}-\frac{0.33t}{t}=3.67+\frac{1.5}{t}>3$$

所以，每层若划分 3 个施工段，则不能保证工作队连续工作。根据该工程的结构特征，将每个温度区段分为两段，每层划分为 6 个施工段。施工段数大于计算所需要的段数。则各工作队可连续工作，各施工层间增加了间歇时间，这是可取的。

2）确定流水节拍和各工作队人数。根据工期要求，按全等节奏流水工期公式，先初算流水节拍。

$$T=(jm+n-1)K+\sum Z_1-\sum C$$

因为 $K=t$，$\sum Z_1=0$，$\sum C_1=0.33t$，$T=63$ 天，有

$$t=\frac{T}{jm+n-1-0.33}=\frac{63}{3\times6+4-1-0.33}=3.05$$

故流水节拍选用 3 天。将各施工过程每层每个施工段的劳动量汇总于表 11-5。

① 确定绑扎柱钢筋的流水节拍和工作队人数。由表 11-5，绑扎柱钢筋所需劳动量为 13 个工日。由劳动定额知，绑扎柱钢筋工人小组至少需要 5 人，则流水节拍等于（13/5）天 = 2.6 天，取 3 天。

② 确定支模板的流水节拍和工作队人数。框架结构支柱、梁、板模板，根据经验一般需 2~3 天，流水节拍采用 3 天。所需工人数为（55.7/3）人 = 18.6 人。由劳动定额知，支模板要求工人小组一般为 5~6 人。本方案木工工作队采用 20 人，分 3 个小组施工。木工人

数满足规定的人数条件。

表 11-5　各施工过程每段需要的劳动量

施工过程	需要劳动量/工日			附注
	一层	二层	三层	
绑扎柱钢筋	13	12.3	12.3	
支模板	55.4	54.5	52.3	包括楼梯
绑扎梁板钢筋	28.1	28.1	27.9	包括楼梯
浇筑混凝土	100.4	100.3	93.7	包括楼梯

③ 确定绑扎梁板钢筋的流水节拍和工作人数。流水节拍采用 3 天。所需工人数为（28.1/3）人=9.4 人。由劳动定额知绑扎梁板钢筋要求工人小组一般为 3~4 人。本方案钢筋工作队采用 12 人。分 3 个小组施工。

④ 确定浇筑混凝土的流水节拍和工作队人数。根据表 11-4，浇筑混凝土工程量最多的施工段的工程量为（46.1+156.2+6.6）m^3/2=104.5m^3。每台 J_1-400 混凝土搅拌机搅拌半干硬性混凝土的生产率为 36m^3/台班。故需要台班数（104.5/36）台班=2.9 台班。选用一台混凝土搅拌机，流水节拍采用 3 天。所需工人数为（100.4/3）人=33.5 人。根据劳动定额知浇筑混凝土要求工人小组一般为 20 人左右。本方案混凝土工作队采用 34 人，分 2 个小组施工。

3）绘制流水指示图表。

方案一的流水施工横道图如图 11-16 所示。

所需工期：$T=(jm+n-1)K+\sum Z_1-\sum C=[(3\times6+4-1)\times3+0-1]$天=62 天

（2）第二方案　本方案按主导施工过程连续施工，其他工作队尽量连续工作，各施工段尽量不间歇，用无节奏流水法组织施工。该工程各施工过程中，支模板比较复杂，且劳动量较大，工人人数受限制，所以选择支模板为主导施工过程。

1）划分施工段。按温度区段，每层分三个施工段。

2）确定流水节拍和各工作队人数。

① 确定支模板的流水节拍和工作队人数。支模板每段最大的劳动量是 55.7 工日×2=111.4 工日。根据条件，木工工人数最多用 20 人，为加快进度，全部使用，则支模板的流水节拍为（111.4/20）天=5.6 天，采用 6 天。

② 确定绑扎柱钢筋的流水节拍和工作队人数。绑扎柱钢筋每段最大的劳动量为 13 工日×2=26 工日。采用 2 个钢筋工人小组，共 10 人施工。则绑扎柱钢筋的流水节拍为 26/10 天=2.6 天，采用 3 天。

③ 确定绑扎梁板钢筋的流水节拍和工作队人数。绑扎梁板钢筋每段最大的劳动量为 28.1 工日×2=56.2 工日。流水节拍与支模板相同，也采用 6 天。则每天工人数为（56.2/6）人=9.4 人，采用 10 人，分 2 个小组施工。

④ 确定浇筑混凝土的流水节拍和工作队人数。由表 11-3，浇筑混凝土每段最大工程量 209m^3。所需混凝土搅拌机台班数为（209/36）台班=5.8 台班，满足要求。每天所需工人数为（200.8/2）人=100.4 人。采用 102 人，分为两班，每班 51 人。

3）绘制流水施工横道图如图 11-17 所示。所需工期为 65 天。

施工过程	工程量		时间定额	劳动量/工日	流水节拍/天	工人人数	施工进度/天（2～66）
	单位	数量					
绑扎柱钢筋	t	93.8	2.38 工日/t	226	3	5	①1 ②1 ③1 ④1 ⑤1 ⑥1 ①2 ②2 ③2 ④2 ⑤2 ⑥2 ①3 ②3 ③3 ④3 ⑤3 ⑥3
支模板	m^2	9696.6	0.0685 工日/m^2	664.2	3	20	①1 ②1 ③1 ④1 ⑤1 ⑥1 ①2 ②2 ③2 ④2 ⑤2 ⑥2 ①3 ②3 ③3 ④3 ⑤3 ⑥3
绑扎梁板钢筋	t	150.39	3.38 工日/t	508.32	3	12	①1 ②1 ③1 ④1 ⑤1 ⑥1 ①2 ②2 ③2 ④2 ⑤2 ⑥2 ①3 ②3 ③3 ④3 ⑤3 ⑥3
浇筑混凝土	m^3	627.7	0.97 工日/m^3	1788	3	34	①1 ②1 ③1 ④1 ⑤1 ⑥1 ①2 ②2 ③2 ④2 ⑤2 ⑥2 ①3 ②3 ③3 ④3 ⑤3 ⑥3

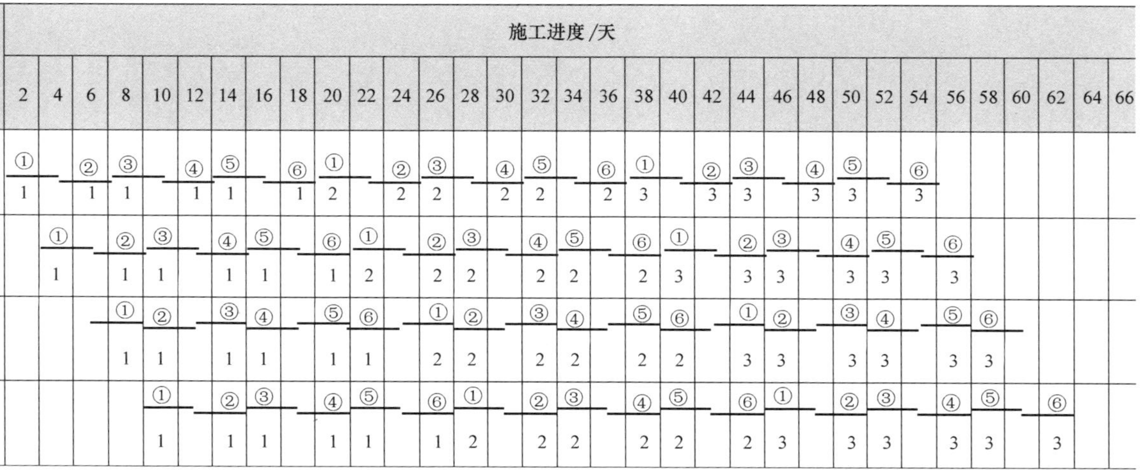

图 11-16 第一方案流水施工横道图

施工过程	工程量		时间定额	劳动量/工日	流水节拍/天	工人人数	施工进度/天（2～66）
	单位	数量					
绑扎柱钢筋	t	93.8	2.38 工日/t	226	3	10	①1 ②1 ③1 ①2 ②2 ③2 ①3 ②3 ③3
支模板	m^2	9696.6	0.0685 工日/m^2	664.2	6	20	①1 ②1 ③1 ①2 ②2 ③2 ①3 ②3 ③3
绑扎梁板钢筋	t	150.39	3.38 工日/t	508.32	6	10	①1 ②1 ③1 ①2 ②2 ③2 ①3 ②3 ③3
浇筑混凝土	m^3	627.7	0.97 工日/m^3	1788	2	102	①1 ②1 ③1 ①2 ②2 ③2 ①3 ②3 ③3

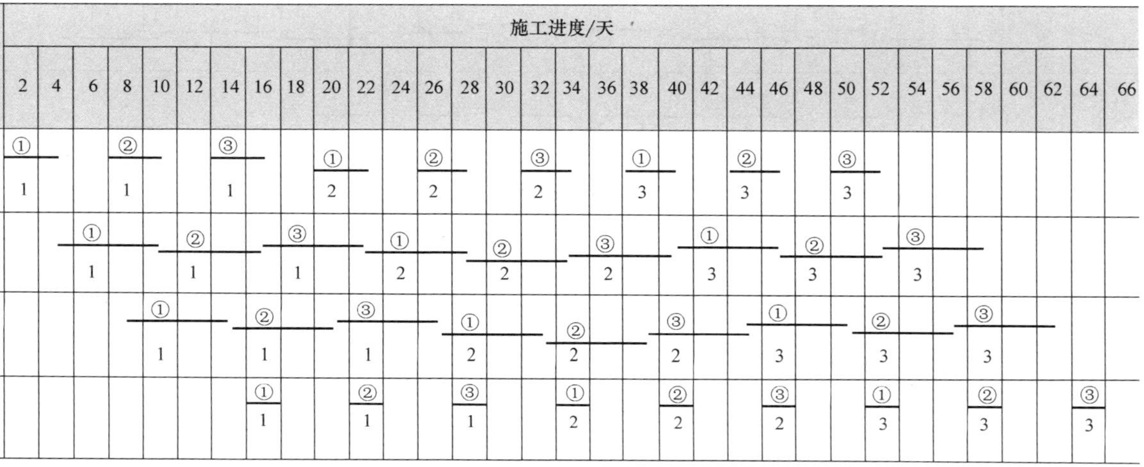

图 11-17 第二方案流水施工横道图

施工过程	工程量		时间定额	劳动量/工日	流水节拍/天	工人人数	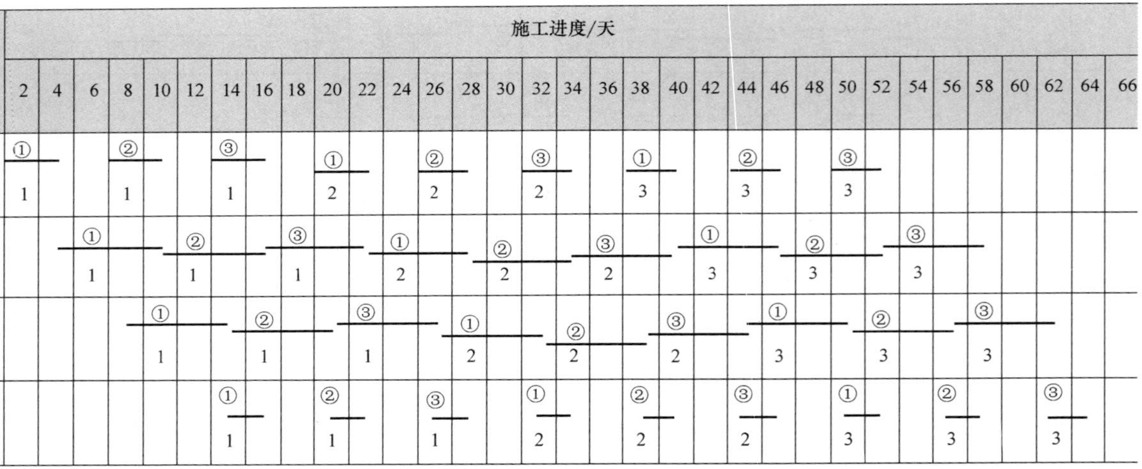 施工进度/天																																
	单位	数量					2	4	6	8	10	12	14	16	18	20	22	24	26	28	30	32	34	36	38	40	42	44	46	48	50	52	54	56	58	60	62	64	66
绑扎柱钢筋	t	93.8	2.38 工日/t	226	3	10	①1			②1			③1			①2			②2			③2			①3			②3			③3								
支模板	m²	9696.6	0.0685 工日/m²	664.2	6	20			①1			②1			③1			①2			②2			③2			①3			②3			③3						
绑扎梁板钢筋	t	150.39	3.38 工日/t	508.32	6	10					①1			②1			③1			①2			②2			③2			①3			②3			③3				
浇筑混凝土	m³	627.7	0.97 工日/m³	1788	2	102							①1			②1			③1			①2			②2			③2			①3			②3			③3		

图 11-18　调整后的第二方案流水施工横道图

4）检查调整。在分部工程流水作业设计中，一般不做物资需要量均衡性的检查与调整。劳动量及机械数量在确定流水节拍时已满足限定的条件。这里主要检查工期与技术间歇时间是否满足要求。

从图 11-16 看出，第一方案总工期为 62 天，层间技术间歇为 7 天，满足要求。

从图 11-17 看出，第二方案总工期为 65 天，为使主导施工过程支模板连续施工，层间只有一天技术间歇。这个方案不仅工期超出规定，且层间技术间歇时间不够，混凝土强度尚未达到初凝，不允许在其上层绑扎柱钢筋，因此必须进行调整。调整的方法可以减少绑扎梁板钢筋与支模板搭接 2 天施工。调整后的方案，工期缩短为 63 天，层间技术间歇为 3 天，满足要求。调整后的方案的流水施工横道图如图 11-18 所示。

将调整后的第二方案与第一方案进行比较，列于表 11-6。

表 11-6　两流水作业方案比较

方案	工期/天	层间技术间歇/天	施工段数	流水节拍/天				工作队人数				混凝土搅拌机台数
				绑扎柱钢筋	支模板	绑扎梁板钢筋	浇筑混凝土	绑扎柱钢筋	支模板	绑扎梁板钢筋	浇筑混凝土	
一	62	7	6	3	3	3	3	5	20	12	34	2
二	63	3	3	3	6	6	2	10	20	10	102	2

从表 11-6 可看出，第二方案的唯一优点是利用伸缩缝划分了 3 个施工段，除结构的整体性较好外，其他情况都不如第一方案。尤其是第一方案的各工作队都能连续施工，而第二方案只有支模板和绑扎梁板钢筋工作队能连续施工。

根据以上比较分析，该工程宜采用第一方案。

本章小结及关键概念

● **本章小结**：本章介绍了组织施工的方式及其特点，流水施工的分类，组织流水施工的步骤，流水施工的技术经济效果，流水施工进度计划的表达方法，流水施工的基本参数及其确定方法，流水施工的基本方式和流水施工实例。通过本章学习，要求掌握组织施工的方式及其特点；掌握组织流水施工的步骤和流水施工进度计划的表达方法；了解流水施工的分类和流水施工的技术经济效果；熟悉流水施工的基本参数；掌握流水施工基本参数的确定方法；掌握流水施工的组织方法，并能根据工程具体情况，具备组织不同方式流水的能力。

● **关键概念**：流水施工、工作面、施工段数、施工层数、流水节拍、流水步距、全等节拍流水、成倍节拍流水、分别流水。

习　题

一、复习思考题

11.1　简述流水施工的概念。

11.2　简述组织流水施工的方式及其特点。

11.3　流水施工的技术经济效果体现在哪些方面？

11.4　流水施工有哪些基本参数？

11.5　划分施工段应该遵循哪些原则？

11.6　什么叫流水节拍？如何确定流水节拍？

11.7　流水施工有哪些基本方式？

11.8　流水段数与施工过程数间存在着什么样的关系？

11.9　为何在有技术间歇要求的情况下流水段数应该大于施工过程数？

11.10　全等节拍流水具有哪些基本特征？如何组织全等节拍流水施工？

11.11　何谓成倍节拍流水？有哪些基本特征？如何组织成倍节拍流水施工？

11.12　分别流水具有哪些基本特征？如何组织分别流水施工？

二、练习题

11.1　某工程有A、B、C、D 4个施工过程，每个施工过程分为4个施工段，流水节拍依次为2天、2天、4天、3天。试分别组织依次施工、平行施工和流水施工，比较得出流水施工的优势。

11.2　某工程有Ⅰ、Ⅱ、Ⅲ、Ⅳ、Ⅴ 5个施工过程，每个施工过程分为6个施工段。流水节拍依次为4天、3天、5天、4天、2天，请组织流水施工。

11.3　某两层建筑共有A、B、C、D 4个施工过程，流水节拍依次为4天、6天、2天、4天，试组织成倍节拍流水施工，计算工期并绘制进度表。

11.4　某工程项目是修建3栋教学楼，每栋楼作为一个施工段，且共有A、B、C 3个施工过程，并且所有施工过程都安排一个施工队或一台机械时，其流水节拍分别为3天、5天、4天，试组织流水施工。

11.5　已知各施工过程各施工段上的作业时间见表11-7，试组织流水施工。

表11-7　练习题11.5表

施工段	施工过程			
	A	B	C	D
1	5	4	2	3
2	3	4	5	3
3	4	5	3	2
4	3	5	4	3

11.6　某施工过程由Ⅰ、Ⅱ、Ⅲ、Ⅳ 4个施工过程组成，每个施工过程分为6个施工段，每个施工过程在各个施工段上的流水节拍见表11-8，为缩短总工期，Ⅰ、Ⅱ有1天平行搭接时间，而施工过程Ⅱ完成后，相应施工段有2天技术间歇时间，在施工过程Ⅲ完成后，相应施工段有1天组织间歇时间。试组织流水施工。

表 11-8 练习题 11.6 表

流水节拍/天 施工段 工作队	①	②	③	④	⑤	⑥
Ⅰ	4	5	3	7	5	6
Ⅱ	3	2	2	3	4	1
Ⅲ	2	4	3	2	4	2
Ⅳ	3	3	2	2	3	3

11.7 某三层建筑物主体工程由 3 个施工过程组成，已知流水节拍均为 3 天，且知第Ⅱ个施工过程需等第Ⅰ个施工过程完工后 2 天才能开始进行，同时第Ⅲ个施工过程与第Ⅱ个施工过程搭接 1 天，层间间歇至少 1 天，试确定施工段数，计算工期，绘制流水进度表。

二维码形式客观题

第 11 章
客观题

12

第 12 章 网络计划技术

学习要点

知识点：双代号网络计划、双代号时标网络计划、单代号网络计划、单代号搭接网络计划的概念和绘制，网络计划时间参数的概念和计算，关键工作和关键线路，网络计划的优化。

重点：双代号网络图、双代号时标网络图、单代号网络图的绘制方法；双代号网络计划、单代号网络计划时间参数的概念和计算方法，确定关键工作和关键线路；结合实际工程，编制一般施工网络计划。

难点：双代号网络计划、单代号网络计划和单代号搭接网络计划时间参数的计算，网络计划的优化。

12.1 概述

12.1.1 网络计划技术的基本原理

网络计划技术的基本原理是：首先用网络图的形式来表达一项计划中每项工作的先后顺序和相互逻辑关系；然后通过对网络图中有关时间参数的计算和确定，找出决定工期的关键工作和关键线路；再按选定的工期、成本或资源等目标，对网络计划进行调整和优化；最后在网络计划的执行过程中，通过检查、控制和调整，确保计划目标的实现。

12.1.2 网络计划技术的分类

1. 按表示方法分类

1）双代号网络计划。双代号网络计划是指用双代号网络图表示的计划，双代号网络图是以箭线及其两端节点的编号表示工作的网络图。

2）单代号网络计划。单代号网络计划是指用单代号网络图表示的计划，单代号网络图是以节点及其编号表示工作，以箭线表示工作之间逻辑关系的网络图。

2. 按性质分类

1）肯定型网络计划。肯定型网络计划是指子项目、工作之间的逻辑关系及各工作的持续时间都肯定的网络计划。

2）非肯定型网络计划。非肯定型网络计划是指子项目、工作之间的逻辑关系及各工作的持续时间三者之中，有一项及以上不肯定的网络计划。

3. 按目标的多少分类

1）单目标网络计划。单目标网络计划是指只有一个最终目标网络图表示的计划。

2）多目标网络计划。多目标网络计划是指有多个最终目标所组成的网络图表示的计划。

4. 其他分类

1）时标网络计划。时标网络计划是指以时间坐标为尺度编制的网络计划。

2）搭接网络计划。搭接网络计划是指前后工作之间有多种逻辑关系的肯定型网络计划。

12.1.3　网络计划技术的特点

与横道图相比，网络计划技术具有如下特点：

1）能全面、明确地反映各工作之间的相互制约和相互依赖关系，使整个计划中的各项工作组成一个有机的整体。

2）通过对时间参数的计算，找出影响工程进度的关键工作，便于计划管理人员抓住主要矛盾，更好地运用和调配人力、材料、设备和资金等。

3）在计划执行过程中，可以通过检查对比，发现提前或拖后的工作和时间，便于调整。

4）便于计算机进行计算、优化、调整和管理。目前国内外推出了许多基于网络计划技术的不同版本的项目管理软件。如 Microsoft Project、P3、PKPM、广联达、斯维尔、梦龙软件等。

12.2 双代号网络计划

12.2.1　双代号网络图的组成

双代号网络图是指用箭线及其两端节点的编号表示工作的网络图，如图 12-1 所示。由于可以用箭线两端节点的编号表示该项工作，故又称双代号表示法。

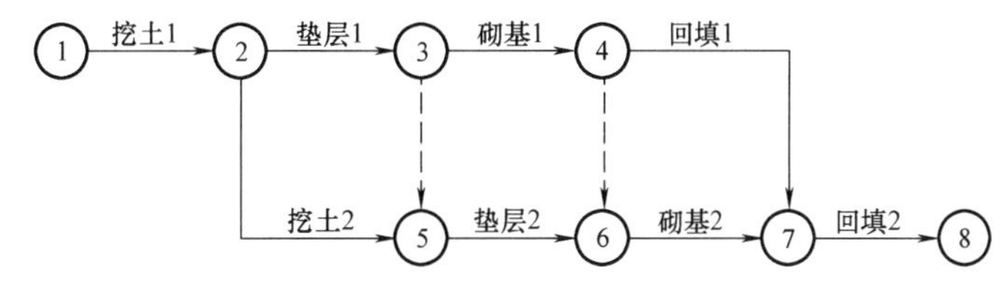

图 12-1　某基础工程的双代号网络图

双代号网络图由工作、节点和线路三个基本要素组成。

1. 工作

工作是根据计划任务按需要的粗细程度划分的，可以是一个子项目或子任务，也可以称为工序、过程或活动。

（1）分类

1）按消耗资源情况，工作通常可分为三种：①既消耗时间也消耗资源的工作（如挖土、浇筑混凝土等）；②只消耗时间而不消耗资源的工作（如屋面找平层的干燥、混凝土的养护等）；③既不消耗时间，也不消耗资源的工作。前两种是实际存在的工作，也称实工作；后一种是人为虚设的工作，仅表示工作之间的逻辑关系，通常称其为“虚工作”，起着联系、区分和断路的作用，一般用虚箭线表示，如图 12-1 所示中的 3—5 工作和 4—6 工作。

2）工作按其在网络图中的相互关系，通常可分为五种类型：①紧前工作，是指紧排在本工作之前的工作；②紧后工作，是指紧排在本工作之后的工作；③平行工作，是指可与本工作同时进行的工作；④开始工作，是指无紧前工作的工作；⑤结束工作，是指无紧后工作的工作。如图 12-1 所示，垫层 2 的紧前工作是垫层 1 和挖土 2；垫层 1 的紧后工作是垫层 2 和砌基 1；垫层 1 与挖土 2 是平行工作；挖土 1 是开始工作；回填 2 是结束工作。

（2）表达形式及要求

1）工作箭线的长度和方向。在无时间坐标的网络图中，箭线的长短没限制，可以任意画，但必须满足逻辑关系和指向；在有时间坐标的网络图中，其箭线长度必须根据完成该项工作所需持续时间的大小按比例绘制。

2）箭线的形状可以是水平线，也可以是折线或斜线，但最好画成水平线或带水平线的折线。在同一张网络图中，箭线的画法要一致。

3）工作的名称或内容写在箭线上面，持续时间写在箭线下面，箭头方向表示工作的进行方向，箭尾表示工作的开始，箭头表示工作的完成。如图 12-2 所示。

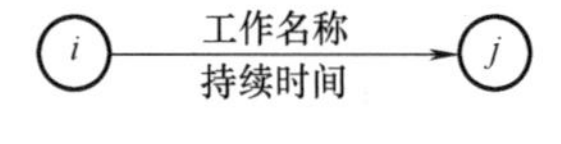

图 12-2　工作表示方法

2. 节点

节点是指双代号网络图中箭线端部表示工作之间逻辑关系的圆圈。它只标志着工作结束和开始的瞬间，既不占用时间也不消耗资源。

节点按其在网络图中的位置可分为：①起点节点，是指网络图的第一个节点，表示一项计划任务的开始，也称为开始节点。其特征是：只有从此节点引出的箭线（即外向箭线），而无指向此节点的箭线（即内向箭线）。②终点节点，是指网络图的最后一个节点，它表示一项任务的完成，也称为完成节点。其特征是：只有内向箭线，而无外向箭线。③中间节点，是指起点节点和终点节点以外的节点，其特征是：既有内向箭线，又有外向箭线。

在网络图中，每一个节点都有自己的编号，以便计算网络图的时间参数和检查网络图是否正确。编号应从起点节点沿箭线方向，从小到大，直至终点节点，不能重号，并且箭尾节点的编号应小于箭头节点的编号。一般可按自然数顺序采用连续编号，也可采用非连续编号（奇数编号法、偶数编号法或间隔编号法等）。

3. 线路

线路是指网络图中从起点节点开始，沿箭头方向的顺序，通过一系列箭线与节点，最后到达终点节点的通路。每一条线路都有它确定的完成时间，它等于该线路上各项工作持续时间的总和，即线路上总的工作持续时间。

关键线路是指全部由关键工作组成的线路或线路上总的工作持续时间最长的线路。它在网络图中不止一条，可能同时存在多条，通常用粗箭线、双箭线或彩色箭线表示。非关键线路是指网络图中，除关键路线以外的其他所有路线。位于关键线路上的工作为关键工作，其余均为非关键工作。关键线路和非关键线路并不是始终不变的，在一定条件下，二者可以相互转化。

12.2.2　双代号网络图的绘制

1. 逻辑关系

逻辑关系是指网络计划中各项工作之间相互制约或相互依赖的关系。

（1）分类　逻辑关系一般分为施工工艺关系（简称工艺关系）和施工组织关系（简称组织关系）。工艺关系是指生产工艺上客观存在的先后顺序。例如，建筑工程施工时，先做基础，再做结构，再做装修。这种先后顺序一般是不得随意改变的。组织关系是指在不违反工艺关系的前提下，人为地安排工作的先后顺序。例如，建筑群中各个建筑物的开工顺序的先后；流水施工中各段施工的先后顺序。

（2）逻辑关系的表示方式　双代号网络图中各工作逻辑关系的表示方法见表 12-1。

表 12-1　网络图中各工作逻辑关系的表示方法

序号	工作之间的逻辑关系	网络图中表示方法	说明
1	A、B 两项工作按照依次施工方式进行	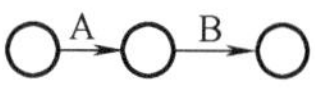	B 工作依赖着 A 工作，A 工作约束着 B 工作的开始
2	A、B、C 三项工作同时开始	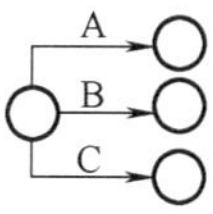	A、B、C 三项工作称为平行工作
3	A、B、C 三项工作同时结束	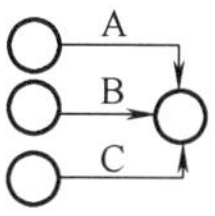	A、B、C 三项工作称为平行工作
4	A、B、C 三项工作，只有在 A 完成后，B、C 才能开始	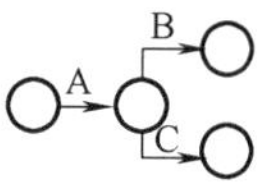	A 工作制约着 B、C 工作的开始。B、C 为平行工作
5	A、B、C 三项工作，C 工作只有在 A、B 完成后才能开始	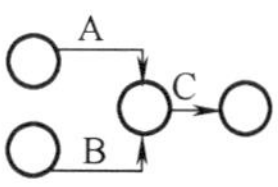	C 工作依赖着 A、B 工作。A、B 为平行工作
6	A、B、C、D 四项工作，只有当 A、B 完成后，C、D 才能开始	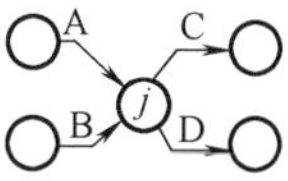	通过中间事件 j 正确地表达了 A、B、C、D 之间的关系
7	A、B、C、D 四项工作，A 完成后 C 才能开始，A、B 完成后 D 才能开始	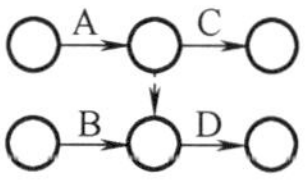	D 与 A 之间引入了逻辑连接（虚工作），只有这样才能正确表达它们之间的约束关系
8	A、B、C、D、E 五项工作，A、B 完成后 C 才能开始，B、D 完成后 E 才能开始	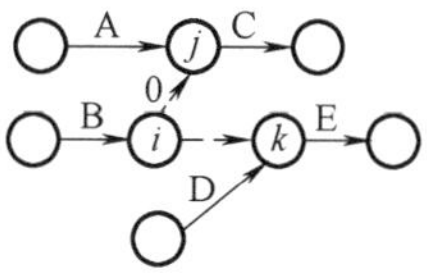	虚工作 i—j 反映出 C 工作受到 B 工作的约束；虚工作 i—k 反映出 E 工作受到 B 工作的约束

（续）

序号	工作之间的逻辑关系	网络图中表示方法	说明
9	A、B、C、D、E 五项工作，A、B、C 完成后 D 才能开始，B、C 完成后 E 才能开始	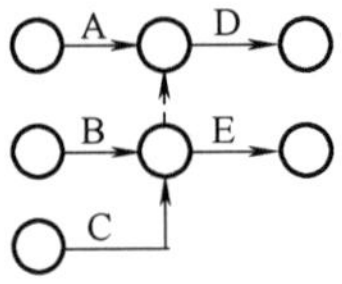	虚工作表示 D 工作受 B、C 工作的制约
10	A、B 两项工作分三个施工段，流水施工	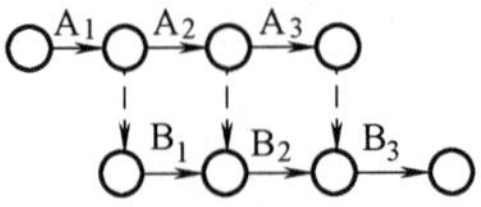	每个工种工程建立专业工作队，在每个施工段上进行流水作业，不同工种之间用逻辑搭接关系表示

2. 绘图规则

1）一个网络图中，只允许出现一个起点节点和一个终止节点。

2）必须正确表达工作之间的逻辑关系，合理添加虚工作。

3）严禁出现循环回路。循环回路是指从一个节点出发，顺着箭线方向前进，又返回到该节点的线路。循环回路在逻辑关系上是错误的，在时间计算上不可能实现，如图 12-3 所示。

4）节点之间严禁出现带双向箭头或无箭头的连线，如图 12-4 所示。

图 12-3　循环回路示意图

a）错误循环回路　b）正确线路

图 12-4　错误的箭线画法

a）双向箭头的连线　b）无箭头的连线

5）严禁出现没有箭头节点或没有箭尾节点的箭线。

6）严禁在箭线上引入或引出箭线，如图 12-5 所示。但当网络图的起点节点有多条外向箭线，或终点节点有多条内向箭线时，可用母线法绘制，如图 12-6 所示。

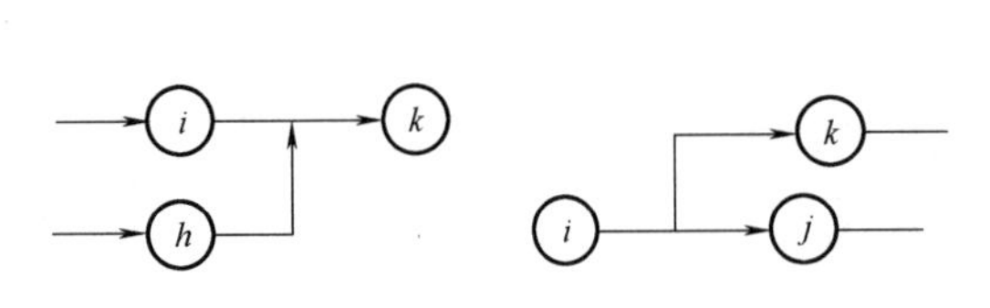

图 12-5　在箭线上引入和引出箭线的错误画法

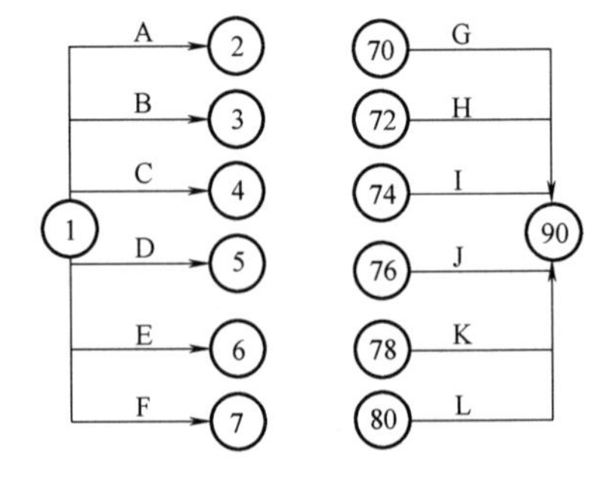

图 12-6　母线法绘图

7）不允许出现重复编号的节点。

8）应避免箭线交叉，当交叉不可避免时，可用过桥法或指向法表示，如图 12-7 所示。

9）双代号网络图中若有两个或两个以上起点节点或终点节点时，应将多个节点合并成一个或用虚箭线连成一个。

10）同一项工作在一个网络图中不能表达两次以上，如图 12-8a 所示；工作 D 出现了两次，应引进虚工作，如图 12-8b 所示。

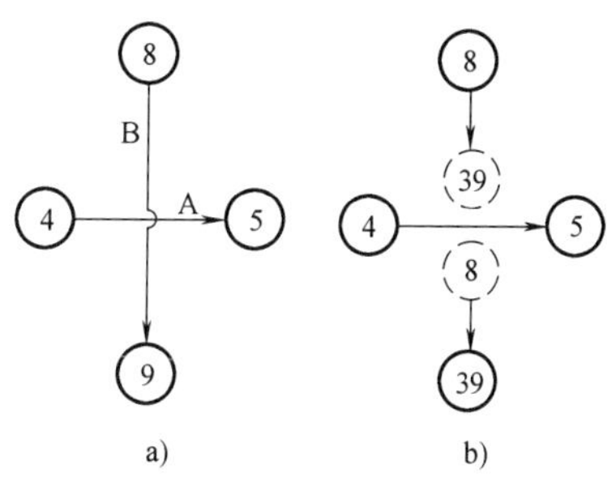

图 12-7　箭线交叉的表示方法

a）过桥法　b）指向法

3. 绘制项目网络计划图的步骤

1）确定项目的计划目标。

2）进行项目目标和工作的分解。

3）确定各工作之间的相互逻辑关系。

4）分析确定各工作的持续时间。

5）确定网络计划的类型。

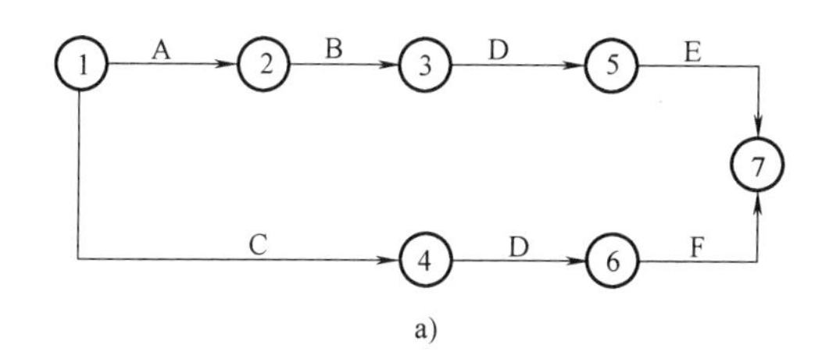

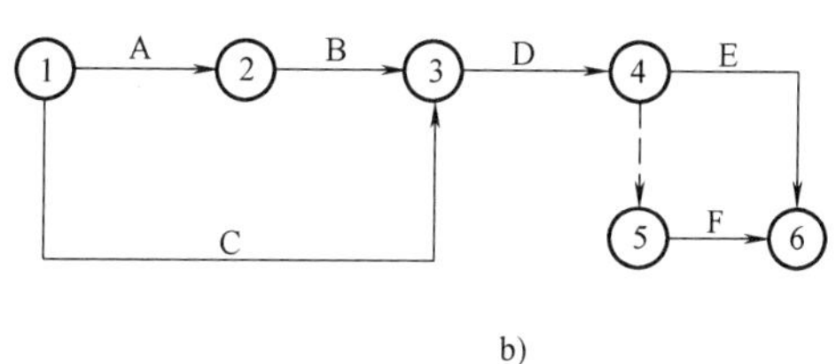

图 12-8　同一项工作表达方法

a）同一项工作错误表达方法　b）同一项工作正确表达方法

6）绘制网络计划草图。

7）检查（若不符合要求，对计划草图进行调整修改，直至符合要求）。

8）绘制正式的网络计划图。

4. 绘制过程中的排列方式

以编制某基础工程计划为例，基础工程分解后的工作内容有：挖土方、做垫层、砌基础及回填土；按照施工工艺的要求确定的各工作之间的顺序如图 12-9 所示；依据该工作的工程量、定额及劳动量等情况，确定各工作在各段完成所需的持续时间分别为 2、2、4、1。

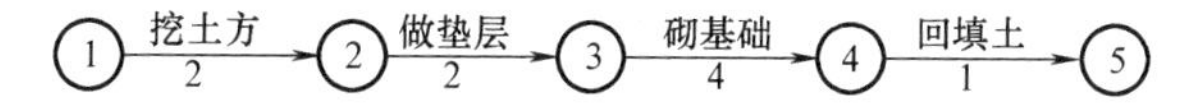

图 12-9　某基础工程工序及持续时间

为了缩短工期，可将基础工程划分为两个施工段进行平行搭接流水施工，其网络图如图 12-10 所示。

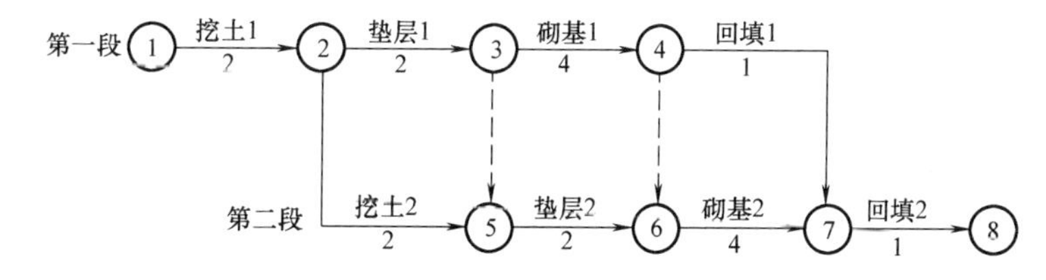

图 12-10　分两个施工段流水施工网络

如将基础工程划分为三个施工段，图12-11所示则是错误的。因为第三个施工段的挖土只与第二个施工段的挖土有关系，与第一个施工段的垫层没有关系，所以图中的逻辑关系是错误的。正确的画法如图12-12所示。

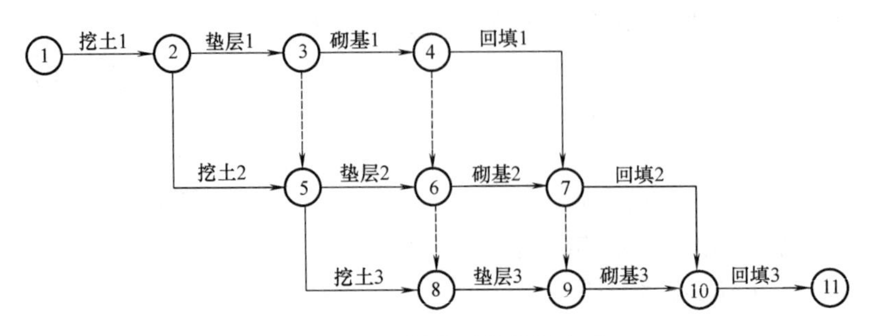

图12-11　逻辑关系的错误表示

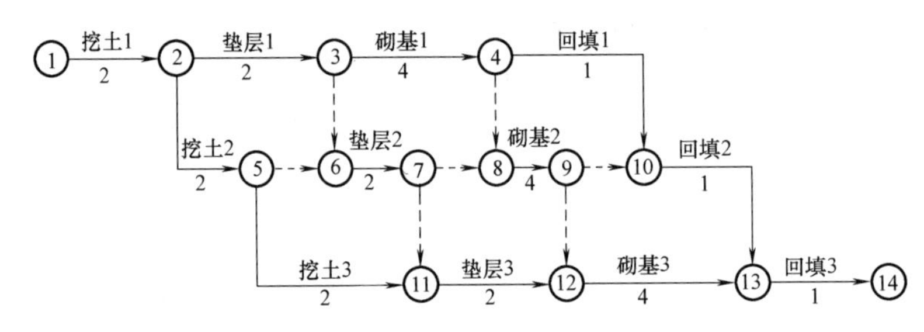

图12-12　逻辑关系的正确表示

5. 绘制示例

根据表12-2中某工程各施工过程的逻辑关系绘制双代号网络图。

表12-2　某工程各施工过程的逻辑关系

工作	A	B	C	D	E	F
紧前工作	—	A	A	A	B、C、D	D
紧后工作	B、C、D	E	E	E、F	—	—
持续时间	2	1	3	5	4	2

该网络图的绘制步骤如下：

1）从A出发无紧前工作，紧后工作为B、C、D，故A为第一个开始的工作。

2）从B、C出发紧前工作为A，紧后工作为E。

3）从D出发紧前工作为A，紧后工作为E、F。

4）从E出发紧前工作为B、C、D，无紧后工作，故E为最后结束的工作。

5）从F出发紧前工作为D，无紧后工作，故F也为最后结束的工作。

根据以上步骤绘制出草图后，再依据网络图绘图规则检查各个工作的逻辑关系是否正确，最后绘制成双代号网络图，如图12-13所示。

12.2.3　双代号网络计划时间参数的计算

时间参数是指工作或节点所具有的各种时间值。双代号网络图的时间参数可分为节点时间参数、工作时间参数及工作时差三种。其中，节点时间参数分为节点最早时间（ET_i）和节点最迟时间（LT_i）；工作时间参数分为最早开始时间（ES_{i-j}）、最早完成时间（EF_{i-j}）、最迟完成时间（LF_{i-j}）、最迟开始时间（LS_{i-j}）；工作时差分为总时差（TF_{i-j}）和自由时差（FF_{i-j}）。其计算方法主要有图上计算法、分析计算法（包括工作计算法和节点计算法）、表上计算法、矩阵计算法和电算法，在这里主要介绍图上计算法和表上计算法。

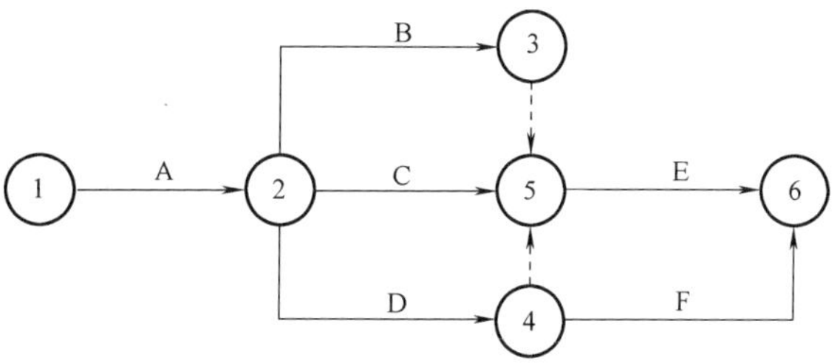

图 12-13　某工程各施工过程双代号网络图

1. 图上计算法

图上计算法是依据分析计算法的时间参数关系式，直接在网络图上进行计算的一种比较直观、简便的方法。

各工作的时间参数计算后，应标注在水平箭线的上方或垂直箭线的左侧。标注的形式及每个参数的位置如图 12-14 所示。

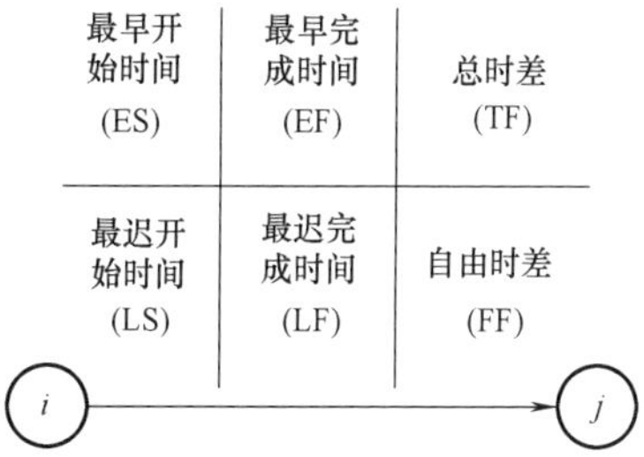

最早开始时间 (ES)	最早完成时间 (EF)	总时差 (TF)
最迟开始时间 (LS)	最迟完成时间 (LF)	自由时差 (FF)

i → j

图 12-14　时间参数的标注形式

（1）“最早时间”的计算　最早时间包括工作最早开始时间和最早完成时间。

1）工作最早开始时间。它是指在各紧前工作全部完成后，本工作有可能开始的最早时间。工作 $i—j$ 的最早开始时间用 ES_{i-j} 表示。

① 计算顺序。由于最早开始时间是以紧前工作的最早完成时间为依据，因此该类参数的计算，必须从起点节点开始，顺箭线方向逐项进行，直到终点节点为止。

② 计算方法。凡与起点节点相连的工作都是计划的起始工作，当未规定其最早开始时间 ES_{i-j} 时，其值都定为零，即

$$ES_{i-j}=0 \quad (i=1) \tag{12-1}$$

式中　ES_{i-j}——工作 $i—j$ 的最早开始时间。

所有其他工作的最早开始时间，均取其各紧前工作最早完成时间 EF_{h-i} 中的最大值，即

$$ES_{i-j}=\max\{EF_{h-i}\} \tag{12-2}$$

式中　EF_{h-i}——工作 $i—j$ 的各项紧前工作 $h—i$ 的最早完成时间。

2）工作最早完成时间。它是指工作按最早开始时间开始时，可能完成的最早时间。其值等于该工作最早开始时间加上该工作持续时间。工作 $i—j$ 的最早完成时间用 EF_{i-j} 表示，即

$$EF_{i-j}=ES_{i-j}+D_{i-j} \tag{12-3}$$

式中　D_{i-j}——工作 $i—j$ 的持续时间。

3）计算示例。

【例 12-1】　如图 12-15 所示的双代号网络图，计算各项工作的最早开始和最早完成时间。并将计算出的工作参数按要求标注于图上，如图 12-16 所示。

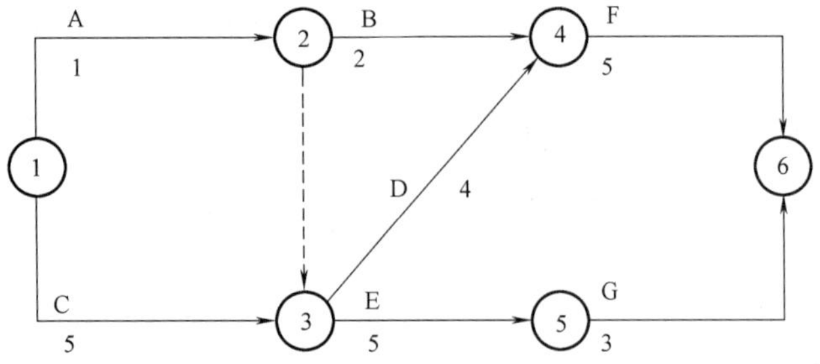

图 12-15　双代号网络图

其中，工作 1—2、工作 1—3 均是该网络计划的起始工作，所以 $ES_{1-2}=0$、$ES_{1-3}=0$，工作 1—2 的最早完成时间为 $EF_{1-2}=ES_{1-2}+D_{1-2}=0+1=1$。同理，工作 1—3 的最早完成时间为 $EF_{1-3}=0+5=5$。

工作 2—4 的紧前工作是 1—2，因此 2—4 的最早开始时间就等于工作 1—2 的完成时间，为 1；工作 2—4 的完成时间为 1+2=3。同理，工作 2—3 的最早开始时间也为 1，完成时间为 1+0=1。在这里需要注意，虚工作不消耗时间，但也必须同样进行计算。

工作 3—4 有 1—3 和 2—3 两个紧前工作，应等其全都完成后，3—4 才能开始，因此 3—4 的最早开始时间应取 1—3 和 2—3 最早完成时间的大值，即 $ES_{3-4}=\max\{5,\ 1\}=5$，工作 3—4 的最早完成时间 $EF_{3-4}=ES_{3-4}+D_{3-4}=5+4=9$。同理，工作 3—5 的最早开始时间也为 5，最早完成时间为 5+5=10。

其他工作的计算与此类似，计算结果如图 12-16 所示。

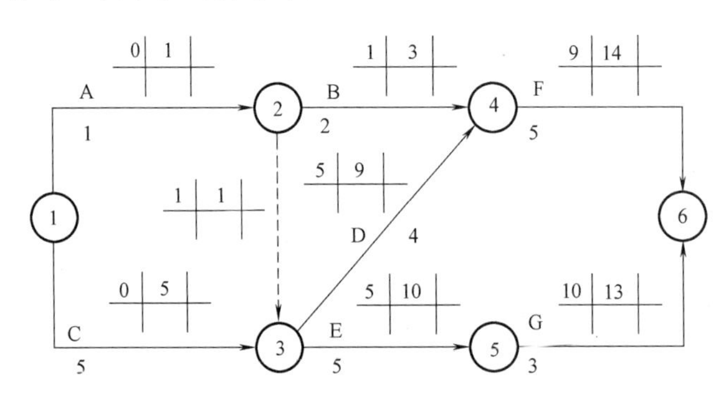

图 12-16　用图上计算法计算工作的最早时间

4）计算规则。通过以上的计算分析，可归纳出最早时间的计算规则，即"顺线累加，逢多取大"。

（2）确定网络计划的工期　当全部工作的最早开始与最早完成时间计算完后，网络计划的计算工期 T_c 就等于以网络计划的终点节点为完成节点的各个工作最早完成时间中的最大值，即

$$T_c=\max\{EF_{i-n}\} \tag{12-4}$$

式中　EF_{i-n}——以终点节点 n 为完成节点的工作的最早完成时间。

网络计划的计划工期 T_p 的计算应按下列情况分别确定：

① 当有规定工期 T_r 时，网络计划的计划工期 T_p 应小于或等于规定工期 T_r，即

$$T_p \leqslant T_r \tag{12-5}$$

② 当未规定工期 T_r时，网络计划的计划工期应等于计算工期 T_c，即

$$T_p = T_c \tag{12-6}$$

如上例，网络计划的计算工期为：$T_c = 14$。由于该计划没有规定工期，故 $T_p = T_c = 14$。

（3）“最迟时间”的计算　工作最迟时间包括工作最迟开始时间和最迟完成时间。

1）工作最迟完成时间。它是指在不影响整个任务按期完成的条件下，工作最迟必须完成的时间。工作 $i—j$ 的最迟完成时间用 $LF_{i—j}$表示。

① 计算顺序。该计算需依据计划工期或紧后工作的要求进行。因此，应从网络图的终点节点开始，逆着箭线方向朝起点节点依次逐项计算。

② 计算方法。以终点节点（$j=n$）为完成节点的工作的最迟完成时间 $LF_{i—n}$，应按网络计划的计划工期 T_p确定，即

$$LF_{i—n} = T_p \tag{12-7}$$

其他工作 $i—j$ 的最迟完成时间 $LF_{i—j}$等于其各紧后工作最迟开始时间中的最小值，即

$$LF_{i—j} = \min\{LS_{j—k}\} \tag{12-8}$$

式中　$LS_{j—k}$——工作 $i—j$ 的各项紧后工作 $j—k$ 的最迟开始时间。

2）工作最迟开始时间。它是指在不影响整个任务按期完成的条件下，本工作最迟必须开始的时间。工作 $i—j$ 的最迟开始时间用 $LS_{i—j}$表示，计算方法如下：

$$LS_{i—j} = LF_{i—j} - D_{i—j} \tag{12-9}$$

3）计算示例。若图 12-16 所得到的计算工期被确认为计划工期时，则该网络计划的最迟时间计算如下：

图中，4—6 和 5—6 均为结束工作，故最迟完成时间等于计划工期，即 $LF_{4—6} = LF_{5—6} = 14$。

工作 4—6 的持续时间为 5，故其最迟开始时间为 14−5=9；工作 5—6 的持续时间为 3，故其最迟开始时间为 14−3=11。

工作 3—5 的紧后工作是 5—6，而 5—6 的最迟开始时间是 11，所以工作 3—5 的最迟完成时间为 11，则工作 3—5 的最迟开始时间为 11−5=6。

工作 3—4 的紧后工作是 4—6，而 4—6 的最迟开始时间是 9，所以工作 3—4 的最迟完成时间为 9，则工作 3—4 的最迟开始时间为 9−4=5。

工作 1—3 的紧后工作是工作 3—4 和 3—5，其最迟开始时间分别为 5 和 6，所以工作 1—3 的最迟完成时间为二者中的最小值 5，则工作 1—3 的最迟开始时间为 5−5=0。

其他工作的最迟时间计算与此类似，计算结果如图 12-17 所示。

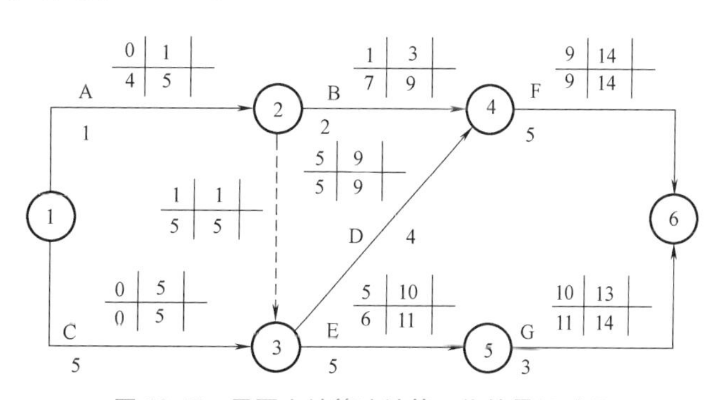

图 12-17　用图上计算法计算工作的最迟时间

4）计算规则。通过以上计算分析，可归纳出工作最迟时间的计算规则，即“逆线累减，逢多取小”。

（4）工作时差的计算　工作时差是指在网络图中各工作存在的机动时间，或者说是最多允许推迟的时间，时差越大，工作的时间潜力也越大。常用时差有工作总时差和工作自由

时差。

1）总时差。它是指在不影响工期的前提下，本工作所具有的机动时间。工作 $i—j$ 的总时差用 $TF_{i—j}$ 表示。

① 计算方法。总时差的值等于工作最迟时间减去最早时间。即

$$TF_{i—j}=LS_{i—j}-ES_{i—j} \tag{12-10}$$

或

$$TF_{i—j}=LF_{i—j}-EF_{i—j} \tag{12-11}$$

从式（12-10）和式（12-11）中可看出：利用已求出的本工作最迟与最早开始时间或最迟与最早完成时间相减，即可得出本工作的总时差。如图 12-18 所示，工作 1—2 的总时差为 4−0=4 或 5−1=4，将其标注在图上双十字的右上角。其他计算结果如图 12-18 所示。

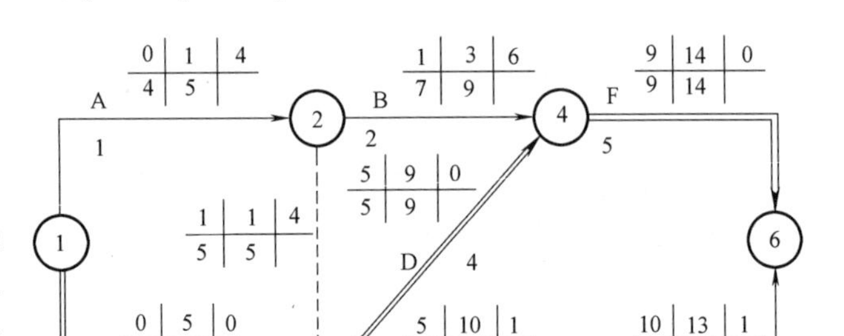

图 12-18　用图上计算法计算工作的总时差

② 计算目的。通过总时差的计算，可以方便地找出网络图中的关键工作和关键线路：总时差为 0 者，意味着该工作没有机动时间，即为关键工作（当计划工期与计算工期不相等时，总时差为最小值者是关键工作）。由关键工作所构成的线路，就是关键线路。在图 12-18 中，双箭线所表示的①→③→④→⑥即为关键线路。在一个网络计划中，关键线路至少有一条。

工作总时差是网络计划调整与优化的基础，是控制施工进度、确保工期的重要依据。

2）自由时差。它是指在不影响其紧后工作最早开始的前提下，本工作所具有的机动时间。工作 $i—j$ 的自由时差用 $FF_{i—j}$ 表示。自由时差是总时差的一部分，其值不会超过总时差。

① 计算方法。用紧后工作的最早开始时间减去本工作的最早完成时间即可。即

$$FF_{i—j}=ES_{j—k}-EF_{i—j} \tag{12-12}$$

对于网络计划的结束工作，应将计划工期看作紧后工作的最早开始时间进行计算。

如图 12-19 所示，工作 1—2 的最早完成时间为 1，而其紧后工作 2—3 和 2—4 的最早开始时间为 1，所以工作 1—2 的自由时差为 1−1=0。工作 2—4 的自由时差为 9−3=6。工作 5—6 是结束工作，所以其自由时差应为 14−13=1。其他工作自由时差的计算结果如图 12-19 所示。

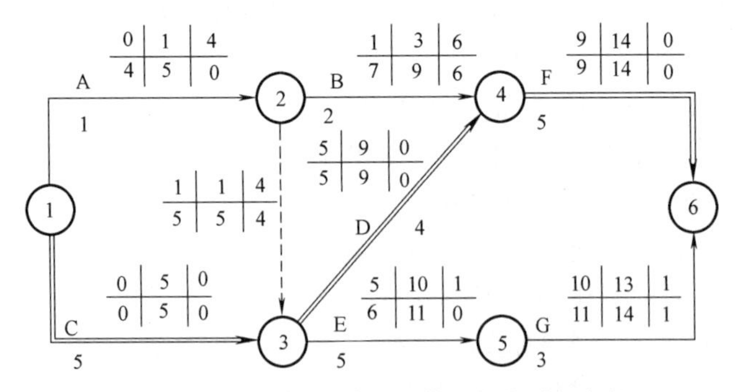

图 12-19　用图上计算法计算工作的时间参数

终点工作的自由时差均等于总时差。当计划工期等于计算工期时，总时差为零者，自由时差也为零。当计划工期不等于计算工期时，最后关键工作的自由时差与其总时差相等，其他关键工作的自由时差均为零。

② 计算目的。自由时差的利用不会对其他工作产生影响，因此常利用它来变动工作的

开始时间或增加持续时间，以达到工期调整和资源优化的目的。

2. 表上计算法

表上计算法是依据分析计算法所计算出的时间关系式，用表格形式进行计算的一种方法。在表上应列出拟计算的工作名称、各项工作的持续时间以及所计算的各项时间参数，见表 12-3。

计算前应先将网络图中的各个节点按其号码从小到大依次填入表中的第（1）栏内，然后各项工作 i—j 也要分别按 i、j 号码从小到大顺序填入第（2）栏内（如 1—2、1—3、2—3、2—4 等），同时把相应的每项工作的持续时间填入第（3）栏内。然后按分析计算法原理，直接在表上计算各时间参数。为了便于理解，以图 12-20 所示网络图为例说明表上计算法的步骤和方法。

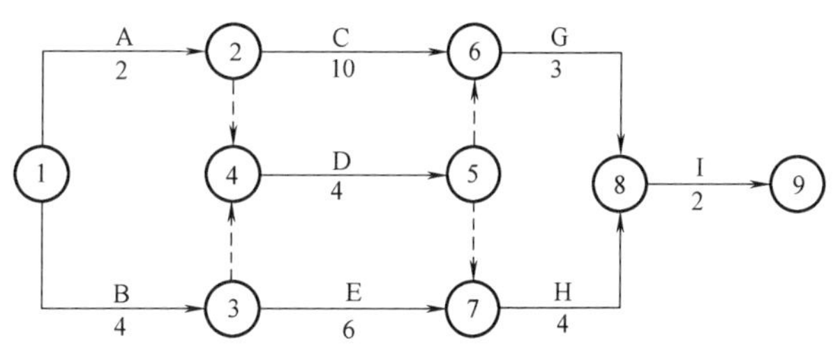

图 12-20　双代号网络计划

（1）计算表中的 ET_i 和 EF_{i-j} 值　计算顺序：自上而下，逐次进行。

1）已知条件。因为计划从相对时间 0 天开始，故 ET_1 值为 0，EF_{i-j}［表中第（5）栏］= ET_i［表中第（4）栏］+D_{i-j}［表中第（3）栏］，则 $EF_{1-2}=0+2=2$、$EF_{1-3}=0+4=4$。

2）计算 ET_2。从表中可以看出节点 2 的紧前工作只有 1—2，已知 $EF_{1-2}=2$，故 $ET_2=EF_{1-2}=2$。同样由（4）栏+(3）栏=(5）栏，则 $EF_{2-4}=2+0=2$；$EF_{2-6}2+10=12$。

3）计算 ET_3。从表中可以看出节点 3 的紧前工作只有 1—3，已知 $EF_{1-3}=4$，则 $ET_3=EF_{1-3}=4$。计算得：$EF_{3-4}=4+0=4$；$EF_{3-7}=4+6=10$。

4）计算 ET_4。节点 4 的紧前工作有 3—4 和 2—4，应选这两项工作 EF_{3-4} 和 EF_{2-4} 的最大值填入 ET_4，已知 $EF_{3-4}=4$；$EF_{2-4}=2$，故 $ET_4=4$。计算得：$EF_{4-5}=4+4=8$。

5）计算 ET_5。节点 5 的紧前工作只有 4—5，已知 $EF_{4-5}=8$，故 $ET_5=8$。计算得：$EF_{5-6}=8+0=8$；$EF_{5-7}=8+0=8$。

6）计算 ET_6。节点 6 的紧前工作有 2—6 和 5—6，已知 $EF_{2-6}=12$；$EF_{5-6}=8$，取两者的最大值，得：$ET_6=12$。计算得：$EF_{6-8}=12+3=15$。

7）计算 ET_7。节点 7 的紧前工作有 3—7 和 5—7，已知 $EF_{3-7}=10$；$EF_{5-7}=8$，取两者的最大值，得：$ET_7=10$。计算得：$EF_{7-8}=10+4=14$。

8）计算 ET_8。节点 8 的紧前工作有 6—8 和 7—8，已知 $EF_{6-8}=15$；$EF_{7-8}=14$，取两者的最大值，得：$ET_8=15$。计算得：$EF_{8-9}=15+2=17$。

9）计算 ET_9。节点 9 的紧前工作只有 8—9，已知 $EF_{8-9}=17$，故 $ET_9=17$。

将计算结果填入表 12-3。

（2）计算 LT_i 和 LS_{i-j} 值　计算顺序：自下而上，逐行进行。

1）已知条件：$ET_9=17$，而且整个网络图终点节点的 LT 值在没有规定工期时应与 ET 值相同，即 $LT_9=ET_9$，则 $LT_9=17$。从表可以看出节点 9 的紧前工作只有 8—9，则有：$LS_{8-9}=LT_9—D_{8-9}=17-2=15$。

2）计算 LT_8。节点 8 的紧后工作只有 8—9，已知：$LS_{8-9}=15$，得：$LT_8=LS_{8-9}=15$。节点 8 的紧前工作有 6—8 和 7—8，计算得：

$LS_{6-8}=LT_8-D_{6-8}=15-3=12$；$LS_{7-8}=LT_8-D_{7-8}=15-4=11$。

3）计算 LT_7。节点 7 的紧后工作只有 7-8，已知：$LS_{7-8}=11$，得 $LT_7=LS_{7-8}=11$。节点 7 的紧前工作有 5-7 和 3-7，计算得：

$LS_{5-7}=LT_7-D_{5-7}=11-0=11$；$LS_{3-7}=LT_7-D_{3-7}=11-6=5$。

其余类推，计算结果见表 12-3。

（3）计算 TF_{i-j}　由计算式 $TF_{i-j}=LT_j-ET_i-D_{i-j}$ 可计算得 TF_{i-j} 值，即表中的第（8）栏等于第（6）栏减去第（4）栏。如工作 1—2，$TF_{1-2}=LT_2-ET_1-D_{1-2}=2-0-2=0$。其余类推，计算结果见表 12-3。

（4）计算 FF_{i-j}　由计算式 $FF_{i-j}=ET_j-ET_i-D_{i-j}$ 可计算得 FF_{i-j} 值。如工作 1—3 的 $FF_{1-3}=ET_3-ET_1-D_{1-3}=4-0-4=0$。

其余类推，计算结果见表 12-3。

（5）判别关键线路　因本例无规定工期，因此在表中，凡总时差 $TF_{i-j}=0$ 的工作就是关键工作，在表的第（10）栏中注明“是”，由这些工作首尾相接而成的线路就是关键线路，即为：①→②→⑥→⑧→⑨。

表 12-3　图 12-20 双代号网络计划时间参数计算

工作一览表			时间参数						关键线路
节点	工作	持续时间	节点最早时间	工作最早完成时间	工作最迟开始时间	节点最迟时间	工作总时差	工作自由时差	
i	$i-j$	D_{i-j}	ET_i	EF_{i-j}	LS_{i-j}	LT_i	TF_{i-j}	FF_{i-j}	CP
(1)	(2)	(3)	(4)	(5)	(6)	(7)	(8)	(9)	(10)
①	1—2	2	0	2	0	0	0	0	是
	1—3	4		4	1		1	0	
②	2—4	0	2	2	7	2	5	2	是
	2—6	10		12	2		0	0	
③	3—4	0	4	4	7	5	3	0	
	3—7	6		10	5		1	0	
④	4—5	4	4	8	7	7	3	2	
⑤	5—6	0	8	8	12	11	4	4	
	5—7	0		8	11		3	2	
⑥	6—8	3	12	15	12	12	0	0	是
⑦	7—8	4	10	14	11	11	1	1	
⑧	8—9	2	15	17	15	15	0	0	是
⑨			17			17			是

3. 节点标号法计算工期并确定关键线路

直接确定关键线路的方法之一是节点标号法，即对每个节点用源点和标号值进行标号，将节点都标号后，从网络计划终点节点开始，从右向左按源节点寻求关键线路的一种方法。网络计划终点节点的标号值即为计算工期。

标号值的确定过程如下：

1）设网络计划起点节点1的标号值为零，即

$$b_1=0 \tag{12-13}$$

2）其他节点的标号值等于该节点的内向工作（以该节点为完成节点的工作）的开始节点标号值加该工作的持续时间的最大值，即

$$b_j=\max\{b_i+D_{i-j}\} \tag{12-14}$$

例如，对图12-21所示的网络计划的标号值及源节点计算如下：

$b_1=0$；

$b_2=b_1+D_{1-2}=0+2=2$；

$b_3=b_1+D_{1-3}=0+4=4$；

$b_4=\max\{b_2+D_{2-4},\ b_3+D_{3-4}\}=\max\{2+0,\ 4+0\}=4$；

$b_5=b_4+D_{4-5}=4+4=8$；

$b_6=\max\{b_2+D_{2-6},\ b_5+D_{5-6}\}=\max\{2+10,\ 8+0\}=12$；

$b_7=\max\{b_3+D_{3-7},\ b_5+D_{5-7}\}=\max\{4+6,\ 8+0\}=10$；

$b_8=\max\{b_6+D_{6-8},\ b_7+D_{7-8}\}=\max\{12+3,\ 10+4\}=15$；

$b_9=b_8+D_{8-9}=15+2=17$。

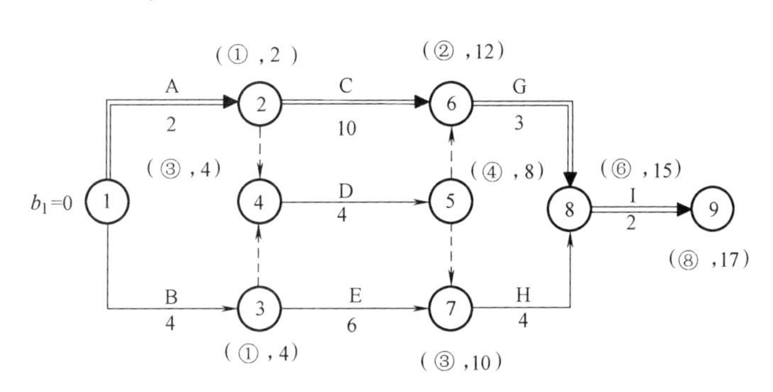

图12-21　节点标号法寻求关键线路

将每一步的源节点和计算出的标号值标在图12-21所示位置上，从终点节点开始，逆着箭线方向，将源节点连接起来，即为关键线路。图12-21通过节点标号法得出的关键线路为：A→C→G→I，计算工期为17天。

12.2.4　双代号时标网络计划

双代号时标网络计划是指以时间坐标为尺度编制的网络计划。

1. 特点与适用范围

双代号时标网络计划的主要特点如下：

1）兼有网络计划与横道计划的优点，能够直观形象地表明计划的时间进程，使用方便。

2）能在图上直接显示出各项工作的开始与完成时间、自由时差及关键线路。

3）可以统计每一个单位时间对资源的需要量，以便进行资源优化和调整。

4）当情况发生变化时，对网络计划的修改比较麻烦。

双代号时标网络计划适用于：工作项目数较少、工艺过程比较简单的工程，实施作业性的网络计划，使用实际进度前锋线进行进度控制的网络计划。

2. 绘制规则

1）工作的持续时间是以箭线在时标网络计划表（简称时标表，见表12-4）内的水平长度或水平投影长度表示的，与其所代表的时间值相对应。

2）节点的中心必须对准时标的刻度线。

3）工作以实箭线表示，虚工作必须以垂直虚箭线表示，有自由时差时用波形线表示，如图12-22所示，H的自由时差为1，D的自由时差为2。

4）宜按最早时间绘制。

5）在绘制前，必须先绘制无时标网络计划。

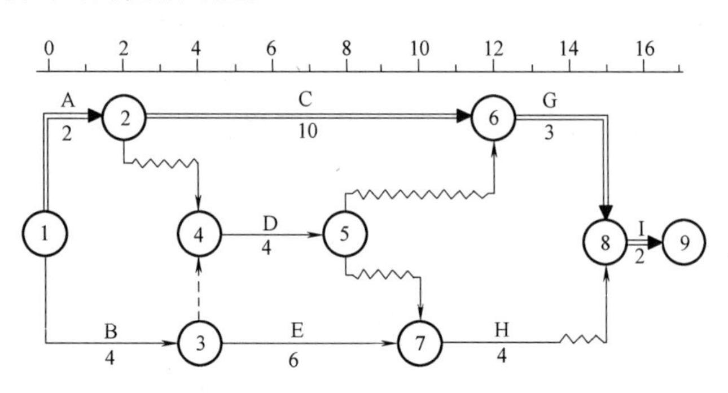

图12-22　某时标网络计划

6）时标的时间单位应根据需要在编制网络计划之前确定，可以是：时、天、周、月或季等。

表12-4　时标网络计划表

序数时间	1	2	3	4	5	6	7	8	9	10	11	12	13
日历时间													
网络计划													

3. 绘制方法

时标网络计划的绘制方法有间接绘制法和直接绘制法两种。

（1）间接绘制法　间接绘制法是先计算网络计划的时间参数，再根据时间参数按草图在时标计划表上进行绘制。其绘制方法和步骤如下，绘制结果如图12-23所示。

1）计算网络计划各节点的最早时间ET_i。

2）绘制时标表。

3）将各节点按ET_i定位在时标表上，其布局应与无时标网络计划基本相同，然后依次进行编号。

4）用实箭线绘出工作持续时间，用垂直虚箭线绘出虚工作，用波形线补足实线和虚线未到达箭头节点的部分。

5）找出关键线路（方法见后面的介绍）。

（2）直接绘制法　直接绘制法是指不计算网络计划的时间参数而直接按无时标的网络计划草图绘制时标网络计划的方法。其绘制方法和步骤如下，绘制结果如图12-23所示。

1）绘制时标表。

2）将起点节点定位在时标表的起始刻度线上。

3）按工作持续时间在时标表上绘制以网络计划起点节点为开始节点的工作箭线，其他工作的开始节点必须在该工作的全部紧前工作都绘出后，定位在这些紧前工作最晚完成的时

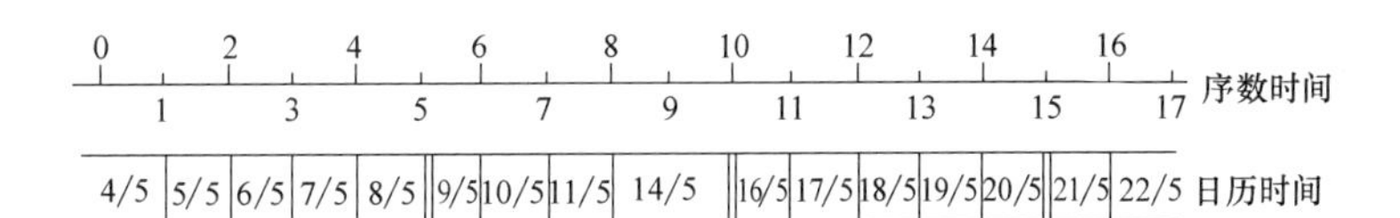

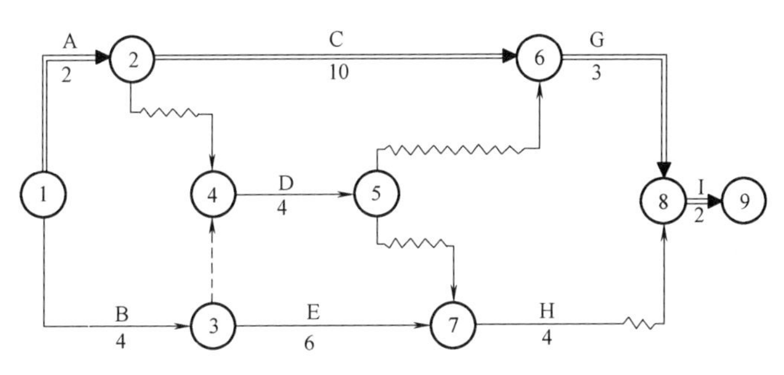

图 12-23　时标网络计划

注：时标表中的刻度线宜用细线，为使图面清晰，此线也可不画或少画。

间刻度上。

4）某些工作的箭线长度不足以达到该节点时，用波形线补足，箭头画在波形与节点连接处。

5）用上述方法自左至右依次确定其他节点的位置，直至网络计划的终点节点，注意确定节点的位置时，尽量与无时标网络图的节点位置相似，保持布局基本不变，网络计划的终点节点是在无紧后工作的工作全部绘出后，定位在最晚完成的时间刻度上。

6）找出关键线路。

4. 关键线路、计算工期、工作时间参数的确定

（1）关键线路的确定　时标网络计划的关键线路可自终点节点逆箭线方向朝起点节点逐次进行判定，自终至始都不出现波形线的线路即为关键线路。

（2）计算工期的确定　时标网络的计算工期为其终点节点与起点节点所在位置的时标差。

（3）工作时间参数的确定

1）最早时间参数的确定。按最早时间绘制的时标网络计划，每条箭线箭尾和箭头节点中心所对应的时标值应为该工作的最早开始时间和最早完成时间。当箭线中存在波形线时，箭线实线部分的右端点所对应的时标值为该工作的最早完成时间。

2）自由时差的确定。波形线的水平投影长度即为该工作的自由时差。

3）总时差的确定。应自右向左进行，且符合以下规定：

① 以终点节点为箭头节点的工作的总时差 TF_{i-n}、应按网络计划的计划工期 T_p 确定，即

$$TF_{i-n}=T_p-EF_{i-n} \tag{12-15}$$

② 其他工作的总时差应等于其紧后工作的总时差与本工作自由时差之和的最小值，即

$$TF_{i-j}=\min\{TF_{j-k}+FF_{i-j}\} \tag{12-16}$$

4）最迟时间参数的确定。工作的最迟开始时间和最迟完成时间应分别按下式计算：

$$LS_{i-j}=ES_{i-j}+TF_{i-j} \tag{12-17}$$

$$LF_{i-j}=EF_{i-j}+TF_{i-j} \tag{12-18}$$

例如，图 12-23 所示时标网络的非关键工作的时间参数计算如下：

1）自由时差。

工作 B：$FF_{1-3}=0$；

工作 D：$FF_{4-5}=0$；

工作 E：$FF_{3-7}=0$；

工作 H：$FF_{7-8}=1$。

2）总时差。

工作 H：$TF_{7-8}=TF_{8-9}+FF_{7-8}=0+1=1$；

工作 E：$TF_{3-7}=TF_{7-8}+FF_{3-7}=1+0=1$；

工作 D：$TF_{4-5}=\min\{TF_{5-6}+FF_{4-5}, TF_{5-7}+FF_{4-5}\}=\min\{4+0, 3+0\}=3$；

工作 B：$TF_{1-3}=\min\{TF_{3-4}+FF_{1-3}, TF_{3-7}+FF_{1-3}\}=\min\{3+0, 1+0\}=1$。

3）最迟开始时间。

工作 B：$LS_{1-3}=ES_{1-3}+TF_{1-3}=0+1=1$；

工作 D：$LS_{4-5}=ES_{4-5}+TF_{4-5}=4+3=7$；

工作 E：$LS_{3-7}=ES_{3-7}+TF_{3-7}=4+1=5$；

工作 H：$LS_{7-8}=ES_{7-8}+TF_{7-8}=10+1=11$。

4）最迟完成时间。

工作 B：$LF_{1-3}=EF_{1-3}+TF_{1-3}=4+1=5$；

工作 D：$LF_{4-5}=EF_{4-5}+TF_{4-5}=8+3=11$；

工作 E：$LF_{3-7}=EF_{3-7}+TF_{3-7}=8+3=11$；

工作 H：$LF_{7-8}=EF_{7-8}+TF_{7-8}=14+1=15$。

必要时，可将工作总时差标注在相应的波形线或实箭线上。

12.3 单代号网络计划

在双代号网络计划中，为了正确表达其逻辑关系，增加了许多虚工作，这样既增加了绘图工作量，也使计算更费时间。为了解决双代号网络图的这种缺点，下面将介绍网络图的另一种表示方法——单代号网络图。

12.3.1 单代号网络图的绘制

1. 基本概念

单代号网络图是指以节点及其编号表示工作，以箭线表示工作之间逻辑关系的网络图，即每一个节点表示一项工作，节点绘成圆圈或矩形，在圆圈或矩形内标注有工作代号、工作名称、持续时间等，如图 12-24 所示。

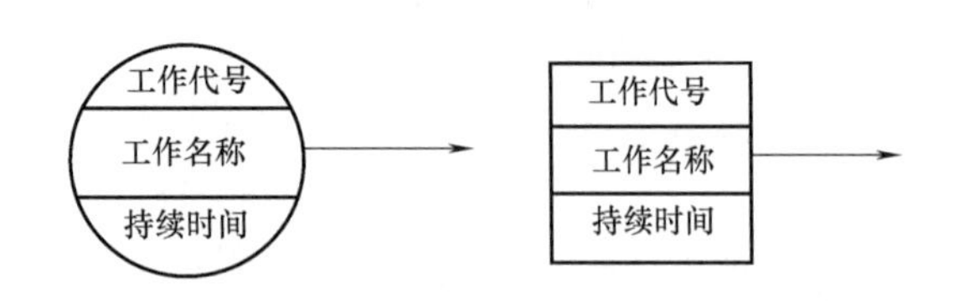

图 12-24　单代号网络图工作的表示方法

与双代号网络图比，单代号网络图不设虚工作，具有绘图简单，便于检查、修改等优点。

2. 绘制规则

1）必须正确表达已定的逻辑关系。

2）严禁出现循环回路。

3）严禁出现双向箭头或无箭头的连线。

4）严禁出现没有箭尾节点的箭线和没有箭头节点的箭线。

5）箭线不宜交叉，当交叉不可避免时，可采用过桥法或指向法绘制。

6）只应有一个起点节点和一个终点节点，当网络图中有多个起点节点或多个终点节点时，应在网络图的两端分别设置一项虚工作，作为起点节点和终点节点。如图 12-25 所示。

7）节点必须编号，其号码可以间断但严禁重复。一项工作必须有唯一的一个节点及相应的一个编号。

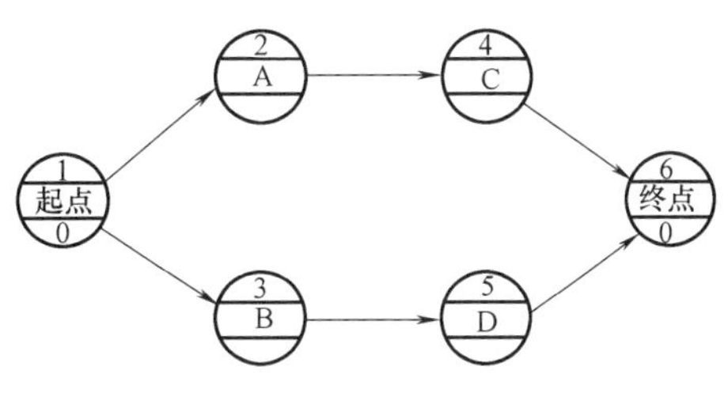

图 12-25　某单代号网络图

3. 绘制步骤

单代号网络图的绘制步骤与双代号网络图的绘制步骤基本相同。

4. 绘制示例

以双代号网络图中的某基础工程为例，按照单代号网络图的绘图规则，绘出单代号网络图，如图 12-26 所示。

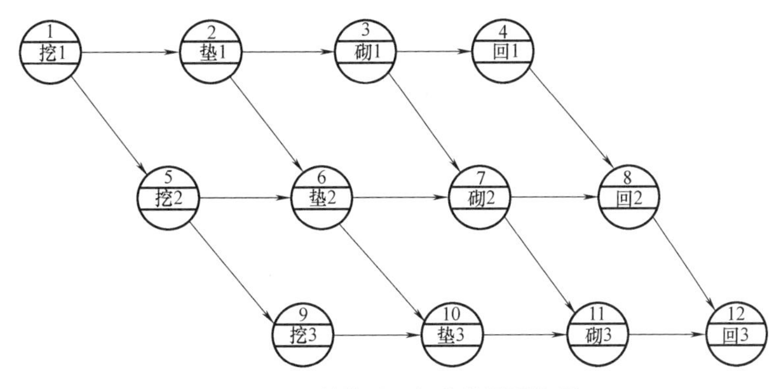

图 12-26　某基础工程单代号网络图

12.3.2　单代号网络计划时间参数计算

单代号网络计划时间参数的基本内容和形式可按图 12-27 所示的方式标注。

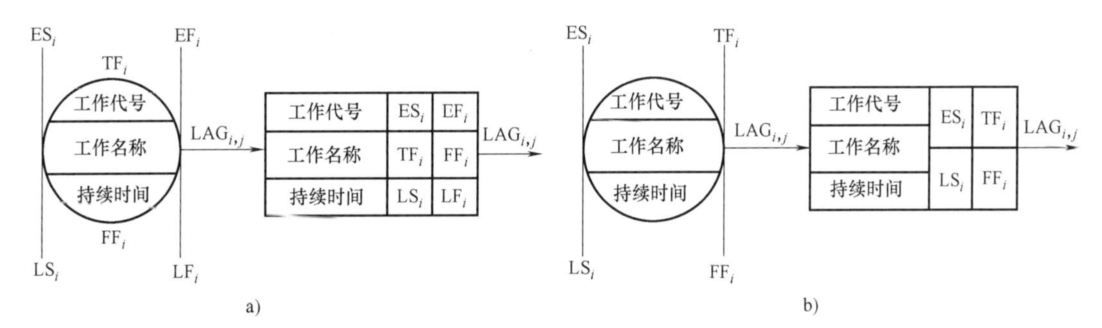

图 12-27　单代号网络计划时间参数标注形式

（1）工作最早开始时间　工作最早开始时间的计算应符合下列规定：

1）工作 i 的最早开始时间 ES_i 应从网络图的起点节点开始，顺着箭线方向依次计算。

2）起点节点的最早开始时间 ES_1 如无规定时，其值等于零，即

$$ES_1 = 0 \tag{12-19}$$

3）其他工作的最早开始时间 ES_i 应为

$$ES_i = \max\{ES_h + D_h\} = \max\{EF_h\} \tag{12-20}$$

式中　ES_h——工作 i 的各项紧前工作 h 的最早开始时间；

D_h——工作 i 的各项紧前工作的持续时间；

EF_h——工作 i 的各项紧前工作 h 的最早开始时间。

以图12-28所示的单代号网络图为例，计算如下：

$ES_1 = 0$；

$ES_2 = ES_1 + D_1 = 0+0 = 0$；

$ES_3 = ES_1 + D_1 = 0+0 = 0$；

$ES_4 = ES_2 + D_2 = 0+2 = 2$；

$ES_5 = \max\{ES_2 + D_2,\ ES_3 + D_3\} = \max\{0+2,\ 0+4\} = 4$；

$ES_6 = ES_3 + D_3 = 0+4 = 4$；

$ES_7 = \max\{ES_4 + D_4,\ ES_5 + D_5\} = \max\{2+10,\ 4+4\} = 12$；

$ES_8 = \max\{ES_5 + D_5,\ ES_6 + D_6\} = \max\{4+4,\ 4+6\} = 10$；

$ES_9 = \max\{ES_7 + D_7,\ ES_8 + D_8\} = \max\{12+3,\ 10+4\} = 15$。

将以上结果按图12-27的标注形式标注在网络图上。

（2）工作的最早完成时间　工作的最早完成时间等于工作的最早开始时间加上该工作的持续时间，即

$$EF_i = ES_i + D_i \tag{12-21}$$

将计算结果填在图12-28的规定位置上。

（3）计算工期　网络计划的计算工期应按下式计算：

$$T_c = EF_n \tag{12-22}$$

网络计划的计划工期 T_p 的计算同双代号网络图中 T_p 的计算。

如上例，网络计划的计算工期为：$T_c = EF_9 = ES_9 + D_9 = 15+2 = 17$。由于本计划没有规定工期，故 $T_p = T_c = 17$。

（4）相邻两项工作之间的时间间隔　时间间隔是指工作的最早完成时间与其紧后工作最早开始时间的差值。工作 i 与其紧后工作 j 之间的时间间隔用 $LAG_{i,j}$ 表示，其计算应符合下列规定：

1）当终点节点为虚拟节点时，其时间间隔应为

$$LAG_{i,n} = T_p - EF_i \tag{12-23}$$

2）其他节点之间的时间间隔应为

$$LAG_{i,j} = ES_j - EF_i \tag{12-24}$$

对于图12-28所示的网络图，其 $LAG_{i,j}$ 计算如下：

$LAG_{1,2} = ES_2 - EF_1 = 0-0 = 0$；

$LAG_{1,3} = ES_3 - EF_1 = 0-0 = 0$；

$LAG_{2,4} = ES_4 - EF_2 = 2-2 = 0$；

$LAG_{4,7} = ES_7 - EF_4 = 12-12 = 0$；

$LAG_{5,7} = ES_7 - EF_5 = 12-8 = 4$；

$LAG_{5,8} = ES_8 - EF_5 = 10-8 = 2$；

$LAG_{2,5}=ES_5-EF_2=4-2=2$；　　$LAG_{6,8}=ES_8-EF_6=10-10=0$；

$LAG_{3,5}=ES_5-EF_3=4-4=0$；　　$LAG_{7,9}=ES_9-EF_7=15-15=0$；

$LAG_{3,6}=ES_6-EF_3=4-4=0$；　　$LAG_{8,9}=ES_9-EF_8=15-14=1$。

将结果按要求计算标注在规定的位置上，如图 12-28 所示。

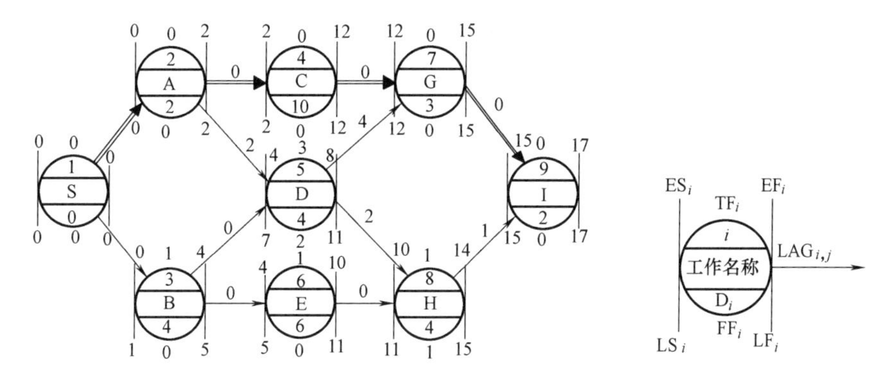

图 12-28　按图 12-27a 的图例标注的单代号网络计划

（5）总时差、关键线路

1）工作总时差的计算应符合以下规定：

① 应从网络计划的终点节点开始，逆着箭线方向依次逐项计算。当部分工作分期完成时，有关工作的总时差必须从分期完成的节点开始逆向逐项计算。

② 终点节点所代表的工作 n 的总时差 TF_n 值应为

$$TF_n=T_P-EF_n \tag{12-25}$$

③ 其他工作的总时差 TF_i 应为

$$TF_i=\min\{TF_j+LAG_{i,j}\} \tag{12-26}$$

式中　TF_j——工作 i 的紧后工作 j 的总时差。

④ 已知各项工作的最早完成时间和最迟完成时间时，工作的总时差可按如下公式计算：

$$TF_i=LF_i-EF_i \tag{12-27}$$

或

$$TF_i=LS_i-ES_i \tag{12-28}$$

以图 12-28 为例，各工作的总时差计算如下：

$TF_9=0$；

$TF_7=TF_9+LAG_{7,9}=0+0=0$；

$TF_8=TF_9+LAG_{8,9}=0+1=1$；

$TF_4=TF_7+LAG_{4,7}=0+0=0$；

$TF_5=\min\{TF_7+LAG_{5,7},\ TF_8+LAG_{5,8}\}=\min\{0+4,\ 1+2\}=3$；

$TF_6=TF_8+LAG_{6,8}=1+0=1$；

$TF_2=\min\{TF_4+LAG_{2,4},\ TF_5+LAG_{2,5}\}=\min\{0+0,\ 3+2\}=0$；

$TF_3=\min\{TF_5+LAG_{3,5},\ TF_6+LAG_{3,6}\}=\min\{3+0,\ 1+0\}=1$。

2）总时差最小的工作即为关键工作。从起点节点开始到终点节点均为关键工作，且所有工作的时间间隔均为零的线路即为关键线路。关键线路应用粗线或双线或彩色线标注。图 12-28 所示的关键线路为：①→②→④→⑦→⑨。

（6）自由时差　工作的自由时差的计算应符合下列规定：

1）终点节点所代表工作 n 的自由时差 FF_n 应为

$$FF_n = T_p - EF_n \tag{12-29}$$

2）其他工作 i 的自由时差 FF_i 应为

$$FF_i = \min\{LAG_{i,j}\} \tag{12-30}$$

按照此公式对图 12-28 进行计算，将结果标注在规定位置上。

（7）最迟完成时间　工作的最迟完成时间应符合下列规定：

1）工作 i 的最迟完成时间 LF_i 应从网络计划的终点节点开始，逆着箭线方向逐项计算。当部分工作分期完成时，有关工作的最迟完成时间应从分期完成的节点开始逆向逐项计算。

2）终点节点所代表的工作 n 的最迟完成时间 LF_n 应等于计划工期 T_p，即

$$LF_n = T_p \tag{12-31}$$

3）其他工作 i 的最迟完成时间 LF_i 应为

$$LF_i = \min\{LS_j\} \tag{12-32}$$

或

$$LF_i = EF_i + TF_i \tag{12-33}$$

式中　LS_j——工作 i 的各项紧后工作 j 的最迟开始时间。

（8）最迟开始时间　工作的最迟开始时间应按下式计算：

$$LS_i = LF_i - D_i \tag{12-34}$$

按以上计算公式对图 12-28 进行计算，其结果标注在规定位置上。

12.3.3　单代号搭接网络计划

1. 基本概念

在前面所述的双代号、单代号网络图中，工序之间的关系都是前面工作完成后，后面工作才能开始，这是一般网络计划正常的逻辑关系，包括组织关系和工艺关系。但在实际施工过程中，许多施工段存在多种搭接关系。例如：某工程由 A、B 两项工作组成，生产工艺决定了工作 B 在工作 A 完成后才能进行，但组织者为了加快工程进度，将该工程分为两个施工段组织流水施工，即将 A 工作分为 A_1、A_2 两部分，B 工作分为 B_1、B_2 两部分。分别用单代号网络图和横道图表示其关系，如图 12-29 所示。工作 A 和工作 B 之间出现了搭接关系。对于一个实际施工项目来说，往往其工作内容很多，若再将工作分为几个施工段进行，则绘出的网络图会很复杂。下面介绍一种简单的表示方法——单代号搭接网络计划，即以节点表示工作，以节点之间的箭线表示工作之间的逻辑顺序和搭接关系的一种表示方法。

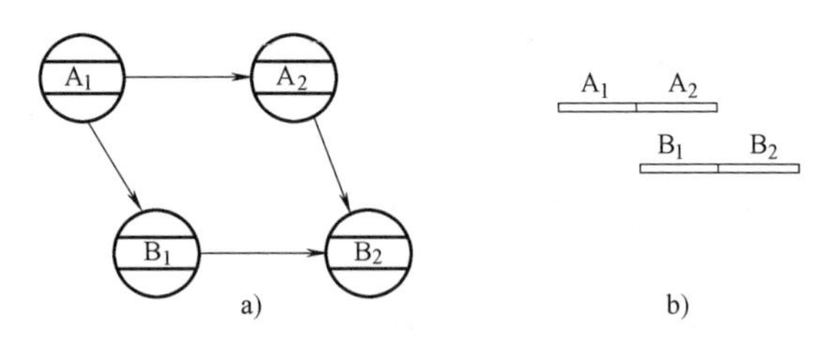

图 12-29　单代号网络图与横道图表示法

a）单代号网络图　b）横道图

2. 时间参数

1）结束到开始（Finish to Start）：符号为 $FTS_{i,j}$，表示紧前工作 i 的完成时间与其紧后工作 j 的开始时间之间的时距。A 工作完成后，要有一个时间间隔，B 工作才能开始。例如房屋装修中，在油漆完成后，需干燥两天才能安装玻璃，这个间隔时间就是 FTS，用单代号网络图表示如图 12-30 所示。

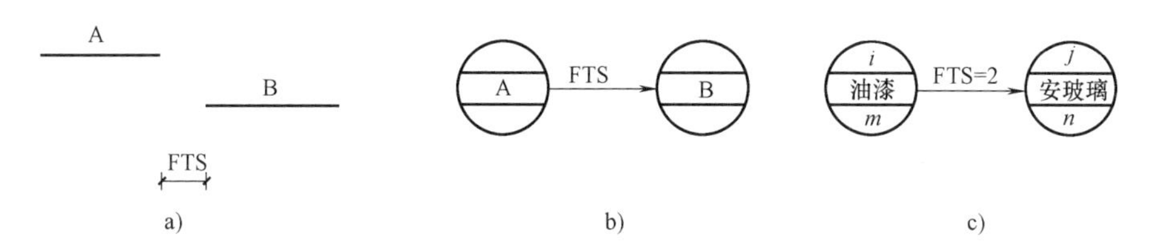

图 12-30 FTS 时间参数示意图

a）横道图 b）单代号搭接网络图 c）单代号搭接网络图例

当 FTS=0 时，即紧前工作 i 的完成时间等于紧后工作 j 的开始时间，就是前面所述的网络图正常的逻辑连接关系。所以，可将正常的逻辑连接关系看成是搭接网络的一个特殊情况。通常，紧后工作最早时间顺着箭头方向计算，紧前工作最迟时间逆着箭头方向计算。

2）开始到开始（Start to Start）：符号为 $STS_{i,j}$，表示紧前工作 i 的开始时间与紧后工作 j 的开始时间之间的时距。如图 12-29b 所示的搭接是 B 工作的开始时间受 A 工作开始时间的限制，即搭接关系为开始到开始，其搭接关系可用图 12-31 表示。例如，挖管沟与铺设管道分段组织流水施工，每段挖管沟需要 2 天时间，那么铺设管沟的班组在挖管沟开始后 2 天就可开始铺设管道，如图 12-31 所示。

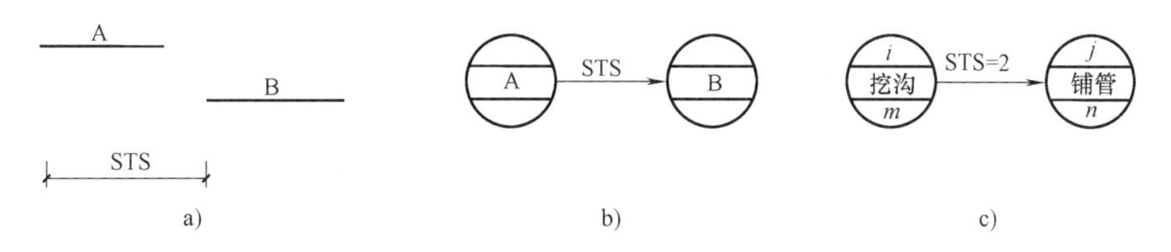

图 12-31 STS 时间参数示意图

a）横道图 b）单代号搭接网络图 c）单代号搭接网络图例

3）开始到结束（Start to Finish）：符号为 $STF_{i,j}$，表示紧前工作 i 的开始时间与紧后工作 j 的完成时间之间的时距。图 12-32 中，B 工作开始一段时间后，A 工作才完成。

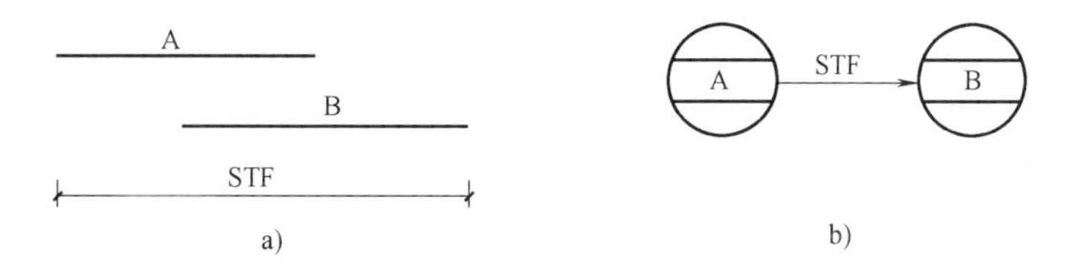

图 12-32 STF 时间参数示意图

a）横道图 b）单代号搭接网络图

4）结束到结束（Finish to Finish）：符号为 $FTF_{i,j}$，表示紧前工作 i 的完成时间与紧后工作 j 的完成时间之间的时距。例如，某砖混结构工程，分两个施工段组织流水施工，每层每段砌筑时间为 3 天。第Ⅰ段砌筑完后转移到第Ⅱ段砌筑，此时，第Ⅰ段进行板的吊装。由于吊装板的时间较短，在此不一定要求砌筑后立即吊装板，但必须在砌筑完的第三天完成板的吊装，以致不影响砌砖专业队进行上一层的施工。这个间隔时间就是 FTF，如图 12-33 所示。

5）组合型搭接关系：表示前面工作和后面工作的时间间隔除了受到开始到开始（STS）时距的限制外，还要受结束到结束（FTF）时距的限制。其关系如图 12-34 所示。

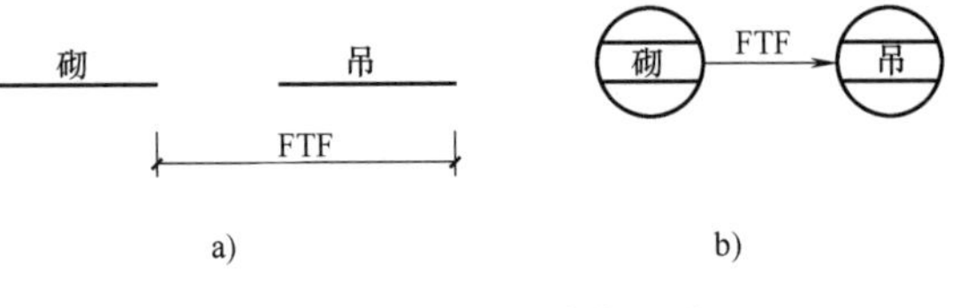

图 12-33　FTF 时间参数示意图
a）横道图　b）单代号搭接网络图

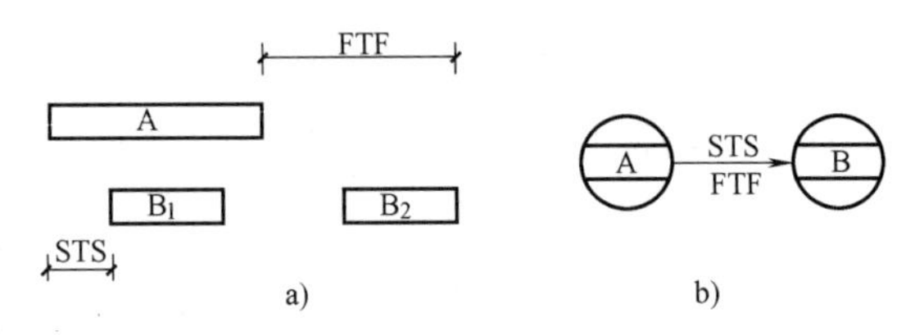

图 12-34　组合型时间参数示意图
a）横道图　b）单代号搭接网络图

图 12-34 中，A 工作的开始时间与 B 工作的开始时间有一个时间间隔，A 工作的结束时间与 B 工作的结束时间还有一个时间间隔限制。组合型搭接网络时间参数的计算，可将两种类型分别计算，对紧后工作最早时间取大值，对紧前工作最迟时间取小值。

3. 时间参数的计算

搭接网络由于具有以上不同形式的搭接关系，其时间参数计算也比前述的单、双代号网络图的计算复杂一些。一般计算方法是：依据计算公式，在图上进行计算。现以图 12-35 为例说明计算过程。

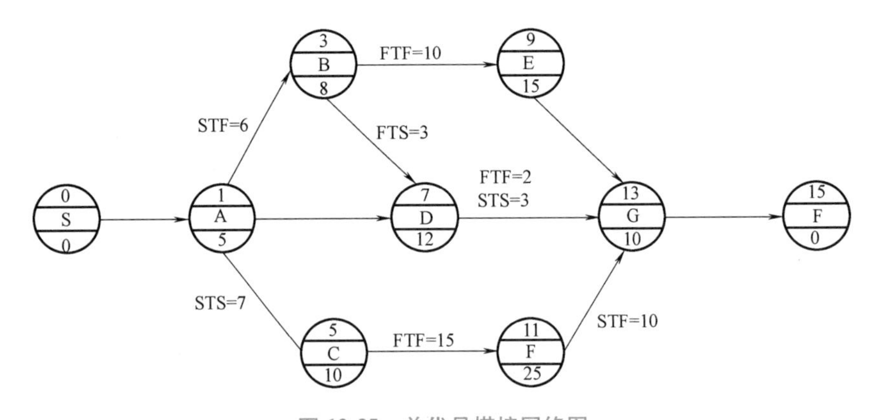

图 12-35　单代号搭接网络图
注：图中没有标出搭接关系的均为一般的搭接关系（即 FTS=0）。

单代号搭接网络计划时间参数的计算，应在确定各项工作的持续时间和各项工作之间的时距关系后进行。

（1）工作最早开始时间和最早完成时间　工作最早开始时间及最早完成时间在单代号搭接网络中的计算公式如下：

$$ES_s = 0$$

$$EF_s = ES_s + D_s$$

$$ES_j = \max\begin{cases} EF_i + FTS_{i,j} \\ ES_i + STS_{i,j} \\ EF_i + FTF_{i,j} - D_j \\ ES_i + STF_{i,j} - D_j \end{cases} \tag{12-35}$$

$$EF_j = ES_j + D_j$$

单代号搭接网络的最早时间的计算顺序同一般网络图：从开始节点顺箭头方向逐次计算。对于图 12-35，首先计算开始节点，由于开始节点是虚设的，所以其 $D_s = 0$，$ES_s = 0$，$EF_s = ES_s + D_s = 0$，将其结果标在起点节点上方的 ES、EF 位置上。

工作 A：紧前工作为开始节点，且无搭接，则

$$ES_1 = EF_0 = 0 \qquad EF_1 = ES_1 + D_1 = 0+5 = 5$$

工作 B：紧前工作为 A，搭接关系为 STF，则

$$ES_3 = ES_1 + STF_{1,3} - D_3 = 0+6-8 = -2 \qquad EF_3 = -2+8 = 6$$

计算出：$ES_3 = -2<0$，即工作 B 在起点节点的前 2 天开始，这个结果不符合网络图“只有一个起始节点”的规则。因此，节点 3 与起点节点的时距为：STS = 0，即工作 B 的最早可能开始时间为：$ES_3 = ES_0 + STS_{0,3} = 0$，且应将工作 B 与起点节点用虚箭线相连接，如图 12-36 所示。则

$$EF_3 = ES_3 + D_3 = 0+8 = 8$$

工作 C：紧前工作只有 A，搭接关系为 STS，则

$$ES_5 = ES_1 + STS_{1,5} = 0+7 = 7$$

$$EF_5 = ES_5 + D_5 = 7+10 = 17$$

工作 D：紧前工作 A、B，与 A 工作为一般的衔接关系，与 B 工作为 FTS 搭接，其结果取两者计算值之大者：

$$ES_7 = \max\begin{Bmatrix} EF_1 = 5 \\ EF_3 + FTS_{3,7} = 8+3 = 11 \end{Bmatrix} = 11$$

$$EF_7 = ES_7 + D_7 = 11+12 = 23$$

工作 E：紧前工作只有 B 工作，且搭接关系为 FTF，则

$$ES_9 = EF_3 + FTF_{3,9} - D_9 = 8+10-15 = 3$$

$$EF_9 = ES_9 + D_9 = 3+15 = 18$$

工作 F：紧前工作为 C，搭接关系也是 FTF，则

$$ES_{11} = EF_5 + FTF_{5,11} - D_{11} = 17+15-25 = 7$$

$$EF_{11} = ES_{11} + D_{11} = 7+25 = 32$$

工作 G：紧前工作有 D、E、F，与 D 为组合搭接，与 F 为 STF 搭接，与 E 为一般搭接，对其工作最早时间取上述几种搭接关系计算结果的最大者：

$$ES_{13} = \max\begin{Bmatrix} EF_9 = 18 \\ ES_7 + STS_{7,13} = 11+3 = 14 \\ EF_7 + FTF_{7,13} - D_{13} = 23+2-10 = 15 \\ ES_{11} + STF_{11,13} - D_{13} = 7+10-10 = 7 \end{Bmatrix} = 18$$

$$EF_{13} = ES_{13} + D_{13} = 18+10 = 28$$

终点节点：紧前工作只有 G，且为正常搭接，则

$$ES_{15} = ES_{13} = 28$$

$$EF_{15} = ES_{15} + D_{15} = 28+0 = 28$$

将以上计算结果标注在图 12-36 规定位置上。

如果是前面的一般网络图，其计算到此即可确定其整个工程的计算工期为 28 天，但对于搭接网络图，由于其存在着比较复杂的搭接关系，特别是当存在 STS、STF 搭接关系的工作，就使得其最后的终点节点的最早完成时间有可能小于前面有些节点的最早完成时间。所以在确定计算工期之前要对各节点的最早完成时间进行检查，看其是否大于终点节点的最早完成时间。如小于终点节点的最早完成时间，就取终点节点的最早完成时间为计算工期；如有些节点的最早完成时间大于终点节点的最早完成时间，则将所有大于终点节点最早完成时间的节点最早完成时间的最大值作为整个网络计划的计算工期，并在此节点到终点节点之间增加一条虚箭线。

在图 12-36 中，通过检查可以看出：F 工作最早可能完成时间为 32 天，大于终点节点的最早完成时间 28 天，则

$$\mathrm{ES}_{15}=32$$

$$\mathrm{EF}_{15}=\mathrm{ES}_{15}+D_{15}=32+0=32$$

然后在终点节点与 F 节点之间增加一条虚箭线。如图 12-36 所示，计算工期为 32 天。

（2）工作最迟开始时间和最迟完成时间　工作最迟开始时间的计算，应从终点节点开始，逆箭线方向依次逐项进行。当部分工作分期完成时，有关工作的最迟完成时间应从分期完成的节点开始逆向逐项计算。

1）终点节点所代表的工作 n 的最迟完成时间 LF_n，应按网络计划的计划工期 T_p 确定，即

$$\mathrm{LF}_n=T_\mathrm{p} \tag{12-36}$$

2）其他工作 i 的最迟完成时间 LF_i 应为

$$\mathrm{LF}_i=\mathrm{EF}_i+\mathrm{TF}_i \tag{12-37}$$

或

$$\mathrm{LF}_i=\min\begin{Bmatrix}\mathrm{LS}_j-\mathrm{FTS}_{i,j}\\ \mathrm{LS}_j+D_i-\mathrm{STS}_{i,j}\\ \mathrm{LF}_j-\mathrm{FTF}_{i,j}\\ \mathrm{LF}_j+D_i-\mathrm{STF}_{i,j}\end{Bmatrix} \tag{12-38}$$

工作 i 的最迟开始时间 LS_i 应按下式计算：

$$\mathrm{LS}_i=\mathrm{LF}_i-D_i \tag{12-39}$$

或

$$\mathrm{LS}_i=\mathrm{ES}_i-\mathrm{TF}_i \tag{12-40}$$

本题中，各工作的最迟开始时间、最迟完成时间计算如下：

$\mathrm{LF}_{15}=T_\mathrm{p}=32$；　　$\mathrm{LS}_{15}=\mathrm{LF}_{15}-D_{15}=32-0=32$

$\mathrm{LF}_{13}=\mathrm{EF}_{13}+\mathrm{TF}_{13}=28+4=32$；　　$\mathrm{LS}_{13}=\mathrm{LF}_{13}-D_{13}=32-10=22$

$\mathrm{LF}_{11}=\mathrm{EF}_{11}+\mathrm{TF}_{11}=32+0=32$；　　$\mathrm{LS}_{11}=\mathrm{LF}_{11}-D_{11}=32-25=7$

$\mathrm{LF}_{9}=\mathrm{EF}_{9}+\mathrm{TF}_{9}=18+4=22$；　　$\mathrm{LS}_{9}=\mathrm{LF}_{9}-D_{9}=22-15=7$

$\mathrm{LF}_{7}=\mathrm{EF}_{7}+\mathrm{TF}_{7}=23+7=30$；　　$\mathrm{LS}_{7}=\mathrm{LF}_{7}-D_{7}=30-12=18$

$\mathrm{LF}_{5}=\mathrm{EF}_{5}+\mathrm{TF}_{5}=17+0=17$；　　$\mathrm{LS}_{5}=\mathrm{LF}_{5}-D_{5}=17-10=7$

$\mathrm{LF}_{3}=\mathrm{EF}_{3}+\mathrm{TF}_{3}=8+4=12$；　　$\mathrm{LS}_{3}=\mathrm{LF}_{3}-D_{3}=12-8=4$

$\mathrm{LF}_{1}=\mathrm{EF}_{1}+\mathrm{TF}_{1}=5+0=5$；　　$\mathrm{LS}_{1}=\mathrm{LF}_{1}-D_{1}=5-5=0$

$\mathrm{LF}_{s}=\mathrm{EF}_{s}+\mathrm{TF}_{s}=0+0=0$；　　$\mathrm{LS}_{s}=\mathrm{LF}_{s}-D_{s}=0-0=0$

将以上结果分别标在网络图中各节点的相应位置，如图 12-36 所示。

（3）相邻两工作间的时间间隔　在搭接网络图中，相邻两项工作 i 和 j 之间在满足时距之外，还有多余的时间间隔 $LAG_{i,j}$，故必须考虑各种不同搭接关系对时间间隔的影响，并应按式（12-41）计算：

$$LAG_{i,j}=\min\begin{Bmatrix}ES_j-EF_i-FTS_{i,j}\\ES_j-ES_i-STS_{i,j}\\EF_j-EF_i-FTF_{i,j}\\EF_j-ES_i-STF_{i,j}\end{Bmatrix} \tag{12-41}$$

上面例题中的时间间隔计算如下：

$LAG_{0,1}=0-0=0$；

$LAG_{0,3}=0-0=0$；

$LAG_{1,3}=EF_3-ES_1-STF_{1,3}=8-0-6=2$；

$LAG_{1,5}=ES_5-ES_1-STS_{1,5}=7-0-7=0$；

$LAG_{1,7}=ES_7-EF_1=11-5=6$；

$LAG_{3,7}=ES_7-EF_3-FTS_{3,7}=11-8-3=0$；

$LAG_{3,9}=EF_9-EF_3-FTF_{3,9}=18-8-10=0$；

$LAG_{5,11}=EF_{11}-EF_5-FTF_{5,11}=32-17-15=0$；

$$LAG_{7,13}=\min\begin{Bmatrix}ES_{13}-ES_7-STS_{7,13}=18-11-3=4\\EF_{13}-EF_7-FTF_{7,13}=28-23-2=3\end{Bmatrix}=3;$$

$LAG_{9,13}=ES_{13}-EF_9=18-18=0$；

$LAG_{11,13}=EF_{13}-ES_{11}-STF_{11,13}=28-7-10=11$；

$LAG_{11,15}=ES_{15}-EF_{11}=32-32=0$；

$LAG_{13,15}=ES_{15}-EF_{13}=32-28=4$。

将上面数值标在相应节点之间的箭线上面，如图 12-36 所示。

（4）总时差　总时差应从网络计划的终点节点开始，逆着箭线方向依次逐项计算。当部分工作分期完成时，有关工作的总时差必须从分期完成的节点开始逆向逐项计算。计算如下：

1）终点节点所代表的工作 n 的总时差 TF_n 值应为

$$TF_n=TP-EF_n \tag{12-42}$$

2）其他工作的总时差 TF_i 应为

$$TF_i=\min\{TF_j+LAG_{i,j}\} \tag{12-43}$$

式中　TF_j——工作 i 的紧后工作 j 的总时差。

当已知各项工作的最早完成时间和最迟完成时间时，工作的总时差可按如下公式计算：

$$TF_i=LF_i-EF_i \tag{12-44}$$

或

$$TF_i=LS_i-ES_i \tag{12-45}$$

当计划工期等于计算工期，即无规定工期时，总时差为零的工作即为关键工作。将网络图中总时差为零的工作由起点节点至终点节点连接起来的线路即为关键线路。本例中，由于没有规定工期，故计划工期等于计算工期，即 $T_p=T_c=32$。所以有：$TF_{15}=T_p-EF_{15}=32-32=0$。其他节点的总时差计算如下：

$TF_{13}=TF_{15}+LAG_{13,15}=0+4=4$;

$TF_{11}=\min\{TF_{15}+LAG_{11,15},\ TF_{13}+LAG_{11,13}\}=\min\{0+0,\ 4+11\}=0$;

$TF_9=TF_{15}+LAG_{13,15}=0+4=4$;

$TF_7=TF_{13}+LAG_{7,13}=4+3=7$;

$TF_5=TF_{11}+LAG_{5,11}=0+0=0$;

$TF_3=\min\{TF_7+LAG_{3,7},\ TF_9+LAG_{3,9}\}=\min\{7+0,\ 4+0\}=4$;

$TF_1=\min\{TF_3+LAG_{1,3},\ TF_5+LAG_{1,5},\ TF_7+LAG_{1,7}\}=\min\{4+2,\ 0+0,\ 7+6\}=0$;

$TF_0=\min\{TF_1+LAG_{0,1},\ TF_3+LAG_{0,3}\}=\min\{0+0,\ 4+0\}=0$。

将上述数值标在规定位置，如图 12-36 所示。将 TF=0 的节点从起始节点到终点节点连接起来，构成关键线路，如图 12-36 画双线者。

(5) 自由时差的计算　工作的自由时差的计算如下：

终点节点所代表工作 n 的自由时差 FF_n 应为

$$FF_n=T_p-EF_n \tag{12-46}$$

其他工作 i 的自由时差 FF_i 应为

$$FF_i=\min\{LAG_{i,j}\} \tag{12-47}$$

本题中各工作的自由时差计算如下：

$FF_{15}=T_p-EF_{15}=32-32=0$;

$FF_{13}=LAG_{13,15}=4$;

$FF_{11}=\min\{LAG_{11,13},\ LAG_{11,15}\}=\min\{11,\ 0\}=0$;

$FF_9=LAG_{9,13}=0$;

$FF_7=LAG_{7,13}=3$;

$FF_5=LAG_{5,11}=0$;

$FF_3=\min\{LAG_{3,7},\ LAG_{3,9}\}=\min\{0,\ 0\}=0$;

$FF_1=\min\{LAG_{1,3},\ LAG_{1,5},\ LAG_{1,7}\}=\min\{2,\ 0,\ 6\}=0$;

$FF_0=\min\{LAG_{0,1},\ LAG_{0,3}\}=\min\{0,\ 0\}=0$。

将上面的 FF 值标在网络图的相应位置，如图 12-36 所示。

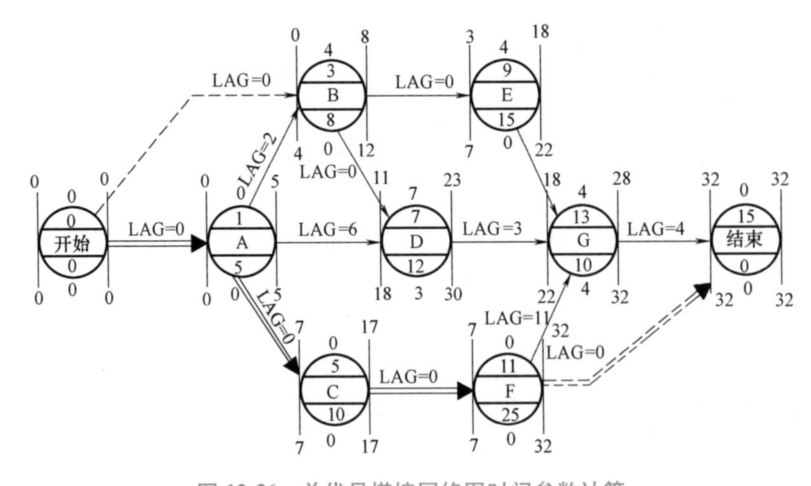

图 12-36　单代号搭接网络图时间参数计算

由上可以看出，单代号搭接网络的计算过程比一般单、双代号网络图较为麻烦。但是，计算机的应用解决了搭接网络计划编制和计算的难题。

12.4 网络计划的优化

网络计划的优化是在满足既定约束条件下，按某一衡量指标，利用时差不断改善网络计划的方案，以寻求最优计划方案的过程。网络计划的优化目标应按计划任务的需要和条件选定，有工期目标、资源目标和费用目标。根据优化目标，网络计划的优化可分为：工期优化、资源优化和费用优化三类。

12.4.1 工期优化

工期优化是指当计算工期大于规定工期时，或在一定约束条件下要使工期最短时，通过压缩关键工作的持续时间，以达到规定工期的目标。在优化过程中，要注意不能将关键工作压缩成非关键工作。当优化过程中出现多条关键线路时，必须将各条关键线路的持续时间压缩至同一数值，否则不能有效地缩短工期。

优化步骤如下：

1）用节点标号法计算并找出网络计划中的计算工期、关键线路及关键工作。

2）按规定工期计算应缩短的时间 ΔT：

$$\Delta T = T_c - T_r \tag{12-48}$$

式中　T_c——计算工期；

T_r——规定工期。

3）确定各工作能缩短的持续时间。在关键线路上，按下列因素选择应优先缩短持续时间的关键工作：①缩短持续时间对质量和安全影响不大的工作；②有充足备用资源的工作；③缩短持续时间所需增加的费用最少的工作。

4）将应优先缩短的关键工作的持续时间压缩至最短时间，并找出关键线路和计算工期。若被压缩的工作变成了非关键工作，则应将其持续时间延长，使之仍为关键工作。

5）若计算工期仍超过规定工期，则重复以上步骤，直到满足规定工期或工期已不能再缩短为止。需要注意：当所有关键工作的持续时间都已达到最短时间而工期仍不能满足规定工期时，就需对原定施工方案进行修改、调整。

12.4.2 资源优化

网络计划资源优化中几个常用术语解释如下：

1）资源：为完成任务所需的人力、材料、机械设备和资金等的统称。

2）资源强度：一项工作在单位时间内所需的某种资源的数量，工作 i—j 的资源强度用 q_{i-j} 表示。

3）资源需要量：网络计划中各项工作在某一单位时间内所需某种资源总的数量，第 t 天资源需要量用 R_t 表示。

4）资源限量：单位时间内可供使用的某种资源的最大数量，用 R_a 表示。

完成一项工程任务所需的资源量基本上是不变的，不可能通过资源优化将其减少，更不可能通过资源优化将其减至最少。资源优化的目的就是通过改变工作的开始时间，使资源按时间的分布符合优化目标。

资源优化主要有“资源有限—工期最短”和“工期固定—资源均衡”两种类型。

1. 资源有限—工期最短的优化

资源有限—工期最短优化是指通过调整网络计划，在满足每日资源需要量不超过某种资源限量的情况下，寻找工期最短的工程计划。

（1）优化的前提条件

1）在优化过程中，网络计划的各工作持续时间不予变更。

2）各工作每天的资源需要量是均衡的、合理的，在优化过程中不予变更。

3）除规定可中断的工作外，一般不允许中断工作，应保持其连续性。

4）优化过程中不改变网络计划的逻辑关系。

（2）资源优化分配的原则　资源优化分配是指按各工作在网络计划中的重要程度进行排队，将有限的资源进行科学的分配，其原则是：

1）关键工作优先满足，按每日资源需要量大小，从大到小顺序供应资源。

2）非关键工作在满足关键工作资源供应后，按总时差大小，从小到大的顺序供应资源总时差相等时，以叠加量不超过资源限量的工作优先供应资源。在优化过程中，已被供应资源而不允许中断的工作在本时段内应优先供应。

3）最后考虑给计划中总时差较大，允许中断的工作供应资源。

（3）优化步骤

1）按工作最早开始时间绘制时标网络图。

2）计算并画出资源需要量曲线，标明每一时段每日资源需要量数值，并用虚线标明资源供应限量。

3）从左向右，在每日资源需要量曲线上，找到最先出现超过资源限量的时段［τ_i，τ_{i+1}］进行调整。在时段［τ_i，τ_{i+1}］内，按资源优化分配的原则，对各工作的分配顺序进行编号，从1号到第n号。

4）按编号的顺序，依次将时段［τ_i，τ_{i+1}］内各工作的每日资源需要量q_{i-j}累加，并逐次与资源限量进行比较。当累加到第χ号工作，首先出现$\sum q_{i-j}>R_a$，即将带χ号至n号工作推移到下一时段，以使本时段的$\sum q_{i-j}<R_a$。

5）画出工作推移后的时标网络图，再次进行每日资源需要量的重新叠加。

6）重复第3）至第5）步骤，直至所有的时段每日资源需要量都不再超过资源限量为止。

2. 工期固定—资源均衡的优化

工期固定—资源均衡优化是指在工期不变的情况下，使资源分布尽量均衡，即在资源需要量动态曲线上，尽可能不出现短时期的高峰和低谷，使每天的资源需要量接近于平均值。

（1）资源均衡衡量指标　衡量资源均衡指标一般有三种：

1）不均衡系数K。

$$K=\frac{R_{max}}{R_m} \tag{12-49}$$

式中　R_{max}——最大的每天资源需要量；

R_m——资源需要量的平均值。

$$R_m = \frac{1}{T}(R_1 + R_2 + \cdots + R_T) = \frac{1}{T}\sum_{t=1}^{T} R_t \quad (12\text{-}50)$$

资源需要量不均衡系数越小，则均衡性越好。

2）极差值 ΔR。

$$\Delta R = \max[\,|R_t - R_m|\,] \quad (12\text{-}51)$$

式中　R_t——在第 t 天的资源需要量；

R_m——资源需要量的平均值。

资源需要量极差值越小，则均衡性越好。

3）方差 δ^2。

$$\delta^2 = \frac{1}{T}\sum_{t=1}^{T}(R_t - R_m)^2 \quad (12\text{-}52)$$

资源需要量方差值越小，其资源均衡性就越好。

（2）优化方法　下面介绍用方差 δ^2 衡量均衡性的优化方法。为使计算简便，式（12-52）可展开如下：

$$\begin{aligned}\delta^2 &= \frac{1}{T}\sum_{t=1}^{T}(R_t^2 - 2R_tR_m + R_m^2) \\ &= \frac{1}{T}\sum_{t=1}^{T}R_t^2 - \frac{2R_m}{T}\sum_{t=1}^{T}R_t + \frac{1}{T}\sum_{t=1}^{T}R_m^2\end{aligned} \quad (12\text{-}53)$$

将式（12-50）代入，得

$$\delta^2 = \frac{1}{T}\sum_{t=1}^{T}R_t^2 - R_m^2 \quad (12\text{-}54)$$

式中　R_m——常数。

对于式（12-54），要使方差为最小，必须使 $\sum_{t=1}^{T}R_t^2$ 最小。

假设调整工作 $k—l$，将其开始时间调后一天，即将第 i 天开始调整至第 $i+1$ 天开始，则第 j 天完成就变为第 $j+1$ 天完成，这样调前的 $\sum_{t=1}^{T}R_t^2$ 为

$$R_1^2 + R_2^2 + R_3^2 + \cdots + R_i^2 + R_{i+1}^2 + \cdots + R_{j-1}^2 + R_j^2 + R_{j+1}^2 + \cdots + R_T^2$$

调后的 $\sum_{t=1}^{T}R_t^{2'}$ 为

$$R_1^2 + R_2^2 + R_3^2 + \cdots + (R_i - q_{k—l})^2 + R_{i+1}^2 + \cdots + R_{j-1}^2 + R_j^2 + (R_{j+1} + q_{k—l})^2 + \cdots + R_T^2$$

用调后的 $\sum_{t=1}^{T}R_t^{2'}$ 减去调前的 $\sum_{t=1}^{T}R_t^2$，得出两者之间的差值为

$$\begin{aligned}\Delta &= (R_i - q_{k—l})^2 - R_i^2 + (R_{j+1} + q_{k—l})^2 - R_{j+1}^2 \\ &= 2R_{j+1}q_{k—l} - 2R_iq_{k—l} + 2q_{k—l}^2 \\ &= 2q_{k—l}(R_{j+1} - R_i + q_{k—l})\end{aligned} \quad (12\text{-}55)$$

如果 Δ 为负值，则工作 $k—l$ 右移一天，能使 $\sum_{t=1}^{T}R_t^2$ 的值减小，因为只需判别正负，故判别式（12-55）可表达为下述形式：

$$\Delta' = R_{j+1} - R_i + q_{k-l} \tag{12-56}$$

或工作右移一天能使均方差值减小的判别式为

$$R_i > R_{j+1} + q_{k-l} \tag{12-57}$$

即当工作 $k—l$ 开始那一天的资源需要量大于其完成那天的后一天的资源需要量与该工作资源强度之和时，该工作右移一天能使均方差值减小，这时，就可将 $k—l$ 右移一天，如此判定右移，直至不能右移或该工作的总时差用完为止。

如在右移过程中，当 $R_i < R_{j+1} + q_{k-l}$ 时，判定不能右移；当 $R_i = R_{j+1} + q_{k-l}$ 时，仍然可试着右移，如在此后符合判别式（12-57），也可将之右移至相应位置。工作 $k—l$ 右移以后，再按上述顺序考虑其他工作的右移。

由于工期已定，故只能调整非关键工作，调整顺序为：自终点节点开始，逆箭线逐个进行。

（3）优化步骤

1）按照各项工作的最早开始时间安排进度计划。

2）计算网络计划资源需要量的平均值。

3）从网络计划的终点节点开始，按工作完成节点编号值从大到小的顺序依次进行调整。同一个完成节点的工作则应先调整开始时间较迟的工作。

4）在所有工作都按上述顺序进行了一次调整之后，为使方差值进一步减小，再按上述顺序进行多次调整，直至所有工作的位置都不能再移动为止。

12.4.3　费用优化

费用优化又称为工期成本优化或时间成本优化，是指寻求计算工程总成本最低时的工期安排，或按计算工期寻求最低费用的计划安排。

网络计划的总费用由直接费和间接费组成，直接费是直接用于工程的人工、材料和机械费用，间接费是间接用于工程的费用。它们与工期之间的关系如图 12-37 所示，可看出缩短工期会引起直接费的增加和间接费的减少，延长工期会引起直接费的减少和间接费的增加。费用优化的目标是总费用最小，与最小费用相对的工期为最优工期。

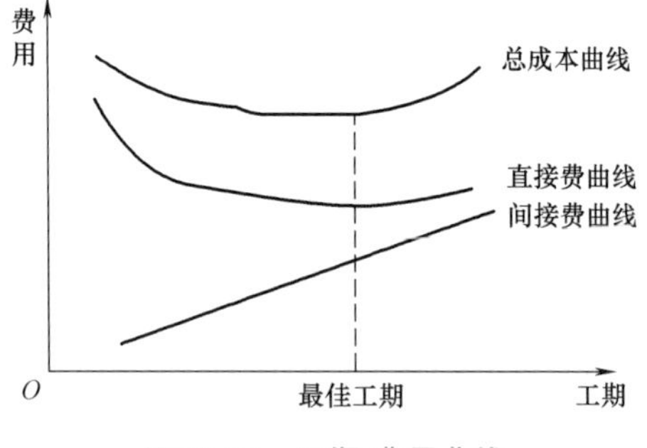

图 12-37　工期-费用曲线

优化步骤如下：

1）计算网络计划在正常工期情况下的工程总直接费。工程总直接费等于组成该工程全部工作的直接费的总和，用 $\sum C^D$ 表示。

2）计算各项工作直接费的增加率。直接费的增加率是指缩短每一单位工作持续时间所增加的直接费，简称直接费率。工作 $i—j$ 的直接费率用 ΔC_{i-j} 表示，并按下式计算：

$$\Delta C_{i-j} = \frac{\mathrm{CC}_{i-j} - \mathrm{CN}_{i-j}}{\mathrm{DN}_{i-j} - \mathrm{DC}_{i-j}} \tag{12-58}$$

式中　ΔC_{i-j}——工作 $i—j$ 的直接费率；

DN_{i-j}——工作 $i—j$ 的正常持续时间；

DC_{i-j}——工作 $i—j$ 的最短持续时间；

CC_{i-j}——将工作 $i—j$ 的持续时间缩短为最短持续时间后，完成该工作所需的直接费；

CN_{i-j}——在正常条件下完成工作 i—j 所需的直接费。

3）确定各项工作的间接费用率。间接费用率是指缩短单位工作持续时间所减少的间接费，简称间接费率。工作 i—j 的间接费率用 ΔC_{i-j}^{ID} 表示。间接费率一般根据实际情况确定。

4）找出网络计划中的关键线路并计算出计算工期。

5）在网络计划中找出直接费率（或组合直接费率）最小的一项关键工作（或一组关键工作），作为缩短持续时间的对象。

6）缩短找出的一项关键工作（或一组关键工作）的持续时间，其缩短值必须符合所在关键线路不能变成非关键线路，且缩短后的持续时间不小于最短持续时间的原则。

7）计算相应的费用增加值。

8）考虑工期变化带来的间接费及其他损益，在此基础上计算总费用。总费用计算如下：

$$C_t^T = C_{t+\Delta T}^T + \Delta T \cdot \Delta C_{i-j} - \Delta T \cdot \Delta C_{i-j}^{ID} \tag{12-59}$$

式中　C_t^T——将工期缩短 t 时的总费用；

$C_{t+\Delta T}^T$——前一次的总费用；

ΔT——工期缩短值；

ΔC_{i-j}^{ID}——工作 i—j 的间接费率；

ΔC_{i-j}——工作 i—j 的直接费率。

9）重复以上 5）~8）步骤直到总费用不再降低为止。

如式（12-59）所示，当直接费率或组合直接费率大于间接费率时，总费用呈上升趋势；当直接费率或组合直接费率等于或略小于间接费率时，总费用最低。

优化过程可按表 12-5 所示的形式进行。

表 12-5　优化过程

缩短次数	被缩工作代号	被缩工作名称	直接费率或组合直接费率	费率差（正或负）	缩短时间	缩短费用	总费用	工期
1	2	3	4	5	6	7	8	9

注：费率差 = 直接费率或组合直接费率 - 间接费率。

本章小结及关键概念

- **本章小结**：本章根据国家行业标准《工程网络计划技术规程》（JGJ/T 121—2015）系统讲述了双代号网络计划、双代号时标网络计划、单代号网络计划、单代号搭接网络计划的基本理论知识；着重介绍了各种类型网络图时间参数的计算、绘制和优化。通过本章学习，要求了解工程网络计划技术的基本理论、分类、特点和网络计划软件的应用，在熟悉单、双代号网络图绘图规则的基础上，掌握其绘制方法并掌握双代号时标网络计划的绘制方法；掌握单、双代号网络计划、单代号搭接网络计划时间参数的基本概念和计算方法；能够熟练地确定单、双代号网络计划的关键工作和关键线路；了解网络计划的各种优化方法。
- **关键概念**：双代号网络图、工作、节点、线路、总时差、自由时差、关键线路、单代号网络图、工期优化、资源优化、费用优化。

习　题

一、复习思考题

12.1　简述网络计划技术的分类。

12.2　网络图与横道图相比，具有哪些特点？

12.3　双代号网络图的基本组成要素有哪些？

12.4　虚工作在双代号网络中起何作用？并举例说明。

12.5　绘制双代号网络图应符合哪些基本规则？

12.6　双代号时标网络图的绘制方法有哪些？如何绘制？

12.7　什么是关键线路？它有什么特点？

12.8　从双代号时标网络图中能直接判断出哪些时间参数？

12.9　单代号搭接网络计划有哪几种搭接关系？

12.10　什么是网络计划优化？网络计划优化的类型有哪些？

二、练习题

12.1　图12-38中有哪些错误？请改正。

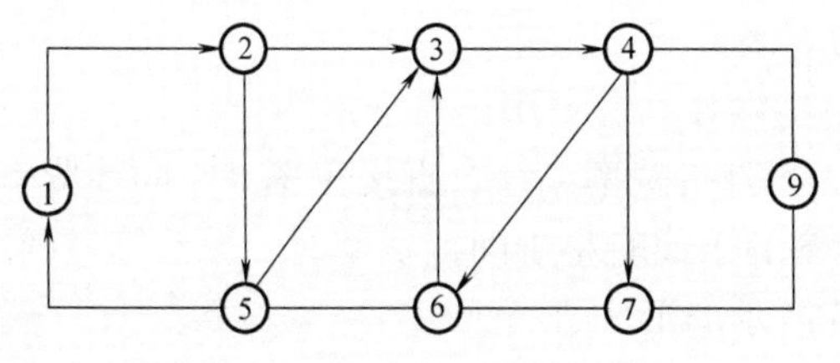

图12-38　练习题12.1图

12.2　根据下列各题的逻辑关系绘制双代号网络图：

(1) H的紧前工序为A、B；F的紧前工序为B、C；G的紧前工序为C、D。

(2) H的紧前工序为A、B；F的紧前工序为B、C、D；G的紧前工序为C、D。

(3) M的紧前工序为A、B、C；N的紧前工序为B、C、D。

(4) H的紧前工序为A、B、C；N的紧前工序为B、C、D；P的紧前工序为C、D、E。

12.3　某砖混结构住宅楼有六个单元，在基础工程施工阶段分解为挖土方、做垫层、砌基础、回填土4个施工过程，3个施工段组织流水施工，各施工过程在各施工段上的持续时间为：挖土方3天，做垫层1天，砌基础4天，回填土2天。根据该工程绘制双代号网络图。

12.4　根据下列逻辑关系绘制双代号网络图，然后用图上计算法计算各时间参数，并确定关键线路，见表12-6。

表12-6　练习题12.4表

工序	作业时间	紧前工序	紧后工序	工序	作业时间	紧前工序	紧后工序
A	3	—	B、C、G	E	3	B	F、I
B	5	A	D、E	F	9	E	J
C	4	A	H	G	7	A	J
D	8	B	H	H	4	C、D	J

（续）

工序	作业时间	紧前工序	紧后工序	工序	作业时间	紧前工序	紧后工序
I	9	E	K	K	8	I、J	—
J	3	F、G、H	K				

12.5　根据下列逻辑关系绘制双代号网络图，然后用表上计算法计算各时间参数，并确定关键线路，见表 12-7。

表 12-7　练习题 12.5 表

工序名称	A	B	C	D	E	F	G	H
作业时间	3	4	4	5	6	2	3	4
紧前工序	—	—	—	A	A、B、C	C	D	D、E、F

12.6　用节点标号法确定图 12-39 的工期及关键线路。

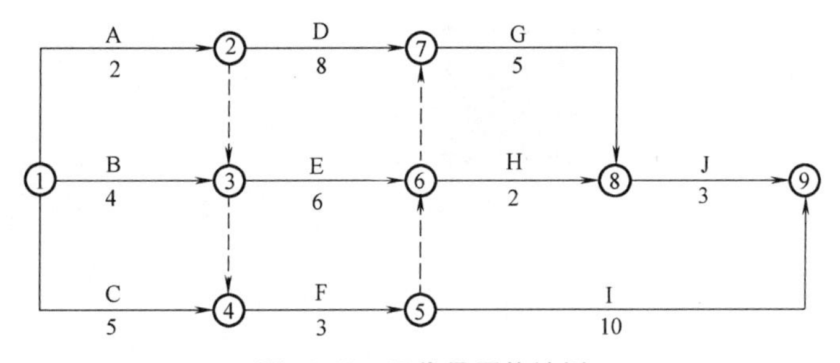

图 12-39　双代号网络计划

12.7　根据练习题 12.2 的逻辑关系绘制单代号网络图。

12.8　按表 12-8 所给数据，画出单代号网络图，然后计算网络图的时间参数，并确定关键线路。

表 12-8　练习题 12.8 表

工序名称	A	B	C	D	E	F	G	H	I	J
作业时间	3	6	5	2	4	7	3	5	12	6
紧前工序	-	A	A	B	B	D	F	E、F	C、E、F	H、G

12.9　按表 12-8 所列数据绘制成双代号网络图，然后绘制出时标网络图，并直接在时标网络图上确定关键线路。

12.10　根据下列数据，绘制单代号搭接网络图并计算它的各个时间参数，见表 12-9。

表 12-9　练习题 12.10 表

工序名称	作业时间	紧前工序	搭接关系	时距
A	4	—	—	—
B	5	A	FTF	2
C	7	A	STS	2

（续）

工序名称	作业时间	紧前工序	搭接关系	时距
D	5	B	FTS	0
E	6	B	FTS	3
F	6	C	STF	5
G	4	D	STS	2
H	4	D	FTF	1
I	4	E	STS	2

二维码形式客观题

第 12 章
客观题

第13章 单位工程施工组织设计

学习要点

知识点：单位工程施工组织设计的内容、编制依据、方法和步骤，施工方案设计、施工进度计划及资源配置计划的编制、施工平面图设计及施工管理计划的编制。

重点：单位工程施工组织设计的编制程序和内容，单位工程施工方案、施工进度计划、施工平面图及施工管理计划的主要内容和编制方法。

难点：施工方案选择，施工进度计划及各项资源需要量计划的编制，单位工程施工平面图设计。

13.1 概述

单位工程施工组织设计是施工单位以拟建项目的单位工程为对象编制的，用以指导单位工程施工过程的技术、经济和管理的综合性文件。它的主要任务是根据有关编制依据和实际施工条件，从整个工程施工的全局出发，合理进行施工部署，科学制订施工方案，安排施工顺序和进度计划，有效利用施工场地，优化配置和节约使用人力、物力、资金等生产要素，协调各方面工作，以实现进度、质量、安全、成本及环境五大目标。

13.1.1 单位工程施工组织设计的内容及编制程序

1. 单位工程施工组织设计的内容

单位工程施工组织设计的内容，根据工程的性质、规模、结构特点、技术复杂程度和施工现场条件的不同，不强求一致。一般包括：编制依据、工程概况、施工部署及主要施工方案选择、施工进度计划编制、施工准备与资源配置计划编制、施工现场平面布置图设计、主要施工管理计划编制、主要技术经济指标分析等内容。在编制单位工程施工组织设计时，应讲究实效，重点编好施工方案、施工进度计划和施工平面布置图，抓住技术、时间和空间三大关键环节。

2. 单位工程施工组织设计的编制程序

单位工程施工组织设计的编制程序如图13-1所示。

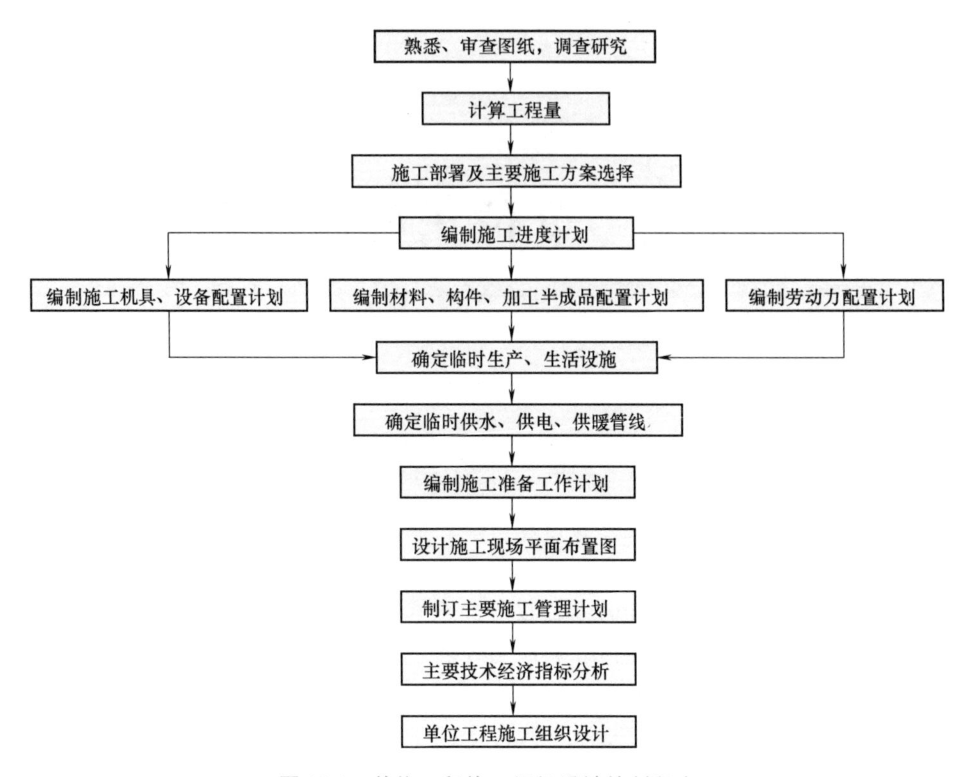

图13-1　单位工程施工组织设计编制程序

13.1.2　单位工程施工组织设计的编制原则及依据

1. 单位工程施工组织设计的编制原则

1）符合施工合同或招标文件中有关工程进度、质量、安全、环境保护、造价等方面的要求。

2）积极开发、使用新技术和新工艺，推广应用新材料和新设备。

3）坚持科学的施工程序和合理的施工顺序，采用流水施工和网络计划技术，科学配置资源，合理布置现场，采取季节性施工措施，实现均衡施工，达到合理的经济技术指标。

4）采取技术和管理措施，推广建筑节能和绿色施工。

5）与质量、环境和职业健康安全三个管理体系有效结合。

2. 单位工程施工组织设计的编制依据

1）与工程建设有关的法律、法规和文件。

2）国家现行有关标准和技术经济指标。

3）工程所在地区行政主管部门的批准文件及建设单位对施工的要求。

4）工程施工合同或招标投标文件。

5）工程设计文件。

6）施工组织总设计以及上级主管部门对本工程的要求。

7）工程施工范围内的现场条件、工程地质及水文地质、气象等自然条件。

8）与工程有关的资源供应情况。

9）施工企业的生产能力、机具设备状况、技术水平。

10）建设单位对工程施工可能提供的条件等。

13.1.3 工程概况及施工特点分析

1. 工程概况

工程概况是对拟建工程的工程特点、地点特征和施工条件等所做的简单而突出重点的文字介绍，一般以图表形式进行说明。其内容主要包括：

（1）工程主要情况 主要介绍工程名称、性质和地理位置；工程的建设、勘察、设计、监理和总承包等相关单位情况；工程承包范围和分包工程范围；施工合同、招标文件或总承包单位对工程施工的重点要求以及其他应说明的情况。

（2）各专业设计内容简介 一般依据建设单位提供的建筑、结构及各相关专业设计文件，常采用表格进行描述。建筑设计简介主要包括建筑规模、建筑功能、建筑特点、建筑耐火、防水及节能要求等，并简单描述工程的主要装修做法；结构设计简介应介绍结构形式、地基基础形式、结构安全等级、抗震设防类别、主要结构构件类型及要求等；机电及设备安装专业设计简介描述给排水及采暖系统、通风与空调系统、电气及智能化系统、电梯等各个专业系统的做法要求。

（3）工程施工条件 主要介绍项目建设地点的气象状况；项目施工区域地形和工程水文地质状况；项目施工区域地上、地下管线及相邻的地上、地下建筑物及构筑物情况；与项目施工有关的道路、河流等状况；当地建筑材料、设备供应和交通运输等服务能力状况；当地供电、供水、供热和通信能力状况以及其他与施工有关的主要因素。

2. 施工特点分析

不同类型的建筑结构有不同的施工特点，从而选择不同的施工方案。施工特点分析即通过分析找出本工程施工中的主要矛盾，然后提出相应的对策，以保证施工顺利进行。如砖混结构住宅的施工特点是：砌体和抹灰工程量大，水平和垂直运输量大等。高层建筑的施工特点是：基坑支护结构复杂，安全防护要求高，结构和施工设备的稳定性要求高，钢材加工量大，混凝土浇筑难度大等。

13.2 单位工程施工部署及主要施工方案选择

13.2.1 单位工程施工部署

单位工程施工部署是对单位工程实施过程做出的统筹规划和全面安排，是单位工程施工组织设计的纲领，其内容主要包括确定工程施工目标、施工进度安排及空间组织、施工组织安排及其他内容等。

1. 工程施工目标的确定

工程施工目标根据施工合同、招标文件及上级单位对工程管理目标的要求确定，主要有进度、质量、安全、环境和成本等五大目标，并应符合施工组织总设计中所确定的总体目标。

2. 施工进度安排及空间组织的确定

施工进度安排及空间组织确定时应符合下列规定：

1）对单位工程的主要分部（分项）工程和专项工程的施工进行统筹安排，使施工顺序符合工序逻辑关系，并对施工内容及其进度进行明确说明。

2）根据工程具体情况对施工流水段进行合理划分，并指明划分依据及流水方向，确保均衡流水施工。单位工程施工阶段的划分一般包括地基基础、主体结构、装修装饰和机电设备安装三阶段。

3. 确定施工组织安排

施工部署中宜采用框图的形式表示项目管理组织机构的形式，并明确项目经理部的工作岗位设置及其职责划分。

4. 其他内容

施工部署中对于工程施工的重点和难点须进行分析，主要包括组织管理和施工技术两个方面；对于工程施工中开发和使用的新技术、新工艺应做出部署，对新材料和新设备的使用应提出技术及管理要求；并对主要分包工程施工单位的选择要求及管理方式进行简要说明。

13.2.2　主要施工方案选择

施工方案是以分部（分项）工程或专项工程为主要对象编制的施工技术与组织方案，是单位工程施工组织设计的核心内容。主要包括确定施工展开程序和施工流向、确定施工顺序、确定主要分部分项工程的施工方法与施工机械等。施工方案选择的合理与否，将直接影响到工程的质量、进度与成本，因此应充分重视。

1. 确定施工展开程序

单位工程施工展开程序是指不同施工阶段、分部工程或专业工程之间所遵循的先后施工次序。施工中通常应遵循的程序有：

1）先地下后地上。施工时，通常应先完成管道、管线等地下设施，以及土方工程和基础工程，然后开始地上工程施工，但逆作法施工除外。

2）先主体后围护。施工时应先进行框架主体结构施工，然后进行围护结构施工。

3）先结构后装饰。施工时先进行主体的结构施工，然后进行装饰工程施工。但随着建筑工业化水平的提高，某些装饰与结构构件可在工厂制作，现场进行安装即可。

4）先土建后设备。即指一般的土建与水、暖、电、卫等工程的总体施工程序。然而在实际施工时某些工序可能要穿插在土建的某工序之前进行，这只是施工顺序问题，并不影响总体施工程序。

2. 确定施工起点流向

确定施工起点流向，就是确定单位工程在平面空间和竖向空间上施工的开始部位及其进展方向，其主要解决建筑物或构筑物在空间上的合理施工顺序问题。确定单位工程施工起点流向时一般应考虑以下因素：

1）满足建设单位对生产和使用的要求。

2）生产性建筑应考虑生产工艺流程及先后投产顺序。

3）平面上各部分施工繁简程度。对技术复杂、工程量大、耗时较长的分部分项工程优先施工。

4）房屋的高低跨或高低层、基础的深浅。在单层工业厂房结构安装中，当有高低跨并列时，应从并列跨处开始吊装；当基础有深浅时，应按照先深后浅的顺序施工。

5）施工现场条件和施工方法。

6）考虑主导施工机械的工作效益以及主导施工过程的分段情况。

7）分部分项工程的特点和相互关系。各分部分项的施工起点流向有其自身的特点。密切相关的分部分项工程，如果确定了前面施工过程的起点流向，则后续施工过程也就随之确定了。

一般情况下，对于单层建筑物如厂房，可按其车间、工段或跨间，分区分段地确定在平面上的施工流向。对于多、高层建筑物，除确定每层平面上的流向外，还应确定竖向上的施工流向。如高层的装饰工程，若工期不紧迫，可自上而下进行流水施工；若工期紧迫，也可提前插入装饰工程，对室内装饰采取自下而上或自中而下再自上而中的流水施工方案。此外，就自上而下或自下而上等方案又可分为水平和竖直两种情况。各种流向方式如图 13-2～图 13-4 所示，其特点各不相同，在确定时应根据工程的特点、工期要求及招标文件的具体要求进行选择。

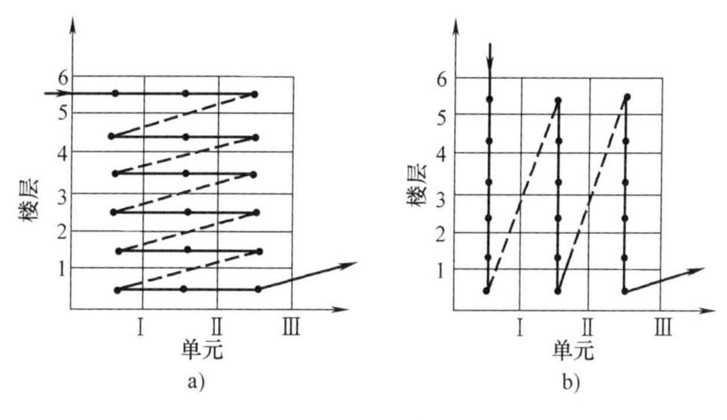

图 13-2　室内装饰工程自上而下的流向

a）水平向下　b）垂直向下

3. 确定施工顺序

施工顺序是指分项工程或施工过程之间施工的先后次序。确定施工顺序时，既要考虑施工客观规律及工艺顺序，又要考虑各工种在时间与空间上最大限度的衔接，从而在保证质量的基础上充分利用工作面，争取时间、缩短工期，取得较好的经济效益。

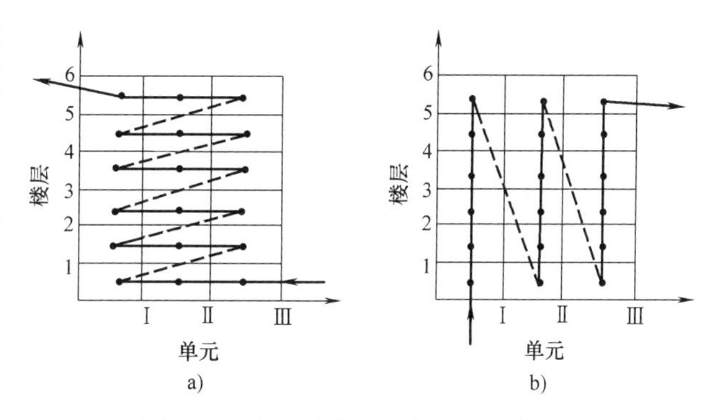

图 13-3　室内装饰工程自下而上的流向

a）水平向上　b）垂直向上

（1）安排施工顺序的基本要求

1）满足施工工艺要求。各施工过程之间存在着一定的工艺顺序，这是由客观规律所决定的。当然工艺顺序会因施工对象、结构部位、构造特点、使用功能及施工方法不同而变化。确定施工顺序时应分析各施工过程之间的工艺关系。如现浇柱的施工顺序为：绑扎柱钢筋→支柱模板→浇筑混凝土→养护→拆模。而预制柱的施工顺序为：支模板→绑钢筋→浇筑混凝土→养护→拆模。

2）施工顺序应与施工方法和施工机械一致。施工方法和施工机械对施工顺序有影响。如钢筋混凝土箱形基础采取的施工顺序为：基础土方开挖→垫层→绑扎钢筋→支模板→浇筑混凝土→养护→拆模→回填土。而逆作业法则采用地下连续墙作地下室基础结构，可大大缩短基础施工时间，不需要进行基坑大开挖。

3）应考虑施工质量的要求。安排施工顺序时，应以确保工程质量为前提。为了加快施工进度，必须有相应的质量保证措施，不能因加快施工进度，而采用影响工程质量的施工顺序。如为了缩短工期，装修工程可以在结构封顶之前进行。然而上部结构施工用水会影响下面的装修工程，因此必须采取严格的防水措施，并对装修后的成品加强保护。

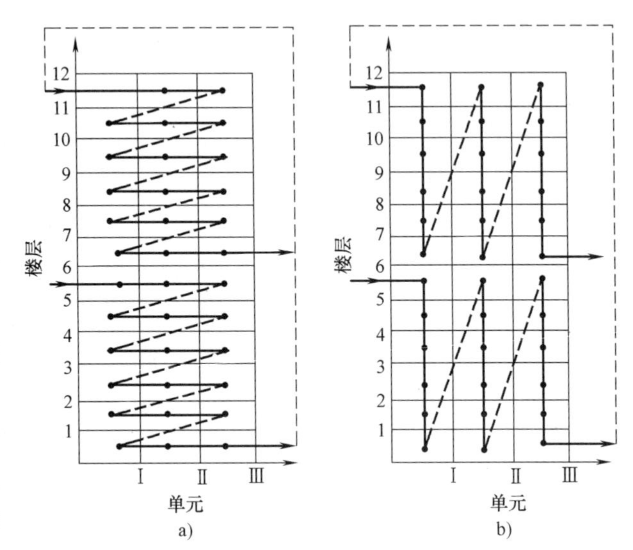

图 13-4 室内装饰自中而下再自上而中的流向

a）水平向下 b）垂直向下

4）应考虑自然条件的影响。安排施工顺序时应考虑自然条件对施工顺序的影响。南方地区应多考虑夏季多雨及热带风暴对施工的影响，北方地区应多考虑寒冷天气对施工的影响。受自然条件影响较大的混凝土结构工程、防水工程、装饰工程中湿作业部分，要尽量安排在冬季来临之前完成，而一些基本不受自然条件影响的项目要尽可能给上述项目让路，以保持施工活动的连续均衡。

5）应考虑施工安全的要求。确定施工顺序时，应确保施工安全，不能因抢工程进度而导致安全事故。对于高层建筑工程施工，不宜进行交叉作业。当不可避免地进行交叉作业时，应有严格的安全防护措施。

（2）多层混合结构房屋施工顺序 多层混合结构房屋施工，通常可以分为基础工程、主体结构工程、屋面及装饰工程三个阶段。某三层混合结构施工顺序示意图如图 13-5 所示。

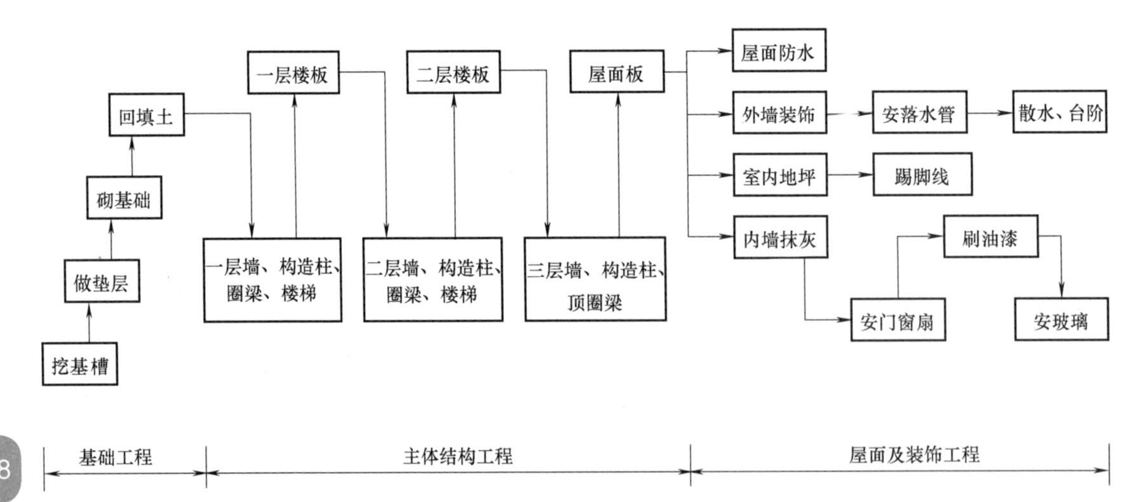

图 13-5 某三层混合结构施工顺序示意图

1）基础工程施工顺序。基础是指室内地坪（±0.00）以下所有工程的施工阶段。其施工顺序一般为：挖土→做垫层→砌基础→地圈梁或铺设基础防潮层→回填土。当在挖槽和钎探过程中发现地下有障碍物如洞穴、防空洞、枯井、软弱地基等，应进行局部加固处理。

各施工过程安排应尽量紧凑。基坑（槽）暴露时间不宜太长，以防暴晒和积水。垫层施工完后，要留有技术间歇时间，使其具有一定强度之后，再进行下一道工序施工。回填土应在整个基础完成后尽快分层回填压实，以保证基础不受雨水浸泡，又为后续工作提供场地条件。各种管道沟挖土和管道铺设等工程，应尽可能与基础工程配合，平行搭接施工，合理安排施工顺序，尽可能避免土方重复开挖，造成不必要的浪费。

2）主体结构施工顺序。主体结构主要施工过程有：搭设脚手架、砌筑墙体、安装门窗框、安装预制过梁、浇筑钢筋混凝土圈梁和构造柱、安装预制楼板、浇筑钢筋混凝土楼盖和雨篷、安装楼梯和屋面板等。其主导施工过程为砌筑墙体和吊装楼板。砌筑墙体时，一般以每个自然层作为一个砌筑层，然后分层进行流水作业。

主体结构施工阶段应重视楼梯间、厨房、厕所、盥洗室的施工，其施工与墙体砌筑、楼板安装密切配合，一般应在砌墙、安装楼板的同时相继完成。

3）屋面与装饰工程的施工顺序。屋面防水通常采用卷材防水，其施工顺序为：结构层→找平层→隔气层→保温层→找平层→结合层→防水层→保护层。屋面防水应在主体结构封顶后，尽早开始，以便为装饰工程施工提供条件。

装饰工程有外墙装饰、内墙装饰、顶棚装饰、楼地面装饰等。该工程具有手工作业量大、材料种类多等特点，因此妥善安排装饰工程施工顺序、组织好流水施工，对加快施工进度、缩短工期、保证质量有重要意义。

室内装饰与室外装饰之间一般相互干扰很小，通常施工顺序为先室外、后室内，如当采用单排外脚手架时，应先做外墙抹灰、拆除外脚手架后，填补脚手眼、待脚手眼灰浆干燥后再进行室内装饰。但特殊情况除外，如当室内施工水磨石地面时，应考虑水磨石地面污水对外墙面的影响，应先施工室内水磨石地面，再进行外墙装饰施工。

室内抹灰在同一楼层中施工顺序一般为：顶棚→墙面→地面。该种抹灰顺序的优点是工期较短，但由于在顶棚、墙面抹灰时有落地灰，在地面抹灰之前，应将落地灰清理干净，否则会因落地灰影响抹灰层与预制板的黏结而引起楼面的起壳。其另一种施工方法是：地面→顶棚→墙面→踢脚线。这种顺序施工的优点是室内清洁方便、地面抹灰质量易于保证。但地面抹灰需要一定养护凝结时间，如组织不好会拖延工期；并在顶棚抹灰中要对已完工的地面保护，否则会引起地面的返工。

楼梯和走道是施工的主要通道，易损坏。其装饰应在抹灰工程结束时，由上而下施工，并采取相应保护措施。门窗扇的安装应在抹灰工程完成后进行，以防止门窗扇受污染而影响使用。

（3）高层现浇混凝土剪力墙结构施工顺序　高层建筑的基础均为深基础，由于基础的类型和位置不同，其施工方法和顺序也不同。高层剪力墙结构施工主要分为基础工程、主体结构工程、屋面及装饰三个主要施工阶段。

1）基础及地下室主要施工顺序。当采用一般方法施工时，由下而上施工顺序为：挖土→清槽→验槽→桩施工→垫层→桩头处理→清理→做防水层→保护层→放线→承台梁板扎筋→承台梁板模板→混凝土浇筑→养护→放线→施工缝处理→柱、墙扎筋→柱、墙模板→混凝土浇筑→顶盖梁、板支模→梁板扎筋→混凝土浇筑→养护→拆外模→外墙防水→保护层→

回填土。

施工中要注意防水工程和承台梁大体积混凝土浇筑及深基础支护结构的施工，防止水化热对大体积混凝土的不良影响，并保证基坑支护结构的安全。

2）主体结构的施工顺序。主体结构为现浇钢筋混凝土剪力墙，可采用大模板或滑模或爬模工艺。

采用大模板工艺进行分段流水施工，其优点是施工速度快、结构整体性及抗震性好。标准层施工顺序为：弹线→绑扎墙体钢筋→支墙体模板→浇筑墙身混凝土→拆墙模板→养护→支楼板模板→绑扎楼板钢筋→浇筑楼板混凝土。随着楼层施工，电梯井、楼梯等部位也逐层插入施工。

采用滑升模板工艺，滑升模板和液压系统安装调试工艺顺序为：抄平放线→安装提升架、围圈→支墙体一侧模板→绑扎墙体钢筋→支墙体另一侧模板→液压系统安装→检查调试→安装操作平台→安装支承杆→滑升模板→安装悬吊脚手架。

3）屋面防水与装饰工程的施工顺序。屋面工程施工顺序基本与混合结构房屋相同，一般为：找平层→隔气层→保温层→找平层→结合层→防水层→保护层。

装饰工程的内容及施工顺序随装饰设计的不同而不同，室内装饰工程施工顺序一般为：结构处理→放线→做轻质隔墙→贴灰饼冲筋→立门窗框、安装铝合金门窗→各类管道水平支管安装→墙面抹灰→管道试压→墙面喷涂贴面→吊顶→地面清理→做地面、贴地砖→安风口、灯具、洁具→调试→清理。

高层建筑种类繁多，如框架结构、剪力墙结构、筒体结构、框剪结构等，不同结构体系采用的施工工艺不尽相同。施工顺序应与采用的施工方法相协调。

（4）装配式单层工业厂房施工顺序　单层工业厂房应用较广，并且多采用装配式钢结构或钢筋混凝土结构。单层工业厂房的设计定型化、结构标准化、施工机械化、大大地缩短了设计与施工时间。

装配式钢筋混凝土单层工业厂房施工一般可分为：基础工程、预制工程、结构安装工程、围护及装饰工程四个阶段。其工艺顺序如图 13-6 所示。

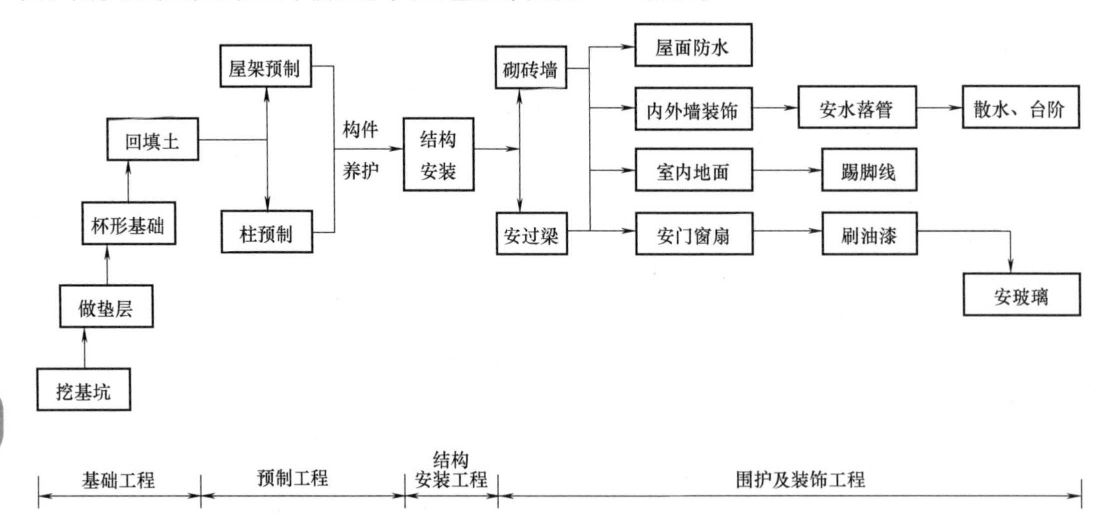

图 13-6　装配式钢筋混凝土单层工业厂房施工顺序示意图

1）基础工程施工顺序。

基础工程施工顺序一般为：基坑挖土→钎探验槽→做垫层→绑扎钢筋→安装模板→浇筑混凝土→养护→回填土等分项工程。

当重型工业厂房建设在土质较差的土壤上时，通常采用桩基础。为了缩短工期，常将打桩阶段提前安排在施工准备阶段进行。

在地下工程开始前，应先处理好地下问题土，确立施工起点流向、划分施工段，以便组织流水施工。然后确定基坑开挖与垫层、混凝土基础之间搭接程度及技术间歇时间，在保证质量前提下尽早拆模和回填土，以免曝晒和浸水。

在确定施工顺序时，必须确定厂房柱基础与设备基础的施工顺序，它常常影响到主体结构和设备安装的方法与开始时间，通常有两种方案：①当厂房柱基础埋深，深于设备基础埋深时，一般采用先施工厂房柱基础。即所谓“封闭式”施工顺序。②当设备基础埋深大于厂房柱基础埋深时，一般采用厂房柱基础与设备基础同时施工的“开敞式”施工顺序。

2）预制工程的施工顺序。单层工业厂房构件的预制，通常采用工厂预制和工地预制相结合的方法进行。一般重大、较大或运输不便的构件，可在现场预制；中小型构件可在工厂预制。

钢筋混凝土预制构件的施工顺序为：预制构件支模→绑扎钢筋→预埋件→浇筑混凝土→养护→预应力筋张拉→拆模→锚固→压力灌浆等分项工程。

在预制构件预制工程中，制作日期、制作位置、起点流向和顺序等，在很大程度上取决于工作面准备工作的完成情况和后续工作的要求。此外，还要进行结构吊装方案设计，绘制构件预制平面图和起重机开行路线等。当设计无规定时，预制构件混凝土强度应达到设计强度标准值的 75%以上才可以吊装。

3）结构安装阶段的施工顺序。结构安装阶段主要是安装柱子、柱间支撑、基础梁、连系梁、吊车梁、屋架、天窗架和屋面板等。每个构件的安装工艺顺序为：绑扎→起吊→就位→临时固定→校正→最后固定。

结构构件吊装前要做好各种准备工作，包括：检查构件的质量、构件弹线编号、杯形基础杯底抄平、杯口弹线、起重机准备、吊装验算等。

构件吊装顺序取决于吊装方法，单层工业厂房结构安装有分件吊装法和综合吊装法。若采用分件吊装法，其吊装顺序一般为：第一次开行吊装全部柱子，并临时固定、校正与永久固定；第二次开行吊装吊车梁、托架梁、连系梁与柱间支撑；第三次开行分节间吊装屋盖系统的构件。若采用综合吊装法，一般先吊装 4~6 根柱子并迅速校正和固定，再吊装该节间内的吊车梁及屋盖等全部构件，如此依次逐个节间吊装，直到整个厂房吊装完毕。抗风柱有两种吊装顺序：一是在吊装柱的同时先安装该跨一端的抗风柱，另一端则在屋架吊装完毕后进行；二是全部的抗风柱均待屋盖结构吊装完毕后再进行吊装。

4）其他工程施工顺序。其他工程主要包括围护工程、屋面及装饰工程等，其应紧密配合，可组织立体交叉平行流水施工。

围护工程主要是墙体工程，其包括搭设脚手架和内外墙砌筑等分项工程。在厂房结构安装工程结束之后，或安装完一部分区段后即可开始内、外墙分层分段流水施工。

屋面工程包括屋面板灌缝、保温层、找平层、结合层、卷材防水层及保护层施工。屋盖安装结束后，即可进行屋面灌浆嵌缝等的施工，找平层干燥后才能进行下一道工序。

装饰工程包括室内装饰和室外装饰。室内装饰工程包括地面、墙柱面、门窗扇安装、玻璃安装、刷油漆等分项工程；室外装饰工程包括勾缝、抹灰、勒脚、散水及坡道等分项工程。一般单层工业厂房装饰标准较低，所占工期较少，可与设备安装等工序穿插进行。

4. 确定施工方法

施工方法的确定是施工方案中的关键问题。它直接影响施工进度、施工安全、工程质量及工程成本。施工方法是指在技术上解决分部分项工程的施工手段。任一施工过程总可以采用几种不同的施工方法、施工机械进行施工，每一种都有一定的优缺点。应根据施工对象的建筑特征、结构形式、场地条件及工期要求等，对多个施工方法进行比较，选择一个先进合理的、适合本工程的施工方法。

（1）确定施工方法应遵守的原则

1）技术上先进性和经济上合理性相统一。

2）兼顾施工机械的适用性和多用性，充分发挥施工机械的利用率。

3）具备可行性，应充分考虑施工单位特点、技术水平、施工习惯及可利用现场条件。

（2）确定施工方法的重点　确定施工方法时应着重考虑影响整个单位工程施工的分部分项工程的施工方法。而对于按照常规做法和工人熟悉的分项工程，只要提出应注意的特殊问题，可不必详细拟订施工方法。对于下列项目的施工方法则应详细、具体：

1）工程量大、在单位工程中占重要地位，对工程质量起关键作用的分部分项工程。如基础工程、钢筋混凝土工程等隐蔽工程。

2）施工技术复杂、施工难度大，或采用新技术、新工艺、新结构、新材料的分部分项工程。如大体积混凝土结构施工、模板早拆体系、无黏结预应力混凝土等。

3）施工人员不太熟悉的特殊结构、专业性很强、技术要求很高的工程，如仿古建筑、大跨度空间结构、大型玻璃幕墙、薄壳、悬索结构等。

（3）主要分部分项工程施工方法要点

1）土石方工程。

① 计算土石方工程的工程量、确定土石方开挖或爆破方法、选择土石方施工机械。

② 确定土壁放坡的边坡系数或土壁支护形式及打桩方法。

③ 选择地面排水、降低地下水位方法，确定排水沟、集水井或布置井点降水所需设备。

④ 确定土方调配方案。

2）钢筋混凝土工程。

① 确定混凝土工程的施工方案。

② 确立模板类型和支模方法，对于复杂工程还需进行模板设计，进行模板放样。

③ 选择钢筋加工、绑扎、连接方法，安装固定方法。

④ 选择混凝土制备方案、密实成型机械、垂直运输机械的类型，以及确定施工缝留设位置。

⑤ 确定预应力混凝土结构的施工方法，控制方法和张拉设备。

应特别注意大体积混凝土、特殊条件下混凝土、高强度混凝土及冬期混凝土施工中的技术方法，注重模板的早拆化、标准化，钢筋加工中的联动化、机械化，混凝土运输中采用大型搅拌运输车、泵送混凝土、计算机控制混凝土配料等。

3）砌筑工程。

① 确定砖墙的组砌方法和质量要求。

② 确定弹线及皮数杆的控制要求。

③ 确定脚手架的搭设方法和安全网的挂设方法。

4）结构安装工程。

① 确定起重机类型、型号和数量。

② 确定结构构件安装方法、吊装顺序、机械开行路线、构件制作平面布置、拼装场地等。

③ 确定构件运输、装卸及堆放要求，和所需机具设备型号、数量和运输道路要求。

5）屋面工程。

① 确定屋面施工材料的运输方式。

② 确定各道施工工序的操作要求。

6）装饰工程。

① 确定各装饰工程的操作方法、工艺流程及质量要求。

② 确定材料运输方式及储存要求。

③ 确定所需机具设备以及施工组织。

7）特殊项目。对于特殊项目如采用新材料、新工艺、新技术、新结构的项目，以及大跨度、高耸结构、水下结构、深基础、软弱地基等项目，应单独选择施工方法、阐明施工技术关键、进行技术交底、加强技术管理、拟订安全质量措施。

5. 选择施工机械

选择施工机械，与确定施工方法紧密相关，应主要考虑以下几个方面：

1）选择主导施工过程的施工机械，如地下工程的土方机械，主体结构工程的垂直、水平运输机械，结构吊装工程的起重机械等。

2）选择与主导施工机械配套的各种辅助机械。为了充分发挥主导施工机械的效率，在选择配套的辅助机械时，应使它们的生产能力相协调，并能保证有效地利用主导施工机械。

3）在同一工地上，应使建筑机械的种类和型号尽量少一些，贯彻一机多用原则，以利于机械设备的管理。

4）充分考虑施工企业现有机械的能力，当不满足工程需要时，应购置或租赁所需新型机械或多用机械，以提高机械化和自动化程度。

13.3 单位工程施工进度计划的编制

13.3.1 单位工程施工进度计划的概念、任务及作用

1. 单位工程施工进度计划的概念及任务

单位工程施工进度计划是指为实现项目设定的工期目标，对各项施工过程的施工顺序、起止时间和相互衔接关系所做的统筹策划和安排。它是施工部署在时间上的体现，反映了施工顺序和各个阶段工程进展情况，是单位工程施工组织设计的重要内容之一。

它的任务是按照施工组织的基本原则，以选定的施工方案为依据，安排单位工程中各施工过程的施工顺序和施工时间，以较少的人力、物力投入，在规定时间内保证质量的完成任

务。通常用横道图（水平进度表）或网络图表示，并附必要说明。

施工进度计划编制时，既要强调各施工过程之间紧密配合，又要适当留有余地，以应付各种难以预测的情况，避免陷于被动局面。

2. 单位工程施工进度计划的作用

1）安排和控制单位工程施工进度，保证在规定工期内完成符合质量要求的工程任务。

2）确定单位工程各施工过程的施工顺序、施工持续时间及相互衔接和合理配合关系。

3）为编制季度、月生产作业计划提供依据。

4）为编制施工准备工作计划和各项资源配置计划提供依据。

5）指导现场的施工安排。

13.3.2　单位工程施工进度计划的编制程序

单位工程施工进度计划的编制程序如图 13-7 所示。

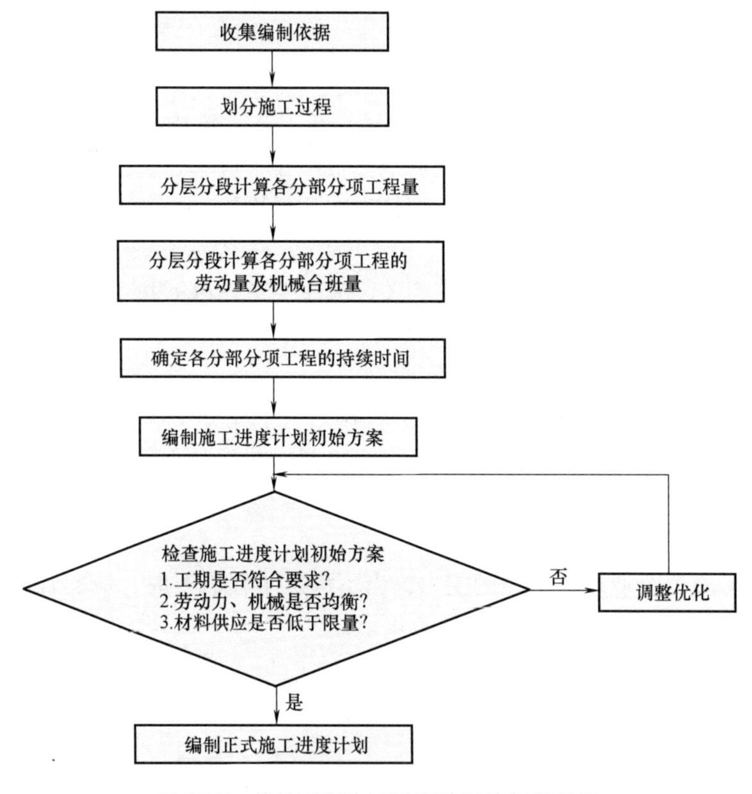

图 13-7　单位工程施工进度计划的编制程序

13.3.3　单位工程施工进度计划的编制依据

1）招标文件及经审批的技术资料。

2）施工组织总设计中总进度计划对本工程的进度要求。

3）施工工期要求及上级单位要求。

4）自然条件及各种技术经济资料的调查。

5）主要分部分项工程的施工方案。

6）施工条件、劳动力、材料、构配件及机械设备的供应情况，分包单位的情况等。

7）劳动定额及机械台班定额。

8）其他有关要求和资料。

13.3.4 单位工程施工进度计划的编制步骤

1. 收集编制依据

接受编制任务后，应先熟悉和详细审查施工图、招标投标文件，在此基础上收集有关技术资料、定额、造价文件或施工预算等，并组织调查施工现场、物资供应条件、气象资料等，结合施工总进度计划、单位工程施工方案及合同工期，为编制施工进度计划做好准备工作。

2. 划分施工过程

编制进度计划时，首先按照施工图和施工顺序，将拟建单位工程的各施工过程逐项列出，并结合施工方法、施工条件及劳动组织等因素，加以适当调整，形成编制施工进度计划所需的基本单元（分部分项工程或工序），并将其填入施工进度计划表中的施工过程中。

在划分施工过程时，应注意以下问题：

1）施工过程划分的粗细程度取决于单位工程施工进度计划的实际需要。对于控制性进度计划，项目可划分得粗些，只需列出分部工程名称；对于实施性进度计划，施工过程划分必须详细、具体，以提高计划的精度。如框架结构工程施工，除要列出各分部工程外，还应列出分项工程。

2）施工过程的划分要结合所选择的施工方案等因素。如单层工业厂房结构安装工程，若采用分件吊装法，则施工过程的名称、数量和内容及安装顺序应按照构件来确定；若采用综合吊装法，则施工过程应按照施工单元（节间、区段）来确定。

3）适当简化施工进度计划内容，进行施工过程的合并，以避免因划分过细而使重点不突出。可将某些穿插性分项工程合并到主导分项过程中，或将在同一时间内由同一专业工作队施工的过程合并为一个施工过程。而对于一些次要、零星的施工过程，可合并在一起，作为“其他工程”单独立项，在计算劳动量时综合考虑。

4）水、暖、电、卫工程和设备安装工程通常由专业工作队自行编制计划并负责施工，因此不必细分施工过程，只需要在一般土建工程施工进度计划中反映出其与土建工程的配合关系即可。

5）所有施工过程应大致按照施工顺序列出，编排序号，以免遗漏或重复，其名称可参考现行施工定额手册上的项目名称。

3. 分层分段计算各分部分项工程量

按照施工方案划分施工层及施工段，然后按照施工图和工程量计算规则进行分部分项工程量的计算。若编制计划时已有工程造价文件，可利用造价文件中计算的工程量数据，但须注意有些项目的工程量应根据实际情况做适当调整。计算工程量时应注意如下几方面问题：

1）各分部分项工程的工程量计算单位应与现行施工定额中相应项目的单位相一致，以便计算劳动量、材料、机械台班数量时直接套用定额。

2）结合施工方法和技术安全的要求计算工程量，使计算的工程量与施工实际情况相符。如基础工程中挖土方中的人工挖土、机械挖土、是否放坡、坑底是否留工作面、是否设支撑等，其土方量计算均不同。

3）工程量计算应结合施工组织要求，分区、分段、分层进行计算，以便组织流水施工。

4. 分层分段计算各分部分项工程的劳动量、机械台班量

根据施工过程的工程量、施工方法和现行的施工定额进行劳动量、机械台班量计算。

$$P_i = \frac{Q_i}{S_i} \tag{13-1}$$

或

$$P_i = Q_i H_i \tag{13-2}$$

式中　P_i——某施工过程的劳动量（工日）或机械台班量（台班）；

Q_i——该施工过程的工程量（m^2，m^3，t…）；

S_i——计划采用的产量定额（m^2，m^3，t…/工日或台班）；

H_i——计划采用的时间定额（工日或台班/m^2，m^3，t…）。

5. 确定分部分项工程的持续时间

计算各施工过程的持续时间的方法一般有两种：

1）按劳动资源的配置情况计算天数。即先确定配备在该分部分项工程的机械台数或人数，再计算施工持续天数。其计算公式如下：

$$T = \frac{p}{nb} \tag{13-3}$$

式中　T——完成某一施工过程的持续时间；

p——该施工过程所需完成的劳动量（工日）或机械台班量；

n——每个工作班投入该施工过程的工人数（或机械台数）；

b——每天工作班数。

2）按工期倒排进度。即先根据总工期和施工经验，确定各分部分项工程的施工时间，再按劳动力和班次，确定每一分部分项工程所需要的机械台班数或人数。计算公式如下：

$$n = \frac{p}{Tb} \tag{13-4}$$

确定施工过程持续时间，还应考虑工作人员和施工机械的工作面情况，当工作人员或机械数量超过工作面限制时，会使工人和施工机械的工作效率下降，甚至可能引发安全问题。因此，在安排班次时宜采用一班制，若工期要求紧迫，也可采用二班制或三班制，以加快施工进度。

6. 施工进度计划初始方案的编制

各分部分项工程施工顺序和施工天数确定后，将各分部分项工程相互搭接、配合、协调，形成单位工程施工进度计划初始方案。编制初始方案时，应先考虑主导施工过程的进度，尽量使其连续施工，然后插入其他施工过程，配合主导施工过程的施工。施工进度计划初始方案编制的方法主要有两种：横道图法和网络图法。

1）当采用横道图进行施工进度计划时，应尽可能地组织流水施工。一般首先将单位工程分成基础、主体、装饰三个分部工程，分别确定各分部工程的流水施工进度计划（横道图）；再将三个分部工程的横道图相互协调、搭接，形成单位工程施工进度计划。

2）当采用网络图进行施工进度计划时，有两种安排方式：

① 单位工程规模较小时，可以绘制一个详细的网络计划，确定方法、步骤与横道图相同，先绘制各分部工程的子网络计划，再用节点或虚工作将各分部工程的子网络计划连接成单位工程的施工进度计划。

② 单位工程规模较大时，先绘制整个单位工程的控制性网络进度计划，在此网络计划中，施工过程的内容比较粗（例如，在高层建筑施工上，一根箭线代表整个基础工程或一层框架结构的施工），主要对整个单位工程进行宏观控制；在具体指导施工时，再编制详细的实施性网络进度计划。

7. 施工进度计划的检查和调整

编制施工进度计划时，需考虑的因素很多，初始施工进度计划编制完成后往往会出现各种各样的问题。因此，初始施工进度计划编制完成后，必须进行不断地检查与调整，最终形成正式施工进度计划。

1）检查。对于施工进度计划初始方案，主要检查其各分部分项的施工顺序是否合理，技术间歇是否合理；施工工期是否满足规定工期或合同工期；劳动力、材料、机械设备供应能否满足要求和均衡性；此外，还要检查进度计划在绘制过程中是否存在错误。

2）调整。经过检查，如发现不合理或错误之处，就需要进行调整或修改。调整进度计划可通过调整施工过程的工作天数、搭接关系或改变某些施工过程的施工方法来实现。同时，在调整某一分项工程时，应注意它对其他分项工程的影响。通过调整，可使劳动力、材料的需要量更为均衡，主要施工机械的利用更为合理，避免或减少短期内资源供应过分集中。经过反复的检查和调整，最终将形成正式的施工进度计划。

13.4 单位工程施工准备与资源配置计划的编制

13.4.1 施工准备工作计划的编制

施工准备工作是完成单位工程施工任务的一个重要环节，也是单位工程施工组织设计中的一项重要内容。为了保证工程建设目标的顺利实现，在开工前，应根据施工任务、开工日期、施工进度和现场情况的需要，做好各项准备工作。施工准备工作主要包括技术准备、现场准备和资金准备工作等。

1. 技术准备工作计划

技术准备包括施工所需技术资料的准备、施工方案编制、试验检验及设备调试工作计划、样板制作计划等。

1）主要分部分项工程和专项工程在施工前应单独编制施工方案，施工方案可根据工程进展情况，分阶段编制完成；对需要编制的主要施工方案应制订编制计划。

2）试验检验及设备调试工作计划应根据现行规范、标准中的有关要求及工程规模、进度等实际情况制订。

3）样板制作计划应根据施工合同或招标文件的要求并结合工程特点制订。

2. 现场准备工作计划

现场准备工作应根据现场施工条件和工程实际需要，准备现场生产、生活等临时设施。

主要包括以下几点：

1）清除障碍物，做好“三通一平”。

2）核对勘察资料，了解地下情况；做好施工场地维护，保护周围环境。

3）组织施工机械、材料进场，并按计划确定堆场位置和面积。

4）搭设暂设工程。

5）测量放线。

6）预定后续材料、设备等。

3. 资金准备工作计划

资金准备计划主要任务是根据施工进度计划提前编制资金使用计划表。

13.4.2 资源配置计划的编制

资源配置计划是指施工中所需的劳动力、材料、构件、施工机具及设备的数量计划，应在单位工程施工进度计划编制完成后，按施工进度计划、施工图、定额及工程量等资料进行编制。资源配置计划主要包括劳动力配置计划和物资配置计划等。

1. 劳动力配置计划

劳动力配置计划，主要是作为安排劳动力、调配和均衡劳动力消耗指标、安排生活福利设施的依据。其编制方法是依据施工进度计划表，确定各施工阶段的用工量，并进行累加汇总，绘制而成。劳动力配置计划表的格式见表13-1。

表13-1 劳动力配置计划

序号	工种名称	劳动量/工日	月份/工日											
			1	2	3	4	5	6	7	8	9	10	11	…

2. 物资配置计划

（1）主要材料配置计划　主要是为施工备料、供料及确定材料堆场面积和运输计划之用。其编制方法是根据施工进度计划表中各施工过程的工程量，结合施工预算中的工料分析表及材料消耗定额、储备定额等，按材料名称、规格、数量、使用时间分别计算汇总而得，形式见表13-2。

表13-2 主要材料配置计划

序号	品名	规格	需要量		供应单位	供应日期	备注
			单位	数量			

（2）构件及半成品构件配置计划　主要是为了确定加工订货单位，并按所需的规格、数量和时间确定堆场和组织运输等。其编制可根据施工图和施工进度计划进行确定使用的数量及部位，形式见表13-3。

（3）商品混凝土配置计划　主要用于购买混凝土，以便顺利完成混凝土的浇筑工作。其编制方法一般是根据施工进度计划和消耗量定额分层分段确定混凝土规格品种、数量、使用时间等，并将其汇总而得，形式见表13-4。

表 13-3　构件及半成品构件配置计划

序号	构件名称	规格	图号	需要量		使用部位	加工单位	供应日期	备注
				单位	数量				

表 13-4　商品混凝土配置计划

序号	混凝土使用地点	混凝土规格	单位	数量	供应日期	备注

（4）施工机具及设备配置计划　主要用于确定施工机具和设备的类型、数量、进场时间，以便落实施工机具和设备来源，并组织进场。其编制方法是将单位工程施工进度计划表中的每一个施工过程每天所需的机械或设备的类型、数量、使用起止时间等进行汇总，形式见表 13-5。

表 13-5　施工机具及设备配置计划

序号	机具或设备名称	规格型号	需要量		货源	使用起止时间	备注
			单位	数量			

13.5 单位工程施工现场平面布置图的设计

13.5.1　单位工程施工现场平面布置图的概念及作用

施工现场平面布置图是在施工用地范围内，对一栋建筑物（即单位工程）的各项生产、生活设施及其他辅助设施等进行的平面规划和布置，一般以 1∶100～1∶1000 的比例进行绘制。

施工现场平面布置图是施工方案在现场空间上的体现，反映已建工程和拟建工程之间，以及各种临时建筑、临时设施之间的合理位置关系。施工现场平面布置图设计的好，就可使现场施工科学有序、安全，为文明施工创造条件；反之，会导致施工现场道路不畅通、材料堆放混乱等，将会对工程进度、质量、成本、环境及安全的控制产生不良影响。因此，施工现场平面布置图设计是施工组织设计中一个很重要的内容。

13.5.2　单位工程施工现场平面布置的依据及原则

1. 单位工程施工现场平面布置的依据

单位工程施工现场平面布置的依据主要有三方面：

（1）有关拟建工程的当地原始资料

1）自然条件调查资料，如气象、地形、水文及工程地质资料等。

2）技术经济条件资料，如交通运输、水源、电源、物资资源、生产和生活情况等。

（2）建筑设计资料

1）建筑总平面图。包括一切地上地下已建和拟建的房屋和构筑物的平面位置，可用作确定临时建筑与其他设施的空间位置，以及修建工地运输道路等所需的资料。

2）一切已有和拟建的地下地上管道位置。在施工中应尽可能考虑对其的利用；若对施工有影响，则应采取一定措施予以解决。

3）建筑区竖向设计、土方平衡图及拟建工程的有关施工图设计资料。可用于布置水电管线和安排土方挖填、取舍位置等。

（3）施工资料　包括施工方案、施工进度计划、资源配置计划和运输方式等，用以决定各种施工机械位置、吊装方案与构件预制、堆放的布置，各种临时设施的形式、面积尺寸及相互关系等。

2. 单位工程施工现场平面布置的原则

单位工程施工现场平面布置图设计应遵循以下原则：

1）在保证施工顺利进行的前提下，平面布置力求紧凑。

2）合理组织运输，尽量减少二次搬运，最大限度地缩减工地内部运距。

3）力争减少临时设施的数量，降低临时设施建造费用。

4）临时设施布置应有利于施工管理和工人的生产生活，避免人流交叉。

5）符合环保、安全和防火要求，并遵守当地主管部门和建设单位关于施工现场安全文明施工的相关规定。

13.5.3　单位工程施工现场平面布置图设计的步骤

单位工程施工现场平面布置图设计内容以及具体的编制步骤如下：

1. 按比例绘制地上地下已建及拟建建筑物、构筑物及其他设施的位置

熟悉设计图、分析有关资料，掌握和熟悉现场有关地形、水文、地质条件等，并按照一定比例，将建筑平面上已建和拟建的一切地上地下建筑物、构筑物及其他设施的位置和尺寸，绘制在施工现场平面布置图上。

2. 确定垂直运输机械的位置

垂直运输机械的位置直接影响到材料仓库、堆场、搅拌站、场内运输道路以及水电管线等的布置等，因此应首先考虑垂直运输机械的位置。

1）固定式垂直运输机械（如井架、龙门架、桅杆式等）的布置。应根据机械的运输能力和性能、建筑物的平面形状和大小、施工段的划分、材料的来向和已有运输道路的情况而定，以充分发挥起重机械的能力，并使地面和楼面的水平运输距离最小，使用方便安全为布置的原则。通常，当建筑物各部分高度相同时，布置在施工段的分界处；当建筑物各部分高度不同时，应布置在高低分界线较高部位的一方；井架、龙门架最好布置在窗口处，以免墙体留槎，减少拆除后的修补工作；固定式起重机械的卷扬机不宜离起重架过近，以便驾驶员能够看到整个升降过程，一般要求此距离大于建筑物的高度，并且水平方向距离外脚手架 3m 以上。

2）有轨式起重机械（塔式起重机）的布置。主要取决于建筑物平面形状、尺寸、场地条件和起重机的起重半径，应尽量使起重机械的工作幅度能够将材料和构件直接吊运到建筑物的任何施工地点而避免出现“死角”。轨道布置方式通常有单侧布置、双侧布置、跨内单行布置和跨内环形布置四种方式。轨道布置完成后，还需绘制塔式起重机械的服务范围。以轨道两端有效端点的轨道中心为圆心，以最大回转半径为半径画两个半圆，使其连接。在确定范围时，应考虑将建筑物平面最好包括在塔式起重机的服务范围之内，以确保各种材料和构件直接吊运到建筑物的设计部位。一般可将塔式起重机与井架或龙门架配合使用，以解决塔式起重机存在死角的问题。

3. 确定搅拌机、混凝土输送泵及管道的布置

1）确定搅拌机位置。当采用现场搅拌混凝土时，需确定搅拌机的位置，一般应考虑：①根据施工任务大小和特点，选择适用的搅拌机及数量，然后根据总体要求，将搅拌机布置在使用地点及起重机附近，并与垂直运输机具协调，以提高机械的利用率。②搅拌机的位置尽可能布置在运输道路附近，且与场外运输道路相连接，以保证材料顺利进场。

2）混凝土输送泵及管道位置的确定。其应按照供料方便、管线短的原则确定。当采用搅拌运输车供料时，混凝土输送泵宜布置离浇筑地点较近处，停放地点最好靠近供水和排水设施且有足够的场地，以满足多台同时浇筑或混凝土的连续供应。此外，泵位直接影响配管长度、输送阻力和效率。输送管道宜直、转弯宜少、固定牢靠、接头严密，并要预防管线堵塞。

4. 确定材料、构件及半成品构件的堆场位置以及加工棚的位置

材料、构件及半成品的堆场以及加工棚的面积应根据计算而定，其位置根据施工阶段、施工部位及使用时间不同，可采取以下方法进行布置：

1）建筑物基础和第一层施工所用的材料，应布置在建筑物周围，并根据基槽（坑）的深度、宽度和边坡坡度确定，与基槽（坑）边缘保持一定距离，以免造成土壁塌方事故。

2）第二层以上材料宜布置在起重机的起重半径范围之内。

3）多种材料同时布置时，对大宗的、质量大的和先期使用的材料，尽可能布置在靠近使用地点处或起重机方便吊运的位置；而对少量的、质量小的和后期使用的材料，则可布置得远一些。

4）按不同施工阶段使用不同的材料的特点，在同一位置上可先后布置不同的材料。

5）加工棚宜布置在建筑物四周稍远位置，且应有一定的材料、成品的堆放场地。

6）当采用现场搅拌砂浆或混凝土时，砂、石堆场及水泥仓库应紧靠搅拌站布置。

5. 确定场内运输道路

现场主要道路应尽可能利用永久性道路或先做好永久性道路和路基，在土建工程结束前再铺路面。现场道路布置时应注意保证行驶畅通，在有条件的情况下，应布置成环形道路，使运输车辆有回转的可能性。单行道宽度一般应不小于3.5m，双车道宽度不宜小于5.5m。道路的布置应尽量避开地下管道，以免管线施工时使道路中断。

6. 确定各类临时设施位置

单位工程现场临时建筑主要有办公室、工人宿舍、加工车间、仓库等。临时设施的位置一般考虑：①使用方便，并符合消防要求；②为了减少临时设施费用，临时设施可以沿围墙布置；③办公室靠近现场，出入口设门卫；④有条件的最好将生活区与生产区分开，以免相互干扰。

施工的临时用水一般由建筑单位的干管或自行布置的干管接到用水地点。一般应环绕建筑物布置，不留死角，并力求管网总长最短。管径大小和龙头数目的设置需视工程规模大小

通过计算而定；管道可以埋于地下，也可以铺在地面上，依当时当地的气候条件和使用期限而定。工地内设置的消火栓距建筑物不小于5m，也不应大于25m，距离路边不大于2m。施工时，为防止停水，可在建筑物附近设简单的蓄水池，储存一定的生产和消防用水，若水压不足，还需要设置高压水泵。

临时用电设计计算包括用电量计算、电源选择、电力系统选择与配置。用电量计算包括生产用电及室内外照明用电计算；选择变压器；确定导线的截面及类型。变压器应设在场地边缘高压电线接入处。变压器离地面距离应大于30cm，在四周2m外用高于1.7m钢丝网围护以保证其安全，变压器不得设在交通要道口处。

总之，建筑施工是一个多变、复杂的生产过程，各种施工机械、材料、构件等是随着工程的进展而逐渐进场，而且又随着工程的进展而逐渐移动、消耗。因此，在整个施工过程中，它们在工地的布置情况随时在改变。为此，对大型工程或场地狭小的工程，可根据不同的施工阶段设计几张施工平面图，以便把不同施工阶段合理布置生动地反映出来。在设计不同阶段施工平面图时，对整个施工期间的临时设施、道路、水电管线，不要轻易变动以节省费用。设计施工平面图时，还应广泛征求各专业施工单位的意见，充分协商，以达到最佳设计。

13.6 主要施工管理计划的编制

施工管理计划作为管理和技术保证措施，是单位工程施工组织设计中必不可少的内容。施工管理计划主要包括质量管理计划、进度管理计划、安全管理计划、成本管理计划、环境管理计划以及其他管理计划等内容。

13.6.1 质量管理计划

质量管理计划是指保证实现项目施工质量目标的管理计划，包括制订、实施、评价所需的组织机构、职责、程序以及采取的措施和资源配置等。质量管理应按照PDCA（即计划—执行—检查—修正）循环模式，加强过程控制，通过持续改进提高工程质量。编制时，应首先根据《质量管理体系标准》（GB/T 19000），建立本单位的质量管理体系文件，并在质量管理体系的框架内进行质量管理计划的编制。质量管理计划的内容一般包括以下方面：

1）按照项目具体要求确定质量目标并进行目标分解，质量指标应具有可测量性。

2）建立项目质量管理的组织机构并明确职责。

3）制订符合项目特点的技术保障和资源保障措施，通过可靠的预防控制措施，保证质量目标的实现。

4）建立质量过程检查制度，并对质量事故的处理做出相应规定。

13.6.2 进度管理计划

进度管理计划是指保证实现项目施工进度目标的管理计划，包括对进度及其偏差进行测量、分析、采取的必要措施和计划变更等。在工程施工进度计划执行过程中，由于各方面条件的变化，经常使实际进度脱离原计划，这就需要施工管理者随时掌握工程施工进度，检查和分析进度计划的实施情况，及时进行必要的调整，以保证施工进度总目标的实现。此外，工程进度会直接影响项目的成本、使用、投产及经济效益的发挥，因此制订进度管理计划尤为重要。其内容一般包括：

1）对项目施工进度计划进行逐级分解，通过阶段性目标的实现保证最终工期目标的完成。

2）建立施工进度管理的组织机构并明确职责，制订相应管理制度。

3）针对不同施工阶段的特点，制订进度管理的相应措施，包括施工组织措施、技术措施和合同措施等。

4）建立施工进度动态管理机制，及时纠正施工过程中的进度偏差，并制订特殊情况下的赶工措施。

5）根据项目周边环境特点，制订相应的协调措施，减少外部因素对施工进度的影响。

13.6.3　安全管理计划

安全管理计划是保证实现项目施工职业健康安全目标的管理计划，包括制订、实施所需的组织机构、职责、程序以及采取的措施和资源配置等。建筑工程施工安全管理应贯彻“安全第一、预防为主”的方针。在编制计划时，可根据《职业健康安全管理体系规范》（GB/T 28001），结合工程实际以及国家和地方政府部门的有关要求，对施工中可能发生安全问题的危险源进行预测，并建立完善的施工现场安全生产保证体系，以确保职工的安全和健康。安全管理计划的内容主要包括：

1）确定项目重要危险源，制订项目职业健康安全管理目标。

2）建立有管理层次的项目安全管理组织机构并明确职责。

3）根据项目特点，进行职业健康安全方案的资源配置。

4）建立具有针对性的安全生产管理制度和职工安全教育培训制度。

5）针对项目重要危险源，制订相应的安全技术措施；对达到一定规模的、危险较大的分部（分项）工程和特殊工种的作业，应制订专项安全技术措施的编制计划。

6）根据季节、气候的变化，制订相应的季节性安全施工措施。

7）建立现场安全检查制度，并对安全事故的处理做出相应规定。

13.6.4　成本管理计划

成本管理计划是指保证实现项目施工成本目标的管理计划，包括成本预测、实施、分析、采取的必要措施和计划变更等。其基本原理是将计划成本作为施工成本的目标值，在施工过程中定期地进行实际值与目标值的比较，通过比较找出实际支出额与计划成本之间的差距，分析产生偏差的原因，并采取有效的措施加以控制，以保证目标值的实现或减小差距。成本管理计划应以项目施工预算和施工进度计划为依据进行编制，同时应注意协调好成本与进度、质量、安全和环境等的关系，不能片面强调成本节约。具体应包含以下内容：

1）根据项目施工预算，制订项目施工成本目标。

2）根据施工进度计划，对项目施工成本目标进行阶段分解。

3）建立施工成本管理的组织机构并明确职责，制订相应管理制度。

4）采取合理的技术、组织和合同等措施，控制施工成本。

5）确定科学的成本分析方法，制订必要的纠偏措施和风险控制措施。

13.6.5　环境管理计划

环境管理计划是指保证实现项目施工环境目标的管理计划，即按照国家和地方政府部门的有关要求，通过制订可行的管理和技术措施，保护和改善施工现场环境，降低现场的各种垃圾、粉尘、污水以及噪声、振动等对环境的污染和危害。环境管理计划主要包括以下内容：

1）确定项目重要环境因素，制订项目环境管理目标。

2）建立项目环境管理的组织机构并明确职责。

3）根据项目特点，进行环境保护方面的资源配置。

4）制订现场环境保护的控制措施。

5）建立现场环境检查制度，并对环境事故的处理做出相应规定。

13.6.6　其他管理计划

其他管理计划包括绿色施工管理计划、文明施工管理计划、防火保安管理计划、合同管理计划、组织协调管理计划、创优质工程管理计划、质量保修管理计划以及对施工现场人力资源、施工机具、材料设备等生产要素的管理计划等。可根据项目的特点和复杂程度确定，其内容一般包括目标的确定、组织机构的设立、资源配置、相应的管理制度和技术、组织措施等。

13.7　主要技术经济指标分析

13.7.1　技术经济分析的目的

技术经济分析的目的是：论证施工组织设计在施工上是否可行、技术上是否先进、经济上是否合理；通过相关技术经济指标的计算、分析比较，选择技术经济效果最佳的方案；为改进施工组织设计、提高企业经济效益提供依据。

13.7.2　主要技术经济指标的分析

技术经济分析是选择最优方案的重要途径，评价施工组织设计的优劣应从以下两方面考虑：

1. 定性分析评价指标

定性分析评价是指结合施工实际经验，对若干个施工方案的优缺点进行比较，其指标一般包括：①技术上的可行性；②施工操作难易程度和安全可靠性；③为后续工程创造有利条件的可能性；④利用现有或取得施工机械的可能性；⑤为现场文明施工创造有利条件的可能性；⑥施工方案对冬雨期施工的适应性；⑦保证质量的措施是否可靠完善等。

2. 定量分析评价指标

定量分析评价是对施工组织设计的各项主要指标进行计算，将指标进行量的分析、比较、评价，从而确定其优劣。不同类型的施工方案、施工方法，指标组成也往往不同。单位工程施工组织设计的定量分析评价指标体系如图13-8所示。

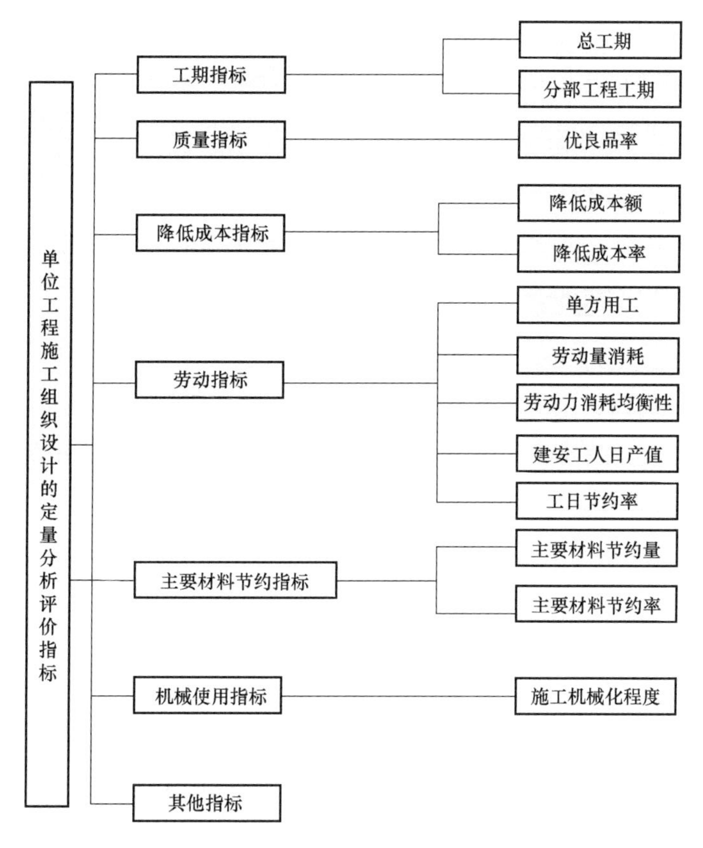

图 13-8　单位工程施工组织设计的定量分析评价指标体系

(1) 工期指标　①总工期是指工程开工至竣工的全部日历天数，反映建设速度，影响投资效益的主要指标。应将工程计划完成工期与国家规定工期或建设地区同类建筑物平均工期相比较。②分部工程工期符合合同工期要求，并在可能情况下缩短工期，保证工程早日交付使用，取得较好的经济效果。其中

提前时间=合同工期-计划（或计算）工期

节约时间=定额工期-计划（或计算）工期

(2) 质量指标　质量优良品率是在施工组织设计中确定的控制目标，主要通过质量管理计划实现，可分别对单位工程、分部分项工程进行确定。

(3) 降低成本指标　该指标可以综合反映不同施工方案的经济效果。降低成本方法一般有降低成本额和降低成本率法。降低成本率的计算公式为

$$r_c = \frac{C_0 - C}{C_0} \times 100\% \tag{13-5}$$

式中　r_c——降低成本率；

C_0——预算成本；

C——施工方案中计算成本；

C_0-C——降低成本额。

（4）劳动指标

1）单方用工。单方用工是指完成单位建筑面积合格产品所消耗的劳动力数量，反映了施工企业的生产效率和管理水平，以及对劳动力的需求状况。计算公式为

$$\text{单位建筑面积劳动消耗量}=\frac{\text{完成该工程的全部工日数}}{\text{该工程建筑面积}}\times 100\% \tag{13-6}$$

2）劳动量消耗指标。劳动量消耗反映工程的机械化程度，机械化程度系数越高，劳动生产率就越高，劳动消耗量就越少。劳动消耗量 N 由主要用工 n_1、准备用工 n_2、辅助用工 n_3 组成。

$$N=n_1+n_2+n_3 \tag{13-7}$$

3）劳动力消耗的均衡性。劳动力消耗均衡是指每日消耗的劳动力人数不发生过大的波动。这样有利于施工组织和临时设施的布置。劳动力消耗的均衡性可用劳动力不均衡系数 K 来表示。

$$K=\frac{R_{max}}{R_{\text{平均}}} \tag{13-8}$$

式中 R_{max}——施工期间最高峰时工人数；

$R_{\text{平均}}$——施工期间日平均工人数。

劳动力不均衡性系数越接近1，说明劳动力安排越合理。在组织流水作业情况下，可得到较好的 K 值。除了总劳动力消耗均衡外，对各专业工人的均衡性也应十分重视。当建筑工地有若干个单位同时施工时，应考虑全工地范围内劳动力消耗的均衡性、并绘制出全工地劳动力耗用动态图，用以指导单位工程劳动需要量计划。

4）建安工人日产值（元/工日）。

$$\text{建安工人日产值}=\frac{\text{计划工作量}}{\text{计划工期}\times\text{每天平均工日数}} \tag{13-9}$$

5）工日节约率。

$$\text{总工日节约率}=\frac{\text{施工预算用工数}-\text{计划用工数}}{\text{施工预算用工数}}\times 100\% \tag{13-10}$$

（5）主要材料节约指标

$$\text{主要材料节约量}=\text{预算用量}-\text{计划用量} \tag{13-11}$$

$$\text{主要材料节约率}=\frac{\text{主要材料节约量}}{\text{预算材料用量}}\times 100\% \tag{13-12}$$

（6）机械使用指标

1）施工机械化程度是工程全部实物工程量中机械完成量的比重，是衡量施工方案的重要指标之一。其计算公式为

$$\text{施工机械化程度}=\frac{\text{机械完成实物量}}{\text{全部实物量}}\times 100\% \tag{13-13}$$

2）大型机械单方耗用量为

$$\text{大型机械单方耗用量}=\frac{\text{耗用总台班（台班）}}{\text{建筑面积（}m^2\text{）}} \tag{13-14}$$

3）单方大型机械费为

$$单方大型机械费=\frac{计划大型机械费（元）}{建筑面积（m^2）} \tag{13-15}$$

13.8 单位工程施工组织设计实例

以某大学教学科研楼为例，介绍单位工程施工组织设计。

13.8.1 工程概况

1. 建筑设计概况

某大学教学科研楼东西长47.1m（1~13轴线），南北宽18.85m（A~E轴线），地下2层，地上10层，局部为12层。地下二层为人防层，层高3.3m，建筑面积969m²，人防通道面积为63m²，地下一层为办公楼和热交换站，层高3.6m，1~6层为教室，7~10层为实验室及办公室，十一层设有电梯机房及电视前端室，十二层为会议室，顶层为水箱间。首层层高为4.2m，5~10层高3.9m，其余层高3.6m。工程建筑总面积11358m²，±0.00为绝对标高391m，该项目由某大学建筑设计院设计。

4~10轴线的E~K轴为多功能厅，南北长为32.7m，宽18m，地下一层为人防层。首层为通道及车库，通道净高为4.8m。二层为学生食堂，层高4.8m，三层为会议室，层高3.6m，四层为多功能厅，层高4.8m。

该工程外装饰为墙面砖，教学科研楼外墙面一层为花岗石贴面。

室内装修：内墙有贴面砖、普通抹灰、耐擦洗涂料等。

楼地面做法：细石混凝土面层、水泥砂浆面层、普通水磨石及美术水磨石几种。

顶棚：平滑式顶棚，刮腻子喷耐擦洗涂料，部分采用轻钢龙骨吊顶，板材为纸面石膏板。

门窗：窗为铝合金窗，窗扇为推拉扇。

屋面：屋面采用SBS防水卷材，地下室底板与墙体防水采用三元乙丙橡胶卷材防水。

2. 结构设计概况

该工程结构为框架剪力墙结构，抗震设防烈度为8度设防，人防等级为5级人防。基础为钢筋混凝土箱形基础，在E~F轴间设有混凝土后浇带，A~F轴间混凝土底板厚650mm（标高-6.035m），F~K轴间底板厚500mm。

3. 施工特点分析

该工程为高层框架剪力墙结构，且地基处于含水量大、力学性能差的淤泥质黏土层，基坑支护结构复杂，安全防护要求高，结构和施工设备的稳定性要求高，钢材加工量大，混凝土浇筑难度大。工程地点在学校内部，要特别注意噪声污染，晚上不宜施工，白天运送混凝土等物资会受交通影响。

13.8.2 施工部署

1. 施工目标、进度及空间组织安排

该工程为西安市优质工程，杜绝重大伤亡事故，一般事故率不超过2‰，现场要求达到西安市文明安全工地标准，严格按西安市有关规定做好环境保护工作。计划开工时间为2020年4月10日，竣工日期为2021年6月12日。

根据工程平面布置特点，工程划分成两个施工段，A~D轴为一段，E~F轴为一段；E~K轴在-2.70m标高处设一道水平施工缝，外侧混凝土墙体在此标高处设止水栅。施工阶段的划分为地基基础、主体结构、装修装饰三大施工过程，安装与土建交叉配合，安装不占有效施工工期。为缩短工期，在多功能厅部分完工后穿插装修工程。

2. 项目经理部的组建与职责分工

（1）项目经理部的组建　公司选派具有丰富施工经验的施工管理人员和工程技术人员进驻现场，项目经理部组成情况如图13-9所示。

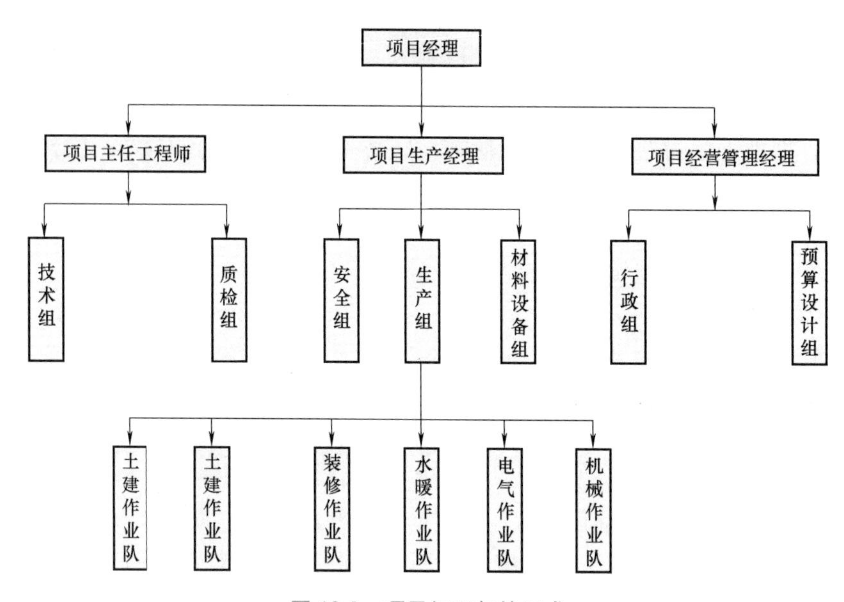

图13-9　项目经理部的组成

（2）职责分配　经公司研究，决定各级管理人员职责，建立质量责任制和安全责任制，成立质量、安全、技术、消防、环保环卫领导小组，做好施工准备。做到事事有人管，具体工作要落实。

13.8.3　主要分部分项工程施工方案及技术措施

本工程施工顺序按“先地下，后地上”“先主体，后装修”、“先结构，后围护”的顺序进行，为缩短工期，在多功能厅部分完工后穿插装修工程。

1. 施工顺序

1）进场后及时进行水准点和坐标点的引测，确定建筑物轴线和高程控制点，进行施工平面布置，按计划组织劳动力和机械设备进场。

2）划出基坑边线，组织专业队进行井点降水，土方施工队进场。

3）采用钢筋混凝土灌注桩护坡，附着式塔式起重机。基础采用钢筋混凝土钻孔灌注桩，应及时施工，基础结构施工前安装好塔式起重机。

4）基坑开挖中及时进行钎探，验槽可以分两次进行（A~D轴一次，E~K轴一次）。验槽后应及时进行基坑垫层混凝土施工，及时做好防水层、保护层和基础混凝土结构，及时做好地下室外墙防水和填土工程。

5）地下室部分施工完毕后，应及时进行验收，主体结构施工至四层时，安装电梯，插入内墙砌筑。四层结构封顶时，组织中间结构验收，及时插入室内装修，以节省工期。

6）装修阶段沿建筑物外搭设吊篮，用于室外装修。

7）装修时应合理安排各工种作业，及时插入施工。土建与水、电工种密切配合，穿插作业。

2. 主要分部分项工程施工方法及技术措施

主要分部分项工程施工方法及技术措施如下：

（1）基础工程阶段

1）施工工艺流程。定位放线→复核验线→井点降水→灌注桩护坡→土方开挖→钎探→验槽→混凝土垫层→找平层→防水层施工→保护层施工→支地下室外墙部分边模→检验→弹钢筋位置线→检验→墙柱支模→检验→浇筑墙、柱混凝土→拆模、养护→地下二层顶板模板→绑扎地下二层顶板钢筋→浇筑顶板混凝土→养护→地下一层钢筋混凝土结构施工→回填土。

2）划分流水施工段。该工程钢筋混凝土板设后浇带。地下室按平面划分两个流水施工段，进行流水施工。

3）土方开挖。根据地质资料，地下水位标高为-3.5m，基底标高为-6.7m，为保证基础工程正常施工，在定位放线后，进行人工降水，采用一般轻型井点。在北侧与第一教学楼相邻处有23根钻孔混凝土护坡桩。土方开挖采用机械大开挖，挖土至基底上30cm处进行人工清槽，防止扰动持力层，基坑土方开挖钎探后应及时进行验槽。

4）混凝土工程。设计要求±0.00以下，所有混凝土结构均采用商品混凝土，有防水要求部分的混凝土采用S_8C_{35}防水混凝土。

防水混凝土施工采用商品混凝土，混凝土垂直运输采用混凝土泵。以后浇带为分界线，分两段施工。混凝土浇筑采用全面分层浇筑。为控制水泥中水化热对混凝土底板质量的影响，在混凝土中掺入防水剂和粉煤灰。地下室混凝土施工时，施工缝在如下部位设置：后浇带处；外墙水平施工缝距底板30cm处；墙高及顶板下皮处；多功能厅地下室由于层高6m，在-2.7m处设一道水平施工缝，水平施工缝处施工缝构造采用钢板止水带，后浇带垂直施工缝采用橡胶止水带。

5）模板工程。为了保证浇筑质量达到清水墙的质量标准，地下室顶板采用12mm厚的竹胶合板模板，500mm×100mm方木做格栅；采用满堂架子作墙体及顶板模板的支撑体系；墙体模板配以ϕ12mm穿墙螺栓，间距600mm×600mm，外墙穿墙螺栓应有钢板止水片。

6）钢筋工程。钢筋连接采用绑扎、焊接及冷挤压连接。根据设计要求，直径大于12mm时采用闪光对焊，直径大于22mm时采用冷挤压套筒连接，竖向钢筋采用电渣压力焊。为了保证钢筋位置准确，底板钢筋应架设马凳，墙插筋与底板交接处应增设定位钢筋，并与底板筋焊牢，以防根部钢筋位移。钢筋检查验收时应认真核对钢筋数量、级别、直径、间距、搭接长度、焊缝长度、锚固长度、保护层厚度，预埋件位置，预埋洞口大小及位置，附加钢筋数量、位置及长度等。墙体双层网片设S形拉结钢筋，其间距为200mm。

7）地下室卷材防水工程。地下室柔性防水卷材采用三元乙丙橡胶卷材，施工时采用外贴法。在垫层四周砌底板厚加300mm外墙永久保护墙，墙内侧抹水泥砂浆2mm厚，先铺底板及永久保护墙部分的卷材，四周留出接头、并予以保护。待混凝土外墙施工完毕并干燥后，再粘贴外墙卷材，然后砌永久保护墙。本工程由专业防水施工队施工，操作人员持证上岗。

（2）主体结构施工

1）施工工艺流程。首层放线→复验线→首层柱绑扎钢筋→检验→支柱模板→浇筑混凝土→拆模→养护→支梁板模板→检验→绑扎梁板钢筋→检验→浇筑梁板混凝土→养护→二层楼板放线→各层按此顺序施工→封顶。

2）流水段划分。主体结构施工时划分为两个施工段，以后浇带为界。

3）混凝土工程。本工程采用泵送混凝土。施工时应保证混凝土浇筑时连续作业；柱、墙浇筑混凝土前，应在其底部先铺50～100mm厚与混凝土相同配合比的水泥砂浆。柱、墙混凝土应分层浇筑，每层厚度不大于50cm，柱子混凝土浇至梁底20mm处，大梁混凝土可单独浇筑，施工缝留有板底20～30mm处。混凝土板采用平板式振捣器振捣，肋形楼板混凝土浇筑沿次梁方向，施工缝留在次梁跨中1/3范围内，施工缝应与梁轴线垂直，并与板面垂直，用钢板网挡牢。

4）钢筋工程。本工程为钢筋混凝土框架剪力墙结构。梁、墙柱钢筋锚固长度为$39d$，搭接长度为$45d$。直径大于12mm钢筋必须采用闪光对焊或冷压套筒连接。柱钢筋可采用电渣压力焊接头，接头位置应相互错开，钢筋相邻接头间距不少于$35d$。

5）砌筑工程。本工程外围护墙采用加气混凝土砌块。砌筑前先做好地面垫层，然后先砌踢脚板高度范围内的黏土砖墙基。砌前按实际尺寸和砌块规格画出砌块排列图，不够整块的可以锯成需要的规格，但不得小于砌块长度的1/3。最下一层砌块灰缝大于20mm时，应用细石混凝土找平铺砌，砌筑时应设拉结钢筋。

（3）装饰工程

1）楼地面工程。本工程楼地面做法有：细石混凝土地面、水泥砂浆地面、地砖面层、水磨石地面。其中现制水磨石面层施工量大。

现制水磨石面层施工时应控制好原材料：水泥应为同一批号水泥，水泥中掺入3%～6%的耐酸、耐碱的矿物颜料。分格条采用钢条，水泥浆表面应高出分格条顶1～2mm，分格条应平直、接头牢固。施工时水磨石料即水泥石子浆应拍平、滚压，用磨石机分三遍磨光。

2）外墙面砖。外墙面砖在大面积施工前先做样板，得到设计和监理部门认可后可大面积展开。镶贴时前排砖弹线，尽可能不出现非整砖情况。当无可避免非整砖情况，应对洞口稍做移动解决。外墙面砖施工前对墙面进行浇水，并将面砖在水中浸泡。镶贴前刷TG胶一通，其配合比为TG：胶：水泥=1：4：1.5。然后用TG砂浆打底拉毛，再刮素浆一遍（内掺107胶5%），然后抹砂浆结合层，再镶贴面砖，最后用1：1水泥砂浆勾缝。

3）屋面工程。屋面做法选用平屋面建筑构造，保温层150mm厚水泥聚苯板，SBS卷材防水。教学科研楼为内排水。为保证防水质量，做到不渗漏，施工时应保证基层干燥，含水率在9%以内，并应在管根转角处和排水口部位，铺加附加层，确保不渗漏。施工时应严格检查每道工序，并做好隐蔽检查记录。

4）水暖电工程。

① 施工前认真熟悉设计图和标准图集。预留、预埋位置必须符合设计图及标准图集中

的要求，做到事后不剔凿。

② 电气管、管盒必须与板底主筋连接。

③ 排水管道要保证安装主管垂直偏差不大于 3mm，横管顺直，坡度为 1.5%，严禁逆坡。地漏应低于室内标高，找坡后低于室内 5~10mm，结构装修做法应计算好标高。

5）水暖与通风等系统施工完工后应做好试水工作，卫生间、厕所等做闭水试验，认真做好各项记录和调试工作。

6）水、暖、通、电专业严格按专业施工方案进行施工。

13.8.4　施工进度计划

根据合同中对工期的要求，对施工进度安排如下：

本工程于 2020 年 4 月 10 日开工，2020 年 6 月 30 日前完成基础工程及地下室工程，于 2020 年 9 月 5 日前完成四层结构，整个结构于 2020 年 11 月 20 日完成。装修工程于 2020 年 8 月 20 日插入，于 2021 年 6 月 12 日完成，总工期 428 天，工程项目进度计划如图 13-10 所示的网络进度计划。

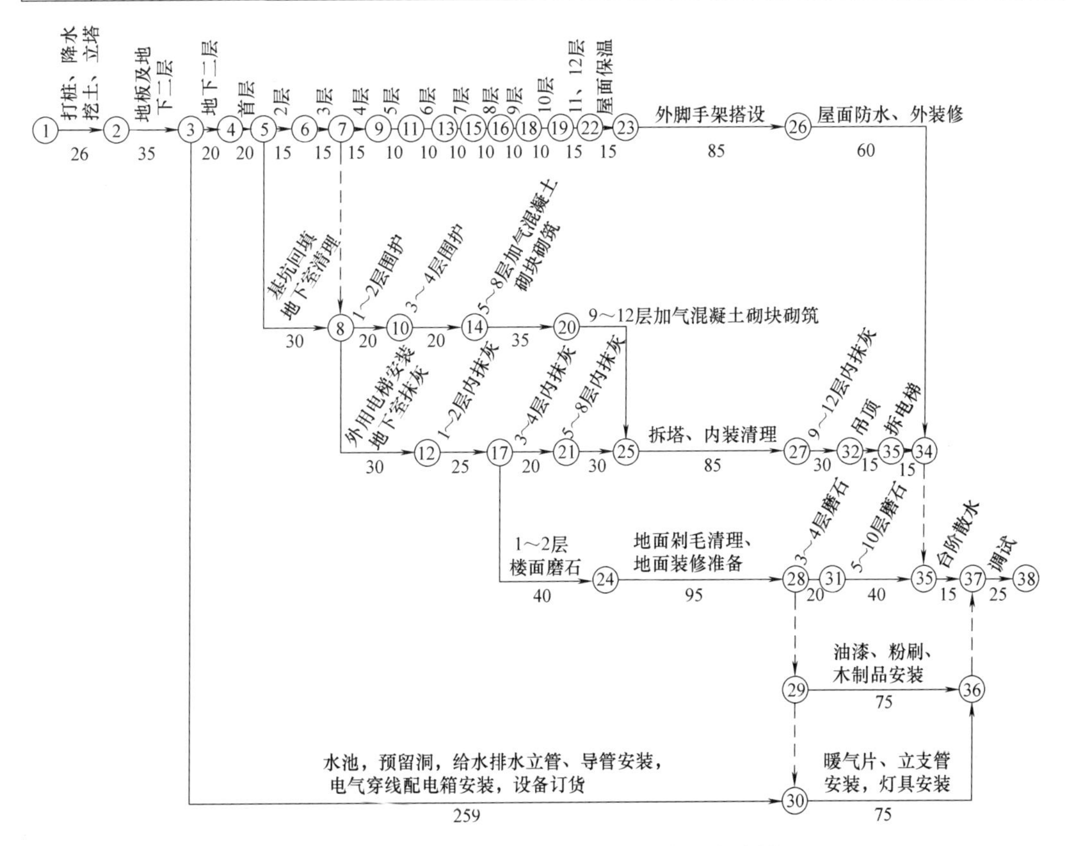

图 13-10　某大学教学科研楼施工网络进度计划

13.8.5　资源配置计划

1. 主要机具、设备配置计划

工程选用的主要机具和设备配置计划见表13-6。

表13-6　主要机具和设备配置计划一览表

机械名称	数量	型号	机械名称	数量	型号
塔式起重机	1台	TQ63.50M	振捣棒	6套	
混凝土搅拌机	1台	500L	电动套丝机	1台	
砂浆搅拌机	2台		气割枪	2套	
混凝土搅拌机	1套	PL800A	砂轮切割机	2台	
装载机	1台		钢筋冷挤压设备	2套	
钢筋弯曲机	1台		台钻	1台	
钢筋切断机	1台		外用电梯	1台	双笼
钢筋冷拉设备	1套		钢井架	1套	
电焊机	3台		水准仪	1台	
电锯	1台		经纬仪	1台	
电刨	1台		混凝土输送泵	2台	HBT80
蛙式打夯机	3台		卷扬机	3台	1.5~3t
平板式振动器	2台		钢架管	200t	
钢筋对焊机	1台	100kW	脚手板	500块	

2. 主要工种劳动力配置计划

主要工种劳动力配置计划见表13-7。

表13-7　主要工种劳动力配置计划一览表

主体阶段		装修阶段	
工种	人数	工种	人数
钢筋工	30	摸灰工	90
木工	40	油漆工	30
混凝土工	20	木工	20
架子工	10	水暖工	30
瓦工	30	电工	20
电工	4	机械工	5
水暖工	4	架子工	15

（续）

主体阶段		装修阶段	
工种	人数	工种	人数
焊工	3	焊工	3
机械工	6		
起重工	5		
合计	152	合计	213

13.8.6　施工准备工作

1. 技术准备

1）组织有关人员认真熟悉图样，组织好图样会审工作。

2）施工前编制详细的施工组织设计，并编制好质量保证计划，明确质量目标，有效地进行质量控制。

3）现场测量放线人员协助甲方技术部门确定水准点位置，核定坐标点，为测量控制提供依据。

4）组织好设计交底，熟悉分部分项工程施工方案，明确施工方案的验评标准，并组织有关人员学习领会。

5）编制好项目施工图预算，组织材料进场，加强成本控制，做到内业控制和指导外业。

2. 现场准备

1）具体观察施工现场的地形和周围环境，场地的可利用程度和区域确定交通，临时道路，临时水电管线的布置，临时设施的搭设。

2）开工前落实现场三通一平，引测或确定水准点，±0.000标高控制点和轴线控制点，根据建筑红线实施建筑物的测量定位放线。

3）提前做好资源配置工作。

13.8.7　施工现场平面布置图设计

某大学教学科研楼施工平面布置图，如图13-11所示。

13.8.8　主要施工管理计划

1. 质量管理计划

（1）质量目标　本工程质量目标为西安市优质工程。

（2）质量保证措施

1）建立强有力的质量保证体系。建立以项目经理、主任工程师和质量控制员为主的质量管理、技术管理和质量监督三大组织。

2）配备具有多年管理经验的专职质量检查人员，实行质量否决权。

3）制订检查评比奖罚制度，抓好检查评比、加大奖罚力度。

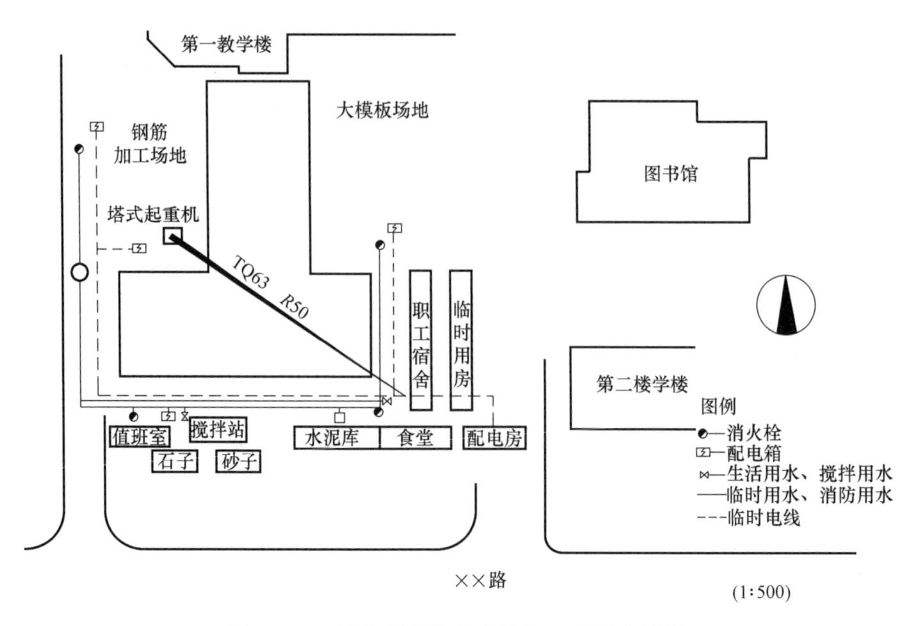

图 13-11 某大学教学科研楼施工平面布置图

4）实行自检、互检、交接检。每一道工序都有严格检查，确保每一道工序质量。

5）做好各种材料试验及各项检测工作。严格执行质量标准、认真进行检测试验，加强材料质量控制。

6）认真进行图样会审、技术交底、材料试验和隐蔽验收等技术管理工作。严格按有关文件要求，及时做好技术资料信息管理工作。

7）在装修工程中，控制装修质量、控制工序质量标准、控制内外线角、控制细部处理、做好样板间。做到分项挂牌施工，操作人员名字上墙，奖优罚劣。

8）认真推广新技术、新工艺和新材料，并加强对新材料、新技术和新工艺的管理，确保质量。

9）加强质量控制点的管理。本工程的主要质量控制点如下：

① 加强测量放线质量管理，严格控制标高、垂直度和轴线位置。

② 加强混凝土工程质量管理。严格执行混凝土搅拌制度，保证浇筑质量，加强养护，坚持拆模强度标准。

③ 加强对钢筋、水泥等主要材料、防水材料以及装饰材料的质量检测。

④ 对装饰工程中质量通病加强预防和控制。

⑤ 加强回填土质量控制，把好土料的选择和压实标准等质量关。

⑥加强成品保护工作。

⑦ 加强屋面、卫生间和地下室防水的质量管理。

⑧ 加强水、电、暖、通安装的质量控制。

2. 进度管理计划

本工程计划开工时间为 2020 年 4 月 10 日，竣工日期为 2021 年 6 月 12 日。日历工期 428 天，为确保工程进度，重点抓好以下几个方面工作。

（1）组织保证措施

1）此项工程作为公司重点项目进行管理，组织有多年建筑施工经验的技术人员，组建精干的项目经理部。

2）挑选具有多年施工经验的技术工人，组成作业班组（如木工、瓦工、钢筋工、装修工）。

3）为确保工期，一般情况下每天二班作业，麦收和秋收期间不放假，保证工程连续施工。

4）建立会议制度（生产调度会）。项目经理每日召开生产碰头会，检查日作业计划，及时解决施工问题，责任到人。

（2）制订科学合理的施工网络计划　找出关键线路及关键工作，制订详细的月、旬、日作业计划，制订工期奖罚制度，确保工期目标的实现。

1）采用先进的施工技术方法，加大科技含量。

2）合理地组织施工。在基础施工时安装塔式起重机，为创造施工条件，组织流水施工作业，在各工序之间合理地进行搭接施工，缩短整体施工工期。

（3）人力、物力、机具、设备和资金保证

1）投入足够的人力、物力、财力以保证施工中各种材料，机具和设备的要求。

2）制订合理的材料和设备进行出场计划。对工程所需材料，尽早安排，不因材料供应问题而影响工期。

（4）搞好三个配合

1）搞好与建设单位的配合，为建设单位工作提供方便，尊重建设单位意见，团结协作。

2）搞好与监理单位的配合，认真接受监理单位的监督与检查，加强工程控制。完成项目目标。

3）搞好与设计单位的配合，认真细致地做好图样会审工作，发现问题及时与设计单位联系，把问题及时解决在施工之前。

3. 安全管理计划

（1）安全目标　杜绝重大伤亡事故，一般事故率不超过2‰，现场达到西安市文明安全工地标准。

（2）安全生产保证措施

1）建立以项目生产副经理为第一责任者的安全生产责任制；设一名专职安全员，负责安全生产的具体管理工作，贯彻“安全第一，预防为主”的方针。

2）认真执行施工现场安全防护标准，落实安全生产责任制。

3）坚持每周一次安全会，加强对职工进行安全教育，安排生产时同时布置安全工作。

4）现场有安全标志，且安全标志应符合国家标准。

5）工程开工前，根据分部分项工程的不同特点，进行安全技术交点。

6）施工现场临时用电装置执行三相五线制，一机一闸保护。手持电动工具必须执行二级保护，全面执行《施工现场临时用电安全规范》（JGJ 46）。

7）安全防护网按有关规定搭设，认真执行“四保四口”（安全帽保护、安全网保护、安全棚保护、漏电保护器保护；预留洞口、门窗口、楼梯口、电梯口）制度，四周实行全封闭防护。

8）塔式起重机配齐保险装置，即四限位两保险（有超高、变幅、行走和力矩限位器，有吊钩保险和鼓筒保险）。起重机调试后要经有关部门验收，方能使用。所有电机设备均安装漏电保护器，并有避雷措施。

9）做好安全防火工作。消火栓布置应符合防火要求，临时设施间距符合安全距离，现场用火经保护人员签发动火证，并有专人看火。

10）安排职工生活。严防食物中毒或煤气中毒。夏季搞好防暑降温，保证职工身体健康。

11）按三级安全生产管理规定，严格检查和考核安全工作，主要检查人的不安全行为，物的不安全状态，加强作业环境的安全保护。根据考核结果，奖罚分明。

4. 成本管理计划

（1）成本管理目标　采用有效控制工程造价的手段，保证本工程的投资效益、降低成本。

（2）成本控制措施

1）成本的动态控制。在确定项目管理目标的前提下，搞好事前计划、事中控制、事后分析，实行动态控制，以确保目标值的实现。

① 事前计划准备。在项目开工前，项目经理部应做好前期准备工作，选定先进的施工方案，选好合理的材料商和供应商，指定每期的项目成本计划。

② 事中实施控制。在项目施工过程中，按照所选的技术方案，严格按照成本计划实施和控制，包括对生产资料费的控制、人工消耗的控制和现场管理费用等。

③ 事后分析考核。实际成本数据与计划成本目标进行比较，以成本降低额和成本降低率作为考核的主要指标，分析成本偏差及原因；采取措施纠正偏差；必要时修改成本计划。

2）降低成本的具体措施。

① 确保工程工期和提前竣工时降低工程成本的关键，发挥大型机械优势，提高功效、减少租赁费用、加快周转材料运转，减少管理费。

② 加强内部管理，对特殊材料执行限额领料制，进场材料对质量、数量进行验收，建立健全工料消耗台账，采购材料应货比三家，控制市场材料价格。

③ 推广新工艺、新技术、新材料，向技术要效益，科学管理，保证工程质量。

④ 采用项目法施工，制订明确的奖惩制度，充分调动人员的积极性，按质量提前完成工程任务。

⑤ 做好项目成本控制，把各项生产费用控制在计划成本范围之内，降低项目成本，以保证成本目标的实现。

⑥ 制订先进的经济合理的施工方案，落实技术组织措施，组织均衡施工，加快进度，降低材料成本，提高机械利用率。

5. 施工现场管理计划

（1）文明施工措施

1）在工地现场明显位置处设明示板。具体内容包括：现场施工平面布置图，工程标牌，安全生产管理制度，消防保卫制度，场地环保制度。内容详细，字迹工整、清晰，搞好文明施工管理。

2）现场文明施工。严格按图13-11所示的施工平面图布置现场，材料堆放整齐，运输道路通畅，砂、石堆场地面平整坚实，水、电布置线路尽可能紧凑，场地排水畅通。

3）现场详细划分责任区，包干到人，各负其责。

4）每月检查一次，对各责任区进行评比，达不到要求的限期改正。宣传栏和板报及时表扬好人好事。

（2）环保环卫工作

1）严格按当地有关规定做好环境保护工作。场地清洗污水、施工机械废水不能随意排放，并应及时清理施工垃圾。

2）认真执行《建筑施工场界环境噪声排放标准》（GB 12523）的规定，合理安排作业时间，减少噪声影响。

（3）保卫与消防工作

1）现场设警卫室、建立和完善现场巡逻制度。

2）做好材料库保卫工作，同时做好临时设施中水电设施、消防设施等看护工作，实行昼夜值班，进出人员须佩戴出入证，发现有破坏现象应及时制止，重点案件及时报告公安机关。

3）消防器材和设备齐全，定期检查。

本章小结及关键概念

- **本章小结**：本章阐述了单位工程施工组织设计的内容、编制依据、方法和步骤等，通过对施工方案设计的选择、确定，施工进度计划及资源配置计划的编制、施工平面图设计的学习，灵活应用其内容编制单位工程施工组织设计实例。通过本章的学习，了解单位工程施工组织设计编制的程序和依据，掌握编制的方法、内容和步骤；掌握单位工程施工进度计划、施工方案设计、施工平面图设计及施工管理计划的主要内容，能正确地进行编制、设计和调整。
- **关键概念**：单位工程施工组织设计、施工部署、施工方案、单位工程施工进度计划、单位工程施工平面布置图。

习　　题

13.1　简述单位工程施工组织设计编制的依据。

13.2　简述单位工程施工组织设计的编制程序。

13.3　施工部署的内容有哪些？

13.4　施工方案选择内容有哪些？

13.5　如何确定施工起点流向和施工顺序？

13.6　简述单位工程施工进度计划编制的依据和步骤。

13.7　施工进度计划表达方式有哪些？

13.8　单位工程资源配置的内容有哪些?

13.9　简述单位工程施工现场平面布置图的作用。

13.10　简述单位工程施工现场平面布置图设计的原则。

13.11　试述单位工程施工现场平面布置的步骤。

13.12　如何进行施工方案的技术经济评价?

二维码形式客观题

第13章
客观题

第 14 章 施工组织总设计

学习要点

知识点：施工组织总设计编制的程序和依据，总体施工部署的主要内容，施工总进度计划的编制原则、步骤和方法，资源配置计划的内容，施工总平面图设计的依据、原则、步骤和方法。

重点：施工部署的内容，施工总进度计划的编制，资源配置计划的编制，施工总平面图设计。

难点：施工方案的选择，暂设工程的设置。

14.1 施工组织总设计编制的程序与依据

14.1.1 施工组织总设计的概念及作用

施工组织总设计是以若干单项工程组成的群体工程或整个建设项目为编制对象，根据初步设计或扩大初步设计以及其他有关资料和现场施工条件编制的，用以指导整个施工现场各项施工准备和施工活动的技术、经济和管理的综合性文件。一般由建设总承包单位或大型工程项目经理部的项目负责人主持编制，总承包单位技术负责人负责审批。

其主要作用在于：

1）为整个工程做好施工准备工作，建立必要的施工条件。

2）从全局出发，为整个项目的施工做出全面的战略部署。

3）为建设单位或业主编制工程建设计划提供依据。

4）为编制单位工程施工组织设计提供依据。

5）为组织施工力量和技术，保证物资资源的供应提供依据。

14.1.2 施工组织总设计的编制程序和内容

施工组织总设计的编制程序如图 14-1 所示。从编制程序可知其主要内容包括：

1. 工程概况

工程概况是对工程及所在地区特征的一个总体说明部分，宜采用图表说明。一般应描述项目施工总体概况、设计概况、建筑安装工作量、建设地区自然条件、施工条件、工程特点及重难点分析、承包范围等。

2. 总体施工部署及主要项目施工方案

3. 施工总进度计划

4. 施工准备与主要资源配置计划

5. 施工总平面图

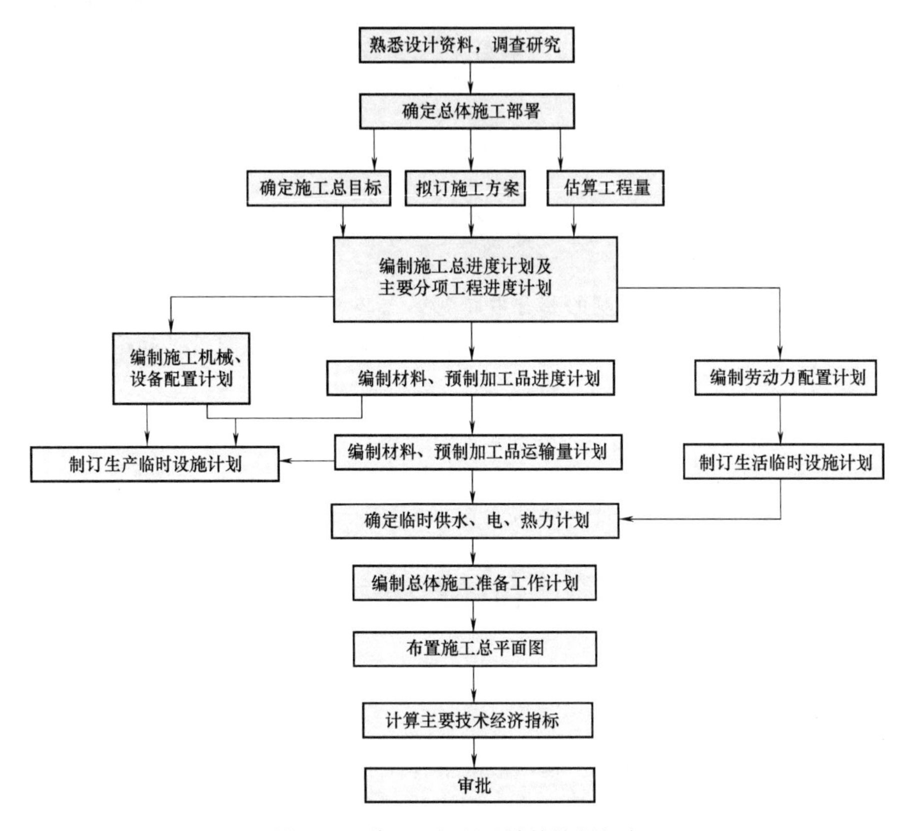

图 14-1　施工组织总设计的编制程序

14.1.3　施工组织总设计的编制依据

1. 计划文件

批准的建设计划，可行性研究报告，工程项目一览表，分期分批投产、交付使用的期限和投资计划，工程所需设备、材料的订货指标，建设地点所在地区主管部门的批件，施工单位上级主管部门下达的施工任务计划等。

2. 合同文件

招投标文件及工程承包合同或协议、主要材料和设备订货合同等。

3. 设计文件

已批准的设计任务书、初步设计或技术设计或扩大初步设计、设计说明书、建设区的测量平面图、建筑总平面图、总概算或修正概算、建筑竖向设计等。

4. 建筑场地工程勘察和技术经济资料

地形、地貌、工程地质及水文地质、气象等自然条件；建设地区的建筑安装企业、预制件、预制品供应情况，工程材料、设备的供应情况，交通运输、水电供应情况；当地的文化教育、商品服务设施情况等技术经济条件。

5. 类似工程的有关资料以及现行规范、规程和有关技术规定

类似建设项目的施工组织总设计和有关总结资料；国家现行的施工及验收规范、操作规程、定额、技术规定和技术经济指标等。

14.2 总体施工部署

总体施工部署是对整个建设项目实施过程做出的统筹规划和全面安排，即对影响全局性的重大施工问题做出决策。施工部署所包含的内容因建设项目的规模、性质和各种客观条件的不同而不同，一般包括确定施工总目标、确定工程项目开展程序、拟订主要工程项目施工方案、施工任务划分与组织安排、做好施工准备工作规划等内容。

14.2.1 确定施工总目标

施工总目标包括质量、进度、安全、成本、环保及节能、绿色施工目标，并根据总目标的要求制订合理的分阶段（期）交付的计划。一般应根据招标文件及施工合同要求的目标，并结合自身的施工素质和拥有的人力、物力、财力，在经过周密的计划与详细的计算后确定。该目标必须满足或高于合同要求的目标。

14.2.2 确定工程项目开展程序

根据建设项目总目标的要求，确定建设项目中各项工程合理的开展程序，是关系到整个建设项目能否迅速投产或使用的重大问题。

对于大中型建设项目，根据建设项目总目标的要求，分期分批建设。分期分批的建设既可使项目尽快建成，尽早投入使用，又可实现均衡施工、减少暂设工程量和降低工程成本。至于分几期施工，各期工程包含哪些项目，则要根据生产工艺要求，建设单位或业主要求，工程规模大小和施工难易程度，资金、技术资源等情况，由建设单位和施工单位共同研究确定。

对于大中型民用建筑群（如住宅小区），一般也应分期分批建成，除建设小区的住宅楼房外，还应建设幼儿园、学校、商店和其他公共设施，以便交付后能及早发挥经济效益和社会效益。

对小型企业或大型企业的某一系统，由于工期较短或生产工艺要求，可不必分期；也可先建生产厂房，其后边生产边施工。

分期分批的建设对于实现均衡施工、减少暂设工程量和降低工程成本具有重要意义。

14.2.3 拟订主要工程项目施工方案

施工组织总设计应拟订主要工程项目的施工方案和一些特殊的分项工程的施工方案，目的是进行技术和资源的准备工作，统筹安排施工现场，保证整个工程的顺利进行。这些项目是指工程量大、技术复杂、施工难度大、工期长、对整个建设项目的完成起关键作用的建筑物或构筑物，以及工程量大、影响全局的分部分项工程，如生产车间、高层建筑、桩基、深

基础、重型构件吊装工程等。主要内容包括确定施工工艺流程、选择大型施工机械和主要施工方法。

施工方案确定时可通过技术经济比较等手段，在工程质量、施工安全保证的前提下，降低造价，缩短工期。

施工机械选择时应注意：①所选主导施工机械的类型和数量应既能满足工程施工的需要，又能充分发挥其效能，并能在各工程上实现综合流水作业；②所选辅助或配套机械，其性能和产量应与主导施工机械相适应，以便充分发挥主导施工机械的施工能力和效率；③技术上先进、经济上合理。

选择施工方法时，应尽量扩大工业化施工范围，努力提高机械化施工程度，减轻劳动强度，提高劳动生产率，保证工程质量，降低工程成本，确保按期交工，实现安全、环保和文明施工。另外，对于某些施工技术要求高或比较复杂、技术上较先进或施工单位尚未完全掌握的分部分项工程，应提出原则性的技术措施方案。对大型基坑开挖与支护、脚手架工程、模板体系、起重吊装工程、临时用水用电工程、季节性施工等专项工程所采用的施工方法应进行简要说明。

14.2.4　施工任务划分与组织安排

建设项目主要有平行承发包、设计/施工总承包、工程项目总承包等模式。不同的模式使得各参与建设的施工单位关系不同。例如平行承发包，是建设单位分别与各承包商签订承包合同，各承包单位之间关系是平行的；对于施工总承包，建设单位将施工任务发包给一个总包单位，总包单位再将其部分任务分包给其他承包单位，他们之间是总包与分包的关系。所以应根据建设项目的承发包模式、项目的规模特点确定施工项目管理体系，划分各参与建设的施工单位的施工任务，建立施工现场统一的组织领导机构及职能部门，明确总包与分包单位的关系或明确各施工单位之间分工与协作关系，确定综合和专业化的施工组织，划分施工阶段，确定各施工单位（分包单位）分期分批的主导施工项目和穿插施工项目。

14.2.5　做好施工准备工作规划

根据施工开展程序和主要工程施工方案，编制施工项目全场性的施工准备工作规划。施工准备工作是顺利完成建筑施工任务的保证和前提，应从思想上、组织上、技术上、物资上和现场上进行全面规划。其内容包括：安排好场内外运输，施工用干道、水、电来源及其引入方案；安排好场地的平整方案和全场性的排水、防洪；安排好生产、生活基地；规划和修建附属生产企业；做好现场测量控制网；对新结构、新材料、新技术组织试制和试验；编制施工组织设计和研究制订可靠的施工技术措施等。

14.3　施工总进度计划

施工总进度计划是根据总体施工部署，对整个工地上的各项工程做出时间上的安排，即合理地确定工程项目施工的先后顺序、施工期限、开工和竣工的日期，以及它们之间的搭接关系和时间。据此，便可确定建筑工地上劳动力、材料、成品、半成品的需要量和分批供应的日期，附属企业、加工厂（站）的生产能力，临时房屋和仓库、堆场的面积，供电、供水的数量等。其内容应包括编制说明，施工总进度计划表（图），分期（批）实施工程的开工、竣工日期，工期一览表等。

14.3.1　施工总进度计划编制的原则

正确编制施工总进度计划，不仅能够保证各工程项目成套地交付使用，而且在很大程度上直接影响投资的综合经济效益，必须引起重视。在编制施工总进度计划时应遵循以下原则：

1）严格遵守合同工期，把配套建设作为安排总进度的指导思想。

2）以配套投产为目标，区分各项工程的轻重缓急，把工艺调试在前的、占用工期较长的、工程难度较大的项目排在前面。要考虑土建、安装的交叉作业，组织流水施工，力争加快进度，合理压缩工期。

3）充分估计设计出图的时间和材料、设备、配件的到货情况，务必使每个施工项目的施工准备、土建施工、设备安装和试车运转的时间能合理衔接。

4）确定一些调剂项目（如办公楼、宿舍、附属或辅助车间等）穿插其中，以达到既能保证重点，又能实现均衡施工的目的。

5）组织土建工程和设备安装工程流水作业、连续均衡施工，以此达到土方、劳动力、施工机械、材料设备和构件的综合平衡。

6）在施工顺序安排上，除应本着先地下后地上，先深后浅，先干线后支线的原则外，还应及时安排好主要工程的准备工程，尤其是全工地性工程；各单位工程应在全工地性工程基本完成后立即开工；充分利用永久性建筑和设施为施工服务，以减少暂设工程费用；充分考虑当地气候条件，尽可能减少冬雨期施工造成的附加费用。

此外，总进度计划的安排还应遵守有关技术法规、标准，符合安全、文明施工的要求，并应尽可能做到各种资源的平衡使用。

14.3.2　施工总进度计划的编制方法

1. 列出工程项目一览表并计算工程量

根据建设项目的施工总体部署，按主要工程项目的开展顺序，列出总承建的工程项目一览表，由于施工总进度计划主要起控制性作用，因此项目划分不宜过细，应突出主要项目，一些附属或辅助工程、小型工程和临时建筑物可以合并列出。然后列出工程项目所包含的所有单项工程，并进行分解至单位工程、分部工程和主导施工过程即可，然后估算列表中各项目的工程量。

计算各工程项目工程量的目的是正确选择施工方案和主要施工机械，初步规划各主要工程的流水施工，计算各项资源的需要量等。因此工程量计算可按初步（或扩大初步）设计图并根据各种定额手册进行粗略计算。

除建筑物外，还必须计算其他全工地性工程的工程量，如平整场地面积，铁路、道路及各种管线长度等，这些可根据建筑总平面图来计算。

将计算所得的各项工程量填入工程量汇总表中，见表 14-1。

表 14-1　工程项目工程量汇总表

工程项目分类	工程项目名称	结构类型	建筑面积	幢（跨）数	概算投资	主要实物工程量					
						场地平整	土方工程	桩基工程	…	装饰工程	…
			100m²	个	万元	1000m²	1000m³	100m³		1000m²	
A 全工地性工程											
B 主体项目											
C 辅助项目											
D 永久住宅											
E 临时建筑											
合　计											

2. 确定各单位工程的施工期限

各单位工程的施工期限应根据施工单位的施工技术力量、管理水平、机械化程度、劳动力水平、资金与材料供应及单位工程的建筑结构特征、建筑面积或体积大小、现场地形、地质、施工条件、现场环境等情况综合确定。确定时，还应参考工期定额。

3. 确定各单位工程的开工、竣工时间和相互搭接关系

在确定各单位工程的施工期限后，就可以进一步安排各单位工程的竣工时间和相互搭接关系及时间，通常应考虑下列因素：

1）同一时间进行的项目不宜过多，避免分散有限的人力和物力。

2）要按辅—主—辅的顺序安排施工，辅助工程（动力系统、给排水系统、运输系统及居住建筑群、汽车库等）应先行施工一部分，这样既可以为主要生产车间投产时使用，又可以为施工服务，以节约临时设施费用。

3）安排施工进度时，应尽量使各工种施工人员、施工机械在全工地内连续施工，尽量组织流水施工，从而实现人力、材料和施工机械的综合平衡。

4）要考虑季节影响，以减少施工措施费。一般大规模土方和深基础施工应避开雨期，大批量的现浇混凝土工程施工应避开冬期，寒冷地区入冬前应尽量做好围护结构，以便冬期安排室内作业或设备安装工程等。

5）确定一些附属工程或零星项目（如宿舍、商店、附属或辅助车间、临时设施等）作为调节项目，穿插在主要项目的流水施工中，以使施工连续均衡。

6）应考虑施工现场空间布置的影响。

4. 编制施工总进度计划表

施工总进度计划常以横道图或网络图表达。时间划分可按月，对跨年度工程通常第一年按月划分，第二年以后可按季度划分。当用横道图表达总进度计划时，项目的排列可按施工总体方案所确定的工程开展程序排列，并且要表达出各工程项目的开工、竣工时间及其施工持续时间。表 14-2 所示为施工总进度计划的表格形式。

由于网络图既可明确表达出各施工项目间的逻辑关系，又可应用计算机辅助管理，便于对进度计划进行调整和优化，所以优先采用网络计划表示方式。

表 14-2　施工总进度计划表

序号	工程项目名称	结构类型	建筑面积/m^2	工作量/万元	工作月数	施工进度表							
						20××年（季度）				20××年（季度）			
						一	二	三	四	一	二	三	四

5. 施工总进度计划的检查与调整优化

施工总进度计划表绘制完后，应对其进行检查，检查应从以下几个方面进行：

1）是否满足项目总进度计划或施工总承包合同对总工期以及起止时间的要求。

2）各施工项目之间的搭接是否合理。

3）整个建设项目资源需要量动态曲线是否均衡。

4）主体工程与辅助工程、配套工程之间是否平衡。

若上述方面存在问题，应通过调整、优化来解决。

14.4 资源配置计划及施工准备工作计划

施工总进度计划编制好后，就可据此编制主要资源配置计划和施工准备工作计划。

14.4.1 劳动力配置计划

劳动力配置计划是确定临时设施规模和组织劳动力进场的依据。编制时，首先根据工程量汇总表中分别列出的各个工程项目专业工种的工程量，查预算定额或有关资料，求得各个建筑物主要工种的劳动量，再根据总进度计划表中某单位工程各工种工程的持续时间，即可得到某单位工程在某段时间里的平均劳动力数。按同样方法可计算出各个建筑物的各主要工种在各个时期的平均工人数。将施工总进度计划表纵坐标方向上各单位工程同工种的人数叠加在一起并连成一条曲线，即为某工种的劳动力动态曲线图。然后可据其列出主要工种劳动力配置计划表，见表 14-3。

表 14-3　劳动力配置计划

序号	工程名称	施工高峰需用人数	20××年（季）				20××年（季）				现有人数	多余（+）或不足（-）
			一	二	三	四	一	二	三	四		

注：1. 工种除生产工人外，应包括附属辅助用工（如机修、运输、构件加工、材料保管等）以及服务和管理用工。
2. 表下应附以分季度的劳动力动态曲线（纵轴表示人数，横轴表示时间）。

14.4.2 主要工程材料、构件和设备的配置计划

主要工程材料、构件和设备的配置计划是工程材料、预制品、构件、设备及半成品等落实组织货源、签订供应合同、确定运输方式、编制运输计划、组织进场、确定暂设工程规模的依据，也是加工、订货、运输、确定堆场和仓库的依据。它是根据施工总进度计划、工程

量和消耗定额编制的。其表格形式见表14-4。

表14-4　主要材料和设备配置计划

序号	单项工程名称	材料和设备名称	规格	单位	配置量				配置量进度					
					合计	正式工程	大型临时设施	施工措施	20××年（季）					……
									合计	一	二	三	四	……

注：材料和设备根据工程材料、预制品、设备、构件及半成品等分别列表。设备是指构成永久工程的机电设备、金属结构设备、仪器及其他类似的设备和装置。

14.4.3　施工机具、设备配置计划

施工机具、设备配置计划是组织机械设备供应、计算配电线路及选择变压器容量、确定停放场地面积的依据。主要施工机械设备，如挖土机、起重机等的需要量，应根据施工进度计划、主要工程项目施工方案和工程量，并套用机械产量定额求得；辅助机械设备可根据建筑安装工程每十万元扩大概算指标求得；运输机械设备的需要量根据运输量计算，最后编制施工机具配置计划。其表格形式见表14-5。

表14-5　施工机具、设备配置计划

序号	机具设备名称	规格型号	电动机功率	数量				购置价值/万元	使用时间	备注
				单位	需用	现有	不足			
	1. 土方机械 挖土机									
……										

注：机具设备名称可按土石方机械、钢筋混凝土机械、起重设备、金属加工设备、运输设备、木材加工设备、动力设备、测试设备、脚手工具等分别填列。

14.4.4　总体施工准备工作计划

上述计划能否按期实现，很大程度上取决于相应的准备工作是否及时开始、按时完成。所以，应根据施工开展顺序和主要工程项目施工方法，编制总体施工准备工作计划，并且将各施工准备工作逐一落实，并用表格的形式布置下去，以便于在实施时检查和督促。总体施工准备应包括技术准备、现场准备和资金准备等。

技术准备包括施工过程所需技术资料的准备、施工方案编制计划、试验检验及设备调试工作计划等；现场准备包括现场生产、生活等临时设施，如临时生产、生活用房，临时道路、材料堆放场，临时用水、用电和供热、供气等的计划；资金准备应根据施工总进度计划编制资金使用计划。

14.5　施工总平面图

施工总平面图是用来表示合理利用整个施工场地的周密规划和安排意图。它是按照施工

部署、施工方案和施工总进度计划的要求，对施工现场的道路交通、材料仓库或堆场、附属企业或加工厂、临时房屋、临时水电及动力管线等合理布置，并以图纸的形式表达出来，从而正确处理全工地施工期间所需各项临时设施和永久建筑以及拟建工程之间的空间关系，以指导现场有组织、有计划的文明施工。

施工总平面图按照规定的图例进行绘制，一般比例为1：1000或1：2000，各种临时设施应标注外围尺寸，并应有文字说明。现场所有设施、用房应在图中体现，避免采用文字叙述。

14.5.1　施工总平面图设计的原则

1）科学合理布置，占用场地面积少。

2）合理划分办公区、生产区和生活区，充分利用既有建（构）筑物和既有设施。

3）合理组织运输，减少二次搬运。

4）临时设施应方便生产和生活，符合总体施工部署和施工流程的要求，减少相互干扰。

5）符合“四节两环保”、安全、消防等要求。

6）遵守当地主管部门和建设单位关于施工现场安全文明施工的相关规定。

14.5.2　施工总平面图设计的内容及依据

1. 施工总平面图设计的内容

1）项目施工用地范围内的地形状况。

2）相邻的地上、地下既有建（构）筑物及相关环境。

3）全部拟建的建（构）筑物和其他基础设施的位置。

4）项目施工用地范围内的加工设施、运输设施、存贮设施、供电设施、供水供热设施、排水排污设施、临时施工道路和办公、生活用房等。

5）施工现场必备的安全、消防、保卫和环境保护等设施。

2. 施工总平面图设计的依据

1）各种勘察设计资料，包括建筑总平面图、地形地貌图、区域规划图、建设项目范围内有关的一切已建和拟建的各建筑物、构筑物及各种设施位置。

2）建设项目的建筑概况、施工部署和拟建主要工程施工方案、施工总进度计划。

3）各种建筑材料、构件、半成品、施工机械和运输工具配置一览表。

4）各构件加工厂、仓库及其他临时设施的数量、规模及有关参数。

5）建设地区的自然条件和技术经济条件。

14.5.3　施工总平面图设计的步骤

1. 整个建设场地地形状况及各建（构）筑物位置和尺寸的绘制

按比例绘制整个建设场地范围内的一切地上和地下已有和拟建的建筑物、构筑物以及其他设施的位置和尺寸。

2. 进场交通的布置

设计施工总平面图时，首先应研究大批材料、成品、半成品及机械设备等进入现场的问题。当大批材料由铁路运入工地时，应提前修建永久性铁路。由水路运入时，应充分利用原有码头以及考虑是否增设专用码头。通过公路运进现场时，由于公路布置灵活，应先将仓库及生产企业布置在最合理、最经济的地方，再布置通向场外的公路线。

3. 仓库与材料堆场的布置

1）仓库（或堆场）的分类及布置。建筑工程所用仓库（或堆场）按其用途可分为：①转运仓库。一般设在火车站、码头附近作为转运之用；②中心仓库。储存整个企业、大型施工现场材料之用；③现场仓库（或堆场），为某一工程服务的仓库。

通常在布置仓库时，应选择平坦、宽敞、交通方便的地方，并尽量利用永久性仓库，接近使用地点，且应遵守安全技术和防火规定。例如，砂石、水泥、石灰、木材等仓库或堆场宜布置在搅拌站、预制厂和木材加工厂附近；砖、瓦和预制构件等直接使用的材料应直接布置在施工对象附近，以免二次搬运。

2）各种仓库面积的确定。确定某种建筑材料的仓库面积，与该建筑材料需贮备的天数、材料的需要量以及仓库每平方米能贮存的定额等因素有关。一般可采用近似公式（14-1）计算第 i 种材料的贮备量：

$$P_i = T_c \frac{Q_i K_i}{T} \tag{14-1}$$

式中　P_i——第 i 种材料的贮备量（t 或 m^3 等）；

T_c——贮备天数（天），见表14-6，根据材料的供应情况及运输情况确定；

Q_i——第 i 种材料、半成品的总需要量（t 或 m^3 等）；

T——需要该材料的施工天数（天）；

K_i——第 i 种材料使用不均衡系数，详见表14-6。

在求得某种材料的贮备量后，便可根据此种材料每平方米的贮备定额，用下列公式算出其需要面积：

$$F_i = \frac{P_i}{q_i K'} \tag{14-2}$$

式中　F_i——第 i 种材料所需仓库总面积（m^2）；

q_i——每平方米仓库面积能存放 i 种材料或半成品的数量（t/m^2 或 m^3/m^2）见表14-6；

K'——仓库面积有效利用系数（主要是考虑到人行道和车道所占的面积），见表14-6。

表14-6　计算仓库面积的有关参考系数

序号	材料及半成品	单位	储备天数 T_c	不均衡系数 K_i	每平方米储存定额 q_i	有效利用系数 K'	仓库类别	备注
1	水泥	t	30~60	1.5	1.5~1.9	0.65	封闭式	堆高10~12袋
2	砂、石	m^3	30	1.4	1.2~2.4	0.70	露天	堆高2m
3	块石	m^3	15~30	1.5	1.2	0.70	露天	堆高1.2m
4	钢筋（直筋）	t	30~50	1.4	2.0~2.5	0.60	露天	堆高0.5m
5	钢筋（盘筋）	t	30~50	1.4	0.8~1.2	0.60	库或棚	堆高1m

（续）

序号	材料及半成品	单位	储备天数 T_c	不均衡系数 K_i	每平方米储存定额 q_i	有效利用系数 K'	仓库类别	备注
6	型钢	t	30~50	1.4	0.8~1.8	0.60	露天	堆高 0.5m
7	木材	m^3	30~45	1.4	0.7~0.8	0.50	露天	堆高 1m
8	门窗扇框	m^3	30	1.2	2.0~4.5	0.60	库或棚	堆高 2m
9	木模板	m^3	3~7	1.4	1.6~2.0	0.70	露天	堆高 2m
10	钢模板	m^3	3~7	1.4	1.6~2.0	0.70	露天	堆高 1.8m
11	标准砖	千块	15~30	1.2	0.7~0.8	0.60	露天	堆高 1.5~2m

在设计仓库时还应正确确定仓库的长度和宽度。仓库的长度应满足货物装卸的要求，它必须有一定的装卸前线，装卸前线可用下式计算：

$$L=nl+d(n-1) \tag{14-3}$$

式中　L——装卸前线长度（m）；

l——运输工具长度（m）；

d——相邻两个运输工具之间的间距（火车运输时取 $d=1\text{m}$；汽车运输时，端卸取 $d=1.5\text{m}$，侧卸取 $d=2.5\text{m}$）；

n——同时卸货的运输工具数目。

4. 加工厂的布置

1）工地加工厂的类型及布置要求。工地加工厂的类型主要有：钢筋混凝土预制构件加工厂、木材加工厂、钢筋加工厂、金属结构构件加工厂和机械修理厂等。各种加工厂的布置，应以方便使用、安全防火，运输费用最少、不影响建筑安装工程施工的正常进行为原则。一般应将加工厂集中布置在同一个区域，且多处于工地边缘。各种加工厂应与相应的仓库或材料堆场布置在同一区域。

2）工地加工厂面积的确定。加工厂建筑面积的确定，主要取决于设备尺寸、工艺过程及设计、加工量、安全防火等方面，可参考有关经验指标等资料确定。按下式计算：

$$F=\frac{KQ}{TS\alpha} \tag{14-4}$$

式中　F——所需确定的建筑面积（m^2）；

Q——加工总量，依材料、预制加工品需要量计划而定；

K——不均衡系数，取 1.3~1.5；

T——加工总工期（月），按施工总进度计划和准备工作计划而定；

S——每平方米场地月平均产量定额，可按表 14-7 算得；

α——场地或建筑面积利用系数，取 0.6~0.7。

5. 场内运输道路的布置

道路应根据各加工厂、仓库及各施工对象的位置布置，并研究货物周转运行图，明确各段道路上的运输负荷，区别主要道路和次要道路。规划道路时要特别注意满足运输车辆的安全、畅通行驶，同时考虑充分利用拟建的永久性道路系统，提前修建或先修建路基及简单路面，作为施工所需的临时道路。道路应有足够的宽度和转弯半径，道路干线应采用环形布置，主要道路宜采用双车道，其宽度不得小于5.5m，次要道路可为单车道，其宽度不得小于3.5m。临时道路的路面结构，应根据运输情况、运输工具和使用条件来确定。

表14-7　临时加工厂所需面积参考指标

序号	加工厂名称	年产量		单位产量所需建筑面积	占地总面积/m^2	备注
		单位	数量			
1	混凝土搅拌站	m^3 m^3 m^3	3200 4800 6400	$0.022m^2/m^3$ $0.021m^2/m^3$ $0.020m^2/m^3$	按砂石堆场考虑	400L搅拌机2台 400L搅拌机3台 400L搅拌机4台
2	临时性混凝土预制厂	m^3 m^3 m^3 m^3	1000 2000 3000 5000	$0.25m^2/m^3$ $0.20m^2/m^3$ $0.15m^2/m^3$ $0.125m^2/m^3$	2000 3000 4000 小于6000	生产屋面板和中小型梁柱板等，配有蒸养设施
3	综合木工加工厂	m^3 m^3 m^3 m^3	200 500 1000 2000	$0.30m^2/m^3$ $0.25m^2/m^3$ $0.20m^2/m^3$ $0.15m^2/m^3$	100 200 300 420	加工门窗、模板、地板、屋架等
4	钢筋加工厂	t t t t	200 500 1000 2000	$0.35m^2/t$ $0.25m^2/t$ $0.20m^2/t$ $0.15m^2/t$	280~560 380~750 400~800 450~900	加工、成型、焊接
	钢筋对焊 对焊场地 对焊棚	所需场地（长×宽） (30~40m)×(4~5m) 15~24m^2				包括材料和成品堆放
	现场钢筋调直、冷拉 拉直场 卷扬机棚 冷拉场 时效场	所需场地（长×宽） (70~80m)×(3~4m) 15~20m^2 (40~60m)×(3~4m) (30~40m)×(6~8m)				包括材料和成品堆放
5	金属结构加工（包括一般铁件）	所需场地/(m^2/t) 年产500t为10 年产1000t为8 年产2000t为6 年产3000t为5				按一批加工数量计算

6. 行政与生活福利临时建筑的布置

（1）行政与生活福利临时建筑的类型及布置

1）行政管理和辅助生产用房。包括办公室、警卫室、消防站、车库以及修理车间等。

2）居住用房。包括职工宿舍、招待所等。

3）生活福利用房。包括俱乐部、学校、托儿所、图书馆、浴室、理发室、开水房、商店、食堂、医务所等。

应尽量利用建设单位的生活基地或现场附近的其他永久建筑，不足部分可另行修建临时建筑作为补充。临时建筑的设计，应遵循经济、适用、装拆方便的原则，并根据当地的气候条件、工期长短确定其建筑与结构形式，且要符合安全防火的要求。

一般全工地性行政管理用房宜设在全工地入口处，以便对外联系，也可设在工地中部，便于全工地管理。工人用的福利设施应设置在工人较集中的地方或工人必经之路。生活基地应设在场外，距工地以 500~1000m 为宜，并避免设在低洼潮湿、有烟尘和有害健康的地方。食堂宜布置在生活区，也可设在工地与生活区之间。布置时，办公室应靠近施工现场，设在工地入口处且能直接观察到施工情况的地方；工人生活区应与作业区分隔，宿舍应布置在安全的上风向一侧；收发室、门卫宜布置在入口处等。

（2）临时房屋建筑面积的确定　其行政与生活用临时建筑面积，可根据表 14-8 中的数据，按以下公式计算：

$$F = RF_p \tag{14-5}$$

式中　F——建筑面积（m^2）；

R——施工现场实际人数；

F_p——建筑面积参考指标，见表 14-8。

表 14-8　行政与生活福利建筑面积参考指标　　（单位：m^2/人）

序号	临时房屋名称	R 指标使用方法	F_p 参考指标
1	办公室	按使用人数	3~4
2	宿舍（单层床）	按使用人数	3.5~4
3	食堂	按高峰季平均人数	0.5~0.8
4	医务室	按高峰季平均人数	0.05~0.07
5	浴室、理发	按高峰季平均人数	0.08~0.1
6	厕所	按工地平均人数	0.02~0.07
7	会议室、俱乐部	按高峰季平均人数	0.1

7. 工地临时供水的规划

建筑工地临时供水，包括生产用水（含工程施工用水和施工机械用水）、生活用水（含施工现场生活用水和生活区生活用水）和消防用水三个方面。工地临时供水规划可按以下步骤进行：

（1）确定供水量

1）现场施工用水量，可按下式计算：

$$q_1 = K_1 \sum \frac{Q_1 N_1}{T_1 t} \cdot \frac{K_2}{8 \times 3600} \tag{14-6}$$

式中　q_1——施工用水量（L/s）；

K_1——未预见的施工用水系数（1.05~1.15）；

Q_1——年（季）度工程量（以实物计量单位表示）；

N_1——施工用水定额，见表 14-9；

T_1——年（季）度有效工作日（天）；

t——每天工作班次（班）；

K_2——施工用水不均衡系数，见表14-10。

表14-9　施工用水参考定额（N_1）

序号	用水对象	单位	耗水量 N_1	备注
1	浇筑混凝土全部用水	L/m³	1700～2400	
2	搅拌普通混凝土	L/m³	300	
3	混凝土养护（自然养护）	L/m³	200～400	实测数据
4	混凝土养护（蒸汽养护）	L/m³	500～700	
5	冲洗模板	L/m³	5	
6	搅拌机清洗	L/台班	600	
7	冲洗砂、石	L/m³	800～1000	实测数据
8	砌砖工程全部用水	L/m³	150～250	
9	砌石工程全部用水	L/m³	50～80	
10	粉刷工程全部用水	L/m³	30	包括砂浆搅拌
11	耐火砖砌体工程	L/m³	100～150	
12	浇砖、硅酸盐砌块	L/千块、L/m³	200～250、300～350	
13	抹面	L/m³	4～6	不包括调制用水
14	楼地面	L/m³	190	
15	搅拌砂浆	L/m³	300	

表14-10　施工用水不均衡系数

不均衡系数	用水名称	系数
K_2	施工工程用水　附属生产企业用水	1.5、1.25
K_3	施工机械、运输机械 动力设备	2.00 1.05～1.10
K_4	施工现场生活用水	1.30～1.50
K_5	居民区生活用水	2.00～2.50

2）施工机械用水量，可按下式计算：

$$q_2 = K_1 \sum Q_2 N_2 \frac{K_3}{8 \times 3600} \tag{14-7}$$

式中　q_2——施工机械用水量（L/s）；

K_1——未预计施工用水系数（1.05～1.15）；

Q_2——同种机械台数（台）；

N_2——施工机械用水定额，见表14-11；

K_3——施工机械用水不均衡系数，见表14-10。

3）施工现场生活用水量，可按下式计算：

$$q_3=\frac{P_1N_3K_4}{t\times8\times3600} \tag{14-8}$$

式中　q_3——施工现场生活用水量（L/s）；

P_1——施工现场高峰期生活人数（人）；

N_3——施工现场生活用水定额，见表 14-12；

K_4——施工现场生活用水不均衡系数，见表 14-10；

t——每天工作班次（班）。

4）生活区生活用水量，可按下式计算：

$$q_4=\frac{P_2N_4K_5}{24\times3600} \tag{14-9}$$

式中　q_4——生活区生活用水量（L/s）；

P_2——生活区居民人数（人）；

N_4——生活区昼夜全部用水定额，见表 14-12；

K_5——生活区用水不均衡系数，见表 14-10。

5）消防用水量（q_5），见表 14-13。

表 14-11　施工机械用水参考定额（N_2）

序号	用水对象	单位	耗水量 N_2	备注
1	内燃挖土机	L/(m^3·台)	200~300	以斗容量 m^3 计
2	内燃起重机	L/(t·台班)	15~18	以起重吨数计
3	蒸汽起重机	L/(t·台班)	300~400	以起重吨数计
4	蒸汽打桩机	L/(t·台班)	1000~1200	以锤重吨数计
5	蒸汽压路机、内燃压路机	L/(t·台班)	100~150、15~18	以压路机吨数计
6	拖拉机、汽车	L/(昼夜·台)	200~300、400~700	
7	空气压缩机	L/[(m^3/min)·台班]	40~80	以压缩空气量计
8	锅炉	L/(t·h)	1050	以小时蒸发量计
9	锅炉	L/(t·m^2)	15~30	以受热面积计
10	点焊机 50、75 型	L/(台·h)	150~200、250~350	实测数据
11	冷拔机、对焊机	L/(台·h)	300	
12	凿岩机 01—30（CM—56）	L/h	3	
13	凿岩机 01—45（TN—4）	L/min	5	
14	凿岩机 01—38（KIIM—4）	L/min	8	
15	凿岩机 YQ—100	L/min	8~12	

6）总用水量（Q）计算：

① 当（$q_1+q_2+q_3+q_4$）≤q_5 时，则 $Q=q_5+1/2(q_1+q_2+q_3+q_4)$。

② 当（$q_1+q_2+q_3+q_4$）>q_5 时，则 $Q=q_1+q_2+q_3+q_4$。

③ 当工地面积小于 5 万 m^2，并且（$q_1+q_2+q_3+q_4$）<q_5 时，则 $Q=q_5$。

最后计算的总用水量，还应增加 10%，以补偿不可避免的水管渗漏损失。

表 14-12 生活用水量参考定额（N_3、N_4）

序号	用水对象	单位	耗水量 N_3（N_4）
1	工地全部生活用水	L/(人·天)	100~120
2	生活用水（盥洗生活饮用）	L/(人·天)	25~30
3	食堂	L/(人·天)	15~20
4	浴室（淋浴）	L/(人·次)	40~60
5	洗衣	L/人	40~60
6	理发室	L/(人·次)	10~25

表 14-13 消防用水量

项目	用水名称	火灾同时发生次数	单位	用水量
居民区消防用水	5000 人以内	一次	L/s	10
	10000 人以内	二次	L/s	10~15
	25000 人以内	二次	L/s	15~20
施工现场消防用水	施工现场在 25 公顷以内 每增加 25 公顷递增	一次	L/s	10~15 5

（2）选择水源　建筑工地的供水水源，应尽量利用现场附近已有的供水管道，只有在现有给水系统供水不足或根本无法利用时，才使用天然水源。

天然水源有：地面水（江河水、湖水、水库水等）；地下水（泉水、井水）。

选择水源应考虑下列因素；水量充沛可靠，能满足最大需水量的要求；符合生活饮用水、生产用水的水质要求；取水、输水、净水设施安全可靠；施工、运转、管理、维护方便。

（3）配置给水系统　给水系统由取水设施、净水设施、贮水构筑物（水塔及蓄水池）、输水管及配水管线等组成。通常应尽量先修建永久性给水系统，只有在工期紧迫、修建永久性给水系统难以应急时，才修建临时给水系统。

1）取水设施一般由取水口、进水管和水泵组成。取水口距河底（或井底）不得小于0.25~0.9m。给水工程所用水泵有离心泵、隔膜泵及活塞泵三种，所选用的水泵应具有足够的抽水能力和扬程。

2）贮水构筑物有水池、水塔和水箱。在临时给水中，如水泵非昼夜连续工作，则必须设置贮水构筑物，其容量以每小时消防用水量来决定，但不得小于 10~20m^3。

3）管径计算。根据工地总需水量 Q，按以下公式计算管径：

$$D=\sqrt{\frac{4Q\cdot 1000}{\pi V}} \tag{14-10}$$

式中　D——配水管内径（mm）；

Q——用水量（L/s）；

V——管网中水的流速（m/s），见表 14-14。

4）选择管材。一般根据管道尺寸和压力大小选择临时给水管道。一般干管为钢管或铸铁管，支管为钢管。

表 14-14　临时水管经济流速

管径	流速/(m/s)	
	正常时间	消防时间
1. D<0.10m	0.5~1.2	—
2. D=0.1~0.3m	1.0~1.6	2.5~3.0
3. D>0.3m	1.5~2.5	2.5~3.0

8. 工地供电的规划

建筑工地供电的规划包括：计算用电总量、选择电源、确定变压器、确定导线截面面积及布置配电线路。

（1）工地总用电量计算　建筑工地的总用电量包括动力用电和照明用电两类，计算时，考虑以下几方面：

1）全工地所使用的机械动力设备，其他电气工具及照明用电的数量。

2）施工总进度计划中施工高峰阶段同时用电的机械设备最高数量。

3）各种机械设备在工作中的需用情况。

总用电量的计算公式如下：

$$P=(1.05\sim1.10)\left(K_1\frac{\sum P_1}{\cos\alpha}+K_2\sum P_2+K_3\sum P_3+K_4\sum P_4\right) \tag{14-11}$$

式中　P——供电设备总需要容量（kW）；

P_1——电动机额定功率（kW）；

P_2——电焊机额定容量（kW）；

P_3——室内照明容量（kW）；

P_4——室外照明容量（kW）；

$\cos\alpha$——电动机的平均功率因数（在施工现场最高为 0.75~0.78，一般为 0.65~0.75）；

K_1、K_2、K_3、K_4——需要系数，见表 14-15。

单班施工时，最大用电负荷量以动力用电量为准，不考虑照明用电。

各种机械设备以及室外照明用电可参考有关定额。

表 14-15　需要系数（K 值）

用电名称	数量	需要系数 K		备注
		K	数值	
电动机	3~10 台 11~30 台 30 台以上	K_1	0.7 0.6 0.5	如施工中需用电热时，应将其用电量计算进去。为使计算接近实际，式中各项用电根据不同性质分别计算
加工厂动力设备			0.5	
电焊机	3~10 台 10 台以上	K_2	0.6 0.5	
室内照明		K_3	0.8	
室外照明		K_4	1.0	

（2）电源选择 选择电源，最经济的方案是利用施工现场附近已有的高压线路或发电站及变电所，但事前必须将施工中需要的用电量向供电部门申请。如果在新开辟的地区施工，没有电力系统时，则需自备发电站。通常是将附近的高压电，经设在工地的变压器降压后，引入工地。

（3）确定配电导线截面面积及布置配电线路 导线截面面积可根据负荷电流选择，然后再用电压及力学强度进行校核。所选的导线截面应同时满足上述三方面的要求。

临时供电网的布置与水管网的布置相似，均有环状式布置、枝状式布置和混合式布置三种形式，如图14-2所示。

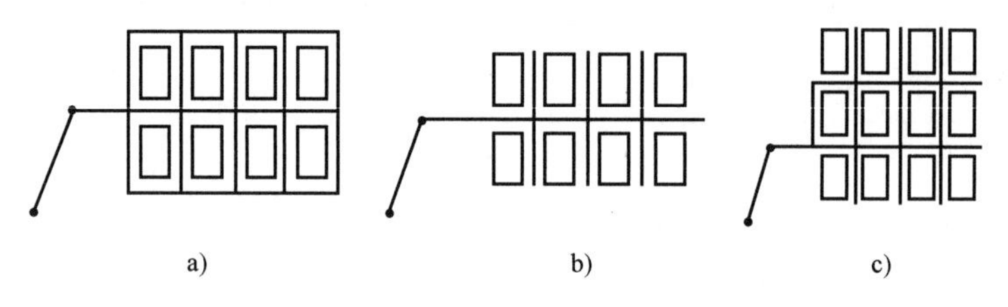

图14-2 临时给水供电管线布置形式

a）环状式 b）枝状式 c）混合式

施工工地应依据防火要求设置消防栓，一般设置在易燃建筑物附近，并且必须有通畅的出口和车道，其间距不得大于100m，到路边的距离不应大于2m。

上述施工总平面图的各设计步骤不是截然分开与孤立进行的，而是需要相互联系与综合考虑，经反复修正后才能最终确定。图14-3和表14-16是某高层公寓群体工程的施工总平面布置图和临时设施一览表。

表14-16 临时设施一览表

序号	工程名称	面积/m^2	备注
1	混凝土（砂浆）搅拌站	315	3台400L搅拌机
2	水泥库	140	砖混结构
3	工具库	800	砖混结构
4	五金库	125	砖混结构
5	办公室	220	砖混结构
6	锅炉房	56	2台0.4t锅炉
7	木制品成品库	215	砖混结构
8	食堂	210	混合结构
9	水电库	200	砖混结构
10	饮水房	50	砖混结构
11	厕所	30	3座
12	危险品库	20	2座（地下）
13	水泵房	30	砖混结构
14	钢筋棚	400	砖混结构
15	木工操作棚	200	砖混结构
16	水电操作棚	400	砖混结构

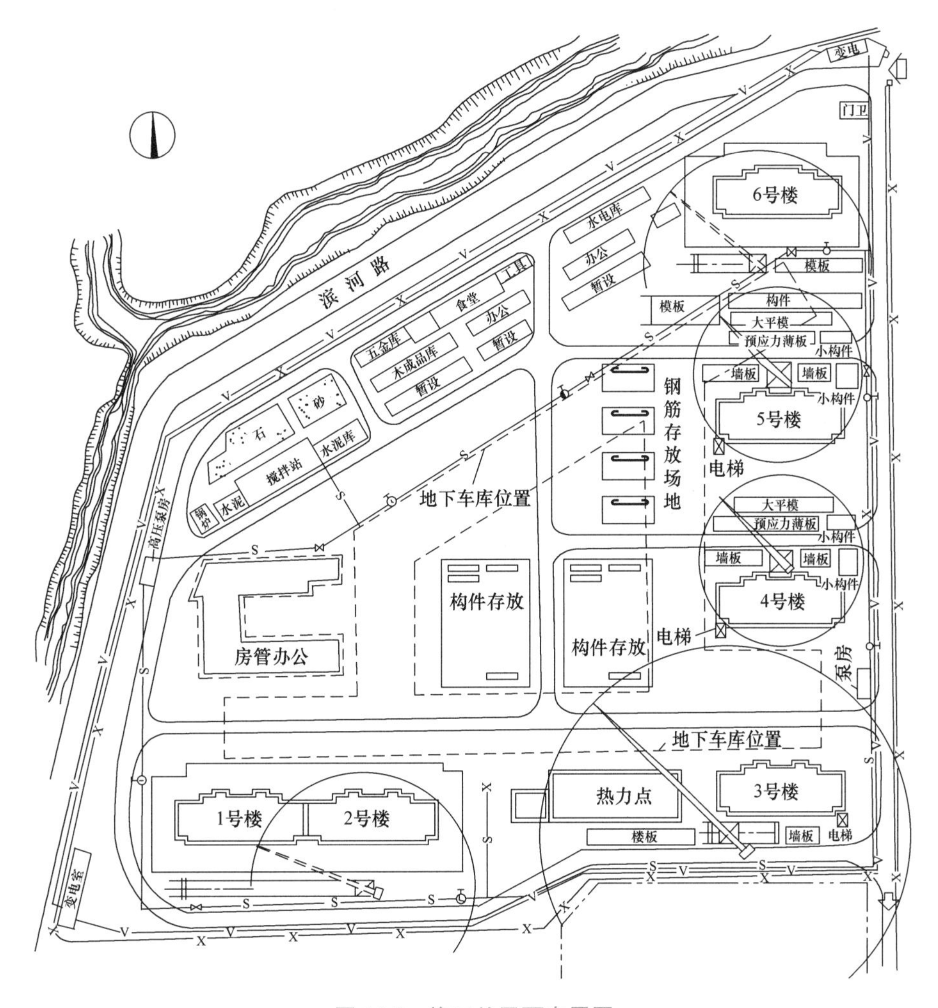

图 14-3　施工总平面布置图

14.5.4　施工总平面图管理

施工总平面图是对施工现场科学合理利用的规划蓝图，是保证工期、质量、安全、文明施工和降低成本的重要手段。施工平面图不仅要精心设计好，而且要认真管理好，尤其要加强施工现场动态管理，保证现场运输道路、给水、排水、电路的畅通，现场堆放合理，物归其位，各得其所，从而建立起连续、均衡的施工秩序。为此，必须采取以下管理措施：

1）严格按施工平面图布置施工道路、水电管网、机具、堆场和临时设施。

2）应有专人管理施工现场布置、建设及维护，尤其是重点管理和维护好道路与水电。

3）各施工阶段和各施工过程中各工序都应做到工完料净、场清、机具归位。

4）施工平面图必须随着施工的进展及时调整与补充，以使其更趋于合理。

本章小结及关键概念

● **本章小结**：通过本章学习，要求掌握施工组织总设计编制的程序，能够合理地进行总体施工部署；熟悉施工总进度计划编制的原则，掌握其编制步骤和方法；熟悉资源配置计划的内容；了解施工总平面图设计的依据和原则，掌握其设计步骤及方法。

● **关键概念**：施工组织总设计、施工部署、施工进度计划、资源配置计划、施工总平面图。

习　　题

14.1　施工组织总设计的任务是什么？

14.2　施工组织总设计包括哪些内容？编制依据有哪些？是如何进行编制和确定的？

14.3　施工组织总设计与单位工程施工组织设计有何关系？

14.4　施工部署包括哪些内容？

14.5　何为施工总进度计划？其编制原则和方法分别是什么？

14.6　如何根据施工总进度计划编制各种资源配置计划？

14.7　设计施工总平面时应具备哪些资料？考虑哪些因素？

14.8　简述施工总平面图设计的步骤和方法。

14.9　建筑材料的仓库（或堆场）和工地加工厂的面积如何确定？

14.10　工地临时供水、供电如何确定？

14.11　如何进行施工总平面图的管理？

二维码形式客观题

第14章
客观题

参 考 文 献

［1］《建筑施工手册》（第五版）编委会. 建筑施工手册［M］. 5 版. 北京：中国建筑工业出版社，2013.

［2］毛鹤琴. 土木工程施工［M］. 5 版. 武汉：武汉理工大学出版社，2018.

［3］李建峰. 现代土木工程施工技术［M］. 2 版. 北京：中国电力出版社，2015.

［4］廖代广，孟新田. 土木工程施工［M］. 4 版. 武汉：武汉理工大学出版社，2012.

［5］殷为民，杨建中. 土木工程施工［M］. 2 版. 武汉：武汉理工大学出版社，2019.

［6］中华人民共和国住房和城乡建设部. 建筑基坑支护技术规程：JGJ 120—2012［S］. 北京：中国建筑工业出版社，2012.

［7］李建峰. 建筑施工［M］. 北京：中国建筑工业出版社，2004.

［8］中华人民共和国住房和城乡建设部. 混凝土结构工程施工规范：GB 50666—2011［S］. 北京：中国建筑工业出版社，2012.

［9］朱锋，黄珍珍，张建新. 钢结构制造与安装［M］. 3 版. 北京：北京理工大学出版社，2019.

［10］中华人民共和国住房和城乡建设部. 钢结构工程施工规范：GB 50755—2012［S］. 北京：中国建筑工业出版社，2012.

［11］陈守兰. 土木工程施工技术［M］. 北京：科学出版社，2010.

［12］中华人民共和国住房和城乡建设部. 地下工程防水技术规范：GB 50108—2008［S］. 北京：中国计划出版社，2009.

［13］孙震，穆静波. 土木工程施工［M］. 2 版. 北京：人民交通出版社，2014.

［14］住房和城乡建设部工程质量安全监管司. 建筑业 10 项新技术（2010）［M］. 北京：中国建筑工业出版社，2010.

［15］中华人民共和国住房和城乡建设部. 建筑施工组织设计规范：GB/T 50502—2009［S］. 北京：中国建筑工业出版社，2009.